Les légumineuses

pour des systèmes agricoles et alimentaires durables

Les légumineuses

pour des systèmes agricoles et alimentaires durables

Anne Schneider, Christian Huyghe,
coordinateurs

Éditions Quæ
RD 10, 78026 Versailles Cedex

Table des matières

Avant-propos

Cet ouvrage est le fruit d'une sollicitation du Comité N,P,C, à laquelle nous avons décidé de répondre en faisant appel à un groupe d'experts. Il vise à apporter une référence collective et consolidée sur les légumineuses, afin d'alimenter la réflexion globale sur les sources protéiques et la gestion de l'azote au niveau du territoire français.

Le comité N,P,C a été créé en 2011 par les ministères en charge de l'agriculture et de l'écologie. Il a une composition « grenellienne » avec quatre collèges principaux : les représentants de l'État, les représentants du monde agricole et agroalimentaire, les représentants des instituts techniques et des organismes de recherche, et les représentants des associations de défense de l'environnement. Ce comité est une instance d'échanges sur les travaux nécessaires en matière de gestion de l'azote, du phosphore et du carbone. L'objectif général est de dégager un consensus technique le plus large possible sur des sujets pouvant servir de base à l'action publique. Plus précisément, le comité contribue à la production de préconisations et de références techniques consensuelles validées au niveau national, références sur lesquelles l'administration peut s'appuyer pour établir ses politiques publiques et ses normes administratives[1]. Ainsi, cette publication s'inscrit directement dans ce cadre.

Les légumineuses, fourragères et à graines, se démarquent des autres plantes cultivées principalement par leur alimentation azotée. Cependant, en tant que pilotes du projet, nous avons vite senti le besoin de dépasser le seul thème azote pour prendre en compte tous les processus qui sont en interaction avec le fonctionnement des légumineuses et l'utilisation de leurs produits de récolte.

Nous avons donc agrégé les connaissances de différents experts pour couvrir toutes les facettes du sujet et permettre à des non-spécialistes de comprendre les spécificités des légumineuses aux différentes échelles d'analyse. En préalable, une photographie actuelle de la situation française pour les légumineuses est donnée, avec un repositionnement dans le temps et sur la scène internationale. Ensuite, la progression des chapitres de l'ouvrage suit l'élargissement du champ d'étude depuis les mécanismes agrophysiologiques spécifiques de la plante de légumineuse pour aller jusqu'aux analyses socio-économiques des systèmes agroalimentaires. En s'appuyant sur la littérature scientifique et technique disponible aux niveaux national et international, chaque chapitre apporte les éléments de connaissances sur les processus spécifiquement liés aux légumineuses pour, respectivement, la production végétale,

---

1. Ces références pourraient ainsi participer à la définition d'indicateurs ou aider à concevoir des mesures volontaires.

la production animale, la nutrition et santé humaine et les activités socio-économiques du système agroalimentaire en France. L'étape finale a été d'identifier les enseignements que l'on pouvait tirer de l'ensemble de ces connaissances.

Cette compilation permet de montrer les services que peut rendre l'utilisation des légumineuses dans les systèmes de production agricoles et pour l'alimentation humaine, mais aussi les limites et les besoins de connaissances et d'innovations. Pour plagier Armstrong, cet ouvrage a même failli s'intituler *Légumineuses : un petit pois pour l'homme, un grand pas pour l'humanité.* Il avait effectivement prononcé ces mots quelques années avant l'embargo américain sur le soja de 1973 qui déclencha les importants travaux sur les légumineuses en France et en Europe

Cet ouvrage est ainsi la résultante d'une sollicitation initiale. Il fournit une analyse à un temps donné de l'histoire des systèmes agroalimentaires, dépendante du contexte économique et environnemental et des connaissances disponibles. Il demande donc une réactualisation permanente. C'est un condensé qui donne du grain à moudre pour analyser la contribution possible des légumineuses à l'équilibre agroécologique des systèmes agricoles et alimentaires français.

Nous ne pouvons avoir la prétention de synthétiser l'ensemble des connaissances en un nombre limité de pages, même si ce type de mini-encyclopédie est unique en son genre par son sujet et une approche qui se veut à la fois factuelle et à visée opérationnelle. L'ouvrage appellerait volontiers des développements ultérieurs, que ce soit pour prendre en compte les avancées des connaissances, bénéficier de la nécessaire maturation de l'expertise multidisciplinaire, considérer les évolutions des besoins des acteurs du monde agricole et de la société, ou mettre en débat certains points développés dans les pages qui suivent.

Nous remercions chaleureusement chacun des contributeurs pour avoir apporté leur pierre à l'édifice, dans un contexte uniquement informel, et tout spécialement les coordinateurs de chapitres pour avoir orchestré l'alimentation des différentes thématiques de cet ouvrage collectif.

Nous sommes reconnaissants aux commanditaires, les membres du comité N,P,C, pour l'initiation du projet, et à nos organismes respectifs, l'Inra, l'Unip-Cetiom et le MAAF, pour avoir accordé du temps pour le pilotage du projet. Nos remerciements sincères vont également au ministère français en charge de l'agriculture et de l'agroalimentaire pour son soutien à la publication de cet ouvrage. Il se décline en deux versions : un document relié mais également un ouvrage électronique, dont nous espérons une large diffusion au sein des instances d'enseignement agricole et de développement agricole, clés de voûte du changement des approches permettant une évolution vers plus de durabilité.

Anne Schneider, Hacina Benahmed, Christian Huyghe

Introduction

Anne SCHNEIDER et Christian HUYGHE

La question vaut d'être posée : que savons-nous sur les apports et les potentiels des légumineuses pour contribuer à renforcer la durabilité des systèmes de productions agricoles français, en lien direct avec l'alimentation et la santé des citoyens et les activités socio-économiques ? Comment cette composante (hétérogène) des écosystèmes peut-elle les moduler, et comment l'utiliser pour accentuer les bénéfices potentiels et réduire les dommages éventuels sur toutes les composantes de l'environnement ?

En s'appuyant sur la définition du développement durable de la Commission Brutland[2], rappelons tout d'abord qu'une agriculture durable poursuit au moins 5 objectifs simultanément : c'est une agriculture respectueuse de l'environnement, économiquement viable et socialement équitable, qui est source de produits sains et de haute qualité et qui ne présente pas de menace sur le futur potentiel agricole (Wezel et Jauneau, 2011).

C'est donc à l'aune de cette échelle multidimensionnelle qu'il faut appréhender le rôle des légumineuses selon la façon dont on les utilise.

▶▶ Une approche agroécologique pour tendre plus facilement à des agrosystèmes durables

L'agroécologie*, c'est-à-dire l'écologie des systèmes agricoles, est une approche multidimensionnelle s'appuyant sur le croisement des sciences agronomiques, écologiques, humaines et sociales (Gliessman, 2007 ; Francis, 2003 ; Tomich *et al.*, 2011).

---

2. *Notre avenir à tous* (*Our Common Future*) est une publication rédigée en 1987 par la Commission mondiale sur l'environnement et le développement de l'Organisation des Nations Unies, où la notion de développement durable est définie pour la première fois : « Le développement durable est un développement qui répond aux besoins du présent sans compromettre la capacité des générations futures de répondre aux leurs. Deux concepts sont inhérents à cette notion : le concept de « besoins », et plus particulièrement des besoins essentiels des plus démunis, à qui il convient d'accorder la plus grande priorité, et l'idée des limitations que l'état de nos techniques et de notre organisation sociale impose sur la capacité de l'environnement à répondre aux besoins actuels et à venir ».
* Terme défini dans le lexique.

L'agroécologie permet d'appréhender dans leur complexité tous les mécanismes de régulation en jeu au sein des systèmes cultivés et naturels, eux-mêmes en étroite interaction avec les différents êtres vivants dont les hommes, en repositionnant le tout dans la sphère sociale et économique, et en considérant les dimensions géographique, temporelle, voire éthique. Elle permet d'envisager les voies pour parvenir à un bouclage des cycles de fertilité.

Appliquée à la sphère de production agricole (David *et al.*, 2011), l'agroécologie peut se traduire en un ensemble de pratiques agricoles dont la cohérence repose sur l'utilisation des processus écologiques et la valorisation de l'(agro)biodiversité. Élargie aux dynamiques territoriales et aux acteurs sociaux, elle traite des systèmes pour les penser en termes de développement durable. Une telle approche permet alors de tendre de façon plus pertinente vers des agrosystèmes durables, en prenant en compte la complexité des mécanismes, l'interdépendance des différentes composantes, et la relation aux conditions locales.

▸▸ Les enjeux de la durabilité

Comment l'agriculture française peut-elle évoluer vers une agriculture plus durable et contribuer à relever les défis alimentaire et environnemental auxquels le monde doit faire face, avec l'augmentation de la demande alimentaire mondiale ? Ces défis doivent être relevés dans un contexte mouvant : en termes climatiques (augmentation continue de la teneur en CO_2 de l'atmosphère), en termes géopolitiques (globalisation et mondialisation des échanges), en termes économique et financier (volatilité des prix), et en termes de ressources naturelles fossiles (épuisement).

Il s'agit tout d'abord de maintenir le potentiel agricole, c'est-à-dire la qualité de l'écosystème productif reposant sur la qualité physique, chimique et biologique des sols. Il s'agit ensuite d'améliorer l'efficacité de l'agriculture, en exploitant en priorité les processus et les régulations biologiques inhérents aux écosystèmes, afin de remplir différents rôles de l'agriculture : fonction de production, nourricière et économique, fonction de support et de régulation des systèmes cultivés et naturels, fonction culturelle et sociale.

Ces bienfaits que les humains obtiennent des écosystèmes ont été baptisés « services écosystémiques »* lors de l'Évaluation des écosystèmes pour le millénaire (Millenium Ecosystem Assessment), réalisé en 2005 par les Nations Unies[3]. La fonction culturelle et sociale figure également parmi les services écosystémiques. Elle est souvent sous-estimée mais est pourtant essentielle, tant par le lien qui lie la société à l'acte de production agricole ou aux paysages ruraux, que par la dimension culturelle des produits agricoles et de leur lien aux territoires.

La fonction nourricière de l'agriculture a été la plus travaillée, notamment depuis la seconde guerre mondiale, avec un succès largement reconnu, mais l'approche mono-objectif a engendré des dommages collatéraux que l'on ne peut plus ignorer.

---

3. Rapport de synthèse de l'Évaluation des écosystèmes pour le millénaire, sous la co-présidence de Watson R.T. et Zakri A.H. http://www.millenniumassessment.org/en/index.aspx

Ainsi en mars 2005, les 1 300 scientifiques et experts de 95 pays qui ont travaillé au rapport onusien ont dressé un sombre bilan : « 60 % des services fournis par les écosystèmes et qui permettent la vie sur Terre sont dégradés ou surexploités ».

Il est maintenant clair qu'il s'agit de trouver collectivement, sans stigmatiser un acteur ou un autre, les moyens de progresser pour intégrer plus fortement les fonctions autres que la fonction de production dans l'organisation des systèmes agroalimentaires.

Cependant, un tel changement pour passer d'une éthique productionniste à une éthique agroécologique est un processus de longue haleine. Et l'être humain doit résoudre ou dépasser sa dissonance éthique (Kirschenmann, 2000) au cœur de ce paradoxe : comment éviter le biais de l'être humain qui oriente ses activités vers son propre intérêt à court terme alors qu'il n'est qu'une composante d'un tout qui l'englobe largement, et dont le fonctionnement à toutes les échelles spatiales et temporelles conditionne aussi la survie et le bien-être de l'être humain ?

▸▸ La fonction d'approvisionnement de l'agriculture

L'agriculture a pour fonction première de nourrir les hommes et les animaux, et elle est également source de matières premières pour l'industrie non alimentaire. L'augmentation de la population mondiale et la globalisation des échanges de matières premières agricoles ont remis la fonction d'approvisionnement parmi les priorités de l'agenda mondial.

Par le nombre conséquent d'emplois et les excédents commerciaux qu'il représente, le secteur d'activité agricole et agroalimentaire est hautement stratégique pour la France. Cependant, ce secteur est, plus que tout autre, en interaction étroite et continue avec les processus qui se déroulent à la surface de notre planète Terre.

Comment concilier les objectifs stratégiques de productivité avec ceux de durabilité que l'Union européenne et la France se sont fixés, afin de préserver la qualité de la vie d'aujourd'hui et de demain, en protégeant les ressources naturelles et la santé des êtres vivants ?

En termes d'alimentation, l'être humain a besoin de protéines à la fois pour la constitution et le fonctionnement de son organisme (composants des organes et muscles, éléments intra- et inter-cellulaires, comme les récepteurs membranaires), de glucides comme source d'énergie pour son métabolisme, de lipides pour ses constituants membranaires et réserves énergétiques, et enfin d'éléments minéraux et de vitamines pour le bon fonctionnement de son métabolisme.

En agriculture, l'azote est un des facteurs clés de la productivité et de la compétitivité agricoles, car les productions végétales, qui nourrissent animaux et humains, ont besoin de grandes quantités d'azote pour des rendements élevés. En effet, avec le carbone (C), l'azote (N) est un élément constitutif des processus vivants, c'est-à-dire que tout organisme vivant en a besoin : les animaux comme les plantes absorbent cet élément de leur environnement pour élaborer les acides nucléiques et les protéines nécessaires à leur métabolisme. Pour les plantes, le processus de photosynthèse qui permet la captation du CO_2 grâce à l'énergie lumineuse interceptée est assuré par des protéines, et surtout la RuBisCO. Si l'azote est un atome essentiel pour la constitution des protéines, les organismes vivants ne peuvent assimiler que l'azote dit « réactif » des composés azotés comme l'ammoniac, les nitrates, les acides aminés, les protéines, etc. Dans le monde végétal, les légumineuses (de la sous-famille botanique des Fabaceae, également nommée Leguminosae) jouent un rôle particulier par leur capacité à exploiter l'azote gazeux (en quantité illimitée sous forme N_2 dans l'air ambiant), contrairement aux autres plantes qui ne peuvent utiliser que l'azote minéral, en quantité limitée dans le sol. Elle réalise ceci grâce à une symbiose* avec des bactéries des genres *Rhizobium* ou *Bradyrhizobium*. Elles partagent cette particularité biologique avec quelques autres sous-familles botaniques proches (Cesalpinaceae et Mimosaceae). Quelques rares autres cas de symbiose* permettent l'absorption d'azote gazeux, comme celles avec les bactéries du genre *Azospirillum*.

▸▸ Les légumineuses comme porte d'entrée d'azote symbiotique dans les systèmes

Les cultures de légumineuses fournissent majoritairement des glucides (source d'énergie métabolique) et des protéines (sources d'éléments constitutifs et régulateurs) mais également une panoplie variée selon les espèces des autres éléments (lipides, fibres, éléments minéraux, vitamines) pour l'alimentation des hommes et des animaux. Outre leur rôle dans le cycle de l'azote, la production de légumineuses interagit avec d'autres cycles biogéochimiques comme ceux relatifs au phosphore ou aux xénobiotiques. La présence de légumineuses dans les systèmes de production agricoles concourt à l'augmentation de la diversité fonctionnelle des agroécosystèmes, ce qui est favorable à la biodiversité des paysages et territoires agricoles. Elles contribuent ainsi à plusieurs titres à l'équilibre des systèmes agroécologiques.

Cependant, en Europe, les légumineuses à graines représentent actuellement moins de 2 % des surfaces de grandes cultures alors que les autres continents en comptent 10 à 25 % (avec notamment soja, pois, haricot, arachide). Les surfaces de légumineuses fourragères en culture pure sont également limitées (1 % de la SAU), alors que leur utilisation en association avec des graminées tend à se généraliser dans les prairies temporaires. Cette régression des surfaces de légumineuses, ainsi que celle d'autres cultures mineures, sous le double effet du marché et de la réglementation, est-elle compatible avec l'objectif de durabilité des systèmes ?

L'azote est aussi un élément majeur des enjeux environnementaux. Trois sources sont à l'origine des composés azotés actifs sur la planète : la fixation symbiotique, la production industrielle d'engrais et les processus de combustion. L'encadré 6.1 illustre et quantifie le détail des flux concernés. Actuellement, l'azote présent dans les systèmes agricoles et issu de la fixation symbiotique ne représente que 50 millions de tonnes (Mt) dans le monde, 1 Mt dans l'EU-27 et 0,5 Mt en France (encadré 1.1). La plus grande expérimentation de géo-ingénierie mondiale est la production d'azote réactif* en grande quantité inventée au début du XXe siècle *via* le procédé industriel Haber-Bosch produisant de l'ammoniac et conçu en 1909 par deux chimistes allemands, Fritz Haber et Carl Bosch, qui reste le seul utilisé au monde aujourd'hui. Nécessaire pour répondre à l'augmentation de la population au cours du XIXe siècle, face à laquelle la fixation symbiotique ne suffisait plus (ni les ressources limitées d'azote fossile comme le guano), cette production exponentielle d'azote réactif* a généré un cumul d'effets environnementaux inattendus, notamment en Europe, l'une des principales régions productrices d'azote réactif. La particularité du procédé industriel est de fonctionner à très haute température et sous très hautes pressions pour rompre la triple liaison chimique associant les deux atomes de N de l'azote gazeux et pour permettre la réaction avec l'hydrogène. Ce processus, qui mobilise du gaz naturel comme source d'énergie et d'atomes d'hydrogène, est donc très énergivore puisqu'il faut 2 kg équivalent pétrole pour fixer 1 kg d'azote sous forme d'ammonitrate[4]. En plus de la consommation accrue en énergie non renouvelable, cinq menaces majeures pour la société ont été identifiées par le collectif de l'ENA (*European Nitrogen Assessment*) : qualité de l'eau, qualité de l'air, augmentation de l'effet de serre, écosystèmes et biodiversité (Sutton *et al.,* 2011).

▸▸ Penser au-delà de l'azote

L'azote et les flux azotés ne constituent pas le seul élément à considérer dans une réflexion sur la place des légumineuses dans la durabilité des systèmes de production agricoles et la durabilité des systèmes alimentaires. Il est essentiel de prendre en compte de façon holistique tous les éléments composant les systèmes considérés. Il est souvent entendu que la diversité des composantes d'un système de production en assure la résilience* (capacité à retrouver sa forme initiale après une déformation) ou la robustesse* (capacité à résister à la déformation) (étude Inra pour le CGSP : Inra, 2013). La présence et l'utilisation de légumineuses dans les systèmes agricoles peuvent être analysées à cette aune.

Les défis majeurs de la durabilité des systèmes de production agricoles et des systèmes agroalimentaires sont :
– la production de matières premières en quantité et qualité suffisantes pour assurer la performance* économique et la satisfaction sociale des acteurs de la production et de la transformation, et pour répondre aux attentes des consommateurs ;
– l'efficacité énergétique et la réduction des émissions de gaz polluants ;
– la réduction des produits phytosanitaires et des pertes de phosphore et nitrates ;
– le maintien de la biodiversité au sein des écosystèmes naturels et cultivés ;
– l'amélioration du bilan environnemental des industries de l'aval et de la sécurité des approvisionnements.

---

4. On notera la publication en 2013 des travaux de deux équipes japonaises et d'une équipe chinoise rapportant la découverte d'un nouveau catalyseur, composé organique avec trois atomes de titane, le trihydrure, permettant de casser les trois liaisons du N_2 et la réaction avec l'hydrogène (Shima *et al.,* 2013).

▸▸ Le contexte national et le besoin d'innovations

Le contexte français est une déclinaison nationale d'un cadre réglementaire européen. La production agricole est largement encadrée et coordonnée au niveau communautaire et elle bénéficie d'une politique agricole commune ayant permis le développement, au cours du XXe siècle, d'une agriculture productive et compétitive. Actuellement, les priorités évoluent et la déclinaison nationale se traduit dans le projet agroécologique dénommé « Produire autrement » et dans la loi d'Avenir de l'agriculture, de l'alimentation et de la forêt du 11 septembre 2014. Le projet agroécologique se décline en différents plans, dont certains sont pertinents pour la question des légumineuses. On citera le plan Ecophyto visant à réduire l'utilisation des produits phytosanitaires de synthèse dans la protection des cultures, le plan Semences et Agriculture Durable qui encadre l'orientation de la sélection et de l'inscription de variétés au Registre National et favorise la prise en compte de la dimension environnementale, le plan Ambition Bio visant le développement de l'agriculture biologique sur le territoire national, le plan Abeilles ayant pour objectif de limiter le dépérissement des populations d'abeilles mellifères et plus largement des pollinisateurs et de relancer la production apicole.

Ces plans répondent clairement à des attentes fortes de la société vis-à-vis d'une agriculture productive, capable de produire des produits sûrs et sains à des prix bas, et respectueuse de l'environnement. Ils conduisent également à la mise en place de différentes politiques incitatives françaises, liées à la politique agricole commune et l'articulation entre le Premier et le Second Pilier.

Les relations entre des performances productives et environnementales sont souvent analysées comme une simple opposition entre deux performances antinomiques ou comme un compromis entre deux composantes. Au lieu de penser que la performance productive diminue lorsque la performance environnementale augmente et que le compromis doit être géré par les forces du marché ou les réglementations et politiques publiques, il faut s'interroger sur l'existence éventuelle (ou la possibilité de créer) une relation curvilinéaire convexe. Par exemple, lorsqu'il approche les mécanismes en jeu derrière les flux azotés polluants, un agriculteur comprend très vite que « ce qu'il perd en azote (et qui risque de polluer), il le paye en intrants inutiles et le perd en rendement et en prix de vente », ce qui le conduit à considérer alors la réduction des impacts environnementaux comme une amélioration de l'efficience de son système et de sa compétitivité. De même, si on décide de donner de la valeur (sociétale ou monétaire) à un système qui réduit les dommages environnementaux, alors les performances peuvent augmenter conjointement.

Pour créer ces situations nouvelles, avec des combinaisons novatrices, il faut souligner le besoin impératif d'innovations, définies par l'OCDE en 2005 dans le Manuel d'Oslo. Celles-ci sont non seulement technologiques mais aussi organisationnelles. Elles obligent à des démarches de conception, permettant des innovations incrémentielles ou de rupture. Dans le cas des légumineuses, ces besoins d'innovations concernent à la fois les systèmes de production agricoles et les systèmes alimentaires et agroalimentaires. Si l'innovation est le fait d'amener une nouveauté au marché, la conception d'une nouveauté requiert la mobilisation de savoirs, qu'ils soient académiques et formalisés ou détenus par les agriculteurs et les praticiens.

▸▸ Analyser les spécificités des systèmes avec légumineuses

Cet ouvrage présente et analyse la situation actuelle, en la replaçant dans une évolution historique. Ensuite, il documente le fonctionnement spécifique des légumineuses et analyse les conséquences de leur présence dans les productions végétales et dans les productions animales. Enfin, il décrit les dynamiques qui valorisent ou freinent leur potentiel d'utilisation dans les systèmes agricoles français.

En compilant les connaissances disponibles au niveau national et international, cet ouvrage documente ce en quoi les légumineuses intégrées dans les systèmes agraires et les systèmes alimentaires peuvent contribuer à :
− assurer la fourniture de matières premières agricoles, fourragères ou en graines, sources d'énergie et de protéines ;
− augmenter les rendements agricoles *via* les effets agronomiques et l'ensemble des services écosystémiques apportés par les légumineuses aux cultures qui les suivent ou auxquelles elles sont associées, permettant une meilleure productivité globale par hectare avec moins d'intrants, tout en modulant l'offre des matières premières agricoles ;
− valoriser la voie symbiotique pour faire entrer l'azote dans le système agricole, en évitant notamment les émissions polluantes liées à la fabrication et à l'épandage des engrais azotés industriels, au stockage et l'épandage des effluents d'élevage ou des boues résiduaires industrielles ou urbaines ;
− diversifier les familles de plantes cultivées pour une meilleure régulation naturelle des bioagresseurs, et réduire ainsi le recours aux fongicides et herbicides ;
− assurer l'alimentation du bétail, tant en ce qui concerne la ration de base que la complémentation protéique des rations ;
− diversifier l'offre alimentaire des consommateurs pour varier les sources et valoriser certains atouts santé des produits des légumineuses ;
− valoriser la richesse des terroirs et la diversité culturelle.

Toutes les cultures de légumineuses sont considérées dans cet ouvrage : les légumineuses à graines récoltées à maturité (comme les protéagineux, les légumes secs ou le soja), les légumineuses fourragères (luzerne, trèfle, sainfoin) récoltées ou pâturées, ainsi que toute espèce de légumineuse valorisée au sein d'un couvert végétal même si elle n'est pas récoltée.

Le chapitre 1 donne la photographie de la diversité des espèces utilisées et de la production de légumineuses en France aujourd'hui (en la situant historiquement, au sein de l'Europe et du monde). Ensuite, par un élargissement progressif de l'échelle d'analyse, le déroulé des chapitres suivants décline les éléments de connaissances sur le rôle des légumineuses dans les processus impliqués au sein des systèmes agraires :
− le fonctionnement agrophysiologique de la plante de légumineuses et du couvert végétal (chapitre 2) : les spécificités de la plante liées au cycle de l'azote fixé symbiotiquement et les mécanismes agrophysiologiques spécifiques qui en découlent au sein du couvert végétal ;
− le fonctionnement de la culture de légumineuses et ses services de production au sein des systèmes de production végétale (chapitre 3) ;

– les conséquences zootechniques de l'utilisation de ces matières premières dans l'alimentation des animaux (chapitre 4) ;
– les conséquences de l'utilisation des légumineuses dans l'alimentation humaine et dans l'industrie agroalimentaire ou non alimentaire (chapitre 5) ;
– les impacts environnementaux (positifs ou négatifs) des systèmes agricoles comprenant des légumineuses sur les différents compartiments de l'environnement (chapitre 6) : en quoi les légumineuses modulent la gestion des ressources et des nutriments comme l'azote, les flux des polluants, et les impacts possibles de ces polluants sur l'environnement à différentes échelles d'analyse (du cycle biogéochimique à la planète) ;
– les analyses multi-enjeux et les dynamiques socio-économiques des systèmes incluant les légumineuses (chapitre 7) : évaluation multicritère selon les types de système, analyse des jeux d'acteurs et des dynamiques des systèmes agricoles à l'échelle de l'exploitation agricole, des systèmes agroalimentaires et du territoire.

Ainsi, après avoir apporté les éléments d'analyse pour apprécier le potentiel de ces cultures (chapitres 2, 3, 6 et 7) et de leurs produits (chapitres 4 à 7), sont étudiées les stratégies de déverrouillage (chapitre 7) possibles si l'on veut faire évoluer le système dominant actuel. Il s'agit alors d'identifier des leviers à actionner par les différents acteurs publics et privés du monde agricole et industriel, en s'appuyant sur des opportunités existantes ou en faisant émerger celles qui seraient encore plus incitatives. Des éléments essentiels à retenir sont résumés tout au long de l'ouvrage. La conclusion reprend quelques éléments clés et esquisse des recommandations.

Chapitre 1

Rôle des légumineuses dans l'agriculture française

Anne SCHNEIDER, Christian HUYGHE, Thierry MALEPLATE,
Françoise LABALETTE, Corinne PEYRONNET

Les légumineuses sont des plantes dicotylédones qui appartiennent à la famille botanique des Fabacées[5], qui représente la troisième famille de plante par le nombre d'espèces (à savoir 18 000 référencées), après les composées (Astéracées) et les orchidées. La plupart des légumineuses cultivées appartiennent à une des sous-familles (les *Faboideae* ou *Papilionoideae*) et plus précisément, aux tribus des Fabeae, des Phaseoleae et des Trifolieae. On connaît environ 376 espèces de légumineuses naturelles ou sub-spontanées en France (y compris les légumineuses cultivées en grandes parcelles) soit seulement 2 % de la flore mondiale de légumineuses.

Les légumineuses sont caractérisées par :
– des fleurs papilionacées (en forme de papillon) pour la plupart des espèces cultivées,
– une gousse contenant des graines (la gousse étant le fruit issu de l'ovaire de la fleur),
– et pour la majorité des membres de cette famille, la capacité d'utiliser l'azote atmosphérique (N_2) pour produire ses propres composants protéiques. Cette capacité est permise par la symbiose* avec des bactéries du sol fixatrices de l'azote au sein d'organes spécialisés (les nodules) qui se développent sur les racines (voir p. 79).

Par cette troisième caractéristique, et contrairement aux autres espèces cultivées, la culture de légumineuses n'a en général pas besoin d'apport de fertilisants azotés pour exprimer une croissance optimale, et elle représente une porte d'entrée d'azote symbiotique dans les systèmes de production agricole (encadré 1.1).

---

5. Cette famille, nommée *Fabaceae* (lato sensu) ou *Leguminosae*, comprend 18 000 espèces réparties dans trois sous-familles : sous-famille Caesalpinioideae avec une fleur pseudo-papilionacée ; sous-famille Mimosoideae avec une fleur régulière ; sous-famille Faboideae ou Papilionoideae avec une fleur typique en papillon.

Encadré 1.1. L'azote symbiotique des systèmes agricoles s'élève à 50 millions de tonnes (Mt) dans le monde, 1 Mt dans l'EU-27 et 0,5 Mt en France.

La fixation symbiotique azotée mondiale représente entre 100 et 290 millions de tonnes (Mt) d'azote par an (Cleveland *et al.*, 1999) dont 40-48 Mt d'azote par an fixés par les cultures agricoles (Jenkinson, 2001 ; Peoples *et al.*, 2009), soit 50-70 Mt si on inclut les savanes extensives (14 Mt) (Herridge *et al.*, 2008). À titre de comparaison, la production azotée industrielle réalisée lors de la fabrication d'engrais azotés (par le procédé Haber-Bosch) produit environ 87 Mt d'ammoniac par an (Peoples *et al.*, 2009) soit plus de 105 Mt d'azote par an dans le monde.

Au sein de l'ensemble de l'azote fixé par les cultures agricoles dans le monde, la fixation de N_2 par les légumineuses à graines est estimée à 21 Mt dont 3 Mt de N_2 fixés par les légumineuses riches en protéines (avec par ordre de contribution : pois chiche, haricot, pois, féverole, cornille, lentille pour les principales) et 18 Mt d'azote fixé par les légumineuses riches en huile (dont 16 par le soja et 2 par l'arachide) (Herridge *et al.*, 2008). Le soja représente ainsi les 2/3 de la quantité de N_2 fixée par les légumineuses à graines dans le monde. La quantité fixée par les légumineuses fourragères serait dans la fourchette de 12 à 25 Mt (Herridge *et al.*, 2008).

Pour l'EU-27, en 2000, la fixation symbiotique des cultures agricoles fait entrer 1 Mt d'azote par an dans le cycle de l'azote réactif*, en plus des 0,3 Mt dus à la fixation symbiotique des milieux naturels (*via* les légumineuses sauvages, les bactéries libres des sols ou les cyanobactéries dans les océans), et à côté des 11 Mt d'azote apportés par les engrais industriels azotés (Nitrogen European Assessment, 2011) (figure 1.1).

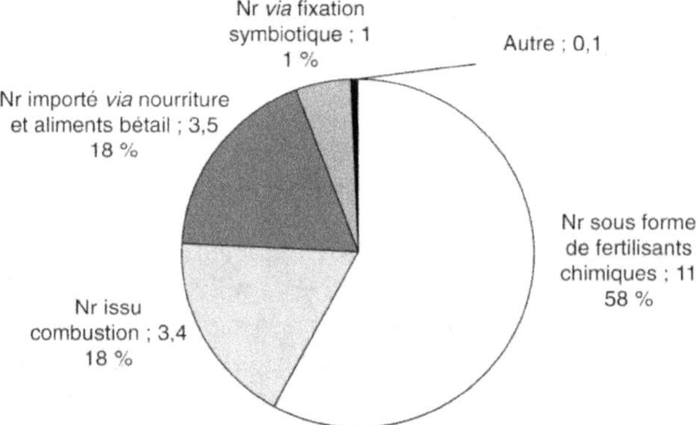

Figure 1.1. Estimation de l'azote réactif (en Mt N/ha) créé en Europe en 2000, d'après les experts du « Nitrogen European Assessment ». D'après les données de Sutton *et al.*, 2011.

En France, on peut estimer à 0,52 Mt l'apport d'azote par la fixation symbiotique des légumineuses dans les cultures agricoles (prairies, fourrages et protéagineux) en 2010, quantité à laquelle il convient d'ajouter 260 000 t en provenance du soja importé, le tout à comparer aux 2,1 Mt d'engrais chimiques azotés utilisés en France en 2009 (Duc *et al.*, 2010) comme résumé dans le tableau 1.1.

.../...

— .../... —

Tableau 1.1. Estimations de l'azote fixé entrant dans l'agriculture française *via* la symbiose en 2010.

	Azote fixé (Mt)
Prairies artificielles (espèce dominante : luzerne)	0,08
Prairies temporaires en association	0,07
Prairies permanentes (dont 0,135 Mt N fixé par les prairies permanentes)	0,32
Sous-total 1 : Fourrages produits en France	*environ 0,5*
Soja produit en France (données 2009)	0,003
Protéagineux produits en France (pois, féverole, lupins) :	0,05
Sous-total 2 : Légumineuses à graines produites en France	*0,053*
Total de l'azote fixé par l'agriculture en France *via* la symbiose	**0,52**
Protéines de soja entrant dans l'alimentation animale française (importées)	0,26

Ces quantités d'azote fixé sont à mettre en perspective avec d'une part, des quantités d'azote et de protéines produites et consommées en France et, d'autre part, des enjeux environnementaux pour lesquels l'azote symbiotique peut être un levier :

− la production des protéines sur les surfaces de grandes cultures en France est estimée à 9 Mt en 2011. Cette production représente un équivalent azote de 1,5 Mt. Les céréales contribuent pour près de 75 % à la production des protéines issues des grandes cultures, suivies des oléagineux pour environ 20 %, et seulement 5 % des protéines sont issues des légumineuses ;

− les pertes d'azote sont majoritairement liées à des mécanismes de lessivage et d'émissions gazeuses (notamment de N_2O, gaz à effet de serre majeur dans la contribution de l'agriculture), pour lesquelles les intrants azotés agricoles sont les sources majoritaires actuellement (chapitre 6).

Dès les premiers temps de l'agriculture, les agriculteurs ont sélectionné des légumineuses, d'abord pour se nourrir (lentille, pois sec, fève et pois chiche puis soja, haricot, lupin, arachide, etc.), puis pour nourrir leur bétail avec des espèces fourragères (luzerne, trèfles, sainfoin, vesce, etc.). Plus récemment, les agriculteurs et les industries de l'approvisionnement ont adapté et transformé industriellement certaines espèces pour intensifier la production du cheptel (tourteau de soja, graines de protéagineux, etc.).

Au niveau mondial, le soja est largement prépondérant au sein des légumineuses à graines, la luzerne est la principale espèce de légumineuses fourragères cultivées en culture monospécifique, et le trèfle blanc occupe les surfaces les plus importantes au sein des prairies multi-spécifiques.

Aujourd'hui, même si les réglementations européennes distinguent cinq types de légumineuses (encadrés 1.2), deux grandes catégories sont couramment utilisées : les légumineuses fourragères et les légumineuses à graines.

Encadré 1.2. À propos de la nomenclature des légumineuses cultivées.

La délimitation botanique des espèces de légumineuses est relativement claire et consensuelle (hormis parfois de la synonymie de noms latins pour certaines espèces comme *Vigna unguiculata*), avec peu d'hybrides interspécifiques et les caractères morphologiques visuels bien distinctifs. Cependant, la nomenclature des légumineuses cultivées apparaît foisonnante, si ce n'est confuse, notamment dans le cas des légumineuses à graines. Le nombre d'espèces cultivées est pourtant du même ordre que celui de la famille des graminées par exemple, qui ont aussi des usages variés (graines et fourrage, alimentation humaine et animale). Mais la complexité des termes vernaculaires des légumineuses à graines cultivées trouve son origine dans quelques particularités :

– les légumineuses sont aussi utilisées en légumes frais contrairement aux graminées. Ce sont les graines ou gousses immatures qui sont récoltées en vert, ou graines germées : « petit pois », « pois de conserve », « pois potager », « pois mangetout », « pousses de haricot mungo ». Même s'il s'agit des mêmes espèces comme pour le pois (*Pisum sativum*), ces filières spécifiques ne sont pas couvertes par cet ouvrage[6] ;

– les légumineuses récoltées à maturité (graines sèches) sont utilisées en alimentation humaine et animale (comme le blé) mais les appellations ont été déclinées au sein de chaque segment (contrairement au blé pourtant également utilisé pour divers usages). Par exemple, selon le débouché du même pois récolté à maturité physiologique, on parle de « pois sec », « pois protéagineux », « pois jaune », « pois cassé » ou « pois de casserie », « pois fourrager »[7] suivant les cas (le « pois chiche », lui, est une espèce différente) ;

– il existe une grande diversité des couleurs et des formes des graines (alors que la composition est relativement homogène en particulier dans le grand groupe des « légumes secs »). Ainsi les graines de haricot (*Phasolus vulgaris)* sont-elles appelées « haricot blanc », « mogette », « lingot », « flageolet », « chevrier vert » (mais pas « haricot vert », qui désigne les gousses immatures non couvertes par cet ouvrage), « haricot rouge », « haricot noir »... ;

– la diversité culturelle au niveau international, avec une habitude d'utiliser des termes génériques « pois », « haricot », ou « soja », comme racine pour d'autres espèces. Ainsi le mungo (*Vigna radiata*) devient « haricot mungo » ou « soja vert » suivant les continents, et il prend même l'appellation erronée de « germes de soja ». Les graines de *Vigna unguiculata* sont appelées « soja rouge » quand elles sont rouges (et alors difficiles à distinguer du Azuki, *Vigna angularis*), « Niébé »

.../...

---

6. Remarquons que cet ouvrage ne couvre pas les filières des légumineuses qui sont récoltées avant la maturité des graines et qui sont destinées uniquement à l'alimentation humaine (gousses et graines immatures riches en eau) : les pois potagers, les haricots verts, les fèves fraîches, etc. Leur production est soit jardinière (jardins individuels), soit menée en plein champ avec contractualisation industrielle pour les industries de la surgélation ou de la conserverie. Il s'agit des mêmes espèces mais la sélection a donné des variétés inscrites différenciées de leurs homologues en sec et leur culture fait souvent partie de systèmes de production différents.

7. Le terme « pois fourrager » est particulièrement ambigu : au niveau de la production, il désigne les pois de grande taille et à fleurs colorées, souvent récoltées en plante entière, par opposition au « pois protéagineux » pour les variétés courtes et à fleurs blanche. Mais au niveau de la commercialisation, les graines de pois protéagineux sont désignées par le terme « pois fourrager » quand elles sont vendues en alimentation animale, par analogie avec « blé fourrager », et par opposition à « pois jaune » ou « pois vert » pour les mêmes graines quand elles sont vendues en alimentation humaine.

— .../... —

ou « pois vache » en Afrique francophone pour les graines brunes, et « Cornille » ou « haricot à œil noir » pour les graines blanches à hile noir. Le lablab (*Lablab purpureus*) est généralement appelé « haricot de Vaal » ou « dolique »... La situation est tout à fait symétrique en anglais, avec en plus les variantes américaines : ainsi le terme *field bean* désigne la féverole au Royaume-Uni mais le haricot commun aux États-Unis et au Canada !

Enfin, les réglementations française et européenne viennent ajouter une couche de complexité, en créant des groupes de légumineuses qui n'ont pas le même sens suivant les contextes. Par exemple, le terme « protéagineux » désigne un groupe de 5 espèces (pois, féverole, et 3 espèces de lupin) dans la réglementation européenne. Mais il désigne parfois l'ensemble des légumineuses à graines hors soja (il est alors synonyme de « légumes secs » ou de *pulses* en anglais) ou toutes les légumineuses à graines y compris le soja.

Cette complexité pose parfois problème dans les publications techniques et scientifiques (ambiguïté sur les espèces couvertes par une appellation) et également dans les statistiques internationales avec des regroupements à géométrie variable de plusieurs espèces (pour la FAO et les codes de nomenclatures douanières français, le terme haricot regroupe les *Phaseolus* et la plupart des *Vigna* sauf la cornille et voandzou).

Il est donc recommandé d'utiliser les termes vernaculaires indiqués dans les tableaux 1.3 et 1.4 et de bien préciser les espèces concernées pour éviter les ambiguïtés lorsqu'un terme générique est utilisé.

Les légumineuses fourragères sont cultivées pour utiliser l'ensemble de la partie aérienne de la plante (avec en particulier des feuilles riches en protéines) afin de nourrir les animaux — principalement des ruminants — soit par pâturage, soit après conservation du fourrage (foin, ensilage, déshydratation), ou parfois pour des utilisations industrielles (biomasse pour la production d'énergie ou de biomatériaux, plus rarement pour des ingrédients en agroalimentaire). À l'échelle mondiale, de nombreuses autres espèces de légumineuses fourragères, annuelles ou pérennes sont cultivées, car adaptées à la diversité des conditions de sol et de climat. Les principales légumineuses fourragères cultivées en France sont la luzerne, le trèfle blanc, le trèfle violet, le sainfoin et le lotier corniculé.

Les légumineuses à graines sont cultivées principalement pour leurs graines qui sont récoltées à maturité[6] et qui sont riches en amidon ou lipides (sources d'énergie pour le métabolisme) et en protéines (sources d'éléments constitutifs des organismes). Elles sont principalement utilisées pour l'alimentation animale et humaine. Il y a plus de quarante espèces et d'innombrables variétés de légumineuses à graines cultivées dans le monde avec des types tempérés et des types tropicaux selon les régions de cultures. L'adaptation au contexte pédoclimatique fait que le pois, la féverole et les lupins se sont davantage développés dans le Nord de l'Europe et de la France tandis que les vesces, les pois chiches et le soja se sont développés surtout dans le Sud de l'Europe et de la France. Les haricots, les lentilles et les pois chiches sont des cultures plus minoritaires en France et souvent davantage liées à des bassins de production privilégiés ou à des productions sous appellations.

De plus, les légumineuses peuvent être utilisées sans usage marchand ni exportation de la parcelle, dans les couverts associés et dans la plupart des cultures intermédiaires. Les légumineuses sont alors un intrant dans les systèmes de productions végétales mais ne sont pas récoltées.

Derrière leur point commun lié à la fixation azotée symbiotique, les légumineuses présentent une certaine diversité dans le paysage agricole français, comme d'ailleurs de nombreuses familles de matières premières agricoles (telles que les céréales). Afin de présenter l'ensemble des légumineuses françaises, nous allons examiner cette diversité sous ses différents aspects au cours des sous-parties suivantes, selon :

– le mode d'exploitation dans les systèmes de productions végétales (récoltée ou non, seule ou en mélange, annuelle ou pluriannuelle, etc.) ;

– la diversité génétique (interspécifique et intra-spécifique) dont celle liée à la longueur du cycle végétatif (dates de semis variées, au printemps, en automne ou en hiver en fonction des variétés et des régions) influençant les systèmes de culture ;

– l'historique et la variabilité des surfaces et volumes produits en France et en Europe ;

– la diversité des produits principaux récoltés et valorisés (commercialisés ou intrants d'un autre atelier de production).

▸▸ Mode d'exploitation des légumineuses dans les systèmes de production

Dans le cadre de cet ouvrage, la principale clé d'entrée utilisée repose sur la façon dont les légumineuses sont exploitées au sein des systèmes agricoles français (tableau 1.2) : plantes non récoltées, ou cultures de rente, parmi lesquelles on distingue celles exploitées pour leurs graines de celles utilisées pour leur biomasse fourragère (parties aériennes dans leur ensemble). Les prairies permanentes sont un cas particulier d'utilisation des légumineuses fourragères.

Nous définissions la légumineuse en culture de rente comme une plante de légumineuse semée, cultivée et utilisée au terme de son cycle de croissance (jusqu'à la maturité physiologique) pour être valorisée économiquement : ce sont ses parties aériennes (plante entière ou graines seules, ou graines et pailles séparément) qui font l'objet d'une transaction (vente ou échange) avec des tiers, ou qui sont utilisées sur place en intrants d'un autre atelier de l'exploitation agricole (fourrage ou pâture ou graines ensilées pour l'atelier animal en général). Elle est cultivée soit seule, c'est-à-dire en culture « pure » (peuplement monospécifique), soit dans une association de cultures (peuplement plurispécifique).

La finalité première d'une culture de rente est donc un service « d'approvisionnement » (alimentation), même si la plante peut aussi apporter des services « de support » et « de régulation » par ailleurs (voir services écosystémiques*), alors que la plante non récoltée apporte uniquement des services de support et de régulation. Elle fait alors partie de l'itinéraire technique d'une autre culture de rente.

Tableau 1.2. Les principales espèces cultivées selon les modes de gestion de la plante dans les systèmes et selon les types de valorisation de leurs produits (non compris les usages en grains et gousses immatures, non abordés dans cet ouvrage).

	Légumineuses non récoltées semées seules ou en mélange. Ce sont des couverts d'interculture (appelé couramment culture intermédiaire*) ou des couverts* accompagnant une culture de rente	Légumineuses à graines plantes récoltées après avoir été semées en culture monospécifique ou en association	Légumineuses fourragères et prairiales plantes semées en monospécifique ou en association, puis fauchées ou pâturées (ou espace naturel)
Principales espèces concernées	Pois, vesces, lentille, féverole, lupins, trèfles, gesses	Pois, féverole, soja, lupins, lentille, pois chiche, haricot	Luzerne, trèfles, vesces, sainfoin, lotier, pois
Produit principal	Un ou plusieurs services écosystémiques de la plante non récoltée (pas de valeur marchande), notamment couverture du sol, intrant pour les autres productions végétales, services de régulation des bioagresseurs, etc.	Graines ou ingrédients issus des graines	Partie aérienne dans son ensemble, pâturée ou plus ou moins transformée après fauche : séchée, ensilée, déshydratée, extraits éventuellement (dans le cas de la luzerne)
Principal débouché visé	Pas de valorisation économique (en général) en dehors de la parcelle. Parfois, usage en fourrage	Alimentation animale ou humaine (et très minoritairement usage non alimentaire)	Alimentation animale (ou, très rarement, industrie alimentaire ou non alimentaire)

Légumineuses exploitées

Légumineuses à graines récoltées en cultures de rente dans la succession culturale

Il s'agit des protéagineux, du soja ou des légumes secs, qui sont des cultures annuelles (parfois dérobées) récoltées principalement pour leurs graines (à maturité avec 14 à 18 % d'humidité) riches en protéines pour une utilisation en alimentation humaine ou animale, en général en complément des céréales.

En Europe et en France, la plupart sont des espèces d'origine méditerranéenne, sauf le soja, légumineuse de type tropical, originaire d'Extrême-Orient et le haricot, originaire du continent américain. Les principales espèces sont : le pois (*Pisum sativum*), les féveroles (*Vicia faba*) et les lentilles (*Lens culinaris*) de la tribu botanique Fabeae (ou Vicieae), le soja (*Glycine max*) et le haricot commun (*Phaseolus* spp.) de la tribu Phaseoleae, ainsi que les lupins (*Lupinus* spp.) de la tribu des Genisteae et les pois chiches (*Cicer arietinum*) des Cicereae. La domestication a sélectionné des formes annuelles, à grosses graines peu dormantes, à gousses indéhiscentes. La sélection a favorisé les variétés et populations dépourvues de facteurs antinutritionnels (mis à part le soja), à tiges plus courtes et moins sensibles à la verse que les formes sauvages.

Légumineuses fourragères en culture de rente

Ce sont majoritairement des espèces pérennes mais elles peuvent s'intégrer dans des rotations de cultures de rente, avec un temps de culture s'étalant sur 2 à 5 ans. Elles sont cultivées en peuplement monospécifique (cultures « pures ») dans les prairies dites alors « artificielles » dans la réglementation française (voir p. 57), ou en association, c'est-à-dire un mélange d'une ou plusieurs légumineuses et de graminées fourragères pérennes (prairies « temporaires »).

Récoltées en plantes entières (stade immature), elles sont valorisées après séchage ou ensilage, voire après séchage industriel (déshydratation). Elles sont directement utilisées sur l'exploitation la plupart du temps mais peuvent également être vendues ou faire l'objet d'échange entre exploitations. Il s'agit de la luzerne (*Medicago sativa*), des trèfles (*Trifolium* spp), du sainfoin (*Onobrychis*), du lotier (*Lotus* spp). Certaines espèces annuelles sont également utilisées : la vesce commune (*Vicia sativa*), le pois fourrager (*Pisum* spp), etc.

Légumineuses fourragères pâturées par les animaux

Il s'agit de cultiver des légumineuses dans les prairies au sein des systèmes avec élevage :
– soit en sursemant des légumineuses dans les prairies permanentes,
– soit en semant des mélanges simples ou complexes associant une ou plusieurs graminées, une ou plusieurs légumineuses, et éventuellement d'autres dicotylédones.

Avec une faible dépendance aux ressources en azote minéral du sol et ayant développé des mécanismes d'adaptation à la concurrence pour la lumière, beaucoup d'espèces de légumineuses sont adaptées à la prairie et au pâturage où elles subissent défoliation fréquente et piétinement (trèfle blanc, luzerne lupuline, etc.). Cependant, si la fertilisation est trop forte, les légumineuses ont tendance à disparaître des peuplements mixtes de la prairie. Ainsi, l'intensification a incité à développer des prairies semées en légumineuses en culture pure (prairies artificielles). Ces prairies, et également celles associant légumineuses et graminées, sont alors insérées dans des rotations à dominante céréalière, et ne sont plus pâturées mais récoltées, comme expliqué précédemment.

Culture monospécifique ou cultures en association

Les légumineuses à graines et fourragères (présentées précédemment) peuvent être cultivées en peuplement monospécifique ou en association avec d'autres plantes non-légumineuses.

L'association de cultures est « la culture simultanée d'au moins deux espèces sur la même parcelle pendant une partie significative de leur développement » (Willey, 1979). Sont souvent associées une espèce de légumineuse à une graminée (cultures fourragères de type méteil comme pois-blé, pois-triticale, ou associations prairiales comme luzerne-dactyle, trèfle blanc–ray-grass anglais, etc.). L'association de cultures peut être arrangée de façon aléatoire dans la parcelle (*mixed intercropping*), en rangs alternés (*row intercropping*), ou spatialement en bande (*strip intercropping*), ou en relais (*relay intercropping*), c'est-à-dire avec des cycles décalés : semis et/ou récolte non simultanés (Andrews et Kassam, 1976).

L'association peut être récoltée en grains, en foin après séchage ou en ensilage, et répondre à plusieurs objectifs de production : fourrage à forte biomasse de bonne qualité avec peu d'intrants, céréale avec moins d'intrants azotés, protéagineux sans les difficultés rencontrées en culture pure.

Légumineuses non récoltées

Lorsqu'elles ne sont pas récoltées, les légumineuses font partie des cultures intermédiaires présentes entre deux cultures de rente, ou des couverts accompagnant une culture de rente, ceci correspondant à des développements agronomiques récents. Comme les cultures de rente, la technique des associations d'espèces est possible pour les plantes non récoltées : on parle alors de mélange d'espèces.

De nombreuses variantes de gestion du système de culture* sont possibles en semant la ou les légumineuses non récoltées soit dans la culture précédente (couvert permanent ou mulch vivant), soit pendant la période de l'interculture et en la détruisant pendant l'hiver, à la récolte de la culture de rente ou dans la culture qui suit, etc. (voir chapitre 3).

Les trèfles annuels (incarnat, de Perse, d'Alexandrie), les vesces (commune et velue), le fenugrec (*Trigonella foenum-graecum*), la séradelle (*Ornithopus sativus*), la gesse, et certaines légumineuses à graines font partie des espèces les plus utilisées.

« Culture intermédiaire » (CI) ou couvert intermédiaire

Il s'agit de l'implantation d'un couvert végétal pendant la période d'interculture, mono-espèce ou pluri-espèce (mélange d'espèces, incluant souvent une ou des espèces de légumineuses), avec l'objectif premier de couvrir et/ou d'enrichir le sol. Le couvert est en général détruit soit naturellement (en choisissant des plantes gélives, détruites par le gel), soit par destruction chimique ou mécanique. En général, il s'agit de plantes à usage non marchand mais parfois certaines peuvent être utilisées (vente, méthanisation ou utilisation autre que celui d'apport de matière organique sur la parcelle par enfouissement).

Pour les CI avec légumineuses, plusieurs services écosystémiques « de support » et/ou de « de régulation » sont recherchés :
– simple couverture du sol (protection de l'érosion, prévention du risque de lixiviation du nitrate, concurrence aux adventices), notamment pendant la période d'interculture,

– enrichissement du sol en éléments minéraux, notamment pour accroître l'entrée d'azote issu de la fixation symbiotique, et avoir un effet engrais vert sur la nutrition azotée de la culture suivante et un stockage d'azote organique dans le sol (lorsque la plante est enfouie pour fertiliser la culture suivante, on parle d'engrais vert),
– culture intermédiaire piège à nitrate (CIPAN), pratique qui fait l'objet d'une réglementation spécifique dans les zones vulnérables : piéger l'azote minéral du sol pendant la période de drainage permet d'éviter la lixiviation du nitrate.

Réglementairement, dans les zones vulnérables définies par la directive « nitrates », les légumineuses sont autorisées dans l'interculture sous forme de mélange avec d'autres espèces (avoine, moutarde, phacélie, tournesol...), et seules certaines régions autorisent l'implantation en pur (pois, féverole, trèfle, vesce, lentille...). Du point de vue agronomique, le mélange de légumineuses avec des non-légumineuses est conseillé car il permet de concilier intérêts agronomiques et environnementaux, avec plus d'efficacité notamment pour le prélèvement de l'azote et le contrôle des adventices. Cette préconisation tend à se répandre pour gérer l'interculture, notamment pour éviter l'effet de préemption d'azote de la CI qui peut induire une réduction de la disponibilité en azote pour la culture principale suivante.

Couvert accompagnant une culture de rente

Il s'agit du couvert végétal qui est semé et cultivé en étant associé à une culture de rente pendant une partie restreinte de cycle de croissance de celle-ci, mais qui n'est pas récolté[8].

Le couvert disparaît soit parce que c'est une plante à cycle très court (utilisation de la sénescence naturelle pour son élimination), soit parce qu'il est détruit naturellement sous l'effet du gel (en choisissant des plantes gélives), soit par destruction chimique ou mécanique. La finalité première du couvert associé est la prestation d'un service écosystémique dit « de support » ou « de régulation ». Parmi les situations rencontrées, on peut citer féverole ou lentille ou gesse associée à la culture de colza ; trèfles annuels + carotte porte-graines.

> **À retenir. Trois grands modes d'exploitation des légumineuses dans les systèmes agricoles.**
>
> Le mode d'exploitation des légumineuses dans les systèmes agricoles permet de distinguer trois catégories :
> – les légumineuses à graines (pois, féverole, lupins, soja, lentille, pois chiche, haricots) : exploitées en rotation culturale prioritairement pour leurs graines riches en protéines et en amidon, en plus de leurs services écosystémiques de soutien et de régulation, en culture monospécifique (cas le plus répandu) ou en association avec des non-légumineuses ;

---

8. Le couvert qui est associé à une culture de rente est parfois appelé « culture compagne d'une culture de rente » en traduction littérale du mot anglais *companion crop* ou alors « plante de service » (c'est en effet sa finalité principale, mais ce terme peut être ambigu car les cultures de rente apportent aussi des services, en premier le service d'approvisionnement, et parfois, notamment dans le cas des légumineuses, d'autres services écosystémiques).

– les légumineuses fourragères et prairiales : exploitées par fauche ou/et pâturage, pour la production de biomasse et l'apport de services écosystémiques ; majoritairement pérennes, elles peuvent s'intégrer dans des rotations de cultures de rente, avec un temps de culture s'étalant sur 2 à 5 ans, soit en culture monospécifique dans les prairies dites « artificielles » (comme la luzerne, le trèfle violet ou le sainfoin), soit en association avec des non-légumineuses (graminées le plus souvent) dans les prairies dites « temporaires » bi- ou multi-spécifiques ou des prairies de plus de 6 ans dites « permanentes » ;

– les légumineuses non récoltées (pois, vesce, lentille, féverole, lupins, trèfles, gesses) : exploitées uniquement pour des services écosystémiques de soutien et de régulation, en cultures intermédiaires (présentes entre deux cultures de rente) souvent en mélange avec des non-légumineuses, ou en couverts associés à une culture de rente qui ont des durées de croissance de quelques mois ou de plus d'un an.

Les deux premières catégories correspondent aux cultures de rente, c'est-à-dire aux cultures valorisées économiquement (vente, échange, alimentation de l'atelier animal de l'exploitation…), apportant donc un service écosystémique* « d'approvisionnement » (alimentation) en plus d'autres services potentiels « de support » et « de régulation » alors que la troisième catégorie fournissant uniquement services de support et de régulation correspond à des éléments de l'itinéraire technique des autres cultures de rente.

⏩ Espèces de légumineuses et variabilité génétique utilisée

Les légumineuses à graines ont été parmi les premières espèces domestiquées dans le croissant fertile. On retrouve encore certains restes archéologiques vieux de 12 000 ans. La Rome antique a laissé dans ses écrits des témoignages de l'utilisation de fèves, lentille et pois dans les régimes alimentaires. Le lupin était utilisé après trempage pour éliminer amertume et alcaloïdes[9], l'eau de trempage des graines étant exploitée pour ses vertus thérapeutiques du fait de sa richesse en alcaloïdes. En fourragère, la luzerne a été introduite en Europe par les conquérants arabes qui l'utilisaient comme fourrage pour les chevaux.

Sur le plan botanique, la tribu des Vicieae (pois, fèves, lentilles, vesces, gesses), des Trifoloeae (luzernes, trèfles, mélilots), des Cicereae (pois chiche) et les lupins (*Lupinus albus, angustifolius* ou *luteus*) autres que le lupin changeant, sont proches et fréquemment originaires du croissant fertile. En revanche, les espèces de la tribu des Phaseoleae sont originaires de Chine (soja) ou d'Amérique (haricots), celles de la tribu des Vigna originaire d'Afrique et d'Asie, et le lupin changeant (*L. mutabilis*) d'Amérique latine (issu d'un large continuum d'espèces réparties de l'Alaska à la Terre de Feu).

Les tableaux 1.3 et 1.4 donnent un aperçu des principales espèces des légumineuses cultivées.

---

9. Métabolites secondaires, dérivés des acides aminés, que l'on trouve principalement chez les végétaux et ayant un caractère toxique ou une activité pharmacologique (analgésique, hypnotique ou anticancéreuse).

Tableau 1.3. Principales espèces de légumineuses à graines cultivées dans le monde. Espèces toutes annuelles, à graines relativement grosses : PMG 50 à 600 g (800 à 2 000 g pour fèves et haricot de lima, 30 à 40 pour le fénugrec) cultivées principalement pour leurs graines, parfois aussi comme fourrage pour les ruminants, ou comme plantes de service. Source : Unip.

Type / composition[a]	Origine géographique	Nom français	Nom anglais	Nom scientifique	Production mondiale[b] (Mt)	Autres usages que graines sèches (entières, décortiquées ou en farine)
Graines riches en amidon (40-52 %) et en protéines (22-32 %)	Méditerranéenne (culture d'hiver-printemps)	Pois chiche	*Chickpea*	*Cicer arietinum*	~ 10	rarement : gousses et graines immatures
		Pois	*Pea*	*Pisum sativum*	~ 10	gousses et graines immatures (pois mangetout et petit pois), fourrage
		Féverole – Fève	*Faba bean*	*Vicia faba*	~ 4,5	gousses et graines immatures
		Lentille	*Lentil*	*Lens culinaris*	~ 3	
		Gesse	*Grass pea*	*Lathyrus sativus*	~ 0,5	fourrage pour les ruminants
		Vesce commune	*Common vetch*	*Vicia sativa*	~ 0,5 ?	fourrage pour les ruminants
		Fénugrec	*Fenugreek*	*Trigonella foenum graecum*	< 0,5 ?	épice (curry), tisane, plante compagne
		Vesce ervilia	*Bitter vetch*	*Vicia ervilia*	< 0,5	fourrage pour les ruminants
	Tropicale (culture d'été)	Haricot commun	*Common bean*	*Phaseolus vulgaris*	15 à 20 ?	gousses immatures (haricot vert)
		Pois Cajan	*Pigeon pea*	*Cajanus cajan*	~ 3	
		Cornille - Niébé	*Cowpea*	*Vigna unguiculata*	3 à 4	
		Mungo	*Mung bean*	*Vigna radiata*	3 à 4 ?	grains germés (« germes de soja »), fourrage
		Urid	*Urd bean*	*Vigna mungo*	peu de données statistiques : de l'ordre de 1 à 2 Mt pour chaque espèce ?	
		Azuki	*Azuki bean*	*Vigna angularis*		
		Haricot de Lima	*Lima bean*	*Phaseolus lunatis*		
		Haricot d'Espagne	*Runner bean*	*Phaseolus coccineus*		
		Lablab	*Val bean*	*Lablab purpureus*		

Type / composition[1]	Origine géographique	Nom français	Nom anglais	Nom scientifique	Production mondiale[2] (Mt)	Autres usages que graines sèches (entières, décortiquées ou en farine)
	Tropicale (culture d'été)	Kulth	*Kulth*	*Macrotyloma uniflorum*	~ 1	
		Voandzou-Pois bambara	*Groundbean*	*Vigna subterranea*	~ 0,6	gousse souterraine
		Moth - Haricot papillon	*Moth bean*	*Vigna aconitifolia*	< 0,5	
Graines riches en protéines (34-42 %), fibres (30-40 %) et huile (6-10 %)	Méditerranéenne (culture d'hiver-printemps)	Lupin à feuilles étroites (ou lupin bleu)	*Narrowleaf lupin*	*Lupinus angustifolius*	~ 1	
		Lupin blanc	*White lupin*	*Lupinus albus*	~ 0,1	
		Lupin jaune	*Yellow lupin*	*Lupinus luteus*	~ 0,1	
Graines riches en huile (19-44 %) et en protéines (27-40 %)	Tropicale (culture d'été)	Soja	*Soybean*	*Glycine max*	~ 300	graine non consommée en l'état mais triturée (huile+tourteau) ou chauffée (toastée) ou fermentée (tofu)
		Arachide	*Groundnut*	*Arachis hypogaea*	~ 24	graine consommée en l'état (grillée) ou triturée (huile + tourteau)
		Haricot ailé	*Winged bean*	*Psophocarpus tetragonolobus*	peu de données : ~ 1 Mt ?	gousses et graines immatures, tubercules, feuilles et jeunes pousses

[a] Plage de variation indicative, en % de la matière sèche (teneur en eau standard de la graine : 14 %) ; [b] Production mondiale approximative actuelle (2010-2014).

Tableau 1.4. Légumineuses fourragères inscrites au catalogue européen. Espèces toutes à petites graines (PMG < 50 g), sauf *Vicia sativa*, toutes d'origine eurasiatique de climat méditerranéen ou tempéré. Le caractère annuel ou pluriannuel de la plante a des conséquences fortes sur le mode d'exploitation de la culture. Le nombre de variétés inscrites donne une indication de la dynamique de création variétale et du marché en Europe.

Nom français	Nom anglais	Binôme latin	Synonymes et inclusions	Pérennité	Nombre variétés UE[a]
Luzerne	*Lucerne, Alfalfa*	*Medicago sativa* et *M. × varia*		Pérenne	391
Trèfle violet	*Red clover*	*Trifolium pratense*	Trèfle des prés	Pérenne	215
Trèfle blanc	*White clover*	*Trifolium repens*	Trèfle rampant	Pérenne	139
Vesce commune	*Common vetch*	*Vicia sativa*		Annuelle	137
Trèfle d'Alexandrie	*Berseem*	*Trifolium alexandrinum*		Annuelle	36
Trèfle incarnat	*Crimson clover*	*Trifolium incarnatum*		Annuelle	36
Lotier corniculé	*Birdsfoot trefoil*	*Lotus corniculatus*		Pérenne	30
Sainfoin		*Onobrychis viciifolia*		Pérenne	28
Vesce velue	*Hairy vetch*	*Vicia villosa*	Vesce de Cerdagne	Annuelle	27
Trèfle de Perse	*Persian clover*	*Trifolium resupinatum*	Trèfle résupiné	Annuelle	25
Trèfle hybride	*Alsike clover*	*Trifolium hybridum*		Pérenne	18
Sainfoin d'Espagne	*Sulla*	*Hedysarum coronarium*	Hédysarum à bouquet, Sainfoin d'Italie	Pérenne	8
Luzerne lupuline	*Trefoil*	*Medicago lupulina*	Minette	Annuelle	4
	Sand lucerne	*Medicago × varia*	*Medicago sativa* nsubsp *varia*	Pérenne	4
Vesce de Hongrie	*Hungarian vetch*	*Vicia pannonica*	inclus *Vicia purpurescens*, vesce de Pannonie	Annuelle	3
Fénugrec	*Fenugreek*	*Trigonella foenum-graecum*		Annuelle	2
Galega d'Orient	*Fodder galega*	*Galega orientalis*		Pérenne	1

[a] Inscrites au catalogue européen en 2013.

Pois, féverole et lupin

Le terme « protéagineux », propre à la réglementation européenne, a été créé dans les années 1970, par analogie avec le terme « oléagineux » pour désigner les pois (*Pisum* spp), féveroles (*Vicia faba* spp) et lupins (*Lupinus* spp) doux[10] destinés à être utilisés en alimentation animale.

Dans l'usage courant, le terme « protéagineux » regroupe l'ensemble des espèces cultivées jusqu'à maturité de la graine, quelles que soient leurs utilisations (par exemple le pois protéagineux désigne tous les pois à fleurs blanches de l'espèce *Pisum sativum,* que les graines soient ensuite utilisées en alimentation animale ou en pois de casserie). Même si les utilisations en alimentation animale sont historiquement majoritaires en volume, les débouchés en alimentation humaine et en non alimentaire existent et représentent une part plus ou moins importante de la production selon les années. Les différentes utilisations sont détaillées p. 61.

La diversité des formes d'utilisation, des couleurs de graines, a généré une nomenclature parfois confuse[11], d'autant que les pois et féveroles peuvent aussi être récoltés à un stade immature, en graines ou gousses fraîches, dont la composition est très différente et l'utilisation strictement limitée à la consommation humaine comme légume. Par exemple, le pois protéagineux se distingue du « pois potager » (ou « petit pois » ou « pois de conserve ») par le stade de récolte : ce dernier est récolté à un stade immature, juste avant que les grains ne commencent à se remplir d'amidon et de protéines.

Les protéagineux sont des légumineuses annuelles à cycle court et à grosses graines. Ce sont principalement des cultures de printemps semées entre février et mars (ou entre novembre et janvier dans le sud de la France) et récoltées quand les graines sont à maturité entre juillet et septembre. Il y a également des variétés dites d'hiver, semées à l'automne et récoltées une quinzaine de jours plus tôt que leurs homologues (de type printemps).

La teneur en protéines des protéagineux est un objectif constant pour l'amélioration variétale, avec un seuil éliminatoire (de − 6 % de la moyenne des témoins) lors de l'inscription au catalogue français des variétés de chacune des espèces (pois, féverole, lupin blanc).

Le progrès génétique du pois

En France, 80 % des surfaces de pois protéagineux sont implantées avec des types printemps. Du fait de la jeunesse de l'amélioration variétale de ces cultures en Europe et du peu d'acteurs privés sur un marché limité par des surfaces faibles, le potentiel de la culture du pois n'est pas encore pleinement exploité et la variabilité de ses rendements est importante.

---

10. C'est-à-dire à teneur en alcaloïdes réduites (moins de 200 mg/kg) contrairement aux variétés amères.
11. Par exemple le pois protéagineux est désigné par le terme « pois fourrager » dans la réglementation européenne sur les variétés, et par le terme « pois sec » dans la nomenclature internationale douanière et de la FAO.

Le progrès génétique du pois a d'abord été marqué dans les années 1980 par l'acquisition du caractère « afila » (transformation des folioles en vrilles) qui contribue à une meilleure tenue au champ du peuplement (résistance à la verse) et par la réduction drastique des facteurs antitrypsiques des graines (facteurs antinutritionnels, FAN, réduisant la digestibilité et les performances de croissance des animaux). Actuellement, 100 % des pois protéagineux inscrits en France sont afila, à fleurs blanches (graines sans tannins) et ont des graines à faible activité antitrypsique (de moins de 4 ou 8 unités par mg de matière sèche pour le pois de printemps et le pois d'hiver).

Depuis 2000, le progrès génétique du pois de printemps a porté essentiellement sur la hauteur de tige à la récolte. Les variétés actuelles présentent ainsi une meilleure résistance à la verse. Simultanément, une diminution de la taille des graines a été apportée, permettant de réduire le coût des semences (poids de mille grains, PMG, maintenant voisin de 250 g contre 300 g pour les variétés inscrites dans les années 1980-1990). L'effort de sélection orienté principalement sur la tenue de tige a sans doute limité le progrès génétique sur le rendement, qui, bien que continu, paraît moins visible ces dernières années. Celui-ci est sans doute masqué par les facteurs abiotiques (évolution du climat) ainsi que les facteurs biotiques, notamment ascochytose (Prioul-Gervais *et al.*, 2007) et la maladie due à *Aphanomyces*. Ce progrès génétique est malgré tout réel, car lorsque l'on compare des variétés récentes (Kayanne) avec des plus anciennes (Solara ou Baccara) sur les mêmes sites et dans des conditions climatiques favorables, on observe un net accroissement du rendement (qui a été conjugué à un maintien de la teneur en protéines aux alentours de 24 % de la matière sèche graine) et de la hauteur à la récolte (Arvalis-Unip, 2013). Concernant la maladie la plus préjudiciable pour le pois, la pourriture racinaire du pois due à *Aphanomyces euteiches*, le cumul de plusieurs QTL[12] apportant des résistances partielles par sélection assistée par marqueurs (Pilet-Nayel *et al.*, 2005) devrait amener des progrès dans les années à venir. En attendant, la gestion du risque s'opère par une vérification du potentiel infectieux du sol (analyse de terre) et par des voies agronomiques (gestion des rotations, échappement par recours au semis d'hiver, etc.) (voir p. 142).

Pour le pois d'hiver, l'amélioration variétale est plus récente. On assiste à un progrès sur la résistance au froid, le rendement et la hauteur de tige à la récolte. Le type hiver présente des avantages pour améliorer le rendement et sa stabilité (allongement du cycle de la culture, meilleures conditions d'implantation, avancement du cycle reproducteur pour éviter les stress hydriques et thermiques) et aussi pour l'extension des conditions pédoclimatiques adaptées au pois. Il est encore à améliorer pour la résistance au gel et pour le niveau de rendement, mais aussi pour la résistance à l'ascochytose. La sensibilité à la photopériode (caractère Hr, Lejeune-Henaut *et al.*, 2008) est également travaillée pour mettre au point un pois d'hiver qui permettrait des semis plus précoces (voir p. 134).

---

12. QTL pour *quantitative trait loci* (un « locus de caractères quantitatifs » en français), c'est-à-dire une région plus ou moins grande d'ADN où sont localisés un ou plusieurs gènes à l'origine d'un caractère quantitatif.

Dans l'ordre chronologique, les variétés dominantes du pois protéagineux au sein des variétés inscrites utilisées en France (figure 1.2, planche I) ont été : Solara, Baccara, Athos, Hardy, Lumina et Kayanne.

Les avancées dans la connaissance des génomes, sur l'espèce modèle *Medicago truncatula* et la mise en place du grand programme national de génomique sur le pois (PeaMUST) permettent à la sélection variétale de se doter d'outils et de ressources technologiques (importantes collections de ressources génétiques et les avancées des outils de génotypage), qui contribueront à une forte accélération du progrès génétique et/ou la prise en compte simultanée d'un plus grand nombre de caractères (Burstin *et al.*, 2007).

Le progrès génétique de la féverole

En féverole, le type printemps domine également. Il est localisé dans la bordure nord-ouest de la France et cultivé essentiellement pour l'export vers l'Égypte (alimentation humaine). Deux variétés ont principalement contribué au développement de la féverole de printemps à partir de 2002 avec des niveaux de rendements élevés les années favorables (2008, 2009, 2012) : Maya, inscrite en 1995 et Espresso, inscrite en 2003. Certaines variétés (Lady et Betty puis Fabelle) présentent par ailleurs une faible teneur en vicine-convicine des graines. Ces composants (glucosides antinutritionnels) réduisent la digestibilité des graines pour les animaux monogastriques (par exemple, chez les pondeuses, on observe une taille réduite des œufs) et, pour les hommes, ils peuvent être déclencheurs de favisme[13] chez les individus génétiquement prédisposés.

Dans les zones d'élevage du Sud-Ouest et de l'Ouest de la France, ce sont plutôt des féveroles d'hiver qui sont cultivées en agriculture biologique (AB) ou dans des systèmes à bas intrants pour l'autoconsommation. Castel, variété ancienne très utilisée dans le Sud-Ouest depuis plusieurs années, a été re-déposée au CTPS car elle présentait une dérive génétique. Deux variétés de féverole d'hiver ont permis un progrès sur le rendement à partir de 2002 : Iréna, qui convient bien à la zone Ouest, et Diva qui est plus résistante au froid et est développée dans la région Centre. Des ressources génétiques importantes conservées en Europe n'ont pas encore révélé tout leur potentiel (Duc *et al.*, 2010) et des actions de sélection assistée par marqueurs sont en cours de développement, en utilisant les acquis de la génomique développée sur le pois et *Medicago truncatula*.

Le progrès génétique du lupin

Conformément à la réglementation, toutes les variétés de lupin sont douces, c'est-à-dire à teneur en alcaloïdes réduite (moins de 200 mg/kg de graine) contrairement aux variétés « amères ».

Le lupin bleu est l'espèce de lupin la plus cultivée au monde mais il n'y a pas de sélection en France. En Australie, le progrès génétique sur lupin bleu est estimé

---

13. Affection héréditaire, concernant surtout les individus de sexe masculin porteurs d'une mutation affectant l'activité enzymatique G6PD (glucose-6-phosphate déshydrogénase). La graine de fève-féverole contient deux molécules (vicine et convicine) qui favoriseraient la survenue de l'hémolyse (destruction des globules rouges) par oxydation chez les patients ayant un déficit en G6PD.

à 2 % par an entre les années 1970 et 2000, principalement lié à la tolérance aux maladies (avec un fort impact économique des financements *via* le GRDC, Grains Research & Development Corporation, géré par le gouvernement avec le soutien de l'industrie des grains). Le lupin jaune est davantage cultivé en Allemagne et dans les pays de l'Est, où son cycle court et son adaptation à des pH très bas lui permettent d'être cultivé sur des sols sableux.

Pour le lupin blanc, il existe des types printemps et des types hiver. Alors que le développement de l'espèce a commencé en France par la culture de variétés de printemps, le lupin d'hiver est actuellement le plus cultivé. La réduction des surfaces s'est accompagnée d'un repli vers la zone « historique » de culture : les Pays de Loire et le Poitou-Charentes. La sélection de cette espèce a la particularité de n'être alimentée aujourd'hui que par un seul sélectionneur privé.

En France, la sélection du lupin a débuté à la fin des années 1970 et a abouti en 1985 à la création de variétés de type printemps plutôt alternatives (Lucky), c'est-à-dire à cycle long, adaptées aux zones dont les étés sont secs, ou au contraire avec une maturité précoce (Amiga, Lublanc) et donc à cycle plus court. La longueur de cycle segmente le marché du lupin de printemps. Les principales variétés sont actuellement Amiga pour la zone Nord et Energy (inscription 2001) pour la zone Sud.

La sélection de lupin d'hiver a été initiée par l'Inra de façon à améliorer le potentiel de rendement de l'espèce par allongement du cycle, et à sécuriser la récolte par une maturité plus précoce. Cette sélection a mobilisé la diversité génétique pour la résistance au froid (identifiée dans des écotypes italiens), et pour l'architecture (par mutation induite) avec la sélection de types déterminés (inscription de Ludet en 1996) et de type nain (inscription de Luxe en 2002). Les dernières inscriptions au catalogue combinent ces traits d'architecture et permettent un progrès en résistance au froid et en rendement et une étape significative a été franchie en 2011 avec l'inscription de la variété Orus. Pour plus de détail sur la sélection du lupin, on peut citer notamment Buirchell (2008) et Papineau et Huyghe (2004).

Soja, un oléoprotéagineux

Le soja (*Glycine max* L. Merill) est une légumineuse originaire d'Asie et cultivée pour ses graines depuis les zones tempérées jusque sous les tropiques. En Europe, comme sur le continent nord-américain, le soja est une culture dite de printemps semée essentiellement d'avril à mai et récoltée en début d'automne.

Si traditionnellement le soja est consommé en alimentation humaine en Asie, il doit son expansion fulgurante au xxe siècle à l'intensification des systèmes d'élevage. Son tourteau concentré en protéines (co-produit suite à l'extraction d'huile) devient un des piliers du fameux modèle pour l'alimentation animale « maïs/soja » initié aux États-Unis et rapidement adopté en Europe avec quelques adaptations.

La graine de soja se caractérise par un contenu élevé à la fois en protéines (environ 38 à 40 % à 0 % d'humidité) et en huile (18 à 20 %) : sa composition en fait un oléoprotéagineux. Cependant, comme sa teneur en matière grasse est suffisante pour justifier son extraction à grande échelle par un procédé industriel, le soja est en général considéré comme un « oléagineux », ce qui obère parfois sa spécificité de fonctionnement de légumineuse. La graine crue est riche en facteurs antitrypsiques qui sont détruits par les traitements thermiques (désolventation, toastage) lors du processus industriel d'extraction d'huile et par cuisson ou fermentation dans le cas de préparations pour l'alimentation humaine.

Le progrès génétique du soja

Au niveau mondial, et notamment aux États-Unis, le soja a fait l'objet d'une sélection très active depuis le début du XXe siècle, qui a permis de développer des variétés à bon rendement, adaptées à une large gamme de conditions climatiques allant de l'équateur à des latitudes septentrionales. Le soja étant une plante autogame, les variétés cultivées sont des lignées pures.

Les efforts de recherche et de développement ont démarré en France lors de l'expansion des surfaces à la fin des années 1970 (liée au plan protéines de l'Union européenne), à partir de l'introduction de variétés en provenance du continent nord-américain (Kingsoy, Weber, Mapple Arrow). Puis les sélectionneurs privés français et la recherche publique française (École nationale supérieure d'agronomie de Toulouse, Inra) se sont engagés dans l'amélioration du soja avec près de quarante ans d'efforts continus mais des moyens modestes en raison de la relative faiblesse des surfaces en Europe. Outre la productivité, la résistance à la verse a été particulièrement travaillée dès le milieu des années 1980 pour les groupes tardifs, que ce soit sur les types indéterminés (majoritaires traditionnellement en zone tempérée) ou déterminés (variété Spot) et semi-déterminés (variété Alaric) (Roumet, 2010). On observe[14] un progrès significatif et régulier pour les groupes tardifs (I et II) au sein des variétés inscrites au catalogue français entre 1998 et 2002, gage de stabilité du rendement et de moindre sensibilité à un bioagresseur du soja, le sclérotinia.

En parallèle, des efforts importants ont été entrepris (avec l'Université de Changins en Suisse) pour sélectionner des lignées tolérantes aux faibles températures, notamment à floraison, ce qui permet d'améliorer l'indice de récolte et donc le niveau de rendement à maturité. Les variétés précoces (groupe 00) et très précoces (000) inscrites depuis en France démontrent que l'on peut concilier rendement, qualité de la graine et précocité. Cette gamme de précocité élargie à laquelle se rajoutent les dernières innovations dites « très très précoces » permet d'envisager la culture du soja sur une plus grande partie du territoire national (figure 1.3, planche I) et selon divers modes de conduite (en culture principale et, dans le Sud de la France, en seconde culture). Malgré les efforts de sélection génétique, les variétés les plus précoces (000 et TTP) montrent encore à ce jour une moindre capacité à croître, ramifier et produire des graines, dans les conditions de production française.

Enfin, en réponse à la baisse de la teneur en protéines des nouvelles variétés inscrites au catalogue français au tout début des années 1990 (groupes 00 et I) et dans l'objectif de mieux répondre aux attentes du marché naissant de l'alimentation humaine et de celui, bien implanté, de l'alimentation animale, ce caractère qualitatif a été pris en compte à tous les stades de la sélection. Suite à la modification des règles d'inscription en 1996 (notion de rendement protéique pour la cotation des variétés

---

14. Études Geves, 2004 ; Bagot et Luciani, non publié.

candidates), sont arrivées dès 2002 des variétés aux teneurs en protéines identiques
à celles de la fin des années 1980 puis des variétés aux teneurs élevées (plus de 40 %
de la matière sèche et jusqu'à 48 %) (figure 1.4).

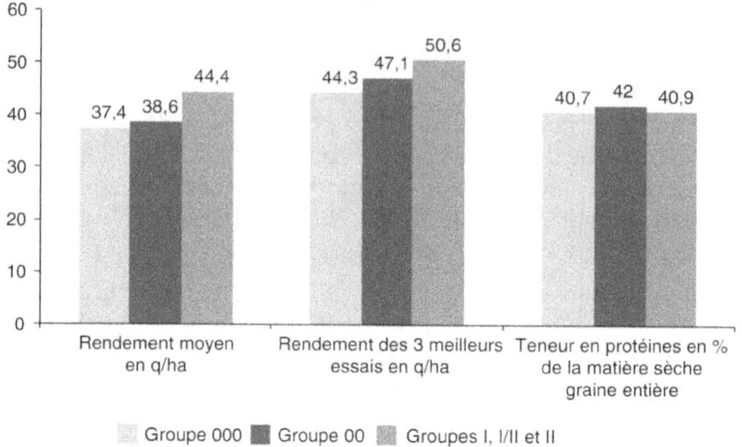

Figure 1.4. Potentiel de rendement et teneur en protéines des principaux groupes de
précocité cultivés en France en soja sur la période 2009-2013. Source : F. Salvi, V. Lecomte
d'après essais Cetiom-Geves.

Fin 2013, le catalogue français recense 50 variétés (non OGM), fruit d'une inscription de trois variétés par an en moyenne sur les 15 dernières années, ce qui est
loin d'être négligeable au regard des surfaces cultivées. Cependant, cette moyenne
masque des irrégularités et un manque d'innovation pénalisant sur tel ou tel créneau,
comme celui des sojas tardifs ces dernières années. En 2014, dans un contexte de
regain d'intérêt pour le soja en Europe et pour pallier le manque de compétitivité
de la culture dans certaines situations, les variétés sont cotées au CTPS sur le rendement en grains par rapport aux deux meilleurs témoins et peuvent bénéficier d'une
bonification si elles expriment une meilleure teneur en protéines. Il s'agit de concentrer l'effort de sélection sur la productivité sans dégrader la teneur en protéines,
désormais jugée satisfaisante pour une majorité d'usages.

Le rythme de l'innovation variétale pourrait s'accélérer car on observe l'augmentation des moyens de sélection, y compris génomiques, alloués récemment au soja
par certains semenciers en France et en Europe, et l'engagement de recherches
publiques sur la conception d'idéotypes de soja adaptés à des semis plus précoces
en zone sud (évitement de stress hydrique). D'autres cibles, telles que la tolérance
au sclérotinia (principale maladie fongique du soja en Europe) et l'abaissement de
la teneur en facteurs antitrypsiques, pourraient également être intégrées dans les
programmes de sélection.

Vesces

Les vesces sont cultivées dans différents sols, sauf dans les sols acides et mal drainés,
sensibles à la sécheresse en début de cycle. Il existe des variétés de printemps et d'hiver.

La vesce commune (*Vicia sativa*) est la plus répandue mais il existe aussi la vesce velue (*Vicia villosa*), l'ervilier (*Vicia ervilia* ou synonyme *Ervum ervilia),* la vesce de Narbonne *(Vicia narbonensis)* et la vesce de Hongrie (*Vicia pannonica*). À noter qu'elles appartiennent au même genre que la fève ou la féverole (*Vicia faba*).

La culture de vesce donne plusieurs types de produits : des fourrages, des engrais verts ou des grains. La vesce est peu cultivée en Europe, on la trouve principalement en Espagne pour produire du fourrage pour les ruminants. Elle est aussi utilisée en couvert associé aux céréales (ou autre culture) pour éviter la verse et dans les mélanges de cultures intermédiaires (pratique agronomique montante en France).

La vesce contient des facteurs antinutritionnels qui restreignent leur utilisation par les monogastriques ou pour l'alimentation humaine[15].

Pois chiches, lentilles, haricots, fèves

L'appellation courante « légumes secs » est souvent utilisée pour désigner les graines de légumineuses récoltées à maturité et faciles à conserver de façon naturelle pour la consommation humaine, d'où leur nom, par opposition aux légumineuses immatures comme les petits pois et les haricots verts dont les gousses sont récoltées avant la maturité physiologique des graines, et alors affectées au segment « frais » des produits de consommation. Cependant, ces espèces peuvent avoir d'autres usages que l'alimentation humaine. Ces légumineuses sont connues depuis la plus haute antiquité pour leurs valeurs nutritionnelles, leurs effets positifs sur la santé et leurs qualités gustatives. Au niveau mondial, elles jouent un rôle de premier ordre pour l'alimentation humaine dans de nombreux pays, notamment en Asie, en Amérique latine et en Afrique (protéines végétales moins chères que la viande), avec une diversité d'espèces bien plus large que la gamme française.

Les principaux légumes secs cultivés en France sont les lentilles, les pois chiches et les haricots. Ces cultures sont semées au printemps (pois, fèves et lentilles de mi-février à fin avril, haricots vers la mi-mai) et sont en général récoltées à maturité des graines (17 % d'humidité des graines) environ trois mois plus tard (sauf les flageolets verts).

Les pois cassés sont des pois (*Pisum sativum*) dont les cotylédons ont été séparés lors du décorticage du pois récolté à maturité (grains verts ou jaunes). C'est souvent sous cette forme que le pois est consommé dans l'alimentation humaine (soupes, bouillies ou farines). Il s'agit de la même espèce et de la même culture que le pois protéagineux utilisé en alimentation animale.

Les fèves sont très peu cultivées en France (essentiellement dans les potagers individuels), et elles correspondent à *Vicia faba major*, à grosses graines (les féveroles étant leurs cousines à plus petites graines *Vicia faba minor* ou *equina*).

Les haricots sont les plantes du genre *Phaseolus*. Les plus consommés en France sont les haricots blancs (lingots cultivés dans le Nord et en Vendée avec la mogette

---

15. Les graines de vesce contiennent l'acide aminé toxique, le β-cyano-L-alanine, et son γ-L-glutamyl peptide, des glycosides cyanogeniques, vicianine et prunasine, et les toxines qui déclenchent le favisme (voir note 13) sur les personnes génétiquement prédisposées, vicine et convicine.

vendéenne, cocos, flageolets) et les flageolets verts (chevriers). On trouve aussi des haricots rouges et les Soissons à très gros grains blancs, ainsi que les haricots tarbais dans le Sud-Ouest. Les pieds des flageolets verts dits chevriers sont arrachés peu avant maturité complète des graines pour continuer de mûrir et sécher à l'abri de la lumière (d'où leur couleur verte, leur goût et leur digestibilité). La production de haricots resterait assez stable, dans des zones de productions localisées.

Le pois chiche (*Cicer arietinum* de la tribu Cicereae) est une plante annuelle traditionnelle des zones méditerranéennes et consommée dans l'alimentation humaine. Cette plante est couverte de filaments glandulaires (avec un exsudat riche en acide oxalique), avec des feuilles composées, des fleurs avec des veines bleues, violettes ou roses, et des gousses contenant 1 à 3 graines. Il existe deux types de graines : le type Kabuli avec de larges graines claires (plutôt typique pour la production et la consommation européenne) et le type Desi avec de petites graines foncées (plus courant dans les pays asiatiques). Très tôt cultivé autour de la Méditerranée, le pois chiche est un produit courant depuis l'Antiquité. Il est diffusé en Europe du Nord depuis le haut Moyen Âge. À partir du xve siècle, les aliments d'origine végétale conquièrent la gastronomie fine de l'Europe occidentale auparavant réservée aux produits carnés. Depuis les années 1990, la culture de pois chiche réapparaît dans le sud de la France (Provence et Lauragais), avec une diminution des surfaces dans les années 2000 puis une reprise récemment, notamment en Languedoc-Roussillon.

Les principaux produits commercialisés du pois chiche sont les graines entières, la purée (houmos au Liban), et la farine de pois chiche (zone méditerranéenne et sous-continent indien où elle est parfois mélangée avec la farine de pois).

Dans l'Union européenne (UE), le seul programme public en amélioration variétale du pois chiche est celui de l'Instituto Nacional de Investigação Agrária e Veterinária (Iniav) à Elvas (Portugal), démarré en 1985 avec l'introduction de ressources génétiques venant de l'Icarda, de ressources locales portugaises et d'autres régions du monde. L'objectif premier a été d'identifier, au sein des types printemps avec absence d'anthracnose (*Ascochyta rabiei*), du matériel génétique bien adapté aux conditions de semis anticipé d'automne ou hiver. Ont été obtenues des plantes hautes pour une récolte mécanique et à bons rendements (Duarte-Maçãs, 2003). Ensuite, les objectifs de sélection se sont orientés vers la tolérance à l'attaque de *Fusarium sp.* et *Helicoverpa armigera,* une bonne adaptation à la sécheresse (au cours du printemps), aux excès d'eau en hiver (submersion des jeunes plantes de 2 ou 3 feuilles) et à l'obtention de grosses graines.

Actuellement, cinq variétés de pois chiche sont inscrites au catalogue portugais : trois du type Kabuli (Elvar, Elixir et Eldorado) et deux du type Desi (Elmo et Elite). Les variétés Kabuli, également inscrites au catalogue français, représentent un réel progrès pour leur potentiel de production. Elvar est la principale variété de pois chiche dans le Sud de la France, avec un rendement élevé et des graines de qualité. L'adaptation de l'espèce aux conditions européennes a été nécessaire pour arriver à l'extension de la culture en France. Pour continuer cette adaptation, après l'inscription d'Elvar, d'Eldorado et d'Elixir au catalogue français, un acteur privé français (coopérative agricole) vise l'inscription de deux nouvelles variétés pour renforcer le choix et l'adaptation variétale aux différents terroirs de la coopérative : calibre suffisant pour permettre à la fois une qualité sanitaire maîtrisée et une attractivité visuelle des graines produites (forme, régularité, couleur, etc.), et goût qui renforce l'attractivité des produits. En 2014-2015, les principales variétés utilisées en France sont Alvar dans le secteur Sud-Ouest (Aude, Tarn, Haute-Garonne) et Twist dans le secteur méditerranéen.

L'objectif central encore à atteindre est l'amélioration du niveau de tolérance à l'anthracnose, maladie qui reste le problème majeur de cette espèce. En parallèle, la gestion du risque doit être assurée, *a minima*, par une bonne qualité sanitaire de la semence (Duarte *et al.*, 2013).

La lentille est une des espèces cultivées les plus anciennes. Les graines sont de bonne valeur nutritionnelle, utilisées en alimentation humaine, mais la culture présente de faibles rendements. C'est une plante annuelle au port érigé à nombreuses tiges et à feuilles pennées de quatre à sept folioles se terminant par une vrille. Les fleurs sont bleues, blanches ou roses, et les petites gousses contiennent deux graines. En Europe, les lentilles faisaient déjà partie du régime alimentaire des chasseurs-cueilleurs du mésolithique (8 000 ans avant JC), puis des échanges commerciaux autour de la Méditerranée. On commercialise les graines vertes ou brunes, ou des graines décortiquées dites rouges ou « lentilles corail ».

La sélection variétale est restreinte (essentiellement concentrée sur la lentille verte) et les cahiers des charges des labels AOC ou AOP (très utilisés en lentille) sont souvent basés sur la variété Anicia, inscrite au catalogue en 1966, ce qui est un point faible pour l'évolution variétale. Un programme (privé-public) visant la résistance à la rouille brune et à la verse est envisagé en région Auvergne depuis 2014.

Luzerne

La luzerne cultivée appartient à un complexe d'espèces avec plusieurs niveaux de ploïdie[16]. L'espèce *Medicago sativa* ssp *sativa*, originaire des hauts plateaux iraniens, à tiges dressées, à fleurs bleues et à gousses spiralées, est introduite dans le Sud de l'Europe et de la France lors des conquêtes arabes (elle servait en particulier de four-rage pour les chevaux). Croisée avec la sous-espèce spontanée *M. sativa* ssp *falcata*, originaire de Sibérie occidentale, avec des populations naturelles dans l'Est de la France, à port prostré, à fleurs jaunes et à gousses en faucille, elle a donné lieu à une plante rustique aux faibles exigences nutritionnelles et qui est résistante au froid. Les luzernes que l'on cultive actuellement, autotétraploïdes, à fleurs bigarrées, sont issues de ce croisement et sont adaptées à la sécheresse estivale et généralement résistantes à l'hiver. C'est à partir du XVIIIe siècle que la luzerne va se développer dans le Bassin parisien pour ses vertus agronomiques dans les rotations céréalières.

La luzerne s'installe en 90 à 120 jours. Si elle est semée en été, la production sera optimale dès le début de l'année suivante. Si elle est semée au printemps, la produc-tion de cette première année d'implantation sera faible et c'est en deuxième année que la production sera à son optimum. La luzerne est implantée en général pour des durées de 3 à 5 ans, et elle est bien adaptée à un régime de fauche.

---

16. La ploïdie d'une cellule caractérise le nombre d'exemplaires de ses chromosomes : cellule haploïde si elle possède n chromosomes, diploïde si elle possède 2n chromosomes organisés en n paires.

Le progrès génétique de la luzerne

Lors de l'ouverture du *Catalogue officiel des variétés* de luzerne, les populations de pays ont tout d'abord été inscrites, puis des sélections dans les populations de pays ont constitué les premières variétés synthétiques. Outre la production fourragère annuelle, la résistance à la verse, la teneur en protéines du fourrage et les résistances à des maladies ou parasites (verticilliose, anthracnose et nématodes des tiges) ont rapidement constitué des critères majeurs. Aujourd'hui, les objectifs de la sélection variétale (Annicchiarico et Julier, 2014 ; Annicchiarico *et al.*, 2015) incluent aussi la pérennité (allongement de la durée d'exploitation des parcelles de luzerne) et la valeur énergétique (teneur en fibres comme indicateur de la digestibilité). La prise en compte de la valeur en association avec des graminées est en cours d'étude.

Si la variété Vertus inscrite en 1970 a été la première à combiner un certain niveau de résistance à la fois au nématode, à l'anthracnose et à la verticilliose, les pourcentages de plantes résistantes à chacune des maladies se sont progressivement élevés. Par exemple, pour la tolérance aux nématodes, les variétés Diane et Capri ont atteint un seuil de 50 % de plantes résistantes dans les années 1990, et la variété Mercedes a permis de franchir la barre des 80 % en 1994. Les inscriptions récentes offrent des niveaux de résistance compris entre 70 et 90 %.

De la même façon, des progrès ont été régulièrement enregistrés pour la résistance à la verticilliose (*Verticillium albo-atrum*), puis pour la résistance à l'anthracnose (*Colletotrichum trifolii*) dont l'émergence brutale a obligé l'engagement rapide des programmes de sélection. La variété Marshall inscrite en 1997 a montré sur le terrain un bon niveau de tolérance. Pour tous ces caractères, la prise en compte des notations réalisées au moment des essais officiels effectués par le Geves permet d'attester que les récentes inscriptions que sont Asmara, Everest, Félicia, Galaxie et Neptune présentent un bon niveau de tolérance face à ces parasites.

La teneur en protéines, critère de valeur alimentaire, a été incluse très tôt dans l'évaluation des variétés. La première variété à apporter une différence significative a été Harpe en 1996 avec un taux de 106 % des témoins officiels. Depuis, d'autres variétés comme Alicia, Arpège, Concerto et Marshall ont approché ou atteint ce niveau. Un second critère de valeur alimentaire a été introduit en 2006 dans l'évaluation des variétés : il s'agit de la teneur en fibres (teneur en ADF, *Acid Detergent Fiber*, qui inclut lignine et cellulose), dont la faible valeur traduit une meilleure digestibilité du fourrage. Malgré une corrélation négative entre le rendement et la valeur alimentaire, certaines nouvelles variétés, comme Galaxie, parviennent à combiner favorablement ces caractères.

Les sélectionneurs prennent en compte l'allongement de la durée d'exploitation des parcelles de luzerne, en améliorant la pérennité des variétés. Pour cela, le rendement en troisième année de production est un caractère efficace. Il traduit le fait que le couvert soit encore dense et que les plantes soient vigoureuses. Sur ce point, les notations lors de l'inscription au catalogue officiel permettent de constater des notes plus élevées pour les variétés les plus récentes.

En ce qui concerne les rendements, les tolérances aux différents parasites apportées par les nouvelles variétés limitent les pertes. Par ailleurs, les progrès sur le potentiel

de rendement sont plus lents que pour des légumineuses annuelles pour plusieurs raisons :
– la longueur du cycle de sélection de cette plante pérenne (le sélectionneur a besoin de trois ans pour tester une population),
– le potentiel de rendement concerne la production de biomasse de la plante entière (moins facilement modulable que la proportion d'un seul compartiment comme dans le cas des légumineuses à graines),
– une structure génétique complexe qui ne permet pas de créer des variétés lignées ou hybrides,
– la croissance pluriannuelle qui ne permet pas de jouer sur la durée et le positionnement du cycle de la plante face aux stress climatiques récurrents.

Les progrès apportés par les sélectionneurs, bien que moins spectaculaires sur le potentiel de rendement, n'en demeurent pas moins réels. Les tolérances aux différents parasites permettent de sécuriser le rendement pour l'agriculteur, et l'amélioration de la valeur d'usage de la récolte apporte également un avantage pour la filière de la déshydratation.

Le renouvellement des variétés est assez rapide au cours du temps (387 variétés en Europe dont 61 en France) (Julier *et al.*, 2014) et il est largement dynamisé par la filière de la déshydratation. Dans ce secteur bien structuré, une grande attention est donnée aux améliorations apportées par les nouvelles variétés. En Champagne-Ardenne, zone principale de la luzerne en culture pure, on dénombrait une dizaine de variétés présentes en 2010[17], dont 2 occupaient 50 % de la superficie récoltée (cette configuration est assez récurrente au cours du temps).

Au niveau international, il existe des variétés génétiquement modifiées, en particulier pour être résistantes à un herbicide (glyphosate) ou pour une modification de la composition biochimique pour améliorer la valeur alimentaire. Aucune luzerne génétiquement modifiée n'est inscrite au catalogue national ou européen.

Pour la luzerne comme pour les autres légumineuses, les études conduites depuis une vingtaine d'années sur la génomique de l'espèce modèle *Medicago truncatula* a permis d'acquérir de nombreuses connaissances sur le génome des espèces cultivées, la mise au point de marqueurs moléculaires permettant la description de la diversité génétique et l'étude du déterminisme génétique des caractères d'intérêt agronomique. En ce qui concerne la luzerne et l'ensemble des légumineuses fourragères, malgré la proximité phylogénétique avec *M. truncatula*, ces connaissances ne se traduisent pas encore vraiment dans les programmes de sélection.

Trèfles (*Trifolium* spp)

Parmi les nombreuses espèces de trèfle, trois seront décrites ici : le trèfle blanc et le trèfle violet utilisés en fourrage, et le trèfle incarnat utilisé en fourrage et en culture intermédiaire.

---

17. Les performances agronomiques dans les essais CTPS des variétés inscrites depuis 2000 peuvent être consultées sur http://www.herbe-book.org/.

Le trèfle blanc (*Trifolium repens*) est originaire de la région méditerranéenne et s'est dispersé naturellement en Europe et en Asie occidentale. Il a ensuite été introduit pour être cultivé dans les autres régions tempérées du monde où il s'est naturalisé. Le trèfle blanc est allotétraploïde, et deux espèces ancestrales diploïdes, *T. occidentale* et *T. nigrescens* ou *T. pallescens,* seraient ses progéniteurs. Il aurait été domestiqué dans les Flandres au xvie siècle, d'où il aurait été exporté dans d'autres régions d'Europe. Les variétés se distinguent traditionnellement par la taille des feuilles, petites, moyennes ou grandes. Les types à petites feuilles (ou nains) sont prostrés, très stolonifères avec des stolons[18] fins et ramifiés. Les types à grandes feuilles ont des pétioles[19] longs, des stolons moins nombreux mais plus épais et un système racinaire plus robuste. Ces types géants sont subdivisés en deux catégories : les géants riches en acide cyanhydrique (qui protègerait les plantes contre certains parasites), et les Ladino, originaires d'Italie, qui en sont dépourvus. Les types intermédiaires, aussi appelés hollandicum, sont les plus fréquents au sein des variétés européennes. Ce classement en trois types est difficile à maintenir puisque les variétés actuelles sont issues de programmes ayant puisé dans ces différentes sources de variation, et que des recombinaisons entre la taille des feuilles et les capacités de ramification ont été recherchées (Annicchiarico *et al.*, 2015).

Malgré les surfaces importantes de prairies semées comportant du trèfle blanc, les programmes de sélection du trèfle blanc sont inexistants en France. Les variétés cultivées ont généralement été sélectionnées en Grande-Bretagne, Irlande ou Nouvelle-Zélande avant d'être testées en France.

Le trèfle blanc est toujours cultivé en association avec des graminées fourragères. C'est la légumineuse fourragère la mieux adaptée au pâturage, lequel génère chez le trèfle blanc une défoliation sans que les tiges soient sectionnées. En conséquence, le pâturage laisse une importante population de bourgeons dont de nouveaux stolons peuvent émerger. Il est très important de choisir judicieusement la paire « variété de trèfle blanc/variété et espèce de graminée », en tenant compte du milieu et du mode d'exploitation (fauche, pâturage…) qui favorisent parfois l'une des espèces au détriment de l'autre (voir chapitre 3).

Le trèfle violet (*Trifolium pratense*) existe à l'état sauvage en Europe, en Afrique du Nord et dans l'Ouest de l'Asie. Sa forme cultivée aurait été introduite par les Espagnols au xvie siècle dans le Nord de l'Europe (Belgique, Pays-Bas) et en Europe centrale où il existe aujourd'hui des populations naturelles (Mattenklee en Suisse). Au cours de cette diversification, le type atlantique du Nord de l'Europe, précoce, aurait gardé la sensibilité au froid issu du matériel espagnol, alors qu'en Europe centrale, des formes plus tardives et plus résistantes au froid auraient émergé (Mousset-Declas, 1995). Le trèfle violet a été récemment introduit en Amérique, en Australie et en Nouvelle-Zélande. La culture du trèfle violet a réellement débuté à la fin du xviiie siècle, où il a été apprécié pour son rôle sur la fertilité azotée du sol et pour la production d'un fourrage riche en protéines. Avec ses tiges érigées et sa racine principale pivotante, il est, comme la luzerne, adapté à une récolte en

---

18. Le stolon est un organe végétal de multiplication asexuée : tige aérienne ou souterraine, avec des feuilles absentes ou réduites à des écailles, donnant naissance à une nouvelle plante au niveau d'un nœud.
19. C'est-à-dire le pédoncule d'une feuille, reliant le limbe à la tige.

fauche mais incapable d'expansion horizontale. Il est cultivé pur ou en association, et parfois pâturé. Il est plus tolérant aux sols acides que la luzerne, s'accommodant de sols allant jusqu'à des pH de 5,5. Des programmes de tétraploïdisation ont été engagés dès les années 1940 en Europe et ont montré les avantages agronomiques des variétés tétraploïdes pour les composantes du rendement et pour la valeur alimentaire. Le développement de ces variétés tétraploïdes est limité par leur moindre production de semences. De façon intrinsèque, et en raison de sa morphogenèse (les nouvelles tiges se développent à l'extérieur de la couronne, laissant le centre vide), le trèfle violet est peu pérenne (2 à 3 ans) mais ce critère fait l'objet de sélection (Annicchiarico *et al.*, 2015). En France, le rendement en 3e année d'essai est fortement pris en compte lors de l'inscription pour favoriser les variétés plus pérennes. Cette pérennité est aussi compromise par des ravageurs. C'est la raison pour laquelle les caractères de résistance à différentes maladies, dont *Sclerotinia trifoliorum*, et au nématode des tiges (*Ditylenchus dipsaci*) ont été inclus dans les programmes d'amélioration. Les variétés sont aussi évaluées pour leur résistance à la verse. Au 1er septembre 2014, il y a 34 variétés au *Catalogue officiel français*, dont deux sont tétraploïdes.

Le trèfle incarnat (*Trifolium incarnatum*) est une espèce annuelle à port relativement érigé et à inflorescences terminales dressées de couleur rouge incarnat. Il est originaire d'Europe du Sud où il est traditionnellement cultivé comme fourrage annuel. Facile à implanter, il est semé en été et récolté ou pâturé en fin d'hiver. Sa culture en association avec le ray-grass italien semble fréquente, même si le choix du ray-grass hybride, graminée moins gourmande en azote, est plus pertinent agronomiquement. Depuis quelques années, il connaît un intérêt comme culture intermédiaire, semé en été après la récolte d'une culture annuelle (céréales, colza, maïs) et récolté ou détruit avant le semis d'une culture de printemps (maïs, tournesol). En effet, il enrichit le sol en azote comme toute légumineuse, le couvre bien pour lutter contre les adventices, et en améliore la structure. Sa relative sensibilité au froid peut être considérée, dans cet usage, comme un avantage qui évite un travail de destruction de la culture. Il y a 35 variétés de trèfle incarnat au *Catalogue européen des variétés*, la plupart inscrites en Italie, quelques-unes inscrites dans des pays d'Europe centrale. Une seule variété, Carmina, est inscrite en France depuis 2003.

Autres

Le sainfoin ou esparcette (*Onobrychis viciifolia*) est originaire d'Europe centrale et du Sud, ainsi que de l'Asie du Sud-Ouest. Il tolère les sols très alcalins (pH = 9) et s'adapte mieux aux sols acides que la luzerne. En conditions favorables, le sainfoin produit moins de fourrage que la luzerne ou le trèfle violet et il est moins pérenne. En revanche, dans les sols calcaires à pH élevé, il montre des avantages certains dès l'implantation et, ensuite, pour la production fourragère. Il est résistant à la sécheresse et au froid, pouvant être cultivé en zone de moyenne montagne. Il produit un fourrage de grande qualité (riche en protéines et en sucres solubles, avec présence de tannins condensés). La présence de sucres solubles dans les organes végétatifs du sainfoin est unique parmi toutes les légumineuses fourragères et permettrait de le conserver facilement sous forme d'ensilage. La régression drastique de sa culture

— plus de 700 000 ha avant 1940, quelques milliers d'ha actuellement (statistiques indisponibles) — est liée à la faible production de semences, ce qui aggrave le fait que son intérêt soit réservé à des zones défavorisées, où un prix élevé des semences est difficile à absorber. Les productions de semences fermières représentent une part importante des semences utilisées. Dans cette situation, la création variétale est minimale (seulement deux variétés inscrites en France) et cette espèce connaît donc peu d'amélioration génétique actuellement malgré des études européennes de diversité en cours et démontrant un grand potentiel pour l'amélioration. Le catalogue européen comprend 22 variétés (dont certaines inscriptions de 2010 et 2011).

Le lotier (*Lotus corniculatus*) est une espèce assez érigée, tétraploïde, originaire d'Europe de l'Ouest et d'Afrique du Nord. Des populations spontanées, à port parfois prostré, sont présentes dans ces régions. Il est secondairement distribué en Amérique, en Europe centrale et en Asie. Comme le sainfoin, son potentiel de rendement en zone favorable est inférieur à celui de la luzerne et du trèfle violet. Il garde un intérêt pour des zones séchantes, mais aussi pour des sols hydromorphes à pH très bas. Il est principalement cultivé en association avec des espèces peu agressives. Les semences sont principalement produites en Uruguay et au Canada, et leur prix peut être élevé. Dans cette situation, les programmes de sélection sont peu actifs : il n'existe que 29 variétés au *Catalogue européen*, mais plus aucune n'est inscrite en France.

Le lotier, comme le sainfoin, produit un fourrage riche en tannins condensés (voir chapitre 3). Ces composés secondaires présentent des avantages pour la valorisation des protéines de la ration des ruminants. En effet, chez les légumineuses fourragères, les protéines végétales crues, très solubles, sont largement dégradées dans le rumen et une partie des produits azotés issus de la dégradation est excrétée par voie urinaire, générant une pollution azotée et nécessitant de fournir davantage de protéines dans la ration. Les tannins limitent cette dégradation ruminale. En outre, du fait de la présence de tannins, le sainfoin n'est pas météorisant, au contraire de la luzerne et des trèfles. Enfin, les tannins condensés interviennent pour limiter le parasitisme des ruminants au pâturage (Hoste *et al.,* 2006). Cet effet est particulièrement apprécié pour les ovins et les caprins. La prise en compte de ces effets positifs des tannins condensés pourrait favoriser un certain développement du sainfoin et du lotier.

Les gesses (*Lathyrus* spp) sont très rares en France et en Europe et n'ont pas de catalogue européen. Les graines sont riches en composés secondaires antinutritionnels, et peuvent générer du lathyrisme (maladie neurologique). En tant qu'espèce fourragère, l'implantation est lente et limite considérablement l'intérêt des espèces ayant le plus grand développement (*Lathyrus sativus*). En prairies permanentes, sur milieux peu fertiles, on rencontre certaines gesses, comme la gesse des prés (*Lathyrus pratensis*).

Le fenugrec (*Trigonella foenum-graecum*), aussi appelé Trigonelle ou Sénégrain, est une plante annuelle à fleurs d'un blanc jaunâtre et à graines anguleuses de couleur brun clair et à odeur forte spécifique. Utilisée comme fourrage dans l'Antiquité (et encore aujourd'hui en Inde), cette plante est utilisée de nos jours principalement comme plante médicinale et condimentaire. Cependant, le fenugrec est aussi utilisé en agriculture biologique comme engrais vert et, depuis peu, il apparaît fréquemment dans les mélanges d'espèces semés en interculture dans les systèmes céréaliers.

Pour toutes les espèces fourragères cultivées pour produire de la biomasse végétative, la question des progrès génétiques et agronomiques pour la production de semences est cruciale car elle détermine le prix des semences. Luzerne, trèfle blanc et trèfle violet ont fait l'objet de programmes d'amélioration génétique, même si ce caractère n'est pas pris en compte lors de l'inscription au *Catalogue officiel des variétés*, et de mises au point techniques pour la gestion des parcelles de production de semences (Boelt *et al.*, 2015). On notera que la France est un acteur majeur de la production de semences de luzerne dans le monde, et ceci grâce aux conditions pédoclimatiques favorables, à la structure morcelée des paysages agricoles et à la technicité des agriculteurs-multiplicateurs de semences.

Recherche et développement

L'existence de grands programmes publics et privés de recherche et de sélection au niveau international sur luzerne et sur trèfles bénéficie au marché français et conduit à de nombreux partenariats et collaborations avec les entreprises et les laboratoires de recherche français sur les légumineuses fourragères. De même, les légumineuses à graines connaissent une forte dynamique internationale en recherche et développement du fait de l'importance du soja mais également des légumineuses alimentaires des pays moins développés (programmes de l'Icarda et de l'Icrisat) et des protéagineux dans les pays exportateurs (Chine et Russie dans les années 1970 et actuellement Canada et Australie).

La structuration de la collaboration européenne sur les légumineuses a été initiée dans les années 1990 *via* la mise en place de l'AEP (Association européenne de recherche sur les légumineuses à graines) assurant échanges et concertation au sein des différents pays, secteurs d'activités et disciplines scientifiques[20]. De 1992 à 2008, l'AEP a permis la mise en place d'une trentaine de projets de recherche de dimension européenne, en lien étroit avec la profession agricole, et la coordination avec les acteurs et programmes internationaux (échanges avec l'IFLRC, l'Icarda et l'Icrisat notamment). Cette dynamique de fond a établi un riche et solide partenariat. Depuis 2012, une nouvelle entité (International Legume Society) a pris le relais pour accompagner la coordination entre chercheurs.

En France, l'Inra est l'institut de recherche européen qui a investi le plus en matière de recherche sur les protéagineux, en étroite collaboration avec l'Unip (Interprofession des plantes riches en protéines), et a développé un partenariat fort avec tous les partenaires professionnels (Unip-Arvalis Institut du végétal-FNAMS-CTPS, Cetiom, Rad-Civam, Chambres d'agriculture, sélectionneurs). Les actions collectives ont permis d'orienter la recherche vers les priorités de la filière et de valider et transférer les solutions proposées[21].

---

20. L'AEP a assuré cette animation via 300 adhérents individuels et un comité scientifique, 7 conférences plénières de 200 à 500 personnes, plus de 25 séminaires européens et internationaux, plus de 30 projets européens cofinancés par la commission européenne, 54 numéros d'un magazine trimestriel *Grain Legumes* et un site internet avec 10 000 visites par mois jusqu'en 2009.
21. Exemples des actions AIP-Inra-Impact pois d'hiver (2005), PSDR-Profile (2010), de différents projets CASDAR et contrats de branche, des structures RMT-SDCi et GIS GC-HP2E.

Récemment, un soutien national significatif *via* le programme Investissement d'Avenir PeaMUST[22] (2012-2018) apporte un nouvel élan prometteur de grande ampleur. Ce programme vise à développer de nouvelles variétés de pois et d'optimiser leurs interactions pour stabiliser le rendement et la qualité des graines de pois (et de féverole), dans le contexte du changement climatique et de la réduction de l'utilisation des pesticides*. PeaMUST mettra à profit les technologies de séquençage, génotypage et phénotypage à haut débit pour aborder le défi de l'augmentation de la tolérance aux stress multiples (conjugaison de contraintes responsables de l'instabilité des rendements). Ce soutien à la recherche reste toutefois à consolider avec des programmes complémentaires ciblés sur les systèmes de production et sur le développement agricole.

À retenir. Des filières jeunes et des investissements relativement modestes en amélioration variétale.

Ce n'est que depuis une trentaine d'années que les filières de production des légumineuses à graines s'organisent en Europe, la France en étant un acteur important. La taille réduite et la relative jeunesse des programmes de sélection privés limitent la force du levier d'amélioration génétique pour accroître les performances de ces espèces. Les actions publiques nationales ou européennes tendent à corriger cette faiblesse (cas des protéagineux et, dans une moindre mesure, du soja en France) mais le volume global d'investissement reste modeste par rapport à celui des autres grandes cultures. La mise en place récente d'un programme national sur le pois va contribuer à doter la sélection française de ressources génomiques essentielles. La dynamique en recherche et développement sur les légumineuses au niveau international est forte du fait de l'importance du soja mais également des légumineuses alimentaires des pays moins développés (programmes de l'Icarda et de l'Icrisat) et des pays exportateurs comme le Canada et l'Australie. La collaboration européenne sur les légumineuses a été structurée et stimulée dans les années 1990 avec le support de l'AEP jusqu'en 2007.

Les légumineuses fourragères, bien qu'ayant plus d'« ancienneté » que les légumineuses annuelles en France, sont également des filières dans lesquelles l'investissement en amélioration variétale est relativement jeune et restreint, à l'exception de la filière luzerne. L'existence de grands programmes publics et privés de recherche et de sélection au niveau international sur luzerne et sur trèfles bénéficie au marché français et conduit à des nombreux partenariats et collaborations impliquant les équipes françaises.

Par ailleurs, les cultures dites « mineures », c'est-à-dire avec peu de surfaces, ce qui est le cas de nombreuses légumineuses, ont un environnement technique restreint (réduction des compétences et conseil techniques, limites sur l'homologation de produits phytosanitaires), alors que la maîtrise des pressions biotiques et abiotiques s'avère cruciale pour que ces cultures expriment pleinement leur potentiel. Il y a un fort besoin d'expertise individuelle locale, et de disponibilité d'outils de pilotage afin de faciliter leur conduite par l'agriculteur.

---

22. Adaptation multi-stress et régulations biologiques pour l'amélioration du rendement et de la stabilité du pois protéagineux.

▸▸ Production des légumineuses à graines

Après avoir rappelé la situation internationale, nous détaillerons la production française des différentes espèces de légumineuses à graines. Cet ouvrage traite des légumineuses selon leur mode d'insertion dans les systèmes (tableau 1.2) mais les statistiques disponibles sur les productions reprennent les catégories relatives à des réglementations qui peuvent différer entre les échelons national, européen et international (encadré 1.3).

Encadré 1.3. Des règlementations différentes selon les espèces de légumineuses.

Au niveau de l'Union européenne :
– protéagineux (CEE n°1765/92) : pois, fève, féverole, lupin doux ;
– oléagineux (CEE n°1765/92) : soja ;
– légumineuses à graines (CEE n°1577/96) : lentille, pois chiche, vesce ;
– légumineuses fourragères (CEE n°1251/99) : luzerne, trèfle, sainfoin ;
– prairies (indirectement pour les légumineuses contribuant aux prairies permanentes) : BCAE (Bonnes conditions agricoles et environnementales) n° VI « Gestion des surfaces en herbe ».

En France, le ministère en charge de l'agriculture a désigné en 2009 sous le terme de légumineuses (TERCIA, 2007) un groupe d'espèces « formé des légumes secs et protéagineux incluant fèves, féveroles, haricots secs, lentilles, lupin, mélange de légumes secs, mélange de céréales et légumes secs, pois chiche, pois fourrager et vesce velue, pois sec et vesce ». Le soja est intégré dans cet ensemble en 2013. En 2014, une impulsion politique est engagée sur les légumineuses avec notamment la mise en place d'un plan protéines et le programme d'agroécologie proposé pour l'agriculture française (voir p. 74 et chapitre 7).

Paysage international

Situation mondiale

La production mondiale des légumineuses à graines est estimée à 334 millions de tonnes (Mt) par an en moyenne entre 2008 et 2012, avec le soja comme espèce cultivée majoritaire (78 % avec 262 Mt), les autres légumineuses à graines étant évaluées à 72,5 Mt (figure 1.5, planche II).

Cette production mondiale des légumineuses à graines représente 12,5 % de la production mondiale des céréales en 2012. Ce chiffre était de 7 % dans les années 1970 : la production mondiale de légumineuses à graines a progressé deux fois plus vite que celle des céréales (du fait du soja essentiellement), c'est-à-dire avec une évolution de + 325 % entre 1964 et 2012 contre + 150 % pour les céréales. Rappelons que les céréales majoritaires sont le maïs (34 % de la production mondiale des céréales sur 2008-2011), le riz (30 %) et le blé (26 %).

Les légumineuses à graines hors soja ont connu plus de 50 % d'augmentation en 30 ans (entre 1980 et 2010). Le pois représente 10,5 Mt et la féverole, 6 Mt en 2010.

Le soja est la culture dominante des légumineuses à graines, représentant 75 % de la production mondiale avec 240 Mt en 2012 (augmentation de 215 % en 30 ans de 1975 à 2005, puis de 30 % entre 2005 et 2015). C'est également l'espèce prépondérante avec 70-75 % de la production de l'ensemble des principales graines riches en huile (oléagineux), dont 90 Mt de colza et de tournesol. Historiquement, le soja est cultivé prioritairement pour sa richesse en huile (teneur de 18 à 20 %) et ensuite pour les co-produits de l'extraction de l'huile, les tourteaux, valorisés en alimentation animale. Ce qui était surtout un « résidu » auparavant est maintenant parfois le premier produit visé (« l'or vert » dans certains pays).

Le développement du soja a été particulièrement fort entre les années 1970 et 2000. Sa production est à 80 % détenue par 3 pays (moyenne entre 2008 et 2012) : États-Unis (33 %), Brésil (25 %) et Argentine (17 %), avec une progression spectaculaire des volumes de production de ces producteurs du continent américain. Ensuite viennent la Chine (6 %), l'Inde (4 %), le Paraguay (2 %), le Canada (1 %) et l'Ukraine (1 %) (figure 1.6, planche II).

Depuis la fin des années 1990, l'extension continue des surfaces en culture de soja OGM (organisme génétiquement modifié) dans le monde, et en particulier aux États-Unis (93 % des surfaces selon un rapport de l'USDA) et en Argentine, a conduit à une segmentation du marché, notamment dans l'UE. Des filières d'approvisionnement de soja dites « OGM-free » ou « PCR négatif », ainsi que des filières IP (*Identity Preserved*) se sont mises en place, dans un premier temps à partir du Brésil, puis à partir d'autres pays comme le Canada.

Depuis 2005-2006, les importations de tourteaux de soja par la Chine grossissent rapidement car la production de soja y reste stable alors que les besoins augmentent fortement. Cela crée une tension croissante et durable sur les marchés internationaux (voir p. 68).

La lentille est un exemple de légumineuses plus minoritaires. Jusque dans les années 2000, l'Inde produisait les deux tiers de la production mondiale de lentille qui était de l'ordre de 8 Mt dans les années 1990. Le Canada est ensuite devenu le deuxième acteur majeur. De nos jours, ces deux pays produisent 60 % de la production mondiale de lentilles (près de 5 Mt) tous types confondus. Les autres producteurs sont la Turquie, les États-Unis, l'Australie, l'Éthiopie et le Népal. L'UE produit moins du tiers de ses besoins avec 60 000 t — produites principalement en Espagne (près de 50 % en moyenne mais avec de fortes fluctuations interannuelles liées aux variations de rendement) et en France — et importait près de 190 000 t de lentilles dans les années 2010.

Situation européenne

L'Union européenne à 27 (UE-27) produit moins de 2 % de la production mondiale de légumineuses à graines (0,5 % pour le soja et 9 % pour les autres espèces). Toutes espèces confondues, les légumineuses à graines de l'UE représentent annuellement, en moyenne entre 2008 et 2012, une surface de 1,7 Mha (dont 35 % de pois) et une production de 4 Mt (figure 1.7, planche III), avec

37 % de pois et 30 % de féveroles. La France est le plus gros producteur avec 29 % de la production de l'UE, devant l'Italie (17 %) le Royaume-Uni (15 %) et l'Espagne (8 %).

Les débouchés de la production européenne sont majoritairement constitués par l'alimentation animale (environ 80 % dans les années 1980 et actuellement 50 %), avec l'expansion de certains débouchés comme les exportations pour l'alimentation humaine et les débouchés de niche en tant qu'ingrédients agroalimentaires (voir p. 61).

En Europe, la production de légumineuses à graines a connu une rapide extension dans les années 1980 grâce au plan protéines (figure 1.8). Ce plan a été mis en place par l'UE suite à l'embargo américain sur le soja en 1973, embargo qui a privé l'UE de sa source de protéines pour les animaux (forte dépendance des élevages européens au tourteau de soja importé). L'espèce dont les surfaces ont le plus augmenté est le pois protéagineux, espèce pour laquelle la France est un acteur majeur.

La production européenne des protéagineux (pois, lupins, féverole) a atteint un plafond entre 1988 et 2003, avec une série de variations interannuelles. Après le développement des surfaces dans les années 1980, la production oscille autour de 5,2 Mt dans les années 1990 (4,2 pour le pois). Le pic des emblavements est atteint en 1998 avec 1 453 000 ha (et 5 795 000 t) et une augmentation des cultures de pois (très majoritaire) aux dépens de la féverole. À partir de 2005, les surfaces européennes des protéagineux connaissent un déclin prononcé malgré un sursaut en 2010 (figure 1.8). Les facteurs socio-économiques expliquant ces évolutions, dont l'influence des politiques publiques (Thomas *et al.*, 2013), ont été analysés au niveau européen par un groupe d'experts dans un projet « Eurocrop » (Schneider, 2007 ; Collective, 2008), et sont détaillés pour le cas français dans le chapitre 7 (voir p. 360).

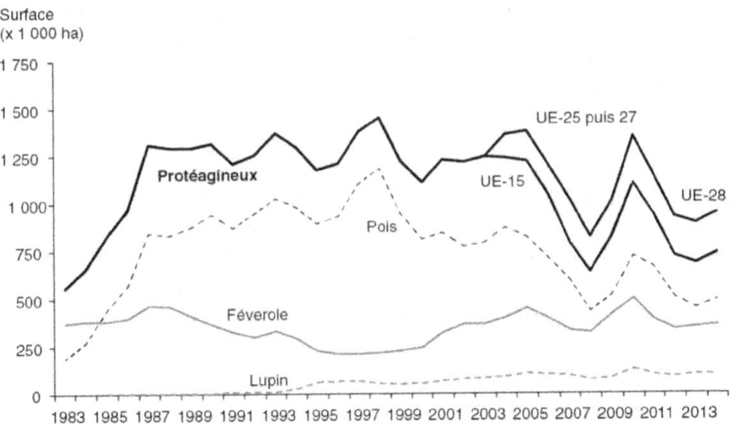

Figure 1.8. Évolution des surfaces de protéagineux dans l'Union européenne (UE à 12 puis à 15 jusqu'en 2003, à 25 jusqu'en 2006 puis à 27). Source : Unip.

Concernant le soja, la production européenne a atteint un pic en 1989, puis à nouveau en 1998. Depuis, les surfaces ont décliné pour les mêmes raisons qu'en France (comme développé dans le chapitre 7). L'Italie est le premier producteur (environ 50 % de la production), suivie de la Roumanie depuis son intégration à l'UE. La France occupe la 2e ou 3e position selon les années.

Globalement, la place des légumineuses à graines reste mineure au sein des grandes cultures, en Europe comme en France. La part des surfaces de légumineuses à graines dans la sole « grandes cultures » est de 1,8 % en moyenne entre 2008 et 2012 (figure 1.9, planche IV), avec des variations selon les États membres (de 0,3 % à 5,2 % hors Malte) et les années (de 0,3 % à 7 %), ce qui est faible par rapport à la moyenne en Amérique du Nord ou en Asie (entre 10 et 25 %).

Bien qu'un accompagnement technique et scientifique se soit développé lors de l'essor des surfaces de légumineuses à graines, l'amélioration génétique, l'expertise scientifique et technique et l'organisation de cette filière sont relativement récentes et restreintes par rapport aux autres cultures telles que les céréales (comme le blé, grande culture dominante) ou même les oléagineux (colza et tournesol). Ces derniers ont connu un essor plus récemment mais avec davantage de moyens du fait de l'existence du débouché des huiles (débouchés alimentaire et biocarburants) (voir chapitre 7).

À retenir. Production mondiale.

En ce qui concerne les légumineuses prairiales et fourragères, la luzerne est la principale espèce de légumineuse fourragère en culture monospécifique au niveau mondial, tandis que le trèfle blanc occupe les surfaces les plus importantes en prairie multi-spécifique.

Pour les légumineuses à graines, le soja représente les ¾ de la production mondiale (principalement Brésil, États-Unis et Argentine, avec essentiellement du soja OGM), mais est minoritaire en France et en Europe. Si l'Europe produit très peu de soja, elle représente en revanche environ 20 % de la production mondiale de protéagineux. En dehors de l'Europe, les principales zones de production sont, pour le pois, le Canada et la Fédération de Russie, pour la féverole, la Chine, l'Afrique du Nord et l'Australie, pour les lupins, la Nouvelle-Zélande et l'Amérique du Sud.

Production de protéagineux et de soja en France

Les protéagineux (pois, féverole et lupins doux d'après la réglementation européenne) et le soja représentent 94 % des surfaces françaises de légumineuses à graines ces dernières années (figure 1.10, planche IV), le reste correspondant aux légumes secs.

Évolutions mouvementées

En France en 2012, les protéagineux occupent seulement 197 000 ha, c'est-à-dire 1,65 % de la surface en céréales, oléagineux et protéagineux (SCOP) après avoir connu un développement atteignant 753 750 ha en 1993 (dont 737 500 ha de pois). Les surfaces de soja ont aussi fluctué avec deux pics historiques en 1989 (134 000 ha) et 2001 (120 000 hectares) puis ont régressé jusqu'à occuper 38 000 ha. Depuis une quinzaine d'années en France, les surfaces de pois (et en conséquence de protéagineux et de légumineuses à graines) observent un recul très net (figure 1.11).

Les facteurs explicatifs de ce recul sont multiples et dominés par des évolutions réglementaires, ainsi que par la dégradation de la compétitivité relative par rapport à d'autres cultures en termes de prix et de rendement. Une analyse de la filière des protéagineux (Boutin *et al.*, 2008) avait proposé des éléments sur les défis auxquels elle est confrontée et des synthèses plus récentes reviennent sur les éléments marquants (Thomas *et al.*, 2013 ; Voisin *et al.,* 2014). Une analyse plus détaillée des facteurs socio-économiques des évolutions de l'ensemble des légumineuses est reprise par le chapitre 7 (p. 360).

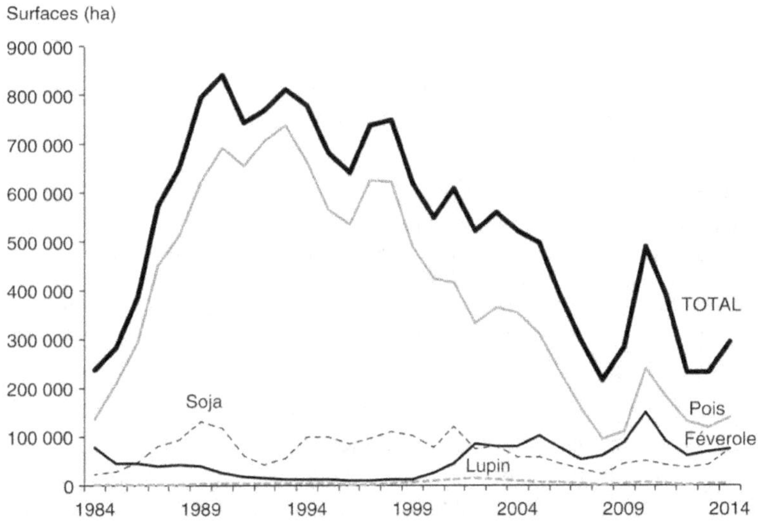

Figure 1.11. Évolution des surfaces de protéagineux et de soja en France. Source : Unip-Onidol.

Depuis quelques années, les surfaces de légumineuses à graines en agriculture biologique (AB) augmentent de façon significative même si ce mode de production reste minoritaire (figure 1.12). Les légumineuses représentent alors un élément clé pour ce mode de production en offrant une voie d'entrée d'azote dans le système, alternative aux engrais de synthèse, en plus de la source de diversification qui permet une lutte non chimique contre les adventices. La présence ou non d'une tête de rotation pluriannuelle comportant une ou des légumineuses est même un fait marquant qui permet de guider une partie de la typologie des rotations et assolements* en AB[23]. La gestion de la nutrition azotée passe par l'introduction en proportions suffisantes de légumineuses dans la rotation (30 à 60 %, ce qui est très supérieur aux systèmes conventionnels) (voir p. 155).

---

23. Projet CASDAR « RotAB » n°7055 (janvier 2008-décembre 2010).

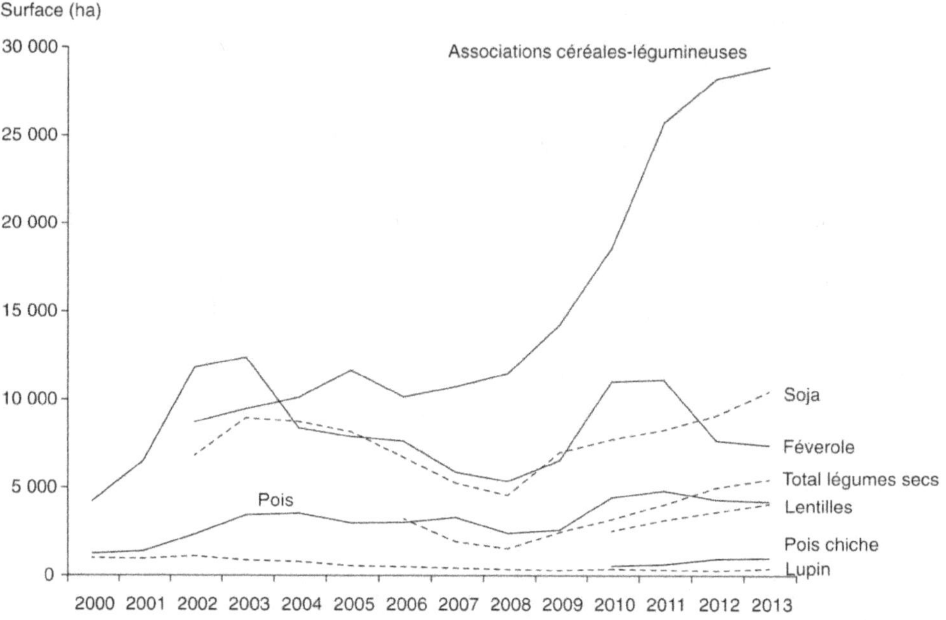

Figure 1.12. Évolution des surfaces de légumineuses à graines production biologique en France. Source : Unip d'après Agence Bio.

Sont comptabilisées ici les parcelles certifiées biologiques (conduites depuis plus de 2 ans en culture bio) ainsi que les parcelles en conversion (parcelles en 2e année de conduite en agriculture bio et parcelles en 1re année de conversion, celles-ci n'étant pas valorisables en alimentation animale bio et ne peuvent être destinées qu'au secteur conventionnel). Les données associations sont des statistiques à partir de 2011 et des estimations pour les années précédentes (cherchant à rectifier le chevauchement des catégories « associations céréales-légumineuses » et « mélanges céréaliers »[24]).

Dans le paysage agricole actuel, les protéagineux et le soja sont très majoritairement cultivés en culture monospécifique. Récemment cependant, les associations céréales-protéagineux réapparaissent dans les systèmes céréaliers spécialisés en AB (figure 1.12) mais aussi en production conventionnelle, pour mieux gérer les adventices notamment. Ces pratiques étaient largement présentes en France et Europe jusqu'au milieu des années 1950 mais étaient devenues très marginales, surtout en conventionnel (figure 1.13), et prioritairement affiliées à la production de fourrages (méteils) en systèmes de polyculture-élevage. Depuis une dizaine d'années et progressivement, les associations céréales–protéagineux se redéveloppent. Elles sont cultivées dans les zones d'élevage pour être récoltées soit en fourrage sous forme d'ensilage de mélanges immatures, soit en grains pour l'autoconsommation à la ferme. Elles réapparaissent aussi dans les secteurs céréaliers pour des systèmes à moindres intrants visant prioritairement la production soit de céréales, soit de protéagineux, en pilotant des éléments de l'itinéraire technique (voir chapitre 3) et notamment les pourcentages et densités des espèces au semis.

---

24. Avant l'aide complémentaire pour les protéagineux de 2010, beaucoup d'agriculteurs se sont mis à déclarer leurs associations céréales-légumineuses en catégorie « mélanges céréaliers ».

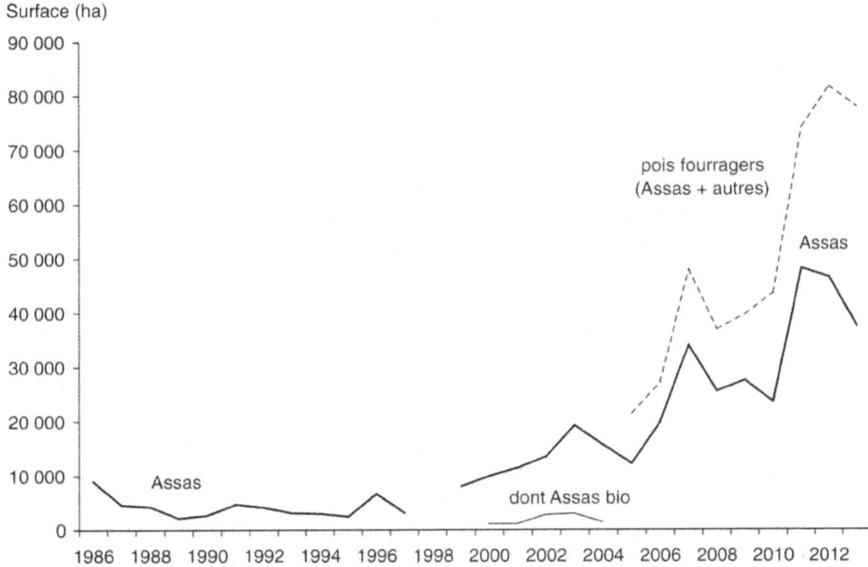

Figure 1.13. Surfaces estimées de mélange pois-céréales en France (toutes utilisations finales confondues), sur la base des ventes de semences certifiées de pois fourragers en France (base 25 kg/ha). Source : Unip.

D'après l'Agence Bio, on dénombrait en 2013 plus de 28 000 ha d'associations céréales–pois et environ 3 000 ha de « mélanges céréaliers » conduits en AB (encadré 1.4).

Encadré 1.4. Terminologie pour les associations de culture dans la pratique agricole française.

Dans la pratique, les cultures en association de céréales et de protéagineux sont souvent appelées « mélanges céréaliers », mais ce terme porte à confusion. Un « mélange » désigne aussi la culture associée de plusieurs variétés au sein d'une même espèce (par exemple mélange de variétés de blé), alors qu'une « association » concerne plusieurs espèces (voir lexique).

Dans les catégories utilisées pour la PAC (grilles sur les formulaires de déclarations des agriculteurs), les associations céréales-protéagineux sont considérées comme des céréales si elles contiennent une majorité de céréales, et comme des protéagineux si les protéagineux (pois, féveroles ou lupins doux) « prédominent dans le mélange » (dans ce cas, et si elles sont récoltées après le stade « grains laiteux », elles peuvent bénéficier de l'aide couplée aux protéagineux).

Les associations céréales-protéagineux peuvent être binaires (2 espèces), ternaires (3 espèces) ou complexes (plus de quatre espèces).

Nous proposons d'utiliser le terme d'« association de cultures » (ou « cultures associées ») uniquement dans le cas où les produits des deux cultures sont récoltés (culture de rente*).

> **À retenir. Les légumineuses, incontournables en agriculture biologique.**
>
> Les légumineuses sont cruciales dans les modes de production en agriculture biologique (AB), c'est-à-dire sans intrants de synthèse, modes pour lesquels la fertilité des sols et la maîtrise de la flore adventice sont les principales préoccupations agronomiques (systèmes céréaliers) et la recherche de l'autonomie alimentaire (systèmes en polyculture-élevage), un facteur de durabilité. Les légumineuses sont très présentes dans les rotations des cultures pratiquées en grandes cultures en AB (légumineuses à graines ou fourragères, cultures intermédiaires), de l'ordre de 30 à 55 %, soit bien plus qu'en agriculture conventionnelle. Ceci s'explique par l'entrée d'azote dans le système que permettent ces cultures (fixation d'azote symbiotique), dans un contexte où les engrais organiques se font rares et chers, mais aussi par les services agronomiques rendus en diversifiant la rotation (contrôle des adventices, structure du sol…). Les analyses des performances des rotations dans des systèmes sans élevage montrent, pour les rotations courtes (3/4 ans), un avantage économique à l'hectare mais une plus faible durabilité (enherbement problématique et dépendance aux intrants exogènes), tandis que les rotations longues (plus de 7 ans, démarrant par une prairie temporaire à base de légumineuses), souvent dans des sols à potentiels inférieurs, sont plus performantes sur le plan agronomique et environnemental, et sont plus résilientes. Concernant les légumineuses à graines, les surfaces restent modestes en AB, notamment en lien avec les difficultés de maîtrise des bioagresseurs (pois, féverole). On observe néanmoins une augmentation soutenue des surfaces de légumineuses à graines en AB depuis le début des années 2010, à lier au nombre croissant de conversions à l'AB et à la demande pour ces cultures (soja en alimentation humaine et animale, féverole et pois en alimentation animale). Si les débouchés en alimentation humaine restent actuellement plus attractifs, les forts besoins en protéines en alimentation animale contribuent à l'augmentation des surfaces et à l'évolution des pratiques des collecteurs en AB, de plus en plus ouverts au tri et à la valorisation des associations de culture (obligation d'une alimentation 100 % bio pour les monogastriques en AB d'ici 2018).

Un panel de quatre espèces pour des adaptations territoriales

Les différentes légumineuses à graines cultivées en France montrent des complémentarités territoriales intéressantes pour répondre aux différents besoins selon les conditions pédoclimatiques, les spécificités de l'espèce (type hiver ou printemps, adaptée aux systèmes secs ou irrigués, etc.) et les demandes des marchés locaux : le pois dans les systèmes céréaliers de la partie nord de la France, la féverole en production conventionnelle dans le Nord ou en bio dans le Sud-Ouest, le soja en systèmes irrigués ou bien alimentés en eau du Sud et de l'Est, et enfin le lupin dans les régions de polyculture élevage ou pour des contrats en agroalimentaire (figure 1.14, planche V).

La culture du pois a investi rapidement les surfaces en protéagineux lors du plan protéines des années 1980 en s'installant principalement dans les systèmes céréaliers du grand Bassin parisien et des régions Centre et Nord de la France.

La culture de soja s'est réellement implantée à partir des années 1980 dans deux principales zones favorables sur le plan pédoclimatique : le Sud-Ouest (Aquitaine et Midi-Pyrénées) et l'Est (de Rhône-Alpes jusqu'à l'Alsace). Aujourd'hui encore, ces deux zones représentent plus de 90 % des surfaces totales de soja en France.

Des facteurs explicatifs différents

Après le pic des années 1992-1993, les protéagineux sont maintenant redevenus une part mineure des terres labourables en conservant les mêmes grandes zones de production, mais ce sont surtout les zones à fort potentiel agronomique (nord et nord-ouest) qui ont connu un recul drastique des surfaces (figure 1.15, planche VI).

Les rendements des protéagineux (pois et féverole) sont perçus comme variables par les producteurs. Cependant, l'analyse des rendements observés, en moyenne nationale, au cours des dernières années souligne surtout l'augmentation de l'écart entre le pois et le blé (et le maïs), liée à une tendance à la stagnation ou à la baisse (selon les régions) de la moyenne des rendements du pois, pour partie du fait du déplacement des zones de cultures. Par exemple, le rapport du rendement national moyen de blé sur celui du pois est de 1,4 en 1982 (53 et 38,4 q/ha) et de 1,6 en 2012 (72,7 et 44 q/ha) (figure 1.16).

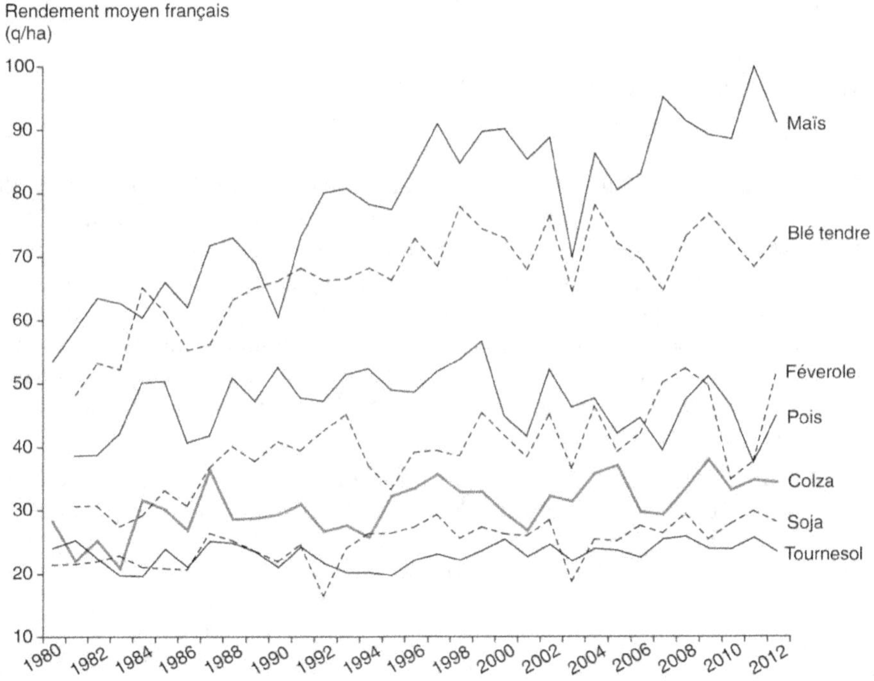

Figure 1.16. Évolution des rendements moyens des principales légumineuses à graines et autres cultures annuelles en France. Source : Eurostat, SCEES, Unip.

Une analyse de la variabilité (pédoclimatique et pluriannuelle) des rendements de légumineuses à graines est reprise en détail dans le chapitre 3. Les producteurs[25] considèrent le soja comme une culture au rendement globalement régulier et sans surprise, même si ce rendement est relativement faible (inférieur à 30 q/ha). Cette perception est confirmée par les rendements moyens qui montrent une bonne stabilité, hormis les années à événement climatique exceptionnel : pluies excessives de l'automne 1992 et sécheresse extrême de 2003. L'irrigation qui concerne la moitié des surfaces y contribue en partie.

La production en forte baisse (ou la moindre disponibilité pour certains débouchés) des protéagineux et du soja a des effets de masse critique sur l'aval :
– si le volume en graines (protéagineux, soja extrudé) n'est pas suffisant et régulier, ces matières premières risquent d'être « délaissées » pour l'incorporation en alimentation animale comme pour l'approvisionnement pour l'alimentation humaine ;
– les usines françaises dédiées au fractionnement des protéagineux sont obligées de se tourner vers l'importation de protéagineux souvent non européens ;
– la filière française de transformation de la graine de soja a vu l'arrêt de la trituration industrielle des graines françaises en raison d'un volume trop faible, entraînant une sous-utilisation et une maintenance minimale des unités de traitement de la graine (extrudeurs). La mise en œuvre de nouvelles unités de transformation dans les bassins de production sera donc nécessaire à la réussite de la relance de cette culture en France.

Le chapitre 7 reviendra sur l'analyse des dynamiques passées et présentes et sur les leviers à envisager (technologiques ou organisationnels).

La production française de lentilles, pois chiches et haricots

En 2013, les surfaces de légumes secs en France sont d'environ 14 300 ha de lentilles, près de 8 500 ha de pois chiches (avec une forte progression des surfaces depuis 2 ans), auxquels il faut ajouter un peu plus de 4 000 ha de haricots secs et une estimation[26] à 5 000 ha de pois secs destinés à la casserie. Notons au passage que cette dernière catégorie, « pois de casserie », n'est en fait qu'une petite fraction des pois protéagineux (en général de couleur verte) vendue spécifiquement pour cette industrie (sans autre différence que la couleur entre les pois verts et les pois jaunes, les deux types étant des pois protéagineux comptabilisés ensemble dans les données des déclarations PAC des agriculteurs).

On peut souligner que les cultures de légumes secs sont spécialement développées en mode de production biologique. D'après l'Agence Bio, en 2013, près de 20 % de la surface nationale des lentilles et pois chiches était cultivée en bio (environ 5 000 ha, dont 4 000 ha de lentilles et 1 000 ha de pois chiche).

---

25. Enquête agriculteurs du Cetiom 2007.
26. Le pois sec utilisé en alimentation humaine est inclus dans les statistiques de pois protéagineux (étant donné que c'est la même espèce) et donc difficilement identifiable avec certitude.

La production de légumes secs en France est très morcelée géographiquement, avec une grande variété de situations agricoles, et environ 2 000 producteurs (0,3 % des agriculteurs) par noyaux localisés de production (A.N.D., 2000). Il existe des bassins privilégiés de production pour certaines espèces (figure 1.17, planche VII), d'ailleurs avec une certaine complémentarité par rapport à la production de protéagineux et de soja.

Les signes officiels de qualité et d'origine associés aux légumes secs français vendus en graines entières sont nombreux et on estime qu'ils concernent près du tiers de la production française. Celle-ci s'est positionnée sur ces segments haut de gamme pour se différencier des produits importés majoritairement utilisés après première transformation en conserverie, puis en plats préparés, surgelés ou déshydratés après deuxième transformation.

On estime la collecte nationale autour de 20 000 tonnes par an en 2010-2011 et pratiquement 40 000 tonnes en 2013 (tableau 1.5), mais les importations sont importantes. En 2011, près de 28 000 t de lentilles ont été importées principalement de Chine (dont 13 000 t de lentilles blondes), du Canada (12 000 tonnes de lentilles vertes) et de Turquie. Toujours en 2011, 6 850 t de pois chiches ont été importés essentiellement d'Inde et d'Australie.

Tableau 1.5. Surfaces, rendement et production de lentilles, de haricots et de pois de casserie en France. Les rendements estimés ne prennent en compte que la partie commercialisée. Source : Agreste.

	Surfaces (ha)		Rendement (q/ha)		Production (tonnes)	
	2012	**2013**	**2012**	**2013**	**2012**	**2013**
Lentilles	15 065	14 086	17	16	25 195	22 725
Haricots secs	3 592	4 074	21	19	7 395	7 545
Pois secs (casserie)[voir note 25]	5 277	5 984	17	18	8 874	10 671

Alors que le Puy dominait la production jusqu'en 2009, la production nationale de lentilles (principalement de lentilles vertes) provient essentiellement de trois régions en proportion équivalente depuis 2012 :
– le Centre (Berry) avec le Label rouge « lentille verte du Berry »,
– la région du Puy en Auvergne, avec l'AOC « lentilles verte du Puy »,
– et la Champagne avec la marque « lentillon rosé de Champagne », d'une lentille rose issue de la Champagne-Ardenne.

Soulignons que l'augmentation des surfaces ne concerne pas les surfaces sous signes officiels de qualité qui restent stables (3 000 t de lentilles vertes du Puy et 570 t de lentilles vertes du Berry) alors que les surfaces sans signe officiel de qualité augmentent dans les régions de grandes cultures (Centre et Champagne).

Pour les haricots et les pois chiches, Midi-Pyrénées et Languedoc-Roussillon sont les principales zones de production française. En haricots, il existe également des AOC (coco de Paimpol) ou des IGP (haricot tarbais, Lingot du Nord, Mogette de Vendée), avec une dynamique plus récente que les lentilles et donc encore en progression.

De façon récente, on observe une augmentation des surfaces de lentilles et de pois chiches (figure 1.18) car :

– la production de lentilles est plus compétitive avec la PAC de 2006 à 2014 (DPU suite au découplage total) ; en effet, l'aide antérieure couplée « légumes secs » n'était pas suffisamment incitative ;

– les pois chiches, cultivés dans les zones à blé dur, apparaissaient, aux yeux de l'agriculteur, moins compétitifs que ce dernier qui bénéficiait d'une aide couplée spécifique ; aujourd'hui, suite au découplage total, on observe une remontée des surfaces de pois chiches dans le sud de la France : de 3 000 ha en 2010 à près de 7 000 ha en 2012. L'essentiel de la production est tourné vers l'exportation.

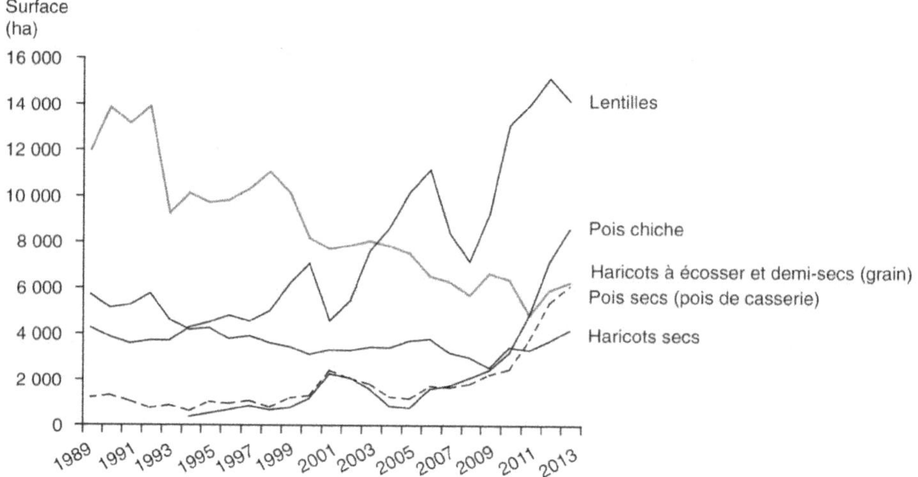

Figure 1.18. Évolution des surfaces de légumes secs en France et comparaison avec les haricots demi-secs. Source : Agreste, Déclarations PAC pour le pois chiche.

Les données Agreste sur le pois de casserie sont entâchés de beaucoup d'incertitudes (voir note 26).

►► Production des légumineuses fourragères

Historiquement en France, les légumineuses fourragères étaient principalement cultivées pour la production de fourrages. Elles étaient insérées dans les systèmes de polyculture-élevage en raison de leur rôle agronomique comme tête de rotation, de leur fonction fixatrice d'azote et pour la fourniture de fourrage à la force de traction animale.

Le fonctionnement et le suivi de leur production seront développés dans le chapitre 3 et font l'objet d'un ouvrage récent (Huyghe et Delaby, 2013), et les performances zootechniques seront traitées en chapitre 4. Soulignons cependant trois principaux points d'attention de la production des légumineuses fourragères, pour lesquels les pratiques ont évolué :

– La phase d'implantation de la culture est une phase délicate, en raison de l'installation lente des légumineuses fourragères qui sont caractérisées par des graines de petite taille (le poids de mille graines de luzerne est de 2 g et celui du trèfle blanc de 0,6 g). Après une progression du semis sur sol nu au printemps au cours des dernières décennies, le semis sous couvert retrouve aujourd'hui un regain d'intérêt (pourtant courant dans les années 1960-1970).

– Le choix de la date de récolte est essentiel pour optimiser l'équilibre entre la biomasse récoltée et la qualité (teneur en protéines, digestibilité) de cette biomasse (courbe de dilution de la teneur en azote car les feuilles sont plus riches en protéines, mais en proportion décroissante avec l'augmentation de la biomasse produite, voir p. 100).

– La conservation est une étape délicate et doit permettre de préserver et de mettre à disposition des animaux la biomasse produite et les protéines disponibles en grande quantité. Trois modes de conservation sont possibles : foin, ensilage, déshydratation (voir p. 72).

Encadré 1.5. Classement des légumineuses fourragères selon les statistiques françaises des surfaces fourragères.

Rappelons que les surfaces fourragères regroupent, selon la statistique agricole du ministère de l'Agriculture, les cinq catégories suivantes :

– les racines et tubercules fourragers (comme les betteraves fourragères) ;

– les fourrages annuels dont le maïs fourrage, le trèfle incarnat (*Trifolium incarnatum* L.) et le ray-grass d'Italie (*Lolium multiflorum* Lam.) dont le cycle est inférieur à un an ;

– les prairies artificielles (1 à 5 ans) ensemencées exclusivement en légumineuses fourragères : luzerne (*Medicago sativa* L.), trèfle violet (*Trifolium pratense* L.), sainfoin (*Onobrychis viciifolia* Scop.), et de façon plus rare, minette (*Medicago lupulina* L.), lotier (*Lotus corniculatus* L.) ;

– les prairies temporaires (1 à 5 ans) ensemencées en graminées fourragères pures ou mélangées à des légumineuses ;

– les surfaces toujours en herbe (STH), appelées aussi prairies permanentes, composées de plantes fourragères herbacées vivaces : il s'agit de prairies semées de longue durée (c'est-à-dire de 6 à 10 ans) et de prairies naturelles (c'est-à-dire non semées ou semées depuis plus de 10 ans) dont la production annuelle est d'au moins 1 500 unités fourragères[27]. Quand la production est inférieure à ce seuil, on parle alors de STH peu productives. C'est le cas notamment des estives et des alpages.

Ainsi les légumineuses fourragères peuvent être annuelles ou pérennes, et sont utilisées soit après une fauche (avec différentes méthodes de conservation : foin, ensilage, déshydratation), soit directement par pâturage des animaux sur la parcelle. Elles sont cultivées pures (prairies artificielles) ou en association (prairies temporaires ou permanentes).

---

27. Une unité fourragère est la valeur énergétique contenue dans un kilo d'orge, soit 1 855 kcal.

Une quantification difficile à préciser

Rappelons qu'au sein des prairies françaises, les surfaces toujours en herbe (STH) sont largement majoritaires — quasiment 80 % (figure 1.19).

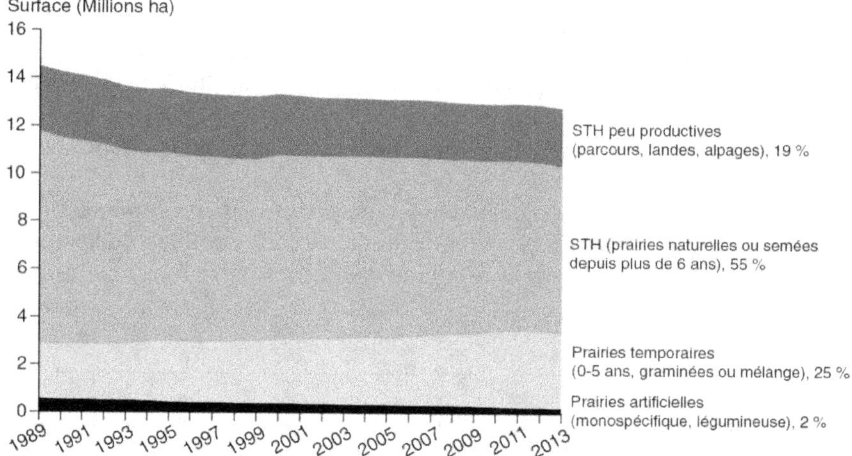

Figure 1.19. Évolution des surfaces (millions d'ha) de prairies en France et répartition (pourcentages de 2013). Source : Agreste, Statistique agricole annuelle 1989-2013.

STH, surfaces toujours en herbe, y compris surfaces hors exploitation.

Actuellement il y a environ 300 000 ha de prairies artificielles avec légumineuses (culture monospécifique), l'équivalent[28] de 600 000 ha de légumineuses au sein des prairies temporaires et l'équivalent d'environ 800 000 ha de légumineuses au sein de STH (tableau 1.6) : soit environ 1,7 M d'équivalent en hectares de légumineuses.

Tableau 1.6. Part des légumineuses dans les différents types de prairies. D'après Agreste, 2013.

	Surfaces (× 1 000 ha)	% légumineuse (estimation biomasse récoltée)	Équivalent en surfaces de légumineuses seules (× 1 000 ha)	Productivité (t MS/ha)
STH	7 600	10	760	6
STH peu productive	1 400	2	28	2
Prairies temporaires	3 000	20	600	9
Prairies artificielles	300	100	300	12

MS, matière sèche ; STH, surface toujours en herbe.

---

28. Les prairies temporaires et les prairies permanentes sont composées d'association de graminées et de légumineuses, à hauteur de 20 % en moyenne de légumineuses pour les prairies temporaires, et de 5 à 10 % de légumineuses pour les prairies permanentes. Pour les prairies temporaires, les taux de composition en cours de production sont en général plus faibles qu'au semis. On en déduit les surfaces équivalentes en prairies composées uniquement de légumineuses.

Les surfaces concernées par des légumineuses fourragères étaient largement supérieures au début du XXe siècle du fait de l'importance du cheptel à alimenter et des ressources protéiques. La mécanisation de l'agriculture a modifié la proportion d'animaux concernés et ensuite la révolution fourragère des années 1960 a renforcé la réduction des surfaces fourragères. On a ainsi observé une réduction combinée à une spécialisation des régions productrices au cours du temps. Les figures 1.20 et 1.21 (planche VIII) montrent comment les STH ont disparu du Bassin parisien (et de la Bretagne) et ont augmenté en zones plus montagneuses (Centre et Est de la France), les prairies temporaires ont migré vers les régions Ouest et Sud de la France et les cultures monospécifiques de légumineuses fourragères se sont considérablement réduites (facteur 10 entre 1960 et 2010) dans quelques bassins de production dont la Champagne.

L'analyse de la contribution des légumineuses des prairies permanentes à la production de biomasse est très difficile, car il existe une grande variation en fonction du milieu et des pratiques culturales. La synthèse proposée par Launay en 2011 sur l'analyse de plusieurs centaines de prairies permanentes montre l'ampleur de la variation du degré d'abondance des légumineuses dans les flores. Cette synthèse souligne aussi le lien entre la présence des légumineuses et la qualité du fourrage récolté.

Il existe une voie indirecte pour estimer, au sein des prairies temporaires et cultures fourragères, l'équivalent en surfaces composées uniquement de légumineuses. Il s'agit d'utiliser les ventes de semences, et de prendre en compte la durée de vie moyenne de l'espèce considérée ou du couvert dans lequel elle est implantée, et la densité moyenne de semis (en kg/ha).

La figure 1.22 (planche VIII) illustre la prédominance de la culture du trèfle blanc et de la luzerne. Elle montre également que les surfaces en équivalent luzerne dépassent largement les surfaces déclarées en culture monospécifique. Avec en moyenne 1,5 Mha, les légumineuses fourragères peuvent constituer une ressource considérable pour l'entrée d'azote dans les systèmes cultivés et pour la fourniture de protéines. Toutefois, ceci suppose que la conduite mise en œuvre permette aux légumineuses de se développer de façon satisfaisante.

Les légumineuses dans les associations prairiales

En évolution historique, l'utilisation des légumineuses semble se maintenir dans les associations prairiales et se développer au cours des dernières années, selon les enquêtes auprès des agriculteurs. Étant donné qu'il n'existe pas de statistique officielle annuelle sur ce type de culture fourragère, seules les anciennes enquêtes prairies de 1982 et de 1998, l'enquête pratiques culturales de 2006, et les ventes annuelles de semences permettent d'estimer la part des prairies temporaires conduites en association. En 1982, les associations graminées-légumineuses représentaient 20 à 30 % des prairies temporaires soit près de 700 000 ha. Les ventes de semences montrent qu'actuellement ces associations représentent environ 40 à 50 % des prairies temporaires (GNIS). Les prairies temporaires sont ensemencées avec au moins 20 % de légumineuses mais la part des légumineuses est plus importante dans les prairies de 3 et 4 ans (Enquête « pratiques culturales » de 2006). L'enquête « pratiques culturales » de 2006 révèle que 34 % des surfaces de prairies temporaires contiennent plus de 20 % de légumineuses, et que 10 % des prairies présentent un taux supérieur à 40 %. La conduite en agriculture biologique concerne 3 % des surfaces de prairies temporaires.

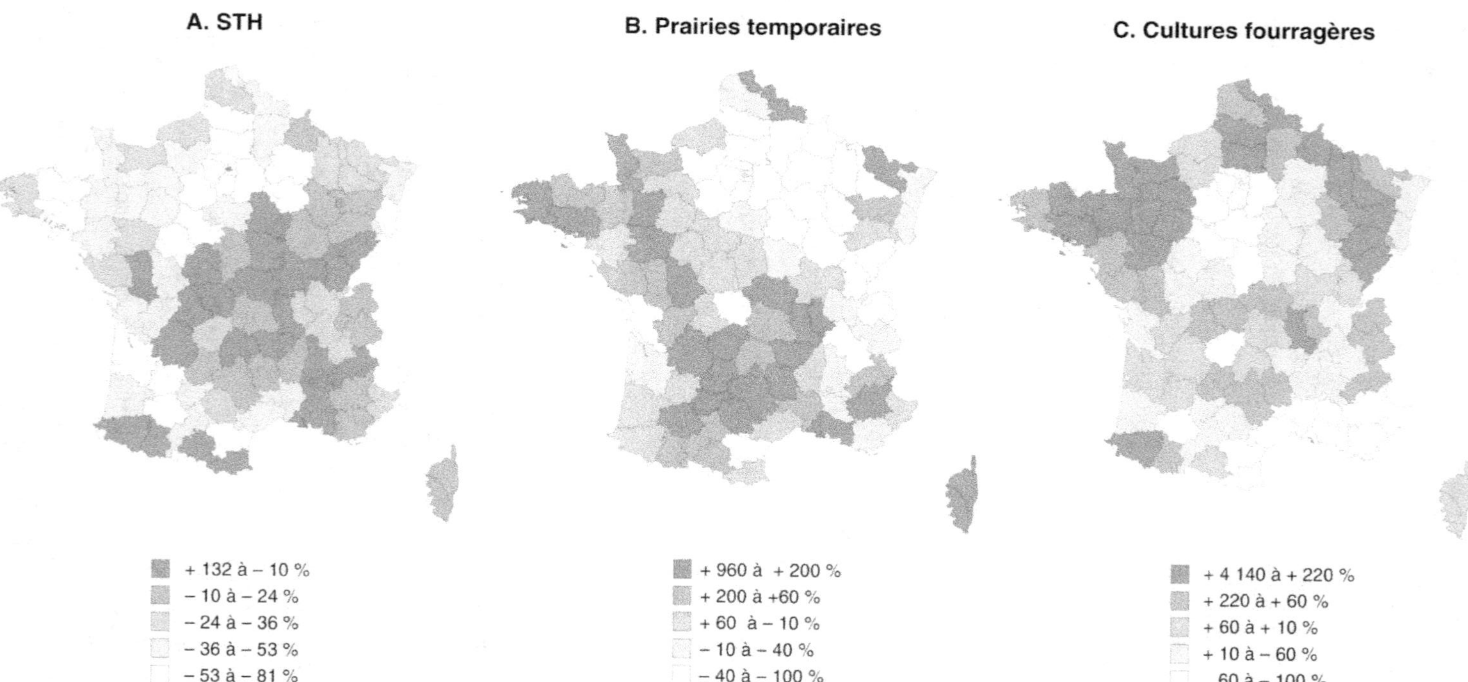

Figure 1.20. Évolution des surfaces de STH (A), de prairies temporaires (B), de cultures fourragères annuelles (C) entre 1960 et 2005 dans les différents départements français (en % de 1960 ; les départements en gris foncé sont ceux où les surfaces se sont maintenues, voire ont augmenté). Source : Huyghe, 2009.

Encadré 1.6. Réglementation et maintien des prairies permanentes.

Un des volets de la conditionnalité de la PAC de l'UE (décliné ensuite par les États membres) porte sur le maintien des prairies permanentes, dont la surface ne doit pas décroître de manière significative au niveau de l'État membre. L'obligation porte sur le maintien d'un ratio de référence entre la surface en prairies permanentes et la surface agricole totale, dans la limite de 10 % de diminution de ce ratio.

Il a en effet été constaté une chute du ratio des prairies permanentes (− 2,4 % en 2010 par rapport à 2005 ou 2009) et une baisse de la surface brute nationale de surfaces toujours en herbe (prairies permanentes + prairies semées de plus de 5 ans) de 156 000 ha. Le dispositif introduit en 2010 (et toujours d'actualité à ce jour) classe les surfaces en herbe selon deux exigences mesurées au niveau de l'exploitation :
− les prairies temporaires : maintien de 50 % de la surface de référence de l'année 2010 ;
− les STH (prairies permanentes + prairies temporaires de plus de cinq ans) : maintien de 100 % de la surface de référence.

Les légumineuses fourragères en tant que cultures monospécifiques

La culture monospécifique de légumineuse est une prairie semée avec une seule espèce de légumineuses (culture dite « pure »). La réglementation, en reprenant un terme ancien utilisé depuis le milieu de XVIIIe siècle, a nommé ce type de culture les « prairies artificielles ».

Évolution liée à la révolution fourragère

Au cours des années 1960, on observe une forte chute des surfaces de légumineuses fourragères pures, résultant de la révolution fourragère (figure 1.23, planche IX).

En effet, dans les années 1960, la révolution fourragère a pour objectif de répondre rapidement à la forte demande de l'après-guerre en produits agricoles et en particulier en produits carnés. Elle est soutenue par la recherche agronomique qui prône le développement de la prairie monospécifique abondamment fertilisée. Au début des années 1960, les surfaces de légumineuses fourragères en culture pure atteignent 3,3 millions d'hectares environ et représentent 17 % des terres arables. La disponibilité croissante des engrais minéraux azotés à des prix attractifs et la difficulté de récolter ces grandes légumineuses fourragères (elles sont difficiles à ensiler) conduisent à oublier le rôle agronomique des légumineuses. En 10 ans, de 1960 à 1970, les surfaces en prairies artificielles sont divisées par plus de deux et les surfaces en prairies temporaires sont multipliées par 1,5.

Au cours des années 1970, l'augmentation de la productivité (par hectare et par animal) se poursuit et le modèle d'alimentation des bovins basé sur l'utilisation du maïs ensilage complémenté par des tourteaux s'impose progressivement, s'ajoutant au développement d'ateliers d'élevages hors-sol de porcs et de volailles (Thiébeau *et al.*, 2003). Ce modèle nécessite une importante complémentation en concentré protéique, et réduit le rôle des fourrages (hors maïs ensilage) au seul apport de fibres. Alors que la récolte mécanisée des légumineuses fourragères soulève des problèmes techniques, le recours au maïs ensilage, à la valeur énergétique élevée, offre à l'éleveur une qualité et une sécurité fourragère tout en permettant de réduire les charges de travail. De plus, à cette époque, le contexte de prix des matières premières de l'alimentation animale est fortement défavorable aux rations hivernales à base de foin de légumineuses complété par des céréales. Alors que le tourteau de soja entre sans droit de douane dans l'Union européenne, l'Organisation commune de marché (OCM) des céréales combine la garantie d'un prix minimum à la production et une forte protection aux frontières. Il en résulte un rapport du prix du tourteau de soja sur celui du blé très faible, proche de 1, qui est jusqu'à deux fois moins élevé que sur le marché mondial. Cela a pour double conséquence de favoriser, d'une part, une incorporation croissante du tourteau de soja en tant que concentré dans les rations des vaches laitières au détriment des céréales, et d'autre part de réduire l'intérêt des fourrages riches en protéines (Relance des légumineuses CGDD, 2009). Ceci explique en partie qu'il y ait aujourd'hui peu de références techniques concernant les légumineuses. À titre d'exemple, les tables Inra 2007 sur la valeur des aliments pour les ruminants ne fournissaient aucune donnée concernant les fourrages d'association graminées-légumineuses. Cette situation a été corrigée dans les éditions suivantes.

Les caractéristiques des légumineuses ne correspondaient pas aux évolutions techniques qui se sont mises en place à partir du début des années 1970. Le développement de l'ensilage exigeait de disposer d'espèces ayant une forte teneur en sucres solubles, afin d'obtenir *via* la fermentation lactique un abaissement rapide du pH et en conséquence une bonne conservation. Les légumineuses fourragères sont dépourvues de ces sucres, à l'exception notable du sainfoin qui en contient beaucoup. Mais ceci est passé totalement inaperçu à cette époque-là. La conservation en ensilage « classique » de légumineuses ne peut se faire qu'avec un apport massif d'acide formique ou propionique. Le développement plus récent de l'enrubannage change légèrement cette perspective. En effet, le besoin d'acidification est plus faible lorsque la teneur en matière sèche augmente. La production de balles rondes avec du fourrage ayant une teneur en matière sèche comprise entre 45 et 55 % et la pose d'un film plastique étanche générant l'anaérobiose permettent une acidification suffisante pour obtenir la conservation du fourrage. Cette récolte par enrubannage est particulièrement adaptée à la récolte de la première coupe, alors que les coupes suivantes, qui se produisent au cours des mois d'été peuvent être faites en foin, sans qu'il y ait de risque de pertes excessives de feuilles, parties les plus riches en protéines. Ceci conduit à identifier une autre caractéristique des espèces prairiales, à savoir la multiplicité des récoltes annuelles, ce qui signifie une charge de travail potentiellement plus importante que pour des fourrages à récolte unique comme le maïs ensilage.

Ainsi, dans les années 1970, les légumineuses prairiales sont progressivement remplacées par le maïs ensilage et les graminées prairiales. Elles ont fortement décliné au cours des 40 années suivantes. Au total, la production de légumineuses fourragères en monospécifique (prairies artificielles) a chuté pour se stabiliser aujourd'hui à environ 370 000 hectares. Le sainfoin et le trèfle violet en culture pure ont quasiment disparu du paysage. Les surfaces en luzerne déshydratée semblent atteindre un plancher à environ 80 000 ha représentant 30 % environ du total des prairies artificielles (Agreste).

Le cas spécifique des fourrages déshydratés

La déshydratation des fourrages utilisant des processus artificiels de séchage repose sur des équipements industriels lourds, qui mobilisent de l'énergie pour extraire l'eau contenue dans les fourrages frais ou pré-séchés. L'extraction rapide de l'eau permet de limiter l'exposition du fourrage récolté aux conditions extérieures, de préserver l'ensemble des qualités nutritionnelles des fourrages, et d'assurer un stockage long et sans évolution de la matière première. La déshydratation est pratiquée dans différents pays du monde soit sur la luzerne, soit sur des graminées fourragères. En Europe, la déshydratation concerne soit la luzerne (en France, Espagne et Italie), soit des graminées fourragères (dans les pays d'Europe du Nord).

Encadré 1.7. La réglementation sur les fourrages séchés.

L'Organisation commune de marché (OCM) sur les fourrages séchés (Règlement CEE n°1067/74) a été instaurée en 1974, suite à l'embargo américain sur le tourteau de soja. Une aide à la tonne produite était alors accordée aux entreprises de déshydratation. En 1978, l'OCM a été élargie aux fourrages séchés (Règlement CEE n°1117/78). Entre 1995 et 2005, le montant de cette aide s'élevait à 63,83 écus/tonne de fourrage déshydraté et 38,64 écus/tonne de fourrage séché avec des quotas par pays très limités. Cette mesure doit être considérée comme une aide à l'équipement industriel plus qu'à la culture de légumineuse fourragère. Cette OCM a été réformée en 2003 (Règlement CE n° 1786/2003). Elle a accordé ensuite un montant d'aide de 33 €/t aux fourrages après transformation. Ce dispositif est limité par une quantité maximale garantie (QMG) fixée à 4,96 Mt de fourrages déshydratés ou séchés au soleil, quantité qui n'a jamais été atteinte. L'enveloppe communautaire payée en moyenne pour les campagnes 2005-2006 et 2006-2007 s'élevait à 132,7 millions d'euros.

Suite au bilan de santé de la PAC, cette aide couplée à la transformation a été supprimée en 2012 et intégrée dans le régime de paiement unique (Règlement CE n°73/2009). En matière réglementaire, le soutien de 33 €/t versé aux transformateurs est arrivé à échéance avec la récolte 2011, pour être intégré au régime de paiement unique (DPU). Cette évolution est un sujet de préoccupation pour la filière des fourrages déshydratés.

Au niveau français, le plan « protéines » s'est traduit en 2012 par une aide de 125 €/ha de luzerne avec un budget national de 8 millions d'euros. La PAC 2015-2020 donne de nouvelles perspectives (voir p. 74).

En assurant le séchage par un processus industriel, la déshydratation apporte une réponse à deux difficultés essentielles identifiées plus haut pour les légumineuses en cultures pures, à savoir la difficulté de conservation et de risque de dégradation de la qualité et la charge de travail. Ceci explique l'attractivité pour ce processus (augmentation de la production). Cependant, cela se fait au prix d'un coût énergétique élevé.

Le processus industriel, avec des équipements lourds et donc des exigences de surfaces importantes à proximité, explique que la déshydratation se soit particulièrement développée en France dans les régions de grandes cultures, la luzerne s'insérant dans les rotations d'espèces annuelles. De plus, l'équipement de déshydratation peut alors être partagé avec la déshydratation des pulpes de betterave sucrière, espèce elle aussi produite dans ces mêmes régions.

La luzerne cultivée pour la déshydratation représente environ 30 % des surfaces de prairies artificielles depuis 2007, et suit une diminution progressive : 95 127 ha en 2007 et 71 545 ha en 2013. La luzerne déshydratée représente 865 000 tonnes en 2011/2012, 755 000 tonnes en France en 2012-2013, et 694 000 tonnes en 2013-2014 (figure 1.24).

Les tendances récentes à la baisse pourraient traduire une difficulté structurelle liée à un coût de l'énergie croissant. Le contexte énergétique actuel et à venir peut être une menace de décroissance, même si des évolutions dans les technologies de récolte avec la généralisation du pré-séchage à plat au champ permettent une réduction très importante de la consommation énergétique, d'environ 50 %.

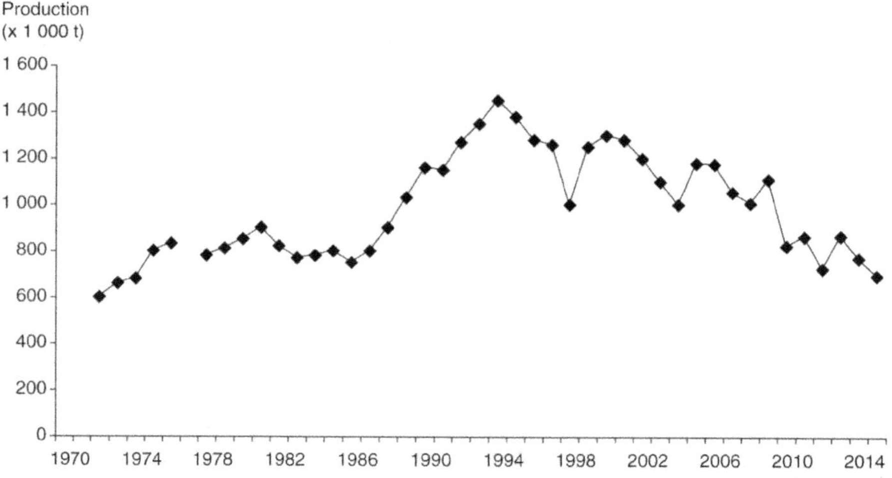

Figure 1.24. Évolution de la production de luzerne déshydratée depuis 1970.

Sources : Commission UE (tonnages primés jusqu'en 2011/2012) et CIDE/Coop de France Déshydratation (estimation 2012/2013).

Pour l'Union européenne, la production a atteint 3 472 000 tonnes en 2009/2010, soit une hausse de 321 000 tonnes par rapport à la campagne précédente. En 2010/2011, contrairement à la France, la production est stable dans la plupart des pays, et la production de l'UE est estimée à 3 386 000 tonnes, en baisse de 2 %.

Au sein de l'UE, l'Espagne est le premier producteur de fourrages déshydratés, la France se plaçant en seconde position avant l'Italie (figure 1.25, planche IX). La production européenne semble se stabiliser au seuil actuel, nonobstant les aléas climatiques de chaque année de récolte.

À retenir. La production française.

Les légumineuses ont une place importante dans les prairies, mais une place mineure dans les systèmes de grandes cultures. En France, les légumineuses fourragères et prairiales représentent aujourd'hui l'équivalent de 1,7 million ha (Mha) en évaluant la surface équivalente en culture monospécifique. Les surfaces fourragères représentent 12 Mha avec en moyenne 20 % de légumineuses associées à des graminées dans les prairies temporaires et 5 à 10 % dans les prairies permanentes et 100 % sur les prairies artificielles (luzerne pure). La révolution fourragère explique largement la réduction des surfaces de légumineuses fourragères en culture pure en France, de 66 % dans les années 1960 (de 3,4 Mha à 1,5 Mha) puis de 30 % au cours des 30 dernières années (moins de 1 % de la SAU). *A priori*, les associations prairiales maintiennent leur superficie en prairies temporaires (800 000 ha) et en prairies permanentes (600 000 ha).

Les légumineuses à graines, avec 0,27 Mha en culture pure en 2012, occupent moins de 2 % des surfaces de cultures arables françaises, contre 10 à 25 % dans la plupart des autres grands pays producteurs. Elles produisent 1 Mt de graines. Elles représentent une gamme variée et complémentaire d'espèces qui sont majoritairement cultivées en cultures pures annuelles. Bien que contingentées par la priorité initiale donnée par la Communauté européenne à la production céréalière, elles ont été très réactives aux incitations de la PAC avec un développement des surfaces très rapide dans les années 1980, de 150 000 ha en 1982 à environ 820 000 ha en 1993 en France (presque 1 Mha et 4 Mt de graines en Europe) avec une dominance du pois protéagineux, mais aussi au frein imposé par les stabilisateurs budgétaires à partir de 1986-1988. Après leur apogée en 1993, elles ont été impactées par la diminution progressive du niveau de soutien public avec une tendance continue à la réduction de leurs surfaces (environ 200 000 ha en 2013). À côté de la réduction des incitations publiques, la dégradation de la compétitivité économique des légumineuses à graines par rapport à d'autres cultures est aussi invoquée par les agriculteurs et organismes collecteurs comme facteur explicatif de leur repli. Cependant, un redressement des surfaces a été amorcé en 2014 et pourrait se prolonger en 2015 pour plusieurs raisons dont le soutien politique aux protéines et légumineuses en Europe (PAC 2015-2020) et en France.

▸▸ Diversité d'utilisation des produits de récolte

L'apport significatif et concomitant en protéines, amidon et cellulose est une des caractéristiques de la majorité des légumineuses (graines ou plante entière) et constitue la base de leur bonne valeur nutritionnelle et leur intérêt techno-fonctionnel pour une panoplie de débouchés.

Pour les débouchés en alimentation animale, les graines de légumineuses permettent de satisfaire les besoins nutritionnels de différentes espèces animales (monogastriques ou ruminants), en combinaison avec d'autres matières premières. Par exemple, la composition de la graine du pois et de la féverole en fait des matières riches à la fois en énergie et en protéines, ce qui leur donne un positionnement intermédiaire entre les céréales (source d'amidon, donc apport d'énergie, mais peu de protéines) et les tourteaux (très concentrés en protéines après extraction de l'huile des graines d'oléagineux et des graines de soja). Leur utilisation est facile car ne nécessite pas de transformation préalable poussée (peu d'huile et peu de facteurs antinutritionnels), contrairement aux graines de colza ou soja qui doivent être triturées. Les légumineuses fourragères sont pratiquement exclusivement dédiées à l'alimentation des ruminants (avec plus ou moins de transformation de la biomasse végétale). Le chapitre 4 détaillera les conséquences zootechniques de l'utilisation des différentes légumineuses pour différentes espèces d'animaux.

L'alimentation humaine constitue un autre débouché des légumineuses à graines : les produits sont soit les graines entières (« légumes secs » en France et exportations vers l'étranger, notamment vers l'Égypte pour la féverole ou vers l'Inde pour le pois), soit des préparations à partir de graines entières (assimilées souvent aux *soyfoods* pour « aliments au soja »), soit des ingrédients extraits des graines pour des applications agroalimentaires. Les graines sont alors valorisées pour leurs atouts nutritionnels et santé (protéines, micro-nutriments, fibres et prévention de maladies chroniques) ou pour les différentes propriétés fonctionnelles des composants des graines (protéines, amidon, fibres) en produits plus ou moins purifiés (de la farine à l'isolat). Même si aujourd'hui le débouché relatif à l'alimentation humaine reste secondaire pour plusieurs légumineuses à graines, ce secteur génère une demande croissante sur le marché intérieur et international. Une analyse des différentes facettes concernant les légumineuses en alimentation humaine est détaillée dans le chapitre 5 et une analyse socio-économique du secteur des légumes secs est couverte en chapitre 7.

Le non-alimentaire pourrait également être un débouché pour ces graines, mais il n'est pratiquement pas utilisé à l'heure actuelle malgré quelques pistes (notamment pour des matériaux biodégradables : films souples, pots de fleurs ou tableaux de bord de voiture, etc.).

Composition et valeur nutritionnelle des graines de légumineuses

On distingue deux grandes catégories (figure 1.26, planche X), différenciées par le fait que le carbone est stocké sous forme d'amidon ou de lipides, ce qui se traduit par la présence ou non d'amidon et par une proportion de matières grasses plus ou moins importante :
— les graines riches en protéines et en amidon : pois, féveroles, vesces, pois chiches, lentilles, haricots ;
— les graines riches en protéines et en huile : soja et lupins.

Les protéines des graines de légumineuses contiennent tous les acides aminés indispensables et sont considérées comme digestibles à très digestibles selon les espèces et les animaux. Les graines de légumineuses sont riches en lysine et donc très complémentaires des céréales et des graines d'oléagineux qui en sont peu pourvues. Cependant, la faiblesse en acides aminés soufrés, tels que la méthionine, doit souvent être corrigée.

Les variétés actuelles de pois et féverole sont pauvres en facteurs antinutritionnels. Les facteurs antitrypsiques de la graine de soja doivent être éliminés par traitement technologique. Certaines espèces comme la vesce contiennent des facteurs antinutritionnels qui restreignent leur utilisation par les monogastriques ou pour l'alimentation humaine. La présence importante de vitamines, minéraux et fibres dans les graines de légumineuses est un atout nutritionnel et diététique pour l'alimentation humaine.

Répartition des utilisations de protéagineux et de soja

En France, sur toutes les espèces, exception faite du lupin blanc, l'utilisation en alimentation animale reste dominante, en quantité et en chiffre d'affaires, malgré le recul de la production ces dernières années. On observe toutefois depuis dix ans le développement de nouveaux débouchés à plus forte valeur ajoutée :

– des exportations significatives de pois et de féveroles (en alimentation animale et humaine),

– des débouchés en alimentation humaine en hausse : en utilisation domestique, avec pois de casserie (volume modeste mais stable), soja (*soyfoods*, c'est-à-dire aliments au soja), ingrédients (pois et lupin) ; et à l'export avec pois à grains jaunes vers le sous-continent indien, et féveroles vers l'Égypte.

Le cas du pois illustre l'évolution des parts respectives des types d'utilisation (figure 1.27). Le débouché de l'alimentation animale a été divisé pratiquement par 10 en 5 ans du fait de la réduction des volumes disponibles (baisse des surfaces françaises). Il reste cependant le principal débouché pour le pois français. En effet, même avec une croissance dynamique ces dernières années, l'alimentation humaine en France ne représente que 160 000 t de capacité industrielle. L'exportation vers les pays tiers augmente ces dernières années grâce à l'importation de pois par la Norvège comme aliment aquacole depuis 2004. Le sous-continent indien importe une quantité très volatile de pois français (entre 20 et 500 000 tonnes entre 2004 et 2014), quantité qui dépend fortement du marché international. La consommation à la ferme du pois reste relativement constante.

Il existe d'autres débouchés pour le pois concernant des volumes limités : d'une part le pois de casserie exigeant des grains verts (10 000 t/an en France, et un potentiel à l'exportation), et l'oisellerie d'autre part, avec des petits grains verts ou des grains marbrés (issus de variétés à fleurs colorées).

Depuis que la féverole a commencé à se développer en France en 2002, l'export vers l'Égypte représente le débouché principal en tonnage (avec deux autres concurrents seulement sur le marché mondial : le Royaume-Uni et l'Australie) (figure 1.27). Par ailleurs, il existe des marchés de « niche » : farine de fève et oisellerie (variétés à petites graines et prix particuliers). Pour les utilisations en alimentation animale, il s'agit principalement d'autoconsommation (essentiellement pour les ruminants dans l'Ouest et dans le Sud-Ouest). Même si le potentiel de la féverole en aliments composés industriels est réel (notamment pour les volailles, les porcs et les poissons), le marché est en construction. Il existe différents types de qualité des féveroles, selon la présence de facteurs antinutritionnels (tannins et vicine-convicine) et selon la richesse en protéines.

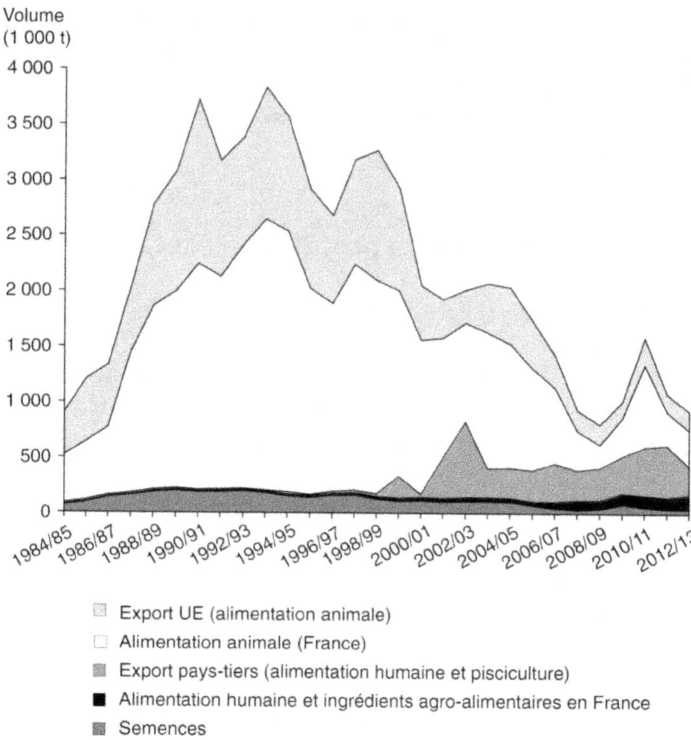

Figure 1.27. Évolution des débouchés de la production française de pois et féveroles (semences incluses) de 1983 à 2013. Source : Unip.

En France, le tourteau de soja reste la première source de protéines (de façon moins aiguë que dans l'UE — encadré 1.9) avec en moyenne 3,5 à 4 Mt consommées et issues de l'importation (graines et tourteaux, ces derniers étant majoritaires). Seules de très faibles quantités de graines de soja issues de la production française (120 000 à 130 000 tonnes/an jusqu'en 2013) sont triturées dans les circuits d'agriculture biologique et le reste est ventilé entre :

– l'alimentation humaine (fabricants d'aliments au soja) sur le territoire pour environ 25 000 tonnes de graines par an (source : enquêtes Onidol) ;

– l'alimentation animale pour environ 70 000 tonnes/an sous forme de graines entières extrudées ou toastées. Ce débouché est en forte baisse suite à la chute des surfaces et à la difficulté des opérateurs pour faire tourner leur installation ;

– les exportations autour de 20 000 tonnes, dont une partie est probablement destinée à l'alimentation humaine.

Deux points sont à souligner pour le soja :

– une demande en hausse sensible pour le soja biologique dans les deux secteurs de l'alimentation humaine et animale ;

– une augmentation de la quantité de graines françaises utilisées pour l'alimentation humaine en lien avec la croissance du marché des aliments au soja (avant à 10-12 %, récemment à 8 %).

Encadré 1.8. Les chiffres clefs de la filière des protéagineux en 2010.

Près de 400 000 ha de cultures, dans presque toutes les régions, toujours en rotation avec d'autres cultures.

Près de 35 000 producteurs, principalement producteurs de céréales à paille et d'oléagineux.

Près de 500 organismes collecteurs (coopératives et négoces).

Près de 300 usines de fabrication d'aliments du bétail, principalement en Bretagne et dans les Pays de la Loire, et des milliers d'éleveurs qui achètent ces aliments composés.

Quelques exportateurs (vers l'Égypte et l'Inde en alimentation humaine ou vers la Norvège pour la pisciculture) et quelques usines de fabrication d'ingrédients agroalimentaires (surtout en Picardie, Champagne et Pays de la Loire).

Encadré 1.9. Usages du soja au niveau mondial et européen.

À l'échelle mondiale, le soja est avant tout une matière première de l'industrie de la trituration où l'huile est extraite de la graine avec pour co-produit principal le tourteau. Ce dernier contient entre 45 et 50 % de la matière brute en protéines. Les usages en graines entières existent, en alimentation animale à 80-85 % environ et humaine à 10-15 %, dans ce dernier cas, il s'agit principalement d'aliments au soja (*soyfoods*, à savoir produits fermentés, jus de soja ou tonyu, tofu, etc.).

En Europe, toutes les transformations de la graine sont mises en œuvre à l'échelle industrielle, à l'exception des procédés de fermentation peu adaptés aux goûts européens. La trituration se place en tête des procédés utilisés.

En termes de consommation, le soja reste la principale source de protéines pour l'alimentation animale avec en moyenne 30 Mt de tourteaux consommés annuellement dans l'UE (période 2011-2013).

Compte tenu du faible niveau de production de soja dans l'UE, le taux de dépendance aux importations de soja sous forme de graines ou de tourteau reste très élevé. La combinaison de cette prédominance du soja comme source protéique et de la forte dépendance au soja importé génère au niveau de l'UE un déficit élevé en matières riches en protéines qui se situe entre 65 et 70 %. Le déficit en tourteau de soja est lui de 98 % (figure 1.28).

La consommation d'huile de soja dans l'UE-28 est significative avec environ 1 (période 2011-2013) à 2 Mt/an, soit 4 à 5 % du total de l'huile de soja consommée au niveau mondial. Les usages en alimentation humaine se sont accrus depuis l'an 2000, notamment sous forme de boissons au soja (ou lait de soja) avec un taux de croissance à deux chiffres. On estime à plus de 100 000 tonnes de graines les besoins actuels des fabricants d'aliments au soja (*soyfoods*) en Europe. Les prévisions les portent à 250 000 tonnes en 2020. À l'heure actuelle, la production européenne des ingrédients (de la farine à la protéine texturée) d'environ 200 000 t (source Frost et sullivan 2009) utilise près de 35 000 t de graines de soja (estimation Onidol-GEPV). En alimentation humaine, malgré l'absence de statistique dédiée, il semble qu'une part importante des besoins soit couverte par des importations extra-communautaires, même si cette part tend à baisser.

.../...

...ⁱ...

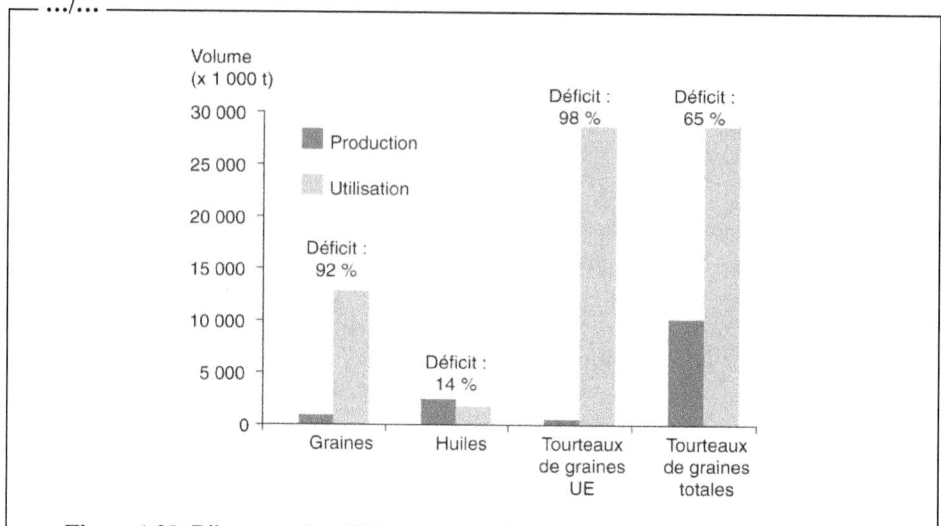

Figure 1.28. Bilan pour les différents produits du soja dans l'Union européenne en 2012. Source : Onidol, Oil World décembre 2013.

Débouchés des graines de légumineuses en alimentation animale

Un potentiel d'utilisation plus élevé que les volumes utilisés

Les élevages de porcs français consomment plus de 8 Mt d'aliments (y compris les fabrications fermières). Avec un taux d'incorporation moyen de 20 % de pois, le potentiel d'utilisation par les élevages de porcs français s'élèverait à 1,6 million de tonnes de pois. Pour l'UE-27, le potentiel serait de 12 Mt (Pressenda et Lapierre, 2008).

Le prix du pois protéagineux est en grande partie directement lié aux prix de deux matières premières utilisées également en alimentation animale : d'abord le blé (ou autres céréales majeures comme le maïs ou l'orge) et également le tourteau de soja, y compris lorsque les prix de marché des matières premières varient beaucoup.

Sur le marché mondial, la France peut également avoir des débouchés même si elle fait déjà partie, depuis quelques années, des principaux pays exportateurs de pois, de féveroles et de lupins, avec le Canada, le Royaume-Uni et l'Australie.

Les protéagineux et le soja font partie des matières riches en protéines (MRP), c'est-à-dire des matières premières agricoles dont la matière azotée totale (MAT) est supérieure à 15 % (tourteaux d'oléagineux, protéagineux, drèches, farines de poisson et de viande, luzerne déshydratée...). Les tourteaux d'oléagineux et les protéagineux sont indispensables pour compléter les apports de céréales et ils sont complémentaires entre eux pour la fourniture d'acides aminés.

En France, 40 à 50 % des MRP sont importées malgré le développement des tourteaux d'oléagineux (colza, tournesol) (figure 1.29, planche XI) soit plus de 3,5 Mt de tourteaux de soja importés par an. L'Union européenne importe quant à elle plus de 70 % de ses besoins en MRP soit 20 à 25 Mt de tourteaux, auxquels s'ajoutent 15 Mt de graines de soja chaque année.

Face au principal compétiteur qu'est le tourteau de soja importé (pour la richesse en protéine), les légumineuses produites en Europe sont à valoriser pour leurs atouts de proximité (traçabilité, autonomie, spécificités régionales, développement local, possibilité de valorisation en production sous label, etc.), leur caractère non OGM et pour les bénéfices spécifiques pour l'environnement (chapitre 6) ou pour la santé (chapitre 5). Vis-à-vis des autres matières premières domestiques utilisées dans les aliments composés, l'utilisation des protéagineux doit se réfléchir en complémentarité d'une part des céréales (compétiteurs pour l'apport à la fois d'amidon et de protéines, mais complémentaires pour les profils des acides aminés notamment), et d'autre part des tourteaux d'oléagineux et des drèches de céréales, sous-produits en augmentation sur le marché et plus ou moins complémentaires selon les formules et les espèces animales. Une analyse détaillée des dynamiques du secteur des aliments composés est reprise en chapitre 7.

Types de débouchés en alimentation animale

L'utilisation du soja en alimentation animale se fait essentiellement sous forme de tourteaux déshuilés ou de graines traitées thermiquement. En effet, les graines crues renferment des facteurs antitrypsiques (FAT) qui diminuent notablement la digestibilité des protéines chez les animaux monogastriques et limitent leur incorporation dans les rations. Les FAT sont présents à des niveaux moyens compris entre 40 et 50 UTI/mg (unité trypsine inhibée) (AFZ et Céréopa, 2010), mais leur sensibilité à la chaleur fait que les procédés industriels peuvent facilement les éliminer des graines (toastage, extrusion) ou des tourteaux pendant leur désolvatation en usine de trituration. Les volailles sont de loin les premières consommatrices de soja devant les vaches laitières et les porcs.

Des procédés d'extraction et de concentration des protéines ont aussi été développés dans le monde pour conduire à des jus concentrés ou des isolats (plus de 90 % de protéines), valorisés dans l'alimentation humaine (ou, plus rarement vu le coût, en alimentation animale).

Les protéagineux utilisés en alimentation animale correspondent majoritairement aux pois incorporés dans les aliments composés pour les porcs (figure 1.30, planche XI). Les pois verts (une dizaine de tonnes) sont destinés à l'oisellerie (aliments pour pigeons) avec des prix attractifs, et un taux d'incorporation qui s'élève à 50 %. Enfin, les exportations françaises de graines de pois et de féveroles sont commercialisées vers l'UE (Belgique, Pays-Bas, Espagne, Italie…) pour l'alimentation animale essentiellement, et spécialement vers la Norvège pour la pisciculture, avec des volumes en expansion.

Ce dernier point souligne l'intérêt des graines de protéagineux (dont le décorticage, renforçant la teneur en protéines de la matière première, en renforce l'attractivité) pour le secteur aquacole qui représente un débouché à fort potentiel (encadré 1.10 et p. 243).

Encadré 1.10. Importance grandissante de l'aquaculture au niveau mondial.

Depuis 1960, l'aquaculture a augmenté à un rythme supérieur à la croissance démographique mondiale. En 2013, la production aquacole mondiale a atteint le niveau de la production de viande bovine (un peu plus de 67 Mt). Cette tendance est appelée à se prolonger, du fait d'une part de la stagnation de la consommation des viandes de ruminants dans les pays développés, et d'autre part de l'augmentation des élevages de poissons pour répondre à la demande de consommation que les captures de pêche (poissons sauvages), maintenues stables, ne peuvent plus couvrir.

Depuis 1990, la production de poissons de mer et d'eau douce, de crustacés et de coquillages augmente à un rythme de 9 % par an et a quasiment été multipliée par deux depuis 2001.

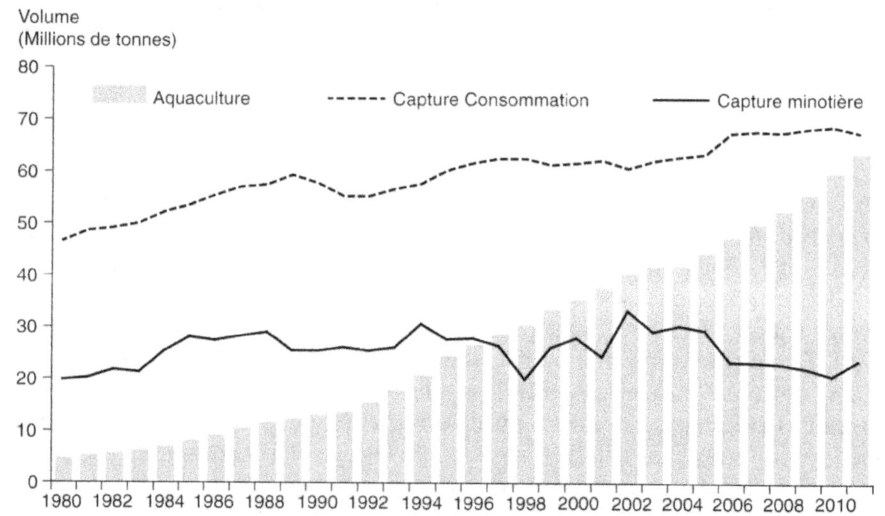

Figure 1.31. Évolution, entre 1980 et 2011, des captures de pêche pour l'alimentation humaine et animale et des produits de l'aquaculture (hors plantes et mollusques). Source : Inra à partir des données FAO 2012.

Flux commerciaux et tensions sur la demande en protéines au niveau mondial

La graine de soja ou ses produits dérivés, tourteaux et huile, sont soumis à des échanges internationaux intenses entre un bloc américain globalement exportateur (notamment Amérique du Sud) et deux blocs importateurs, Chine et Europe (30 à 35 % des produits du soja échangés en 2009).

La Chine se caractérise par la progression rapide de son utilisation de tourteau de soja alors que les autres pays ont des consommations beaucoup plus stables, voire en régression (figure 1.32, planche XII). Ce changement de la place de la Chine sur le marché mondial constitue une composante essentielle du paysage international qu'il convient ici de mieux préciser, car elle va peser sur la situation européenne au cours des prochaines décennies.

La production de soja en Chine reste stable aux environs de 12 Mt, alors que la consommation de tourteau de soja affiche une progression annuelle de plus de 9 % au cours des 10 dernières années, en lien direct avec l'augmentation de sa production et consommation de viande (figure 1.33, planche XIII) (due à l'augmentation du niveau de vie). Le déficit (figure 1.34, planche XIII) s'accroît donc, pour atteindre plus de 60 Mt de graines qui sont importées et triturées en Chine où la capacité de trituration s'élève à plus de 100 Mt.

À retenir. La tension sur les échanges internationaux des protéines.

La demande mondiale en protéines est actuellement tirée par les pays émergents et tout particulièrement la Chine. La convergence des revenus et des régimes alimentaires à l'occidentale conduit à une demande croissante de viande (blanche surtout) et par conséquent de protéines végétales pour nourrir les animaux. La Chine développe actuellement fortement ses élevages et importe les deux tiers des échanges mondiaux de graines de soja (soit 80 Mt sur les 100 Mt échangés dans le monde). La tension des prix dépendant de flux commerciaux croissants risque de maintenir l'augmentation des prix à l'avenir.

Débouchés en alimentation humaine

Les produits finis utilisés par le consommateur sont soit des produits ne contenant que des légumineuses, avec des traitements technologiques plus ou moins poussés (graines de pois chiche en vrac, purée de pois cassés, lentilles pré-cuites, lait de soja ou autres produits types *soyfoods*), soit des produits dans lesquels la légumineuse représente une fraction très marginale (produits contenant des ingrédients de légumineuses, utilisés pour leurs qualités techno-fonctionnelles).

En graines entières avec notamment les légumes secs

Dans les pays développés, la consommation de légumes secs, en particulier de pois cassés et de févette, bien que très nutritifs et bon marché, est tombée à un très bas niveau au profit de la consommation de viandes et de produits laitiers comme source de protéines (voir chapitre 5, p. 263).

Les vertus nutritionnelles des légumes secs sont aujourd'hui remises en valeur par les nutritionnistes : protéines de qualité, faible teneur en matières grasses, richesse en fibres, amidon à faible indice glycémique, indispensables dans les régimes végétariens, recommandés par certains pour les sports d'endurance. Ils pourraient reprendre une part plus importante dans les pays développés, s'il se met en place une offre de produits transformés les utilisant tout en répondant aux attentes et aux modes de consommation des sociétés dites modernes.

En France, la collecte est estimée à environ 20 000 tonnes et le solde importations-exportations est estimé à 80 000 t (soit 100 000 t en brut). Ainsi, le marché français peut être estimé à un niveau moyen minimum de 92 000 t en net consommable. Par conséquent, le marché des légumes secs français se caractérise par une importation majeure (nécessaire et réactive), des productions et des filières morcelées et disparates.

Le marché final des légumes secs est très éclaté (AND-Onidol, 2001). Le marché intérieur global est de l'ordre de 200 000 t en équivalent net égoutté (le coefficient de transformation entre sec et net égoutté varie couramment entre 2,2 et 2,4 selon l'espèce, la qualité et les traitements industriels ou ménagers). Le marché intérieur est dominé par la grande distribution, qui monopolise les ventes de produits transformés. La restauration hors foyer (RHF), dominante en produits secs épicerie, où elle fait jeu égal avec les grandes et moyennes surfaces (GMS), est en revanche moins consommatrice de produits transformés. La consommation directe par les ménages est de l'ordre de 26 000 t avec un rôle central des GMS pour les lentilles (10 000 t sur les 12 000 t de lentilles en épicerie) et de l'importance des circuits ethniques pour les autres légumes secs. La RHF représente 20 000 t de légumes secs. Ce secteur est gros consommateur de haricots et de pois. En poids relatif, il représente 50 % du marché sec épicerie total pour les pois chiches, 47 % pour les pois, 43 % pour les haricots et 28 % pour les lentilles et les fèves. Les utilisations industrielles de légumes secs représentent en moyenne 50 000 t.

Par ailleurs, il y a des exportations françaises de graines entières de légumineuses pour l'alimentation humaine :
– de pois vers la Belgique (ingrédients) ;
– de pois vers le sous-continent Indien, Inde, Bangladesh et Pakistan (en graine entière ou farine, souvent mélangé avec la farine de pois chiche) ;
– de féverole vers l'Égypte (consommation traditionnelle).

Produits issus du fractionnement des graines de légumineuses

Rappelons qu'au niveau mondial, la production de protéines en tant qu'ingrédients est estimée à 4,2 Mt en 2013 avec un marché de 18 millards de dollars. La part de protéines végétales est de 34 % en valeur soit 6,2 milliards d'euros. On observe actuellement une croissance du marché mondial des protéines végétales, qui devrait atteindre 8,6 millards d'euros d'ici à 2018, soit une progression de 57 % (source USDEC 2013).

Dans le cas des légumineuses, les marchés liés aux différentes fractions de leurs graines sont encore confidentiels sauf pour le soja. La graine de soja se consomme traditionnellement en alimentation humaine sous forme d'aliments au soja, ce qui regroupe diverses préparations à partir de graines entières et d'ingrédients naturels (produits fermentés, jus de soja ou tonyu, tofu…) (voir chapitre 5, p. 284).

L'huile de soja est fluide. Sa composition en acides gras est dominée par l'acide linoléique (environ 58 %), suivi de l'acide oléique (environ 20 %), et d'un acide gras saturé : l'acide palmitique (environ 10 %). Elle est très utilisée dans le monde pour la consommation humaine directe, ou après transformation en agroalimentaire (huile de soja hydrogénée par exemple). En France, cette huile n'est pas consommée en direct, tandis qu'en Italie elle est bien présente dans les rayons. L'huile de soja constitue aussi une matière première rentrant en oléochimie, ainsi que dans la fabrication d'ester méthylique à destination des biocarburants (États-Unis et Argentine).

Par ailleurs, le soja est aussi fractionné pour exploiter séparément chaque ingrédient, de même que les protéagineux. Les ingrédients de protéagineux et de soja (amidon, fibres micronisées, concentrés de protéines, etc.) sont utilisés pour leurs propriétés fonctionnelles et nutritionnelles en industrie agroalimentaire :
– fonctionnelles : émulsifiant, moussant (ovoremplaceur), exhausteur de goût, agent de texture, etc. ;
– nutritionnelles : apport de protéines, fibres, oméga-3, source de nombreux vitamines et minéraux (dont le fer et le calcium) ; bien adaptées aux applications diététiques ou aliments à forte densité nutritionnelle en adéquation avec le Programme national nutrition santé ;
– techniques : rétention d'eau grâce à sa richesse en fibres (pour des produits moelleux à la cuisson, couleur dorée appétissante naturelle…).

Après un échec dans les années 1975 pour tenter de remplacer les protéines de soja dans le marché de l'alimentation humaine, la France a développé des procédés technologiques pour produire des protéines à partir des légumineuses à graines métropolitaines, avec le lupin, puis la féverole historiquement utilisée en meunerie, et plus récemment avec le pois.

L'unique opérateur de lupin blanc au monde est français, sur un marché essentiellement pourvu par des transformateurs de lupin bleu. La farine de lupin blanc est utilisée dans les produits de panification ou dans la fabrication de produits carnés pour ses propriétés de texture et de coloration. On produit notamment de la boisson végétale de lupin (« lait de lupin ») apprécié en mélange avec le « lait de soja » pour en diminuer l'amertume, mais aussi des ingrédients utilisés, comme ceux du pois, pour leurs propriétés techno-fonctionnelles en industrie agroalimentaire. Les protéines de lupin sont utilisées notamment dans les aliments sans gluten (produits de panification, cakes, biscuits, pâtes alimentaires…).

Depuis longtemps, la farine de féverole est utilisée traditionnellement en meunerie à hauteur de 1 à 2 % en alternative à la farine de soja comme agent de blanchiment, et de tenue de la mie. Cet usage tend à reculer en France et représente aujourd'hui moins de 10 000 t, mais il se maintient dans d'autres pays. D'autres ingrédients agroalimentaires sont également produits à partir de féverole, comme les concentrés protéiques turboséparés et les fibres.

Pour le pois, le débouché des ingrédients agroalimentaires absorbe environ 160 000 t en France. Ce débouché est exigeant en qualité de la matière première (absence de grains de blé, de poussière de terre) et utilise des grains jaunes. Il recouvre différents produits :
– les protéines de pois, sous différentes formes : farines traditionnelles, farine extrudée et micronisée, farine concentrée, concentrés de pois, isolats de pois (micronisé ou non), protéine texturée, pour différents secteurs (boulangerie, pâtisserie, charcuterie, pâtes et pizzas, boissons fonctionnelles, produits végétariens, nutrition des jeunes animaux, aquaculture ;

– les fibres de pois (environ 20 000 tonnes en France) : fibres externes (broyées ou micronisées) ou fibres internes pour leurs propriétés de rétention d'eau, d'émulsifiant ou de gélifiant pour les industries des produits alimentaires (boulangerie, industrie de la viande, plats cuisinés, produits diététiques) et pour des produits pour les animaux (fibres diététiques pour les veaux, porcelets ou chats) ;
– l'amidon de pois : notamment pour des applications alimentaires (propriétés gélifiantes en confiserie et nouilles asiatiques transparentes, formation de film pour des snacks et des produits enrobés), pour des applications industrielles (papier, carton), en alimentation animale ou en industrie pharmaceutique.

Par ailleurs, les utilisations non alimentaires sont peu développées, des travaux de R&D dans les années 1990 avaient souligné le fort potentiel des ingrédients de protéagineux (amidon, protéines) pour la fabrication de matériaux biodégradables (films plastiques, matériaux composites types plastiques ou type poterie, etc.).

Débouchés des légumineuses fourragères

L'utilisation essentielle des légumineuses fourragères se fait en auto-consommation, pour alimenter les élevages d'herbivores (chapitre 4), l'utilisation en culture intermédiaire ou en espèce compagne dans les productions végétales étant plus récente (chapitre 3). L'usage essentiel est déterminé par la qualité du fourrage récolté et du couvert pâturé et la composition biochimique, notamment la teneur en protéines, la digestibilité et la présence de fibres digestibles.

Le marché des légumineuses fourragères au niveau national et européen est limité, avec d'une part la luzerne déshydratée (et ce malgré de fortes demandes en Europe, Afrique du Nord, Moyen-Orient et Extrême-Orient) et d'autre part un commerce de foins, réduit en volume, avec un cas d'AOC (le foin de Crau).

Valeurs nutritionnelles des fourrages

Les cultures fourragères sont des plantes en croissance dont la composition et la valeur alimentaire dépendent donc grandement du stade de récolte. La date de récolte est importante mais aussi le matériel agricole : une faucheuse conditionneuse à rouleaux (et non à fléaux) permet de mieux préserver les feuilles et d'écraser les tiges ce qui favorise la perte d'eau par évaporation. Par rapport aux graminées et au ray-grass anglais, les légumineuses fourragères sont plus riches en matières azotées totales et en minéraux (notamment calcium) mais moins riches en sucres (sauf cas du sainfoin).

En élevage ruminant, elles permettent de trouver l'équilibre de la ration alimentaire basée sur les graminées riches en énergie. Leur intérêt nutritionnel est alors double : concentration de la ration en azote grâce à leur richesse en protéines, et rôle dans l'ingestion et la sécurisation de la ration grâce à la teneur en fibres digestibles.

Le mode de conservation a des conséquences sur la conservation des protéines et sur les pertes possibles. Il existe trois modes différents :
– le foin permet de conserver les protéines en l'état, mais peut induire des pertes de feuilles au cours des processus de séchage au sol ; le retournement des andains est nécessaire si la biomasse récoltée est importante ;

— la déshydratation consiste à sécher très rapidement un fourrage en le passant dans un courant d'air très chaud. Ce traitement va entraîner une coagulation des protéines, et ainsi améliorer leur valorisation par les ruminants. Le processus étant très consommateur en énergie, il faut que le fourrage à l'entrée du four ait une teneur en matière sèche (MS) aussi élevée que possible. En conséquence, la pratique courante aujourd'hui consiste à faire un fauchage à plat, à assurer un pré-séchage au sol pendant 24 heures pour atteindre 30 % MS, puis un andainage sans perte de feuilles ;

— la conservation par voie humide (ensilage) est délicate sur la plupart des légumineuses, en raison de la faible teneur en sucres solubles, ce qui réduit les possibilités d'acidification rapide par production anaérobie d'acide lactique à partir des sucres. Seul le sainfoin est riche en sucres solubles et serait adapté à un tel mode de conservation. Les possibilités consistent alors à apporter des acides organiques ou à augmenter la teneur en MS car les besoins d'acidification pour une bonne conservation diminuent avec l'augmentation de la teneur en MS. On recherche alors des fourrages à 45-50 % MS, avec un séchage au sol de plusieurs jours. Aux États-Unis, cette approche est courante et elle est effectuée grâce à la conservation dans des silos tours sous forme de « haylage ». En Europe, c'est sous forme de balles rondes enrubannées que l'on obtient la meilleure conservation. Elles permettent une distribution facile, bien adaptée aux troupeaux de petits ruminants (brebis, chèvres), particulièrement friands de ce type d'alimentation.

Le chapitre 4 détaillera les principaux éléments de connaissances sur les valeurs nutritionnelles des fourrages pour les différentes espèces animales.

Organisation des marchés

Cas de la luzerne déshydratée

La segmentation du marché de la luzerne déshydratée est la suivante :
— granulés à différents taux de protéines : 66 % du marché (en volume), pour les herbivores bovins lait et viande, ovins, caprins, chevaux et lapins ;
— balles de fibres longues pour 33 % du marché en fort développement : ruminants en conduite intensive et équins, ainsi que pour les animaux de compagnie (*petfood*) ;
— concentrés protéiques de luzerne pour 1 % : pigments pour la coloration des jaunes d'œufs et de la chair des « poulets jaunes » ainsi que la filière « oméga-3 ».

Les concentrés protéiques de luzerne (ou extraits foliaires de luzerne) bénéficient depuis octobre 2009 d'une autorisation de mise sur le marché en tant que nouvel ingrédient alimentaire en application du règlement CE n° 258/97 du Parlement et du Conseil. Ils permettent de combler les déficits protéiques des populations malnutries et peuvent être valorisés sur le marché des compléments alimentaires.

Autres fourrages

Le commerce de foin est aujourd'hui limité, même s'il existe entre exploitations au sein des territoires agricoles. Les données statistiques sont limitées car il n'y a pas de marché économique organisé. Il y a aussi des échanges de résidus de cultures (pailles) entre céréaliers et éleveurs, comme pour le cas des pailles de cultures annuelles (dont les légumineuses à graines).

Il existe une exception notable qui concerne le foin de Crau. Essentiellement composé de luzerne, ce foin bénéficie d'une AOC et il est commercialisé, avec valeur marchande élevée, pour une utilisation essentielle dans les élevages équins, notamment les chevaux de course et de sport. Ceci s'explique en particulier par la faible présence de poussières dans ces foins, permettant ainsi de limiter les maladies respiratoires qui affectent fréquemment ces animaux et réduisent leurs performances sportives.

À retenir. Les légumineuses connaissent une palette variée d'utilisations.

Les utilisations des légumineuses françaises sont multiples mais jusqu'alors majoritairement liées à l'alimentation animale en termes de quantités. Dans le cas des légumineuses à graines, leur intérêt relève autant de leur apport énergétique que de leur apport protéique. Ce sont des débouchés « de masse » pour lesquels les matières premières sélectionnées sont, à l'heure actuelle, celles dont la combinaison offre le coût le plus bas pour une valeur nutritionnelle donnée de la formule de l'aliment composé ou de la ration fourragère. Mis à part les fourrages déshydratés, vendus hors région de production, les légumineuses fourragères sont plus majoritairement liées à de l'autoconsommation par les troupeaux d'herbivores.

Les débouchés des légumineuses à graines en alimentation humaine représentent moins de volumes et une valeur ajoutée plus élevée, et certains sont en augmentation. Ils peuvent relever de leurs différentes facettes : richesse en protéines, index glycémique bas, présence de fibres, propriétés techno-fonctionnelles, etc. Certaines espèces sont dévolues uniquement à l'alimentation humaine (lentilles, haricots, pois chiches). D'autres espèces accèdent à des marchés mondiaux de l'alimentation humaine (féverole vers l'Égypte, pois vers le sous-continent indien) ou aux débouchés des ingrédients (de la farine à l'isolat) et du segment « laits végétaux et aliments au soja » en agroalimentaire pour les protéagineux et le soja.

Il existe enfin des marchés de niche locaux (oisellerie ou santé) ou de débouchés non alimentaires qui concernent de petits volumes.

▸▸ Le nouveau contexte

Le cadre réglementaire de la PAC 2015-2020

Dans le premier pilier de la PAC 2015-2020, qui représente l'essentiel des soutiens européens à l'agriculture, les États membres ont la possibilité de maintenir des aides couplées à certaines productions, dans une limite de 17 % dont 2 % au maximum spécifiquement destinés aux cultures riches en protéines végétales (pour réduire la dépendance des élevages aux matières riches en protéines importées). Chaque état membre en décide l'affectation et la France a confirmé en 2014 son choix de répartir les 151 M€ d'aides correspondant à ces 2 % des aides du premier pilier de la façon suivante[29] :

— 35 M€ pour les protéagineux (pois sec, féverole, lupin doux et associations céréales-protéagineux récoltées à maturité dont la proportion de protéagineux dans le mélange dépasse 50 %) : avec un niveau d'aide par hectare qui ne dépassera pas 200 €/ha (même si la surface totale était inférieure à 175 000 ha) et ne sera pas inférieur à 100 €/ha pour les premiers hectares de chaque exploitation avec un plafond de surface éligible (si la surface nationale dépasse 350 000 ha). Pour les aides couplées, une clause de rendez-vous est prévue en 2017 pour vérifier qu'il y aura eu une hausse des utilisations en alimentation animale avant de poursuivre ce soutien jusqu'en 2020 ;

— 6 M€ pour le soja : avec une fourchette de l'aide entre 100 et 200 €/ha et une surface maximale garantie (SMG) fixée au niveau de l'UE ;

— 8 M€ pour la luzerne déshydratée (et autres légumineuses fourragères déshydra-tées) : avec une fourchette de l'aide entre 100 et 150 €/ha ;

— 4 M€ pour les semences de légumineuses fourragères (et 0,50 M€ pour l'aide couplée pour la production de semences de graminées, pour permettre les mélanges nécessaires à l'implantation des prairies) ;

— 98 M€ représentant entre 100 et 150 €/ha d'aide aux éleveurs comptant au moins 5 UGB (unité de gros bétail) (herbivores et monogastriques) et implantant des surfaces en légumineuses fourragères, pures ou en mélange avec au moins 50 % de légumineuses à l'implantation.

De plus, le « verdissement » de la PAC impose des règles d'éco-conditionnalité pour le paiement de ces aides. C'est-à-dire que 30 % des aides du premier pilier sont condi-tionnées à la mise en œuvre de plusieurs pratiques favorables à l'environnement, dont :
— une clause de diversité des assolements* qui impose 3 cultures minimum sur les exploitations de plus de 30 ha, la première ne pouvant dépasser 75 % de la surface totale de terres arables et les 2 premières, 95 % ;
— un minimum de la SAU de l'exploitation de 5 % (peut-être 7 % en 2017) doit être des surfaces d'intérêt écologique (SIE). En France, ces SIE pourront comprendre des « cultures fixant l'azote » (avec un coefficient de pondération de 0,7), donc les légumineuses, en culture principale, sans contrainte spécifique.

Par ailleurs, au sein du deuxième pilier, des mesures volontaires et contractuelles sont à disposition pour indemniser les exploitations qui s'engagent de façon plus poussée dans des pratiques respectueuses de l'environnement. Deux d'entre elles sont deux mesures agri-environnementales et climatiques (MAEC) qui sont spéci-fiques aux grandes cultures :
— une MAEC Systèmes grandes cultures visant à accompagner les changements de pratiques dans les exploitations ;
— en zones intermédiaires, là où les potentiels agronomiques sont les plus faibles, une MAEC Grandes cultures en zone intermédiaire moins contraignante en termes de conduites des cultures. Vingt-deux départements sont concernés.

---

29. À confirmer après validation par la Commission Européenne, et lors de la publication des décrets d'application.

Pour ces deux MAEC Grandes cultures, les conditions à remplir reposent sur la diversité des cultures (dans l'assolement mais aussi dans le temps), l'obligation d'introduire au moins 5 % de légumineuses (ou plus dans certains cas), la limitation des traitements phyto et une gestion économe des intrants.

En marche vers la seconde transition alimentaire mondiale

Selon le rapport Agrimonde (Inra/Cirad, 2009 ; Paillard *et al.*, 2011), l'agriculture ne pourra nourrir les 9 milliards d'habitants de la planète en 2050 que si la consommation individuelle des produits d'origine animale ne dépasse pas 500 kcal/j, alors que la consommation de l'Europe de l'Ouest est déjà supérieure à 1 000 kcal/pers/j. L'augmentation de la consommation des produits d'origine végétale peut être un des leviers, ce que soulignent plusieurs études prospectives en cours (figure 1.35, planche XIV) (chapitre 7). Or, la consommation de protéines végétales progresse depuis le début des années 2000, et, en 2012, 30 % des protéines consommées sont d'origine végétale, soit 1,7 Mt (Source Frost et Sullivan, 2013, Market overview of the global protein ingredient market).

Les pays européens et les États-Unis avaient déjà opéré leur première transition alimentaire, c'est-à-dire que leur consommation en protéines animales avait dépassé la consommation de protéines végétales. Aujourd'hui, alors que les pays émergents devraient connaître la même transition d'ici 2030 et que l'Afrique s'en rapproche progressivement mais plus lentement, on constate l'amorce d'une tendance inverse dans les pays développés : la consommation des protéines animales ne progresse plus aux États-Unis et commence à diminuer dans certains pays de l'Union européenne comme la France. Il s'agit d'une deuxième transition qui tend à ré-inverser les courbes de consommation des deux grandes familles de protéines, et qui sera effective pour toute l'UE après 2030 (figure 1.35, planche XIV). Ces tendances vont demander une offre en protéines végétales d'autant plus importante à l'avenir, ce à quoi les légumineuses pourraient en partie répondre (voir p. 288 et p. 376).

Encadré 1.11. Les enjeux auxquels les légumineuses pourraient contribuer.

En apportant azote symbiotique et diversité fonctionnelle, les légumineuses peuvent contribuer à deux enjeux de taille pour la France et pour l'Europe.

Améliorer la durabilité de l'agriculture

Les professionnels agricoles sont confrontés à des impasses techniques sur les productions agricoles majoritaires (notamment céréales, maïs et oléagineux) du fait de leurs assolements basés sur un nombre réduit d'espèces : apparition de résistances aux herbicides ou de nouveaux bioagresseurs, diminution de la fertilité des sols. La compétitivité économique agricole est pénalisée par la dépendance des systèmes de culture aux intrants (dont l'azote) et par la dépendance des élevages aux achats d'aliments (souvent importés par ailleurs). De plus, la demande sociétale d'une agriculture durable est de plus en plus forte face à la montée des problématiques environnementales et de la santé publique : réduction

.../...

— .../... —

de l'utilisation des pesticides, amélioration de la qualité de l'eau et de l'air, réduction des émissions de GES, préservation de la biodiversité, production d'aliments de bonne valeur nutritionnelle.

Améliorer l'autonomie protéique des systèmes alimentaires

Les légumineuses sont utiles pour :
– relever la teneur en protéines des rations alimentaires de base des animaux,
– augmenter la production française de matières riches en protéines pour nourrir les animaux, car actuellement 1/3 des besoins de la France et 3/4 au niveau européen sont couverts par des importations (graines et tourteaux de soja),
– augmenter et diversifier la production de protéines végétales pour l'alimentation humaine, afin de réduire la dépendance aux importations pour 70-80 % des légumes secs consommés, et contribuer à l'évolution (recommandée) des systèmes alimentaires vers plus de protéines végétales et moins de protéines animales.

▸▸ Conclusion

Le rôle des légumineuses s'est largement réduit ces dernières décennies dans le paysage agricole français, même si les ressorts sont différents selon les espèces et débouchés. Sur la base de la photographie établie dans ce chapitre, l'analyse des dynamiques sous-jacentes aux évolutions historiques est reprise en détail en chapitre 7, afin d'en tirer des enseignements utiles même si les contextes à venir encore inconnus peuvent changer la donne.

Face aux défis actuels et à venir, il s'agit aujourd'hui de prendre collégialement la décision, selon les éléments apportés dans les chapitres suivants, de changer ou pas ce rôle mineur des légumineuses dans nos systèmes agricoles et agroalimentaires. Un changement significatif du rôle de ces cultures ne pourra découler que d'un choix bien affirmé. Ensuite, même si certains signaux sont encourageants pour une mobilisation possible en faveur des légumineuses dans le contexte à venir (2015-2030), le développement conséquent et effectif des légumineuses ne sera possible qu'avec une réflexion plus approfondie pour concevoir des leviers réellement efficaces et durables.

Avec la contribution de : Damien Beillouin, Hacina Benahmed, Dominique Briffaut, Benoît Carrouée, Didier Coulmier, Véronique Biarnès, Isabel Duarte, Gérard Duc, Bernadette Julier, Nathalie Harzic, Jean-Paul Lacampagne, Gérard Laurens, Pascal Thiébeau.

Chapitre 2

Nutrition azotée et fonctionnement agrophysiologique spécifique des légumineuses

Anne-Sophie VOISIN et François GASTAL

La nutrition azotée des plantes de la famille des légumineuses (Fabacées) est assurée par deux voies complémentaires : absorption de l'azote minéral du sol par les racines, comme chez tous les végétaux supérieurs, et fixation de l'azote atmosphérique, propre à ces espèces, grâce à une symbiose* avec des bactéries du sol. Cette spécificité confère aux cultures de légumineuses une autonomie vis-à-vis de la disponibilité en azote du sol et de l'apport d'engrais azotés, et un rôle clé dans les flux azotés des systèmes de production végétale. La fixation symbiotique de l'azote étant un processus biologique et dynamique, connaître ses déterminants agrophysiologiques permet d'affiner les stratégies de gestion des cultures, pour bénéficier au mieux des aménités liées à l'utilisation de cet azote « écologique ». Après un rappel sur les mécanismes relatifs à la fixation symbiotique des plantes, ce chapitre visera à résumer les connaissances qualitatives et quantitatives sur la dynamique des flux azotés au sein des cultures et de leur environnement.

Par ailleurs, rappelons que d'autres spécificités propres à ces plantes peuvent amener une gestion différente de ces cultures par rapport aux autres cultures et avoir des conséquences sur leur utilisation en agriculture : leur potentiel génétique (ressources génétiques et amélioration variétale actuelle), leur réactivité face à des composantes du milieu (comme la lumière, la température ou l'eau), leur plasticité en termes de composition de produits récoltés (notamment teneur en composants secondaires spécifiques). Ces autres spécificités seront décrites dans ce chapitre si elles ont une interaction avec la nutrition azotée ; sinon elles seront seulement évoquées et renverront aux autres chapitres de l'ouvrage.

▸▸ Qu'est-ce que la fixation symbiotique de l'azote ?

De même que le carbone (C), l'azote (N) est un des éléments majeurs constituant les composants cellulaires nécessaires à la vie (notamment les acides nucléiques et les protéines indispensables à la reproduction et à la croissance). Seules certaines familles d'êtres vivants peuvent utiliser directement l'azote gazeux qui est présent dans l'air. Le mécanisme en jeu, appelé fixation biologique du diazote N_2 (diazotrophie), est le mécanisme principal permettant l'introduction d'azote dans la biosphère. La fixation biologique de l'azote est un processus métabolique exclusivement réalisé par les organismes procaryotes : certaines bactéries et cyanobactéries libres dans le sol ou l'eau, et les bactéries symbiotiques des légumineuses.

Dans le monde végétal, les légumineuses ont la capacité de mettre en place une symbiose avec certaines bactéries naturellement existantes dans le sol et qui convertissent l'azote de l'air (N_2), présent dans leur environnement, en une forme intermédiaire (ammonium NH_4^+) qui est alors assimilable par la plante pour constituer les molécules organiques (notamment les protéines) (figure 2.1). Cette symbiose naturelle permet à la plante d'utiliser directement l'azote de l'air environnant pour sa croissance. On parle de plantes fixatrices d'azote et de fixation symbiotique (en anglais *symbiotic nitrogen fixation*, ou *biological nitrogen fixation*, BNF). Ainsi, à de rares exceptions près comme la culture de haricots, il n'est pas nécessaire de fertiliser les cultures de légumineuses (pois protéagineux, féverole, lupin, lentille, luzerne, trèfle, soja, etc.).

L'atmosphère terrestre est très riche en azote (79 % de N_2, 21 % d'O_2) mais la structure de cette molécule N_2 est très difficile à casser chimiquement. Elle doit être d'abord associée à de l'oxygène ou de l'hydrogène au sein de composants tels que l'ammonium (NH_3, NH_4^+), ou les oxydes d'azote dont en particulier le nitrate (NO_3^-). Cette conversion de l'azote atmosphérique est une réaction chimique réductrice ($N_2 + 3H_2 + \text{énergie} \rightarrow 2NH_3$), appelée fixation azotée, qui peut se faire soit par voie chimique soit par voie biologique. Dans le cas de la fixation azotée chimique, l'énergie utilisée par l'industrie est généralement de l'énergie fossile, alors que dans le cas de la fixation azotée biologique, l'énergie est issue de la photosynthèse, sous forme d'ATP[30] provenant de l'oxydation des substrats carbonés. Une mole d'azote atmosphérique donne 2 moles d'ammonium avec une dépense énergétique de 16 moles d'ATP et la production d'électrons et de protons (ions hydrogène). Cette réaction est catalysée par une enzyme, la nitrogénase, présente chez certains micro-organismes (procaryotes). La symbiose que peuvent établir certaines plantes eucaryotes avec des bactéries fixatrices d'azote spécifiques leur permet de bénéficier de cette réaction. Une particularité métabolique des Fabacées est la présence d'une hémoprotéine fixatrice de dioxygène, la leghémoglobine (ou LegHb), très proche de l'hémoglobine. Cette protéine se trouve dans les nodules des racines et permet de fixer l'oxygène pour former un milieu anaérobie favorable à la fixation du N_2 par le rhizobium.

Les estimations des quantités d'azote symbiotique des cultures agricoles sont de l'ordre de 50 Mt par an au niveau mondial et de 0,50 Mt par an en France (encadré 1.1). À titre de comparaison, la fixation azotée industrielle réalisée pour la fabrication d'engrais azotés (par le procédé Haber-Bosch) produit environ 87 Mt « d'azote chimique » par an dans le monde et 2,1 Mt par an en France (Peoples *et al.*, 2009 ; Duc *et al.*, 2010).

---

30. Adénosine-5'-triphosphate, molécule biochimique qui permet le stockage et le transport de l'énergie dans les organismes vivants connus ; son hydrolyse fournit l'énergie nécessaire aux réactions chimiques des cellules vivantes.

Mécanismes de reconnaissance entre les bactéries du genre *Rhizobium* et les légumineuses

Les bactéries fixatrices d'azote vivent soit de façon libre, soit en association avec des organismes plus complexes (végétaux ou animaux). Le cas de l'association des légumineuses avec les bactéries du genre *Rhizobium* (ou parfois *Bradyrhizobium*) est le cas le plus important pour l'agriculture. Les Rhizobia sont des bactéries (de forme ovale et Gram-) vivant librement dans les sols où des légumineuses ont été cultivées, mais qui ne fixent l'azote qu'une fois associées à la légumineuse spécifique avec laquelle elles sont compatibles. La spécificité de la symbiose est plus ou moins large, une souche bactérienne donnée étant capable de s'associer avec seulement quelques espèces légumineuses (cas de *R. meliloti*), ou quelques dizaines de genres (cas des *Vicia*), voire plus de 70 genres dans le cas extrême de *Rhizobium* sp. NGR234 (Rosenberg, 1997). La plupart des espèces de légumineuses cultivées en France n'ont pas besoin d'inoculation car les sols contiennent un inoculum indigène qui leur est adapté, sauf dans le cas du soja pour lequel l'inoculation est requise au moins pour la première implantation, et dans le cas de situations pédologiques spécifiques (pH élevé pour le lupin blanc ou pH acide pour la luzerne) où une inoculation par des Rhizobia est nécessaire (p. 121).

L'établissement de l'association implique des mécanismes de reconnaissance spécifique, qui sont orchestrés dans un véritable dialogue en plusieurs étapes entre la bactérie et la plante hôte. Des signaux moléculaires associés à une synchronisation de l'expression de nombreux gènes sont ainsi mis en jeu chez les deux partenaires. Les premiers signaux émis par la plante hôte sont des flavonoïdes. Ces molécules agissent sur la transcription des gènes Nod chez la bactérie. Les facteurs Nod produits sont impliqués dans la reconnaissance de la plante hôte ; ils se lient à des récepteurs spécifiques, situés sur l'épiderme de la racine, puis déclenchent ensuite les réactions qui vont conduire à l'infection des racines par les bactéries fixatrices symbiotiques (dédifférenciation des cellules du cortex interne de la racine pour préfigurer la formation du primordium nodulaire, et production de nodulines, protéines spécifiquement associées à la fixation symbiotique).

Formation et fonctionnement des nodosités

Suite à l'infection, les bactéries agrégées à l'extrémité des poils absorbants induisent leur courbure en « crosse de berger », puis leur déformation en excroissances à la surface de la racine, similaires à des tumeurs, appelées nodosités (*nodules* en anglais). Dans les nodosités, les bactéries sont intégrées au cytoplasme des cellules hôtes du cortex des racines pour évoluer en bactéroïdes, encerclés par une membrane de type plasmique, l'ensemble formant un symbiosome. Une cellule infectée peut contenir un nombre variable de symbiosomes, pouvant aller jusqu'à plusieurs milliers d'unités.

Les bactéroïdes communiquent avec le système vasculaire de la plante par le xylème et le phloème pour établir une relation symbiotique avec la plante hôte (figure 2.1) : à partir de l'air contenu dans le sol, et grâce aux micronutriments et à l'énergie apportée par la plante (sucres issus de la photosynthèse), la bactérie fixe l'azote atmosphérique et produit de l'ammonium (NH_4^+), libéré dans le cytoplasme des

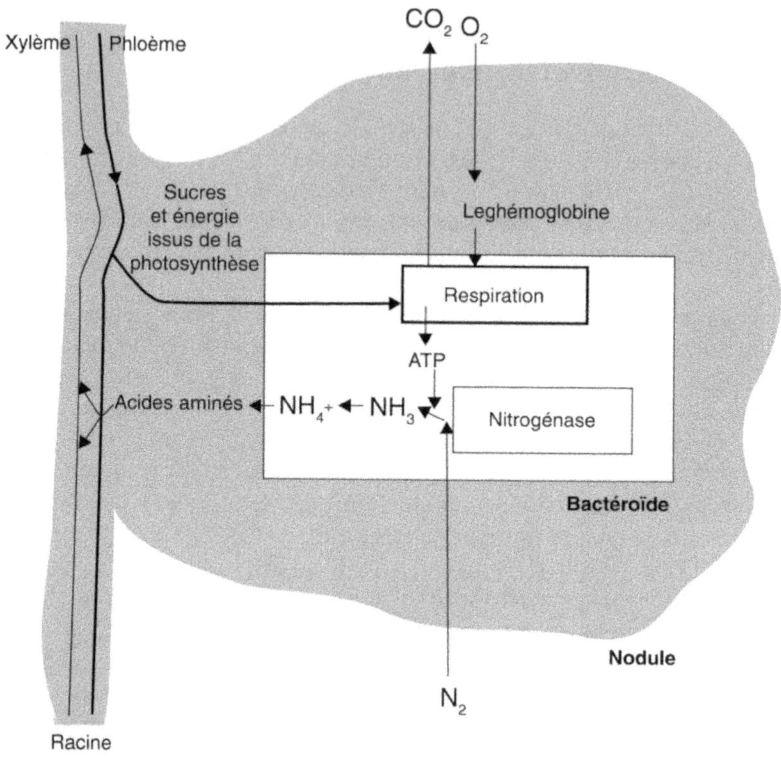

Figure 2.1. La symbiose : des échanges réciproques de nutriments entre la plante et le rhizobium hébergé dans le nodule.

cellules infectées. Cet ammonium est alors disponible pour la plante hôte, qui l'utilise pour la synthèse des molécules azotées nécessaires à son métabolisme (acides aminés, protéines et autres macromolécules comme les acides nucléiques). La présence d'oxygène est indispensable dans l'environnement bactérien pour générer l'énergie (ATP issu de la respiration) nécessaire à la fixation azotée, mais un excès d'oxygène inactive la nitrogénase, enzyme clé de la fixation. Il existe donc des processus de limitation de la pression partielle de l'oxygène dans la zone centrale où sont situés les bactéroïdes (« barrière de diffusion à l'oxygène »). L'oxygène est transporté jusqu'aux bactéroïdes par une hémoprotéine, la leghémoglobine, qui possède une très grande affinité pour l'oxygène, et qui confère aux nodosités actives leur couleur rosée.

On peut distinguer trois phases au cours de la vie des nodosités : une phase de mise en place des structures suite à l'infection par le partenaire bactérien (petites nodosités blanches), suivie par une période de croissance rapide et d'activité intense de fixation de N_2 (nodosités roses). Puis l'activité des nodosités cesse (nodosités vertes), leur biomasse stagne et finit par chuter sous l'action de phénomènes de sénescence. Une semaine après l'infection, les petites nodosités sont visibles à l'œil nu ; elles prennent une couleur rosée environ une semaine plus tard. Dans l'exemple du pois, elles sont visibles au champ environ trois semaines après le semis, avec des variations selon les conditions de germination. La durée d'activité d'une nodosité est d'environ cinq semaines.

La morphologie des nodosités dépend de la nature de leur méristème et varie selon les espèces : les nodosités de type déterminé, associées aux légumineuses tropicales (*Glycine, Phaseolus*), sont sphériques et ont un méristème à durée de vie limitée ; les nodosités de type indéterminé, caractéristiques des légumineuses tempérées (*Pisum, Vicia, Medicago*), ont une forme allongée et possèdent une activité méristématique continue. Les nodosités indéterminées présentent donc à maturité des tissus d'âges différents, alors que les nodosités déterminées sont constituées des cellules d'âge sensiblement égal.

Selon la nature des composés organiques azotés majoritairement exportés dans le xylème, deux groupes de légumineuses peuvent être distingués : les légumineuses tempérées et l'arachide synthétisent majoritairement des « amides », alors que les autres légumineuses tropicales synthétisent des « uréides ». Les calculs théoriques montrent un coût en énergie inférieur pour la synthèse des uréides par rapport à celle des amides. De plus, le transport de l'azote sous forme d'uréides est moins coûteux en carbone que le transport sous forme d'amides (rapports C/N respectivement égaux à 1 et 2). Cependant, l'impact de ces différences sur la croissance des plantes et le rendement reste encore incertain.

Des plantes fixatrices de N_2 : quel coût pour la plante ?

L'azote fixé par les légumineuses est puisé dans une ressource abondante : le substrat azoté N_2. Cet azote, disponible dans l'air ambiant, est régénéré naturellement au cours du cycle de l'azote. Il est fixé par les plantes grâce à l'énergie renouvelable issue de la photosynthèse végétale, puis régénéré par d'autres réactions biologiques à d'autres étapes du cycle de l'azote. Néanmoins, la fixation d'azote atmosphérique a un coût en carbone à l'échelle de la plante. Les nodosités constituent en effet un puits majeur pour le carbone. Au sein des nodosités, le carbone est utilisé pour la production de substrats énergétiques et de squelettes carbonés impliqués dans la synthèse et la maintenance des tissus des nodosités, ainsi que pour leur activité fixatrice de N_2 (incluant les réactions associées à la réduction de N_2 au sein des bactéroïdes, l'assimilation du NH_3 produit dans le cytoplasme de la cellule hôte et l'exportation de composés organiques azotés hors des nodosités). Les assimilats carbonés nécessaires sont fournis par la plante hôte et proviennent directement de la photosynthèse. Ces assimilats carbonés sont fournis aux nodosités aux dépens des autres organes, principalement les racines, et dans une moindre mesure également aux dépens des parties aériennes.

Quelles conséquences cela a-t-il sur la croissance de la plante ? Des calculs théoriques montrent que le coût en carbone associé à l'activité de fixation de N_2 est similaire au coût associé à l'assimilation du nitrate (Munier-Jolain et Salon, 2005 ; Andrews, 2009), et l'estimation souvent utilisée pour le coût de l'assimilation de l'azote (que ce soit à partir de N_2 ou de nitrate) est une valeur moyenne de 4,5 g de carbone par g d'azote (Vertregt, 1987). Le surcoût en carbone induit par une nutrition azotée reposant sur la fixation symbiotique est donc essentiellement lié à la formation des nodosités, organes « supplémentaires » hébergeant la symbiose (Voisin *et al.*, 2003c), ayant de surcroît des coûts de synthèse et de maintenance élevés (Voisin *et al.*, 2003). Les légumineuses ont généralement une efficience de croissance (biomasse produite par unité de rayonnement intercepté, ou *Radiation Use Efficiency* chez les Anglo-Saxons) un peu plus faible que des espèces non fixatrices (Gosse *et al.*, 1986). Ainsi, des plantes de pois reposant exclusivement sur l'absorption d'azote minéral montrent une production de biomasse environ 20 % supérieure à celles reposant exclusivement sur la fixation symbiotique (Jensen *et al.*, 1997 ; Voisin *et al.*, 2002a). Néanmoins, ces expériences au champ ont également montré que ces plantes assimilatrices de nitrates avaient un indice de récolte plus faible, le supplément d'accumulation de biomasse bénéficiant essentiellement aux racines et dans une moindre mesure aux parties végétatives aériennes (cosses, tiges et feuilles). De ce fait, dans les conditions de culture en champ de nos essais, les plantes de pois avaient des rendements en graines similaires, quelle que soit la source de l'azote accumulé (assimilation de nitrates et/ou fixation d'azote atmosphérique) (Voisin *et al.*, 2002b).

Limitation de la fixation symbiotique par une teneur élevée en azote minéral dans le sol

La fixation symbiotique étant un processus biologique coûteux pour la plante, ce processus est régulé par la plante : les légumineuses prélèvent en premier lieu l'azote minéral disponible dans le sol, et la fixation symbiotique prend le relais quand l'azote minéral se raréfie. De façon générale, la présence de nitrate dans la solution du sol limite la fixation symbiotique. Les légumineuses ont une grande adaptabilité pour utiliser la fixation de l'azote de l'air ou l'absorption de l'azote minéral du sol, selon les sources d'azote disponibles.

Les effets du nitrate sur la fixation symbiotique sont illustrés ici sur l'exemple du pois (figure 2.2A) et du trèfle blanc (figure 2.2B). Des précisions sont données p. 89.

Chez le pois, à l'échelle du cycle de culture, une relation générale a été établie entre le pourcentage de fixation symbiotique sur l'ensemble du cycle de la plante et la teneur en azote minéral disponible dans la couche labourée au semis, en conditions sanitaires de nutrition minérale et d'alimentation hydrique non limitantes (figure 2.2A). La relation indique que la fixation symbiotique est inhibée de façon proportionnelle à la quantité de nitrates disponible et devient nulle pour une disponibilité en azote minéral au semis supérieure à 380 kg/ha. Chez le trèfle, l'effet quantitatif des nitrates disponibles dans le sol sur la diminution de la quantité d'azote fixé a été modélisé selon une réponse exponentielle décroissante à la concentration en nitrates du sol (figure 2.2B).

Au niveau physiologique, on considère que la nodulation a lieu suite à la perception d'un signal de « carence en N » provenant des parties aériennes (Jeudy *et al.*, 2010), lorsque la disponibilité en azote minéral dans le sol est trop faible pour subvenir aux besoins de la plante (Voisin *et al.*, 2002b). Lorsque la nodulation a lieu, le nombre de nodosités est proportionnel aux besoins en azote de la plante pour sa croissance (qui est fonction essentiellement de la surface foliaire en place et du niveau de rayonnement) (Voisin *et al.*, 2010). En absence ou à faible disponibilité en nitrate, la régulation du nombre de nodosités est donc la principale composante d'ajustement de la fixation de N_2 aux autres facteurs de l'environnement, adaptant ainsi précisément l'offre en azote par la fixation symbiotique à la demande en azote pour la croissance.

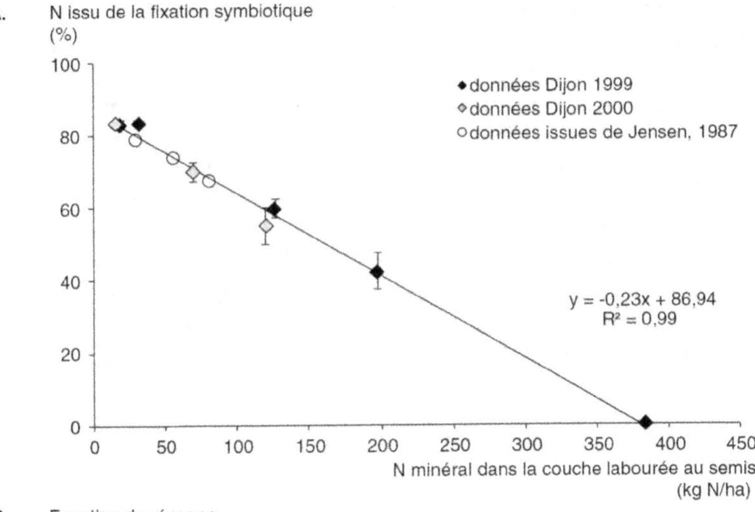

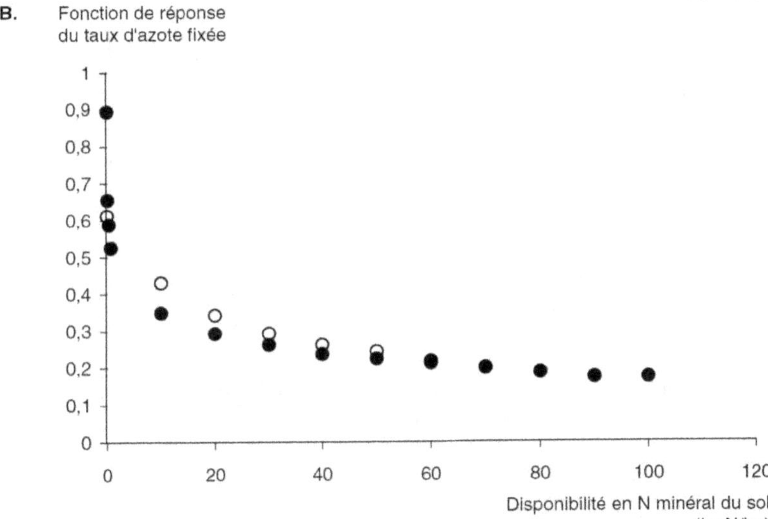

Figure 2.2. Réponse de la fixation symbiotique au nitrate chez le pois (A) et le trèfle blanc (B).

A. Contribution de la fixation symbiotique à l'acquisition totale d'azote par le peuplement de pois sur la totalité du cycle de la plante, en fonction de la disponibilité en azote minéral (nitrate + ammonium) dans la couche labourée mesurée au semis (expérimentation au champ Inra Dijon). D'après Voisin *et al.*, 2002b.

B. Courbe de réponse de la quantité d'azote fixée par le trèfle blanc à la disponibilité en azote minéral du sol, dans les modèles SOILN (ronds noirs) et de Schwinning (ronds blancs), en faisant l'hypothèse que les nodosités sont situées dans les 40 premiers cm de sol. D'après Liu *et al.*, 2011.

En cours de culture, une augmentation brutale de la disponibilité en nitrate sur un système fixateur en place (donc adapté à des conditions de disponibilité en nitrate plus faibles) affecte l'appareil fixateur au travers de ses composantes fonctionnelles et structurales (Naudin *et al.*, 2011, chez le pois), *via* une diminution de l'activité fixa-trice des nodosités et *via* des modifications structurales des nodosités (diminution ou arrêt de croissance des nodosités aux stades végétatifs et floraison, et destruction des nodosités au stade de remplissage des graines). Une fois l'application de nitrate levée, la capacité de la plante à restaurer l'appareil fixateur et son activité de fixation dépend du stade de développement. Chez le pois et autres légumineuses annuelles, une réversibilité de la fixation symbiotique est possible en début de cycle, jusqu'à la floraison, puis diminue au cours du cycle de la plante pour être nulle en fin de cycle. Chez le trèfle blanc, cultivé en association avec du ray-grass et pâturé, une baisse puis une reprise de la fixation symbiotique suite à l'apport d'azote minéral par les pissats ont été observées (Vertes *et al.*, 1997 ; figure 2.3). Dans ce cas, comme dans le cas des associations légumineuses-céréales (Naudin *et al.*, 2010), la réversibilité de la fixation symbiotique est en partie liée à la diminution rapide de l'azote minéral du sol du fait du prélèvement par la graminée associée.

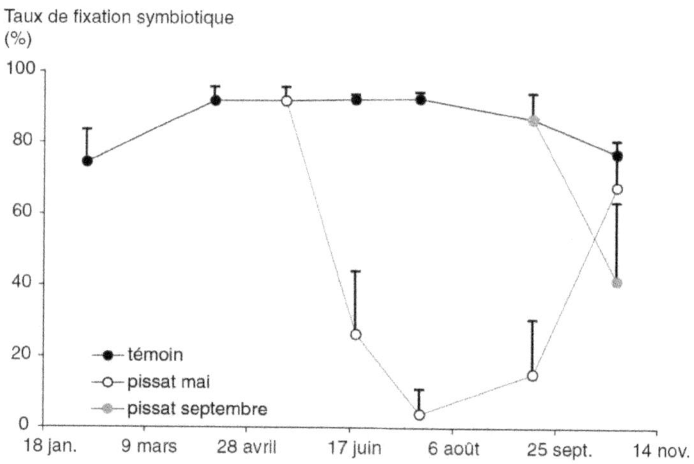

Figure 2.3. Effet d'un apport d'urine sur la fixation symbiotique du trèfle en pâturage ray-grass–trèfle blanc. D'après Vertès *et al.*, 1997.

Des plantes riches en protéines : quelles conséquences pour le potentiel de rendement ?

Les légumineuses ont la particularité de produire des graines ou du fourrage riches en protéines. La teneur en protéines d'un fourrage de luzerne ou de trèfles est généralement plus élevée que celle d'un fourrage de graminées normalement fertilisées, et peut atteindre jusqu'à 35 % de la matière sèche. La teneur moyenne en protéines des graines de légumineuses protéagineuses varie entre 23 % et 42 % de la matière sèche (du pois et du soja respectivement), alors qu'elle est de l'ordre de 10 % à 15 % pour les céréales comme le blé, même bien fertilisées en azote. Ceci constitue l'un des atouts majeurs des légumineuses et la spécificité des filières associées. Grâce à des efforts importants d'amélioration génétique, le rendement des légumineuses à graines (notamment celui du pois) a augmenté de façon significative depuis les années 1960. Même si le rendement en matière sèche des protéines du pois et d'autres légumineuses à graines a encore aujourd'hui un niveau nettement inférieur à celui des céréales, il reste plus élevé que celui d'un blé ou d'autres céréales fertilisées.

Au moins la moitié du différentiel de rendement entre céréales et légumineuses pourrait provenir d'une limitation intrinsèque des performances de ces cultures (figure 2.4 ; Munier-Jolain et Salon, 2005), du fait de la richesse en protéines de leurs graines. En effet, la synthèse des protéines a un coût énergétique plus élevé pour la plante que la synthèse d'amidon.

Les coûts énergétiques théoriques pour la production de graines peuvent être calculés comme la somme du prélèvement et de l'assimilation de l'azote, de la synthèse des composés de stockage dans les graines (protéines, amidon, lipides…) et de la translocation de ces composés de leur site de synthèse vers les graines (5 % du coût de leur synthèse). Les coûts énergétiques théoriques associés à la production de 1 g de graine ont ainsi été estimés 15 % supérieurs pour le pois que pour le blé (Munier-Jolain et Salon, 2005). Sachant que le coût du prélèvement et de l'assimilation de l'azote ont été considérés comme identiques chez le pois et le blé (c'est-à-dire identiques pour la fixation symbiotique et l'absorption de l'azote minéral), ce différentiel de 15 % entre les deux espèces est probablement sous-estimé, car les coûts de synthèse des nodosités n'ont pas été pris en compte dans ces calculs.

Une comparaison plurispécifique a été menée en mettant en relation le rendement potentiel de 18 espèces en fonction du coût énergétique de la synthèse de leurs graines (figure 2.4). Ainsi, les rendements les plus élevés sont obtenus chez les espèces riches en amidon (maïs, blé, riz), les rendements les plus faibles chez les espèces riches en huile (soja, colza, tournesol), les espèces riches en protéines (pois, lupin, féverole) présentant des niveaux de rendement intermédiaires. Cependant, à l'intérieur de chacun de ces groupes, des différences de performances existent entre espèces. Elles peuvent être en partie expliquées par les teneurs en protéines et en huile, et par l'intensité de la sélection. En effet, les espèces faisant l'objet d'une sélection avancée (par exemple maïs et blé) ont des niveaux de rendement et d'indice de récolte que l'on peut considérer plus proches de leur maximum que des espèces du même groupe moins améliorées génétiquement à ce jour (sorgho et blé dur par exemple).

De même, pour une espèce donnée, il existe une relation négative entre le rendement et la teneur en protéines (pour des situations environnementales où la nutrition N n'est pas limitante). En prenant en compte les coûts de synthèse des différents composés, des simulations chez le pois ont montré qu'une augmentation de la teneur en protéines de 10 % (compensée par une baisse de la teneur en amidon ; Bastianelli *et al.*, 1998) s'accompagnerait d'une baisse du rendement de 3 % (Munier-Jolain et Salon, 2005). La différence de rentabilité pour l'agriculteur pourrait être compensée si cette augmentation de teneur en protéines s'accompagnait d'une augmentation du prix du pois sur le marché de 2 à 4 %. Néanmoins, pour ces espèces pour lesquelles la sélection est récente, il n'est pas exclu que l'amélioration de la teneur en protéines et celle du rendement se fassent conjointement, ainsi que l'illustrent des travaux conduits chez le pois (Burstin *et al.*, 2007) et le soja (Cober et Voldeng, 2000).

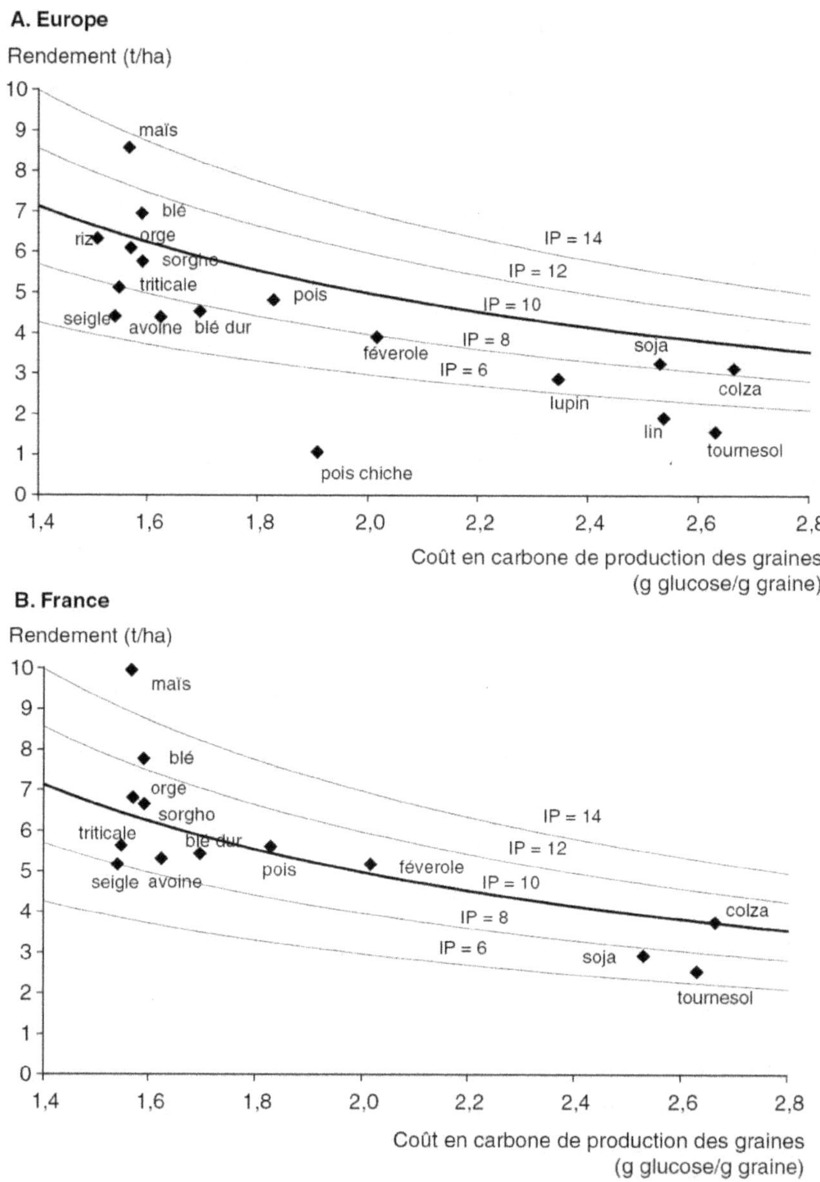

Figure 2.4. Potentiel de rendement en fonction de la composition de la graine. Relation entre le coût en carbone de la production de graines en fonction de leur composition (donnée par les Tables de nutrition animale ; Sauvant *et al.*, 2002) et leur potentiel de rendement en Europe (A), avec le rendement maximum enregistré parmi les principaux pays producteurs sur la période 1994-2004 (données FAO et Eurostat ; Munier-Jolain et Salon, 2005), et en France (B) avec la moyenne annuelle française la plus élevée sur la période 1994-2012. (sources : Eurostat, SCEES, Unip).

Pour pouvoir comparer les performances de production des espèces, des courbes d'iso-production (IP) ont été tracées, chacune représentant une valeur constante du produit du coût énergétique de 1 g de graine par le rendement.

À retenir. Le processus de la fixation azotée symbiotique.

La fixation azotée symbiotique est le processus biologique vital qui permet de convertir l'azote de l'air ambiant (N_2) en azote minéral intermédiaire (azote ammoniacal, NH_3) qui est alors assimilable par les organismes vivants pour constituer les molécules organiques (notamment les protéines).

Chez les légumineuses, cette symbiose s'effectue avec certaines bactéries (*Rhizobium* ou *Bradyrhizobium*) présentes dans le sol, au sein d'excroissances spécifiques des racines, les nodosités. On parle de plantes fixatrices d'azote et de fixation symbiotique. La symbiose est à bénéfices réciproques : *via* une enzyme spécifique (la nitrogénase), la bactérie fournit à la plante le N_2 fixé ; en retour, la plante apporte l'énergie nécessaire à la synthèse des nodosités et à leur fonctionnement (figure 2.1).

La fixation symbiotique de N_2 est un processus biologique, étroitement régulé par la plante en fonction de la teneur en azote minéral du sol. Ainsi, le taux de fixation (par rapport au prélèvement total d'azote par la plante) est fortement réduit si la disponibilité en nitrates du sol est élevée. En effet, les légumineuses prélèvent en premier lieu l'azote minéral du sol disponible et la fixation symbiotique prend le relais quand l'azote minéral se raréfie. Les légumineuses ont donc une grande adaptabilité pour utiliser la fixation de l'azote de l'air ou l'absorption de l'azote minéral du sol, selon les sources d'azote disponibles.

La relation entre fixation symbiotique et disponibilité en azote minéral du sol est linéaire pour les légumineuses annuelles à graines et plus variable pour les légumineuses fourragères, en particulier lorsqu'elles sont cultivées en association, les espèces non fixatrices associées modifiant rapidement la teneur en azote minéral du sol. Les légumineuses prairiales soumises à la présence d'animaux ont un moindre taux d'azote fixé symbiotiquement du fait des déjections, en particulier urinaires, qui augmentent la disponibilité en azote minéral dans le milieu.

Produire des protéines mobilise davantage de ressources énergétiques pour la plante que produire de l'amidon. Le rendement en protéines du pois et d'autres légumineuses à graines est plus élevé que celui d'un blé ou d'autres céréales fertilisées. Ainsi, le potentiel de rendement en matière sèche atteignable par les légumineuses à graines est en théorie inférieur à celui des céréales. Il existe cependant une marge de progrès importante pour augmenter conjointement les rendements et la teneur en protéines des protéagineux européens, car leur sélection variétale est plus récente que celle des céréales.

▸▸ Dynamique d'acquisition et d'allocation de l'azote en fonction de la disponibilité en nitrate

Depuis les années 1980, le fonctionnement écophysiologique de cultures de protéagineux et de légumineuses prairiales est étudié et modélisé de manière détaillée. Le pois a notamment constitué une plante modèle pour décrire le développement, la croissance et l'accumulation d'azote des protéagineux sous contraintes biotiques et abiotiques, l'ensemble de ces mécanismes déterminant l'élaboration du rendement et la qualité (Munier-Jolain *et al.*, 2005, 2010). Ce chapitre résume spécifiquement les mécanismes conduisant à l'acquisition de l'azote par les légumineuses, en interaction avec la croissance de la plante.

Dynamique globale de croissance sur l'ensemble du cycle

Les légumineuses sont généralement des plantes à croissance indéterminée et à floraison étalée (contrairement au blé). Les légumineuses à graines annuelles se caractérisent souvent par une phase de reproduction étalée dans le temps, qui démarre avant l'arrêt de la croissance végétative. Les légumineuses pérennes, fourragères ou prairiales, présentent un compartiment graine de taille limitée et se caractérisent par des mécanismes physiologiques permettant d'assurer leur pérennité. Ces caractéristiques sont à prendre en compte pour comprendre le fonctionnement et la dynamique de la mise en place des racines, des nodosités et de la nutrition N dont découle leur fonctionnement. Dans tous les cas, l'accumulation de la biomasse dans les différents organes n'est pas synchrone au cours du temps, du fait de leur production séquentielle.

Dans le cas des légumineuses à graines annuelles, la croissance répond aux règles suivantes (Jeuffroy *et al.*, 2005) :
– de la levée au début de la floraison (période végétative) : c'est la période de mise en place des structures de captation des ressources ; les trois compartiments végétatifs (tiges, feuilles, racines) présentent une croissance nette positive ;
– à floraison : la biomasse racinaire est proche de son maximum et la surface foliaire établie permet d'intercepter au moins 80 % du rayonnement incident ;
– du début de la floraison au début du remplissage des graines, la vitesse de croissance est maximale ; son niveau détermine le nombre de graines qui sera récolté (fixé à la fin du franchissement du stade limite d'avortement), selon une relation de proportionnalité valide dans de nombreuses conditions environnementales (Guilioni *et al.*, 2003). Le nombre de cellules cotylédonaires des graines, atteint à la fin de cette phase et qui va déterminer la vitesse de leur remplissage en carbone, est déterminé génétiquement (maximum qui dépend du génotype), mais peut être affecté par des conditions environnementales défavorables. Le soja présente une très grande sensibilité aux faibles températures durant la phase floraison-début formation des gousses, entraînant la coulure des fleurs et l'avortement des jeunes gousses, du fait d'un transfert d'assimilats réduit dans ces conditions thermiques (Planchon, 1986). L'avortement des fleurs du soja est obtenu dès 13 à 15 °C pour les groupes 0, I, II, et dès 8 à 9 °C pour les groupes plus précoces (Rollier, 1989) ;
– du début du remplissage des graines à la récolte : la croissance des feuilles, des tiges et des racines ralentit considérablement, voire s'arrête, alors que les graines commencent à accumuler massivement des réserves, à une vitesse fixée par le nombre de cellules cotylédonaires. En effet, les graines en remplissage constituent un puits prioritaire pour les assimilats (Munier-Jolain *et al.*, 1998), et sous l'effet de la compétition pour les assimilats, leur croissance entraîne l'arrêt de la production et de la croissance de nouveaux phytomères (Turc et Lecoeur, 1997). Du franchissement du stade limite d'avortement à la maturité physiologique, les graines constituent l'unique puits représentant un bilan net positif pour la biomasse, les autres puits ayant arrêté de croître. Du carbone est cependant alloué à ces organes pour leur respiration, mais leur biomasse diminue du fait des pertes de CO_2 associées à la respiration et de la remobilisation de constituants vers les graines, ces processus conduisant à des pertes de matière sèche par sénescence. Le remplissage des graines s'arrête soit parce que leur poids maximal est atteint, soit parce que l'activité photosynthétique de la plante s'arrête. La teneur en carbone des différents compartiments

est très stable au cours du temps et entre espèces, avec une très faible remobilisation du carbone entre compartiments dans la plante (Warembourg *et al.*, 1984).

Chez les légumineuses fourragères pérennes, le développement des structures de captation des ressources aériennes (feuilles) et souterraines (racines) est généralement plus lent, lors de la phase d'installation de la culture, que chez les légumineuses annuelles. En revanche, la croissance du système racinaire se poursuit d'année en année, jusqu'à la destruction de la culture (Thiébeau *et al.*, 2011). Lorsque les légumineuses fourragères pérennes atteignent un stade reproductif (notamment en production de semences), les graines ne représentent qu'une faible proportion de la biomasse aérienne. Elles constituent un puits pour les assimilats azotés et carbonés plus réduit que chez les légumineuses annuelles, de sorte que la croissance des organes végétatifs (feuilles, tiges, racines) reste importante durant les phases de floraison-remplissage des gousses, assurant ainsi la pérennité de la plante.

Croissance des racines et des nodosités en interaction avec les autres organes

Mise en place du système racinaire

Comparé à celui des céréales, le système racinaire de certaines espèces de légumineuses annuelles est globalement peu développé ; c'est le cas notamment du pois. À tous les stades de développement, la majorité des racines (70 à 90 %) est située dans l'horizon superficiel. À maturité, à biomasse aérienne égale, la longueur totale des racines des légumineuses annuelles atteint seulement la moitié de celle des céréales (Greenwood *et al.*, 1982 ; Hamblin et Hamblin, 1985 ; Hamblin et Tennant, 1987 ; Voisin *et al.*, 2002a). Le système racinaire des légumineuses fourragères peut atteindre des profondeurs plus importantes que les légumineuses annuelles, mais avec de grandes variabilités selon les espèces et les conditions pédoclimatiques.

Chez le pois

Le système racinaire du pois est de type pivotant, composé d'une racine principale (ou pivot) et de racines latérales primaires et secondaires qui apparaissent de manière acropète sur la racine principale. Pendant la période végétative des parties aériennes, la racine principale connaît une élongation rapide, accompagnée par un développement horizontal et superficiel des racines latérales de premier ordre. À partir de la fin de la phase végétative, une forte croissance de la biomasse racinaire est associée au développement des racines latérales de second ordre, et se traduit par une pénétration plus en profondeur du système racinaire. Puis, au cours du remplissage des graines, on observe un ralentissement de l'accumulation de biomasse et l'émission des dernières racines latérales. Selon les génotypes et les conditions environnementales, la profondeur d'enracinement est maximale entre la floraison et le début du remplissage des graines, et varie de 50 cm à 1 m (Mitchell et Russel, 1971 ; Hamblin et Hamblin, 1985 ; Armstrong et Pate, 1994 ; Thorup-Kristensen, 1998 ; Voisin *et al.*, 2002a ; Vocanson *et al.*, 2006a ; Bourion *et al.*, 2007), avec un effet fort du génotype. Par ailleurs, chez le pois, un des facteurs de l'environnement qui affecte le plus le système racinaire est la qualité de l'état structural du sol. En présence d'états structuraux dégradés (compaction), la dynamique de colonisation et la répartition des racines sont fortement modifiées (Vocanson *et al.*, 2005, 2006b). On connaît une forte variabilité génétique du profil racinaire, encore relativement peu explorée (seuls les hyper-nodulants ont été précisément analysés).

Chez les autres protéagineux

La féverole a également un système racinaire pivotant avec une capacité d'enracinement similaire au pois et une racine principale plus importante en relatif aux racines latérales par rapport au cas du pois ; ses racines de large diamètre possèdent une bonne capacité de structuration du sol (Gregory *et al.*, 1988 ; Kopke et Nemecek, 2010). Le lupin possède un enracinement profond (jusqu'à plus de 2 m ; Hamblin et Tenant, 1987) ; il a de plus la capacité de former des racines en cluster en cas de faible disponibilité en éléments minéraux (phosphore en particulier). Le pois chiche a également une forte capacité d'enracinement, avec des racines pouvant explorer les sols jusqu'à 1,80 m, comme le sorgho ou le millet (Gregory *et al.*, 1988).

Chez le soja, le système racinaire, également de type pivotant, possède en surface de nombreuses ramifications et de fines radicelles plagiotropes. Trois autres caractéristiques marquent l'enracinement du soja. Tout d'abord, un bon potentiel de croissance et de développement, tant en profondeur que dans les horizons superficiels, permet une bonne exploitation des réserves hydriques du profil en sol profond et une bonne alimentation minérale. Toutefois, l'irrigation a un effet négatif sur le développement racinaire (voir p. 113). Par ailleurs, le système racinaire du soja est très sensible à la texture du sol et à sa résistance mécanique engendrée en particulier par la dessiccation du sol. Enfin, il existe une très forte variabilité génétique des potentiels de développement racinaire et de morphologie des racines, variabilité qui interagit aussi avec le milieu. Ces caractéristiques pourraient permettre d'envisager la sélection de variétés présentant une meilleure adaptation au milieu et à la sécheresse (Maertens, 1986), mais de tels travaux n'ont pas été menés en France.

Les espèces fourragères et prairiales ont un système racinaire qui peut être plus développé que celui de certaines légumineuses annuelles, mais une variabilité importante de potentiel d'exploration du sol existe. Selon les espèces, le pivot qui se forme dans la phase d'installation des plantes peut ultérieurement se développer de manière plus ou moins importante en profondeur, présenter une longévité plus ou moins importante, ou supporter un réseau de racines secondaires plus ou moins dense et long. Ce réseau peut être complété par un développement de racines adventives (c'est-à-dire poussant sur tige ou rhizome) plus ou moins important (Frame, 2005). Ainsi, la luzerne, le trèfle violet, le sainfoin et le lotier développent un pivot racinaire profond, si le sol le permet. Celui de la luzerne peut atteindre une profondeur de plusieurs mètres, et explorer des horizons de sol plus profonds que le système racinaire de la majorité des autres légumineuses et graminées fourragères et prairiales. Ce pivot profond permet à la luzerne d'accéder à une réserve hydrique importante et de maintenir une meilleure capacité de croissance lors des épisodes de sécheresse (Thiébeau *et al.*, 2003). Le système racinaire pivotant qui se développe chez le trèfle violet dans les deux premières années régresse et laisse place à un système racinaire adventif et plus superficiel ensuite. Chez le trèfle blanc, le pivot racinaire qui se développe après la germination disparaît rapidement et est remplacé par le développement d'un système racinaire adventif à partir des entre-nœuds des stolons (tiges rampantes), permettant malgré tout à cette espèce de disposer d'un système racinaire moyennement profond, selon les génotypes (Caradus *et al.*, 1990). Le développement de ces racines adventives étant limité en cas de compaction superficielle des sols, fréquente en parcelles pâturées dans de mauvaises conditions de portance des sols (Vertès *et al.*, 1988), le trèfle blanc peut présenter une sensibilité accrue à la sécheresse.

Mise en place des nodosités selon un ajustement précis aux besoins en azote

Pour les légumineuses annuelles, à l'échelle du système racinaire, l'apparition des nodosités s'effectue par vagues échelonnées dans le temps. Leur densité est maximale à la base du pivot puis diminue en direction de la zone apicale pour laisser place à une zone sans nodosités. La proportion de racines latérales portant des nodosités est maximale (70 à 90 %) à la base du pivot, puis elle décroît rapidement à mesure que l'on s'éloigne de la base (Tricot, 1993). Par conséquent, les nodosités sont localisées majoritairement sur la partie supérieure du système racinaire. Après l'apparition des premières nodosités, la biomasse des nodosités de la plante augmente très rapidement pour atteindre un maximum au début de la floraison. Puis, en général, elle stagne jusqu'à la fin du franchissement du stade limite d'avortement des graines avant de chuter fortement en fin de cycle (Voisin *et al.*, 2005 ; Bourion *et al.*, 2007 ; Voisin *et al.*, 2010). Le nombre de nodosités est principalement régulé par la nutrition azotée, la nodulation ayant lieu si et seulement si la disponibilité en nitrate est trop faible pour subvenir aux besoins de la plante.

La formation des nodosités ayant globalement lieu au détriment de la croissance des racines, plus la disponibilité en nitrate est élevée, plus la fixation symbiotique et la biomasse des nodosités sont faibles, et plus le prélèvement du nitrate et la biomasse racinaire sont élevés (essentiellement dans la couche labourée). Mais la présence de nitrate n'a d'incidence ni sur le profil de répartition des racines, ni sur la profondeur maximale d'enracinement qui reste une caractéristique de l'espèce.

Chez les légumineuses fourragères pérennes, la mise en place de l'ensemble des nodosités et le développement du potentiel de fixation symbiotique nécessitent souvent plus d'une année pour atteindre leur efficacité maximale (Heichel *et al.*, 1991). Ceci est déterminé d'une part par le développement général relativement lent des plantules dans la phase d'installation de la culture chez la majorité de ces espèces, et en conséquence par le développement progressif du système racinaire et des nodosités, et d'autre part, par le fait que ces plantes ont une croissance indéterminée. Chez la luzerne, le système racinaire croît et accumule toujours plus de biomasse jusqu'à la destruction de la culture, même s'il perd jusqu'à 30 % de ses réserves carbonées par respiration pendant la phase de repos végétatif en hiver (Justes *et al.*, 2002). Cette croissance racinaire importante assure une circulation d'air en profondeur qui facilite le développement des bactéries symbiotiques sur des racines plus profondes que la seule épaisseur de sol travaillé (Li *et al.*, 2012). Ainsi chez la luzerne, les nodosités se développent dans les horizons superficiels du sol en première année, puis dans les horizons progressivement plus profonds ensuite

(Li *et al.*, 2012). Lors de la phase d'installation de la culture, les reliquats d'azote minéral dans le sol peuvent être relativement importants par rapport aux besoins de la plante et contribuer à ralentir la mise en place de sa capacité de fixation symbiotique, sans pour autant affecter la croissance de la plante, ni sa production (Thiébeau *et al.*, 2011). En phase d'implantation de la luzerne, la biomasse racinaire se situe majoritairement dans l'horizon superficiel. Mais la proportion de la biomasse racinaire dans l'horizon superficiel va très rapidement décroître à la suite de l'extension du pivot aux horizons sous-jacents. Thiébeau *et al.* (2011) ont proposé une relation qui permet d'estimer la biomasse racinaire totale à partir de mesures réalisées dans l'horizon de surface.

Dynamique d'absorption de l'azote au cours de la croissance de la plante

Les deux voies d'acquisition de l'azote contribuent au prélèvement de l'azote de manière différente dans l'espace et dans le temps.

Chez les légumineuses à graines

En début de cycle

En conditions agricoles, lorsque les reliquats azotés sont élevés, l'assimilation racinaire du nitrate peut contribuer à l'acquisition de l'azote par le peuplement en début de cycle. L'assimilation racinaire diminue ensuite, en conjonction avec l'épuisement de l'azote minéral dans le sol, et l'inhibition de la fixation symbiotique est alors levée (figure 2.5). D'après des expériences réalisées au champ chez le pois (Voisin *et al.*, 2002b), en l'absence de fertilisation azotée (avec des reliquats azotés de l'ordre de 30 kg N/ha dans la couche labourée), l'activité fixatrice démarre après un délai de 235 degrés-jours environ depuis la levée, délai correspondant au prélèvement des reliquats azotés du sol et à la mise en place progressive des nodosités et de leur fonctionnement. Ce délai augmente en présence d'azote minéral car la fixation symbiotique reste nulle tant que la disponibilité en azote dans la couche labourée reste supérieure à un seuil de 56 kg N/ha. Au cours du cycle, lorsque la disponibilité en azote minéral passe en dessous de ce seuil (du fait de l'épuisement de l'azote minéral du sol), l'inhibition de la mise en place des nodosités est levée. Chez les légumineuses annuelles, la mise en place de la fixation symbiotique est impossible après le début du remplissage des graines.

Lorsque les plantes, cultivées en l'absence d'azote minéral, reposent uniquement sur la fixation symbiotique, une légère carence en azote temporaire peut s'établir durant la période de formation des nodosités, entre le moment où les réserves de la semence sont épuisées et celui où les nodosités nouvellement formées deviennent actives. L'intensité et la durée de la période de carence dépendent de la rapidité de l'installation de l'appareil fixateur, qui est conditionnée par la capacité de la plante à allouer du carbone à la formation des nodosités durant cette période. Cette capacité dépend de la taille de la plante et de son appareil photosynthétique au moment de la transition entre hétérotrophie et autotrophie (fonction de la taille de la semence) ; elle dépend également du type de germination, qui influe sur la proximité des sources (semence) et des puits (appareil aérien et appareil racinaire), et donc sur l'allocation préférentielle des réserves de la semence aux puits aériens ou racinaires (Sprent et Thomas, 1984). Ainsi, cette carence temporaire sera plus faible chez des plantes à grosses graines et à germination hypogée par rapport à des plantes à petites graines et à germination épigée. Chez le pois (à germination hypogée), les reliquats azotés du sol suffisent à compenser cette période de carence temporaire. Chez le soja, à germination épigée, la nutrition azotée peut s'avérer limitante en l'absence de fertilisation azotée au semis et l'apport d'une faible dose d'azote au semis peut être favorable ; cependant, ce potentiel effet « starter » positif (Crozat *et al.*, 1994 ; Starling *et al.*, 1998) n'est pas toujours avéré (Hardarson *et al.*, 1984 ; Ying *et al.*, 1992) et, dans la pratique, l'apport d'engrais azoté au semis n'est donc pas conseillé.

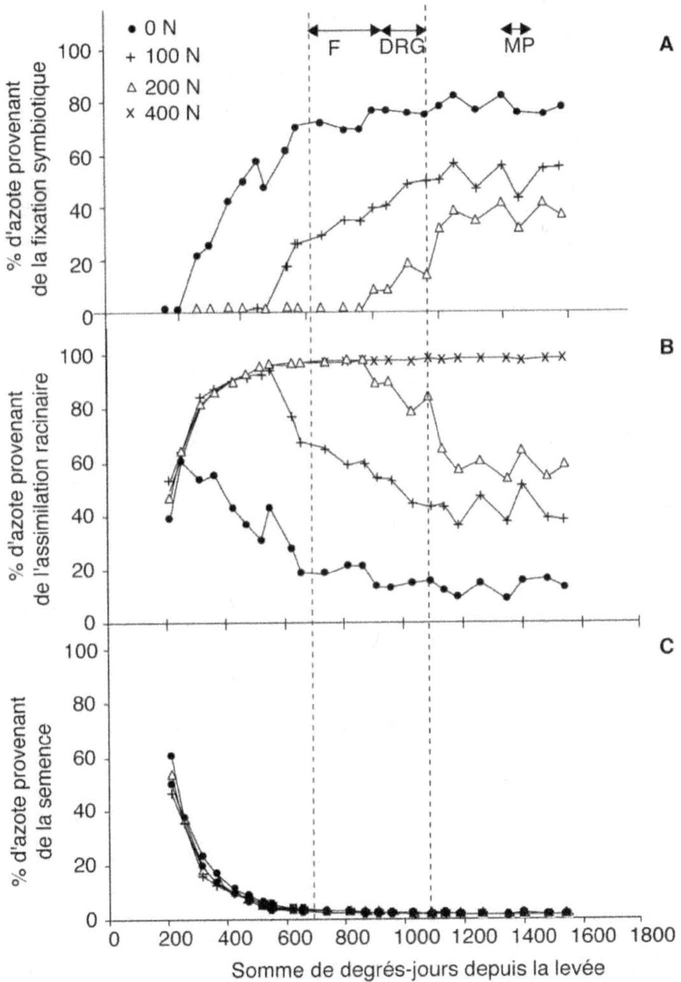

Figure 2.5. Évolution, au cours du cycle de la plante, de l'azote provenant de la fixation symbiotique (A), de l'assimilation racinaire (B) et de la semence (C), pour des expériences réalisées en champ, avec des apports d'azote minéral au semis variant entre 0 et 400 kg N/ha. D'après Voisin *et al.*, 2005.

En cours de cycle

Une fois les nodosités établies, la fixation symbiotique permet à la plante d'accumuler de l'azote de manière substantielle, mais l'assimilation de l'azote minéral est aussi possible si celui-ci est disponible (Vessey, 1992 ; Bergersen *et al.*, 1992). Une fois la fixation symbiotique initiée, la vitesse de fixation augmente, au fur et à mesure de la mise en place des nodosités (figure 2.6A), jusqu'à ce que la biomasse maximale des nodosités soit atteinte. La vitesse de fixation est ensuite essentiellement liée à la vitesse de croissance du peuplement. Au moins jusqu'au début du remplissage des graines, les plantes reposant sur des modes de nutrition azotée différents ont des taux de croissance et de prélèvement de l'azote similaires (figure 2.6). Le pois continue à accumuler de l'azote tardivement durant son cycle, bien que les quantités incorporées varient selon les conditions environnementales (Jensen, 1986 ; Salon *et al.*, 2001).

En fin de cycle

Pour la plupart des légumineuses annuelles, la fixation symbiotique diminue fortement pendant la phase de remplissage des graines (figure 2.6A), à la fois à cause de la

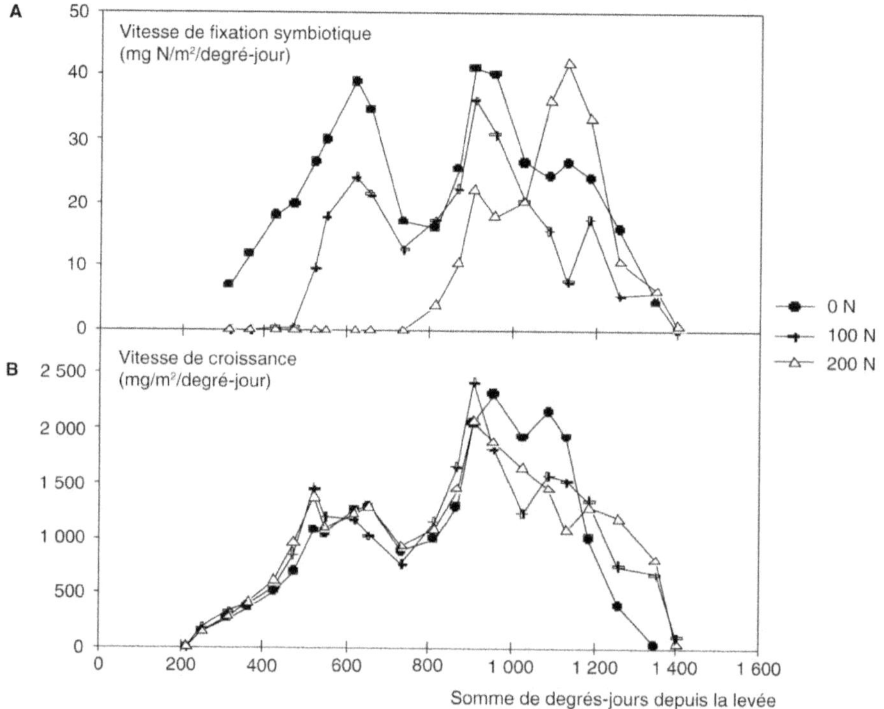

Figure 2.6. Évolution au cours du cycle de la plante, de la vitesse de fixation symbiotique (A), de la croissance du peuplement (B) pour des expériences réalisées en champ, avec des apports d'azote minéral au semis variant entre 0 et 200 kg N/ha. D'après Voisin *et al.*, 2002b.

Pour obtenir la vitesse en kg/ha/jour, il faut multiplier la vitesse en mg N/m²/jour par la température moyenne journalière et diviser par 100. Ainsi, la valeur maximale observée de 40 mg N/m²/jour correspond à une température journalière de 20 °C à 8 kg N/ha/jour.

compétition pour les assimilats avec les graines en croissance et du vieillissement des nodosités, qui affecte leur efficience. De plus, des facteurs environnementaux défavorables, comme la sécheresse ou les fortes températures, affectent souvent la fixation symbiotique à ce stade. Des situations où la disponibilité en azote minéral augmente en fin de cycle montrent une diminution de la contribution de la fixation symbiotique.

Chez les légumineuses fourragères pérennes

La mise en place de la capacité de fixation symbiotique est souvent relativement longue, du fait du développement lent des plantes dans la phase d'installation de la culture. Comme pour les légumineuses annuelles, lors de la phase d'installation de la culture, si les reliquats d'azote minéral du sol sont relativement importants par rapport aux besoins de la plante, ils contribuent à ralentir la mise en place de sa capacité de fixation symbiotique. Les légumineuses fourragères en peuplement monospécifique (luzerne) peuvent assimiler l'azote du sol et fixer l'azote atmosphérique durant une même repousse (Thiebeau *et al.*, 2004 ; Rasmussen *et al.*, 2012).

Sur un pas de temps plus court, à l'échelle du cycle défoliation-repousse, la fixation symbiotique est relativement plus réduite après la défoliation que l'absorption d'azote minéral (Kim *et al.*, 1993 ; Gordon et Kessler, 1990). Ainsi, la défoliation liée à l'exploitation de la culture entraîne un ralentissement temporaire important de la fixation symbiotique. La croissance de la plante devient alors dépendante de l'azote endogène accumulé préalablement dans les organes de réserve de la plante (Justes *et al.*, 2002), et de l'absorption d'azote minéral, qui est moins affectée par la défoliation que la fixation symbiotique.

Dynamique d'accumulation d'azote dans les organes : impact sur la qualité

Quel que soit le mode de nutrition azotée, le prélèvement d'azote est piloté par la demande en azote de la culture, définie par sa vitesse de croissance, selon la courbe critique de dilution de l'azote (Ney *et al.*, 1997 ; Lemaire et Salette, 1984). En l'absence d'apport d'engrais minéral, les reliquats azotés et la fixation symbiotique peuvent assurer la totalité des besoins en azote de la plante ; mais lorsque la plante repose uniquement sur l'assimilation d'azote minéral, on observe des situations de « sur-satisfaction » des besoins en azote.

Variation importante de la teneur en azote au cours du cycle

De la levée au début du remplissage des graines, la quantité d'azote augmente dans tous les organes végétatifs, en relation avec la croissance, mais de manière proportionnellement inférieure à l'accumulation de biomasse, ce qui conduit à une diminution de la teneur en azote de la plante par phénomène apparent de dilution au cours du temps (Lemaire et Gastal, 1997 ; Vocanson *et al.*, 2005). En effet, la teneur en azote de chacun des organes est élevée (> 7 %) durant la phase de division cellulaire, puis diminue au fur et à mesure de la maturation de l'organe. Les feuilles les plus âgées, qui sont souvent les plus ombrées car situées dans le bas du couvert, transfèrent l'azote qu'elles contiennent vers les tiges, afin de le remobiliser dans les strates éclairées du couvert (Lemaire *et al.*, 1991). Cette stratégie permet de maximiser la photosynthèse (Hirose et Werger, 1987). Lorsque le couvert est fermé, les organes de soutien (tiges), moins riches en azote, poursuivent leur développement jusqu'à représenter une proportion plus importante que la masse de feuilles. L'augmentation du rapport entre la masse de tiges et la masse de feuilles contribue donc aussi à la dilution de la teneur en azote de la plante entière.

Chez les légumineuses à grosses graines, à partir de la fin du franchissement du stade limite d'avortement, la demande en azote pour la synthèse des réserves protéiques dans les graines est très forte. Ainsi, la remobilisation de l'azote des autres organes vers les graines représente 60 à 90 % de l'azote des graines à maturité, l'accumulation d'azote exogène pendant le remplissage ne représentant que 10 à 40 % du total (Larmure et Munier-Jolain, 2005 ; Schiltz *et al.*, 2005). Durant cette phase, l'accumulation d'azote dans des organes reproducteurs riches en protéines compense la diminution de la teneur en azote des organes végétatifs et, par conséquent, la teneur moyenne en azote de la plante reste à peu près stable.

Les différences d'importance du compartiment graines entre légumineuses conduisent à des variations de dynamique de dilution de l'azote entre espèces (Vocanson *et al.*, 2005). Pour la luzerne (Lemaire et Allirand, 1993), la teneur en azote de la plante diminue rapidement avec l'accumulation de biomasse, de la même manière que les céréales et les autres cultures fourragères. Chez le trèfle blanc, espèce qui ne développe pas de tiges dressées mais des stolons qui échappent en partie à la récolte, la dilution de l'azote est moins prononcée. Dans le cas du lupin (Duthion et Pigeaire, 1991) et du soja (Ney *et al.*, 1997), la teneur en azote des plantes entières reste constante pendant la période comprise entre le début de la floraison et le début du remplissage des graines. Le pois présente un comportement intermédiaire entre la luzerne et le soja.

Pour une espèce donnée, le déterminisme de la teneur en protéines des graines (en moyenne 24 % chez le pois, soit 3,8 % N) est complexe : il est fonction du rapport entre l'accumulation d'azote et l'accumulation de matière sèche dans les graines, déterminé par des mécanismes indépendants (Larmure et Munier-Jolain, 2005). La variabilité de la teneur en protéines des graines de pois est importante, aussi bien entre années qu'entre lots collectés sur une année donnée. Cette variabilité peut avoir des origines génétiques, mais les conditions environnementales expliquent la plus grande partie des fluctuations.

Remobilisation clé de l'azote en fin de cycle pour le remplissage des graines chez les légumineuses à graines

La destruction de l'appareil photosynthétique à la suite de la remobilisation de l'azote vers les graines entraîne l'arrêt du remplissage des graines (Sinclair et de Wit, 1976). La capacité des légumineuses à accumuler de l'azote au cours du remplissage des graines semble être liée à l'utilisation du carbone au sein de la plante. Le remplissage des graines s'arrête soit parce que la taille potentielle des puits « graines » est atteinte (cas du pois ; Munier-Jolain *et al.*, 1996), soit parce que les sources sont limitantes (cas du soja). Ainsi, toute contrainte biotique ou abiotique ayant un effet sur l'activité photosynthétique du couvert est susceptible de limiter la durée du remplissage des graines et donc leur poids spécifique. Par ailleurs, le coût énergétique de synthèse des composés de réserve varie en fonction de l'espèce, selon la composition relative des graines en huile, protéines et amidon (du plus au moins coûteux).

Mise en réserve et remobilisation de l'azote chez les légumineuses fourragères

Les légumineuses fourragères pérennes et prairiales présentent la particularité d'être exploitées par récoltes successives de la majeure partie des organes aériens (défoliation), à des fréquences variables et avec des modes de prélèvement divers (fauche, pâturage tournant, pâturage continu). La récolte des organes aériens se traduit en particulier par une suppression plus ou moins importante des surfaces foliaires et conduit la plante dans un premier temps à mobiliser une partie de ses réserves pour redévelopper une surface foliaire et restaurer une bonne interception du rayonnement, et dans un second temps à reconstituer les réserves mobilisées pour faire face à la défoliation suivante. Si les réserves carbonées (amidon chez les dicotylédones, de différents types chez les graminées) ont pendant longtemps été considérées comme jouant le rôle de réserve principale, les recherches relativement récentes ont montré que les réserves azotées peuvent jouer un rôle tout aussi important (Avice *et al.,* 1996, 2001 ; Justes *et al.,* 2002), voire plus déterminant. Chez plusieurs légumineuses pérennes, ces réserves azotées sont dans une large mesure accumulées sous forme de protéines de réserve (*vegetative storage proteins*). Ces protéines de réserve sont préférentiellement stockées dans les stolons chez le trèfle blanc (Corre *et al.,* 1996), ou dans le pivot racinaire chez la luzerne (Avice *et al.,* 1996 ; Justes *et al.,* 2002). Chez la luzerne, la contribution des réserves C et N accumulées dans la tige peut également jouer un rôle significatif selon la hauteur de défoliation (Meuriot *et al.,* 2005). Lors d'une défoliation de la majeure partie du système aérien (exploitation de type fauche), la remobilisation des réserves azotées et carbonées se fait sur une durée de 5 à 10 jours selon les conditions de croissance (Avice *et al.,* 1996, 2001 ; Thiébeau *et al.,* 2011). En absence de fauche, la reconstitution des réserves azotées et carbonées est généralement plus lente et se réalise sur quelques semaines, selon les conditions de croissance et selon les espèces. La récolte des organes aériens conduit également à l'ablation de différents types d'organes selon les espèces, et notamment des bourgeons ou méristèmes à partir desquels se réalise la croissance post-défoliation. Si les méristèmes des graminées pérennes sont généralement près du sol et protégés de la défoliation, ce qui en fait des espèces bien adaptées à la pâture ou à la fauche, il en va différemment des légumineuses. Le caractère rampant des stolons du trèfle blanc permet à cette espèce de maintenir intact une majorité de bourgeons. En revanche, chez une espèce à port érigé comme la luzerne, la défoliation conduit à l'ablation d'une proportion importante des méristèmes apicaux et des bourgeons axillaires, nécessitant le démarrage de bourgeons latents et pénalisant la vitesse de redémarrage. L'ensemble de ces processus (mobilisation et restockage des réserves C et N, ablation plus ou moins importante des bourgeons et des méristèmes) explique la variabilité de sensibilité des différentes légumineuses fourragères ou prairiales aux modalités d'exploitation. Chez certaines espèces comme la luzerne, le rythme de défoliation conditionne de manière importante la pérennité. Lemaire et Allirand (1993) ont montré qu'un rythme de 5 coupes par an conduisait à un épuisement des pivots racinaires, mais permettait de récolter un fourrage de meilleure qualité protéique. En Champagne-Ardenne, l'industrie de la déshydratation exploite les luzernières à raison de 4 coupes par an (42 à 45 jours entre deux coupes), sans pénaliser le rendement en matière sèche à l'hectare (Thiébeau *et al.*, 2004), le rythme de 5 coupes étant réservé aux parcelles en dernière année de production.

Élaboration de la qualité (et valeur alimentaire) des légumineuses fourragères

Le fourrage récolté est majoritairement composé par la biomasse aérienne végétative, mais selon le stade de récolte, des fleurs, voire des gousses peuvent aussi être présentes. La valeur alimentaire du fourrage est déterminée par sa composition biochimique : teneur en protéines et teneur en fibres (Goering et Van Soest, 1970). Ces teneurs renseignent sur la proportion et la composition des parois cellulaires. La teneur en fibres est fortement et négativement corrélée à la digestibilité du fourrage. Les protéines sont principalement contenues dans les feuilles, et la teneur en protéines des feuilles est peu variable à l'échelle de la plante entière (25 à 30 %) (Mowat *et al.*, 1965). En revanche, la proportion de feuilles, souvent mesurée par le rapport feuilles/ tiges, diminue au cours de la croissance et de l'accumulation de biomasse aérienne par la plante. En effet, au début de la repousse, de nombreuses feuilles sont émises alors que les entre-nœuds n'ont pas encore commencé à s'allonger. Ensuite, même si l'émission des feuilles se poursuit, l'allongement des tiges, qui ont une teneur en protéines environ 10 points plus faible que les feuilles, conduit à une diminution de la teneur en protéines de la plante (Lemaire *et al.*, 1985). Comme pour la teneur en protéines, les feuilles ont des valeurs de digestibilité élevées et relativement stables (Terry et Tilley, 1964 ; Mowat *et al.*, 1965 ; Albrecht *et al.*, 1987). En revanche, les jeunes tiges, dont les vaisseaux conducteurs sont peu lignifiés, ont une digestibilité élevée, mais au cours de leur croissance, les tissus secondaires se développent et se lignifient fortement (Vallet *et al.*, 1998 ; Engels et Jung, 1998 ; Julier *et al.*, 2008), contribuant à détériorer leur digestibilité. À l'échelle de la plante, ce sont les effets conjugués de la diminution de la proportion de feuilles de la plante et la diminution de la digestibilité des tiges qui expliquent la réduction de la digestibilité du fourrage avec l'accumulation de la biomasse aérienne. Au total, la digestibilité du fourrage est fortement pilotée par l'évolution du rapport feuilles/tiges ou de la proportion de feuilles dans la biomasse aérienne (figure 2.7) (Lemaire et Allirand, 1993).

Il faut noter que les mécanismes de réduction de la teneur en protéines et de la digestibilité au cours de la croissance sont pour partie différents selon l'espèce végétale. Chez le trèfle blanc, dont les tiges sont majoritairement rampantes, le fourrage récolté est principalement composé de feuilles (folioles et pétioles), ce qui lui confère une valeur alimentaire forte et stable dans le temps. Chez la luzerne, la corrélation physiologique négative entre les deux critères majeurs de cette culture — production de biomasse et valeur alimentaire — conduit à piloter la date de récolte pour un compromis qui corresponde aux besoins de l'éleveur. Cependant, une part de variabilité génétique a été mise en évidence, en particulier pour la digestibilité, et ceci à même niveau de rendement en biomasse (Julier *et al.*, 2003b). Plusieurs facteurs contribuent à cette variabilité :
– modification de la proportion de feuilles par l'intermédiaire d'un changement de la hauteur des tiges (Kephart *et al.*, 1990 ; Lemaire et Allirand, 1993) ou par l'intermédiaire de l'introduction du caractère de feuilles multifoliolées (Juan *et al.*, 1993) ;

– modification de la digestibilité des tiges avec des variations sur la proportion de xylème secondaire dans la tige (Guines *et al.*, 2003).

Avec la mise au point de méthodes de détermination de la valeur alimentaire à haut débit (spectrométrie dans le proche infra-rouge, SPIR) et l'identification d'une importante variabilité entre génotypes individuels au sein des populations de luzerne (Julier *et al.*, 2000), les sélectionneurs parviennent désormais à améliorer ce caractère sans réduire la production fourragère. Pour les élevages, tout progrès sur la digestibilité permet un gain de production sans coût supplémentaire (cas du lait : Emile *et al.*, 1997). Le chapitre 4 développe les valeurs alimentaires des fourrages selon les espèces animales.

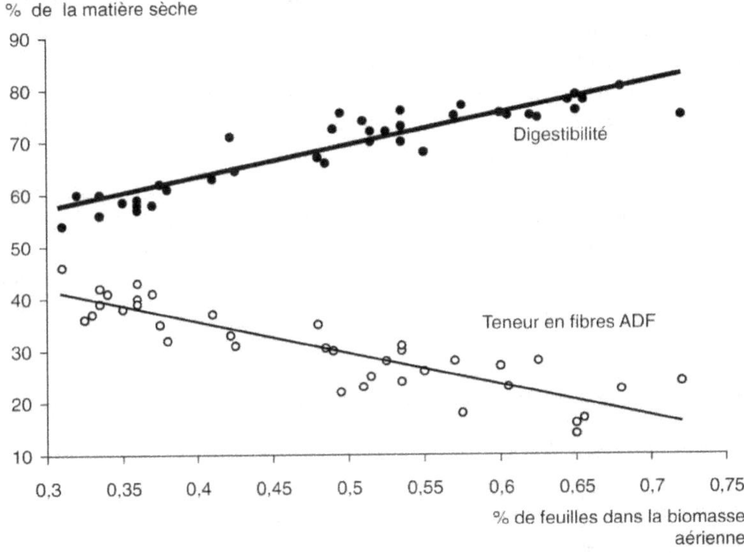

Figure 2.7. Relation entre la digestibilité ou la teneur en fibres ADF (*Acid Detergent Fibers*, méthode van Soest) de la luzerne et la proportion de feuilles dans la biomasse aérienne. D'après Lemaire et Allirand, 1993.

Azote des parties souterraines et rhizodéposition

L'azote des parties souterraines d'une culture est la somme de l'azote contenu dans son système racinaire et de la libération de composés azotés dans le sol au voisinage de ses racines (la rhizodéposition*). Des études au champ montrent que la partie souterraine de l'azote d'une culture représenterait une part conséquente de l'azote de la plante entière, alors qu'elle a longtemps été négligée (Dubach et Russelle, 1994 ; Peoples *et al.*, 1995 ; Russell et Fillery, 1996 ; Rochester *et al.*, 1998 ; Khan *et al.*, 2002 ; Fustec *et al.*, 2010). L'azote souterrain, des légumineuses mais aussi des autres cultures, a donc une valeur déterminante pour une gestion adéquate de l'équilibre azoté à l'échelle de la rotation culturale.

La rhizodéposition est le phénomène général par lequel des composés carbonés et azotés sont libérés par les racines dans le sol pendant la croissance de la plante

(Fustec *et al.*, 2010). Les différents mécanismes par lesquels les rhizodépôts majeurs sont libérés dans le sol sont :
– la sénescence et la décomposition des racines et des nodosités ;
– l'exsudation de composés solubles par les racines ;
– le renouvellement des cellules de la coiffe racinaire ;
– et la sécrétion de mucilage.

Cependant, la majorité de l'azote rhizodéposé provient de la sénescence et de l'exsudation racinaire. Les principaux composés azotés exsudés par les racines de légumineuses sont l'ammonium, les acides aminés et les uréides, mais il existe également une large gamme d'autres composés azotés. La rhizodéposition est difficile à mesurer mais un effort significatif a été réalisé au début des années 2000 pour développer des méthodes permettant une quantification au champ. Ainsi, il a été montré que la rhizodéposition augmente avec l'âge de la plante et sa teneur en azote (Mahieu *et al.*, 2007). Les rhizodépôts constituent une source de carbone et d'azote pour la microflore du sol et pour les plantes voisines ou les cultures suivantes. Les fonctions écologiques des rhizodépôts sont diverses et restent encore mal connues. La rhizodéposition n'est pas spécifique des légumineuses : légumineuses ou pas, les espèces cultivées en grandes cultures auraient de l'ordre de 30 % de leur azote total situé dans les parties souterraines. Néanmoins, les quantités sont plus importantes chez les légumineuses car elles accumulent plus d'azote. La part de chaque mécanisme de rhizodéposition est variable selon les espèces : l'exsudation représente jusqu'à 20 % de l'azote rhizodéposé pour le trèfle blanc, mais moins de 5 % pour la luzerne.

À retenir. Dynamique de la nutrition azotée au cours du cycle de croissance.

Chez les légumineuses à graines annuelles

En culture monospécifique, le prélèvement d'azote se divise en 3 étapes (figure 2.8) et cette dynamique, qui a été quantifiée sur le pois, est transposable à toutes les légumineuses à graines.

1. En début de cycle d'une culture comme le pois, les besoins en azote nécessaires à la mise en place de la plantule sont assurés par la semence, l'autonomie étant proportionnelle à la taille de la graine.

2. De la levée au début de remplissage des graines : à partir de la levée, l'absorption de nitrates provenant de l'azote minéral dans le sol prend le relais puis diminue au fur et à mesure de l'épuisement de l'azote minéral du sol. La fixation symbiotique démarre dès que les réserves de la graine et les reliquats azotés ne permettent plus de subvenir aux besoins en azote, soit au bout d'environ 235 degrés-jours après le semis chez le pois. Les premières nodosités du pois sont visibles dès le stade 3-4 feuilles. Leur mise en place a lieu au détriment des racines. Les reliquats azotés du sol au semis favorisent le démarrage de la croissance, permettant une disponibilité en nutriments suffisante pour une mise en place rapide des nodosités. Des niveaux d'azote minéral supérieurs à 50 kg/ha environ retardent la mise en place des nodosités et limitent la fixation symbiotique. La fixation symbiotique augmente au cours de la phase végétative au fur et à mesure de la diminution de la disponibilité en azote minéral du sol et de la mise en place des nodosités, pour devenir majoritaire dès la fin de la phase végétative. Ensuite, la légumineuse a la capacité de basculer d'une voie à l'autre, en fonction des variations de l'azote minéral du sol et des besoins en N de la plante, sauf si le fonctionnement des nodosités a été longtemps inhibé.

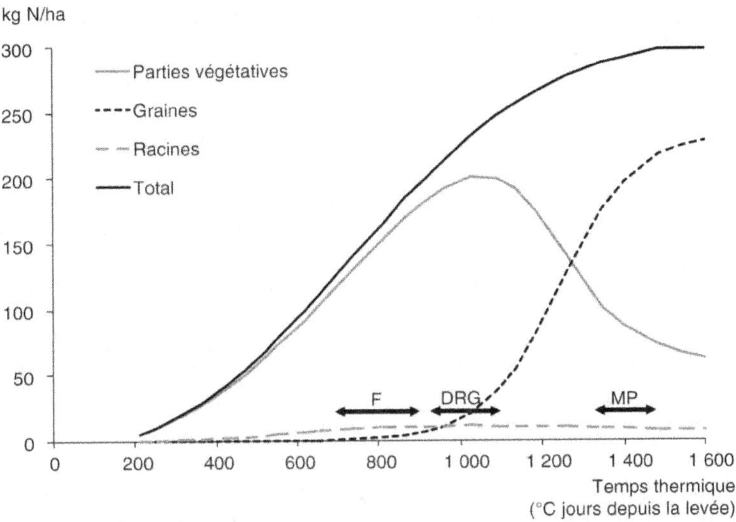

Figure 2.8. Quantité d'azote accumulée (kgN/ha) dans la biomasse totale et des différents organes de la plante au cours du cycle du pois protéagineux (données Inra Dijon, Voisin, 2002). La quantité d'azote rhizodéposé n'est pas incluse ici.

F, floraison ; DRG, début de remplissage des graines ; MP, maturité physiologique.

3. À partir du début du remplissage des graines, la fixation symbiotique décroît : cette baisse est interprétée comme une conséquence de la compétition pour les nutriments carbonés issus de la photosynthèse qui est exercée par les gousses au cours de leur remplissage aux dépens des nodosités (dont l'efficience est par ailleurs diminuée par leur vieillissement). En plus de ce facteur intrinsèque majeur, des facteurs environnementaux défavorables peuvent contribuer à accélérer la diminution de la fixation symbiotique en fin de cycle. La couleur rose des nodosités indique qu'elles sont fonctionnelles, alors qu'une couleur vert-marron indique la sénescence de leurs structures et donc l'arrêt de la fixation symbiotique. La teneur en protéines des graines (en moyenne 24 % chez le pois, soit 3,8 % N) est fonction du rapport entre l'accumulation d'azote et l'accumulation de matière sèche dans les graines, déterminées par des mécanismes indépendants. La variabilité de la teneur en protéines des graines de pois est importante, aussi bien entre années qu'entre lots collectés une année donnée. Si cette variabilité peut avoir des origines génétiques, les conditions environnementales expliquent la plus grande partie des fluctuations.

Une partie de l'azote absorbé se retrouve dans la rhizodéposition qui reste difficile à quantifier.

Chez les légumineuses fourragères pérennes

La production fourragère est limitée durant la phase d'installation des légumineuses pérennes, comme souvent chez les espèces pérennes. Il est ainsi préférable d'éviter l'exploitation au cours de cette phase, sous peine de compromettre la productivité et la pérennité ultérieures de la culture. La durée de la phase d'installation varie selon les espèces et les conditions de semis (notamment la période de semis, printemps ou automne). Ultérieurement à cette phase, le fonctionnement azoté de ces légumineuses fourragères s'inscrit dans une succession de cycles de défoliation et de repousses.

Selon les modalités d'exploitation et les situations, les défoliations peuvent conduire à l'ablation de la grande majorité du système foliaire (en général situation d'une exploitation par fauche), ou être moins sévères (généralement cas des défoliations en pâturage continu). En fonction de sa sévérité, la défoliation conduit à un ralentissement de la fixation symbiotique et de l'absorption d'azote, voire à un arrêt temporaire durant les jours suivants. De ce fait, l'allocation d'azote pour la reconstitution du système foliaire dépend des réserves azotées accumulées préalablement dans la plante, les racines, les pivots, les tiges et/ou les stolons, selon les espèces. L'impact de la défoliation sur la dynamique de la remobilisation des réserves et de la repousse dépend également de la position des bourgeons (apicaux, axillaires ou latents) et de leur exposition à la défoliation, ce qui varie notablement selon les espèces (point particulièrement critique pour la luzerne par exemple).

Ultérieurement à leur phase de remobilisation consécutive à la coupe, la reconstitution des réserves azotées est un élément déterminant pour la pérennité des légumineuses pluriannuelles. À titre d'exemple, la reconstitution des réserves dans les pivots de la luzerne se fait sur plusieurs semaines et commence une douzaine de jours après la défoliation. Si le rythme d'exploitation ne permet pas aux plantes d'assurer une reconstitution suffisante de ces réserves, la repousse dans les cycles d'exploitation suivants est pénalisée et à terme la pérennité de la culture peut en être significativement réduite.

Du fait de la variabilité des conditions d'exploitation des légumineuses pérennes (exploitations par fauche, pâturage tournant, pâturage continu), les situations de disponibilité en azote minéral du sol peuvent être particulièrement variables ou fluctuantes, ce qui entraîne une variabilité des situations d'équilibre fixation symbiotique/absorption d'azote minéral du sol, puisque cet équilibre est dépendant de la disponibilité en azote minéral du sol chez les légumineuses pérennes comme chez toutes les autres légumineuses. Notamment, les situations de fertilisation en N minéral et organique, ainsi que les situations de pâturage qui génèrent des restitutions de N sous forme d'urine et de fèces, pénalisent la fixation symbiotique au détriment de l'absorption de l'azote du sol.

▸▸ Relations interspécifiques et nutrition azotée des légumineuses cultivées en association végétale

Les associations entre espèces permettent de mieux valoriser les ressources du milieu, en exploitant les complémentarités entre groupes fonctionnels, une espèce pouvant faciliter l'accès à une ressource par une autre espèce. C'est le cas des associations entre espèces de légumineuses et de graminées par rapport à l'azote minéral du sol : puisqu'elles ont la spécificité de fixer l'azote atmosphérique de l'air, les légumineuses rendent la quasi-totalité de l'azote minéral disponible pour les plantes associées. Toutefois, le fonctionnement de l'association est la résultante d'effets de facilitation et de compétition entre les espèces (Louarn *et al.*, 2010 ; Justes *et al.*, 2014).

L'effet de la disponibilité en N du sol sur les flux d'azote fixé peut s'analyser en prenant en compte deux composantes principales : son effet direct sur le taux de fixation, et son effet indirect sur la croissance de la légumineuse, en compétition avec des plantes dont la capacité de croissance en réponse à l'azote peut être supérieure à celle de la légumineuse. En effet, la quantité fixée est proportionnelle à la biomasse aérienne (figure 2.9 pour le cas du pois) et dépend de la compétition exercée par la non-légumineuse associée, en particulier pour la lumière (Jensen, 1996 ; Corre-Hellou *et al.*, 2006a ; Naudin *et al.*, 2010).

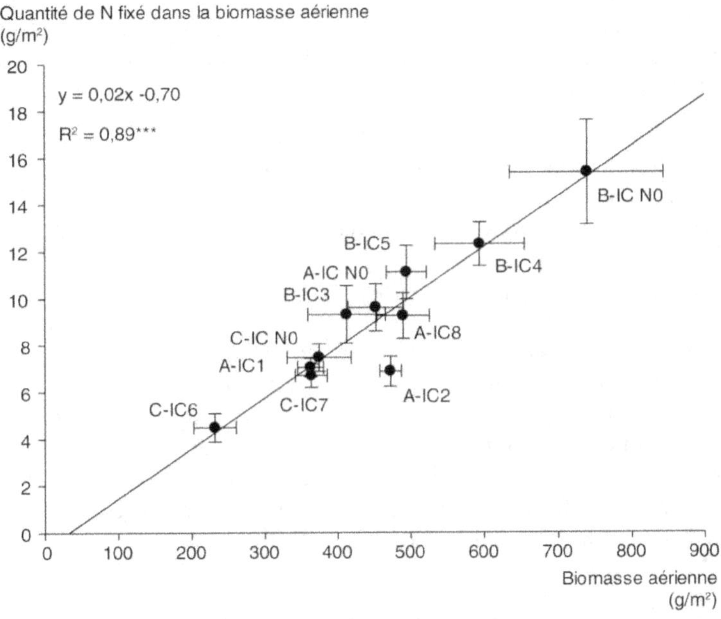

Figure 2.9. Relation entre la quantité d'azote fixé et la biomasse aérienne de pois cultivé en association avec du blé dans 3 expériences différentes, avec ou sans fertilisation azotée. D'après Naudin *et al.*, 2010.

Cas d'associations annuelles céréale-légumineuse

La forte compétitivité de la céréale pour l'azote du sol force la légumineuse à assurer son alimentation azotée principalement par la fixation symbiotique pour couvrir ses besoins. Par rapport à une culture monospécifique de pois, une augmentation de la contribution de la fixation de N_2 à l'accumulation d'azote est le plus souvent observée en cas d'association avec une graminée, c'est-à-dire que de fortes valeurs de % Ndfa sont obtenues (sauf dans le cas de fertilisation tardive) (Naudin *et al.*, 2010).

Compétition et complémentarité pour l'azote

Au début du cycle, les deux espèces reposent pour leur nutrition azotée sur l'azote minéral du sol, avant que la fixation symbiotique ne se mette en place. Dans cette phase, la céréale est plus compétitive que la légumineuse en raison d'un enracinement plus dense et d'une installation plus rapide, ainsi que d'une demande en N plus élevée, liée à une plus forte vitesse de croissance en début de cycle (Corre-Hellou *et al.*, 2007). Néanmoins, cette phase de compétition au départ contribue dans un deuxième temps à stimuler la voie de la fixation symbiotique pour la nutrition N de la légumineuse. Les espèces sont complémentaires pour l'utilisation de l'azote en utilisant deux sources : l'azote minéral du sol et l'azote atmosphérique, et permettent une meilleure acquisition d'azote que si elles étaient cultivées séparément. Cette complémentarité se manifeste davantage encore lorsque la disponibilité en nitrate est faible. Quand la disponibilité en nitrate dans le milieu est forte, même si le % Ndfa est toujours élevé, la quantité fixée est généralement réduite par augmentation de la compétition exercée par la céréale pour la lumière qui entraîne une diminution de la biomasse du pois (Corre-Hellou *et al.*, 2006a ; Naudin *et al.*, 2010).

Les transferts directs d'azote de la légumineuse à la céréale sont faibles et ne contribuent pas significativement à l'amélioration de la nutrition azotée de la céréale. En effet, même si la rhizodéposition azotée de la légumineuse peut être importante à long terme, ces transferts sont bidirectionnels et le bilan est quasiment nul à l'échelle annuelle.

Impact sur le rendement et la qualité

Les associations céréale-légumineuse sont des moyens efficaces de produire en général plus, et *a minima* autant, que la moyenne des cultures monospécifiques, avec moins d'engrais azotés (Bedoussac et Justes, 2010 ; Naudin *et al.*, 2010). Elles offrent la possibilité de produire des grains de céréales riches en protéines, avec peu ou pas d'engrais azotés (Naudin, 2009), et de produire des grains de protéagineux, sans les inconvénients fréquemment rencontrés en culture pure comme la verse, les adventices, les maladies (Corre-Hellou *et al.*, 2010).

Cas d'associations en grande culture entre légumineuse annuelle et légumineuse pérenne

Elles sont peu fréquentes, mais la technique existe. Elle permet d'associer une culture de pois et l'implantation d'une luzerne, avec un seul travail du sol.

Compétition pour l'azote

Comme dans le cas des associations céréale-légumineuse, au début du cycle, les deux espèces reposent pour leur nutrition azotée sur l'azote minéral du sol, avant que la fixation symbiotique se mette en place rapidement, à cause de la compétition exercée pour l'exploitation des ressources du sol, mais aussi pour l'accès à la lumière. Cela joue donc également un rôle de stimulation de la fixation symbiotique.

Transfert d'azote entre légumineuse annuelle et légumineuse pérenne

Le transfert essentiel se réalise au moment de la sénescence du système racinaire de la légumineuse annuelle. La luzerne, privilégiant l'absorption d'azote minéral, sera suffisamment enracinée au moment de la maturité du pois pour absorber l'azote que celui-ci va libérer, limitant, *de facto*, tout risque de pertes de nitrate post-récolte.

Impact sur le rendement et la qualité

L'impact de cette association sur le rendement du pois est de 5 à 10 % de grains en moins à la récolte par rapport à une culture de pois pur. La luzerne joue le rôle de tuteur pour le pois, ce qui facilite sa moisson. La paille de l'association est enrichie en azote, du fait de la présence de la luzerne, ce qui peut être valorisé par des animaux. La luzerne en place est ensuite conduite comme une culture fourragère pure, sans incidence sur son potentiel de production, ni sa pérennité.

Cas des associations prairiales pluriannuelles

De manière générale, dans le cas des cultures associées pérennes légumineuse-graminée, la graminée tend à réduire la quantité d'azote minéral du sol, ce qui active la fixation de l'azote atmosphérique par la légumineuse, conduisant à une plus grande quantité d'azote fixée par une légumineuse associée que par une légumineuse pure (Nyfeler *et al.*, 2011). Les légumineuses prairiales, qui doivent fréquemment partager les ressources du milieu avec une ou plusieurs espèces non fixatrices, ont la capacité d'être autonomes pour leur nutrition azotée, avec des taux de fixation généralement compris entre 80 et 100 % (Liu *et al.*, 2011 ; Rasmussen *et al.*, 2012).

Compétition et complémentarité pour N

Les taux de fixation sont plus élevés en condition de fauche que de pâturage (Vertès *et al.*, 1995, Hutchings *et al.*, 2007), car les animaux génèrent des apports d'azote localisés très élevés par leurs déjections, en particulier urinaires. À court terme, la fixation du trèfle blanc s'avère très sensible à un apport élevé d'azote urinaire (ou minéral) (figure 2.3), mais cette inhibition de la fixation symbiotique est réversible. À l'échelle de l'année, l'effet moyen des pissats conduit à une réduction de la fixation d'environ 20 % par rapport aux zones pâturées sans pissat (Vertès *et al.*, 1995). Dans ce cas, le retour du potentiel de fixation de la légumineuse est accéléré par le prélèvement de l'azote minéral réalisé par la graminée associée.

Dans les associations prairiales, des transferts directs et indirects d'azote de la légumineuse à la graminée peuvent se combiner aux effets de complémentarité de niche pour améliorer la nutrition azotée et la croissance de la graminée associée. Ces transferts proviennent essentiellement de la rhizodéposition azotée de la légumineuse. Ainsi, la part de l'azote de la graminée issue de la légumineuse peut atteindre 50 % pour les associations ray-grass-trèfle blanc (Hogh-Jensen et Schjoerring, 2000). Le transfert d'azote de la légumineuse vers les autres compartiments du sol se fait de manière différente selon les espèces (Fustec *et al.*, 2010). Le transfert de l'azote à partir de la sénescence et du renouvellement des nodosités semble relativement plus important chez le lotier, tandis que le transfert de l'azote semble plus lié à la sénescence et au renouvellement des racines en elles-mêmes chez la luzerne (Dubach et Russelle, 1994). Chez le trèfle blanc, la rhizodéposition directe semble proportionnellement plus importante. En conséquence, le transfert de l'azote vers le sol et sa mise à disposition aux graminées associées semblent se mettre en place rapidement chez le trèfle blanc, et de manière plus lente et surtout avec une moindre ampleur chez la luzerne (Heichel *et al.*, 1991 ; Tomm, 1993).

Impact sur le rendement et la qualité

Les associations graminée-légumineuse dans les prairies permettent d'améliorer la stabilité des rendements, en quantité et qualité, en combinant les qualités des deux partenaires : valeur énergétique des graminées et teneur en protéines des légumineuses. En particulier, les graminées associées permettent une conservation des fourrages par ensilage. Ce mode de conservation est impossible chez des fourrages de légumineuses seules car, du fait de leur faible teneur en sucres solubles, l'acidification du fourrage ensilé est trop lente, engendrant une mauvaise conservation et une forte dégradation de leurs protéines (voir p. 248).

À retenir. Fonctionnement des associations graminées-légumineuses vis-à-vis de l'azote.

Les associations graminées-légumineuses représentent un moyen efficace de produire autant de biomasse aérienne que la moyenne des cultures cultivées pures, avec moins d'engrais azotés.

Ces associations valorisent en effet des voies de nutrition azotée complémentaires entre les espèces. De façon générale, les légumineuses, ayant la spécificité de fixer l'azote atmosphérique de l'air, rendent la quasi-totalité de l'azote minéral disponible dans le sol pour l'alimentation des graminées. Les transferts directs d'azote de la légumineuse à la culture non fixatrice associée sont généralement plus faibles, et éventuellement compensés par des transferts de la culture non fixatrice vers la légumineuse, sauf pour les associations pluriannuelles.

Cas des associations annuelles céréales-légumineuses en grandes cultures

Dans les premières phases du cycle, la céréale possède une croissance aérienne et racinaire plus rapide que la légumineuse ; elle présente de ce fait une meilleure compétitivité pour l'azote du sol que la légumineuse, ce qui force la légumineuse à reposer principalement sur la fixation symbiotique pour assurer ses besoins azotés.

Ainsi, par rapport à une culture monospécifique de pois, l'association d'une légumineuse avec une graminée (pois-céréale par exemple) augmente la part d'azote issu de la fixation symbiotique de N_2 même en situation fertilisée. La quantité de N_2 fixée est proportionnelle à la biomasse aérienne produite, et dépend de la compétition exercée par chacune des espèces associées, en particulier pour la lumière.

À l'échelle annuelle, les transferts directs d'azote (par rhizodéposition) entre les parties racinaires de deux espèces sont faibles, ou existent dans les deux sens, et contribuent donc peu à la nutrition azotée de l'espèce non-légumineuse dans les associations annuelles.

Les associations céréales-légumineuses offrent la possibilité de produire des grains de céréales riches en protéines, avec peu ou pas d'engrais azotés, et de produire des grains de protéagineux, sans les inconvénients fréquemment rencontrés en culture pure (verse, pression d'adventices).

Cas des associations pluriannuelles graminées-légumineuses fourragères des prairies

Comme pour les cultures annuelles, l'association de légumineuses fourragères pérennes avec les graminées prairiales permet de réduire les besoins en intrants azotés de ces dernières. La graminée prélève et donc réduit la quantité d'azote minéral du sol, ce qui active la fixation et conduit à une plus grande quantité d'azote fixée par une légumineuse associée comparée à une légumineuse en culture monospécifique.

À cet effet majeur s'ajoutent à une échelle pluriannuelle les transferts d'azote de la légumineuse à la graminée, par exsudation racinaire (transfert direct) ou par turnover racinaire et dépôt de litière aérienne (transfert indirect). Ces transferts peuvent ainsi contribuer à la nutrition azotée et à la croissance de la graminée associée mais restent difficiles à quantifier. Néanmoins, ils sont susceptibles d'être supérieurs à ceux observés en cultures annuelles car ils prennent leur effet sur plusieurs années. Le type de transfert (direct ou indirect) et son efficacité sont variables selon l'âge de l'association et selon les espèces de légumineuses : par exemple, transfert lent pour la luzerne (transfert indirect, par rhizodéposition, avec un turnover racinaire lent), et rapide pour le trèfle blanc (principalement par transfert direct). À ces flux azotés s'ajoutent les déjections animales pour les cas d'associations pâturées.

En plus de l'économie de fertilisant azoté qu'elles permettent, les associations graminées-légumineuses prairiales présentent également l'intérêt de produire un fourrage de composition et de valeur alimentaire mieux équilibrées pour les ruminants que les légumineuses ou les graminées pures, en combinant les qualités des deux partenaires : valeur énergétique des graminées et teneur en protéines des légumineuses.

▸▸ Facteurs de variations de la fixation symbiotique autres que les nitrates

La quantité d'azote fixée par une légumineuse peut largement varier sous l'influence de plusieurs facteurs : l'espèce et la variété, la souche bactérienne associée et son efficacité, le pH du sol et ses teneurs en nutriments (P, K, Mg, Ca, Fe, Mo, Cu, B), les techniques culturales et le climat.

Facteurs environnementaux limitant la fixation symbiotique

Une sensibilité aux stress

De nombreux facteurs de l'environnement modifient la croissance de la plante et ont un effet indirect sur le niveau de fixation symbiotique, par l'intermédiaire d'une modification de la nutrition carbonée et de la croissance de la plante qui en découle. D'autres facteurs environnementaux, biotiques ou abiotiques, ont une action directe et spécifique sur la fixation symbiotique. La fixation symbiotique peut être ainsi limitée par un déficit hydrique, un excès d'eau, une alimentation minérale déficiente en P et K, un état structural du sol dégradé (du lit de semences et/ou de la couche labourée) ou des maladies et ravageurs. En effet, tous ces facteurs affectent l'installation des nodosités et/ou leur fonctionnement, avec des conséquences sur la fixation symbiotique d'azote. Une limitation de l'absorption d'azote minéral par les racines peut également avoir lieu, du fait d'un système racinaire peu développé, conséquence par exemple d'un état structural dégradé et/ou de la présence de maladies racinaires comme *Aphanomyces euteiches* chez le pois, ou du fait d'une faible disponibilité en nitrate du sol (faible minéralisation, manque d'eau...). Dans ces conditions, l'absorption d'azote minéral ne permet pas de compenser la déficience de la fixation symbiotique, conduisant ainsi à une nutrition azotée limitante. Ainsi, malgré la complémentarité potentielle entre les deux voies d'acquisition de l'azote au cours du temps, les cultures de légumineuses présentent fréquemment des carences azotées en situations agricoles. Un stress azoté prolongé diminue la production de matière sèche avec des effets immédiats sur la production fourragère et la teneur en protéines du fourrage. Il agit aussi *in fine* sur le rendement en graines des légumineuses annuelles, essentiellement sur le nombre de graines au m², et leur teneur en protéines (Doré *et al.*, 1998).

Par ailleurs, la fixation symbiotique est beaucoup plus sensible aux facteurs du milieu que l'assimilation racinaire (Sprent *et al.*, 1988). En effet, des études en serre ont montré que les légumineuses résistent en général mieux aux stress dans les conditions où leur alimentation azotée repose sur l'assimilation de l'azote minéral ou sur un mode de nutrition azotée mixte que lorsque leur alimentation azotée repose uniquement sur la fixation symbiotique (c'est-à-dire en l'absence d'azote minéral dans le milieu).

Une faible réactivité pour adapter son appareil fixateur selon l'environnement

Au niveau physiologique, la fixation symbiotique a une faible réactivité à une perturbation induisant subitement une carence en azote. En effet, le nombre et la biomasse des nodosités sont précisément ajustés aux besoins en azote de la plante, au travers de régulations faisant intervenir le statut azoté de la plante. La contrepartie à cet ajustement est une plus faible réactivité de la fixation symbiotique à une perturbation subite du milieu induisant une carence en azote, contrairement à une alimentation par la voie minérale (Jeudy *et al.*, 2010). Ainsi, une privation locale de nitrates ou d'ammonium sur une partie du système racinaire induit sur le court terme une augmentation de l'activité de prélèvement d'azote des racines restant exposées à la ressource (par dé-répression des transporteurs membranaires), permettant de maintenir le niveau d'accumulation d'azote à l'échelle de la plante. À l'inverse, lorsqu'une partie du système fixateur devient inefficiente (par privation de N_2 par exemple), l'activité de fixation des nodosités restant efficientes n'est pas augmentée (car elle était déjà maximale). La réponse de l'appareil fixateur à une carence locale en N_2 (ou déficience locale de la fixation) met en œuvre une plasticité à long terme avec, dans un premier temps, une augmentation de la biomasse des nodosités existantes, puis l'apparition de nouvelles nodosités. Toutefois, le délai d'une quinzaine de jours nécessaire à leur apparition et à leur fonctionnement induit une carence temporaire en azote qui s'accompagne généralement d'une diminution très croissance.

Une proportion moindre d'azote fixé si le potentiel de rendement n'est pas atteint

On peut estimer le pourcentage de fixation symbiotique en utilisant la relation linéaire établie entre le pourcentage de fixation symbiotique et la disponibilité en azote minéral au semis (figure 2.2). Néanmoins, cette estimation n'est valable que lorsque la fixation n'est pas limitée par d'autres facteurs que les nitrates et donc seulement pour des rendements proches du potentiel climatique. Or, les situations agricoles présentent généralement des niveaux de rendement inférieurs au potentiel, souvent associés à des déficits de prélèvement de N. Dans ces situations, on peut faire l'hypothèse que le déficit du prélèvement en N est majoritairement imputable à un déficit de fixation symbiotique : parce que la fixation symbiotique est plus sensible au milieu que l'assimilation des nitrates, et parce que l'assimilation des nitrates a lieu en début de cycle, lorsque les conditions environnementales sont plus favorables, car elle correspond à l'utilisation des reliquats N du sol, avant la mise en place de la fixation symbiotique. Pour un niveau de disponibilité en nitrate donné au semis, on peut recalculer un pourcentage de fixation minimal pour des niveaux de rendement inférieurs au potentiel. Ainsi, sur la figure 2.10, des courbes de réponse de la fixation symbiotique du pois à la disponibilité en nitrate du sol ont été calculées pour des niveaux de rendements azotés diminués par rapport à un rendement de référence.

En conditions habituelles en France, on estime que 50 à 70 % des besoins azotés d'une culture de pois sont fournis par la fixation symbiotique (Unip-ESA). Lorsque le sol est très riche en azote minéral au moment de la croissance (reliquat à la récolte de la culture précédente de 60 à 120 kg N/ha, en cas d'apports importants d'effluents d'élevage dans la rotation par exemple), ce ratio peut être inversé avec les deux tiers issus de l'azote du sol. À l'inverse, dans les sols pauvres en nitrates, tels que les sols sableux peu fertilisés, le taux de fixation peut dépasser 80 %. En étudiant une trentaine de situations françaises de 1997 à 2003, Carrouée *et al.* (2006b) ont mesuré chez le pois un taux d'azote fixé moyen de 58 %, avec des valeurs variant entre 40 et 80 %.

Les simulations concordent avec ces observations car elles montrent que des niveaux de fixation entre 50 et 70 % correspondent à des niveaux de rendement moyens (inférieurs au potentiel de 15 à 30 %) et/ou à des niveaux de reliquats azotés « moyens » (de 30 à 90 kg N/ha). Les niveaux de fixation très élevés (supérieurs à 80 %) correspondent aux niveaux de rendements élevés associés à de faibles reliquats azotés (moins de 30 kg N/ha). Les niveaux de fixation faibles (inférieurs à 60 %) correspondent à de très forts niveaux de reliquats en azote minéral pour des niveaux de rendements élevés ou bien aux niveaux de rendements très faibles, quels que soient les niveaux de ces reliquats.

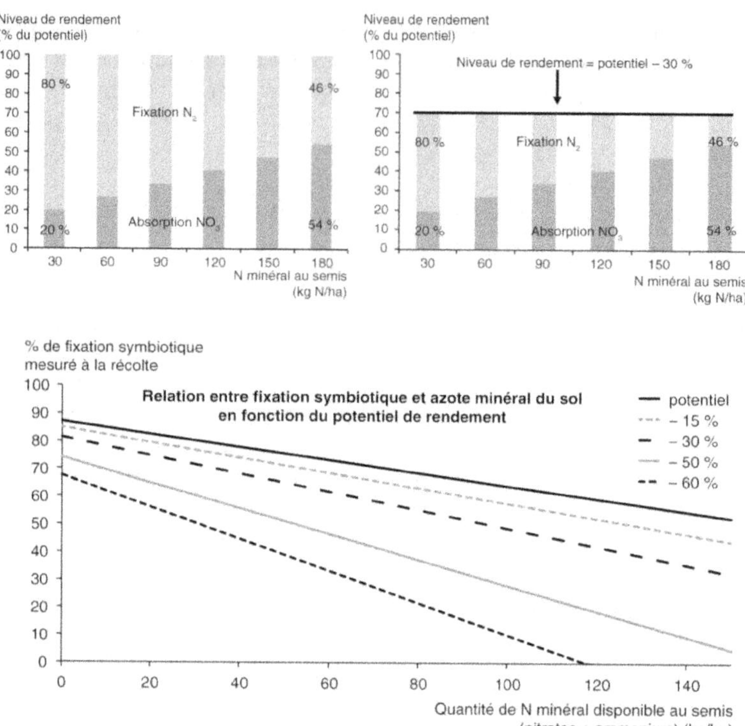

% fixation symbiotique estimé		niveau de rendement N			
		potentiel	-15 %	-30 %	-60 %
reliquats N	15	84	81	77	59
	30	80	77	72	50
	60	73	68	62	33
	90	66	60	52	16
	120	59	52	42	0

Figure 2.10. Simulation du pourcentage de fixation sur l'ensemble du cycle de culture du pois en fonction du niveau d'azote minéral au semis (dans le sol Inra Dijon) et du niveau de rendement N relatif (par rapport au potentiel climatique, de l'ordre de 70 q/ha ici) sur la part d'azote symbiotique (données Inra Dijon). À titre de comparaison, la valeur moyenne interannuelle des rendements agricoles français sur la période 1983-2012 est de 45 q/ha, soit une réduction de 36 % par rapport au potentiel génétique de 70 q/ha.

On peut noter que le % de fixation symbiotique ne dépend pas seulement de la quantité de reliquats N au semis mais de la quantité totale de N minéral disponible sur l'ensemble du cycle de culture. Ces relations sont donc valides pour le sol dans lequel elles ont été établies (Inra Dijon). Des travaux sont en cours pour proposer des relations en fonction des fournitures totales en N du sol, qui seront *a priori* valides pour un plus grand nombre de situations.

Effets des principaux facteurs limitant la fixation symbiotique

Disponibilité en eau

Un déficit hydrique limite la survie des bactéries dans le sol (Hungria et Vargas, 2000). Aussi, l'amplitude de la réponse à un déficit hydrique va dépendre des souches bactériennes qui peuvent être plus ou moins sensibles à ce déficit (Djedidi *et al.*, 2011). Au niveau de la plante, il affecte à la fois la nodulation (Pena-Cabriales et Castellanos, 1993) et l'activité de fixation symbiotique des nodosités (Guérin *et al.*, 1990 ; Serraj *et al.*, 1999 ; King et Purcell, 2001 ; Streeter, 2003). Ainsi, par son effet négatif sur la fixation symbiotique, un déficit hydrique peut conduire à une réduction très significative de l'état de nutrition azotée des légumineuses (Durand *et al.*, 1987). Alors qu'un déficit sévère provoque un arrêt irréversible de la fixation (Guérin *et al.*, 1991), un manque d'eau temporaire est rapidement réversible (Sprent *et al.*, 1988). L'alimentation en eau des nodosités peut de plus avoir lieu par l'intermédiaire des racines ayant puisé de l'eau dans des zones plus humides (Pate, 1976, 1977). Tout comme un déficit hydrique, un excès d'eau peut aussi avoir un effet inhibiteur sur la fixation symbiotique en limitant la disponibilité en oxygène pour les bactéries (Marino *et al.*, 2006) et la plante hôte ; les conséquences sur la fixation ont été peu étudiées (Jayasundara *et al.*, 1998), mais on peut anticiper une forte réduction de la fixation lors d'un excès d'eau. Enfin, la disponibilité en eau est l'un des facteurs de croissance qui limitent probablement le plus, et le plus souvent, la fixation, au travers d'une diminution de la croissance globale de la plante (Shubert, 1995).

Dans le cas du soja, l'irrigation a un impact indirect sur l'alimentation azotée *via* l'impact direct sur le développement racinaire et donc sur l'exploitation du sol par les racines : la profondeur d'enracinement et la masse racinaire par volume de sol sont légèrement moindres en conditions d'irrigation. En l'absence d'irrigation, le système racinaire se développe jusqu'à 90 cm de profondeur afin d'exploiter la réserve hydrique du sol, alors qu'en présence d'irrigation, son développement se limite aux 50 à 60 premiers centimètres de profondeur.

Température

Les températures basses ont pour effet de retarder le démarrage de la fixation symbiotique (Rennie et Kemp, 1980) en augmentant le délai entre l'infection et l'apparition des nodosités (Tricot, 1993). Par la suite, elles peuvent aussi limiter l'activité des nodosités (Rennie et Kemp, 1980). Les températures élevées affectent la survie des bactéries dans le sol (Hungria et Vargas, 2000) et plus généralement l'ensemble des processus physiologiques, dont le fonctionnement de la nitrogénase. L'optimum de fonctionnement de la fixation symbiotique se situe entre 15 et 25 °C pour les légumineuses tempérées (Sprent *et al.*, 1988). Le seuil de température maximal varie chez les légumineuses tropicales entre 27 et 40 °C selon les espèces, mais la tolérance des bactéries symbiotiques pourrait être plus faible (Hungria et Vargas, 2000).

État structural du sol

Un état structural dégradé a globalement un impact négatif sur la fixation symbiotique. En effet, le compactage de la couche labourée a un effet direct sur l'enracinement, en limitant la progression du front d'enracinement, l'exploration latérale du sol et la profondeur maximale d'enracinement. En sol tassé, les nodosités sont ainsi essentiellement localisées dans le lit de semences (10 premiers centimètres de sol), où la porosité est plus favorable. Cette localisation superficielle les rend plus sensibles à d'éventuels dessèchements du sol en surface, qui peuvent conduire à un arrêt précoce de la fixation. Par ailleurs, le tassement réduit l'alimentation hydrique et minérale de la culture, avec des conséquences sur l'accumulation de matière sèche et d'azote par la culture (et donc un effet indirect sur la fixation symbiotique). Au final, un état structural dégradé diminue le rendement (avec un nombre de graines réduit) et la teneur en protéines des graines. Des observations dans les sols de limon ont montré que si plus de 70 % du sol est compacté dans la couche labourée, alors la perte de production est de l'ordre de 20 à 30 %, voire 60 % pour des états structuraux plus dégradés. Toutefois, les effets du tassement sont atténués en présence de stress hydrique et thermique de fin de cycle (Crozat *et al.*, 1992 ; Vocanson *et al.*, 2005, 2006b), car le rendement est affecté en premier lieu par ces stress, rendant les effets du tassement moins perceptibles. En prairie pâturée, le piétinement des animaux peut induire une destruction directe des plantes, des racines, des nodosités et des vers de terre (Cluzeau *et al.*, 1992).

Caractéristiques chimiques du sol

La fixation symbiotique peut être directement limitée par les caractéristiques chimiques du sol (Jayasundara *et al.*, 1998 ; Hungria et Vargas, 2000). Les bactéries symbiontes sont en effet très sensibles à la composition chimique du sol qui peut limiter leur survie et les processus de nodulation (cas des sols acides). Le fonctionnement des nodosités peut aussi être affecté par certains éléments chimiques, soit par une action directe sur la nitrogénase, soit par l'intermédiaire d'effets indirects sur la barrière de diffusion à l'oxygène ou sur la croissance globale de la plante. Ainsi, certaines populations de rhizobia ne tolèrent pas la salinité des sols qui affecte aussi la croissance de la plante (Elboutahiri *et al.*, 2010).

L'acidité des sols (pH < 5) a ainsi un effet inhibiteur sur la fixation symbiotique, lié non seulement aux protons mais aussi à une augmentation de la solubilisation d'ions toxiques (aluminium et manganèse). Par ailleurs, des déficiences en calcium, magnésium, phosphore et molybdène sont en général associées à ces sols. L'alcalinité des sols est due à la présence de carbonates et se traduit par un pH élevé et une forte concentration en ions sodium. Elle affecte négativement la fixation car elle est en général associée à des déficiences en fer et en bore, éléments minéraux indispensables à la synthèse de la nitrogénase (Jayasundara *et al.*, 1998 ; Hungria et Vargas, 2000), et également en phosphore (qui est précipité sous forme de phosphates calciques, ou adsorbé sur les composants argilo-humiques chargés positivement).

Parmi les éléments nutritifs, le phosphore (P) joue un rôle particulier car il est associé au métabolisme énergétique (ATP) et à la synthèse de macromolécules phosphorylées dans les nodosités. En effet, on peut distinguer deux rôles essentiels du phosphore dans la plante :
– un rôle structural, essentiellement dans les phospholipides membranaires et les acides nucléiques ;
– et un rôle métabolique comme dans la synthèse des adénylates phosphates riches en énergie (Bieleski, 1973 ; Clarkson et Hanson, 1980) et des ARN messagers (Löffler *et al.*, 1992) ou dans la régulation de réactions enzymatiques impliquant le P inorganique (Pi) (Beck et Ziegle, 1989 ; Theodorou et Plaxton, 1993).

La carence en phosphore affecte d'abord ses formes métaboliques dont le renouvellement est rapide, puis les formes structurales dont le renouvellement est habituellement plus lent.

Les légumineuses répondent généralement positivement à une fertilisation phosphorique. Ainsi, de nombreux exemples de stimulation de la croissance et du rendement des légumineuses par la fertilisation en phosphore ont été rapportés depuis

Truesdell (1917), *via* un effet positif sur la fertilisation phosphatée sur la production de biomasse et/ou sur la fixation symbiotique (pois : Abdel-Wahab, 1985 ; trèfle : Shamsun-Noor *et al.*, 1990). La fertilisation en phosphore permet d'augmenter le rendement de pâturages naturels, en stimulant les légumineuses fourragères et en favorisant leur compétition avec d'autres espèces végétales. Les réponses de biomasse au phosphore indiquent que les légumineuses comme *Pisum sativum* (Jakobsen, 1985) ou *Glycine max* (Cassman *et al.*, 1981 ; Israel, 1987) ont généralement une exigence en phosphore plus élevée lorsqu'elles dépendent de la fixation symbiotique de N_2 que lorsqu'elles dépendent de l'assimilation de l'azote minéral. Mais ce n'est pas le cas de *Stylosanthes* spp. (Gates et Wilson, 1974), *Vigna unguiculata* (Cassman *et al.*, 1980) ou encore *Acacia mangium* (Sun *et al.*, 1992). Les légumineuses, à l'exception des lupins, établissent aussi au niveau de leurs racines une symbiose mycorhizienne à arbuscules, voie dominante d'acquisition du phosphore, contribuant à l'essentiel de la fourniture du phosphore à la plante (Smith *et al.*, 2003). Il est bien établi que la symbiose mycorhizienne stimule l'activité fixatrice d'azote (Toro *et al.*, 1998) et contribue à la protection de la plante à l'égard des stress biotiques (Cordier *et al.*, 1998).

De façon générale, une carence en phosphore peut avoir trois causes :
— la faible teneur en P total de sols pauvres en matière organique ou très lessivés ;
— la complexation du P inorganique (forme majoritaire du P) avec les cations Ca, Al ou Fe ;
— l'adsorption de P inorganique sur le complexe argilo-humique (Amijee *et al.*, 1991).

En tant que fixatices du N_2 atmosphérique, les légumineuses assimilent moins de nitrates (donc d'anions) et ont donc besoin d'extruder des protons pour leur équilibre électrique (Alkama *et al.*, 2010), ce qui a pour effet local de faire baisser le pH rhizosphérique et de provoquer une solubilisation d'ions phosphates non biodisponibles à la neutralité. Par ailleurs, en réponse à une carence en phosphore, les plantes mettent en œuvre deux stratégies (Föhse *et al.*, 1988), avec des implications et efficacités relatives différentes entre espèces et variétés. La première, dite externe, consiste à développer un système d'acquisition plus efficace du P en augmentant la surface d'échange racinaire (Anuradha et Narayanan, 1991) et en secrétant des acides organiques (Ohwaki et Hirata, 1992) et des phosphatases (Hawkesford et Belcher, 1991) dont le rôle est de dissoudre le P insoluble du sol. Ces processus sont accrus par la symbiose avec des champignons mycorhiziens (Mosse *et al.*, 1976). La seconde stratégie, dite interne, consiste à optimiser l'efficacité métabolique d'utilisation du P en produisant plus de biomasse par unité de P consommée (Siddiqi *et al.*, 1981 ; Israël et Rufty, 1988). De plus, la sélection de symbioses tolérantes à la carence en P pourrait aussi porter sur l'efficacité d'utilisation du P par la fixation de N_2 (N fixé/teneur en P nodulaire) (Israel et Rufty, 1988). La sélection variétale pourrait permettre d'améliorer l'expression du potentiel de fixation d'une légumineuse, en situation de carence en phosphore, car on a constaté des différences génotypiques d'efficience significatives chez *Glycine max*, *Vigna radiata* (Israël et Rufty, 1988 ; Gunawardena *et al.*, 1993) et *Phaseolus vulgaris* (Vadez *et al.*, 1999). Ainsi, en serre et culture hydroponique de haricot avec *Rhizobium tropici* CIAT899 comme inoculant, des génotypes contrastés dans l'utilisation du phosphore pour la fixation ont été observés : malgré une forte variabilité temporelle et spatiale de la nodulation, les génotypes à forte efficience d'utilisation du phosphore ont permis d'améliorer la croissance du haricot dans des sols à faible fourniture en phosphore et sa bio-disponibilité (Tajini et Drevon, 2014). La variabilité de ce critère de sélection dépendrait en partie de l'allocation du P aux nodosités, qui constituent de fait un puits additionnel de P (20 % du P total de la légumineuse) et pourraient limiter la proportion de P allouée aux autres organes, notamment les feuilles. Parmi les légumineuses, on notera l'exception notable de la plupart des espèces de lupins qui, en absence de symbioses mycorhiziennes et grâce à des sécrétions en quantité d'acides organiques, en particulier l'acide citrique, assurent une solubilisation du Pi et couvrent ainsi leurs besoins en P. Toutefois, la conséquence de ce processus est de les rendre sensibles au pH du sol, en particulier en cas de présence de calcium soluble, puisque celui-ci forme avec l'acide citrique du citrate de calcium, qui précipite, sans que la plante ne puisse assurer son alimentation phosphatée, ceci conduisant à un épuisement des ressources énergétiques de la plante.

Pour le soja, les principales caractéristiques physico-chimiques limitantes des sols sont des sols calcaires (pH > 7,5 et présence de calcaire actif) se caractérisant par de faibles disponibilités en fer, mais aussi certains sols limoneux où la nodulation est entravée par des phénomènes d'anoxie et des températures froides, et, enfin, certains sols sableux où les déficits hydriques sont très marqués. Ces facteurs de milieu ont une incidence sur la nécessité ou pas de ré-inoculer une parcelle de soja ayant été inoculée auparavant.

Maladies et ravageurs

La fixation symbiotique peut aussi être limitée, de manière plus ou moins directe, par des agents pathogènes ou des ravageurs comme les larves de sitones qui s'attaquent aux nodosités ou le pathogène *Aphanomyces euteiches* qui provoque une pourriture du système racinaire chez certaines espèces comme le pois, la lentille ou certaines vesces. Les légumineuses à graines présentent également une faible compétitivité par rapport aux adventices, qui limite la croissance, et donc indirectement la fixation symbiotique (Corre-Hellou et Crozat, 2005a).

Facteurs limitants de la fixation symbiotique les plus fréquents pour les grandes cultures françaises

En l'absence de moyens de lutte efficaces, le pathogène *Aphanomyces* est un facteur limitant majeur de la fixation symbiotique. Il n'existe actuellement que des moyens de lutte partielle contre ce pathogène vis-à-vis duquel il faut surveiller le potentiel infectieux des sols de la parcelle avant la culture des espèces sensibles (chapitre 3). Les parcelles dont le potentiel infectieux du sol est supérieur à 1,5 (sur une échelle de 0 à 5) sont à exclure. Parfois, la culture du pois est remplacée par la féverole, moins sensible à ce pathogène. Dans les ressources génétiques de pois, des résistances partielles à *Aphanomyces* ont été identifiées et sont en cours d'introduction dans les programmes de sélection. Sur les parcelles non infestées par *Aphanomyces*, le stress hydrique est le principal facteur limitant de la fixation symbiotique en agriculture conventionnelle. En effet, les nodosités sont sensibles au dessèchement de la couche superficielle du sol ; par ailleurs, le faible développement des racines des légumineuses à graines comme le pois limite leur capacité à prélever l'eau en profondeur et donc à tolérer le stress hydrique. Le tassement du sol, le plus souvent associé à de mauvaises conditions d'implantation, est un autre facteur limitant important de la fixation symbiotique, car la localisation plus superficielle des nodosités qui en résulte les rend plus sensibles à d'éventuels dessèchements du sol en surface. Enfin, en conditions d'agriculture biologique, où les moyens de lutte chimique sont proscrits, les facteurs limitants principaux des cultures de pois sont les sitones, dont les larves se nourrissent de nodosités, et la compétition avec les adventices, le pois présentant une faible compétitivité.

Ainsi, comme le montre la figure 2.11 (planche XIV) qui présente un diagnostic de nutrition azotée dans les essais variétés pois de printemps du réseau Arvalis-Unip-FNAMS (ayant reçu une protection herbicide, fongicide et insecticide), les facteurs climatiques sont des facteurs limitants fréquents de la nutrition azotée du pois. Sur ce graphique, les points situés en dessous de la courbe reflètent une situation de carence en azote. Au total, parmi les 155 points disponibles, 58 valeurs sont situées en dessous de la courbe de référence et indiquent une carence en azote. À l'inverse, pour certaines années à climat favorable de mars à mai, les points sont situés sur ou au-dessus de la courbe de référence. Ainsi, en 1999, année avec un rayonnement élevé, des températures douces et des pluies régulières tout au long du cycle du pois, avec absence d'accidents liés aux maladies et aux ravageurs, les niveaux de biomasse et de teneurs en azote étaient élevés dans tous les sites étudiés. On observe également une majorité de points au-dessus de la courbe pour les années 1998, 2000, 2002 et 2004. Lors de ces différentes années, les conditions de croissance et d'implantation des pois ont été relativement favorables.

Parmi les situations qui présentent une nutrition azotée carencée, on peut distinguer différentes situations :
– quelques accidents, comme en 2011 deux points mesurés sur la station d'Étoile dans la Drôme pour lesquels la croissance a été très faible (à peine plus de 100 g MS/m^2 à début floraison), suite à une phytotoxicité liée à un herbicide ;
– des points issus de sites en sol de craie en Champagne (dans ce type de sol, on a toujours constaté une croissance faible des pois) : à Vraux dans la Marne de 1996 à 1998 et de 2000 à 2001, ainsi qu'à Bergnicourt dans les Ardennes en 1998 ;
– quelques points pour lesquels une forte pluviométrie juste après le semis ou en cours d'installation du couvert a pu perturber le fonctionnement azoté et la croissance de la plante : ainsi à Bignan dans le Morbihan en 2001, où les pois ont reçu 200 mm de pluie après le semis, et également dans trois sites du Centre-Est (Étoile et Lyon en Rhône-Alpes et Cellule en Auvergne) en 2005 qui ont connu de fortes pluies avant début floraison (120 à 130 mm en deux jours mi-avril) ;
– enfin, de nombreux points pour lesquels il y a eu une sécheresse importante entre le semis et la date de début floraison, ce qui semble être les situations les plus fréquemment rencontrées :
  • dans le Centre-Est (sites de l'Étoile et Lyon en Rhône-Alpes et un site en Auvergne) en 2003, 2007 et 2008,
  • dans le Nord, certaines années à printemps particulièrement sec comme 1997 et 2007 (absence de pluies respectivement de début mars à fin avril et de fin mars à début mai), ce qui a pénalisé la croissance des pois dans les régions Centre et Nord ; en 2002 pour 2 sites du Centre et 1 site en Bourgogne ; en 2005 pour 3 sites du Nord-Ouest,

- des années à semis tardifs comme 2001 : semis de début à mi-avril dans le Centre-Ouest suivis de sécheresse en mai et juin pour trois sites du Centre-Ouest — Saint-Fort (53), Ouzouer (41) et Bernienville (27).

Facteurs génétiques induisant une variabilité de la fixation symbiotique

Souche de *Rhizobium*

À chaque espèce de légumineuse correspond une espèce de *Rhizobium* qui lui est inféodée, mais certaines espèces de *Rhizobium* peuvent être communes à plusieurs espèces végétales (exemple de *R. Leguminosarum* bv. *viciae* capable de noduler efficacement les pois, féveroles et vesces). Les souches de *Rhizobium* associées avec les légumineuses tempérées comme la luzerne, les trèfles, les vesces sont à croissance rapide, alors que les *Bradyrhizobium* associées aux espèces comme les lupins, le soja et la plupart des espèces tropicales sont à croissance lente. Une plante pourra rencontrer dans le sol une diversité génétique de souches indigènes et la population de nodosités qu'elle construira hébergera un échantillon de cette diversité (une seule souche est hébergée par nodule chez le pois ou la féverole par exemple). La dominance d'un génotype bactérien dans la population des nodules pourra résulter de son abondance dans la population indigène, de sa compétitivité pour la nodulation ou de la préférence du génotype de la plante (Laguerre *et al.*, 2003 ; Bourion *et al.*, 2007). Parfois, la préférence peut être extrême, allant jusqu'à des relations spécifiques comme chez les pois originaires d'Afghanistan, chez qui un gène interdit leur nodulation par les *Rhizobium* européens alors que celle-ci est possible avec la plupart des souches de leur zone d'origine (Lie, 1978). Dans les situations d'absence de *Rhizobium* indigènes, l'inoculum apporté, souvent de type mono-souche, établira une situation plus simple combinant un génotype de plante à un génotype de bactérie. L'interaction souche-variété a un effet majeur sur le niveau potentiel de fixation symbiotique : en effet, l'efficacité de la bactérie fixatrice d'azote est variable selon la souche (Laguerre *et al.*, 2007) en déterminant des capacités d'accumulation d'azote variables dans les parties aériennes. Chez le pois, des interactions souches-variétés pour la croissance de la plante ont été rapportées (Hobbs et Mahon, 1983). Une bonne efficience en combinaison avec un ensemble de variétés cultivées est le caractère recherché dans la sélection de souches qui sont utilisées pour l'inoculation.

La plupart des légumineuses cultivées en France trouvent dans les sols un inoculum indigène qui leur est adapté. Toutefois, pour le soja (avec *Bradyrhizobium japonicum*), ou dans quelques situations de pH élevé pour le lupin blanc (avec *Bradyrhizobium lupini*) ou de pH acide pour la luzerne (avec *Rhizobium meliloti*), une inoculation par des *Rhizobium* adaptés est nécessaire. Pour le lupin et la luzerne, si aucune culture n'a été faite récemment, une inoculation peut être bénéfique, même si les conditions de sol sont idéales. Les résultats concernant les effets de l'inoculation ne sont pas cependant tous clairement tranchés, en particulier dans le cas des légumineuses tropicales. En effet, malgré une adaptation des souches à leur milieu, la durée de survie des bactéries dans le sol peut être limitée par des conditions environnementales généralement plus défavorables (température élevée, pH faible) (Hungria et Vargas, 2000 ; Elboutahiri *et al.*, 2010). En France, pois et féveroles ne sont pas inoculées alors que beaucoup de ces cultures sont inoculées par *Rhizobium leguminosarum viciae* dans les sols canadiens et australiens, pour sécuriser la nodulation. L'inoculation systématique des pois, féveroles, lentilles, pois chiches et soja contribue à améliorer la stabilité des rendements au Canada. Des travaux sont en cours pour mesurer l'efficacité de l'inoculation des légumineuses en Europe. Pour le soja, *Bradyrhizobium japonicum*, naturellement absente de tous les sols français, doit être introduite dans les sols. En France, il a été décidé que l'inoculation ne se ferait qu'avec une seule souche préalablement sélectionnée et montrant une bonne efficacité, afin d'éviter des phénomènes de compétition entre souches, préjudiciables à un bon fonctionnement de la fixation. Aux États-Unis, les inoculations de soja par *Bradyrhizobium japonicum* sont souvent complétées au semis par l'apport de lipo-chito-oligosaccharides, éléments qui favorisent la nodulation.

Certaines bactéries vivant librement dans le sol peuvent promouvoir la fixation symbiotique (Glick, 1995) en améliorant l'approvisionnement de la plante en éléments minéraux et donc indirectement celui des nodosités. Ainsi, les PSB (*Phosphate Solubilizing Bacteria*) augmentent la disponibilité en phosphore du sol et ont un effet positif sur la fixation (Rodriguez et Fraga, 1999). Les bactéries *Azospirillum* stimulent la croissance des racines et permettent donc une meilleure prospection du sol (Okon et Vanderleyden, 1997). Cependant, l'immense gamme d'interactions entre la plante et les communautés microbiennes a été peu étudiée dans sa globalité (Mougel *et al.*, 2006 ; Zancarini *et al.*, 2013), et l'impact de ces communautés microbiennes sur le développement, la croissance et la santé des plantes reste à ce jour encore mal connu. En effet, l'établissement des interactions positives avec ces micro-organismes de la rhizosphère a un coût métabolique pour la plante, *via* la rhizodéposition de composés organiques, servant non seulement de nutriments pour les micro-organismes du sol (principalement hétérotrophes), mais aussi de molécules de communication (Nguyen, 2003 ; Hinsinger *et al.*, 2005 ; Lambert *et al.*, 2009). Dans la mesure où l'établissement de ces interactions représente un coût pour la plante, leur expression est restreinte aux conditions environnementales limitantes pour ces ressources et est donc sanctionnée dans des environnements non limitants (inhibition de la mise en place des symbioses fixatrices d'azote en présence de nitrate et de la symbiose endomycorhizienne en présence de phosphate). Par conséquent, les capacités des plantes cultivées à maintenir ces interactions n'ont pas été prises en compte par les schémas de sélection passés dans des systèmes à forts niveaux d'intrants (voire contre-sélectionnées), ce qui offre des perspectives de les restaurer par l'amélioration génétique (Zancarini *et al.*, 2012).

Génotype végétal

En explorant la variabilité génétique qualitative, de nombreuses mutations spontanées ou induites perturbant les étapes de reconnaissance des *Rhizobium* ou la construction de nodosités et aboutissant au blocage total de l'activité symbiotique ont été rapportées sur plusieurs espèces de légumineuses, comme le soja (Devine 1984 ; Pracht *et al.*, 1993), le haricot (Pedalino *et al.*, 1993), le pois (Duc et Messager, 1989), la féverole (Duc, 1995), la luzerne (Peterson et Barnes, 1981). Concernant la variation génétique quantitative, parmi les génotypes fixateurs d'une espèce donnée, la variabilité génétique naturelle pour la capacité fixatrice d'azote a rarement été explorée du fait des limites méthodologiques à la mesure de ce caractère. Quelques travaux conduits sur luzerne (Barnes *et al.*, 1981), soja (Ronis *et al.*, 1985), pois (Hobbs et Mahon, 1982), et féverole (Duc *et al.*, 1987) ont identifié une large variabilité génétique pour la proportion d'azote fixé, avec une bonne héritabilité de ce caractère et sa relation souvent positive avec le rendement. La dépendance de l'activité fixatrice d'azote à la fourniture de carbone par la plante contribue à cette relation positive avec la construction d'une bonne capacité photosynthétique par des génotypes à forte croissance, tolérants aux principaux stress biotiques ou abiotiques.

Une analyse plus fine des composantes de cette variabilité a parfois été conduite. Chez la luzerne, Hardarson *et al.* (1982) ont montré qu'une sélection pour une plus grande capacité à accumuler l'azote d'origine symbiotique est corrélée positivement à une capacité du génotype de la plante à sélectionner les souches de rhizobium plus efficientes. Différentes études ont été conduites chez les légumineuses pour identifier les zones du génome déterminant les caractères liés à la nodulation (Zancarini *et al.*, 2013). L'analyse la plus fine à ce jour a été réalisée chez le pois par Bourion *et al.* (2010) qui a permis d'identifier neuf régions génomiques contrôlant le développement des nodosités et la croissance de la plante. Sur la population de lignées recombinantes étudiée dans ce travail, une liaison positive a été identifiée entre la construction de nodosités, la croissance racinaire, l'activité fixatrice d'azote et l'accumulation d'azote par la plante. Ces liaisons positives, qui peuvent résulter d'effets pléiotropes (indirects) de gènes ou de liaisons génétiques fortes, restent à élucider. Elles suggèrent que le sélectionneur doit viser un équilibre subtil entre la construction et le fonctionnement des structures racines-nodules-parties aériennes. Cependant, la sélection pour optimiser la nutrition azotée est *a priori* possible et même facilitée par l'absence d'antagonisme fort entre différents caractères d'intérêt.

Il existerait par ailleurs une variabilité génotypique de la tolérance de la fixation symbiotique à la présence de nitrate (pourcentage de fixation) (Jensen, 1987, chez le pois ; Peoples *et al.*, 1995, chez le soja et le haricot commun), mais cette variabilité reste mal caractérisée. De plus, des génotypes hyper-nodulants ont été créés pour quelques espèces dont le pois (Postma *et al.*, 1988 ; Sagan et Duc, 1996) et le soja (Caroll *et al.*, 1985) : ces mutants présentent un nombre de nodosités plus élevé que la lignée parentale sauvage. Or ces génotypes hyper-nodulants présentent également la particularité d'être « nitrates tolérants » dans la mesure où la nodulation est insensible aux nitrates, contrairement à la lignée sauvage. Ces mutations ont permis d'augmenter le pourcentage de fixation d'azote par voie symbiotique, mais la quantité totale d'azote accumulée dans la plante a été affectée négativement (Salon *et al.*, 2001 ; Bourion *et al.*, 2007), du fait d'une forte limitation de la croissance (aérienne et racinaire), induite par le coût en carbone engendré par la formation de nodosités en nombre excessif (Voisin *et al.*, 2007, 2010, 2013). Néanmoins, l'introgression de gènes d'hypernodulation dans des génotypes à fort développement végétatif pourrait permettre de compenser la diminution de croissance, ce qui offre des perspectives d'augmentation de la fixation symbiotique dans certaines conditions, mais reste encore à tester (Novak *et al.*, 2009 ; Novak, 2010).

Cependant, la variabilité génotypique associée à la fixation symbiotique des variétés cultivées reste faible, car la sélection variétale a porté très peu d'efforts directs sur l'augmentation du potentiel de fixation symbiotique (Herridge et Rose, 2000).

Ceci provient principalement de la complexité des liaisons entre les caractères liés à la fixation symbiotique et ceux déterminant le rendement. Par ailleurs, les difficultés méthodologiques liées à la mesure de la fixation symbiotique au champ ont constitué un frein à l'amélioration de la fixation symbiotique par la sélection. Dans de nombreux cas, la sélection variétale pour le rendement, opérée en l'absence de fertilisation azotée, avec un objectif de rendement et de résistance aux principaux stress biotiques ou abiotiques, a préservé un bon niveau d'activité fixatrice d'azote. En revanche, dans certains cas tels que celui du haricot, les conditions de sélection pratiquées à haut niveau de fertilisants (fertilité des sols, présence d'azote minéral) ont entraîné une diminution du potentiel de fixation (van Kessel et Hartley, 2000). Les outils de phénotypage à haut débit et les informations de la génomique aujourd'hui disponibles permettent d'envisager à l'avenir une sélection plus directe sur les gènes liés aux caractères d'efficience d'activité fixatrice de l'azote par le couple génotype végétal × souche bactérienne. Cette sélection doit permettre de contribuer à la stabilité des performances agronomiques des légumineuses dans une diversité d'environnements et de systèmes de culture, et d'améliorer leurs bilans environnementaux liés à l'azote.

Variation du taux de fixation entre espèces

Certaines espèces fixent mieux l'azote que d'autres. Le haricot commun, peu efficace, a une fixation azotée inférieure à ses besoins en azote. D'autres légumineuses à graines — telles que la féverole ou les espèces tropicales comme l'arachide, la cornille ou le soja — sont de bons fixateurs d'azote, couvrant ainsi l'ensemble de leurs besoins non pourvus par l'azote minéral présent dans le sol.

Au niveau des systèmes de culture, l'effet du choix de l'espèce de légumineuse sur le niveau de fixation symbiotique de l'azote atmosphérique reste controversé (Wani *et al.*, 1995) : les différentes espèces auraient des capacités différentes à fixer l'azote, en relation avec la présence de nitrates essentiellement, mais aussi en fonction du type de sol et de l'environnement (pH, précipitations...) (Peoples *et al.*, 1995). Il existe ainsi une variabilité génétique dans la tolérance aux stress. La sensibilité à la présence de nitrates varie par exemple avec l'espèce hôte : le trèfle et le pois sont moins sensibles aux nitrates que le lupin, le pois chiche, le soja ou la luzerne (Harper et Gibson, 1984). Les lupins cultivés sont par ailleurs assez peu sensibles à l'acidité des sols mais très sensibles à une forte alcalinité, qui limite la survie des bactéries symbiontes dans le sol et surtout le prélèvement par la plante de certains minéraux dont le fer, et affecte ainsi la nodulation et la croissance (chlorose ferrique).

Malgré des variations importantes pour chaque espèce entre contextes pédoclimatiques, on observe des différences marquées entre espèces pour les pourcentages moyens d'azote fixé symbiotiquement (% Ndfa). Le haricot se distingue avec un % Ndfa moyen de 40 %. Un groupe constitué de la majorité des légumineuses à graines (pois chiche, lentille, pois, cornille) atteint en moyenne un % Ndfa de 63 %. Le soja et l'arachide atteignent 68 %. La féverole et le lupin se détachent avec un % Ndfa moyen de 75 % (Herridge *et al.*, 2008). Le trèfle et la luzerne ont un taux de fixation moyen de près de 90 %.

La plupart des légumineuses allouent dans les parties aériennes entre 15 et 25 kg de N_2 fixé (en moyenne 20) par tonne de matière sèche. En prenant en compte la contribution racinaire, la quantité fixée moyenne par tonne de matière sèche aérienne produite atteint 30 kg. Le haricot est une exception avec 15 kg de N_2 fixé par tonne de biomasse aérienne. D'autre part, le pois chiche alloue une plus forte part de l'azote total dans les racines et les nodosités que les autres espèces, permettant d'approcher 40 kg de N_2 fixé par tonne (Herridge *et al.*, 2008).

> **À retenir. Variations de la proportion de l'azote issu de la fixation symbiotique.**
>
> **Variation environnementale**
>
> Le pourcentage de fixation symbiotique (par rapport au prélèvement total d'azote) est fortement déterminé par la disponibilité en nitrate du sol : il est plus élevé si celle-ci est faible. La fixation symbiotique est plus sensible aux stress biotiques (pathogènes, ravageurs, adventices) et abiotiques (températures, humidité du sol, etc.), qui affectent le fonctionnement ou l'intégrité des nodosités, que l'assimilation des nitrates. Lorsque les conditions de l'environnement sont défavorables, des pourcentages de fixation plus faibles que ceux prédits par la disponibilité en nitrate peuvent être observés et peuvent conduire à des situations de carence en azote.
>
> **Variation génétique**
>
> Même s'il existe une variabilité importante pour chaque espèce entre contextes pédoclimatiques, on observe des différences marquées des taux de fixation moyens entre espèces. En France, parmi les légumineuses à graines, le pois, le pois chiche, la lentille et le soja ont des taux de fixation moyens de l'ordre de 60-70 %. Le haricot se distingue par des taux de fixation moyens plus faibles (autour de 40 %) et la féverole et le lupin par des taux moyens plus élevés (autour de 75 %). Les légumineuses fourragères (trèfle, luzerne, prairies) présentent des taux de fixation moyens encore plus élevés, autour de 90 %. La réussite de la fixation est par ailleurs conditionnée à la présence de bactéries symbiotiques efficientes dans le sol. Ainsi, alors que les cultures de légumineuses d'origine tropicale (soja) nécessitent une inoculation au semis, le pois, la féverole, le lupin et les légumineuses fourragères trouvent en général dans les sols français des souches indigènes de bactéries qui leur sont adaptées. Toutefois, pour d'autres espèces (lupin, luzerne), une inoculation peut s'avérer bénéfique dans certaines conditions de pH ou sur des parcelles n'ayant pas hébergé ces cultures depuis longtemps.

▸▸ Flux azotés engendrés par les cultures de légumineuses

Le rôle agronomique des légumineuses vis-à-vis de l'azote est en grande partie lié à la fixation symbiotique et à son utilisation *via* l'exportation de produits récoltés (graines et/ou de fourrages), et/ou *via* l'utilisation par les autres cultures du stock d'azote minéral du sol alimenté en partie par les résidus aériens ou souterrains qui sont riches en azote chez la légumineuse. La quantité d'azote fixé et la quantité d'azote des résidus sont variables selon les espèces et les modes d'exploitation dans les systèmes.

Que l'azote organique soit d'origine symbiotique ou non, la fourniture globale d'azote au sol due à la présence d'une culture de légumineuse doit être appréhendée, afin de pouvoir quantifier et gérer cette fourniture à l'échelle de la rotation. Le calcul théorique de la fourniture d'azote au sol liée à une légumineuse donne un ordre de grandeur et peut être utile pour une première étape d'analyse agronomique sur l'effet de sa présence, sans préjuger ni de l'origine de cet azote (symbiotique ou pas) ni de son devenir dans les flux azotés au sein de l'agrosystème par la suite. Ainsi, la quantité d'azote fournie au sol ne renseigne ni sur la part de cet azote disponible pour l'absorption par les cultures suivantes, ni sur l'efficience des cultures à l'absorber, ni sur les quantités qui vont être perdues dans le milieu sous forme de nitrate (NO_3^-) ou de protoxyde d'azote (N_2O) et qui risquent de créer des pollutions dans les compartiments eau et air de l'environnement, etc. Ces points, ainsi que les effets des cultures de légumineuses sur la culture suivante, seront développés dans les chapitres 3 et 6.

On peut également calculer un solde azoté apparent pour le sol en réalisant un bilan entre les entrées et les sorties en azote du système à l'échelle d'une parcelle, sur une année de culture (figure 2.12) :
– en entrée, les apports d'azote : apports d'engrais azotés (*a priori* nuls pour une légumineuse), déjections animales, fixation symbiotique, graine semée ;
– en sortie, les exports d'azote : azote contenu dans les produits végétaux exportés, c'est-à-dire graines (et éventuellement pailles) et/ou fourrage (biomasse feuilles et tiges).

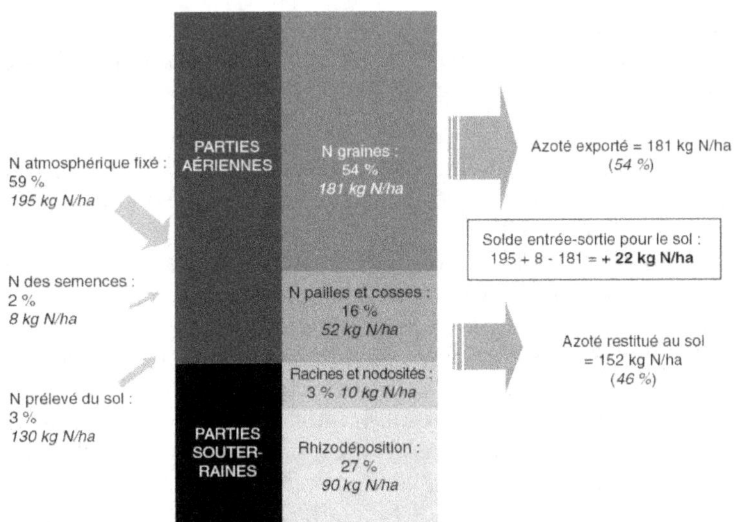

Figure 2.12. Solde azoté d'une culture de pois en kg/ha (source : Unip) : moyenne des valeurs observées sur 7 références ESA, Inra, Arvalis (ITCF à l'époque) en France, dans des systèmes conventionnels fertilisés ou avec élevage, excédentaires en azote (2000-2003) (rendement en grain du pois de 55 q/ha, teneur en protéines de 24 %, taux de fixation azotée de 60 %), et estimation de l'azote dans les parties souterraines à 30 % de l'ensemble de la plante (d'après Mahieu *et al.*, 2007).

Ce solde peut aussi être calculé comme la différence entre la quantité d'azote organique potentiellement restituée au sol par la légumineuse (par les parties racinaires et les résidus de culture) et la quantité d'azote minéral du sol absorbée par la culture. Sous réserve de l'absence de pertes gazeuses, la valeur du solde azoté apparent donne un ordre de grandeur de la modification du stock d'azote du sol par une culture donnée. Dans le cas d'une culture de légumineuse, il présente un intérêt environnemental car des valeurs positives reflètent une entrée d'azote dans le système de culture* par la voie symbiotique.

Nous proposons ici d'approcher les ordres de grandeur de la quantité d'azote restituée au sol et du solde azoté apparent chez une légumineuse annuelle dont on récolte les graines (pois et soja) et chez une légumineuse pluriannuelle cultivée pour sa biomasse (la luzerne en culture monospécifique). Soulignons que les références présentées ici sont seulement des cas types, à considérer comme des points de repères, qui restent à affiner et qui n'ont aucune valeur de préconisation : ces études de solde azoté apparent alimentent la compréhension systémique des flux azotés.

Cas d'une légumineuse annuelle dont on récolte les graines

Cas du pois

Répartition de l'azote lors de la culture de pois

Pour le pois, même si les estimations sont variables, des mesures au champ ont montré que l'azote souterrain pourrait représenter environ 30 % de l'azote total accumulé par la plante, la biomasse racinaire et la rhizodéposition comptant respectivement chacune pour environ 10 et 90 % de cet azote (Mahieu *et al.*, 2007).

Pour les parties aériennes, à maturité, l'azote prélevé se répartit entre les graines, récoltées, et les parties végétatives (tiges, feuilles) le plus souvent laissées au sol après récolte. Chez le pois, l'indice de récolte de la biomasse, qui représente la fraction de biomasse aérienne des graines, présente une forte variabilité entre situations. Sa valeur est comprise entre 0,30 et 0,9 (moyenne de 0,57 et médiane de 0,58 d'après la compilation de 124 références par l'Unip en 2014), et elle n'est pas corrélée à la biomasse totale de la plante (Lecoeur et Sinclair, 2001a), contrairement à d'autres espèces comme le maïs, le sorgho, l'arachide, le blé, l'orge ou le tournesol. L'indice de récolte de l'azote, qui représente la fraction de l'azote dans les graines, présente en revanche chez le pois une remarquable stabilité pour une large gamme de rendements limités par des facteurs abiotiques (Lecoeur et Sinclair, 2001b). Une valeur moyenne de 0,80 a été déterminée pour une gamme de situations incluant des contraintes hydriques, thermiques et azotées, correspondant à une gamme de rendements compris entre 3,6 et 61,3 q/ha. Les 20 % d'azote restant dans les parties végétatives aériennes correspondent à des pools d'azote structural qui ne peuvent être remobilisés. En revanche, les contraintes biotiques conduisent souvent à une réduction du niveau final de remobilisation de l'azote des parties végétatives.

Chez le pois, la quantité d'azote exportée dans les graines est de l'ordre de plus de 230 kg N pour des rendements de 70 q/ha et de l'ordre de 180 kg N pour des rendements de l'ordre de 55 q/ha.

Les résidus aériens du pois protéagineux ont une teneur en azote moyenne de $1,22 \pm 0,28$ kg N par quintal de matière sèche. Comme pour toute autre culture, la variabilité est liée à de nombreux facteurs dépendants des paramètres de croissance de l'espèce et des conditions pédoclimatiques au cours du cycle cultural (voir chapitre 3). Les références moyennes de teneur en azote des résidus pour les autres grandes cultures sont de l'ordre de 0,6 à 0,9 pour les céréales à paille. Cependant, comme la quantité de biomasse laissée par les résidus aériens de la culture du pois est généralement moins importante que celle des résidus de céréales ou de colza, au champ, on observe des quantités équivalentes d'azote laissé par les résidus aériens de pois ou ceux des autres cultures.

La quantité d'azote organique restituée au sol dépend du niveau de rendement : des calculs théoriques pour le pois montrent, avec un indice de récolte de l'azote d'environ 0,8, des valeurs de l'ordre de 180 kg N/ha pour des rendements potentiels de 70 q/ha, et de 100 kg N/ha pour des niveaux de rendement de 42 q/ha (c'est-à-dire diminués de 40 % par rapport au potentiel de 70 q/ha). Lorsque des conditions défavorables de fin de cycle conduisent à un indice de récolte moins élevé, la quantité restituée au sol peut être plus élevée.

Le solde azoté apparent du sol est alors estimé par différence entre la restitution de la plante au sol et la quantité d'azote du sol prélevée par la plante. L'encadré 2.1 illustre concrètement ce type de calcul de répartition de l'azote dans les différents compartiments sur l'exemple du pois.

Encadré 2.1. Exemple de calculs de répartition de l'azote dans les différents compartiments.

Répartition de l'azote accumulé par une culture comme le pois entre les graines, les pailles, et les parties souterraines

Pour une grande culture, on dispose généralement de l'azote contenu dans les graines (= rendement × % N graines = rendement × % protéines/6,25) (pour une utilisation en alimentation animale).

Le calcul des quantités de N des autres compartiments du système sol plante peut être effectué sur la base d'hypothèses sur la répartition de N :
− l'azote aérien se répartit à la récolte selon un indice de récolte N de 0,8 soit : 80 % dans les graines et 20 % dans les pailles (Lecoeur et Sinclair, 2001b),
− l'azote des parties souterraines représente 30 % du total (dont 10 dans les racines et des nodosités et 90 % pour la rhizodéposition) (Mahieu *et al.*, 2007).

Par conséquent, on peut faire les calculs suivants (avec NHI, *nitrogen harvest index*, c'est-à-dire indice de récolte de l'azote) :
− azote contenu dans les graines à la récolte = rendement × % N des graines ;
− azote contenu dans les pailles = azote des graines × (1 − NHI)/NHI = azote des graines × 0,25 ;

.../...

— ...∕... —

–azote total prélevé par la plante = azote des graines/(NHI × 0,7) = azote des graines/0,56 ;

–azote souterrain = azote total × 0,3 = azote des graines/(NHI × 0,7) × 0,3 (= azote des graines × 0,54).

Répartition de l'azote total accumulé selon sa source : semence, fixation symbiotique, assimilation de nitrate

La proportion d'azote qui provient de la semence peut être estimée à 1,5 % de l'azote total = N total × 1,5 % ou alors en faisant le produit : PMG semence × % N semence × densité de semis.

L'azote prélevé dans le milieu est la quantité totale d'azote accumulé par la plante moins la quantité de N provenant de la semence = N total – N semence ou N total (100 – 1,5) %.

L'azote prélevé dans le milieu provient de la fixation symbiotique et de l'assimilation du nitrate du sol :

–le pourcentage d'azote issu de l'absorption de nitrate = quantité de N minéral « disponible » dans le sol/N prélevé dans le milieu (c'est-à-dire N total – N semence) ;

–le pourcentage de fixation symbiotique peut être estimé en fonction de la quantité d'azote minéral disponible au semis et du niveau de rendement selon la courbe de la figure 2.8 ;

–la connaissance d'un des deux pourcentages (fixation N_2, absorption nitrate) suffit, l'autre étant le complémentaire à 100 %.

Estimation du solde azoté apparent après pois

En termes de valeurs, des observations réalisées en France montrent des variations importantes des soldes azotés apparents du pois selon les conditions pédoclimatiques. Par exemple, des observations réalisées dans sept situations agricoles correspondant à des sols riches en azote, et recevant des fertilisations azotées importantes sur les autres cultures que les légumineuses, ont montré un solde azoté après le pois qui serait de +22 kg N/ha, pour une proportion moyenne d'azote fixé de 60 % (mesures ESA Inra Arvalis, figure 2.12). À l'inverse, les observations réalisées dans des systèmes à faibles intrants azotés (ESA Inra Arvalis) ont montré que la fixation symbiotique apporte 80 % de la quantité d'azote fixé, qui est alors plus élevée que la quantité exportée. Sur la base de répartitions dans les différentes parties de la plante similaires à l'exemple précédent, le solde N après pois s'élèverait alors à +87 kg N/ha.

La prise en compte de la variabilité du niveau de rendement peut permettre de préciser par simulation les valeurs du solde azoté apparent du sol après une culture de pois, avec les hypothèses de la répartition de la biomasse décrites dans l'encadré 2.1, et de variations de la fixation symbiotique données dans la figure 2.10 (tableau 2.1).

Tableau 2.1. Simulation du solde azoté d'une culture de pois pour différents niveaux de rendement N et différents niveaux de reliquats N, pour un rendement potentiel de 70 q/ha (à 86 % de matière sèche) et 24 % de teneur en protéines. Estimation de l'indice de récolte de N à 0,8, de l'azote issu de la graine à 1,5 % du total et estimation de l'azote dans les parties souterraines à 30 % de l'ensemble de la plante. D'après Mahieu *et al.*, 2007. À titre de comparaison, la valeur moyenne interannuelle des rendements agricoles français sur la période 1983-2012 est de 45 q/ha, soit une différence de – 36 % par rapport au potentiel génétique de 70 q/ha. Les références présentées sont des cas types, à considérer comme des points de repère qui restent à affiner et qui n'ont pas de valeurs de préconisation.

Estimation du solde N (kg/ha)	Niveau de rendement N			
	Potentiel 70 q/ha	– 15 % 59 q/ha	– 30 % 50 q/ha	– 60 % 28 q/ha
	24 % protéines			
Reliquats 15	114	87	60	7
30	100	73	47	– 6
60	72	46	19	– 34
90	44	18	– 9	– 61
120	16	– 10	– 37	– 86

Ces simulations reflètent les variations des soldes azotés en fonction des variations de niveaux de disponibilité en N minéral du sol et des variations de rendement. La figure 2.13 illustre les combinaisons entre ces différentes composantes. Étant donné les hypothèses réalisées, les valeurs ne sont pas à utiliser comme des valeurs de référence mais comme des ordres de grandeur. Néanmoins, ces valeurs sont cohérentes avec les observations réalisées en France (figure 2.11) et donnent des ordres de grandeur de la quantité de N restituée au sol par une culture de légumineuse, qui a un intérêt économique pour la culture suivante, et du solde N apparent du sol, qui présente un intérêt environnemental car il montre dans le cas des légumineuses, non fertilisées, un enrichissement du sol en N, issu de la fixation symbiotique.

Si on prend comme clé d'entrée les valeurs du solde azoté apparent du sol, on peut donc distinguer trois types de situations :
– des soldes positifs élevés, de 60 à 130 kg/ha, si la teneur en azote minéral du sol est faible et les niveaux de rendement N moyens à forts (rendements = 70 % à 100 % du potentiel, c'est-à-dire 50 à 70 q/ha), situations qui correspondent à des niveaux de fixation supérieurs à 70 %) ;
– des soldes positifs de 10 à 50 kg N pour des niveaux de reliquats N élevés (supérieurs à 60 kgN/ha) associés à des rendements élevés, ou bien à des niveaux de reliquats moyens associés à des rendements moyens, ou bien à des reliquats faibles associés à des rendements faibles, situations qui correspondent à des niveaux de fixation moyens, autour de 60 % ;
– des soldes négatifs ou nuls pour les niveaux de rendement très faibles (40 % du potentiel) quel que soit le niveau de reliquats (sauf reliquats très faibles) ou bien pour les niveaux de reliquats élevés, quel que soit le niveau de rendement, situations qui correspondent à des niveaux de fixation faibles (= de 0 à 50 %).

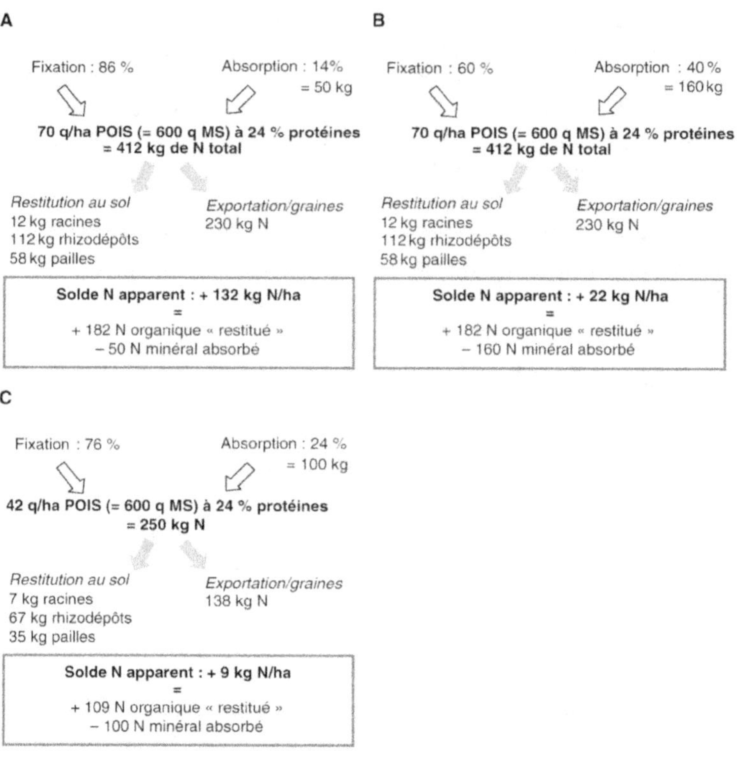

Figure 2.13. Pois : exemples de répartition de l'azote dans la culture et de solde azoté apparent dans trois types de situations.

A. Situation à fort potentiel de rendement (70 q/ha) et avec une quantité d'azote minéral absorbée « très faible », de l'ordre de 50 kg N/ha absorbé (reliquats 0 N) ; B. Situation à fort potentiel de rendement (70 q/ha) et avec une quantité d'azote minéral absorbée « très élevée » de 160 kg N/ha absorbé (reliquats 110 N) ; C. Situation où la fixation symbiotique et le rendement sont limités à – 40 % (= 42 q/ha), avec une quantité d'azote minéral absorbé modérée (100 kg N/ha absorbé et des reliquats de l'ordre de 50 N).

Cas du soja

La majeure partie (60 %) de l'azote absorbé par la culture de soja est exportée sous forme de protéines dans les graines, avec des ordres de grandeur similaires au pois. Le reste de l'azote absorbé est restitué à la parcelle sous forme d'azote organique dans les résidus de culture, avec une quantité d'azote potentiellement restituée au sol également du même ordre de grandeur que le pois.

Comme pour le pois, le solde azoté apparent de la culture du soja dépend de la contribution de la fixation symbiotique, elle-même dépendant de la qualité de la nodulation et de la disponibilité en nitrate du sol. Deux situations ont été schématisées, en prenant comme base 10 kg d'azote assimilé par quintal de grain produit et 6 kg d'azote exporté par quintal de grain produit (Puech et Bouniols, 1986). En situation optimale pour la fixation symbiotique, on observera un enrichissement du milieu en matière organique non lessivable et un appauvrissement en azote minéral lessivable. En situation où la fixation symbiotique est limitée, comme pour le pois, le rendement le sera généralement aussi. Les exemples de la figure 2.14 fournissent des ordres de grandeur représentatifs pour différents niveaux de fixation symbiotique et d'absorption d'azote minéral.

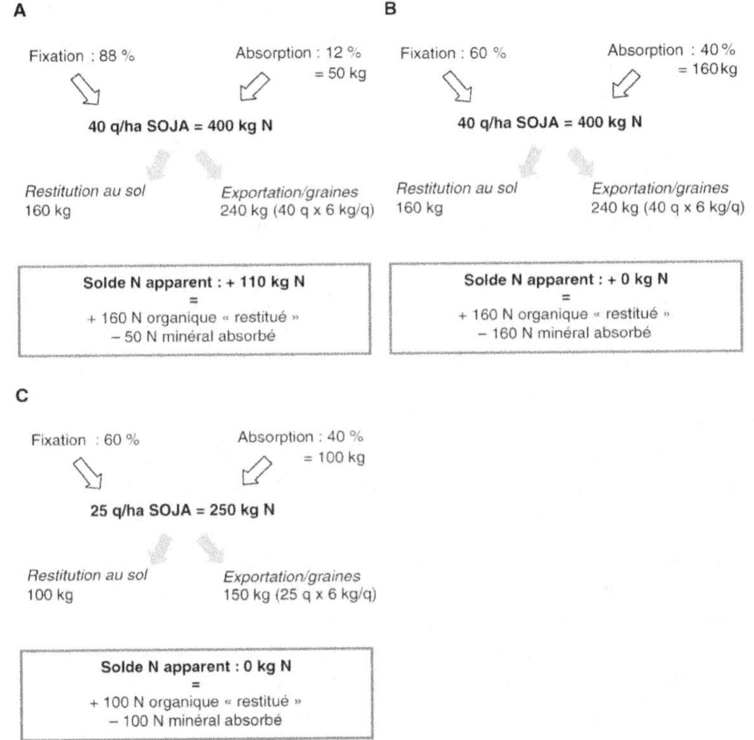

Figure 2.14. Soja : exemples de répartition de l'azote dans la culture et de solde azoté apparent dans trois types de situations.

A. En situation optimale de fixation symbiotique, dans le cas d'absorption d'azote minéral très faible, c'est-à-dire de 50 kg N/ha absorbé (reliquats 0 N) ; B. En situation optimale de fixation symbiotique, dans le cas d'absorption d'azote minéral très forte, soit 160 kg N/ha absorbé (reliquats 110 N) ; C. En situation limitante de la fixation symbiotique et donc du rendement, ici inférieur à 60 % du potentiel de rendement, avec 100 kg N/ha absorbé (reliquats 0 N).
Ces données prennent mal en compte l'azote racinaire et rhizodéposé, qui n'a pas été mesuré de la même façon que chez le pois. Étant donné les incertitudes sur la mesure de la rhizodéposition sur les 2 espèces, on ne peut pas distinguer le comportement du soja de celui du pois vis-à-vis des flux de N dans le sol. Des travaux sont en cours pour obtenir des mesures comparatives de soldes sur plusieurs espèces de légumineuses aux conditions pédoclimatiques identiques (donc comparables).

Tendances générales pour les légumineuses à graines

Ainsi, de façon générale, le solde azoté apparent du sol après légumineuses à graines annuelles dépend du niveau de fixation et du niveau de rendement. Le niveau du solde azoté dépend fortement du niveau de disponibilité en azote minéral du sol, qui détermine le niveau de fixation symbiotique : plus la disponibilité en azote minéral est faible, plus le pourcentage de fixation est élevé, plus le solde azoté sera élevé. Mais à niveau de disponibilité en azote minéral égal, le solde azoté dépend aussi du niveau de rendement, qui est corrélé positivement à la quantité d'azote fixé. Ainsi, plus le niveau de rendement et la fixation symbiotique sont faibles, plus le solde azoté est faible (voire nul ou même négatif).

Par ailleurs, dans le cas d'une culture où seules les graines sont exportées, le solde N sera d'autant plus élevé que la quantité de paille sera forte. Ainsi, plus l'indice de récolte est faible, plus le solde azoté sera élevé (Carrouée *et al.*, 2006b).

Cas d'une culture pluriannuelle de légumineuse comme la luzerne

Répartition de l'azote pendant la croissance de la plante

Comme mentionné précédemment, une culture de luzerne permet l'assimilation et l'exportation d'une quantité d'azote très élevée, bien au-delà d'autres légumineuses, qu'elles soient annuelles comme le pois protéagineux ou même pérennes comme le trèfle violet (Muller *et al.*, 1993 ; Thiébeau *et al.*, 2003). Les différents organes exportés de la luzerne (feuilles, tiges) sont bien pourvus en azote organique. Son potentiel de croissance est élevé (de 12 à 20 t MS/ha/an) ainsi que son taux de fixation (près de 90 %). Ainsi, la production de 13 t MS/ha/an, à la teneur moyenne de 18 % de protéines (Thiébeau *et al.*, 2003), confère à cette culture une exportation de 375 kg N/ha/an lorsqu'elle est en phase de production complète.

Si on considère une allocation de l'azote de l'ordre de 25 % aux parties racinaires, la somme des exportations d'azote par la matière sèche récoltée et du stock d'azote mobilisé dans la biomasse des organes souterrains correspond à une accumulation annuelle de l'ordre de + 500 kg N/ha/an par un peuplement de luzerne. La majeure partie (90 %) de cet azote provient de la fixation symbiotique, soit 450 kg N/ha/an. Ces estimations correspondent à un contexte moyen pour une culture de luzerne pure en Champagne et des bilans supérieurs ont pu être observés.

La luzerne possède un enracinement profond (> 150 cm quand le sol le permet, ce qui ne correspond pas à la majorité des sols français) qui permet l'absorption de l'azote minéral dans les horizons profonds du sol. Des mesures de stock d'azote minéral du sol réalisées sur 150 cm de profondeur, sous des cultures de luzerne âgées de 1 et 2 ans, montrent une variation négative entre la sortie d'hiver et le milieu de l'automne suivant (période qui couvre toute la phase végétative de la culture) : -13 à -24 kg N/ha/an pour une luzerne de 1 an, et – 31 à – 50 kg N/ha/an pour une luzerne en seconde année de production (Thiébeau *et al.*, 2004). Cette variation de stock résulte des différents flux en jeu : l'azote minéralisé par le sol en cours de culture (près de 140 kg N/ha/an ; Justes *et al.*, 2001), l'azote issu de la rhizo-déposition (difficile à évaluer mais vraisemblablement plus faible que chez d'autres espèces), ainsi que les apports liés aux pluies (près de 10 kg/ha/an) moins l'azote minéral prélevé par la luzerne. Ces mesures montrent que la luzerne se comporte à court terme comme un piège à nitrates. Soulignons cependant que ces mesures ont été effectuées dans des sols de Limagne et que les ordres de grandeurs ne peuvent être extrapolés à tous les types de sol.

Chez les légumineuses pérennes, la quantité d'azote (minéral + organique) laissée au sol reste difficile à évaluer. Au terme de deux années de culture, une luzernière laisse une biomasse au sol, constituée des pivots racinaires et des collets, qui représente près de 160 kg N/ha/an (Justes *et al.*, 2001). Après retournement, cet azote sera libéré progressivement au cours des saisons suivantes (chapitre 3). En plus de la biomasse des organes souterrains, des quantités d'azote sont déposées au sol par rhizodéposition et par dépôt de litière aérienne tout au long des années de vie de la culture, mais les quantités en jeu restent mal connues et variables entre espèces. Toutefois, si on considère qu'une grande partie de l'azote rhizodéposé est utilisée l'année suivante par la culture elle-même, on peut considérer que le bilan rhizodéposition-transfert est nul sur les n − 1 premières années et que l'azote rhizodéposé retrouvé dans le sol en fin de culture est celui de la dernière année. Une expérimentation de rotation a montré que l'effet précédent d'une luzerne de 2 ans pouvait correspondre à une fourniture aux cultures suivantes de l'ordre de 210 kg N/ha au total sur les 4 années suivant son retournement[31]. Si on retire les 160 kg/ha de N contenus dans les parties souterraines, il reste environ 50 kg N/ha imputables à la rhizodéposition. Mais cette valeur sous-estime probablement la quantité totale de N rhizodéposé.

Solde azoté apparent

Les simulations de calcul de stock azoté restitué au sol et de solde azoté apparent sont calculées au terme d'une culture de luzerne de 3 ans en monospécifique (encadré 2.2).

Encadré 2.2. Simulations de calcul de solde N apparent au terme d'une culture de luzerne de 3 ans.

On prend ici comme hypothèse que la quantité d'azote absorbé par une culture de luzerne sur 3 ans se décompose de la manière suivante :
— azote prélevé dans la biomasse aérienne et exporté par coupe : 13 t de matière sèche/an à 18 % de protéines, soit 375 kg N/an × 3 = 1 125 kg N sur 3 ans ;
— azote des racines et des collets : 160 kg N ;
— azote rhizodéposé au sol et par dépôt de litière aérienne :
• on considère que les quantités déposées années 1 et 2 sont utilisées par la luzerne les années 2 et 3, avec par conséquent un bilan rhizodéposition-absorption nul les n − 1 premières années,
• l'azote rhizodéposé disponible en fin de culture de luzerne (n) est celui de la dernière année (50 kg/ha),
• l'azote restitué par les parties aériennes est éventuellement la quantité d'azote dans une dernière repousse avant retournement (30 kg N).

Sur la totalité de cet azote absorbé, la proportion d'azote provenant de la fixation symbiotique est calculée en considérant que la quantité d'azote minéral absorbé est la totalité de l'azote minéral disponible la première année et donc % fixation = 100 × (N total accumulé − N minéral)/ N total accumulé.

Le solde N du sol sur les n années de culture correspond à la quantité d'azote minéral absorbé moins la quantité d'azote organique restitué.

...../... —

---

31. E. Triboï, communication personnelle rapportée dans *Cultivar*, mars 2010, pp. 42-44.

.../...

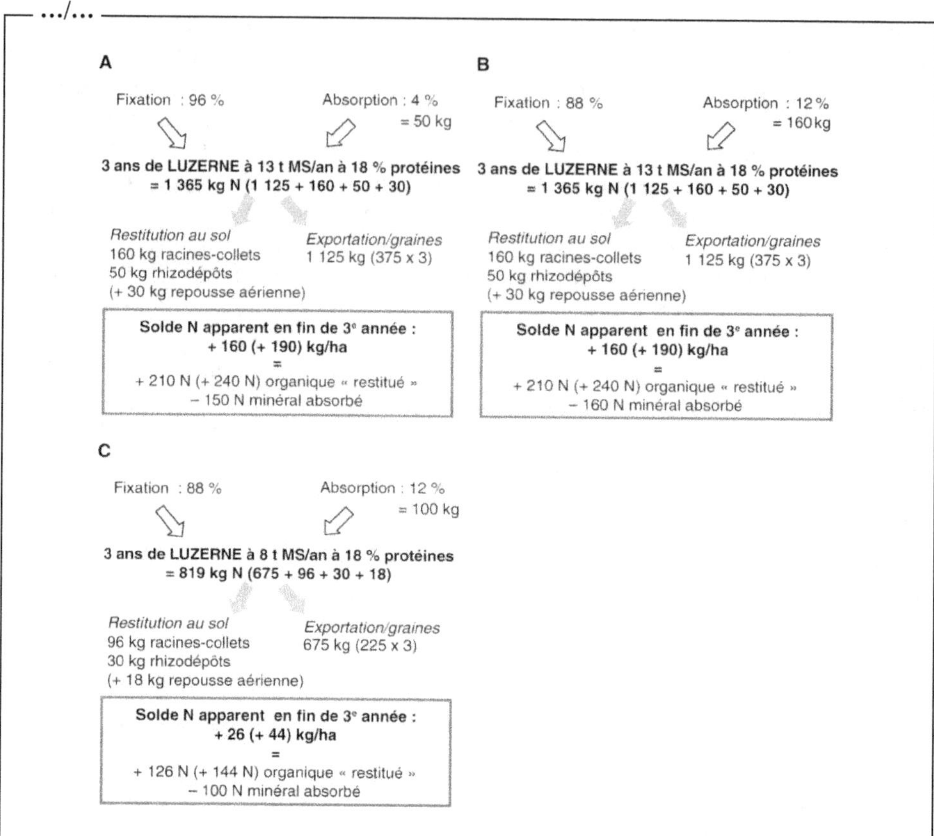

Figure 2.15. Luzerne : exemples de répartition de l'azote dans la culture et du solde azoté apparent dans trois types de situations.

A. Situation à potentiel de rendement moyen (13 t/ha) et avec des quantités de N minéral absorbées « très faibles » = 50 kg N/ha absorbé (reliquats 0 N) ; B. Situation à potentiel de rendement moyen (13 t/ha) et avec des quantités de N minéral absorbées « très élevées » = 160 kg N/ha absorbé (reliquats 110 N) ; C. Situation où la fixation symbiotique et le rendement sont limités. Le rendement, réduit de 40 %, s'élève à 13 t, soit 8 t MS/ha/an. Les quantités d'azote dans les racines et la rhizodéposition sont également diminuées de 40 %, l'absorption d'azote minéral est de 100 kg/ha et le taux de fixation à 88 % (100 – 100/801).

Ces simulations (encadré 2.2) permettent d'estimer les changements théoriques de flux azotés après luzerne dans chaque situation :

– en situations de croissance de luzerne favorables (cas A-B), le stock azoté restitué au sol post-culture après 3 ans de culture de la luzerne est de 200 à 250 kg N, du fait de l'importante teneur en azote des collets et des pivots racinaires ;

– en conditions de croissance favorables, le solde N du sol apparent après luzerne serait de 50 à 200 kg N/ha, les valeurs faibles correspondant à des situations où la disponibilité en azote minéral est forte. Toutefois, la disponibilité en azote minéral à l'implantation de la culture aurait moins d'impact sur la valeur du solde N apparent du sol à la destruction de la culture que pour le pois ou le soja, et cette valeur resterait toujours positive. Cet effet serait dû au fait que la

disponibilité en azote minéral du sol affecte peu le % de fixation moyen sur 3 ans : on peut considérer que la luzerne prélève ce stock d'azote minéral la première année (% fixation diminuée) puis repose essentiellement sur la fixation symbiotique les années suivantes ;
– dans le cas où le niveau de productivité et le niveau de fixation symbiotique sont réduits de 40 %, le stock azoté restitué au sol post-culture reste très conséquent (+ 120 à 150 kg N/ha), avec un solde plus faible (+ 20 à 50 kg N/ha) mais positif.

Comme pour le pois ou le soja, étant donné les hypothèses posées pour les calculs et les incertitudes sur les mesures, les valeurs ne sont pas à considérer comme des valeurs absolues mais comme des ordres de grandeur.

À retenir. Les variations de solde azoté apparent du sol engendrées par les cultures de légumineuses.

Le solde azoté apparent pour le sol est calculé par différence « apports N moins exports N », les apports N étant l'azote issu des engrais ou des déjections animales, de la fixation symbiotique, de la graine semée, et les exports N étant l'azote exporté dans les graines ou la biomasse récoltées. Sans présumer du devenir de ce solde, cette notion peut être utilisée comme un indicateur de l'influence de la contribution de la légumineuse à l'enrichissement du pool azoté (qui pourra, par la suite, être éventuellement disponible pour les cultures suivantes). Les incertitudes sur les parties souterraines et leur teneur en azote pour l'ensemble des cultures posent cependant des difficultés pour la comparaison entre légumineuses et non légumineuses.

Cas des légumineuses à graines récoltées (comme le pois ou le soja)

Quel que soit le niveau de disponibilité en azote minéral du sol, et quelle que soit la voie utilisée pour la nutrition azotée, les légumineuses à graines qui ont eu un bon rendement laissent au sol des résidus de culture qui sont riches en azote : la biomasse des résidus aériens est généralement plus faible, mais plus riche en azote que les autres grandes cultures non légumineuses ; et la quantité d'azote restitué *via* l'azote racinaire (racines et rhizodépôts associés) est plus importante pour les légumineuses, comparées aux céréales.

Dans les sols à forte teneur en azote minéral (fort potentiel de minéralisation de l'azote ou avec apport d'effluents d'élevage), les légumineuses se comportent comme des « pièges à nitrates ». Cependant, dans ces cas-là, le solde azoté apparent pour le sol est nul ou négatif après la récolte des graines, et c'est seulement lorsque les graines ne sont pas récoltées que l'on pourrait observer un solde positif.

À l'inverse, dans les sols pauvres en azote minéral, avec des taux de fixation supérieurs à 70 %, les légumineuses cultivées engendrent un solde azoté apparent positif et élevé et contribuent à enrichir le stock d'azote du sol par voie symbiotique.

De plus et surtout, le solde N apparent est maximal pour des niveaux de fixation forts et pour des rendements élevés. Lorsque les rendements sont faibles, les niveaux de fixation le sont aussi, et le solde N apparent du sol est plus faible, voire nul ou même négatif dans le cas où la disponibilité en N minéral est élevée.

Cas d'une légumineuse fourragère pluriannuelle comme la luzerne

La quantité d'azote restituée au sol post-culture de luzerne est conséquente au bout d'au moins 3 années de culture, du fait d'une biomasse importante et d'un taux de fixation élevé, et donc d'une quantité d'azote importante contenue dans les collets et les pivots racinaires.

La luzerne se comporte également comme un piège à nitrate lorsque la disponibilité en azote minéral est élevée, ce qui est souvent le cas les 2 premières années d'installation de la luzernière. La disponibilité en azote minéral à l'implantation de la culture a moins d'impact sur la valeur du solde azoté apparent à la destruction de la culture que pour des cultures annuelles, car elle affecte peu le pourcentage de fixation moyen sur 3 ans. En conditions de croissance favorables et à partir de la troisième année de la luzernière, le solde azoté apparent après luzerne est positif et il peut être élevé, les valeurs faibles correspondant à des situations où la disponibilité en azote minéral est forte.

Pour toutes les espèces de légumineuses cultivées, la quantité d'azote restitué au sol contribue à l'effet précédent souvent positif d'une légumineuse sur le rendement et le prélèvement d'azote de culture qui lui succède dans la rotation, mais ce n'est pas le seul facteur : on sait que l'amélioration de la structure du sol, et/ou de la qualité sanitaire des racines de la culture suivante et peut-être d'autres composantes biotiques du sol contribue au bénéfice potentiel apporté par la culture de légumineuse, lorsqu'elle précède une non-légumineuse (céréale notamment). Toutefois, ces effets ont été peu quantifiés jusqu'à présent.

▸▸ Autres spécificités agrophysiologiques des légumineuses (hors azote)

Même si la nutrition azotée est la spécificité principale des légumineuses, sont évoqués ici les autres fonctionnements qui diffèrent des non-légumineuses et qui peuvent nécessiter une gestion différente des cultures et des utilisations dans les systèmes de production agricoles, notamment :
– leur cycle souvent court et semis décalé (automne tardif, hiver ou printemps) par rapport aux cultures dominantes (céréales d'hiver et colza) ;
– leurs graines, qui sont plus ou moins grosses, avec des avantages ou inconvénients variés : pour les grosses graines, coût de la semence élevé mais moins de parois et donc une meilleure digestibilité, différence de taille qui peut être intéressante avec les céréales pour faciliter le tri, etc. ;
– leur relative sobriété en eau (notamment dans les systèmes irrigués) ;
– leur réactivité face à des composantes du milieu (avec des interactions génotype/milieu plus ou moins importantes), notamment sensibilité à la photopériode, réaction à la perception de la lumière (compétition avec d'autres cultures en association ou par rapport aux adventices) et sensibilité aux contraintes abiotiques ;
– leur plasticité en termes de composition de produits récoltés (notamment teneur en composants secondaires spécifiques).

Caractéristiques physiologiques modifiant le peuplement ou le système de production

La diversité des espèces de légumineuses et leur diversité génétique (chapitre 1) offrent une palette d'espèces et variétés très large pour la conception des systèmes de culture (chapitre 3). Certaines caractéristiques physiologiques peuvent être communes. Est soulignée ci-dessous leur réactivité face à certaines composantes du milieu.

Précocité et photopériodisme

Une caractéristique importante du soja est qu'il réagit fortement à la photopériode et se range globalement parmi les espèces de jours courts. Cela veut dire que l'initiation florale se fait, pour la majorité des variétés, d'autant plus tôt après la levée que les jours sont plus courts (Ecochard, 1986). Une combinaison de températures chaudes et de jours courts est favorable à une réduction de la phase végétative ; la combinaison de températures plus froides et de jours longs allonge cette même période (Board et Hall, 1984). Ces caractéristiques expliquent en partie la forte variabilité de la durée de la période végétative et des rendements observés à la suite de semis extrêmement précoces (mi-mars) dans les conditions françaises du Sud-Ouest (Jouffret et Beugniet, 2012).

Chez le pois protéagineux, certains génotypes d'hiver sont très réactifs à la photopériode : sous le contrôle du gène *Hr* (issu du pois fourrager), leur initiation florale est très réactive à la photopériode, par opposition aux variétés commerciales, dites *hr*, pour lesquelles l'initiation florale dépend autant de la photopériode que de la température (Lejeune-Hénaut *et al.*, 2004). Ainsi, la date d'initiation florale est très peu variable entre années et pour une large gamme de dates de semis. Ces génotypes auraient une phase de résistance au froid (entre les stades levée et initiation florale) plus longue que les variétés actuelles de pois d'hiver. Cette caractéristique Hr permettrait donc de faire des semis précoces, dès le début du mois d'octobre, ce qui rend cette piste intéressante pour le développement du pois d'hiver (qui ne représente que 20 % des surfaces de pois cultivés pour le moment), même si les rares variétés Hr actuelles ne sont pas encore très performantes du point de vue du rendement.

La luzerne a un comportement différent de répartition des produits de sa photosynthèse selon que les jours sont croissants ou décroissants, avec davantage d'assimilats dirigés vers les pivots racinaires en jours décroissants (Thiébeau *et al.*, 2011).

Photomorphogenèse

La photomorphogenèse est la caractéristique de certaines espèces à produire de nouveaux organes végétatifs et de nouveaux rameaux en fonction de la qualité du rayonnement reçu (Lotscher et Nosberger, 1997). Cette caractéristique adaptative permet de ne pas émettre de rameaux dans les zones ombragées et de favoriser leur développement dans les zones éclairées. Elle contrôle aussi l'élongation des cellules. Ce processus physiologique consiste en une réponse à certaines longueurs d'onde spécifiques, et en particulier au rapport rouge clair/rouge sombre. Les légumineuses montrent une sensibilité très forte à la photomorphogenèse, le trèfle blanc ayant largement été utilisé pour l'étude de ces processus.

Cette caractéristique constitue un trait physiologique essentiel pour le fonctionnement des associations, puisqu'elle permet aux plantes d'adapter leur morphogenèse, et donc l'investissement du carbone et de l'azote aux conditions de rayonnement.

En situations ombrées, par exemple sous une graminée ou une céréale associée, il y aura allongement des tiges et des pétioles, mais réduction du nombre de bourgeons en croissance. Ainsi, au printemps, dans des associations avec des graminées en forte croissance grâce à l'azote minéral disponible, le trèfle blanc sera peu visible. En revanche, dès que le trèfle blanc reçoit le soleil incident, il réduit la longueur des pétioles et émet de nombreux stolons pour coloniser l'ensemble de l'espace disponible. L'activité des bourgeons apicaux est influencée par le rapport rouge clair/rouge sombre (Robin *et al.*, 1994) et dans une moindre mesure par la lumière bleue (Gautier *et al.*, 1997).

Caractéristiques modifiant la qualité des produits et leurs utilisations

En matière de qualité sanitaire, le faible taux de mycotoxines est un atout pour les graines de légumineuses par rapport notamment aux céréales, et leur culture dans les systèmes céréaliers permet aussi de réduire les teneurs en mycotoxines des céréales. Pour les protéagineux, en France, aucune des mycotoxines de champ (trichothécènes, fumonisines et zéaralénone) n'est détectée dans les échantillons des enquêtes annuelles sur la qualité des pois et des féveroles (Unip enquêtes qualité 2008-2012[32]).

Par ailleurs, les produits issus des légumineuses présentent parfois des composés secondaires spécifiques comme les facteurs antitrypsiques (taux bas chez les protéagineux, taux moyen à élevé chez le soja), tannins (présents dans les graines de féverole et dans les feuilles de certaines légumineuses fourragères, comme le lotier et le sainfoin), vicine-convicine (dans les graines de la plupart des variétés de fève-féverole, sauf les types « Fevita© »), alcaloïdes (présents dans les graines de lupin avant amélioration variétale), isoflavones (composés phénoliques, caractéristiques des légumineuses, qui sont présents en grande quantité dans la graine de soja, avec une forte variabilité entre cultivars).

Ces composés peuvent avoir un impact positif sur la croissance et la résistance au stress des plantes mais aussi un impact négatif sur la qualité : diminution de la digestibilité des graines ou fourrages utilisés pour nourrir les animaux, valeur gustative ou valeur santé en nutrition humaine. L'amélioration variétale et les procédés technologiques sont deux voies qui permettent d'éliminer plus ou moins complètement des composants gênants pour des débouchés en alimentaire (chapitres 4 et 5). En revanche, ces composés peuvent être une source de valorisation pour des utilisations non alimentaires avec des fonctionnalités spécifiques intéressantes pour des matériaux, des usages en pharmacologie. La présence de tannins condensés chez certaines légumineuses fourragères permet de lutter contre certains parasites intestinaux des ruminants et notamment les strongles.

---

32. http://www.unip.fr/qualite-et-utilisation/qualite/enquetes-qualite.html.

▸▸ Conclusion

Même si la connaissance de la fixation symbiotique de l'azote atmosphérique, spécificité des légumineuses, est ancienne et a été bien caractérisée sur les plans moléculaire et cellulaire, sa quantification en lien avec la croissance de la plante (et *in fine* le rendement) et les facteurs de l'environnement est assez récente. Jusqu'à présent, cette quantification a été essentiellement menée sur un nombre restreint d'espèces phares (pois et luzerne notamment). On manque ainsi aujourd'hui de références quantifiées sur la fixation symbiotique d'autres espèces de légumineuses, à graines ou fourragères. Il est également nécessaire de trouver les clés pour piloter ou accompagner ce processus biologique au cours de la production agricole.

Par ailleurs, les progrès génétiques et agronomiques des légumineuses européennes sont encore relativement récents (30 ans) par rapport à d'autres espèces telles que les céréales, et ont essentiellement porté sur le pois protéagineux et la luzerne. Dans le cas du pois protéagineux, les efforts des sélectionneurs ont en premier lieu fait passer la plante d'une architecture fourragère préexistante (plante haute, très sensible à la verse, production grainière indéterminée) à une structure plus courte et ramifiée, afila (les folioles étant remplacées par des vrilles), permettant de résister à la verse et facilitant la récolte mécanique. La culture reste sensible aux maladies surtout dans le nord et l'ouest de la France, où la production végétative importante crée des conditions de milieu favorables à l'expression des maladies fongiques aériennes (notamment l'anthracnose) et aux stress hydriques et thermiques dans les régions plus continentales ou méridionales. Plusieurs pistes sont possibles pour améliorer l'efficacité de la fixation symbiotique azotée par la voie génétique, avec par exemple des souches de rhizobium plus efficaces, des utilisations d'inoculations croisées, une sénescence retardée des nodosités, une architecture du système racinaire plus développée, etc. Leur prise en compte dans les schémas de sélection reste un défi, car elle se heurte à des difficultés méthodologiques et/ou des coûts élevés d'accès aux variables d'intérêt (fixation de N_2 par marquages isotopiques, mesures des racines *via* leur excavation…). Toutefois, le développement actuel de dispositifs de phénotypage innovants offre la perspective d'une meilleure caractérisation de la variabilité génétique associée à ces caractères souterrains et à leur prise en compte dans les schémas de sélection futurs.

Pour améliorer la capacité fixatrice des peuplements de légumineuses, l'enjeu est également de jouer sur les nombreux facteurs limitants de la fixation de N_2 *via* les pratiques culturales, en particulier en veillant à optimiser les apports d'éléments minéraux essentiels à la fixation de N_2 (phosphore essentiellement), en évitant les stress hydriques, le tassement du sol, et en limitant les bioagresseurs (sitones, adventices). Dans ce contexte, les associations végétales entre légumineuses et non-légumineuses, parce qu'elles valorisent la complémentarité entre espèces pour leur nutrition azotée (et leur croissance), sont un des moyens de pallier une partie des inconvénients rencontrés en culture pure (verse, adventices). Ces associations permettent également d'améliorer la qualité de la production (de la légumineuse et de l'espèce associée), tout en diminuant le recours aux engrais azotés. Ces associations végétales sont couramment utilisées dans les associations fourragères prairiales, où elles donnent pleinement satisfaction dès lors qu'une proportion équilibrée est obtenue grâce à une conduite adaptée des prairies. Mais leur développement dans les systèmes de grande culture est récent et confidentiel à ce jour, et nécessite encore des recherches pour optimiser leur conduite. Enfin, il existe une marge d'amélioration des performances de la fixation symbiotique des légumineuses, *via* un meilleur raisonnement du choix des variétés ou des espèces utilisées en culture pure ou en cultures associées, en fonction des facteurs limitants du milieu. Ce raisonnement devrait être à l'avenir mieux guidé, grâce à une meilleure caractérisation des espèces et variétés, et à la prise en compte des facteurs limitants dans les modèles écophysiologiques et agronomiques en cours de développement.

En plus de leur capacité à fixer l'azote atmosphérique, les légumineuses présentent la particularité de fournir au sol une quantité d'azote non négligeable, *via* des processus de rhizodéposition en cours de culture, et *via* les résidus laissés dans ou sur le sol après la récolte. Toutefois, la quantification de ces flux racinaires reste difficile, car elle pose des problèmes méthodologiques. On peut donner des ordres de grandeurs de modifications du solde azoté du sol suite à une culture de pois, de soja et de luzerne, mais les valeurs indiquées n'ont pas valeur de référence, car les mesures ont été peu nombreuses, potentiellement soumises à une forte erreur de mesure, et donc avec un domaine de validité restreint.

La connaissance des spécificités de la nutrition azotée des légumineuses et des flux azotés associés est fondamentale pour pouvoir piloter les autres composantes du système de culture* de façon à valoriser les propriétés spécifiques des légumineuses en limitant le recours aux engrais N et les fuites d'azote minéral vers l'environnement. La fixation symbiotique sera maximisée si le stock d'azote minéral dans le sol au moment du semis de la légumineuse est faible. Et l'azote laissé au sol après la culture de la légumineuse sera d'autant mieux valorisé que l'interculture et la culture suivante auront été gérées de façon à limiter les fuites azotées dans l'environnement. Ces aspects sont traités dans le chapitre 3.

Par ailleurs, même si la composante « azote » est fondamentale dans l'effet précédent positif lié à une légumineuse et mesuré sur la culture associée ou suivante, cette composante n'est pas la seule : on sait que l'effet précédent d'une légumineuse intervient aussi dans la fertilité des sols et l'efficience des autres cultures à absorber les nutriments (chapitre 3).

Avec la contribution de : Guénaëlle Corre-Hellou, Jean-Jacques Drevon, Gérard Duc, Pierre Jouffret, Eric Justes, Bernadette Julier, Christophe Naudin, Anne Schneider, Pascal Thiébeau, Françoise Vertès.

Chapitre 3

Performances agronomiques et gestion des légumineuses dans les systèmes de productions végétales

Marie-Hélène JEUFFROY, Véronique BIARNÈS,
Jean-Pierre COHAN, Guénaëlle CORRE-HELLOU, François GASTAL,
Pierre JOUFFRET, Eric JUSTES, Nathalie LANDÉ, Gaëtan LOUARN,
Sylvain PLANTUREUX, Anne SCHNEIDER, Pascal THIÉBEAU,
Muriel VALANTIN-MORISON, Françoise VERTÈS

Ce chapitre concerne ce qui est spécifiquement lié à la présence de légumineuse au sein du système de culture* : spécificités pour la culture de légumineuse et conséquences qu'elle induit sur le reste du système de culture. Rappelons que le système de culture est « l'ensemble des modalités techniques mises en œuvre sur des parcelles traitées de manière identique. Chaque système de culture se définit par (i) la nature des cultures et leur ordre de succession, (ii) les itinéraires techniques appliqués à ces différentes cultures, ce qui inclut le choix des variétés pour les cultures retenues » (Sebillotte, 1990).

L'insertion des légumineuses dans les systèmes de culture doit être réfléchie selon la combinaison de trois éléments : les objectifs visés par l'agriculteur, l'environnement socio-économique dans lequel l'exploitation est insérée et le contexte pédoclimatique des parcelles. Comme précisé dans le chapitre 1, nous considérons les catégories de légumineuses selon la façon dont elles sont exploitées au sein des systèmes agricoles français : légumineuses exploitées pour leurs graines, légumineuses non récoltées dans les systèmes céréaliers, et légumineuses exploitées pour leur biomasse fourragère.

L'évolution historique des surfaces des différentes légumineuses et de leur fréquence par rapport aux terres arables des régions agricoles françaises est détaillée dans le chapitre 1 (p. 44 et p. 52), les éléments explicatifs de cette évolution seront analysés en chapitre 7 lorsqu'ils relèvent du contexte socio-économique. Sont ici analysés les éléments d'évolution qui relèvent du système de production* et du système de culture*.

Les légumineuses fourragères et prairiales, qui concernaient une large proportion des surfaces françaises lorsque l'élevage était présent dans toutes les régions, sont devenues plus localisées lors de la spécialisation des territoires dans les années 1960-1970, car strictement liées aux zones d'élevage qui se sont concentrées. Elles sont maintenant majoritairement conduites en association avec des non-légumineuses. Seule la luzerne reste plus indépendante des élevages car sa déshydratation permet son transport et son utilisation dans des zones éloignées de celles de sa production, en particulier en Champagne. Les légumineuses annuelles à graines, historiquement très rares dans les assolements* français et réservées à la consommation humaine, sont apparues dans les années 1980 de façon majoritaire dans les systèmes de grande culture mais aussi en zone de polyculture-élevage. La culture des protéagineux s'est essentiellement développée dans les systèmes céréaliers à niveau d'intrants élevé de la moitié nord de la France (70 à 80 % de la culture du pois, espèce majoritaire dans les années 1990, couvrait 27 départements du nord-ouest de la France ; source Unip). Le soja a été plus fortement lié aux systèmes de culture de la moitié sud de la France (systèmes irrigués tout d'abord, puis non irrigués). Le pois chiche est principalement cantonné à des systèmes méditerranéens. Les lentilles et les haricots sont surtout associés à des bassins de production assez localisés (notion de terroir).

Les successions dans lesquelles les légumineuses sont insérées sont variées et ont évolué au cours des trente dernières années. En prenant l'exemple du bassin de la Seine[33], on constate que, durant les années 1980, les légumineuses fourragères (luzerne) faisaient partie de successions longues intégrant 2 ou 3 années de prairies dans le cycle rotationnel. Les cycles duraient de 5 ans pour les plus courts à plus d'une dizaine d'années, avec une longueur généralement comprise entre 6 et 9 ans. Les espèces implantées (ainsi que leur ordre de succession) étaient très variables. Les rotations avec luzerne étaient de type « luzerne – luzerne – luzerne – blé – blé – betterave – orge – colza – blé – orge » et « luzerne – luzerne – blé – maïs – blé – orge ». Les légumineuses à graines, en particulier le pois (majoritaire), se retrouvaient dans des successions de cultures de 5 à 6 ans. On observe que le premier blé, après pois, était suivi d'une céréale secondaire qui a été progressivement remplacée par un deuxième blé. Durant les années 1990, les successions à base de pois se raccourcissent (4 ans), avec la betterave ou le colza en tête de rotation, même si les successions sur 5 ans ou plus restent bien représentées. Enfin, ces dernières ont nettement diminué depuis les années 2000, avec des successions dominantes sur 4 ans, fréquemment de type « betterave ou colza – blé – légumineuse – blé ». Depuis 2003, les surfaces en pois diminuent et le colza est devenu la principale tête de rotation dans l'Est puis dans tout le bassin (sauf dans les régions d'élevage en périphérie). La féverole fait son apparition et s'intègre dans les mêmes successions que le pois, qu'elle remplace de plus en plus (colza – blé – féverole – blé). Depuis les années 1980, certaines successions sont sur une base triennale (pois ou féverole – blé – blé, pois ou féverole – blé – orge), mais elles restent minoritaires sur les 35 dernières années dans le

---

33. Mignolet, communication personnelle, sur l'analyse de plusieurs bases de données incluant les pratiques culturales (1970-2013).

bassin de la Seine. Une étude plus précise[34] sur trois régions françaises entre 2006 et 2011 indique que les légumineuses annuelles se retrouvent dans des successions relativement longues (autour de 5-6 ans) en alternance avec une autre tête de rotation devant deux céréales à paille. La tête de rotation est principalement le colza en Bourgogne, le tournesol en Midi-Pyrénées, le maïs ou le colza en Pays de la Loire. On observe également la présence de légumineuse dans des successions de 3-4 ans, placée devant au moins deux céréales à paille.

Actuellement, la majorité des légumineuses annuelles et pluriannuelles, cultivées en monospécifique, font partie des systèmes de grande culture, à base de céréales, conduits majoritairement en conventionnel, alors que les légumineuses fourragères et prairiales de plus de 2 ans sont largement utilisées en mélanges avec des graminées et présentes dans des systèmes de production incluant un atelier d'élevage, avec prédominance de ruminants.

L'importance des légumineuses au sein des assolements est étroitement liée au paradigme de production dans lequel les agriculteurs se placent. Ainsi, les légumineuses se retrouvent en plus forte proportion par rapport aux cultures majoritaires non-légumineuses de l'exploitation et constituent des espèces pivots dans les systèmes performants à bas niveau d'intrants (de Marguerye *et al.*, 2013 ; Petit *et al.*, 2012) et en agriculture biologique (AB) (Fontaine *et al.*, 2012), deux types de systèmes reposant sur des principes agroécologiques*, en comparaison aux systèmes conventionnels, davantage dépendants de l'usage d'intrants de synthèse (engrais azotés et pesticides*).

Les effets agronomiques des légumineuses dans les systèmes de culture sont directement liés à leurs spécificités physiologiques (décrites dans le chapitre 2), qui varient selon les espèces concernées et les conditions du milieu. Cependant, ils sont également étroitement dépendants de leur mode de gestion, qui permet une expression plus ou moins forte de ces effets agronomiques, et leur valorisation dans la gestion des systèmes, que ce soit pendant la culture elle-même (éléments de l'itinéraire technique) ou dans les éléments du système dans son ensemble (choix des parcelles et du matériel, gestion des cultures précédentes et suivantes, gestion des résidus après récolte et de l'interculture, etc.). Par ailleurs, ces effets agronomiques peuvent s'exprimer à différents niveaux de l'échelle spatiale : parcelle, assolement, exploitation agricole. En interaction avec les éléments de gestion du système, ils vont ensuite déterminer les flux des polluants émis par les systèmes de production et leurs impacts environnementaux et économiques décrits en chapitres 6 et 7.

Les caractéristiques à prendre en compte pour la gestion des légumineuses au sein du système de culture sont :
– pour les cultures annuelles, leur cycle court (notamment pour les types variétaux de printemps, dominants en France jusqu'ici), le type hiver ou printemps selon les contraintes du milieu, l'organisation du travail au sein de l'exploitation agricole et le système de culture dans lequel la légumineuse est insérée, le type

---

d'agencement (culture monospécifique ou en association avec une non-légumineuse), leur exigence modérée en intrants par rapport à d'autres grandes cultures majoritaires, leur sensibilité à l'environnement (liée certainement en grande partie à la fixation symbiotique) ;

– pour les associations fourragères et prairiales, leur pérennité dépend de la compétitivité relative avec les non-légumineuses et de la gestion du pâturage et de la fauche ;

– pour l'ensemble des légumineuses, les performances de la culture et les effets sur le système de culture sont largement conditionnés par le fonctionnement efficace de la nutrition azotée (dont la voie symbiotique, spécifique à cette famille botanique et souvent majoritaire). Elles sont également affectées par les contraintes abiotiques induites par le climat et les sols, et par les possibles attaques de bioagresseurs. Or certains leviers favorisant un bon fonctionnement peuvent être actionnés à l'échelle du système, *via* l'organisation des cultures dans le temps et l'espace, en adaptant les itinéraires techniques selon les objectifs visés.

Quels que soient l'espèce, le mode d'insertion et la conduite, les effets agronomiques des légumineuses dans les systèmes de culture sont de deux ordres :

– ceux liés aux flux azotés dans le système. L'objectif doit être de favoriser la fixation symbiotique pour augmenter cette voie d'entrée d'azote dans le système (baisse de charges pour l'agriculteur, évitement d'engrais azotés et de leurs impacts, azote organique moins labile donc moins sujet à fuites dans l'environnement), mais aussi de piloter les flux azotés au cours du temps au profit principal de la production de biomasse végétale du système de culture (avec un intérêt productif direct et aussi un avantage corollaire sur le plan environnemental de réduction des pertes azotées dans l'environnement) ;

– ceux liés à la diversification au sein du système de culture (rupture des cycles des parasites, diversité des ravageurs et auxiliaires, effets sur la biologie des sols, etc.).

L'ensemble de ce chapitre analyse les différents systèmes de culture évoqués et les bonnes pratiques agronomiques associées, pour favoriser les meilleurs compromis entre fonctions de production et services agroécologiques et économiques rendus pour les exploitants agricoles et le milieu.

▸▸ Systèmes de culture avec légumineuses annuelles à graines

Les légumineuses annuelles à graines ont actuellement une place mineure par rapport aux autres grandes cultures (voir chapitre 1). En France, leurs surfaces représentent moins de 5 % des surfaces des principales grandes cultures (moyenne pluriannuelle 2008-2012). Dans l'Union européenne, ce chiffre varie de 0,3 à 7 % selon les pays, avec une moyenne de 1,82 % (figure 1.9, planche IV).

Selon les espèces et les zones de culture, les périodes de semis et de récolte sont assez variées (tableau 3.1), ce qui permet un choix des espèces adapté aux spécificités régionales.

Tableau 3.1. Principales périodes de semis et de récolte des différentes espèces de légumineuses annuelles à graines en France, et de leurs performances de production.

Espèces	Semis (période médiane)	Récolte (période médiane)	Rendement (Rdt) et teneur en protéines (TPi ; % matière sèche)
Pois	Type printemps : février-mars (nord France) ou décembre-janvier (sud France) Type hiver : novembre	Type printemps : mi-fin juillet (nord France) ; mi-juin – fin juin (sud France) Type hiver : fin juin-début juillet (nord France), mi-juin – fin juin (sud France)	Rdt = 25 à 75 q/ha TPi = 22 à 25 %
Féverole	Type printemps : février-mars Type hiver : octobre à janvier	Août-septembre (type printemps) Fin juin-juillet (type hiver)	Rdt = 20 à 80 q/ha TPi = 27 à 30 %
Lupin	Type printemps : février-mars Type hiver : septembre-octobre	Septembre (type printemps) Juillet (type hiver)	Rdt = 25 à 45 q/ha TPi = 33 à 37 %
Soja	Mi-avril-fin mai	Septembre-octobre	Rdt = 20 à 45 q/ha TPi = 38 à 42 %
Pois chiche	janvier-mars (principalement sud France)	Juillet-août	Rdt = 10 à 60 q/ha TPi = 15 à 20 %
Lentille	Février-avril	Juillet	Rdt = 10 à 30 q/ha TPi = 20 à 25 %
Haricot	Mai-août	Juillet-octobre	Rdt = 15 à 30 q/ha TPi = 20 à 23 %

Même si cela ne concerne pas la majorité des exploitations, l'évolution récente de l'agriculture conduit à l'émergence d'innovations dans la conception des systèmes, qui concernent en particulier les légumineuses (figure 3.1) avec des rotations plus longues (Dumas *et al.*, 2012 ; de Marguerye *et al.*, 2013), des cultures associées (Cohan *et al.*, 2013 ; Corre-Hellou *et al.*, 2013 ; Pelzer *et al.*, 2014) et des couverts avec de multiples combinaisons telles que couverts d'interculture (Cohan *et al.*, 2012), mais aussi couverts accompagnant une culture de rente ou couverts relais implantés dans la culture précédente (Cohan *et al.*, 2012 ; Valantin-Morison *et al.*, 2014). Historiquement et actuellement, les légumineuses à graines sont très majoritairement cultivées en culture monospécifique. Cependant, on observe une augmentation des cultures de légumineuses à graines en association avec des céréales (Corre-Hellou *et al.*, 2013 ; Pelzer *et al.*, 2014), que ce soit chez des éleveurs (utilisant souvent en direct le mélange des graines des deux cultures, récoltées en même temps à maturité ou immatures en ensilage) ou des céréaliers, en particulier en AB (la récolte étant alors, le plus souvent, soumise à un tri avant son utilisation). On observe aussi quelques couverts de graminées implantés sous culture de légumineuses.

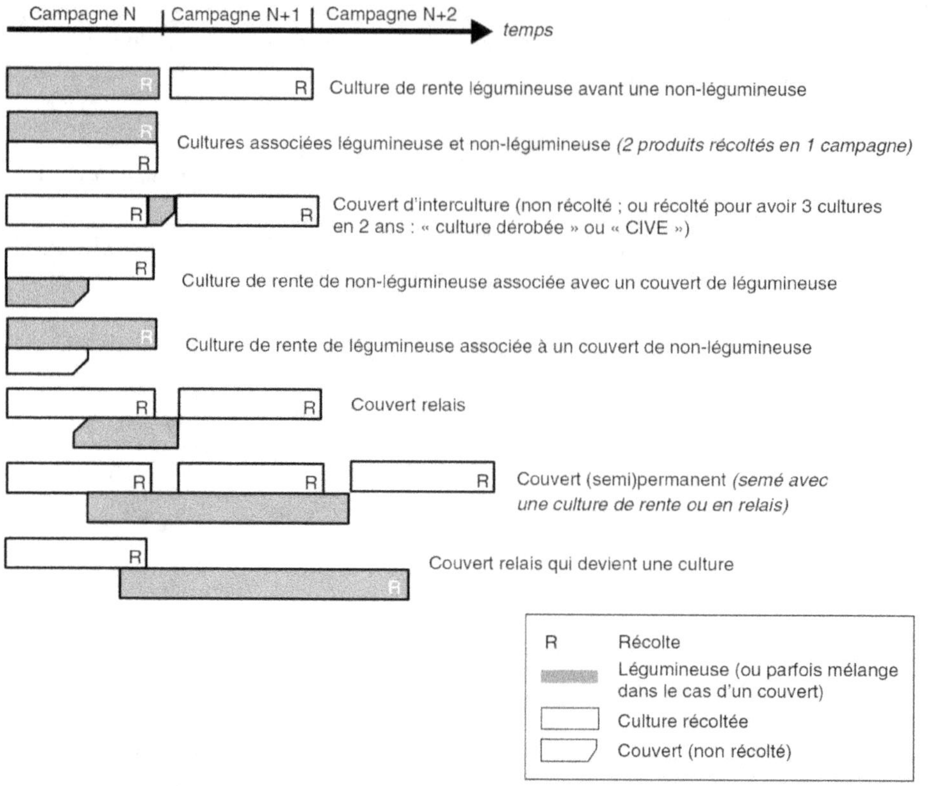

Figure 3.1. Différents modes d'insertion des légumineuses dans les successions et les associations végétales.

En Europe, des systèmes innovants cherchent aussi à valoriser une deuxième culture de rente (graines ou biomasse) au cours de la campagne agricole, et les légumineuses annuelles à cycle court peuvent être des cultures candidates pour ce qui est souvent appelé « cultures dérobées ». Des initiatives sont récemment apparues en France, même si les itinéraires techniques ne sont pas encore au point. Les légumineuses cultivées en 2nde culture de l'année sont beaucoup plus développées en Amérique du Sud — Argentine par exemple — grâce au soja à cycle court (Salembier et Meynard, 2013). Dans le sud de la France, la récolte de soja en double culture est également réalisée, sans problème majeur, chez quelques agriculteurs (quelques centaines d'hectares en 2014), après des cultures à cycle court (orge, pois, ail), et pourrait se développer à l'avenir pour des raisons économiques et/ou pour répondre aux exigences de couverture permanente des sols. Elle est permise par la disponibilité de variétés de soja à cycle très court, mais nécessite l'adaptation de la culture précédente pour une libération précoce des terres, l'irrigation pour assurer la levée de la culture, ainsi que l'alimentation en eau de la culture pendant les phases sensibles du cycle. On observe aussi depuis peu quelques semis de pois après récolte des céréales, notamment dans l'est de la France en 2014. Étant donné les conditions climatiques françaises, des secondes cultures pourraient également se développer dans les régions plus septentrionales, mais probablement plutôt dans un objectif de production de biomasse que dans un objectif de production de graines, ce qui limite les risques en termes de conditions de récolte.

Performances, et leur variabilité, des légumineuses à graines annuelles

Cultures monospécifiques

On s'attache ici à analyser le rendement en graines, principal facteur de performance économique chez les légumineuses, même si la qualité des graines, en particulier leur contenu en protéines ou leur couleur, peut jouer sur le niveau de valorisation économique de la culture.

Évolution du rendement national

Le rendement moyen national des légumineuses à graines cultivées est intermédiaire entre ceux du blé et du maïs (supérieurs) et celui des oléagineux (inférieur) (figure 3.2, planche XV). Au sein des légumineuses à graines, le rendement est plus élevé pour les protéagineux (en général 30 à 50 q/ha pour la féverole et 40 à 55 q/ha pour le pois en moyenne nationale) comparé au lupin, au soja (autour de 25-30 q/ha en moyenne nationale) et aux lentilles, pois chiches et haricots (entre 15 et 25 q/ha).

Ces moyennes du rendement réalisé ne représentent pas le potentiel de rendement des cultures et cachent de nombreuses diversités régionales pour chacune des cultures et pour chaque année. Elles ne rendent pas compte non plus des différences importantes de surfaces concernées. Or, la part représentée par chaque culture dans l'assolement d'une exploitation et les critères de choix de localisation, différents selon les cultures, ont une influence certaine sur leur niveau de production.

Cette production moyenne annuelle nationale des légumineuses à graines a trois spécificités : une faible croissance sur les 30 années de suivi, une forte variabilité interannuelle et une forte variabilité interrégionale.

Au cours des 30 dernières années, l'augmentation du rendement moyen français chez les légumineuses à graines (en q/ha/an : 0,003 pour le pois, 0,21 pour le soja, et 0,48 pour la féverole) est nettement plus faible que celle des céréales (0,60 q/ha/an pour le blé, et 1,11 q/ha/an pour le maïs grain, culture majoritairement irriguée). Le colza connaît aussi un gain faible, de seulement 0,26 q/ha/an, valeur intermédiaire de celles observées chez les légumineuses.

Le pois apparaît comme la seule grande culture pour laquelle la moyenne des rendements nationaux des 5 dernières années est inférieure à la moyenne établie sur la période plus longue 1993-2012, même s'il existe un gain effectif de rendement potentiel par rapport aux variétés anciennes (voir p. 21). Cette stagnation apparente contribue à décourager les producteurs. La tendance générale des rendements moyens, en particulier l'écart qui s'est creusé progressivement entre le rendement moyen du blé et celui du pois, semble être une source majeure du désintérêt économique des agriculteurs vis-à-vis de cette culture : l'écart moyen entre les rendements nationaux réalisés pour le blé et pour le pois était de 15 q/ha sur la période 1983-1992 et de 27 q/ha sur la période 2002-2012, soit un rapport de 1,4 en 1982 (53 et 38,4 q/ha) et de 1,6 en 2012 (72,7 et 44,5 q/ha). D'après l'interprofession Unip et plusieurs socio-économistes, le choix de cultures à forte rentabilité annuelle dans les assolements (encouragé par un contexte de prix élevés pour les matières premières agricoles), ainsi que la tendance à la simplification des systèmes de culture (chapitre 7), constituent les facteurs majeurs de la régression des légumineuses dans les zones de grande culture et un frein à leur développement si le contexte ne change pas.

Variabilité des rendements moyens nationaux

La variabilité interannuelle des rendements moyens nationaux, mesurée par le coefficient de variation, n'est pas si différente entre les grandes cultures sur les 30 dernières années (1983-2012) : celle des légumineuses à graines (10 % pour le pois, 16 % pour la féverole, 13 % pour le soja) est équivalente à celle du maïs (14 %), du colza (12 %) et du sorgho (15 %), mais supérieure à celle des céréales majeures (9 % pour le blé tendre et l'orge d'hiver) et celle du tournesol (8 %). Cependant, alors que pour la majorité des grandes cultures, cette variabilité s'est réduite dans les dix dernières années (autour de 6 à 7 %), elle reste élevée, voire s'est accrue, pour le pois et la féverole (10 à 15 %). Par ailleurs, le niveau de production en céréale étant beaucoup plus élevé qu'en légumineuses à graines, les variabilités interannuelles du rendement sont perçues comme étant moins importantes par les producteurs.

Si on s'abstrait de l'évolution tendancielle des rendements sur la période, on peut estimer la variabilité interannuelle résiduelle du rendement moyen national. En considérant les 30 dernières années, elle apparaît plus élevée chez la féverole (écart-type résiduel de 0,10) et le colza (écart-type résiduel de 0,11, en particulier dans les années 1980-2000) que chez le blé (écart-type résiduel de 0,06) ou le pois (écart-type résiduel de 0,09)[35].

À l'échelle européenne, à partir du rendement FAO des principales espèces cultivées (légumineuses, céréales, oléagineuses, tubercules) entre 1961 et 2013, le rendement des légumineuses apparaît significativement plus variable que celui des non-légumineuses (sur la base de l'analyse des écarts-types résiduels). Cette variabilité interannuelle dépend de la grande région considérée et de l'espèce : par exemple, le rendement du soja est moins variable en Europe de l'Est, comparé à l'Europe de l'Ouest et du Sud. La féverole serait l'une des légumineuses les moins variables en Europe (ce qui est peut-être en fait lié à sa localisation plus spécifique). La situation est différente en Amérique ou au Canada où, contrairement à l'Europe, les différences entre légumineuses (majoritairement le soja) et non-légumineuses sont plus faibles sur les 50 dernières années (mais avec des surfaces de soja qui sont conséquentes et en augmentation).

Cependant, ces tendances pour les rendements annuels moyens français par culture sont à analyser en tenant compte des variabilités interrégionales. Même si elles sont du même ordre de grandeur entre le pois et le blé tendre par exemple (entre 15 et 20 % de coefficient de variation en moyenne sur les 30 dernières années dans les deux cas),

---

35. Cernay, communication personnelle.

le rapport des surfaces concernées est très fortement déséquilibré : cette variabilité concerne 0,12 à 0,7 Mha pour le pois et 4,5 à 5 Mha pour le blé. De plus, le blé est toujours cultivé sur l'ensemble du territoire français alors que, dans les 15 dernières années, les aires de culture du pois se sont fortement réduites et déplacées (voir p. 151).

Facteurs biotiques et abiotiques explicatifs des tendances observées

Il est délicat d'évaluer la part respective de ces différents facteurs limitants sur la réduction du rendement moyen national et il serait plus pertinent de mener l'analyse à une échelle plus régionalisée, voire locale, c'est-à-dire sous forme de diagnostics agronomiques dans des conditions données en comparaison des données rétrospectives, ce qui n'a pas été réalisé. Les études disponibles à ce jour permettent néanmoins de souligner certains éléments génériques.

Chez le pois de printemps, les facteurs limitants majeurs du rendement sont les stress hydriques et thermiques (fortes températures), la pourriture racinaire due au pathogène *Aphanomyces* et les tassements du sol. Pour le pois d'hiver, on relève la verse et l'ascochytose, parfois accentués par le gel hivernal.

Par ailleurs, les performances des cultures de printemps (orge de printemps, pois, féverole) ont été plus variables ces dernières années (accidents climatiques problématiques) dans les zones de culture concernées. La réduction de leurs surfaces (en proportion de l'espèce) ainsi que le changement de localisation et de pratiques (forte réduction de l'irrigation en pois) doivent être pris en compte pour expliquer ces variations. Chez la féverole, les conditions climatiques sont également déterminantes du rendement ainsi que des attaques de rouille. Par ailleurs, cette espèce est sensible à des infestations de pucerons, mais également de bruches qui détériorent en particulier la qualité des graines. Chez le soja, le déficit hydrique est le principal facteur limitant, ainsi que certaines caractéristiques physico-chimiques des sols. Ces facteurs du milieu ont aussi une incidence sur la nécessité ou pas de ré-inoculer une parcelle de soja déjà inoculée auparavant. Plante peu couvrante au début de son cycle, le soja est fortement exposé à la concurrence des adventices et le désherbage est quasi systématique en conventionnel, tandis que les maladies (sclérotinia) et les ravageurs sont moins problématiques.

Le climat est un facteur déterminant de la variabilité du rendement des protéagineux et du soja, surtout pour les types printemps, particulièrement affectés par des stress hydriques et thermiques de fin de cycle, induisant des pertes de graines. Or, l'occurrence de ces stress, notamment lors de la formation et du remplissage des graines, s'est accrue ces dernières années (figure 3.3, planche XV) : stress hydrique intense en 2011 (ayant perturbé le fonctionnement des nodosités et la nutrition azotée, d'où des teneurs en protéines très faibles) ; printemps très humides en 2012 et en 2013 (excès d'eau qui peut aussi avoir un effet négatif sur la nutrition azotée), fortes chaleurs en fin de printemps en 2005 et 2006. Le rendement du pois est très sensible aux fortes températures pendant la phase reproductrice (figure 3.4) ainsi qu'au déficit hydrique. Ainsi, il a été montré que le nombre de graines par plante est proportionnel à la vitesse de croissance de la plante et à l'intensité du déficit hydrique (Guilioni *et al.*, 2003). Le pois étant très sensible au stress hydrique (avec des pertes de rendement dès 25 mm de déficit climatique), des irrigations modérées par rapport aux cultures d'été sont parfois appliquées (sur 10 % maximum de la sole de pois) : 50-90 mm sur pois de printemps (soit 2 à 3 tours d'eau de 25-30 mm) comparé à 140 mm en moyenne pour un soja dans le Sud-Ouest, et 190 mm pour un maïs cultivé dans les mêmes conditions que le soja (Jouffret *et al.*, 1995). Dans ces cas, les effets sur le rendement sont importants. La valorisation de l'eau est en effet de 5 à 8 q/ha pour un apport d'eau de 30 mm. Il est donc possible de gagner jusqu'à 15-20 q/ha avec 2 à 3 tours d'eau bien positionnés par rapport à une culture non irriguée. Cependant, des irrigations tardives ou trop précoces sont parfois néfastes, induisant une concurrence entre la formation et le remplissage des puits et la poursuite du développement végétatif. Le pois de printemps est aujourd'hui majoritairement conduit sans irrigation. Par ailleurs, le changement d'aire de culture du pois a accru l'importance des stress climatiques : les surfaces de pois actuelles se retrouvent en proportion plus importante dans la zone intermédiaire, qui a une plus faible réserve hydrique que la zone nord de la France (zone qui ne représente plus que 50 % des surfaces nationales, contre 80 % il y a 30 ans), ce qui favorise l'apparition précoce de stress hydrique, très préjudiciable pour le rendement du pois. Enfin, les fortes températures de fin de printemps semblent plus fréquentes. Face à ces stress climatiques, les espèces de type hiver montrent leur intérêt, du fait de leur période de formation des graines située entre fin avril et fin mai (selon les dates de semis, les variétés et la région), période pendant laquelle les risques de stress hydriques et thermiques sont plus faibles.

Chez le soja, la conduite de l'irrigation permet en particulier d'influencer la teneur en protéines des graines (Burger, 2001). D'une part, les conduites peu limitantes en eau permettent, outre un bon rendement, d'obtenir des teneurs en protéines élevées. D'autre part, une limitation en eau en début de cycle ne pénalise pas la teneur en protéines et permet de réduire les risques de verse et de sclérotinia. En revanche, une limitation en eau durant la phase de remplissage du grain est généralement néfaste pour la teneur en protéines, même s'il existe des cas où la limitation pendant le remplissage n'a que peu d'effet, une limitation antérieure ayant réduit la taille du puits graines. La culture du soja apparaît moins affectée par ces facteurs limitants climatiques, en partie car elle s'insère plus régulièrement dans des systèmes irrigués que le pois et la féverole. Depuis 30 ans, seulement 2 années ont été caractérisées par des rendements anormalement bas pour le soja : en 1992, en raison d'un automne anormalement pluvieux qui avait conduit à une dégradation des graines mûres sur pied dans le sud-ouest de la France ; en 2003, où la sécheresse excessive avait conduit à des rendements bas du fait d'un manque d'eau pour irriguer suffisamment, et d'une proportion anormalement élevée de cultures conduites en sec en raison d'un système d'aides qui avait favorisé un fort développement des cultures en sec.

En féverole de printemps, le stress hydrique et les fortes températures représentent également les deux facteurs limitants principaux du rendement. L'impact des fortes températures en féverole de printemps a bien été montré, dans plusieurs situations avec irrigation de 2001 à 2003, où une relation négative étroite entre nombre de grains/m^2 et cumul de températures maximales supérieures à 25 °C entre le début de la floraison et le début du remplissage des grains a été mise en évidence (Metayer, 2004). Par ailleurs, en 2013, le gradient de fortes températures entre la région Centre et la bordure maritime Nord-Ouest a permis d'expliquer les différences de rendement entre ces deux régions (Quoi de Neuf ?, 2013).

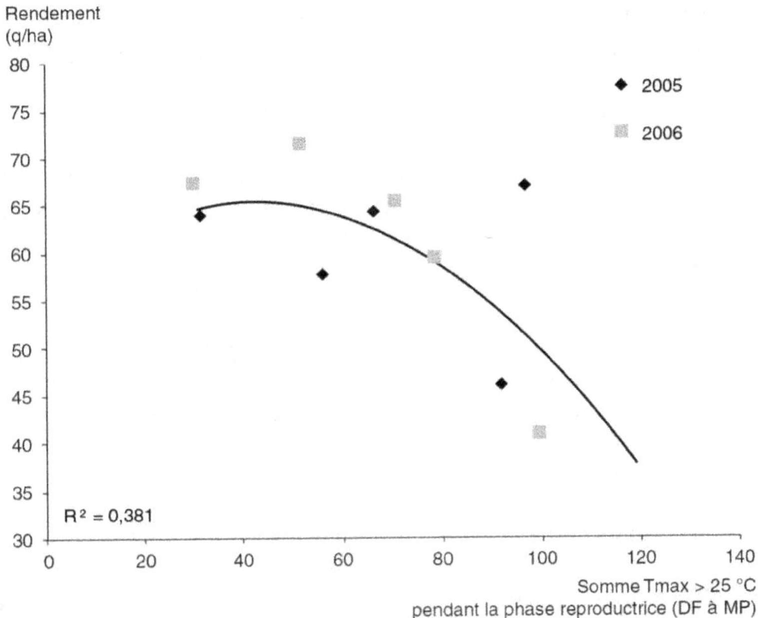

Figure 3.4. Relation entre le rendement du pois et les fortes températures pendant la phase reproductrice entre début floraison (DF) et maturité physiologique des graines (MP) pour différents sites de Bretagne, Normandie, Centre, Rhône-Alpes, Auvergne, Picardie et Pays de la Loire. Sources : Unip-Inra avec les données du réseau variétés Arvalis-Unip-FNAMS 2005 et 2006.

Dans les années 1990, un facteur important de la baisse du rendement moyen français a été l'apparition de la pourriture racinaire du pois, maladie due à *Aphanomyces euteiches*, entraînant des symptômes de nanisme, de jaunissement de la plante, de réduction du nombre de gousses et de graines, pouvant causer jusqu'à 100 % de perte de rendement. La présence de ce « pseudo-champignon » (oomycète) dans une parcelle est principalement liée à la combinaison d'un retour trop fréquent du pois, d'une forte pluviométrie et de températures douces au printemps, d'une sensibilité du sol à l'hydromorphie et d'un tassement du sol. Une enquête en 2011 a montré que, en Eure-et-Loir et en Seine-et-Marne, départements traditionnels de la culture du pois, le pathogène est présent dans 60 à 90 % des parcelles ayant déjà reçu un pois dans les 20 dernières années (source Unip). Toutefois, à part en Brie, la majorité des parcelles a un faible niveau d'infestation. Cette maladie a été un facteur majeur de la disparition de la culture du pois dans des terres historiques et très productives (en région Centre notamment) et la cause de certains rendements moindres qu'espérés dans ces régions (Bonilla, 2013). Peu de moyens de lutte sont disponibles aujourd'hui, à part la gestion des rotations et le changement de date de semis et de type variétal. Les pois d'hiver sont moins affectés par cette maladie que les pois de printemps, du fait du décalage de leur cycle cultural par rapport à celui du pathogène (Quoi de Neuf ?, 2013). Par ailleurs, un test de potentiel infectieux du sol a été mis au point et est recommandé avant implantation, pour caractériser le risque d'une parcelle (Arvalis-Unip, 2010), mais il est faiblement utilisé par les producteurs. Les travaux progressent sur la recherche de résistances à ce *Aphanomyces euteiches*. Les espèces de légumineuses peuvent être classées en quatre catégories selon leur réaction vis-à-vis de ce pathogène (Moussart *et al.*, 2008) : les espèces sensibles (lentille, luzerne, haricot) avec un faible niveau de résistance partielle, les espèces incluant des génotypes sensibles et d'autres avec un fort niveau de résistance (vesce, féverole, trèfle), les espèces avec un très haut niveau de résistance (pois chiche), et les espèces ne présentant aucun symptôme (lupin).

L'ascochytose est une maladie aérienne due à un complexe parasitaire composé principalement de deux champignons, *Mycosphaerella pinodes* et *Ascochyta pisi*. Par ses attaques plus précoces en pois d'hiver, elle induit généralement des pertes de rendement plus élevées qu'en pois de printemps, pouvant aller jusqu'à 50 % de pertes de rendement. Cette maladie provoque des nécroses des organes aériens de la plante, perturbant l'assimilation carbonée et le transfert des assimilats entre les organes végétatifs et reproducteurs, et donc des réductions du nombre de graines et du poids des graines. Elle est favorisée par un microclimat doux et humide à l'intérieur du couvert végétal, plus fréquent dans des couverts denses, et pour des variétés à architecture compacte et peu aérée. La maladie est généralement contrôlée par l'application de 2 à 4 fongicides en moyenne par parcelle, mais son efficacité n'est pas toujours totale. Des travaux sont en cours pour sélectionner des variétés résistantes.

Le sclérotinia, principale maladie du soja, est assez fréquent, surtout dans les cultures irriguées du sud de la France (Chambert, 2014). Les dégâts peuvent être importants (5 à 10 q/ha) mais sont généralement limités par une protection intégrée faisant appel à une gestion raisonnée de l'irrigation et du peuplement, à la tolérance variétale et à l'utilisation d'un produit de biocontrôle accélérant la destruction naturelle des sclérotes dans le sol.

Les tassements du sol, notamment dans les 20 premiers centimètres, perturbent de manière importante la fixation symbiotique et ont alors des conséquences non négligeables sur la nutrition azotée et le rendement de la culture, ces situations étant assez fréquentes en parcelles agricoles (Doré *et al.*, 1998). La compaction du sol perturbe également le développement du système racinaire (profondeur maximale et densité racinaire), avec des effets plus marqués sur pois de printemps que sur pois d'hiver (Vocanson *et al.*, 2006). Ces effets ont alors des conséquences sur la capacité de la culture à prélever l'eau et l'azote minéral du sol dans les horizons profonds, et donc sur sa production. Le pois est plus sensible à l'état structural que la plupart des céréales : 30 % de réduction du rendement pour le pois en situation tassée par rapport à une situation non tassée, contre 5 à 20 % pour le blé, sorgho ou maïs grain (Déroulède *et al.*, 2013). Le système racinaire et donc les nodosités et l'activité fixatrice sont perturbés. Les conditions d'implantation (sol bien ressuyé et non tassé) sont déterminantes pour les performances des légumineuses et influencées par plusieurs facteurs, notamment le type de travail du sol, la présence de couverts avant semis, la texture du sol de la parcelle et sa qualité de drainage. On observe fréquemment des tassements sous pois de printemps, du fait de dates de semis précoces après hiver (pour tenter d'allonger le cycle cultural du pois), souvent réalisés en conditions de sol non suffisamment ressuyées.

En parcelles agricoles, le rendement peut également être limité par le nombre de tiges par m² mis en place (Doré *et al.*, 1998). Cette composante résulte d'une part de la densité de plantes semées et levées, mais également de la capacité des plantes levées à ramifier. Le taux de ramification varie en fonction de la profondeur de semis, de l'état structural de la couche superficielle du sol, des conditions climatiques (pluviométrie importante ou sécheresse) et de l'état de nutrition azotée de la culture. Avec les variétés actuelles de pois d'hiver, les densités recommandées sont inférieures à celles du pois de printemps (70-80 grains/m² contre 90 grains/m² en limon), mais sont peu respectées par les agriculteurs, ce qui peut générer des densités de tiges élevées favorisant ainsi la verse et l'ascochytose, comme observé dans un réseau de parcelles dans le Berry (Bénézit, 2013).

Modification de l'aire de culture et des conduites de culture

La réduction du rendement moyen national du pois est également liée à des modifications de l'aire de culture et des systèmes dans lesquels sont insérés les protéagineux. Ainsi, une plus grande proportion de parcelles de pois était irriguée dans les années 2000 (environ 17 à 20 % des surfaces de pois étaient irriguées entre 1995 et 2004) que dans les années 2010-2014 (même si les statistiques ne sont plus disponibles). Cette baisse peut s'expliquer par l'augmentation des surfaces en pois d'hiver (moins dépendants de l'irrigation que le pois de printemps), mais aussi par le fait que d'autres cultures sont prioritaires pour les quotas d'irrigation en baisse (ou du fait des changements de régions). Le pois est maintenant conduit majoritairement sans irrigation en région Centre par exemple.

Par ailleurs, la diminution des surfaces de pois en parcelles très productives de certaines régions (à cause de la multiplication des pertes liées à la maladie *Aphanomyces*) a également joué un rôle dans la réduction du rendement moyen national du pois. Alors que les régions du nord-ouest de la France représentaient plus de 80 % des 730 000 ha de pois en 1993, elles ne représentent actuellement plus que 60 % des 140 000 ha en 2013, tandis que les régions intermédiaires sont passées de 14 % à 35 % dans la même période (figure 3.5).

Les zones privilégiées de la culture ont évolué au cours des années et se sont conjuguées aux différences de rendement de ces zones (de 6 à 14 q/ha) et à une variabilité plus importante du nord au sud (coefficients de variation départementaux de 12, 16 ou 19 % respectivement sur la période 1983-2013). La part des départements du croissant des « zones intermédiaires », allant de Poitou-Charentes à la Lorraine, qui représentait 20 % dans les surfaces annuelles françaises de pois dans les années 1980, a augmenté régulièrement, pour atteindre jusqu'à près de 50 % aujourd'hui. Au contraire, pendant la même période, la part des départements traditionnels du nord de la France, à potentiel de rendement plus élevé de 5 à 10 q/ha en moyenne, est passée de 70-80 %, dans les années 1980, à moins de 50 % aujourd'hui. Ce déplacement de l'aire de culture, associé à la diminution des surfaces totales, explique une partie de la tendance à la baisse du niveau du rendement moyen national observé, en conjugaison avec d'autres facteurs (les parts respectives étant difficiles à quantifier).

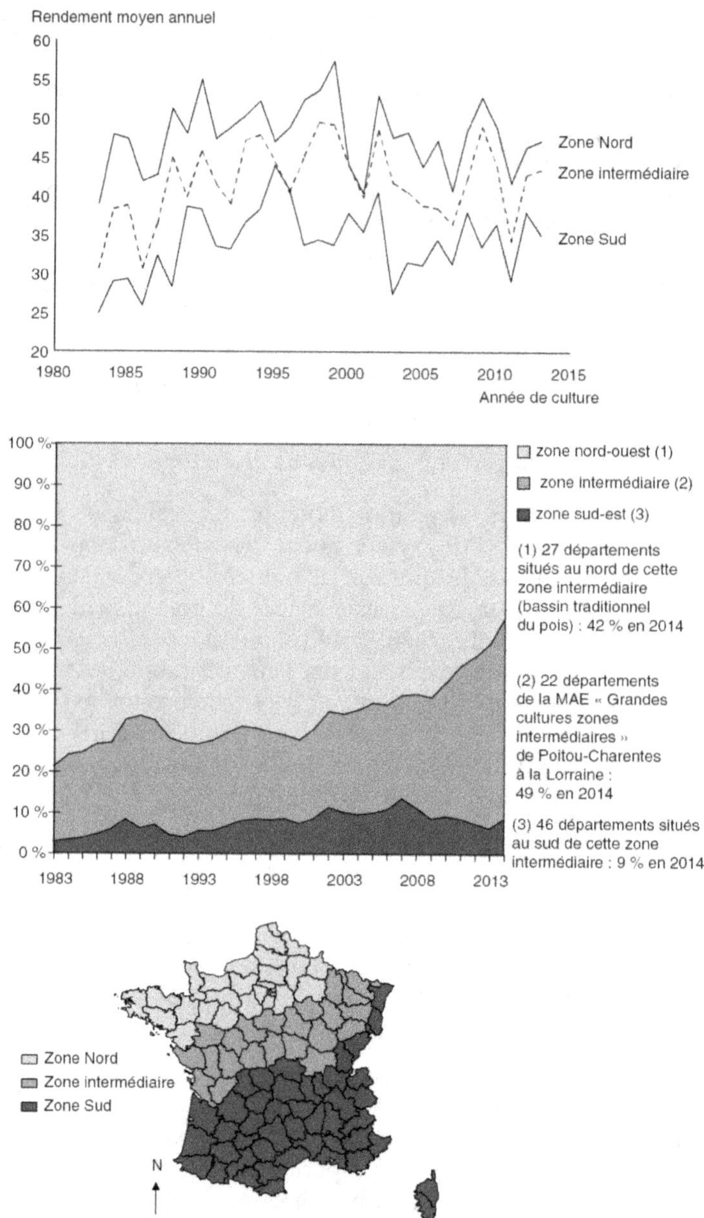

Figure 3.5. Évolution des rendements moyens annuels du pois dans trois zones françaises et de la répartition de ces surfaces cultivées entre 1983 et 2013 (source : B. Carrouée, Unip).

Autres facteurs potentiellement limitants

Le rendement peut également être influencé par le fonctionnement de la fixation symbiotique. Comme développé en chapitre 2, ce processus biologique clé pour les légumineuses peut être affecté non seulement à l'implantation lors de la mise en place du potentiel d'activité fixatrice, mais aussi lors des stress biotiques et abiotiques qui pénalisent cette source d'apport azoté. Pour le soja, il est recommandé d'inoculer la parcelle avec des souches bactériennes efficaces pour cette espèce. La présence des bactéries symbiotiques des espèces autres que le soja est souvent considérée non limitante dans les sols français, mais ceci serait à confirmer dans les sols actuels. Des travaux américains (Weese *et al.*, 2015) soulèvent la piste d'un effet de la forte teneur en azote minéral des sols, liée à la fertilisation azotée de l'agriculture depuis les années 1970, sur le fonctionnement même de bactéries symbiotiques qui sont devenues moins efficaces que celles issues de milieux non fertilisés car leur symbiose donne des trèfles à moindre biomasse.

Par ailleurs, la date et donc les conditions de récolte peuvent également être à l'origine de pertes de rendement. Ainsi, des pluies importantes en juillet, au moment des récoltes, ont entraîné une interférence avec les récoltes d'autres cultures (blé, colza) et un décalage des dates de récolte en pois d'hiver en 2000 et 2007 et en pois de printemps en 2014, à l'origine de pertes à la récolte (verse et égrenage), liées à une sur-maturité.

Perspectives

Évolution du climat

Les légumineuses ont un potentiel pour contribuer à l'adaptation des systèmes face au réchauffement climatique à double titre :
– par leur aptitude à fixer l'azote atmosphérique, elles peuvent mieux bénéficier que les graminées de l'accroissement des teneurs atmosphériques en CO_2 pour la photosynthèse (Lüscher *et al.*, 2000) ;
– l'augmentation attendue de la fréquence et de la sévérité des périodes de sécheresse peut accroître l'intérêt pour les espèces à enracinement profond telles que le trèfle violet, la luzerne, voire le sainfoin ou le lotier dans les prairies, d'autant plus que ces espèces ont des besoins en température supérieurs à ceux des graminées des associations.

Évolution des systèmes de production

L'évolution des systèmes de production est influencée par deux tendances opposées. D'une part, une simplification de la conduite des systèmes est favorisée par plusieurs facteurs : agrandissement des exploitations et des parcelles, mise en commun d'assolements, simplification du travail du sol. D'autre part, l'exigence de préservation de l'environnement joue en faveur de la réduction du recours aux phytosanitaires et aux apports azotés exogènes. Ces évolutions poussent à rechercher des conduites de culture et des types variétaux peu sensibles aux pressions biotiques, faciles à semer, à conduire et à récolter, permettant de grouper ou d'étaler les chantiers de travaux selon les préférences sociales des agriculteurs. Les légumineux ne répondent pas toujours à ces critères.

Comment améliorer les performances des légumineuses à graines ?

La stabilisation et l'augmentation des rendements sont prioritaires chez les légumineuses annuelles et nécessitent :
– un renforcement des moyens de conseil sur ces cultures mineures pour assurer une bonne implantation (clé de la réussite de la culture) et une conduite optimisée de la culture jusqu'à la récolte ; privilégier les sols profonds pour le pois et la féverole de printemps, envisager l'irrigation si cela est possible sur l'exploitation ;

– un progrès technique et génétique plus soutenu pour des performances renfor-cées pour les différentes espèces, avec moins de variabilité face aux stress biotiques et abiotiques (en tenant compte du changement climatique et du type de sol), *via* la combinaison de l'amélioration variétale et l'optimisation des itinéraires techniques, et en tenant compte des innovations à imaginer au niveau du système de culture : développement de variétés de pois de printemps résistantes au pathogène *Aphano-myces*, ou des espèces de type hiver, associations de cultures, couverts qui pourraient être bénéfiques aux protéagineux, techniques de travail du sol dans le système qui améliore l'implantation des protéagineux, etc. ;
– des innovations à poursuivre en termes de système de culture : associations de culture, couverts sous légumineuses, etc.

Performances des légumineuses associées à des non-légumineuses

Plusieurs types d'associations de légumineuses à graines avec des céréales (pois-blé d'hiver ; pois-orge de printemps ; féverole-blé dur) ont été testés depuis plusieurs années en conditions d'agriculture conventionnelle et biologique. Les rendements de l'association sont quasiment toujours supérieurs à la moyenne des rendements des espèces cultivées pures (figure 3.6 correspondant à la synthèse de 16 essais), l'effet « association » étant plus fort sur blé tendre, suggérant une meilleure effi-cacité dans l'utilisation des ressources, notamment azotées (Corre-Hellou *et al.*, 2006a, 2013).

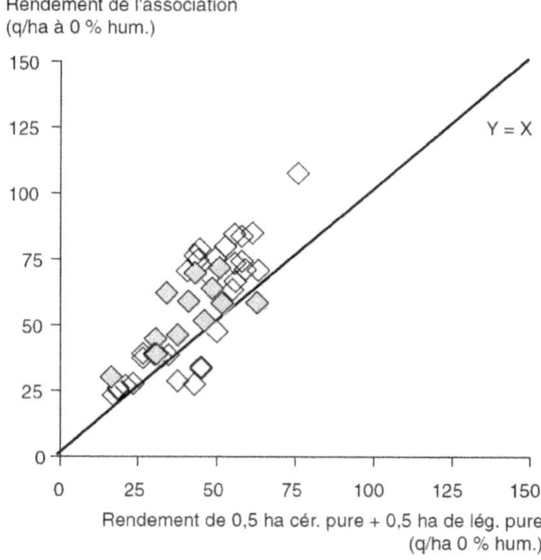

Figure 3.6. Comparaison, à doses d'azote apporté équivalentes, du rendement d'une association blé-pois avec la moyenne des rendements des espèces cultivées en pures. L'écart moyen est de +11,9 q/ha en faveur de l'association dans ces 16 essais (d'après Cohan *et al.*, 2013).

En moyenne, il faudrait environ 1,2 ha de cultures pures pour produire un rende-ment équivalent à 1 ha d'association, cette valeur variant de 0,8 à 1,6 selon les études. Les valeurs les plus élevées sont obtenues pour de faibles disponibilités en azote dans le milieu. Des valeurs supérieures à 1,6 peuvent aussi être obtenues dans le cas de fortes contraintes en cultures pures qui sont minimisées en association (facteurs biotiques et abiotiques). Par ailleurs, la variabilité interparcellaire des rendements est réduite par rapport à celle des cultures monospécifiques, le comportement d'une espèce compensant celui de l'autre face à la diversité des conditions climatiques (Pelzer *et al.*, 2012). Ceci a particulièrement été montré en situation d'agriculture biologique (Bedoussac *et al.*, 2014, 2015).

Les phénomènes de verse, les infestations d'adventices, de maladies et d'insectes sont réduits dans ces systèmes, du fait des effets bénéfiques engendrés par la présence de deux espèces différentes sur la même parcelle, permettant de maintenir des niveaux de production plus stables tout en réduisant l'utilisation d'intrants (Justes *et al.*, 2014 ; Corre-Hellou *et al.*, 2014).

Néanmoins, en cas de conduite intensive de ces associations, les bénéfices attendus — notamment en termes de meilleure valorisation des ressources — sont réduits, voire annulés (Bedoussac et Justes, 2010 ; Pelzer *et al.*, 2012). La densité de chaque espèce et la fertilisation azotée appliquée à l'association peuvent être adaptées selon les objectifs de production visés et la disponibilité attendue d'azote par le milieu, afin de favoriser l'une ou l'autre des cultures dans la récolte (Corre-Hellou *et al.*, 2013) : plus la disponibilité d'azote minéral est élevée, plus la céréale est favorisée au détriment de la légumineuse.

De plus, pour accompagner le développement de ce mode de culture, il est indispensable de prévoir la modification des volumes récoltés par rapport aux assolements existants, car cela demande une adaptation technico-organisationnelle pour l'aval des filières agricoles concernées (chapitre 7).

Légumineuses en agriculture biologique

Les légumineuses présentent un intérêt réel dans les systèmes de grande culture en agriculture biologique (AB), caractérisés par l'interdiction du recours aux engrais azotés de synthèse et donc avec de très faibles niveaux de disponibilité en azote (Casagrande *et al.*, 2009 ; David *et al.*, 2005 ; Valantin-Morison et Meynard, 2008). Pourtant, la culture de légumineuses à graines (féverole, pois) reste relativement modeste dans ces systèmes, bien que leur part y soit plus importante qu'en agriculture conventionnelle, et leurs surfaces en augmentation. Les légumineuses à petites graines sont en revanche très présentes dans les systèmes de polyculture-élevage, dans lesquels les prairies multi-espèces sont très répandues.

Les légumineuses sont cruciales dans les modes de production en AB car la fertilité des sols et la maîtrise de la flore adventice sont les principales préoccupations agronomiques (systèmes céréaliers) dans ces modes de production, et la recherche de l'autonomie alimentaire (systèmes en polyculture-élevage) est un facteur de durabilité. Les légumineuses sont présentes dans les rotations pour 30 à 55 % des cultures pratiquées en grandes cultures en AB (en comptant les légumineuses à graines ou fourragères et les cultures intermédiaires), soit bien plus qu'en agriculture conventionnelle (Fontaine *et al.*, 2012). Dans un contexte où les engrais organiques se font rares et chers, cette entrée d'azote dans le système *via* la fixation symbiotique de

N$_2$ atmosphérique par les légumineuses est attractive, mais ce sont également les services agronomiques rendus par ces cultures en diversifiant la rotation (contrôle des adventices, structure du sol…) qui sont le plus appréciés.

Au sein des grandes cultures en AB, d'après les données 2013 de l'Agence Bio (figure 1.12), la culture de légumineuses bio est représentée par le soja (4,9 % des surfaces de grandes cultures en AB), la féverole (3,5 %), les légumes secs (2,6 %), le pois (2,0 %) et le lupin (0,1 %). Le soja, les lentilles et le pois chiche se démarquent car l'AB concerne près du quart de leur surface nationale respective, en lien avec des prix d'achat élevés en alimentation humaine. Les filières bio de l'alimentation animale ont aussi un besoin croissant en graines de légumineuses issues d'une conduite en AB, en raison de la croissance du secteur des produits finis bio, mais surtout du fait de l'obligation réglementaire d'avoir, à horizon 2018, un aliment 100 % d'origine biologique pour les élevages monogastriques bio (une dérogation fixe actuellement le seuil à 95 % et ce jusqu'en décembre 2017).

La lentille et le pois chiche sont conduits en bio pour 20 % de leurs surfaces. Le soja bio était cultivé en 2013 sur plus de 10 000 ha (source Agence Bio), soit 24 % de la sole nationale en soja (plus de 43 000 ha, source Agreste ; le ratio était de 20 % en 2011), proportion à comparer aux 3,8 % que représentent les surfaces en AB, toutes filières confondues à l'échelle nationale, et aux 1,6 % que représentent les surfaces de grandes cultures en AB au sein de la sole nationale de grandes cultures. L'encouragement politique au développement de l'AB et l'existence pour le soja de débouchés en croissance, tant en alimentation humaine qu'animale, ont déjà conduit depuis 2008 à des augmentations significatives des surfaces en soja qui devraient se poursuivre durant les prochaines années. L'extension de la culture en sec est notamment visée dans les bassins de production de la moitié sud de la France.

Le soja se prête bien à la production biologique car il est bien adapté au désherbage mécanique (faux semis, herse-étrille, binage…) et peu sujet aux maladies et attaques de ravageurs. Il peut atteindre, dès lors qu'il est correctement conduit, des rendements proches de ceux atteints en agriculture conventionnelle. On constate par exemple un rendement moyen bio en France en 2012 (enquêtes pratiques culturales Cetiom) de 28,9 q/ha en irrigué contre 33,7 q/ha en conventionnel irrigué, soit une différence de seulement 14 %. Le soja est très présent dans le Sud-Ouest et le Sud-Est, mais on le trouve aussi sur des surfaces plus limitées, dans d'autres régions de France (Poitou-Charentes, Centre…), où les surfaces sont en croissance. Le soja est intégré dans des rotations plus ou moins longues (1 an sur 3 à 1 an sur 6), avec des céréales (blé, orge maïs), d'autres types de légumineuses (pois, lentilles, féverole, luzerne…) et du tournesol. Dans le Sud-Est, il est présent majoritairement dans des systèmes irrigués à dominante maïs : 85 % des surfaces de soja bio sont irriguées et le maïs est le précédent dominant, représentant 56 % des surfaces. Dans le Sud-Ouest, il est à peu près équitablement réparti entre systèmes sec et irrigué (55 % des surfaces bio sont irriguées), les trois principaux précédents étant céréales d'hiver (36 %), soja (34 %) et maïs (12 %).

La féverole est plus fréquente en AB qu'en conventionnel. Elle se prête particulièrement bien au désherbage mécanique (large écartement de rangs), ce qui explique son développement important, mais elle est sensible à différentes maladies qui peuvent altérer son rendement en conditions AB.

Le pois est moins cultivé en AB car les infestations d'adventices et de sitones sont parfois difficiles à maîtriser en culture seule. C'est pourquoi est parfois préféré le pois cultivé en association avec une céréale (surfaces en hausse). Toutefois, quand le contrôle des adventices est bien maîtrisé, les niveaux de rendement sont proches des rendements obtenus en agriculture conventionnelle (Corre-Hellou et Crozat, 2005a).

En effet, un mode de culture efficace pour produire des légumineuses à graines en AB est, de nouveau, l'association interspécifique graminée-légumineuse. Dans ces conditions, où les facteurs de croissance sont le plus souvent très limitants, les associations présentent le plus grand intérêt (Corre-Hellou *et al.*, 2013). Elles sont appréciées pour réussir à sécuriser la production de protéagineux en limitant les adventices, les maladies et la verse, problèmes majeurs rencontrés en culture pure. Dans cet objectif, l'association semée est principalement composée de protéagineux ; la céréale même à faible densité peut jouer le rôle de tuteur et améliorer la compétitivité vis-à-vis des adventices. D'autres objectifs peuvent être envisagés vis-à-vis de ces cultures associées, par exemple produire du blé plus riche en protéines qu'en culture pure. Face à ces intérêts agronomiques reconnus, certaines coopératives collectent et trient ces associations provenant de l'AB. En fonction des débouchés visés, il faut adapter la conduite (choix des espèces et variétés, choix des proportions au semis…) pour influencer les proportions finales. Des travaux permettent de proposer des règles de décision combinant la proportion au semis en fonction d'une prévision de la disponibilité en azote du milieu (élément déterminant dans l'évolution de la composition du couvert), et la gestion d'une fertilisation azotée d'appoint en cours de culture pour se rapprocher d'une composition récoltée souhaitée (Naudin *et al.*, 2010 ; Pelzer *et al.*, sous presse), même si, en AB, le levier fertilisation est dans les faits peu utilisé. La gamme de variation des proportions finales reste importante mais tout à fait acceptable pour les agriculteurs pratiquant ces associations. C'est essentiellement au niveau des collecteurs que cette variabilité du produit récolté (qui va donner lieu à des proportions variables de graines triées) peut représenter une contrainte supplémentaire même si elle est gérable. De fait, la collecte d'associations graminées-légumineuses est plus développée en AB qu'en conventionnel, malgré les freins liés aux contraintes techniques et économiques de tri et d'allotement.

À retenir. Rendement et conduite.

Le rendement des légumineuses à graines varie selon les conditions climatiques et les pratiques, avec des potentiels qui peuvent être relativement élevés et avec une sensibilité apparente vis-à-vis des facteurs climatiques, biotiques et abiotiques qui peut être plus grande que chez les autres grandes cultures. Le fait que la fixation symbiotique soit plus sensible aux facteurs du milieu (comme excès d'eau ou sécheresse, ou bioagresseurs des racines) constitue un des facteurs explicatifs, alors que les performances des céréales sont largement déterminées par l'application d'intrants. La conduite des protéagineux est relativement simple au sein des systèmes céréaliers. La clé du succès réside essentiellement dans la mise en place du système racinaire correct (semis sur un sol bien ressuyé et non tassé, favorable au développement des nodosités et à un bon enracinement) et dans une bonne fonctionnalité notamment des nodosités aux périodes critiques de l'élaboration du rendement (phases souvent courtes, soumises aux aléas climatiques).

Le rendement des cultures associées céréale-légumineuse à graines est généralement moins variable que la moyenne des cultures pures correspondantes. Il est souvent plus élevé que la moyenne des rendements des deux cultures en monospécifique, et ce d'autant plus que l'azote minéral disponible dans le sol est faible (20 % d'augmentation et plus), tout en étant moins dépendant des intrants de synthèse (engrais azotés et pesticides). Ce mode de culture est plus robuste face aux aléas climatiques. Il permet de produire des graines de céréales riches en protéines avec peu ou pas d'engrais azotés ainsi que des graines de protéagineux, sans les inconvénients fréquemment rencontrés en culture pure (verse, adventices, maladies). Cependant, la proportion des deux partenaires peut être variable selon la conduite et les conditions de croissance. De plus, la coordination entre les acteurs n'est pas toujours suffisante pour assurer l'organisation adéquate tout au long de la chaîne de collecte et de valorisation des produits (nécessitant souvent un tri à l'heure actuelle, ce qui peut parfois être encore un frein).

En agriculture biologique (AB), les légumineuses à graines sont un peu plus fréquentes qu'en conventionnel dans les systèmes de culture (en % de la SAU), car ces systèmes sont caractérisés par de faibles disponibilités en azote. Les associations céréales-légumineuses à graines se développent davantage, car elles sont moins sensibles que les cultures monospécifiques aux facteurs limitants, fréquents en AB.

Effets de la légumineuse sur les performances de la culture suivante

La présence d'une légumineuse dans la succession culturale modifie les performances agronomiques de la culture qui suit la légumineuse (ou de la non-légumineuse à laquelle elle est associée) : son rendement et la qualité de ses produits récoltés (notamment la teneur en azote) ainsi que les problèmes sanitaires auxquels elle est confrontée et les intrants nécessaires à sa production. En ricochet, sont aussi modifiés la marge (liée notamment au volume des intrants utilisés) et les impacts environnementaux de cette culture suivante, puis de l'ensemble du système de culture. Ces divers effets dépendent aussi de la performance de la légumineuse elle-même ainsi que de son mode d'exploitation et d'insertion dans le système de culture. Une analyse sur les causes du plafonnement des rendements du blé en France, observé depuis 1995, souligne d'ailleurs, en plus du climat, l'importance de la composante « changement de pratiques » avec notamment la réduction de la part de blé avec un précédent pois (Brisson *et al.*, 2010) : ces auteurs estiment que le changement de précédent a engendré 4,2 q/ha de réduction du rendement du blé pour la période 1995-2006, réduction qui serait peut-être en partie limitée par l'augmentation du fractionnement de la fertilisation du blé (avec un troisième apport plus fréquent).

La culture de rente suivant une culture de légumineuse à graines a généralement un rendement supérieur à celui de la même culture suivant un autre précédent, même lorsque tous les facteurs limitants du rendement sont maîtrisés. Ce gain de rendement n'est pas toujours significatif selon les espèces mais il est conséquent sur les blés (tableau 3.2). Sur la base d'estimations réalisées sur une très large base de données françaises, un blé de pois a un rendement en moyenne supérieur de 7,4 q/ha à un blé de blé et de 1,9 q/ha par rapport à un blé de colza (moyenne pluriannuelle sur plusieurs régions, Ballot, 2009 ; Carrouée *et al.*, 2012). Le colza de pois aurait en moyenne un rendement optimal équivalent au colza de blé s'il est fertilisé, et supérieur de 4,3 q/ha s'il ne l'est pas, mais des augmentations jusqu'à + 3 q/ha ont pu être observées (réseau d'essais multi-site de 3 années, Carrouée *et al.*, 2012). Le blé dur cultivé en rotation avec un soja, par rapport à une monoculture de blé dur ayant induit de fortes attaques de piétin échaudage, a un gain de rendement de + 23,4 q/ha (moyenne sur les 3 ans) (Vogrincic, 2007).

Ces gains de rendement sont souvent associés à des baisses de quantités d'intrants azotés à apporter et de produits phytosanitaires à appliquer. Les phénomènes explicatifs sont en partie, mais pas uniquement, liés à l'azote (voir p. 161), avec différents facteurs qui se conjuguent : minéralisation de l'azote organique des résidus aériens et souterrains, meilleure répartition de l'accès aux ressources pour les associations, meilleure structure du sol, meilleur état sanitaire du système racinaire avec moins de maladies d'origine tellurique, grâce à l'alternance ou à la diversité des familles botaniques.

Tableau 3.2. Moyenne estimée de l'effet précédent de la légumineuse sur la culture suivante (utilisable pour des analyses *a priori* comme le choix d'assolement).

Légumineuse en précédent	Pois		Soja		
Culture suivante	Blé	Colza[c]	Maïs[e]	Blé[f]	Blé dur[g]
Gain moyen de rendement de la culture suivante	+ 7,4 q/ha (de + 6 à + 12) par rapport à un précédent céréale[a]	de 0 à +3 q/ha par rapport à un précédent orge	Augmentation de 0 à 8 q/ha par rapport à un précédent maïs	Souvent + 10 % de rendement par rapport à un précédent céréale	+ 23,4 q/ha (de + 15 à + 34) par rapport à une monoculture de blé dur
Réduction de la fertilisation azotée sur la culture suivante	– 20 à – 60 kg N/ha par rapport à un précédent céréale[b]	– 40 kg N/ha (– 30 à – 60) par rapport à un précédent céréale[d]	– 30 à – 40 kg N/ha par rapport à un précédent maïs	Pas de réduction en général	Pas de réduction en général

[a] moyenne pluriannuelle issue d'une analyse statistique de données de CerFrance de 36 000 parcelles de blé enquêtées sur 9 à 18 années pour 7 petites régions agricoles de l'Aisne, l'Aube, et l'Eure-et-Loir (après avoir écarté notamment les secteurs où la localisation préférentielle du pois sur les meilleures parcelles pouvait biaiser la comparaison par rapport au blé de colza) (Ballot, 2009) ;
[b] selon préconisations, mais peu d'écarts dans pratiques moyennes sauf pour certaines régions dans les années récentes (données d'enquêtes) ;
[c] données d'essais sur 3 campagnes du projet CASDAR 1-175 (pois-colza-blé) ;
[d] 31 kg N/ha en moins pour atteindre le rendement maximal en moyenne, et réduction de 50 kg/ha pour la marge azotée maximale du colza ;
[e] valeurs issues des essais et enquêtes menés dans les conditions françaises de 1996 à 1998 (Lacroix *et al.*, 1998 ; Chollet *et al.*, 1998) ;
[f] observations rassemblées par le Cetiom ;
[g] moyenne issue d'un essai de 3 ans (2002 à 2004) dans le sud-est de la France, avec une forte attaque de piétin sur la monoculture de blé dur (Vogrincic, 2007).

Les besoins en fertilisation azotée sont également réduits derrière une légumineuse (tableau 3.2), grâce à la fourniture d'azote par cette dernière mais aussi une amélioration de l'efficience de la culture suivante à utiliser l'azote disponible du fait de la combinaison des facteurs mentionnés ci-dessous.

Les effets précédents des autres légumineuses à graines n'ont pas été aussi précisément quantifiés, les tendances sont similaires mais à nuancer au cas par cas, surtout en différenciant les types selon leur mode de culture (date de semis-récolte, annuelle ou pluriannuelle, exploitées pour les graines ou la biomasse).

Le tableau 3.2 résume l'état des connaissances actuelles sur des valeurs moyennes (quels que soient l'année et le lieu) que l'on peut attribuer *a priori* à l'effet précédent sur la culture suivante (pour le rendement et les doses azotées à apporter) selon l'espèce de légumineuse, en cherchant la valeur qui représente la tendance la plus solide statistiquement, toutefois sans avoir l'assurance que tous les autres facteurs soient égaux. Ce type de valeur référence est encore à approcher de façon plus homogène et plus solide pour l'ensemble des espèces de légumineuses (avec plusieurs possibilités : analyse statistique en évitant les biais liés à d'autres facteurs, méta-analyse ou essais analytiques). Enfin, il convient d'indiquer que ces valeurs masquent une grande variabilité de réponse entre parcelles et situations.

Par ailleurs, les précédents légumineuses impactent aussi positivement la qualité des produits de récolte de la culture suivante : moins de mycotoxines (toxines produites par des champignons phytopathogènes souvent de type *Fusarium*) sur les céréales et une teneur en azote qui peut être améliorée. La teneur en azote des produits récoltés (graines ou biomasse) peut être plus élevée pour une culture de céréale suivant une légumineuse que si elle suit une non-légumineuse (s'il n'y a pas eu de problème de croissance de la légumineuse), avec des différences importantes selon les conditions climatiques de l'année et selon l'espèce de légumineuse. Pour la teneur en protéines du blé, alors que le climat (notamment la pluviométrie) est souvent considéré comme le facteur le plus important, avec un enjeu de 1 à 1,5 point (sur 11 à 12,5 % de MS), la parcelle (type de sol, précédent, matière organique) est le second facteur, avec un enjeu entre 0,5 et 1 point, avant la variété et la fertilisation azotée. Les données expérimentales sont plus nombreuses dans le cas des cultures associées (teneur en protéines des graines plus élevée, p. 17) et en mode de production AB. Une expérimentation en AB en Midi-Pyrénées (2004-2005) montrait que le précédent féverole était plus favorable : écart de rendement de 7,1 q/ha et teneur en protéines plus élevée de 0,6 % pour le blé suivant la féverole par rapport au blé consécutif au soja (Justes *et al.*, 2009).

Du fait des meilleurs rendements et d'un moindre recours aux intrants, la marge brute d'une culture suivant une légumineuse est également plus élevée (Schneider *et al.*, 2009 ; Dumans *et al.*, 2010). L'analyse à la succession culturale est alors nécessaire pour comparer les performances économiques des systèmes de culture (voir p. 340).

Effets d'une culture de légumineuse sur l'azote des autres cultures du système

L'effet précédent des légumineuses sur la disponibilité en azote pour la culture suivante est bien connu mais est rarement géré à son optimum. L'une des raisons est que le surplus d'azote disponible pour la culture suivante, lié à la légumineuse, est délicat à prévoir car il est très variable selon l'espèce, son mode d'exploitation, ses performances, les conditions pédoclimatiques et le mode de gestion de la succession culturale. Il est donc difficile à quantifier. Contrairement à l'application d'engrais minéraux de synthèse, l'azote issu des légumineuses l'est sous forme organique, moins labile : la minéralisation des différents résidus végétaux laissés dans la parcelle, qui rend l'azote disponible sous forme minérale (ammoniacale et nitrique), est un processus biologique dont la dynamique dépend des facteurs du milieu et est moins facile à maîtriser que le pilotage des intrants.

Après une légumineuse, le surplus d'azote disponible pour la culture suivante dépend :
– de la quantité d'azote présent dans les résidus de la culture de légumineuse (aériens et souterrains), voire de tout le couvert végétal lorsqu'il est restitué au sol (engrais vert, CIPAN) ;
– de la teneur en azote des résidus ou de leur ratio C/N (Justes *et al.*, 2009) ;
– de la gestion du système après la récolte de la légumineuse : interculture, nature et date de semis de la culture suivante, etc. ;
– du contexte pédoclimatique de l'année.

Ensuite, la capacité à utiliser cet azote dépend aussi de l'état de fonctionnement de la culture suivante, notamment de la qualité sanitaire du système racinaire, d'où l'interaction avec les effets des légumineuses sur les pressions parasitaires et sur la biologie (et la qualité en général) des sols.

Résidus des cultures : caractérisation selon les espèces

La quantité d'azote contenu dans les résidus des cultures de légumineuses varie en fonction du stade de la culture, de l'espèce, de la biomasse totale accumulée par le couvert végétal, de son état de nutrition azotée, et de sa transformation en graines, le tout étant sous l'influence des conditions pédoclimatiques du cycle cultural. Comme pour toute culture, l'azote contenu dans les résidus souterrains contribue, comme celui contenu dans les résidus aériens, à la fourniture d'azote dans le milieu, après la légumineuse. Dans le cas des légumineuses à graines, la part du souterrain, y compris l'azote issu de la rhizodéposition, est la plus importante (représentant les 2/3 de l'azote des résidus totaux dans le cas du pois par exemple) car la majorité de l'azote aérien est exportée avec les graines (voir p. 122).

Résidus aériens

Pour le pois protéagineux, espèce la plus cultivée des légumineuses à graines en France, la teneur en azote des résidus aériens (après récolte des graines fortement exportatrices d'azote) est en moyenne de 1,22 ± 0,28 kg N par quintal de matière sèche, avec des valeurs variant de 0,8 à 1,8 kg N/qMS (figure 3.7). En comparaison, les références moyennes de teneur en N pour les résidus des céréales sont : 0,6-0,7 pour le blé tendre, 0,7-0,8 pour l'orge de printemps, 0,6-0,8 pour le colza, 0,9-0,95 pour le maïs (Arvalis, 2011). Cependant, comme la quantité de biomasse laissée par le pois est souvent moins importante que celle des résidus de céréales ou de colza, au champ, on observe souvent des quantités équivalentes d'azote laissé par les résidus aériens de pois ou de blé tendre (figure 3.8).

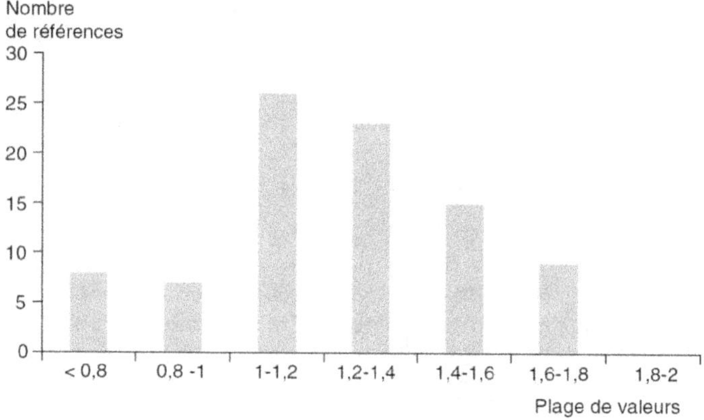

Figure 3.7. Teneur en azote des résidus aériens de pois (88 références, avec répétitions, de 20 combinaisons de 5 lieux expérimentaux et 20 années, de 1991 à 2011, avec différents types d'itinéraires techniques). Source : Unip et Arvalis pour la mise à jour du document Comifer de 2013 « Teneurs en N des organes végétaux récoltés, méthode d'établissement et valeurs de référence ».

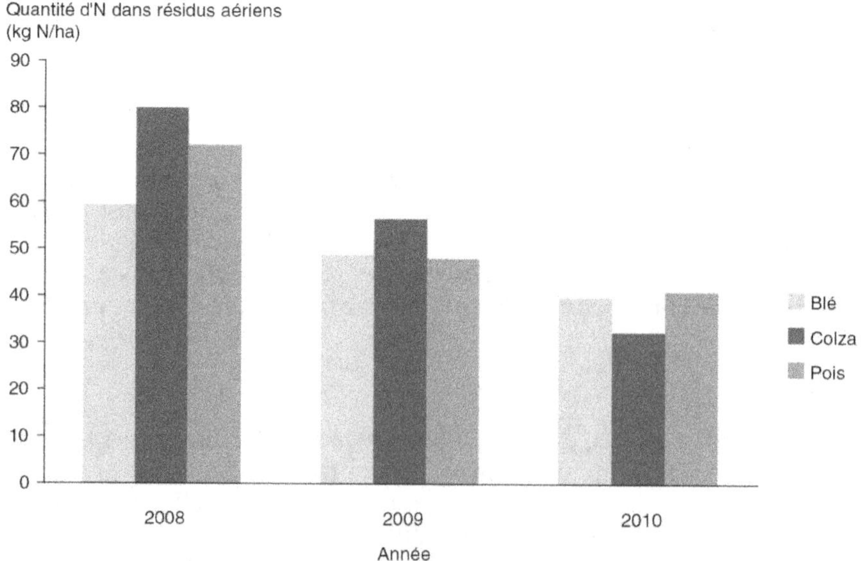

Figure 3.8. Quantité d'azote dans les résidus aériens de trois cultures à la récolte, dans les mêmes conditions d'essais. D'après Carrouée *et al.*, 2012.

Résidus souterrains

Il est beaucoup plus difficile de mesurer les résidus souterrains, c'est-à-dire le système racinaire mais aussi les produits de la rhizodéposition* (débris racinaires, mucilage et exsudats racinaires), ce qui explique la rareté des données disponibles sur ce compartiment. Les micro-racines trop fines pour être récoltées et les débris racinaires en décomposition représentent la majeure partie de l'azote rhizodéposé (voir chapitre 2, p. 101). La rhizodéposition est un phénomène qui concerne toutes les espèces botaniques. Différentes techniques de marquage, notamment à l'aide d'isotopes stables, permettent d'estimer la part de l'azote de la plante entière contenue dans la biomasse racinaire et les rhizodépôts : 24 % à 40 % pour la féverole (Khan *et al.*, 2003 ; Rochester *et al.*, 1998), 68 % pour le pois chiche (Khan *et al.*, 2003), 38 à 49 % pour le lupin (McNeill et Fillery, 2008), de 30 % à 40 % pour le pois (Mahieu *et al.*, 2007 ; Wichern *et al.*, 2007). Des valeurs similaires sont également rapportées pour des plantes non légumineuses, par exemple l'azote souterrain de l'orge à maturité représente de l'ordre de 30 % de l'azote total de la plante (Wichern, 2007). Pour l'ensemble de ces espèces, la quantité d'azote contenue dans la partie souterraine d'une culture représenterait une part conséquente de l'azote de la plante entière (environ 30 %), et doit donc être prise en compte dans une gestion optimale de l'azote dans le système de culture.

Dynamique de minéralisation de l'azote issu des résidus de légumineuses

Étant donné leur rapport C/N généralement plus faible que pour la plupart des autres grandes cultures, la décomposition des résidus aériens de légumineuses est plus rapide que celle des graminées, mais induit néanmoins de l'organisation nette d'azote minéral du sol durant les premiers mois après incorporation des résidus, et reste très variable selon les espèces (Valé et Justes, 2004 ; Nicolardot *et al.*, 2001).

Contrairement à ce qui est habituellement supposé, les études expérimentales montrent que l'incorporation de résidus de pois dans un sol nu induit d'abord une organisation nette de l'azote, et non pas une minéralisation nette (Valé et Justes, 2004). Mais cette organisation nette est inférieure à celle observée pour des résidus d'autres espèces (comme les pailles et les racines des céréales), ce qui induit une disponibilité en azote plus élevée dans le sol après légumineuse. Au bout de quelques semaines, on observe une minéralisation nette des résidus de légumineuses. Du fait de sa récolte tardive, la minéralisation des résidus de culture du soja intervient principalement au printemps et en début d'été : la comparaison de la dynamique de minéralisation de l'azote entre une féverole d'hiver et un soja montre bien ce décalage dans le temps entre une légumineuse récoltée tôt comme la féverole d'hiver et une légumineuse récoltée tard comme le soja (Prieur et Justes, 2006).

Effets sur la réduction de fertilisation azotée après légumineuse

Si, dans les outils de raisonnement de la fertilisation azotée (Azobil, Azofert, réglettte azote du colza, etc.), l'effet précédent légumineuse est quantifié à travers un surplus standard de fourniture d'azote de 20 kg N/ha par rapport à un précédent blé pailles enlevées, et 40 kg N/ha par rapport à un précédent blé pailles enfouies, cette fourniture est en réalité très variable et peut monter jusqu'à 80 kg N/ha en parcelles agricoles, valeur mesurée sur des cultures suivantes, blé ou colza, non fertilisées (Doré, 1992 ; CASDAR 7-175 Pois-Colza-Blé ; figure 3.9). Cet effet précédent est également variable selon l'espèce de légumineuse cultivée. La méthode des bilans propose de retenir une valeur de fourniture d'azote de 30 kg N/ha derrière une culture de luzerne ou de féverole. Toutefois, la restitution totale d'azote minéral après le retournement d'une luzerne de 3 ans se déroule sur 2 années ; ainsi cette libération a été mesurée entre 96 et 158 kg N/ha, selon le niveau des parties aériennes incorporées, impactant la disponibilité en azote des 2 cultures suivantes (Justes *et al.*, 2001). Les valeurs françaises confirment les valeurs de la littérature, estimées, pour un précédent pois, jusqu'à 40 kg N/ha (Evans *et al.*, 2001 ; Stevendon et Kassel, 1996 ; Engstöm, 2010). Les essais menés dans les conditions françaises de 1996 à 1998 permettent de chiffrer l'économie d'azote à réaliser sur le maïs qui suit un soja (par rapport à un maïs suivant un maïs) à une valeur comprise entre 30 et 40 unités (Lacroix *et al.*, 1998 ; tableau 3.2).

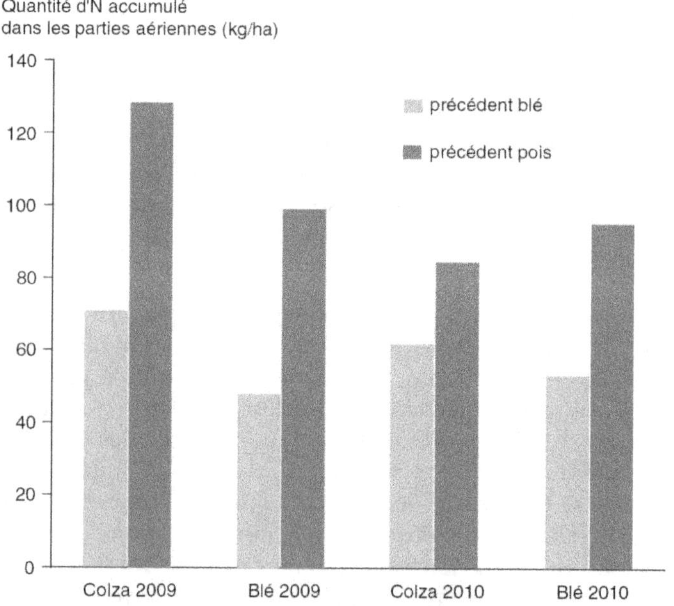

Figure 3.9. Quantité d'azote (kg/ha) accumulé dans les parties aériennes de deux cultures (blé et colza) non fertilisées, selon leur précédent (blé ou pois). Résultats d'un essai de deux années successives (CASDAR 7-175).

Cette variabilité d'azote fourni à la culture suivante est en partie expliquée par les performances de la culture de légumineuse, en particulier la contribution de la fixation symbiotique à l'azote total accumulé (% Ndfa) et l'indice de récolte azoté (NHI : ratio de l'azote contenu dans les graines sur l'azote contenu dans les parties aériennes de la plante, à la récolte) de la légumineuse. Le « solde azoté » est la différence entre les entrées, à savoir la quantité fixée incluant la contribution souterraine et l'azote des semences, et les sorties, à savoir l'azote exporté dans les grains. Le chapitre 2 présente des comparaisons de ce paramètre selon les légumineuses (voir p. 122). Ce solde azoté apparent du sol est significativement corrélé au ratio % Ndfa/NHI (Hellou, 2012 ; figure 3.10 réalisée en AB mais qui serait similaire en conventionnel) : plus la plante repose sur la fixation symbiotique pour assurer ses besoins, plus elle peut contribuer à l'enrichissement du pool de N du sol ; plus la part d'azote accumulé dans les grains est forte par rapport à l'azote total accumulé par la plante, plus les restitutions au sol seront faibles.

Le solde azoté est donc un indicateur de l'influence de la contribution de la légumineuse à l'enrichissement du pool azoté pour les cultures suivantes. Cependant, il est difficile de prévoir précisément les valeurs de % Ndfa et NHI en parcelle agricole, ce qui limite notre capacité à adapter précisément la fertilisation de la culture suivante aux caractéristiques de la culture de légumineuse précédente. Une mesure du reliquat d'azote minéral du sol en sortie d'hiver reste donc un moyen efficace pour caractériser l'effet net dû au précédent légumineuse et à la décomposition de ses résidus de culture, et ainsi pour éviter des erreurs importantes de calcul de la fertilisation azotée de la culture suivante.

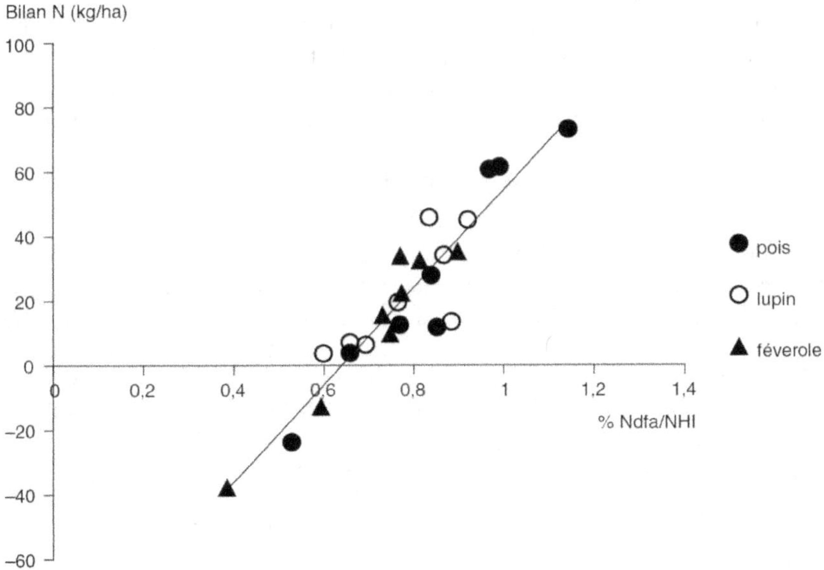

Figure 3.10. Relation entre le ratio % Ndfa/NHI et le solde azoté. Données issues de parcelles en agriculture biologique en Pays de la Loire comparant les trois espèces sur chaque site. D'après Corre-Hellou, 2012.

% Ndfa : % de l'azote total accumulé dans les parties aériennes provenant de la fixation symbiotique ; NHI : indice de récolte azoté ; Régression linéaire : $y = 150{,}8\,x - 36{,}4$ (R2 = 0,87).

Par ailleurs, rappelons que l'effet positif de la légumineuse sur le potentiel de rendement de la culture suivante induit une augmentation des besoins en azote de cette dernière. En tenant compte de la double influence d'un précédent légumineuse sur les besoins N de la culture suivante et sur les fournitures en azote dans le sol, les besoins en engrais azoté de la culture suivante restent, en moyenne, inférieurs à ceux de la même culture suivant d'autres précédents. Par exemple, les préconisations d'outils de pilotage recommandent jusqu'à 70 kg N/ha d'engrais azoté de moins sur un blé derrière un pois par rapport à un blé derrière un blé (pailles exportées), 40 kg N/ha de moins que derrière blé pailles enfouies et 20 kg N/ha de moins que derrière un blé de colza (Ballot, 2009 ; moyenne de 2 années de préconisation Farmstar dans l'Aisne). Sur la base de 8 essais comparant un colza derrière un blé ou un pois pour une gamme de doses d'azote apporté, les résultats montrent que le pois protéagineux permet de réduire la fertilisation azotée du colza de 40 kg N/ha en moyenne, dont 15 sont déjà pris en compte par l'azote déjà absorbé à l'ouverture du bilan (CASDAR 7-175 : Collectif 2001). En tenant compte des prix relatifs des intrants et de la récolte, une synthèse d'essais en parcelles agricoles montre qu'on peut réduire la fertilisation N en moyenne de 50 kg N/ha, d'un colza suivant un pois par rapport à un colza suivant une céréale, pour atteindre la même marge brute (Carrouée *et al.*, 2012).

Effets sur l'azote minéral dans le sol après culture de légumineuse à court et moyen termes

Azote minéral du sol après récolte et en entrée hiver après une culture de légumineuse

À la récolte, la valeur du reliquat d'azote minéral dans le sol est généralement supérieure derrière un pois, comparée à d'autres cultures. Ceci est lié :
– à un arrêt de l'absorption d'azote minéral dans le sol plus précoce chez un pois que chez une céréale, à une période où la minéralisation nette dans le sol est en général toujours très active ;
– à son système racinaire moins profond (de l'ordre de 60-80 cm, par rapport à 1 m-1,20 m ou plus pour le blé ou le colza).

Une synthèse d'observations dans des successions céréalières comprenant du pois ou du colza issues de 6 dispositifs expérimentaux français (années 1990 et 2000), 2 dispositifs au Danemark (années 1990), et des résultats (2007-2011) du projet CASDAR 7-175 (Collectif, 2011) montre que ce reliquat augmente au cours de l'automne, conduisant, en moyenne, à un écart de stock d'azote minéral, après pois et après blé, passant de 0 à + 20 kg N/ha, après récolte, à + 15 à + 30 kg N/ha à l'entrée de l'hiver (Beaudoin *et al.*, 2005 ; Beillouin *et al.*, 2014 ; figure 3.11). Le soja ne semble pas suivre cette règle, du fait de sa date de récolte plus tardive (Justes *et al.*, 2009).

Risques de lixiviation des ions nitrate après une culture de légumineuse

Si la culture de pois n'est pas rapidement suivie d'une autre culture capable d'absorber l'azote minéral, le surplus d'azote nitrique du sol peut contribuer à accroître les risques de lixiviation pendant l'hiver suivant (Beaudoin *et al.*, 2005 ; Francis *et al.*, 1994 ; Jensen et Hauggaard-Nielsen, 2003 ; Maidl *et al.*, 1996). C'est la raison pour laquelle les risques de lixiviation derrière une culture de légumineuse à graines sont généralement plus élevés que derrière une céréale ou un colza (Carrouée *et al.*,

2006). Ainsi, des différences de 15-20 kg N/ha ont été mesurées entre des précédents pois et orge (Jensen et Hauggaard-Nielsen, 2003), et de 10 à 30 kg N/ha entre pois et, respectivement, colza et blé (Beaudoin *et al.*, 2005).

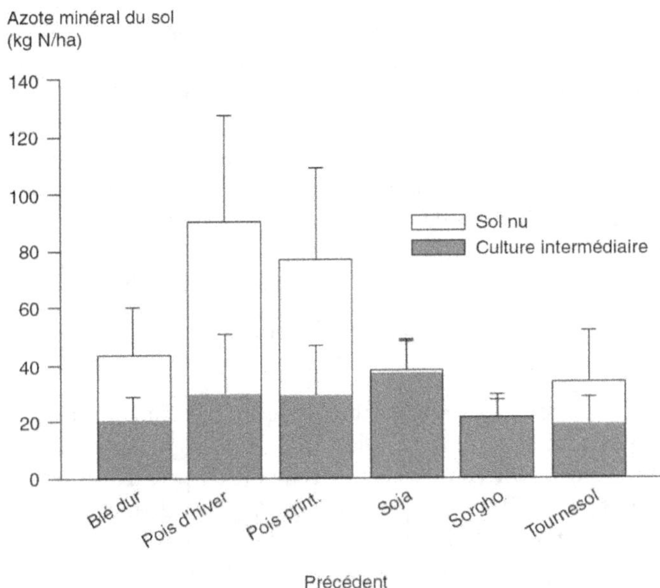

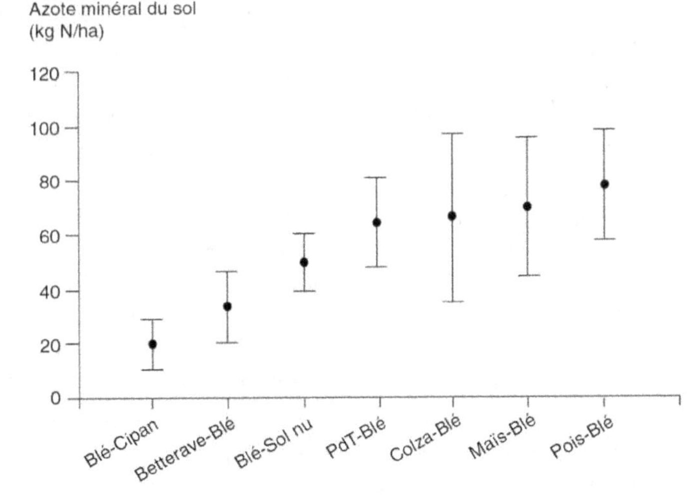

Figure 3.11. Influence de la culture précédente et de la présence d'une culture intermédiaire sur la quantité d'azote minéral dans le sol en entrée hiver, critère d'évaluation du risque de lixiviation nitrique pour la période de drainage suivante.

A. Moyennes issues de l'expérimentation système « bas intrants », Auzeville, 2005-2010 (Plaza-Bonilla *et al.*, soumis). B. Moyennes et écarts-types réalisés en parcelles agricoles sur le bassin de la Voulzie de 1991 à 1998 pour des couples de cultures précédent-suivant.

Cependant, ces risques sont maîtrisables grâce à l'implantation rapide après la récolte du pois d'une culture intermédiaire (Aronsson et Tortensson, 1998 ; Constantin *et al.*, 2012 ; Vos *et al.*, 2004 ; Tonitto *et al.*, 2006 ; figure 3.11), ou d'un colza, semé tôt, dont les capacités d'absorption d'azote à l'automne sont très élevées (Dejoux *et al.*, 2003). Après un soja, la minéralisation tardive des résidus permet de limiter le risque de lixiviation d'azote nitrique pendant la période de drainage (automne et hiver en général), avec de moindres émissions de nitrate vers les nappes souterraines, pendant l'interculture, dans les rotations intégrant du soja par rapport aux monocultures de maïs (Reau *et al.*, 1998). La comparaison d'une monoculture de maïs à une rotation maïs-soja sur le site de Parisot dans le Tarn montre, par exemple, sur l'ensemble du cycle (culture et interculture), une baisse de 10 % de la concentration en nitrate et de 20 % de la quantité d'azote nitrique perdue dans les eaux de drainage à l'avantage de la rotation comprenant du soja (Magnaut, 1996).

Réduction du stock d'azote minéral et des pertes d'azote la seconde année qui suit la culture du pois

Si les risques de pertes de nitrate sont supérieurs pendant l'hiver qui suit la récolte d'un pois, les phénomènes s'inversent lors de la campagne suivante. En effet, le stock d'azote minéral dans le sol après la récolte d'un blé de pois a été observé comme étant significativement plus faible par rapport à celui d'un blé de blé, pour chacune des trois années d'expérimentation de deux sites expérimentaux : en moyenne pluriannuelle, 24 kg N/ha de moins sur un site et 30 kg N/ha de moins sur le deuxième site pour le précédent pois par rapport au précédent blé fertilisé (figure 3.12). Ces résultats, rarement disponibles, sont confirmés par un autre dispositif comparant des cultures non fertilisées, avec une réduction significative de 7 kg N/ha du stock d'azote minéral après un blé de pois par rapport à un blé de blé (soit environ 25 % de réduction). Le différentiel selon les cultures se maintient pour le stock d'azote minéral à l'entrée de l'hiver : ceux-ci sont en effet significativement plus faibles pour un blé qui suit un pois par rapport à un blé de blé, avec en moyenne une réduction de 18 kg N/ha en entrée hiver.

Cette tendance s'explique en partie par une meilleure efficience d'utilisation de l'azote disponible par la culture suivant le pois, que celle-ci soit un blé ou un colza (CasDAR 7-175 ; Beillouin *et al.*, 2014). Les causes de cette meilleure efficience ne sont pas connues, mais peuvent être logiquement liées aux effets bénéfiques d'une diversification des espèces cultivées dans la succession sur la réduction des infestations en bioagresseurs, ou sur l'amélioration de la structure physique du sol (Snapp *et al.*, 2005 ; Bennett *et al.*, 2012) ou sur les composantes biologiques du sol.

L'effet de la culture de pois s'inverse donc au deuxième automne par rapport à une succession blé-blé. Les simulations de pertes nitriques sur 20 ans, réalisées avec le modèle LIXIM à partir de ces observations, confirment cette inversion du risque de lixiviation entre le premier et le second hiver après la culture de pois. Les pertes de nitrate suite à un blé de pois sont réduites en moyenne de 7 kg N/ha par rapport à celles qui suivent un blé de blé, mais cet écart n'est pas significatif au seuil de 5 %. Elles s'élèvent en moyenne à 28 kg N/ha pour le blé de pois et à 35 kg N/ha pour le blé de blé (Beillouin *et al.*, 2014).

En conclusion, à l'échelle d'une succession pluriannuelle, l'introduction de pois dans une rotation céréalière n'augmente pas les risques de lixiviation, en particulier par rapport à des successions incluant des blés de blé, grâce à une compensation des risques de lixiviation entre le premier automne (+ 0 à 10 kg N-NO$_3$ lixivié/ha) et le second automne (– 7 kg N-NO$_3$ lixivié/ha). L'introduction d'un colza permet, quant à elle, de réduire ces risques, même avec une succession blé-blé.

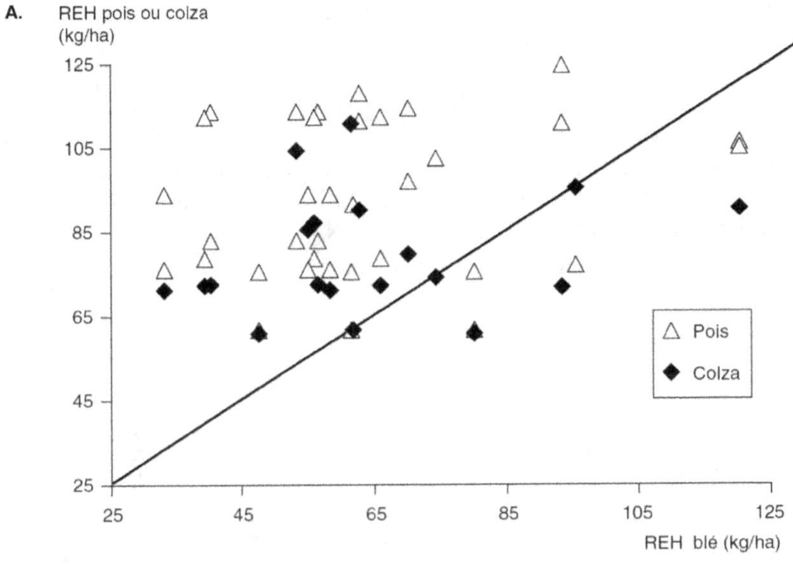

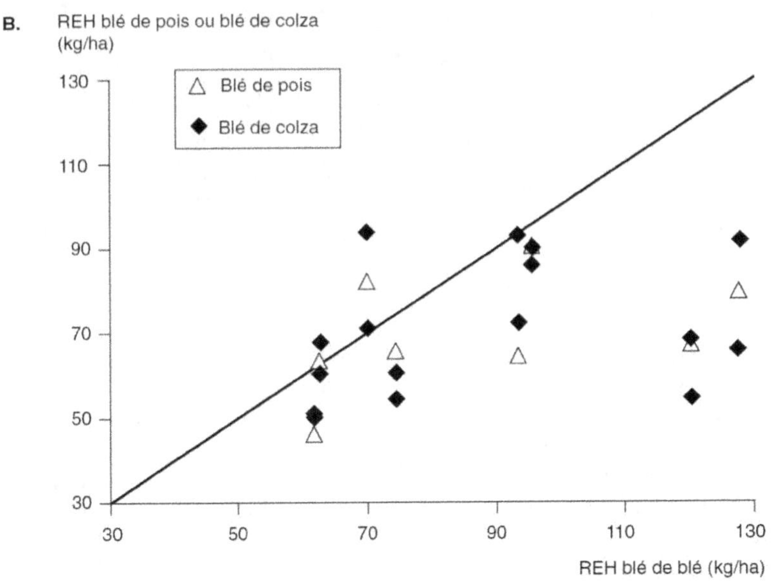

Figure 3.12. Quantité d'azote minéral dans le sol à l'entrée de l'hiver (REH, kg N/ha) en fonction du précédent cultural (A, comparaison après blé et après pois ou colza), ou en fonction de l'anté-précédent cultural (B, comparaison d'un blé de blé avec un blé de pois ou de colza). Données issues de deux sites (Grignon, 78, et Holnon, 02) du projet CASDAR 7-175.

Dynamique d'évolution de l'azote dans le sol à moyen terme

À partir d'observations des reliquats azotés sous grandes cultures, des simulations avec LIXIM ont permis d'estimer les risques de lixiviation à l'échelle de 11 successions incluant pois, colza, et blé, sur 20 scénarios climatiques (figure 3.13). Les successions à base de blé uniquement entraînent les plus fortes pertes en azote : 35 kg N/ha/an en moyenne. Une succession triennale avec un pois induit des pertes très légèrement inférieures, mais non significativement différentes : 34 kg N/ha/an en moyenne, attestant de la compensation des risques entre la première et la deuxième année après la culture du pois, observée sur les reliquats. L'introduction d'une culture intermédiaire de type radis juste après récolte du pois permet de significativement baisser les pertes. Enfin, les successions triennales avec un colza induisent des pertes encore plus réduites : 24 kg N/ha/an en moyenne avec un sol nu pendant l'interculture après le colza et 20 kg N/ha/an avec des repousses de colza pendant l'interculture (Beillouin *et al.*, 2014).

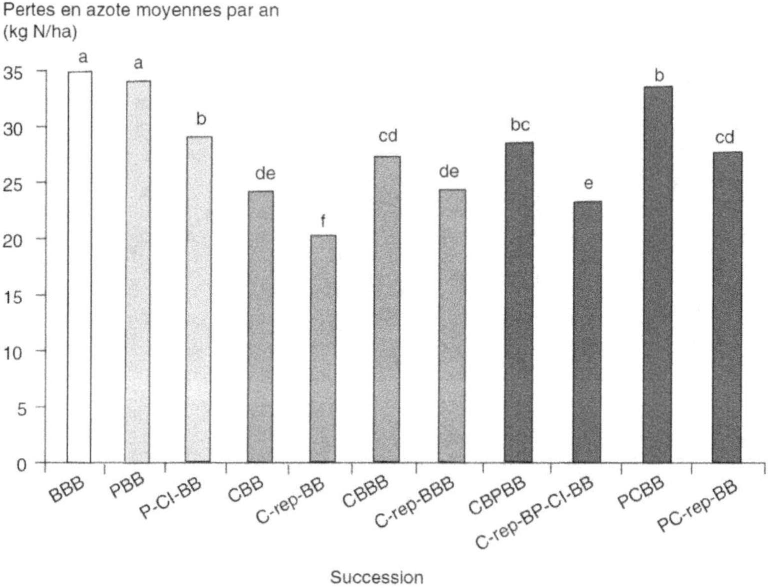

Figure 3.13. Quantité d'azote perdue par lixiviation (kg N/ha) à l'échelle de successions culturales incluant du pois, du colza ou du blé. Ces résultats sont issus de simulations sur la base de mesures de reliquats post-récolte et entrée hiver réalisées sur le dispositif de Grignon dans le CASDAR 7-175. D'après Beillouin *et al.*, 2014.

B, blé ; P, pois ; C, colza ; CI, culture intermédiaire ; rep, repousses de colza. Les moyennes associées à une même lettre ne sont pas significativement différentes au seuil de 5 % suivant le test de Tukey.

Solde cumulatif d'azote dans des rotations avec ou sans pois

À l'échelle d'une succession de cultures, le solde azoté apparent du sol, calculé par la différence entre les entrées et les sorties (entrées = engrais N et fixation symbiotique ; sorties = N exporté par les grains récoltés), dépend étroitement des hypothèses de rhizodéposition, processus difficile à quantifier. Selon l'hypothèse (la plus probable) d'une proportion d'azote retrouvée dans les rhizodépôts et dans les racines du pois représentant 30 % de l'azote total fixé par la culture, les soldes azotés calculés à l'échelle de la succession ne sont en moyenne pas différents avec ou sans pois (figure 3.14).

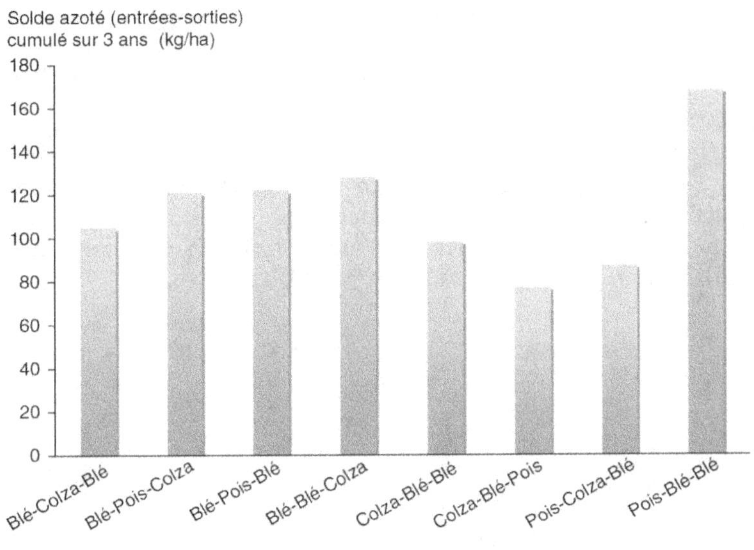

Figure 3.14. Soldes azotés entrées-sorties cumulés sur 3 ans (entrées = engrais N et fixation symbiotique ; sorties = N exporté par les grains récoltés) calculés à partir des mesures de différentes successions d'un essai pluriannuel (CASDAR 7-175 ; Grignon, 78).

Hypothèse : N rhizodéposé + N racinaire = 30 % N total.

Impacts sur les services relatifs à l'azote dans le cas des associations

Comme expliqué dans le chapitre 2, le fonctionnement de l'association d'une culture de légumineuse avec une culture non-légumineuse est principalement basé sur la complémentarité de niche dans l'accès aux ressources : les racines de la céréale, qui progressent plus rapidement dans les horizons successifs du sol, absorbent l'azote minéral disponible et obligent ainsi la légumineuse à reposer, davantage qu'en culture pure, sur la fixation pour sa nutrition azotée, dès lors que les nodosités sont installées. Ce phénomène est accentué par une différence de vitesse de croissance aérienne, en début de cycle, entre les deux espèces : celle de la céréale, plus élevée que celle de la légumineuse, induit un accès plus large aux ressources et une demande en azote plus élevée en début de cycle, deux facteurs déterminants dans la plus grande compétitivité de la céréale pour l'azote (Corre-Hellou *et al.*, 2007). Ainsi, en association, on observe systématiquement une augmentation, par rapport à une culture monospécifique de pois, de la proportion d'azote acquise par la fixation de N_2 dans l'accumulation d'azote (% Ndfa). De fortes valeurs de % Ndfa sont obtenues même en situation fertilisée : 85 % en moyenne en association, contre 70 % en culture pure dans les mêmes conditions d'essai (Corre-Hellou *et al.*, 2006a).

Toutefois, la quantité d'azote fixée par unité de surface est plus faible en association qu'en culture monospécifique de légumineuse, en raison d'un nombre de plante de légumineuse réduit d'environ deux fois dans ce cas (Bedoussac *et al.*, 2010b ; Justes *et al.*, 2014). Au final, en association, lorsque la compétition entre les deux espèces pour l'azote minéral du sol augmente, c'est-à-dire dans des conditions limitantes en azote (notamment en AB, Bedoussac *et al.*, 2014, 2015), on assiste alors à une augmentation du LER grains, somme des ratios entre le rendement en grains de l'association et le rendement en grains de chaque culture pure (figure 3.15).

Enfin, grâce à leur capacité élevée de prélèvement d'azote dans le milieu, les associations permettent de réduire les reliquats d'azote post-récolte par rapport à une culture pure de pois (Hauggaard-Nielsen *et al.*, 2003 ; Thomsen et Hauggaard-Nielsen, 2008 ; Pelzer *et al.*, 2012), les reliquats après association étant comparables à ceux d'une céréale pure ayant reçu la même fertilisation, réduisant de fait les risques de lixiviation pendant l'automne suivant la culture.

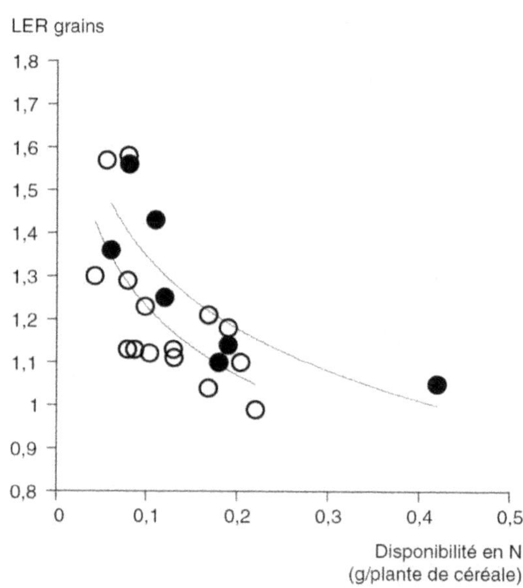

Figure 3.15. Effet de la disponibilité en azote par plante de céréale sur le LER grains. D'après Corre-Hellou, 2012.

LER grains = (rendement pois associé / rendement pois pur) + (rendement céréale associée / rendement céréale pure). Données acquises en station expérimentale en agriculture conventionnelle sur des associations pois-orge de printemps (●) et pois-blé d'hiver (O).

Un autre effet bénéfique des associations est souvent observé sur la qualité des graines de la culture céréale associée : la teneur en protéines des grains de céréales est généralement accrue pour des niveaux réduits de fertilisation azotée, comme cela a été montré pour le blé dur (Bedoussac *et al.*, 2010a). Dans une synthèse de 11 essais avec blé tendre, l'accroissement était de 1,6 % en moyenne. Cet effet est lié, d'une part à la baisse de rendement de la céréale associée (Cohan *et al.*, 2013 ; figure 3.16), et d'autre part au fait que la majorité de l'azote minéral du sol est disponible pour la céréale, la nutrition azotée de la légumineuse reposant davantage sur la fixation. Ainsi, la fourniture d'azote par grain est plus grande pour la céréale associée que pour la céréale cultivée en pure.

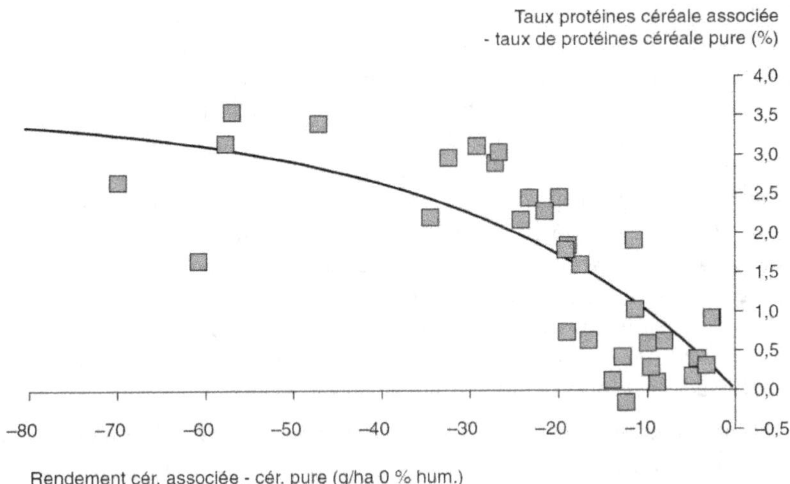

Figure 3.16. Accroissement du gain de teneur en protéines d'un blé cultivé en association par rapport à un blé cultivé en pur en fonction de l'écart de rendement entre les deux blés. D'après Cohan *et al.*, 2013.

Effets des légumineuses sur les systèmes de culture en lien avec les facteurs biotiques et abiotiques

Effets de rupture de cycles pour les maladies et ravageurs des céréales et du colza qui suivent une légumineuse

De nombreux travaux montrent que les cultures insérées dans des rotations courtes ou cultivées en monoculture souffrent de baisses de rendement, en comparaison avec celles insérées dans des rotations longues ou cultivées pour la première fois sur une parcelle. Parmi les nombreux facteurs impliqués, les infestations de pathogènes peuvent, selon les espèces, induire jusqu'à 50 % de baisse de rendement (Bennett *et al.*, 2012). En culture céréalière, la fusariose des épis, le piétin-verse, le piétin-échaudage, la fusariose sont des maladies favorisées par une charge importante en céréale dans la rotation. En colza, le sclérotinia et le phoma sont également favorisés par un retour fréquent du colza dans la parcelle. Les successions incluant des plantes non-hôtes permettent la rupture des cycles des pathogènes, et réduisent ainsi la quantité d'inoculum maintenu dans le sol. Cet effet a été clairement mis en évidence en comparant des blés suivant différentes cultures, hôtes (blé, maïs) ou non-hôtes (légumineuses, colza) du piétin-échaudage et du piétin-verse (Colbach *et al.*, 1996, 1997, 1998).

En France, les rotations basées essentiellement sur céréales et colza sont très fréquentes. L'insertion de légumineuses dans la rotation peut ainsi contribuer à réduire les risques de leurs maladies. L'insertion d'une légumineuse dans des rotations céréalières peu diversifiées permet ainsi de bénéficier de cet effet de rupture des cycles des pathogènes et de réduire le recours aux produits phytosanitaires* à l'échelle de la succession (de 5 à 15 % d'indice de fréquence de traitement, IFT*, en moins, selon les rotations en incluant du pois ou de la féverole), à condition d'optimiser le contrôle, ce qui n'est pas toujours pratiqué (Carrouée *et al.*, 2012). Dans une monoculture de blé dur, l'introduction du soja a permis une réduction significative des attaques de piétin-échaudage, une présence moins forte de larves de zabre, et un enherbement mieux maîtrisé, conduisant à un écart de rendement moyen sur 3 ans de 23,4 q/ha (soit – 33 %) entre un blé dur en monoculture et un blé dur en rotation avec soja (Vogrincic, 2007). Les bénéfices attendus dépendent des espèces de diversification, de leur conduite, et de la gestion de leurs résidus de culture. Pour espérer avoir un effet sensible sur les bioagresseurs, les méthodes de contrôle cultural sont à mettre en œuvre en amont pour réduire les pressions d'attaques, de manière à ne faire appel à la lutte chimique qu'en dernier recours.

De plus, l'introduction d'espèces de diversification, dont les légumineuses, permet l'alternance des matières actives utilisées sur une même parcelle, ce qui limite le risque d'apparition d'adventices, de maladies ou de ravageurs pouvant acquérir une résistance à une matière active trop souvent employée sur une culture donnée. Cela doit ainsi contribuer, à terme, à limiter les traitements effectués sur l'ensemble de la sole de l'exploitation.

D'une manière générale, l'introduction d'une nouvelle culture dans les successions, suffisamment fréquente à l'échelle d'un territoire, a également pour conséquence de diversifier les assolements. Cette diversification apporte également une diversification de la faune et de la flore sauvages, et donc une diversité de mécanismes de régulation : pollinisateurs, auxiliaires potentiellement prédateurs de bioagresseurs, perturbation visuelle ou olfactive, etc. (voir p. 303). Par exemple, la diversité des cultures dans les paysages constitue un moyen de réduire les infestations de ravageurs à dispersion aérienne importante (Rusch *et al.*, 2010). Sur colza par exemple, il existe des corrélations très significatives entre la fréquence de colza et la quantité de produits phytosanitaires utilisés, en particulier d'insecticides, à l'échelle de petites régions agricoles (Schott *et al.*, 2010). L'introduction de légumineuses contribue à réduire la fréquence du colza, et donc l'usage de pesticides*.

Ces effets se traduisent par des réductions significatives d'usage de produits phytosanitaires à l'échelle de la rotation et de l'assolement, et donc de pression sur l'environnement. Ceci a été montré dans le cadre de nombreuses expérimentations de systèmes de culture (essais Inra, ou du RMT Systèmes de culture innovants, ou des projets EXPE DEPHY d'Ecophyto 2018). On a par exemple une réduction de 40 à 30 % de l'IFT* dans les systèmes avec protéagineux du réseau expérimental du RMT Systèmes de culture innovants (voir p. 348 et figure 7.3). On observe aussi cette tendance au sein des performances d'agriculteurs innovants utilisant des systèmes diversifiés avec légumineuses dont les légumineuses à graines (groupes d'agriculteurs d'instituts techniques ou de Civam, ou réseaux d'agriculteurs dans les fermes DEPHY Ecophyto) (voir annexes A1, A2, A3, A4 et A5). On constate en effet qu'au sein d'exploitations existantes, il est plus facile de réduire l'utilisation des phytos dans les systèmes diversifiés avec légumineuses. Le réseau FermEcophyto 2010 a montré que presque 50 % des rotations sans légumineuses n'étaient pas économes en intrants, alors que la proportion ne dépasse pas 20 % dans les rotations avec protéagineux (voir figure 7.4 et annexe A1). L'encadré 3.1 illustre un autre de ces exemples, avec une comparaison *a posteriori* d'agriculteurs qui ont des légumineuses dans leur assolement avec ceux qui n'en ont pas.

Encadré 3.1. Une probabilité de réduction des phytos plus forte dans les systèmes avec légumineuses.

Ainsi, dans le réseau DEPHY-*In vivo* (annexe A2, Pourcelot *et al.*, 2014), sur 100 à 300 exploitations analysées sur 3 campagnes, les exploitations cultivant des légumineuses présentent, en moyenne, des indices de fréquence de traitement (IFT*) plus faibles que les exploitations sans légumineuses : réduction de l'IFT total de 13 %, 11 % et 7 % respectivement pour les récoltes 2011, 2012 et 2013, de l'IFT herbicides de 5 %, 13 % et 7 %, et de l'IFT hors herbicide de 19 % pour 2011 et 2013, et 13 % en 2012 (figure 3.17, planche XVI). Chaque année, au moins les deux tiers, voire les trois quarts, des exploitations avec légumineuses ont un IFT hors herbicides réduit d'au moins 30 % par rapport à la référence, contre seulement 40 à 56 % pour les « sans légumineuses », et moins de 15 % en ont un supérieur, contre au moins 25 % pour les « sans légumineuses ». De plus, entre les exploitations avec et sans légumineuses, aucune différence significative de productivité et de rentabilité n'a pu être mise en évidence dans l'étude en comparant aux références régionales. Pour les trois campagnes, la productivité des exploitations intégrant des légumineuses est légèrement supérieure à celle des exploitations sans légumineuses (+ 3 % en 2011, + 1 % en 2012 et + 7 % en 2013). Les effets sur les IFT herbicides pourraient sans doute être accrus par la diffusion de stratégies efficaces de gestion chimique des adventices en pois, basées sur de faibles doses d'herbicides de post-levée.

Accroissement possible des risques de certains bioagresseurs

L'augmentation de la part des légumineuses dans la rotation peut avoir des conséquences sur les populations des pathogènes (survie, dispersion, pouvoir pathogène…) effectuant une partie de leur cycle sur ces espèces.

En France, la pourriture racinaire du pois due à *Aphanomyces euteiches* est apparue à partir des années 1990 (Wicker *et al.*, 2001), suite à l'augmentation des surfaces en pois et plus particulièrement en raison des fréquences de retour trop courtes au sein des rotations. Cette maladie, jusqu'alors inconnue en France et pour laquelle il n'existait aucun moyen de lutte, a causé de très sévères pertes de rendement et a engendré un abandon de la culture par certains producteurs. Les risques de pourriture racinaire, qui affecte le pois mais aussi la lentille et certaines variétés de vesce, pourraient également être accrus du fait de l'augmentation de la présence de plantes hôtes comme certaines légumineuses utilisées en interculture (même si les CIPAN et fourrages d'été multiplient beaucoup moins l'inoculum, du fait de leur cycle très court et en sol souvent sec, que lorsqu'elles sont cultivées en culture principale au printemps).

De même, la pression liée aux nématodes de la tige de la féverole (*Ditylenchus dipsaci gigas*) est plus forte dans les années 2010 qu'auparavant (avec jusqu'à 20 % d'infestation des lots de semences testées par la FNAMS). Les facteurs de risque sont le retour fréquent de la féverole et sa culture en sol difficilement ressuyable (très argileux ou mal drainé). La pression forte est aussi associée à des campagnes humides (Quoi de Neuf ?, 2014). Le principal moyen de lutte actuel consiste à ne pas semer de graines infestées.

Le risque de bruche de la féverole (*Bruchus rufimanus*) s'est également accentué au cours de ces deux dernières campagnes agricoles, et on peut prévoir une augmentation de ce risque pour les campagnes à venir, car les produits autorisés et utilisés aujourd'hui sont moins efficaces que ceux utilisés auparavant mais désormais interdits d'utilisation.

Sur une culture de colza, le sclérotinia n'est *a priori* pas significativement favorisé par un précédent pois, par rapport à un précédent céréale, ce qui a été constaté dans l'ensemble des expérimentations du segment « pois-colza » réalisées sur les trois années 2008-2010 (Carrouée *et al.*, 2012). Cependant, les conditions de ces campagnes ont été peu favorables à cette maladie, malgré des kits pétales indiquant un niveau de risque élevé, et il serait nécessaire de valider ces tendances dans des situations de forte pression sclérotinia et dans des conditions pédoclimatiques plus variées.

Par ailleurs, les conséquences de l'augmentation de la fréquence de couverts incluant des légumineuses (CIPAN ou couverts de service ou associations de cultures) dans les successions culturales doivent être quantifiées et étudiées plus précisément quant aux pressions sanitaires nouvelles que cela peut engendrer.

Effets des associations céréales-légumineuses sur les bioagresseurs (hors adventices)

Peu de résultats sont disponibles pour quantifier l'effet de cultures associées céréales-légumineuses sur le développement des pathogènes dans les cultures suivantes. Un essai réalisé à Grignon pendant 6 ans (2008-2013) a permis de comparer différentes successions de cultures incluant pois et blé, séparés ou associés : pois-blé-blé, association-blé-blé, monoculture de pois, monoculture de blé et monoculture d'association. L'analyse des résultats sur l'ensemble des années montre que, pour le piétin-verse et le piétin-échaudage, le blé est légèrement moins touché en précédent pois qu'en précédent association, mais qu'il n'y a pas de différence entre le blé de blé de pois et le blé de blé d'association. Les niveaux de maladie sont moins élevés pour la monoculture d'association que pour la monoculture de blé. On a également observé des attaques d'ascochytose significativement plus faibles chez le pois associé que chez le pois pur. La maladie *Aphanomyces* n'est pas apparue sur la parcelle, même sur la monoculture de pois, pendant les six années d'essai (Pelzer *et al.*, sous presse).

L'année même de la culture, d'une manière générale, les effets des associations céréales-légumineuses sur les attaques de ravageurs sont variables. Les associations pois-blé dur sont, par exemple, efficaces pour réduire les infestations de pucerons verts du pois, en comparaison à une culture pure de légumineuse, cet effet ayant été observé dans plusieurs situations pendant trois années (Ndzana *et al.*, 2014). Les associations substitutives sont apparues plus efficaces que les associations additives, suggérant ainsi un effet de la concentration en ressources disponibles pour les insectes ravageurs. Mais les données expérimentales sur ces effets sont encore rares, et les effets ne sont pas toujours positifs. En effet, Corre-Hellou *et al.* (2004) et Baccar (2007) ont observé un niveau des symptômes dus aux sitones plus important en association. Ceci serait dû à un effet de concentration des ravageurs qui, en se déplaçant, entraînent d'autant plus de dégâts quand la densité de plantes hôtes dans l'association diminue.

Les associations pois-céréales permettent, en revanche, de réduire de manière importante les infestations d'ascochytose (*Micospherella pinodes)*, en particulier sur tiges et gousses (Schoeny *et al.*, 2010). Cet effet s'explique en partie par une modification du microclimat à l'intérieur du couvert végétal, conduisant à une diminution du temps d'humectation des organes sensibles, ainsi que par une réduction de la projection des spores d'une feuille à une autre (effet *splashing*) de 39 % à 78 %, liée à une diminution de la densité des feuilles des plantes hôtes et à un effet barrière des plantes non-hôtes. Le même effet d'une association féverole-céréale (la céréale étant alors une orge, une avoine, un blé ou un triticale) a été observé, pendant plusieurs années et dans différents lieux, pour réduire la sévérité du botrytis (*Botrytis fabae)* sur féverole (Fernandez-Aparicio *et al.*, 2011). L'effet est expliqué par une combinaison de la réduction de la densité des tissus sensibles de l'hôte, d'une modification du microclimat du couvert, et de l'effet barrière physique à la dispersion des spores, lié à la présence d'une espèce non-hôte au sein du couvert. Sur les céréales de l'association, on observe également une diminution du niveau d'infestation (oïdium, septoriose, rouilles) par rapport au niveau observé sur un peuplement pur de céréales, aussi bien pour des associations fourragères (association triticale, vesce, avoine par exemple) que pour des associations à vocation de production de graines (blé, pois, orge) (CASDAR 431 ; Corre-Hellou *et al.*, 2006b ; Baccar, 2007 ; Biarnès *et al.*, 2008). D'une manière générale, les processus impliqués semblent efficaces pour réduire la plupart des maladies aériennes auxquelles les plantes conduites en association sont sensibles.

Enfin, dans une association céréale-légumineuse, la céréale permet de réduire significativement la verse du pois en fin de cycle (Corre-Hellou *et al.*, 2004), en jouant le rôle de tuteur pour le pois, même à une très faible densité de la céréale (10-15 % de sa densité en pure). Cet effet a même permis, dans certains essais du projet CASDAR 431, de récolter sans difficulté l'association, tandis que la culture pure de pois, trop plaquée au sol, a dû être laissée sur place sans être récoltée.

Effet des systèmes de culture incluant des légumineuses annuelles sur la gestion de l'enherbement

Les légumineuses à graines sont des espèces peu compétitrices notamment pour l'azote, ce qui limite leur intérêt direct dans la régulation biologique des adventices, surtout dans les situations à fort niveau d'intrants azotés qui caractérisent la plupart des systèmes actuels de cultures annuelles. Cependant, dans le contexte de limitation des intrants, et selon leur mode d'insertion dans les systèmes de culture, leur rôle de compétiteur pour la lumière (chapitre 2) peut être utilisé pour gérer les adventices. Les pratiques culturales associées à ces espèces ont des impacts directs ou indirects sur la flore adventice, observables à l'échelle de l'itinéraire technique ou du système de culture.

La diversification des rotations, non spécifiques à l'introduction des légumineuses, peut, selon le choix des espèces, provoquer une alternance de cultures qui ont des biologies différentes (dicotylédone-monocotylédone et hivernale-printanière). Les itinéraires techniques associés introduisent une variabilité dans les pratiques appliquées (période de semis, alternance dans les programmes de désherbage, gestion de la fertilisation) qui ont des effets différenciés sur la flore adventice. Cette diversification a pour principaux effets de rompre le cycle des adventices, d'induire une modification de la flore (éventuellement moins nuisible) et de limiter le risque d'apparition de résistances.

Au niveau de la conduite des intercultures, il est difficile d'identifier une spécificité aux légumineuses quant à leur rôle vis-à-vis des adventices par rapport aux autres espèces, cette compétition étant davantage liée au niveau de biomasse produite par la culture intermédiaire qu'à la nature de l'espèce semée.

Au niveau de l'itinéraire technique en culture, le taux de couverture et la vitesse de fermeture du couvert de la légumineuse cultivée peuvent varier selon les espèces (chapitre 2), offrant ainsi un degré variable de compétition vis-à-vis des adventices. L'introduction de légumineuses pérennes (par exemple luzerne) s'accompagne de l'arrêt du travail du sol et de l'introduction de la fauche. Le non-travail du sol évite de solliciter le stock semencier profond et provoque ainsi une décroissance rapide du stock semencier pour les espèces qui ont un taux annuel de décroissance fort (par exemple folle-avoine, vulpin des champs, gaillet gratteron). De plus, les pratiques de fauche contribuent à réduire les populations d'adventices annuelles (fauche avant dispersion des semences : par exemple vulpin, gaillet) et à l'épuisement des ressources racinaires de certaines vivaces (par exemple chardon). Les quelques espèces annuelles, à croissance indéterminée ou qui produisent des semences matures avant la fauche, dispersent leurs graines à la surface du sol, qui doivent germer sur un sol non travaillé. Or la littérature montre que la capacité d'une espèce annuelle à germer et lever à partir d'une semence en surface est réduite par rapport une semence enfouie (Reibel *et al.*, 2010). On peut voir ainsi décroître rapidement les espèces annuelles dans les parcelles implantées en légumineuses pérennes. Cette évolution de la flore adventice dans les rotations céréalières comprenant de la luzerne a été particulièrement bien documentée par Meiss *et al.* (2010). La diversification des dates de semis dans la rotation, permise par la diversification des cultures et par des modifications de leur conduite (par exemple sur blé), offre la possibilité de réduire l'usage des herbicides (Chikowo *et al.*, 2009), mais ce levier est encore peu mis en œuvre dans les exploitations.

Une meilleure maîtrise des adventices est observée chez les associations d'espèces graminées-légumineuses par rapport à une culture de légumineuse pure, notamment en AB (Corre-Hellou *et al.*, 2011). L'infestation, réduite d'un facteur 2 à 5 par rapport à la culture pure de légumineuse, n'est en revanche pas différente de celle observée chez la céréale pure. Cet effet, observé systématiquement, est probablement en partie expliqué par la capacité de la céréale à prélever l'azote du sol, privant ainsi les mauvaises herbes d'un facteur de croissance essentiel, et permettant à la céréale d'exercer une compétition forte pour la lumière vis-à-vis des adventices. Les associations céréales-légumineuses (associant pois ou féveroles) sont particulièrement efficaces pour réduire les infestations en orobanches (Fernandez-Aparicio *et al.*, 2007). Les observations s'expliqueraient par une inhibition de la germination des graines d'*Orobanche crenata* par des produits allélopathiques émis par les racines de la céréale. La colonisation par des champignons mycorhiziens à arbuscules semble également efficace pour réduire la germination de l'orobanche dans des cultures de pois (Fernández-Aparicio *et al.*, 2010).

Au niveau du système de culture, une étude menée par simulation avec le modèle AloMySys montre que les rotations diversifiées, avec du pois, du tournesol et dans une moindre mesure de l'orge de printemps, permettent des économies de charges liées à la maîtrise de l'enherbement (charges herbicides et de mécanisation) significatives, allant avec le pois de 15 à 35 €/ha/an en moyenne à l'échelle de l'assolement (Colbach *et al.*, 2010). Cependant, cette étude ne portait que sur le vulpin, faute de modèles disponibles pour d'autres adventices.

Dans les expérimentations des successions pois-colza (CASDAR 7-175 : Collectif, 2011), les repousses de céréales ont souvent été nombreuses dans le colza, nécessitant l'application d'un herbicide antigraminées foliaire, tandis que les repousses de pois ont souvent posé moins de problème. On peut donc envisager l'économie d'un herbicide antigraminées foliaire en colza de pois, mais cette possibilité doit être confirmée. Les observations de flore adventice sauvage n'ont pas permis de distinguer de différences entre les précédents culturaux pois et blé. Dans le cas d'une rotation avec la succession pois-colza, l'enherbement est mieux géré à l'échelle de la rotation grâce à un décalage de la date de semis (printemps, ou fin automne pour le pois d'hiver) par rapport aux levées habituelles des adventices et à la succession de deux dicotylédones avant deux céréales (blé et orge). Le fait d'introduire le soja dans les rotations permet de contrôler les adventices difficiles à détruire dans d'autres cultures — comme les graminées vivaces dans le maïs, les crucifères dans le colza... — et ainsi de réduire les traitements sur ces cultures.

Enfin, en AB, la maîtrise des adventices passe généralement par l'allongement de la rotation avec une légumineuse fourragère de 2 à 3 ans en tête de rotation ou, quand le climat le permet (et/ou que de l'irrigation est disponible), en implantant des cultures sarclées d'été (Fontaine *et al.*, 2012). Une autre technique efficace consiste à implanter une légumineuse fourragère comme culture intermédiaire relais (Amossé *et al.*, 2013). Implantée pendant le cycle de la culture de rente, la légumineuse commence sa croissance sans être très compétitive vis-à-vis de cette dernière. En revanche, couvrant le sol de manière efficace dès la récolte de la culture de rente, son développement permet un bon contrôle des adventices pendant l'automne suivant, réduisant ainsi les infestations dans la culture suivante.

Effet sur l'utilisation des ressources en eau

De façon générale, les légumineuses annuelles valorisent bien l'eau apportée et les systèmes avec légumineuses ont tendance à utiliser moins d'eau que leurs équivalents sans légumineuses (que ce soit en systèmes irrigués ou non irrigués).

Les protéagineux de printemps (pois et féverole) ont des exigences en eau qui restent relativement limitées comparées aux autres espèces de grandes cultures (300 mm pour un pois de rendement 60 q/ha) et valorisent bien l'eau d'irrigation apportée : gain de 5 à 8 q/ha par tour d'eau de 30 mm pour le pois et 4,5 à 6 q/ha par tour d'eau de 30 mm pour la féverole. La période de formation des graines est la plus sensible au déficit hydrique. Elle peut nécessiter un complément d'irrigation. Mais des apports d'eau excessifs avant la floraison peuvent avoir un effet néfaste sur le rendement de la culture, en favorisant un développement important de biomasse foliaire au détriment de la formation des futures gousses. De même, des apports d'eau après la fin de formation des graines ne sont pas valorisés économiquement et augmentent les risques de verse en fin de cycle. Dans le cas où il y a irrigation, ce sont plutôt les pois de printemps qui sont irrigués, du fait de leur cycle reproducteur positionné en fin de printemps, mais le pois d'hiver valorise également bien l'irrigation, avec l'avantage de nécessiter des doses plus faibles et de ne pas concurrencer les cultures estivales, grâce à l'avance de 2 à 3 semaines de son cycle par rapport au pois de printemps.

Le soja est irrigué en France sur une part importante de la sole (54 % des surfaces de soja conventionnel en 2012), avec de fortes variations selon les régions de production. Dans le bassin de production du Sud-Ouest, plus de 78 % des surfaces de soja sont irriguées (Lieven, 2013), alors que 25 % le sont dans le bassin de l'Est. L'alimentation hydrique est le principal facteur limitant de la production du soja. Les hauts rendements (35 q/ha et plus) ne peuvent être atteints qu'avec des disponibilités hydriques (contribution en eau du sol + pluies utiles sur le cycle de la culture + irrigations) d'au moins 450 mm sur tout le cycle, ce qui reste plus faible que les besoins des autres cultures d'été telles que le maïs (500 mm), et représente un ou deux tours d'eau en moins pour le soja (Jouffret *et al.*, 1995 ; Eon *et al.*, 1999). Le soja peut même valoriser des disponibilités hydriques supérieures par des variétés tardives à long cycle de végétation (Merrien, 1994). Son irrigation peut tolérer une certaine souplesse (avec impasse éventuelle pour certains tours d'eau), car il ne connaît pas de phase sensible à la sécheresse (contrairement au maïs ou au sorgho), mais une période de sensibilité maximale comprise entre les stades R1 (premières fleurs) et R6 (grossissement des graines dans la gousse), ce qui atténue les effets d'un stress hydrique durant cette phase pour le soja (Merrien, 1987). De plus, les premiers et derniers apports sont plus tardifs que pour le maïs notamment, ce qui est intéressant pour une gestion de l'eau au niveau de l'exploitation ou du territoire. Le rendement du soja s'accroît quasi linéairement (7 q/ha par 100 mm d'eau apportée) au fur et à mesure qu'augmente le taux de satisfaction des besoins de la culture témoignant de la bonne réponse à l'eau du soja. On constate que l'on atteint des rendements très proches des niveaux les plus élevés dès que l'on satisfait 87 % des besoins de la culture (Merrien, 1994). La conduite de l'irrigation permet également de jouer sur la teneur en protéines des graines, facteur de qualité de plus en plus demandé pour les industriels, particulièrement ceux de l'alimentation humaine. Les

études menées sur la variabilité de la teneur en protéines de la graine de soja avec une approche par voie d'enquête et une étude expérimentale en 1998 et 1999 dans le Sud-Ouest (Burger, 2001) montrent que :
– les conduites peu limitantes en eau permettent, outre un bon rendement, d'obtenir des teneurs en protéines élevées ;
– une limitation en eau en début de cycle ne pénalise pas la teneur en protéines et permet de réduire les risques de verse et de sclérotinia ;
– une limitation en eau durant la phase de remplissage du grain est généralement néfaste pour la teneur en protéines, même s'il existe des cas où, une limitation antérieure ayant réduit la taille du puits graines, la limitation pendant le remplissage n'a que peu d'effet.

L'introduction de soja dans les assolements irrigués à base de maïs permet de réduire les quantités d'eau épandues, et, par là même, de mieux maîtriser la ressource en eau au niveau de l'exploitation et du bassin de production. Les besoins en eau d'irrigation pour le soja sont inférieurs de l'ordre de 50 mm à ceux d'un maïs, ce qui est observé à la fois sur des essais systèmes et dans les pratiques des agriculteurs (Nolot et Debaeke, 2003 ; Jouffret *et al.*, 1995 ; Eon *et al.*, 1999). L'introduction du soja permet aussi une meilleure répartition des prélèvements d'eau durant l'été. En effet, la souplesse de la conduite de l'irrigation du soja (Merrien, 1987 ; Bouniols *et al.*, 1985) peut permettre, à certaines époques, lors d'années particulièrement sèches, de diminuer les quantités d'eau apportée, voire de réaliser l'impasse sur un tour d'eau prévu au départ. Cette pratique est particulièrement intéressante durant la période où les besoins en eau du maïs sont extrêmement forts (début juillet au 15 août) et ne peuvent être réduits sous peine de pénaliser fortement les rendements de cette culture.

Effets sur les composantes du sol

État structural

D'une part les légumineuses sont plus sensibles que d'autres cultures à l'état structural du sol (importance de l'installation des nodosités) et d'autre part leur empreinte rhizosphérique, stimulant spécifiquement une activité microbienne active, favorise un sol plus fertile et à structure fine. Cependant, la géométrie du système racinaire permet une amélioration plus ou moins grande, les systèmes pivotants de la féverole et de la luzerne étant plus propices pour un état structural plus fin du sol.

Le système racinaire des légumineuses à graines étant peu ramifié, l'état structural du sol après leur culture est très dépendant de celui existant avant la culture et des conditions de semis (Jeuffroy *et al.*, 2012). Ce phénomène est moins fréquemment observé chez le soja, et l'état structural laissé par un soja est considéré par les producteurs comme excellent, permettant des implantations de céréales dans d'excellentes conditions et souvent avec un nombre de passages réduit par rapport à d'autres précédents (céréales, tournesol, maïs…).

La quantité de résidus de pois étant assez faible, et leur structure étant très friable, ils ne représentent pas un obstacle physique majeur à l'implantation de la culture suivante et autorisent un travail du sol simplifié. Dans le cas des semis de blé, l'absence de labour après le pois est très fréquente en France (en 2006, 75 % des blés après pois, contre 13 % des blés après blé, ont été implantés sans labour, enquête Pratiques culturales du SSP). En réduisant la charge de mécanisation, la consommation d'énergie fossile et les émissions de gaz à effet de serre liées à cette pratique, le précédent pois est aussi un atout pour l'organisation du travail. La culture d'un pois protéagineux avant colza permet également de faciliter l'implantation du colza en technique culturale simplifiée (Carrouée *et al.*, 2012).

Dans les systèmes de culture du nord de la France, l'état structural du sol sous blé est fortement influencé par le précédent cultural, le pois étant classé parmi les précédents les plus favorables (figure 3.18).

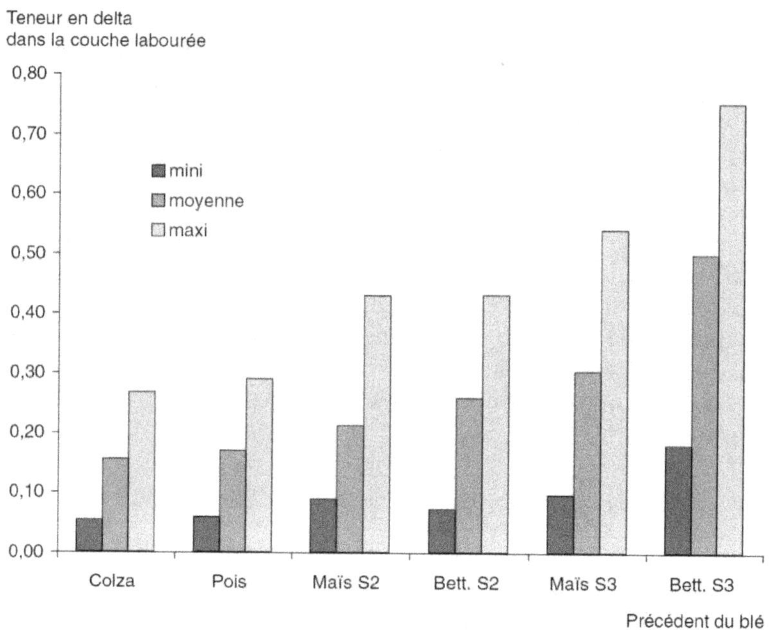

Figure 3.18. Effet du précédent cultural (colza, pois, maïs, betterave) sur l'état structural du sol dans plusieurs systèmes.

S2, interventions visant à minimiser le risque de tassement ; S3, interventions visant à maximiser la durée du cycle des cultures : plus la teneur en mottes delta est élevée, plus le sol est compacté (synthèse de 8 années, essai de Mons, Boizard, communication personnelle).

Évolution de la matière organique du sol

Le carbone organique est la composante majoritaire de la matière organique des sols ; sa teneur est un indicateur de la fertilité (physique, chimique et biologique) des sols agricoles. Pour le stockage de carbone, en dehors du changement d'usage des sols, on sait maintenant que, plus que d'autres facteurs parfois mis en avant comme le travail du sol, la quantité de carbone restituée au sol est le facteur explicatif de première importance de l'évolution de la teneur en carbone organique (communication groupe de travail « C, N, GES » du séminaire travail du sol Arvalis-Inra, décembre 2012). Augmenter la matière organique et la conserver en limitant les pertes sont les deux volets des actions favorables au stockage de carbone dans les sols : couverture du sol, apport par CIPAN ou agroforesterie, augmentation de la durée de présence des prairies[36].

Dans le cas des systèmes avec légumineuses, il s'agit donc de considérer avant tout la quantité de C restitué au sol, qui est variable au sein de leurs résidus aériens et racinaires selon les espèces en jeu (volumes du système racinaire et de la biomasse végétale) et les modes d'insertion et de culture utilisés (avec différentes longueurs de cycle et différentes exploitations des grains et pailles) ; ainsi les effets pourront être différents entre culture annuelle et culture pérenne. Sous prairie, les organes sénescents (racines, feuilles) et les rhizodépôts (exsudations de molécules organiques riches en C et N) sont plus importants. De plus, il existe également un couplage entre le stockage de carbone et le bilan d'azote d'un agroécosystème.

Les bilans de carbone du sol, qui doivent être analysés à moyen ou long terme, ont été relativement peu étudiés dans les grandes cultures. Les quelques analyses se sont focalisées sur le rôle des cultures intermédiaires (qui peuvent comporter des légumineuses) et rarement sur la famille botanique comme les légumineuses. Pour les légumineuses à graines en culture annuelle, les espèces telles que le pois et le soja produisent moins de biomasse de résidus (restitués au sol) que la majorité des autres grandes cultures comme les céréales : leur insertion fréquente dans des successions peut dans certains cas conduire à une réduction du contenu en carbone organique dans le sol, comme montré dans le cadre d'un essai de l'Inra de Toulouse avec l'introduction d'un pois d'hiver dans des rotations simples blé dur-tournesol. Après 6 ans correspondant à 2 rotations triennales, la quantité de carbone organique du sol a diminué avec une vitesse moyenne d'environ 0,4 t/ha/an (Plaza-Bonilla *et al.*, soumis).

Toutefois, il est important de souligner que dans ces mêmes conditions, l'introduction de cultures intermédiaires durant chaque interculture (avant et/ou après la légumineuse à graines), qui sont détruites avant l'hiver, a permis d'éviter cette perte de carbone dans le sol grâce à l'incorporation de carbone supplémentaire dans le sol. Dans d'autres contextes, cette introduction de cultures intermédiaires a même permis d'augmenter le stock de carbone du sol, allant jusqu'à 0,6 t/ha/an pour des durées de croissance de culture intermédiaire plus longues et permettant une production de biomasse élevée (Kuo *et al.*, 1997). Ainsi, l'introduction combinée de légumineuses à graines et de cultures intermédiaires, répétée dans le temps, permet une séquestration plus importante du carbone et un stockage d'azote à moyen terme, *via* une augmentation de la biomasse produite dans l'année (plus longue durée de croissance et donc de photosynthèse) et *via* le recyclage du nitrate dans l'azote organique du sol à l'échelle de la rotation (Constantin *et al.*, 2012 ; Campbell *et al.*, 1991 ; Crews et Peoples, 2003 ; Nezomba *et al.*, 2010 ; Melero *et al.*, 2011).

---

36. Ademe, 2014. Carbone organique des sols : l'énergie de l'agroécologie, une solution pour le climat.

Bilan phosphore

Le déficit en phosphore est un facteur limitant majeur de la symbiose légumineuse-rhizobium, en particulier dans les sols acides ou calcaires, même s'il y a des marges d'amélioration génétique sur ce critère. De façon générale, même si les légumineuses répondent positivement à la fertilisation phosphatée, elles ont également des stratégies (plus ou moins spécifiques à cette famille) afin de répondre aux situations de carence en phosphore (chapitre 2, voir p. 114). De plus, le phénomène local d'acidification par extrusion des protons (Alkama *et al.*, 2010) provoque une baisse de pH rhizosphérique et une solubilisation d'ions phosphates non bio-disponibles à la neutralité. En termes agroécologiques, ce processus (local) pourrait être favorisé *via* des associations d'espèces céréale-légumineuse dans des systèmes à faibles intrants : la légumineuse « solubiliserait » du phosphore, dont profiterait la céréale et cela ajouterait un avantage à l'association, en plus de l'aspect azote. Cet effet reste toutefois controversé. Mat Hassan *et al.* (2012) soulignent un effet positif d'une culture de légumineuses sur la culture de céréale suivante, mais un effet plutôt négatif des résidus de légumineuses comme de ceux de céréales. Rehmut *et al.* (2012) ont observé une amélioration des rendements de blé après une légumineuse, mais pas d'augmentation de l'absorption de phosphore par la céréale.

À l'échelle des systèmes de culture, les besoins en phosphore des légumineuses peuvent nécessiter une fertilisation phosphatée. La recommandation pour la fertilisation des grandes cultures est d'appliquer un raisonnement annuel de la fertilisation PK, en prenant en compte le caractère plus ou moins exigeant de la culture, la disponibilité des réserves en P et K du sol (appréciée par l'analyse de terre), le passé récent de fertilisation, et la restitution ou non des résidus de culture (source Comifer). Par exemple la betterave, le colza, la luzerne et la pomme de terre sont classés dans les grandes cultures à « exigence élevée » en phosphore. Dans les faits, la fertilisation P est souvent gérée avec l'apport potassique sous forme de fertilisants PK, et apportée sur la « tête de rotation », en raisonnant à l'échelle de la rotation, avec comme base la compensation des exports P dans les graines et les exigences des cultures. On observe aussi que la fertilisation PK est souvent gérée en fonction des sols plus que des cultures, et semble très liée aux prix du marché (prix des engrais achetés et prix de vente des récoltes). Dans les pratiques, les volumes mobilisés en un contexte donné (lieu et prix) seraient du même ordre de grandeur dans les différentes successions culturales de grandes cultures des systèmes céréaliers, qu'il y ait des légumineuses ou pas.

Effet sur la biologie des sols

On sait maintenant que les pratiques agricoles ont un effet sur la composante biologique du sol, qui peut être mesuré par la présence et la quantité de la faune des sols : macrofaune (vers de terre, nématodes), mésofaune (nématodes) et microfaune (abondance, diversité et respiration des micro-organismes).

En plus des pratiques de travail du sol, la diversité des espèces cultivées, par leurs familles botaniques mais aussi leurs métabolismes, contribue à la biodiversité des sols qui a un effet d'atténuation des changements globaux. De plus, s'il n'y a pas encore de relation mathématique établie entre l'activité microbienne ou de la mésofaune et la productivité agricole, les présomptions sont fortes et des liens existent sur certaines fonctions des sols liées à la présence et l'activité des faunes de différentes tailles au sein des sols. Ainsi, la biodiversité des sols modifie le cycle de la matière organique et les compétitions bactériennes qui temporisent les infections issues du sol, les processus de dénitrification et donc d'émissions de N_2O, la structure du sol et les fuites en nitrate, etc.

Les légumineuses contribuent ainsi à cette diversité de façon générale. Elles favorisent également les conditions pour l'état sanitaire des racines et de la plante suivante ou de la plante associée, *via* la structure et l'activité biologique des sols. Même si peu d'études y sont consacrées à ce jour, plusieurs pistes ont été ouvertes :
– fonction de « puits à N_2O » par certains rhizobiums associés aux légumineuses, qui font partie des 5 % des micro-organismes du sol avec la capacité à réduire N_2O en N_2 (Hénault et Revellin, 2011), en cours de confirmation au champ[37] ;
– empreinte rhizosphérique spécifique des légumineuses et ses conséquences :
- les exsudats racinaires des légumineuses sont plus riches en azote que ceux des autres plantes (Eisenhauer *et al.*, 2009). Ces exsudats azotés sont riches en protéines, peptides et acides aminés dont les proportions et les rôles vis-à-vis du fonctionnement de la plante et du sol sont encore peu connus, mais pourraient être en lien avec les variations de l'environnement[38],
- une acidification locale temporaire autour de la nodosité en activité pouvant avoir un effet sur les autres cultures (Hinsinger *et al.*, 2011),
- cette acidification, combinée avec le rapport C/N des rhizodépôts des légumineuses, modifie la structure et l'activité des communautés microbiennes avec des effets sur la qualité de la matière organique (Bédoussac *et al.*, 2011) ;
– effets sur la macro, méso ou microfaune (rhizosphère et plus largement sous et après la culture de légumineuse) : dans la majorité des rotations conventionnelles actuelles (courtes ou peu diversifiées, avec peu de couverts végétaux), les vers de terre sont moins présents. Or, leur activité favorise la décomposition et l'enfouissement des résidus végétaux et donc l'enrichissement du sol en matières organiques. Les études sur vers de terre peuvent être lourdes à mener mais les enkytréides[39] pourraient être un relais fonctionnel intéressant au sein de la macro- et mésofaune. Pour la méso et microfaune, on sait que les nématodes libres et les micro-organismes (bactéries, champignons) représentent des bioindicateurs qui peuvent être pertinents sous agrosystèmes ; il a déjà été constaté des différences significatives en termes d'abondance, de diversité ou d'activité dans certains essais de grandes cultures, comprenant parfois des légumineuses à graines. Cependant, une étude spécifique « système avec » *versus* « système sans légumineuse » serait nécessaire pour approfondir ce sujet.

---

37. Travaux de l'Inra d'Orléans, sur le déterminisme des processus biologiques du cycle de N_2O, par les propriétés physico-chimiques des sols (projet SOLGES), pour simuler les émissions de N_2O par les sols ; créer des techniques d'ingénierie écologique pour réduire les émissions de N_2O par les sols (projets SOLGES, PUIGES).

38. Une étude 2013-2017 en cours au LEVA de l'ESA d'Angers vise à mieux caractériser l'exsudation nette en acides aminés des légumineuses en lien avec des variations des facteurs de l'environnement (Fustec J., Pari scientifique des Pays de la Loire RHIZOSFER).

39. Des vers de terre translucides ou blancs, très petits voire minuscules, parfois presque invisibles, qui constituent la famille *Enchytraeidae* d'Annélides, oligochètes microdrile.

En plus de l'effet de coupure pour les adventices, ces effets sur la biologie des sols sont vraisemblablement une part significative des dimensions « hors azote » des effets précédents à court, moyen et long terme des légumineuses en général qui expliquent les meilleures performances des cultures suivantes (dont la meilleure valorisation de l'azote en rendement) et la meilleure productivité et robustesse* des systèmes diversifiés et avec légumineuses sur le long terme.

À retenir. Les effets agronomiques de l'insertion d'une légumineuse à graine annuelle.

L'insertion d'une culture de pois dans des rotations céréalières permet de réduire la fertilisation azotée de la culture suivante, de l'ordre de 20 à 60 kg N/ha selon les situations, pour des rendements généralement plus élevés. Ce gain de rendement serait lié à un meilleur fonctionnement de la culture suivant le pois, en partie dû à une meilleure qualité sanitaire des cultures suivantes (meilleure structure du sol, moins de maladies, surtout d'origine tellurique, grâce à l'alternance des familles botaniques). Cette réduction des maladies telluriques observée sur le blé suivant est également observée dans le cas d'un précédent association céréales-légumineuses à graines, par rapport à un précédent blé. Après un soja, la fertilisation azotée du maïs peut être réduite de 30 à 40 kg N/ha par rapport à un maïs de maïs. Les effets précédents des différentes légumineuses à graines sur les différentes cultures suivantes n'ont pas tous été quantifiés précisément ou statistiquement. Dans le cas d'une luzerne (âgée de 2-3 années), l'équivalent fertilisant azote peut aller jusqu'à 100-150 kg N/ha pour le maïs suivant la destruction de la luzerne.

Après une culture de légumineuse récoltée, en été comme le pois, les risques de lixiviation durant l'automne suivant existent. Cependant, comme ils dépendent de la gestion du système et surtout de l'interculture, réduire ces risques est possible :
− en couvrant le sol à l'automne, c'est-à-dire en implantant une culture intermédiaire piège à nitrate (CIPAN) ;
− en implantant une culture de colza après le pois ;
− en choisissant de cultiver le pois en association avec une céréale, cette pratique réduisant significativement le reliquat d'azote minéral à la récolte par rapport à un pois cultivé en pur.

L'insertion d'une culture de légumineuse (rare dans les assolements actuels) permet la rupture des cycles des pathogènes caractéristiques des grandes cultures dominantes des rotations. Par ailleurs, l'insertion d'une famille botanique différente, l'allongement de la rotation, l'alternance des cycles de cultures de printemps et d'hiver, la couverture du sol permise par les couverts pluriannuels ou non récoltés (CIPAN), ainsi que les décalages de dates de semis permis par ces cultures facilitent le contrôle des adventices les plus fréquentes des rotations actuelles (en particulier leur destruction par des faux semis). L'insertion de légumineuses, qu'elles soient annuelles ou pérennes, facilite donc la maîtrise des maladies et des adventices, tout en limitant le recours aux pesticides, à l'échelle de la rotation.

Globalement, la rhizosphère spécifique des légumineuses, grâce à leur symbiose, combinée aux autres caractéristiques de ces cultures est certainement un élément très influent sur la qualité des sols et donc les conditions des cultures suivantes, mais les processus souterrains restent à investiguer plus largement.

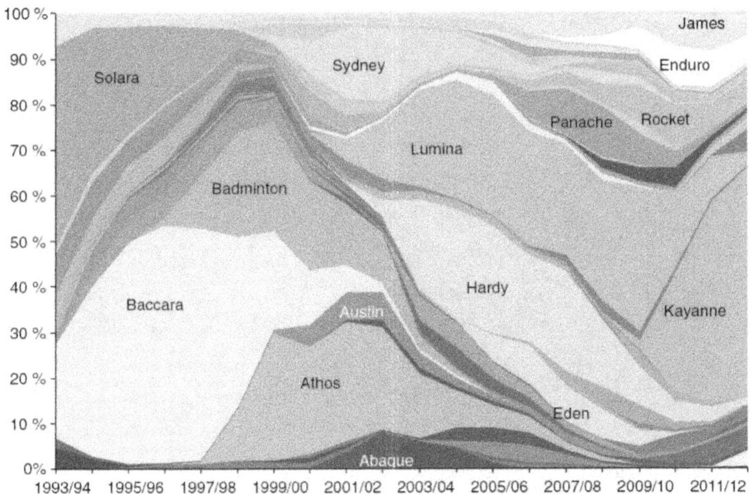

Figure 1.2. Évolution des parts de marché des cultivars de pois protéagineux.

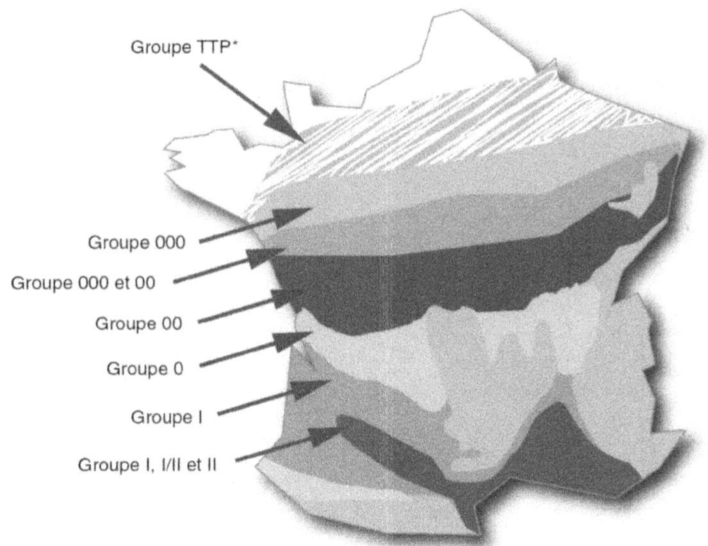

Figure 1.3. Précocité variétale du soja à privilégier pour un semis de fin avril à début mai.
Source : J. Lieven et collègues.
Zone hachurée : le positionnement de la culture de soja doit encore être précisé pour cette zone.

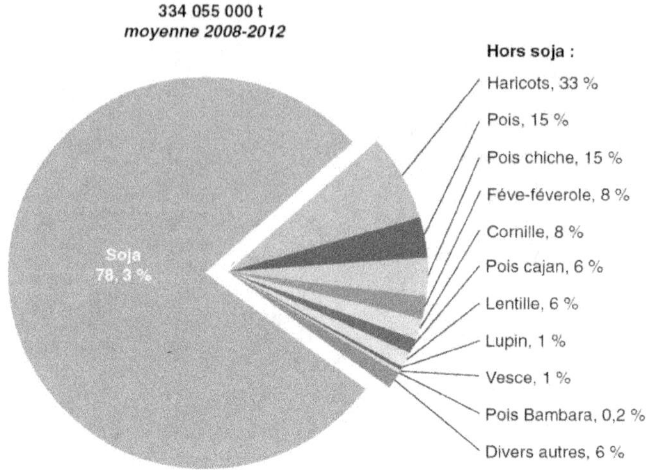

Figure 1.5. Répartition de la production mondiale des légumineuses à graines en moyenne annuelle entre 2008 et 2012. Source : Eurostat et Unip pour les productions européennes de certaines espèces, et FAO pour le reste.

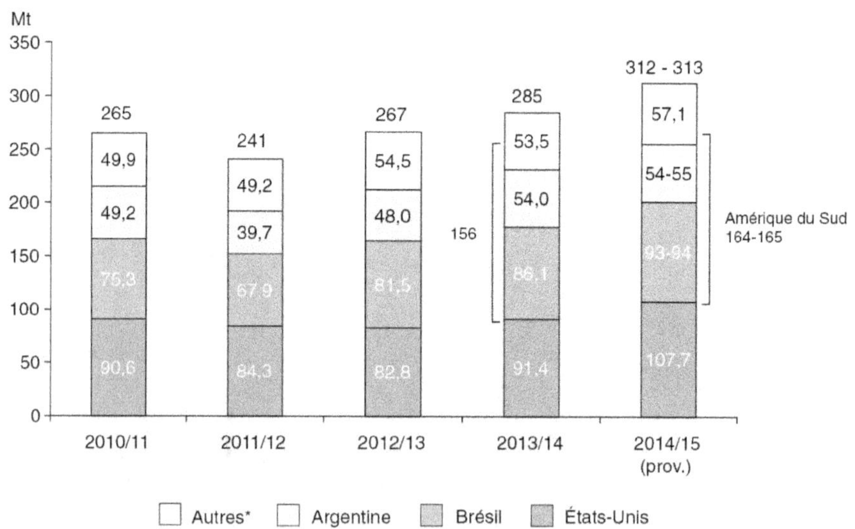

Figure 1.6. Production mondiale de graines de soja. Source : Unip-Onidol, d'après OilWord et USDA.

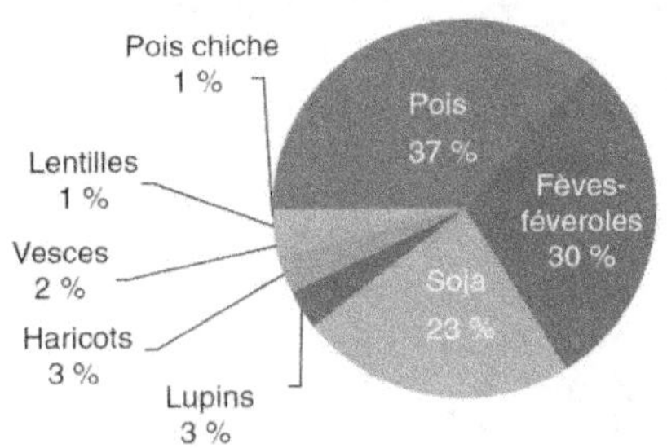

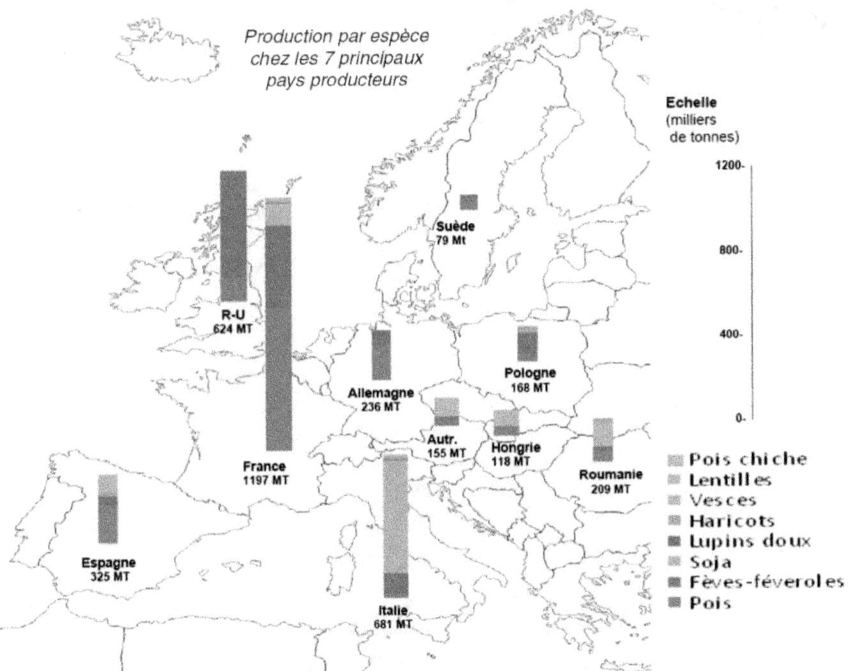

Figure 1.7. Production de légumineuses à graines en Union européenne : répartition par espèce et par pays (moyenne 2008-2012). Source : Unip-Eurostat-FAO.

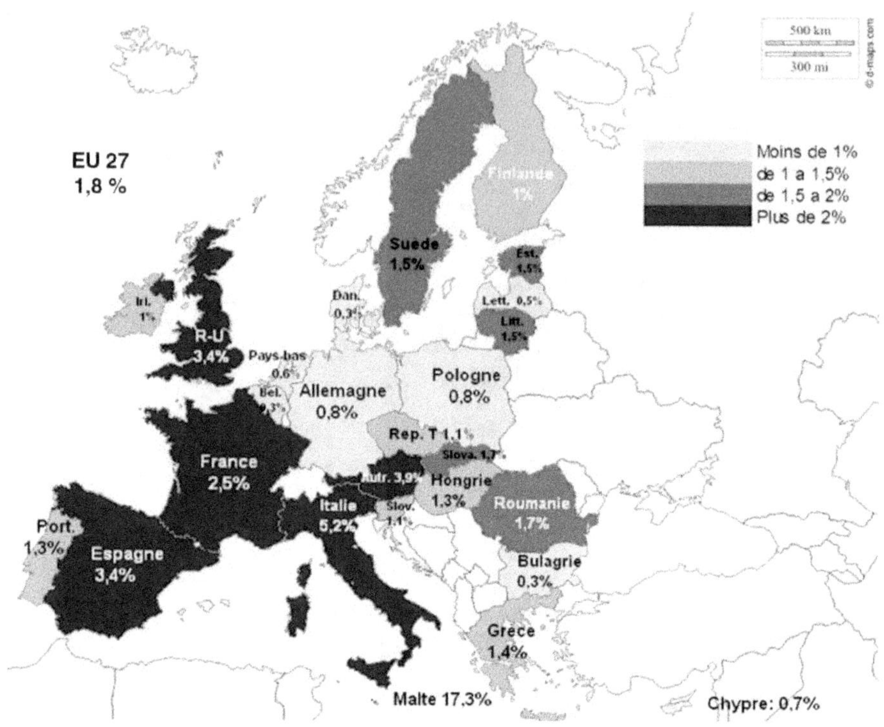

Figure 1.9. Part relative des surfaces de légumineuses à graines par rapport aux principales grandes cultures dans les pays de l'UE-27 en moyenne pour la période 2008-2012. Source : Unip sur la base des données Eurostat et ajustements avec sources nationales pour certaines espèces et pays.

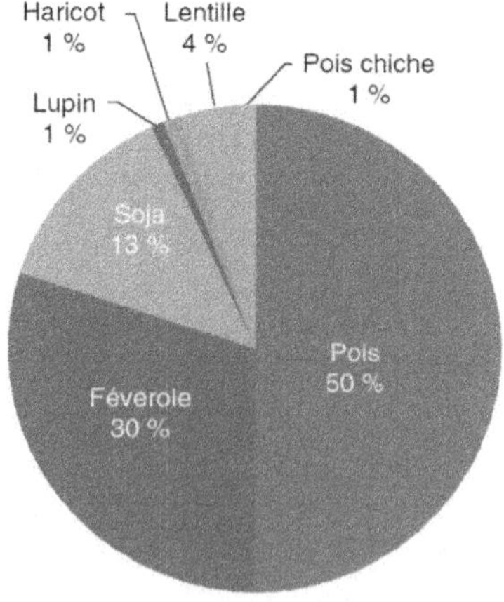

Figure 1.10. Surfaces de légumineuses à graines (toutes espèces) en France en moyenne par an entre 2008-2012. Source : Unip.

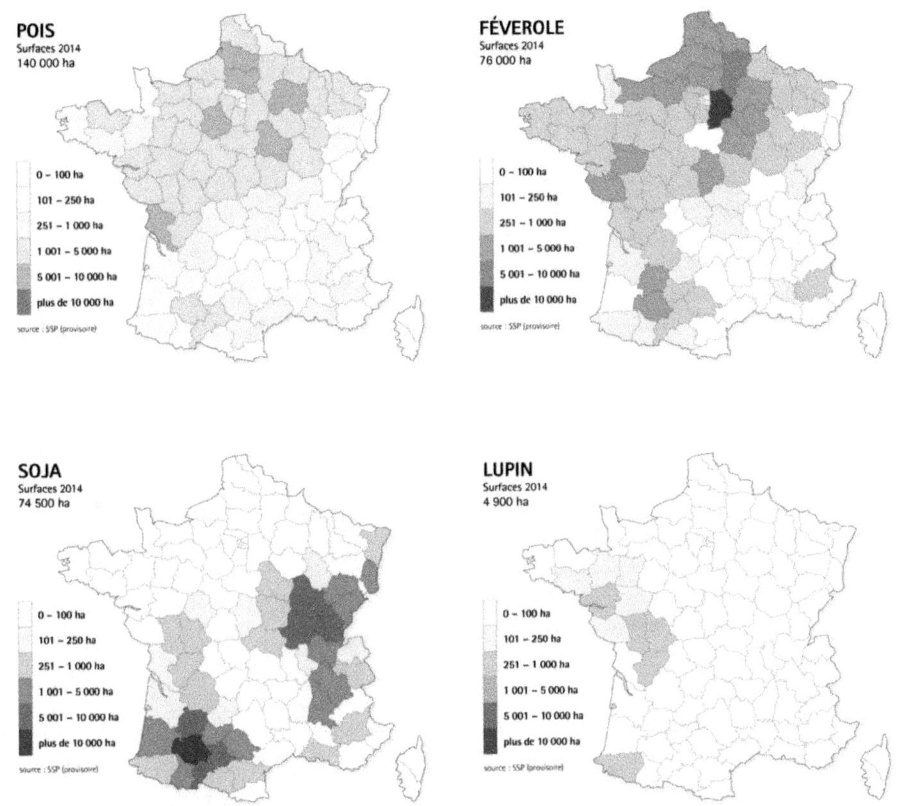

Figure 1.14. Répartition des surfaces de pois, féverole, soja et lupin par département en France en 2014. Source : Unip et Onidol, à partir des données SSP (Service de la statistique et de la prospective, au sein du ministère français en charge de l'Agriculture).

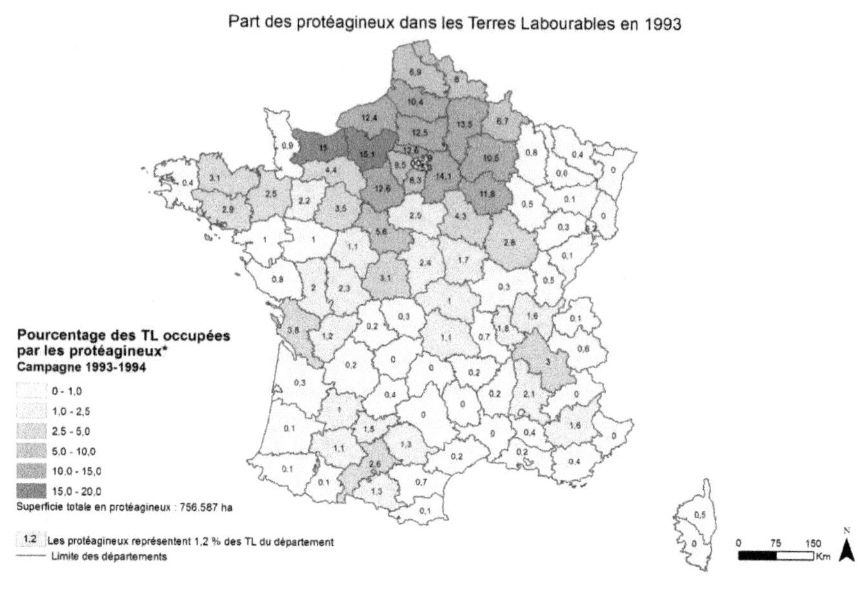

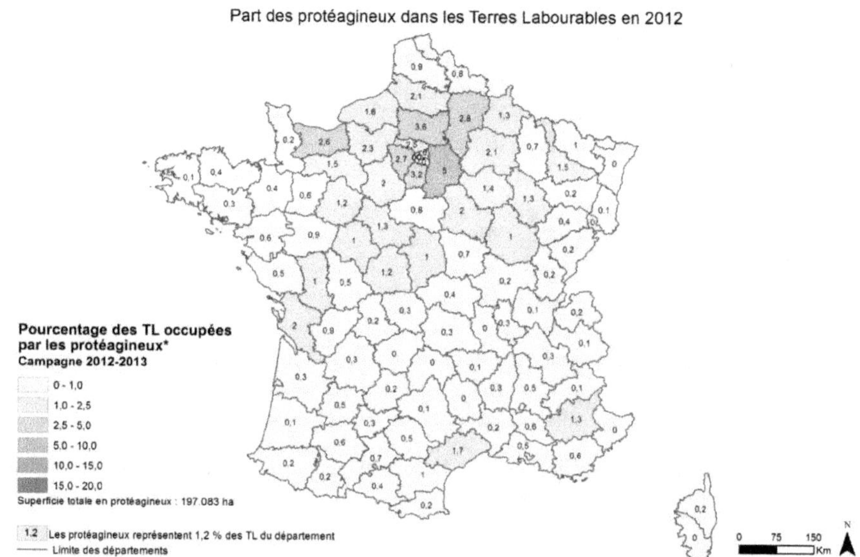

Figure 1.15. Évolution de la part des protéagineux (pois, féverole et lupin) dans les terres labourables (TL) entre 1993 (pic de production) et 2012 (situation actuelle). Source : Unip-Inra Mirecourt sur la base des surfaces agricoles annuelles.

* Féveroles et fèves, lupin doux (graines), pois protéagineux.

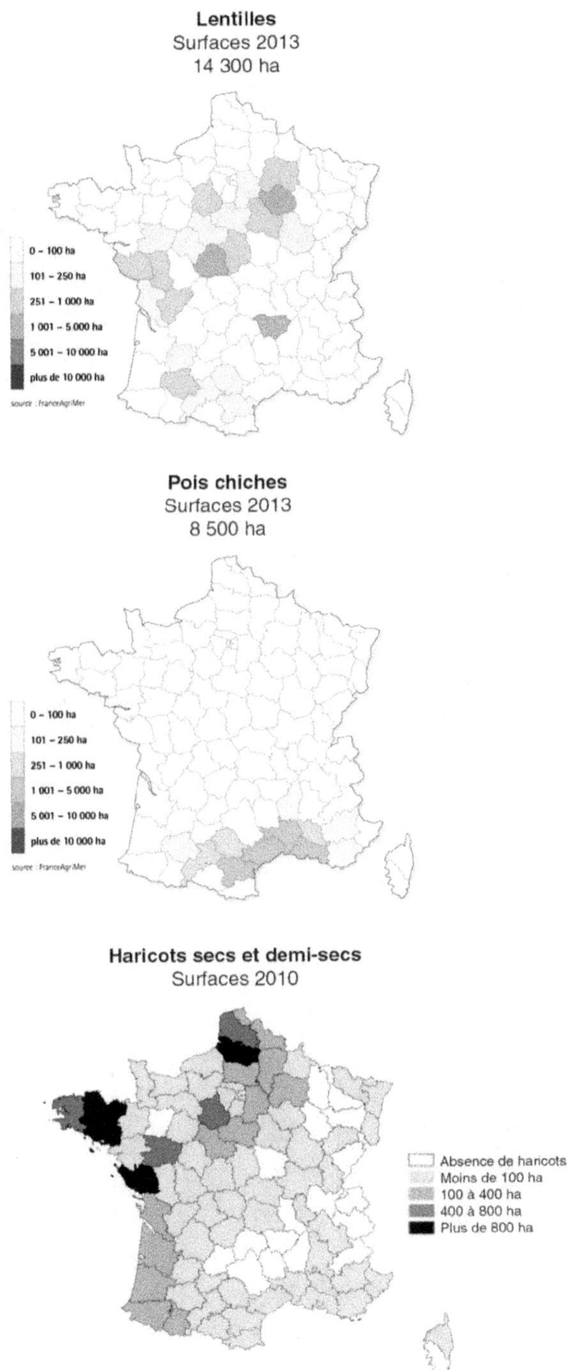

Figure 1.17. Répartition départementale des surfaces de lentilles, pois chiches et haricots en France. Source : Unip.

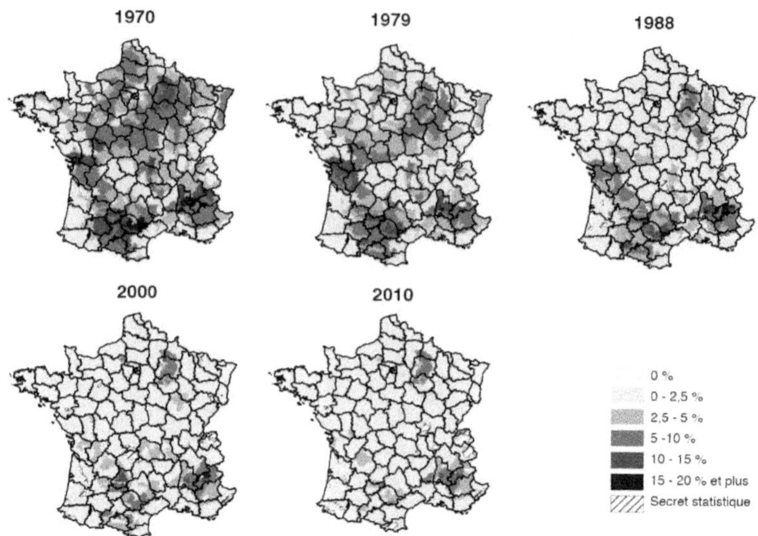

Figure 1.21. Évolution des surfaces des prairies artificielles (en % par rapport au recensement effectué 10 ans plus tôt). Source : Unip-Inra Mirecourt- recensements agricoles 1970, 1979, 1988, 2000, et 2010.

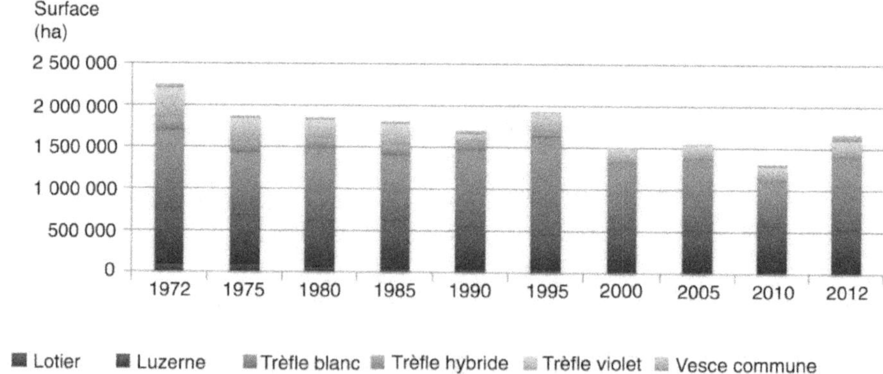

Figure 1.22. Estimation de la part des différentes espèces au sein des surfaces de prairies européennes. Source : Huyghe, 2013 ; Projet européen Multisward.

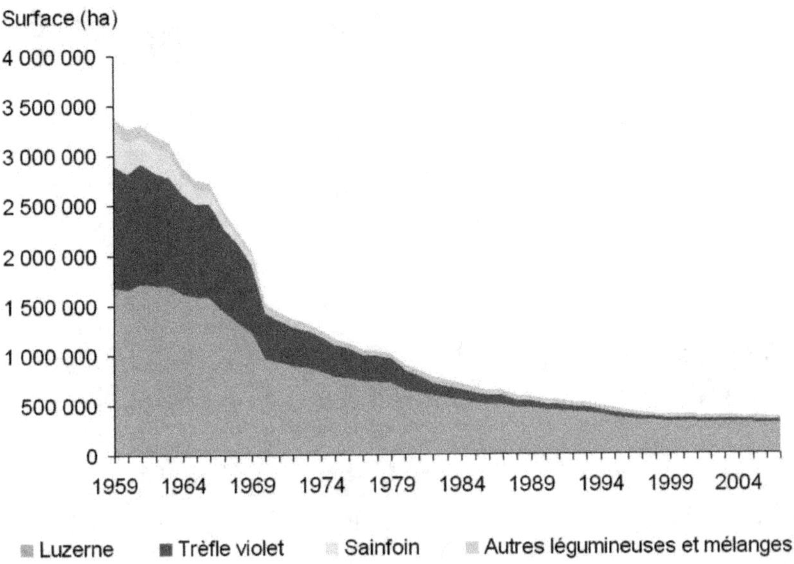

Figure 1.23. Évolution des surfaces françaises de légumineuses fourragères monospécifiques de 1960 à 2007. Source : Étude relance des légumineuses CGDD 2009, d'après les données Agreste.

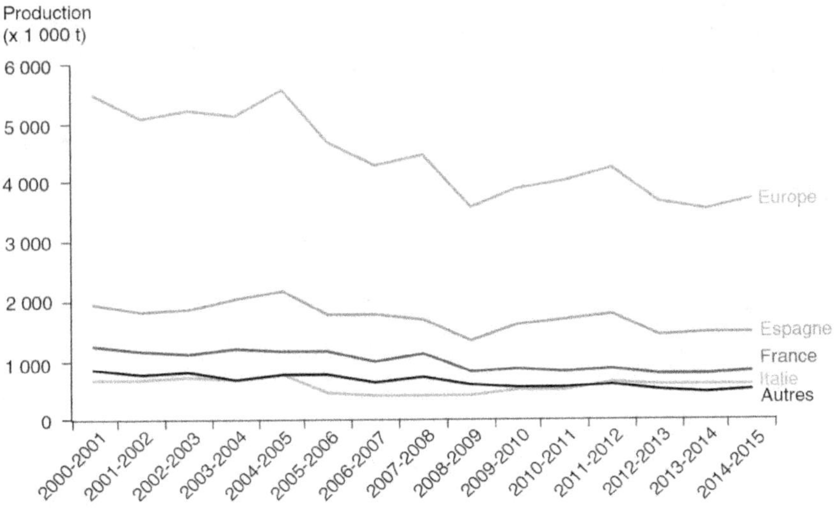

Figure 1.25. Production de fourrages séchés selon les principaux pays d'Europe.

La production espagnole a progressé, avec 1 590 000 tonnes en 2009/2010 contre 1 318 000 tonnes l'année précédente. L'Italie augmente légèrement son tonnage, avec une progression de 5 % à 480 000 tonnes. L'Allemagne a produit 243 000 tonnes, contre 257 000 tonnes la campagne précédente.

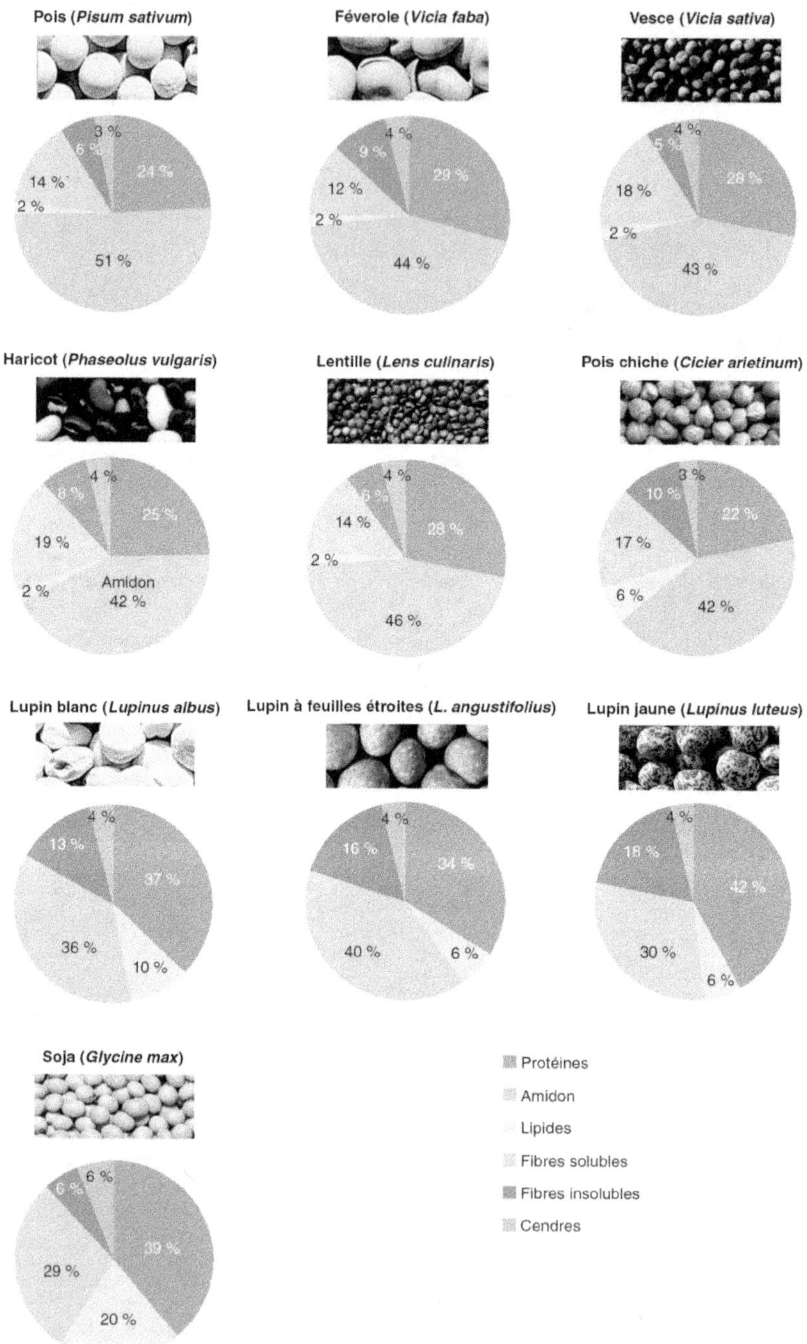

Figure 1.26. Composition moyenne des graines récoltées à maturité des légumineuses. Source : AEP.

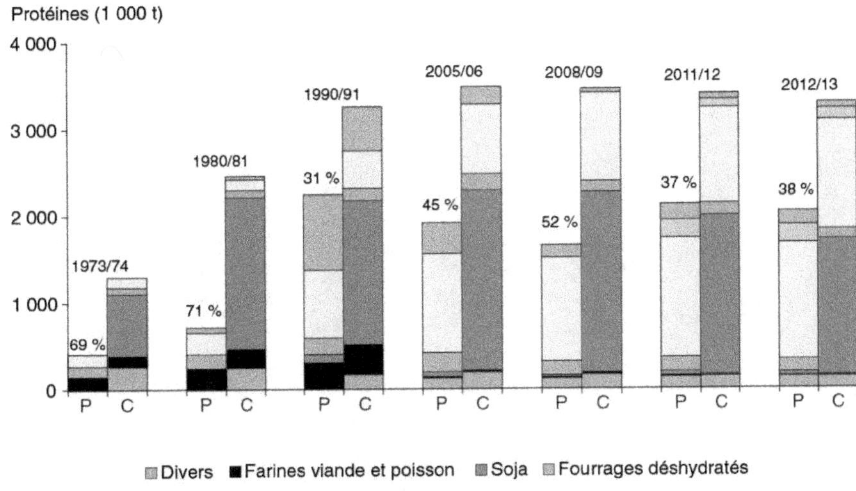

Figure 1.29. Bilan des matières riches en protéines (MRP) en France. Source : Unip/Onidol.
* Données non disponibles avant 2009/2010. P, production ; C, consommation.

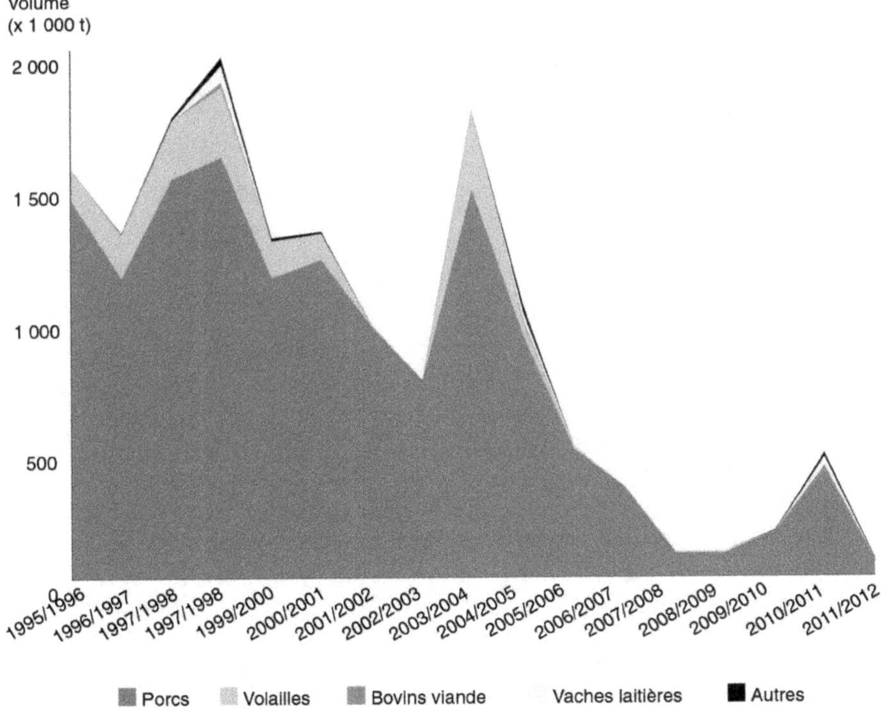

Figure 1.30. Utilisation du pois protéagineux (en kt) dans l'industrie des aliments composés selon le type de production animale en France. Source : Céréopa-Unip.

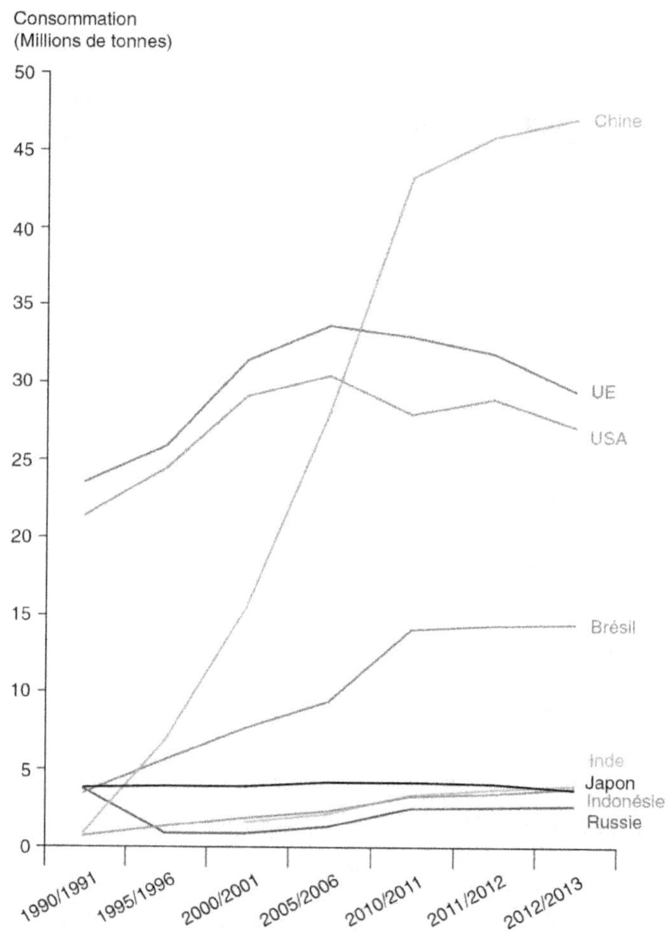

Figure 1.32. Évolution de la consommation de tourteau de soja dans le monde (en ktonnes selon Oilworld).

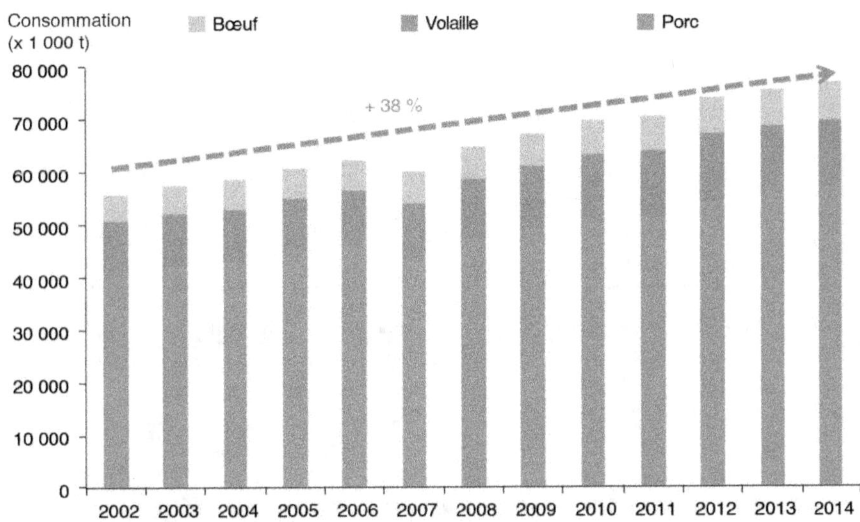

Figure 1.33. Évolution de la production de viande en Chine. Source : China Statistical Yearbook 2013. D'après Guo Jia Hua à Black Sea Grains Conference, Kiev, 2013.

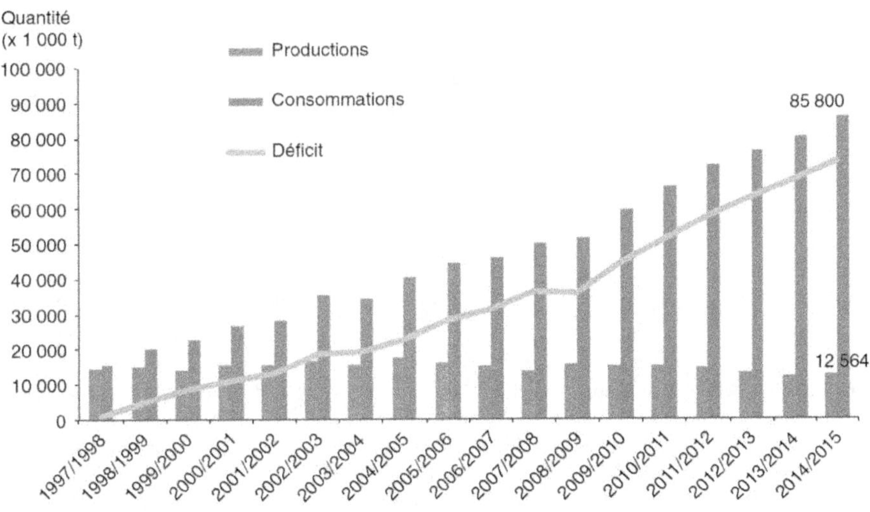

Figure 1.34. Évolution du déficit chinois en graines de soja (barres pour le déficit, points rouges pour la production, carrés bleus pour la consommation). Source : USDA.

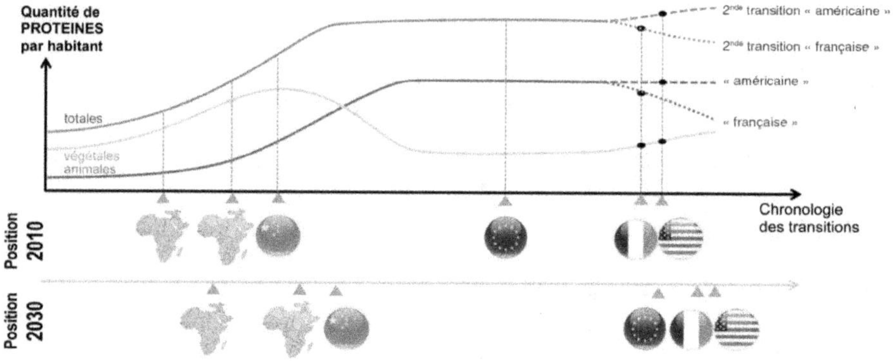

Figure 1.35. Les transitions nutritionnelles protéiques. Source : étude BIPE 2014 d'après FAO.

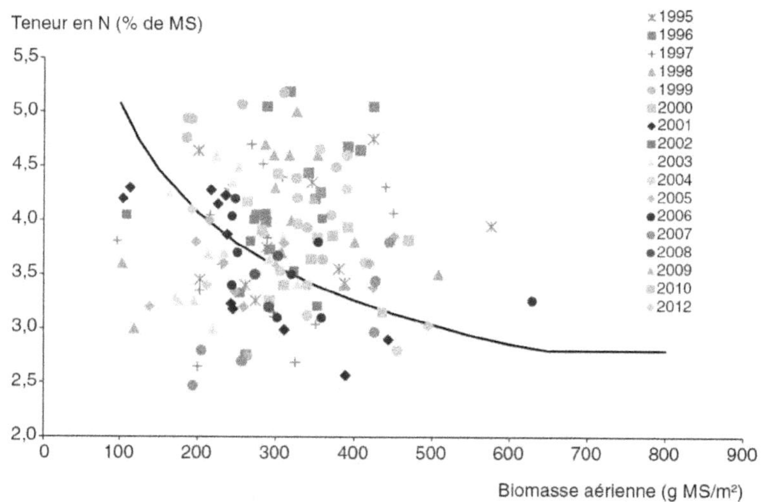

Figure 2.11. Diagnostic de nutrition N à début floraison ou en cours de floraison dans les essais variétés pois de printemps du réseau Arvalis-Unip-FNAMS de 1995 à 2012.

La courbe continue représente la courbe critique de dilution de l'azote dans la biomasse des parties aériennes (Ney *et al.*, 1997). Entre 6 et 18 points ont été mesurés chaque année de 1995 à 2007 (avec 1 à 3 points par grande région de production française). À partir de 2008, le nombre de points de mesure est beaucoup plus faible : inférieur ou égal à 3. Les variétés ont évolué au cours du temps. Ainsi les valeurs mesurées portaient sur la variété Solara en 1995 et 1996, sur la variété Baccara de 1997 à 2000, sur la variété Athos de 2001 à 2003, sur les variétés Hardy et Lumina de 2005 à 2007, sur la variété Canyon en Rhône-Alpes en 2007 et 2008 et sur la variété Kayanne en 2012. Les essais ont reçu une protection herbicide, fongicide et insecticide. Ils ont donc été protégés contre une infestation par les adventices ou des attaques de sitones qui auraient pu avoir un impact sur la nutrition azotée.

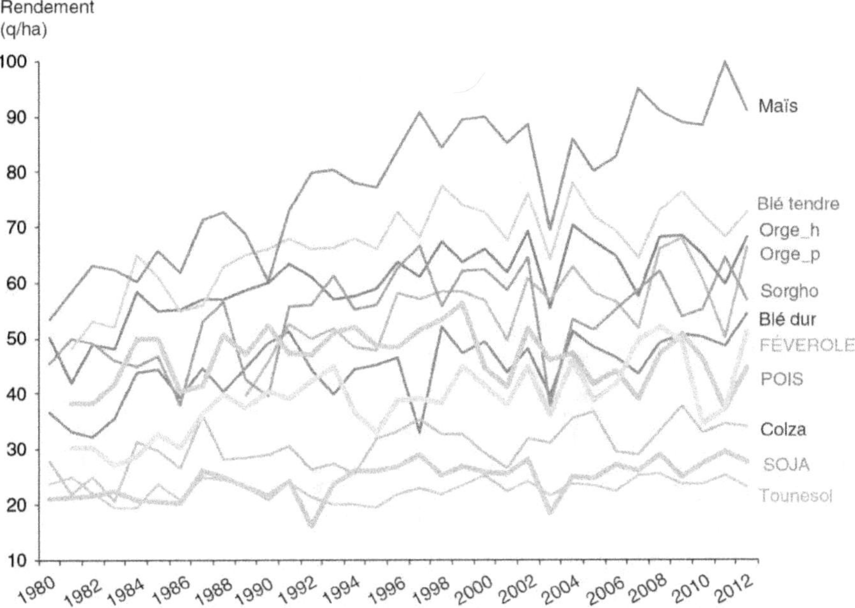

Figure 3.2. Évolution des rendements réalisés en moyenne en France pour les principales légumineuses à graines et autres cultures annuelles. Source : Eurostat, Scees, Unip.

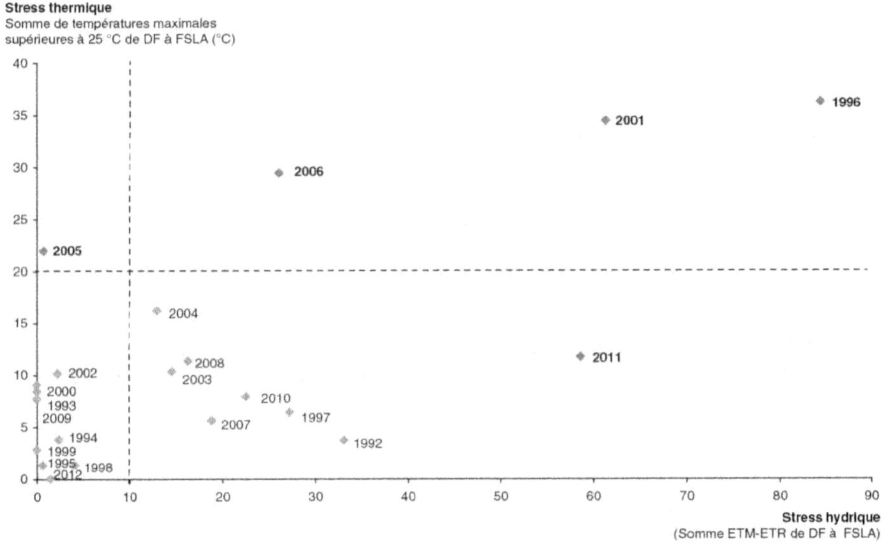

Figure 3.3. Intensité des stress hydriques et thermiques pendant la période de formation des graines en pois de printemps sans irrigation à Chartres (28) entre 1992 et 2012 (sol profond, RU = 150 mm). Source : Unip-Arvalis.

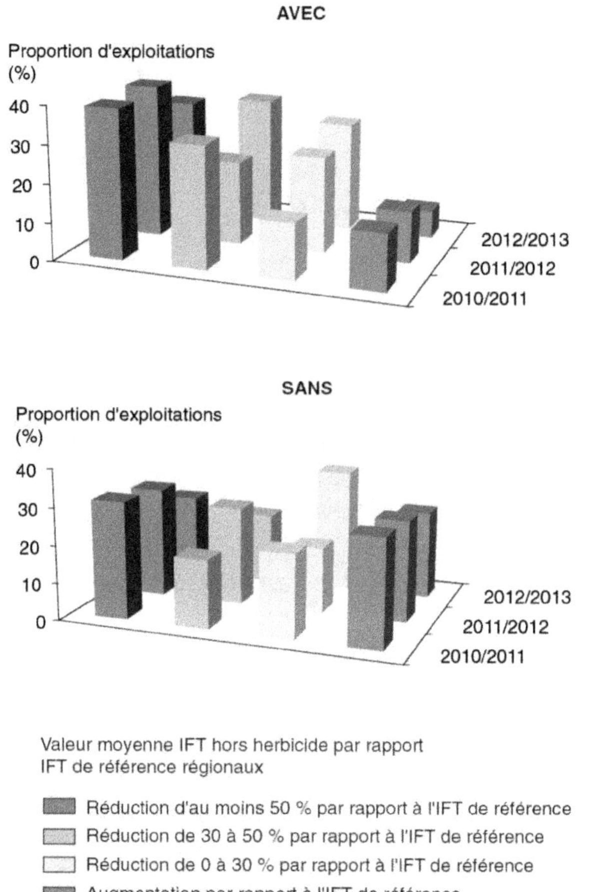

Figure 3.17. Répartition des exploitations agricoles, avec et sans légumineuses, selon leur indice de fréquence de traitement (IFT) hors herbicide par rapport à la référence sur les trois campagnes.

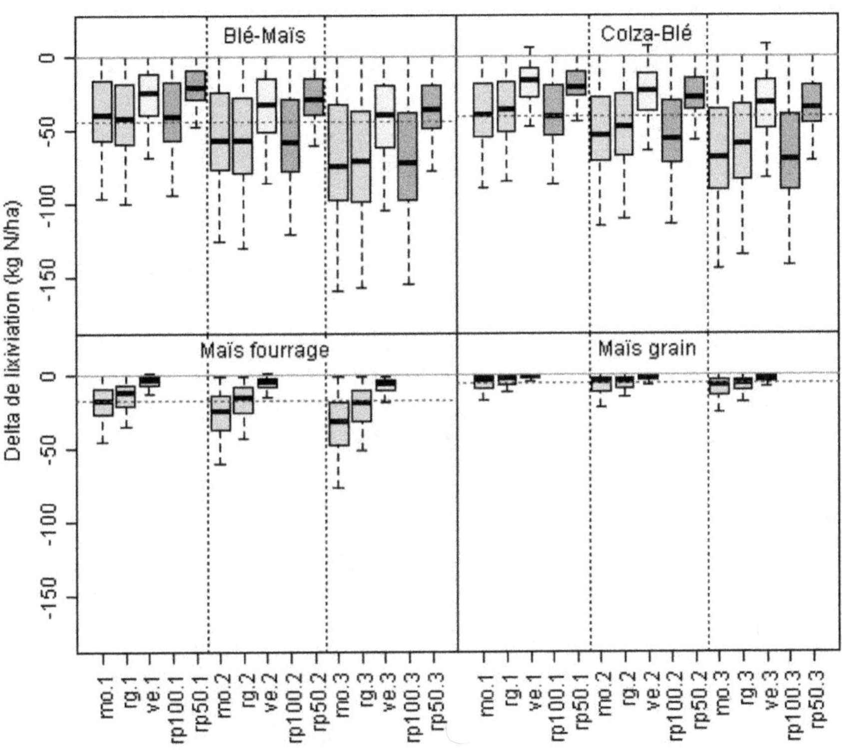

Figure 3.20. Simulation de l'effet de différents modes de gestion de l'interculture sur la lixiviation du nitrate. D'après Constantin et Justes, 2012.

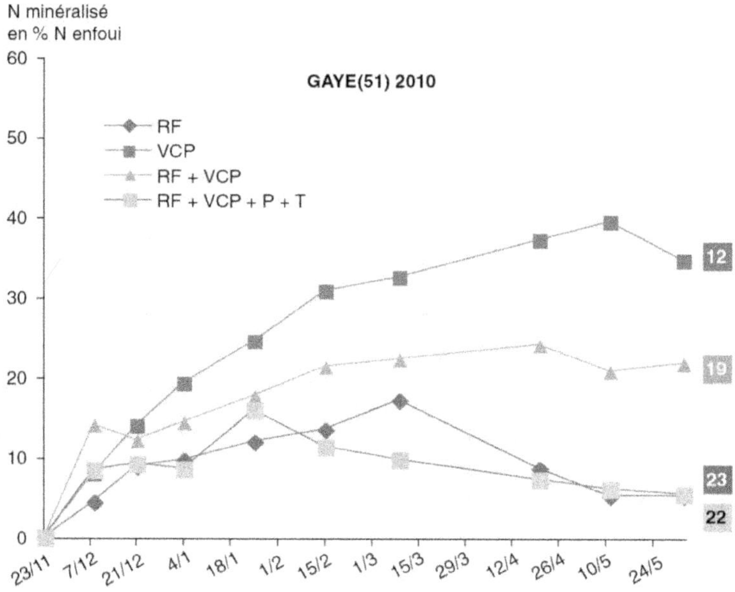

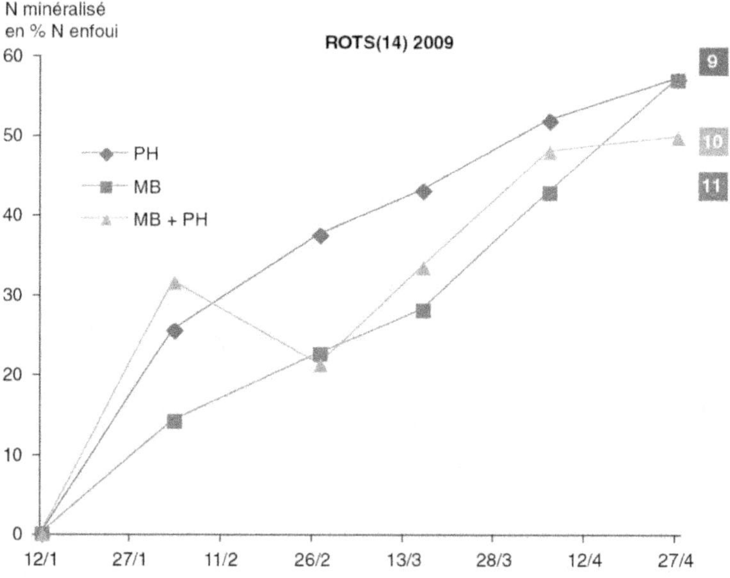

Figure 3.21. Cinétiques de minéralisation de l'azote contenu dans les résidus des couverts intermédiaires exprimées en proportion de l'azote contenu dans les parties aériennes à destruction. D'après Cohan *et al.*, 2011.

Gaye(51) 2010 : expérimentation Arvalis/CAT51 ; RF, radis Fourrager ; VCP, vesce commune de printemps ; P, phacélie ; T, tournesol.

Rots(14) 2009 : expérimentation Arvalis ; PH, pois d'hiver ; MB, moutarde blanche. Les étiquettes représentent les rapports C/N des parties aériennes enfouies.

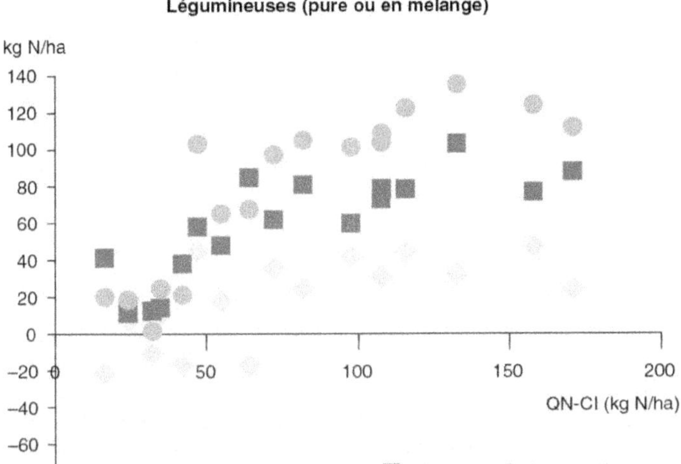

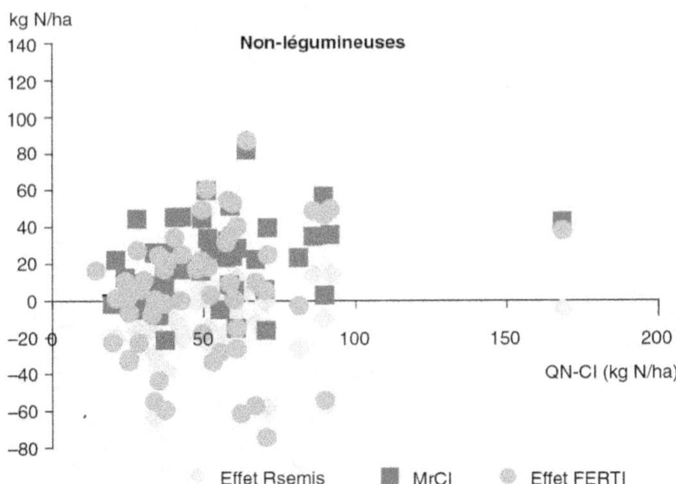

Figure 3.22. Relation entre les quantités d'azote contenu dans les parties aériennes (QN-CI) des couverts et les termes effet Rsemis, MrCI et effet FERTI sur le maïs suivant. À une même abscisse correspondent les trois termes issus de la même modalité dans la même expérimentation. Certains essais n'ont permis que de calculer le terme effet FERTI. Sources : essais annuels et pluriannuels 1991-2011 Arvalis/ITCF/AGPM-Technique/CRAB/CREAS. D'après Cohan *et al.*, 2012.

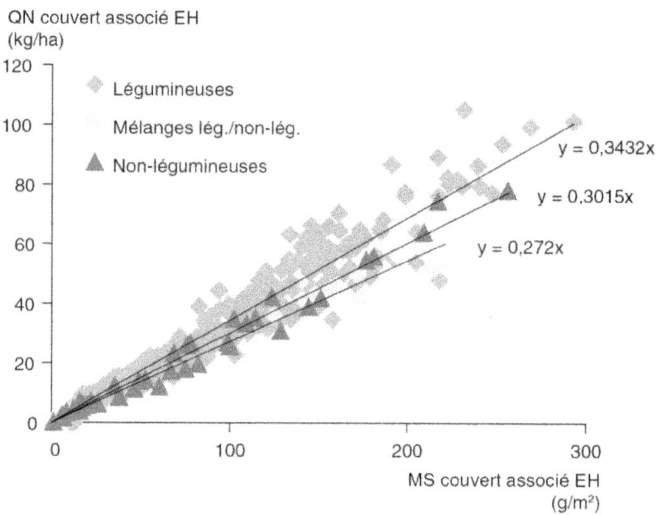

Figure 3.23. Matière sèche (MS) et quantité d'azote (QN) des couverts associés au colza d'hiver, mesurées à l'entrée hiver dans 15 sites coordonnés par le Cetiom de 2011 à 2014. Source : Cadoux *et al.*, 2014.

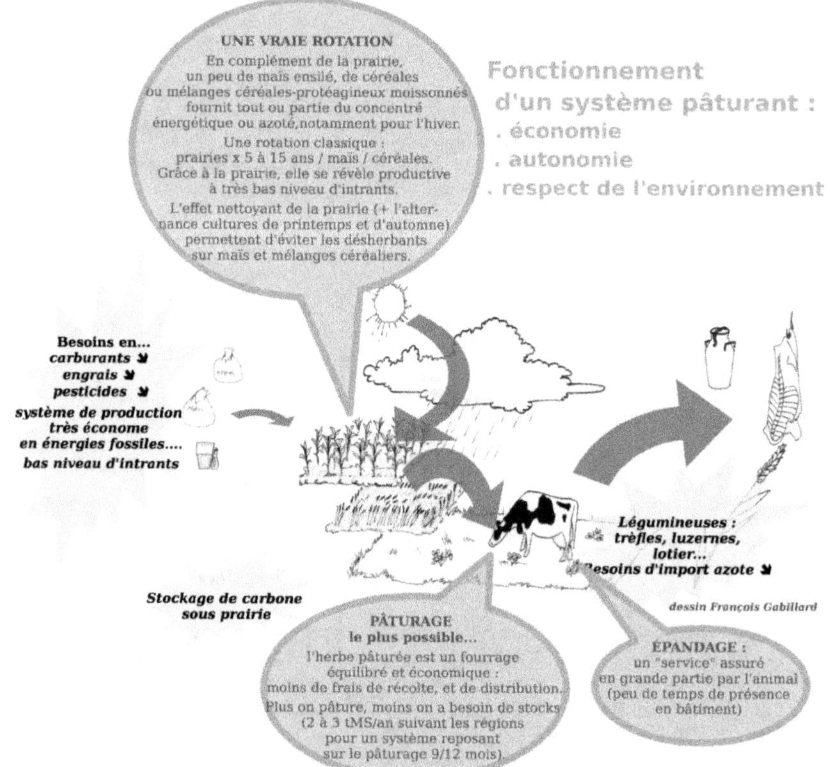

Figure 3.24. Vision intégrée des éleveurs sur la place et les rôles des prairies d'association pâturées. Source : *Pourquoi-comment développer le pâturage de prairies pérennes basées sur des associations graminées-légumineuse(s)*. Réseau d'agriculture durable, Civam, décembre 2010.

Tableau 3.3. Principales caractéristiques agronomiques des légumineuses fourragères les plus communes. Source : *Les légumineuses, comment ça marche ?*, Arvalis.

| | | Luzerne | Trèfles | | | | | | | Lotier | Minette | Sainfoin |
			Blanc	Violet	Incarnat	Hybride	Micheli	Perse	Alexandrie			
PÉRENNITÉ		3 à 4 ans	> 5 ans	2 à 3 ans	6 à 8 mois	2 à 4 ans	6 à 8 mois	6 à 8 mois	6 à 8 mois	2 à 3 ans	1 à 4 ans	2 à 3 ans
VITESSE D'INSTALLATION												
TOLÉRANCE	Sol humide											
	Sol séchant											
	Froid											
	Fortes chaleurs											
	Sols acides											
CULTURE	Pure											
	Associée											
ADAPTATION	Pâturage				*		*	*	*			
	Fauche											
PRODUCTION	Printemps											
	Eté											
	Automne				**		**	**	**			
AGRESSIVITÉ												
PRODUCTIVITÉ												
MÉTÉORISANTE												
DOSE DE SEMIS (kg/ha)	En pur	20 à 25		Diploïde : 15 à 2 Tétraploïde : 20 à 25	18 à 20			25 à 30	25 à 30	20 à 25		
	En association	12 à 15	2 à 3	Diploïde : 8 à 10 Tétraploïde : 10 à 12	10 à 15	2 à 4	5 à 7	10 à 15	15	10 à 15	2 à 4	Graines = 40 à 50 Décort. = 140 à 160
VALEUR ALIMENTAIRE (1° cycle début floraison) source : INRA + Semences et progrès n°69	UFL (UF/kg MS)	0,73	1,03	0,81	0,74	0,89				0,82		0,83
	PDIN (g/kg MS)	114	147	106	87	122				138		91
	PDIE (g/kg MS)	83	102	86	78	97				98		84
	MAT (g/kg MS)	178	229	166	139	195				221		143

TRES BIEN | BIEN | MOYEN | MAUVAIS | Non connu

* Pâturage possible avant floraison.

** Pour les trèfles annuels, exploitation possible si semis avant 30 août.

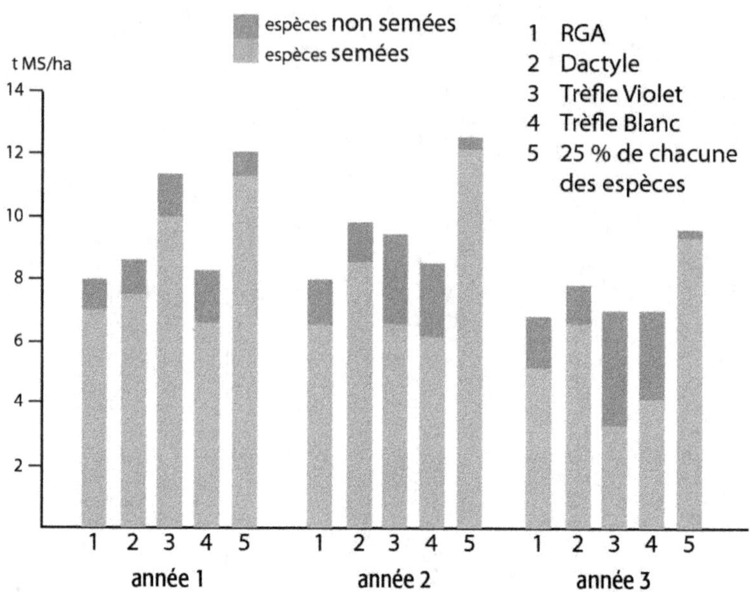

Figure 3.25. Pouvoir compétitif de différentes légumineuses associées aux graminées pour limiter le développement d'adventices (espèces non semées). D'après *Les légumineuses comment ça marche ?*, Arvalis 2010 (source : Lüscher *et al.*, 2008).

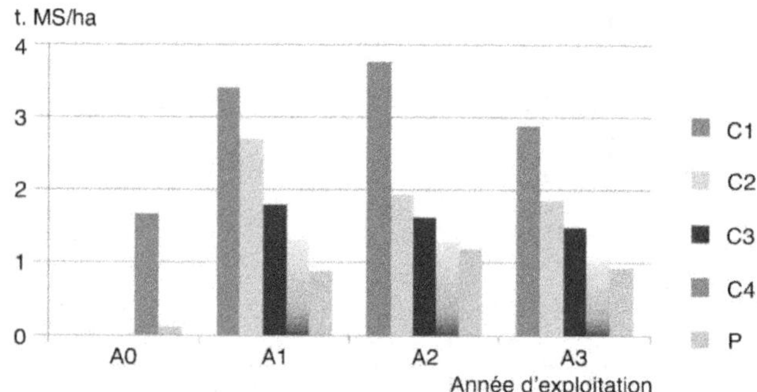

Figure 3.27. Distribution de la production du fourrage selon l'année d'exploitation et le numéro de coupe sur les prairies à base de luzerne du système de polyculture-élevage en AB de Mirecourt (2005-2012). A0 : 29 ha ; A1 et A2 : 51 ha ; A3 : 40 ha.

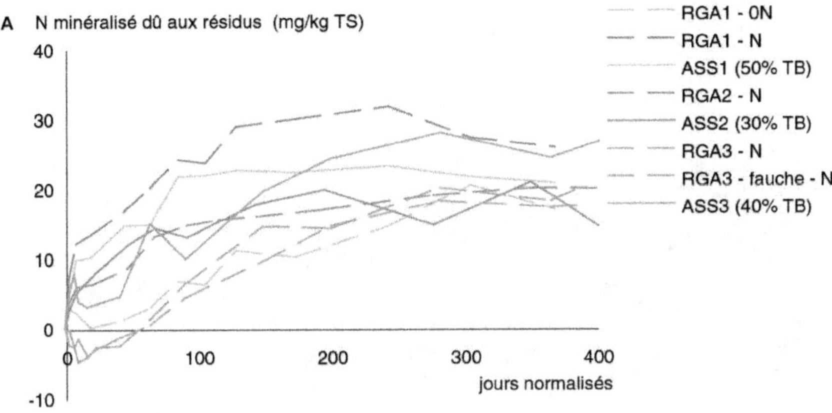

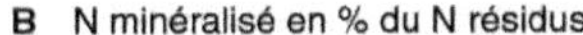

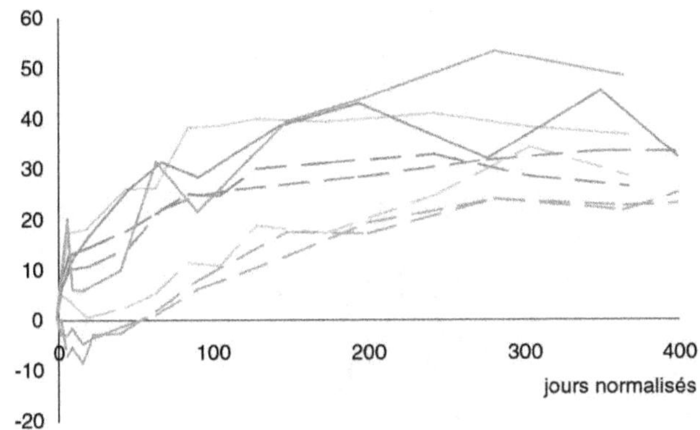

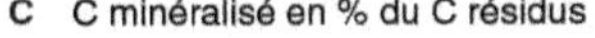

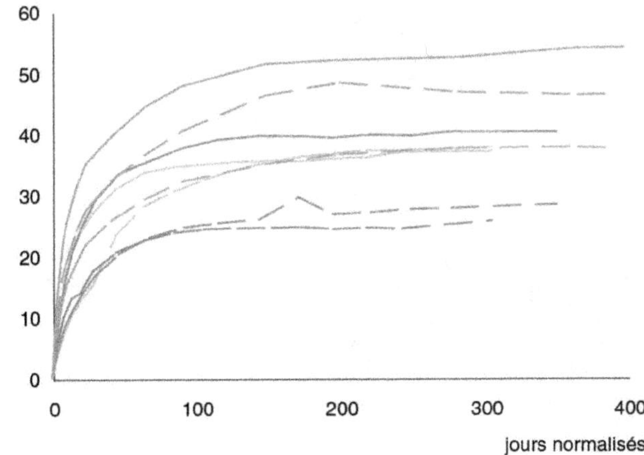

Figure 3.30. Cinétique de minéralisation des résidus de prairies : ray-grass pur (RGA) ou ray-grass-trèfle blanc (RGA-TB) dans trois sites expérimentaux (1 à 3). A. Minéralisation nette des résidus. B. Taux de minéralisation de l'azote des résidus. C. Taux de minéralisation du carbone des résidus.

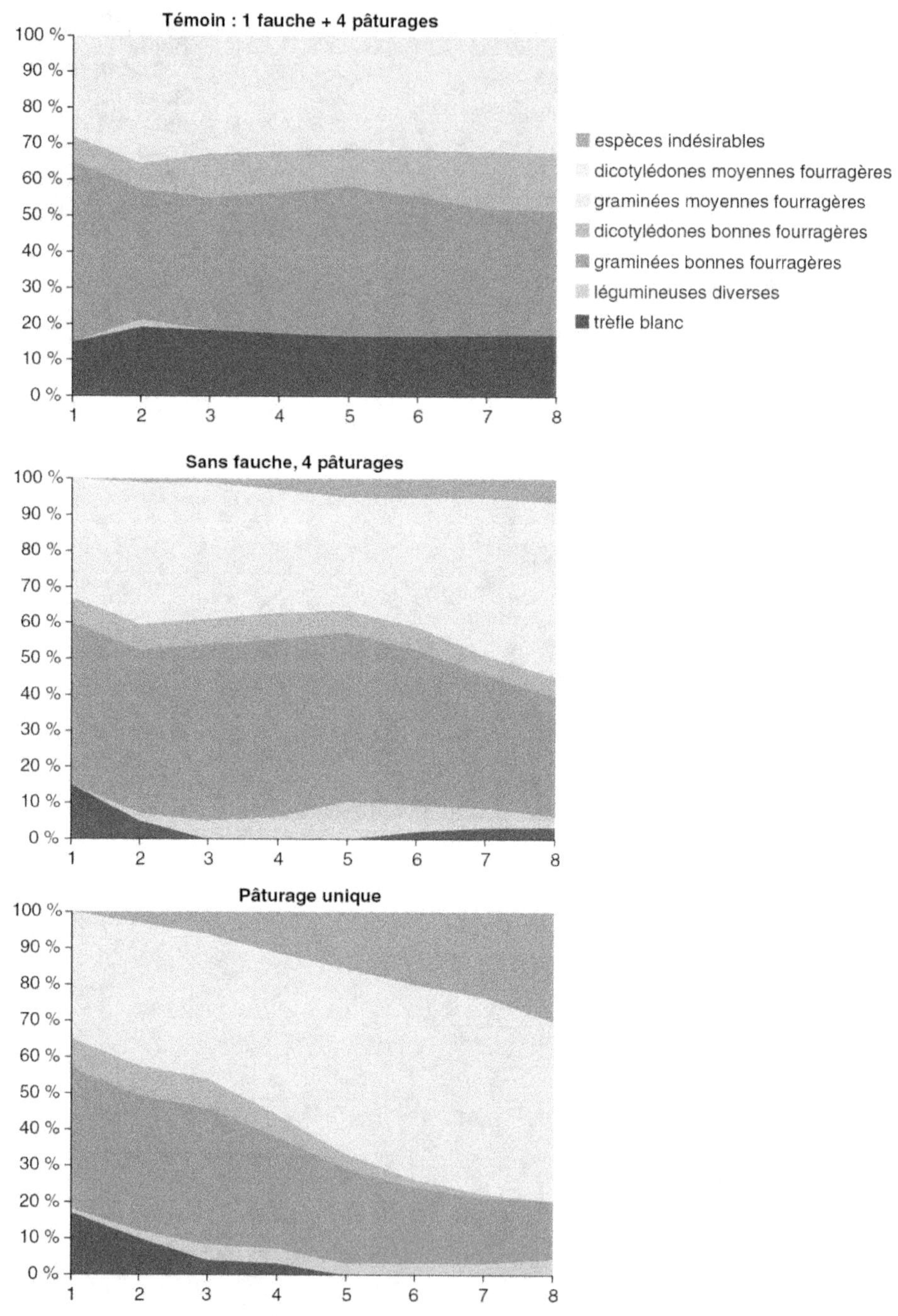

Figure 3.37. Impact de l'intensité d'exploitation sur la composition botanique (contribution à la biomasse) d'une prairie. Essai de longue durée sur le site de Theix (alt. 890 m - Inra-UREP-UR874). Le témoin correspond à une fauche et quatre passages d'animaux au cours de l'année. D'après Louault *et al.*, 2005.

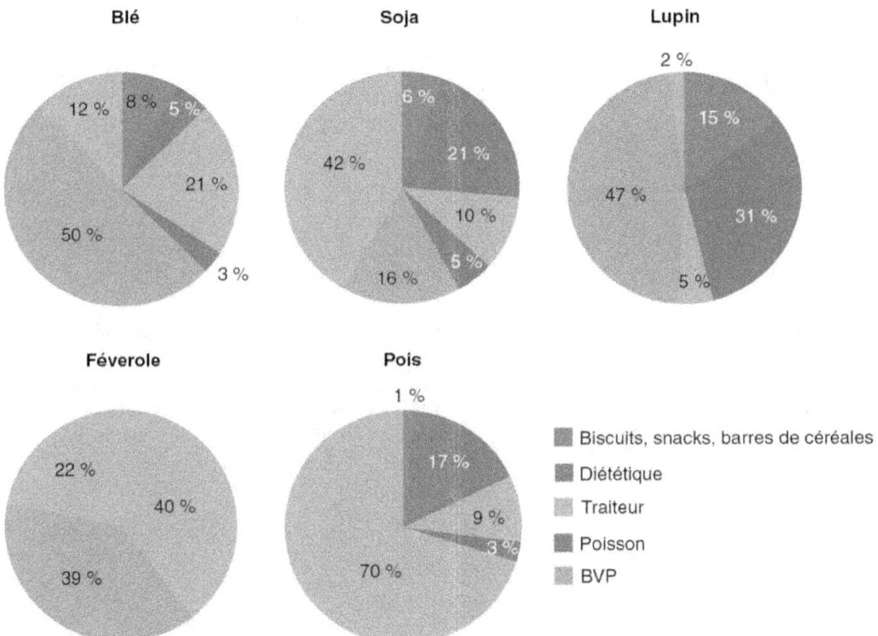

Figure 5.1. Répartition par rayon des matières protéiques selon leur origine. Source : GEPV. BVP, Boulangerie-viennoiserie-pâtisserie.

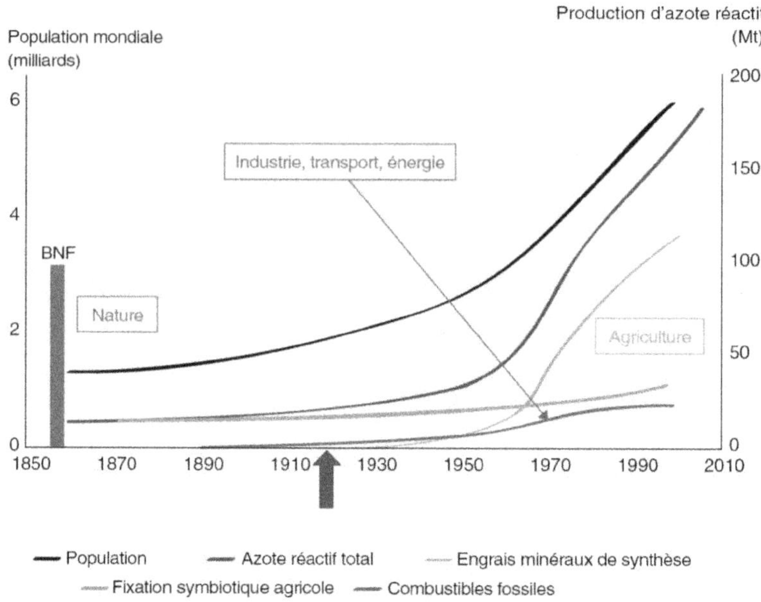

Figure 6.1. Évolution de la production d'azote réactif et de la population mondiale depuis le milieu du XIXe siècle. D'après Galloway *et al.*, 2003.

La colonne BNF correspond à la fixation symbiotique de l'azote par les écosystèmes naturels, la courbe en bleu clair correspondant à celle des systèmes agricoles. La courbe rouge correspond à la production d'oxydes d'azote par l'utilisation de combustibles fossiles. La flèche bleue indique le début de la mise en œuvre du procédé Haber-Bosch.

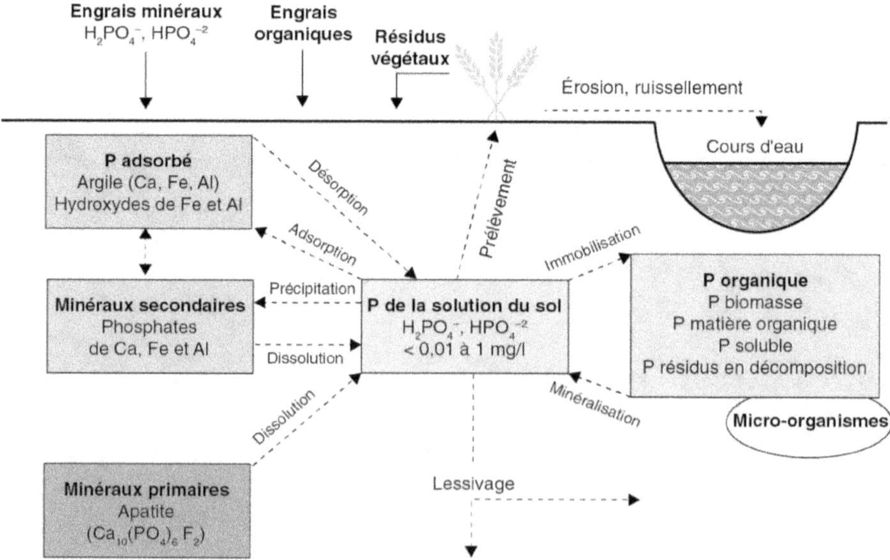

Figure 6.2. Cycle du phosphore modifié par les interventions humaines.

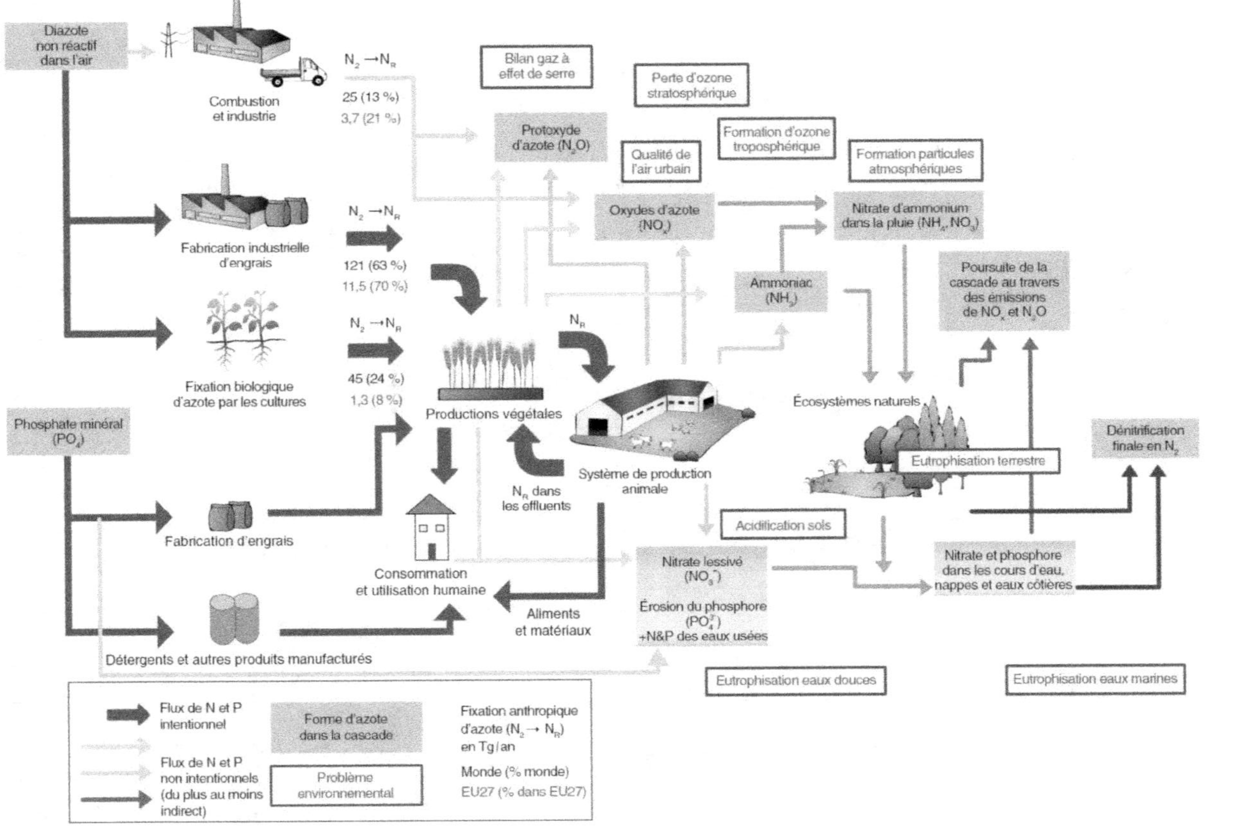

Figure 6.3. Schéma simplifié de la cascade de l'azote et du phosphore, mettant en évidence la fabrication d'azote et de phosphore réactifs, les principales formes d'azote et de phosphore réactifs utilisées ou produites dans l'environnement et les impacts environnementaux. Les flèches bleues représentent les flux intentionnels, et les autres flèches les flux non intentionnels. Les encadrés représentent les préoccupations environnementales liées à N (en bleu) ou à P (en vert).

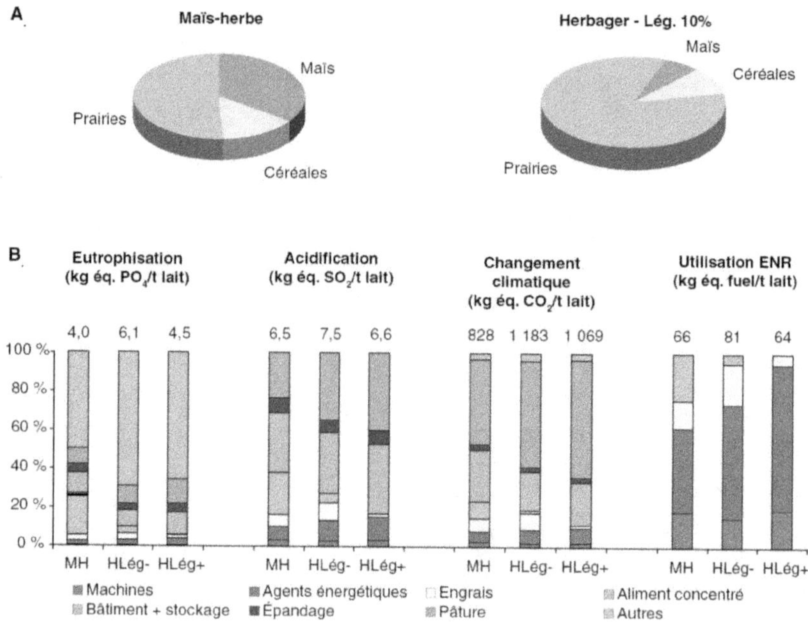

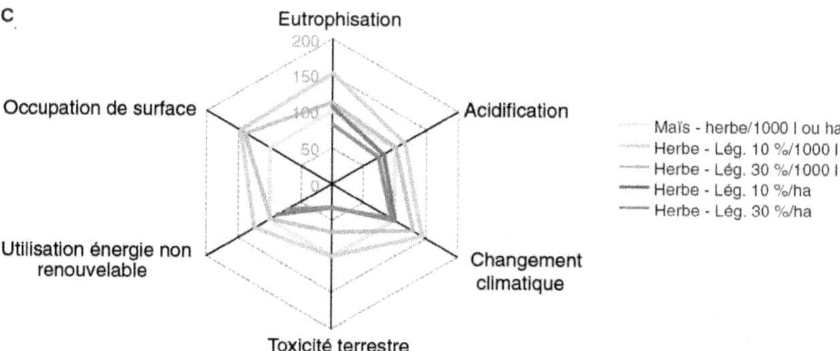

Figure 6.8. Comparaison des impacts calculés par la méthode ACV, rapportés à la tonne de lait produit ou à l'hectare d'exploitation : description des systèmes types (A), impacts totaux des systèmes herbagers comparés aux systèmes maïs-herbe (B) et contribution des postes des 3 systèmes aux différents impacts ACV (C). D'après Vertès *et al.*, 2011.

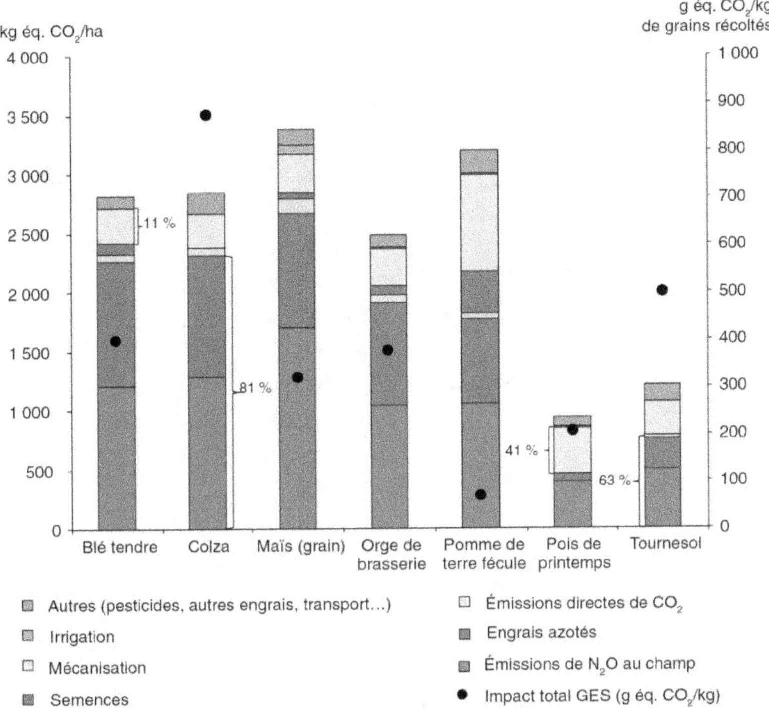

Figure 6.9. Impact GES de 7 cultures par hectare (barres) et par kilogramme de produit (points). D'après Willmann *et al.*, 2014.

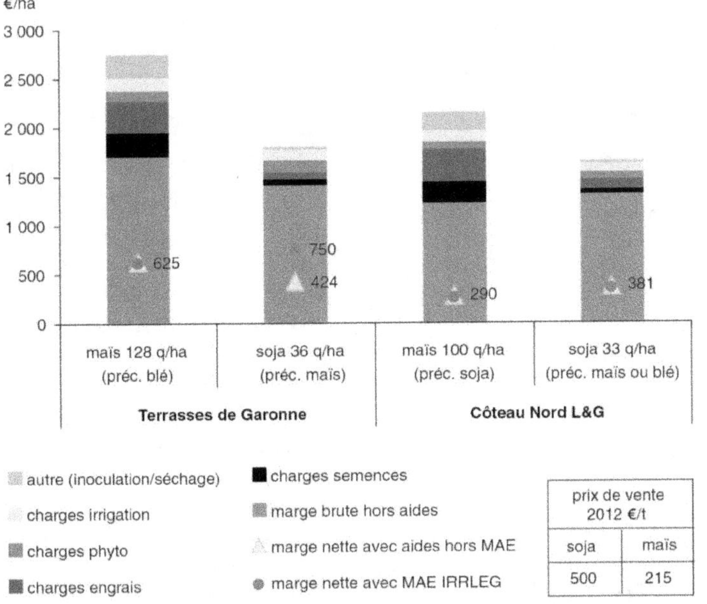

Figure 7.2. Compétitivité maïs/soja en 2012 dans 2 exploitations contrastées de par leur disponibilité en eau.

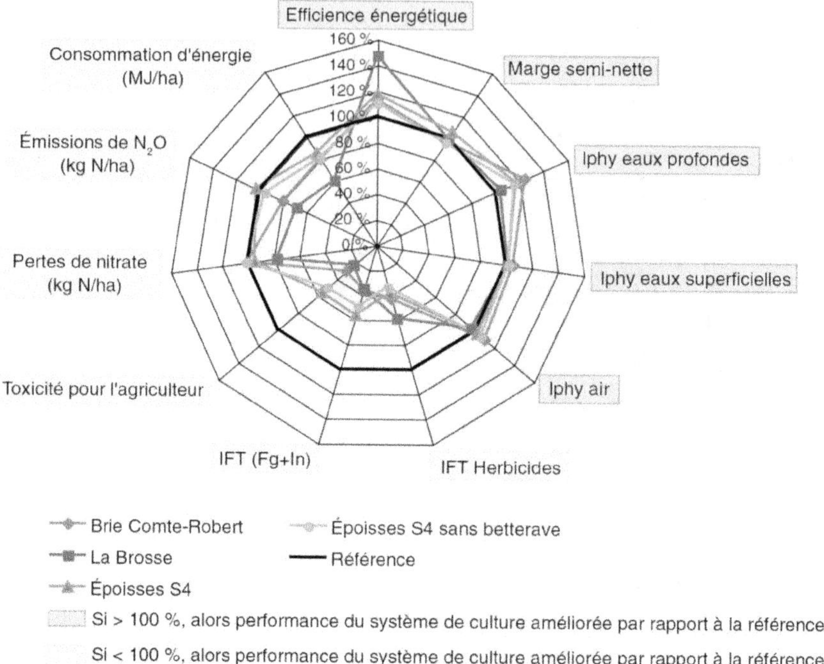

Figure 7.3. Performances de systèmes de grande culture avec légumineuses en production intégrée (réseau expérimental du RMT Systèmes de culture innovants).

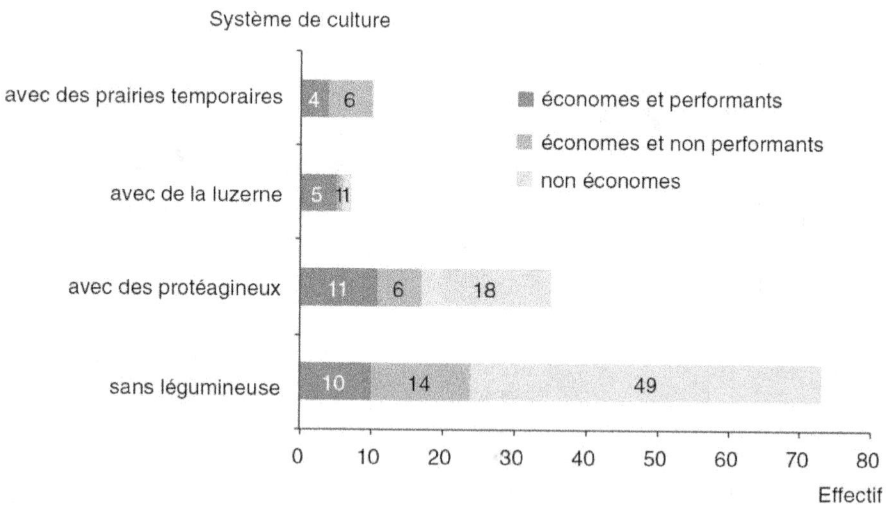

Figure 7.4. Nombre de systèmes de culture du réseau FermEcophyto 2010 selon le classement en 3 groupes issus des résultats d'évaluation (« économes en intrants et doublement performants » ou alternatives) parmi 4 catégories étudiées : systèmes sans légumineuse, avec luzerne, avec protéagineux, avec prairie temporaire.

Figure 7.7. Surfaces de protéagineux et oléagineux en France. Source : Unip-Onidol.

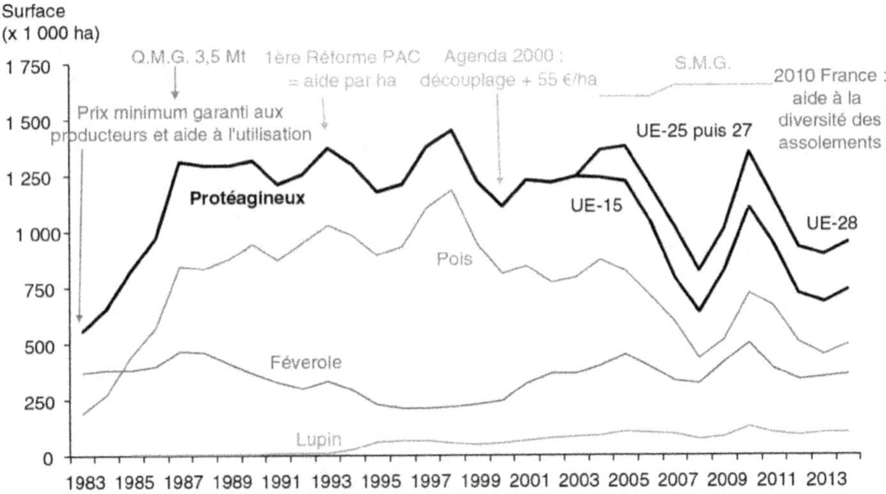

Figure 7.8. Les faits marquants des politiques communautaires sur les surfaces des protéagineux dans l'Union européenne (UE à 12 puis à 15 jusqu'en 2003, à 25 jusqu'en 2006 puis à 27).

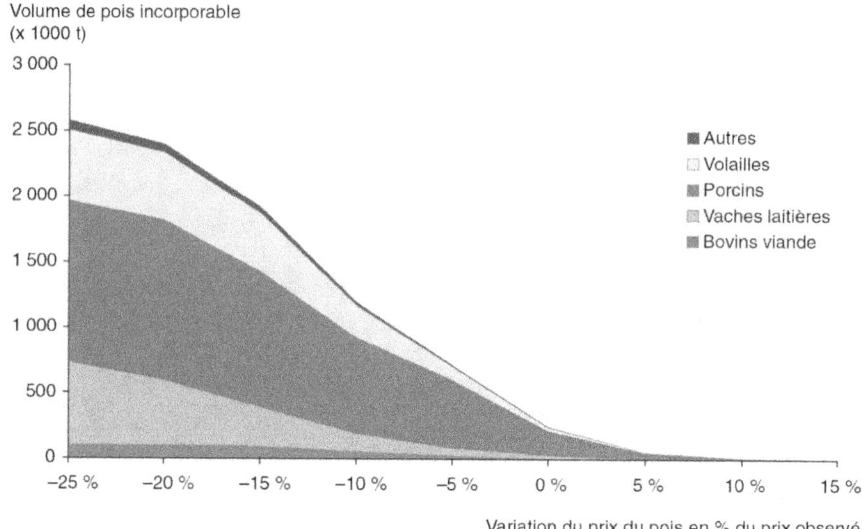

Figure 7.11. Simulation du volume de pois incorporable dans les aliments composés en fonction de son prix, dans le contexte campagne 2012/2013 (prix moyen du blé 234 €/t, maïs 231 €/t, pois 282 €/t).

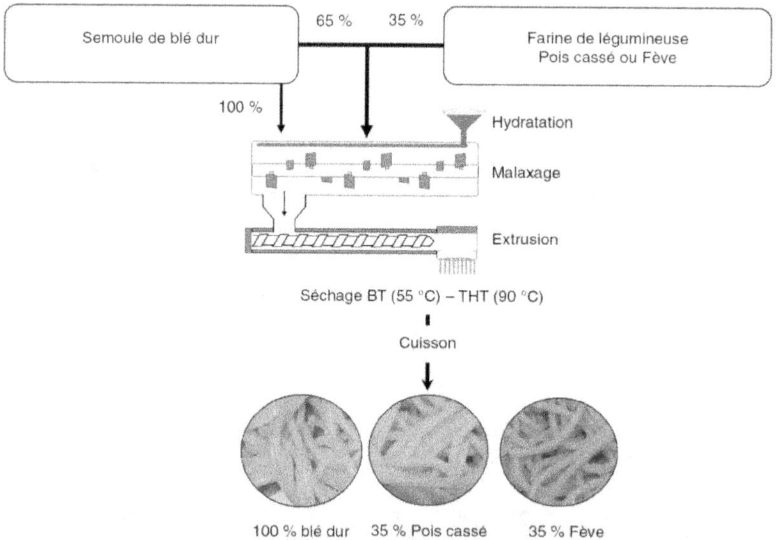

Figure 7.13. Procédé de transformation pour obtenir des pâtes mixtes blé-légumineuses. D'après V. Micard, ABR Pastelg, ANR-05-PNRA-0019, Conception d'aliments méditerranéens à base de blé dur et de légumineuses : Contribution de la structuration des constituants à leurs qualités nutritionnelles et organoleptiques.

▸▸ Légumineuses non récoltées

Couvert intermédiaire à base de légumineuses

Effet sur la réduction de la lixiviation

Les couverts intermédiaires, implantés entre deux cultures de rente, contribuent à différents services écosystémiques (engrais vert contribuant à la nutrition azotée de la culture suivante et à la fertilité du milieu *via* l'incorporation dans l'azote organique du sol, lutte contre l'érosion, culture piège à nitrate, contrôle des adventices…). Le service le plus souvent recherché dans les systèmes de production de grande culture est, jusqu'à présent, le piégeage du nitrate pour le soustraire au phénomène de lixiviation pendant la période de drainage hivernal. La prédominance de cet objectif a été renforcée depuis 2009 par l'obligation réglementaire d'implanter un couvert intermédiaire avant une culture de printemps en zone vulnérable (4e programme d'action de la directive Nitrates). Soulignons qu'en systèmes de culture à bas niveaux d'intrants et en « agriculture de conservation » (abandon du labour, pratique de techniques culturales simplifiées et/ou du semis direct), cette pratique de semis de cultures intermédiaires en mélange à des espèces légumineuses est très répandue, afin notamment de limiter l'achat d'engrais de synthèse car la minéralisation en azote du sol est souvent réduite en situation d'agriculture de conservation. Ainsi, l'insertion de légumineuses en tant que couvert intermédiaire pour, par exemple, augmenter la fourniture d'azote à la culture suivante (fonction d'engrais vert) doit obligatoirement être aussi étudiée sous l'angle de la diminution de la lixiviation du nitrate.

Sur un grand nombre de situations expérimentales, la présence d'un couvert intermédiaire de légumineuses permet de réduire jusqu'à 50 kg N/ha le stock d'azote minéral lixiviable du sol, par rapport à un sol nu (figure 3.19 ; Cohan *et al.*, 2011). En comparaison aux crucifères, dont l'effet CIPAN, dans les mêmes situations, peut atteindre 90 kg N/ha, les légumineuses pures en couvert intermédiaire ont un effet CIPAN de 1,5 à 2 fois plus faible que celui des crucifères, pour une même quantité d'azote contenue dans les parties aériennes. Les mélanges crucifères-légumineuses se comportent d'une façon très similaire aux crucifères pures. Ces résultats sont confirmés par des dispositifs équipés de bougies poreuses et/ou de lysimètres permettant d'estimer les caractéristiques de l'eau percolée (Beaudouin *et al.*, 2012 ; Justes *et al.*, 2012). Comme précédemment, par rapport à des couverts de non-légumineuses, on constate un effet piège à nitrate moins marqué mais néanmoins non négligeable des couverts de légumineuses. En situation de drainage faible, on peut même observer des effets similaires entre des couverts à base de légumineuses et des couverts de non-légumineuses. Des simulations réalisées avec le modèle de cultures STICS[40] (Brisson *et al.*, 2008) ont confirmé les effets de trois espèces de

---

40. STICS est un modèle de fonctionnement des cultures à pas de temps journalier. Son objectif est de simuler les conséquences des variations du milieu et du système de culture sur la production d'une parcelle agricole ou sur l'environnement. Il a aussi été conçu comme un outil de travail, de collaboration et de transfert des connaissances vers des domaines scientifiques connexes.

couverts intermédiaires sur la lixiviation du nitrate lors de l'interculture (Constantin et Justes, 2012) : le couvert de légumineuse pure permet de diminuer la lixiviation du nitrate, mais avec une performance qui est en général deux fois moins importante qu'un couvert de graminées ou de crucifères (figure 3.20, planche XVII).

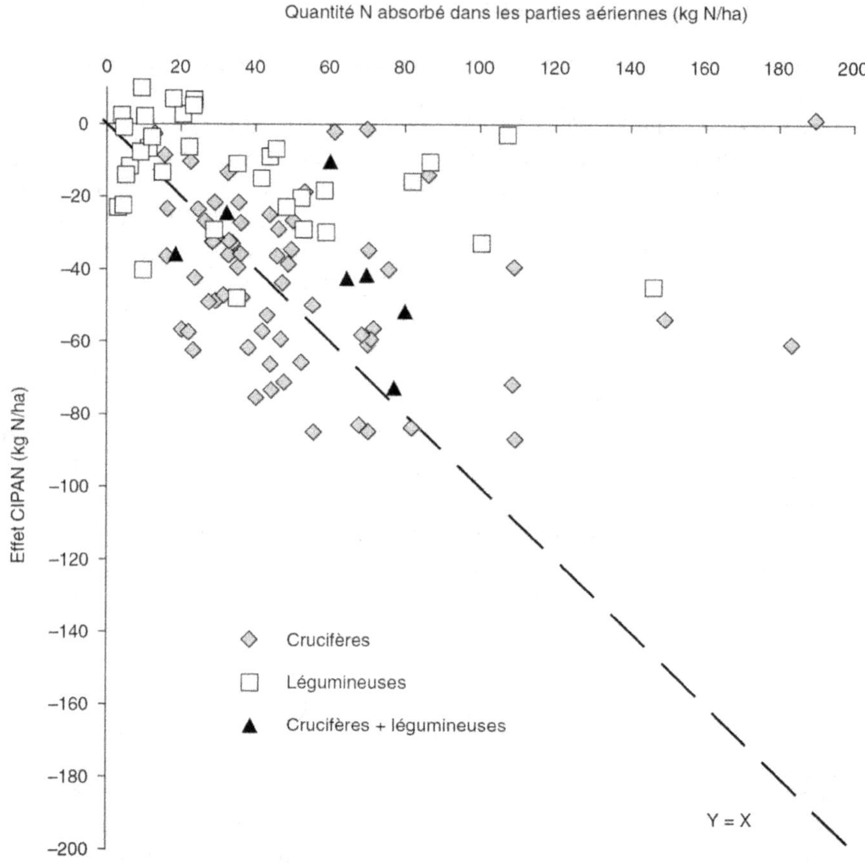

Figure 3.19. Relation entre la diminution du stock d'azote minéral du sol à l'entrée du drainage par rapport à une situation maintenue en sol nu (effet piège à nitrate) et la quantité d'azote contenue dans les parties aériennes du couvert intermédiaire, pour différentes espèces cultivées en couvert intermédiaire. Sources des données : expérimentations 1991-2010 Arvalis ; ITCF ; CREAS ; CAT 51 ; CT FDGEDA 10 ; Inra. D'après Cohan *et al.*, 2011.

La moindre performance des légumineuses à piéger le nitrate, par rapport à des couverts de graminées ou de crucifères, est probablement principalement liée à la capacité racinaire plus faible de la plupart des légumineuses, au fait qu'une partie de l'azote acquis vient de la fixation symbiotique, ainsi qu'à une croissance plus faible. Les résultats disponibles indiquent que les mélanges de légumineuses avec des non-légumineuses se comportent d'une façon proche de celle des non-légumi-neuses. Ainsi, il semble tout à fait possible d'implanter des couverts intermédiaires à base de légumineuses tout en gardant des objectifs liés à la réduction de la lixiviation du nitrate, soit en privilégiant l'implantation de légumineuses pures dans des situations à risque de transfert faible à moyen, soit en ayant recours à des mélanges légumineuses-non légumineuses avec des compositions de mélanges bien choisis. Ces résultats et conclusions viennent d'être confirmés par Tribouillois (2014), indiquant l'intérêt des légumineuses en association bi-spécifique avec une espèce non-légumineuse (crucifère, graminée, hydrophylacée...) pour simultanément produire les deux services de piège à nitrate et d'engrais vert à hauteur de 80 à 90 % du service produit par chaque couvert monospécifique (légumineuse pour l'effet engrais vert et crucifère pour l'effet CIPAN). Toutefois, le choix des deux espèces partenaires est un élément clé de succès ; l'association doit être adaptée en fonction du pédoclimat et du compromis recherché entre services (notamment fort effet CIPAN recherché ou pas).

Minéralisation des couverts intermédiaires à base de légumineuses

Comme tout phénomène de minéralisation, celle de l'azote organique des résidus de couverts intermédiaires est sous la dépendance des conditions d'humidité et de température de l'horizon de surface du sol. Plus les conditions sont chaudes et humides, plus le phénomène est rapide. Ensuite, le rapport C/N des résidus détermine la vitesse de la minéralisation et la proportion d'azote libéré à court terme (pour la culture suivante), résultat observé aussi bien en incubation de laboratoire (Justes *et al.*, 2009) qu'au champ (Cohan *et al.*, 2011 ; figure 3.21, planche XVIII). Le rapport C/N des résidus de légumineuses non récoltées étant plus bas que celui des autres familles botaniques, les couverts à base de légumineuses présentent les taux de minéralisation les plus importants (en % de la quantité d'azote contenue dans les résidus).

Effets d'un couvert intermédiaire sur la fourniture d'azote à la culture suivante

L'intérêt des légumineuses cultivées en couverts intermédiaires croît (Justes *et al.*, 2013), du fait de l'obligation réglementaire de couverture des sols en automne et de l'accroissement du prix des engrais de synthèse. En effet, les systèmes actuels de grande culture étant principalement basés sur des apports externes d'azote minéral de synthèse, l'entrée d'azote par la fixation symbiotique des légumineuses, cultivées en couverts intermédiaires, est appréciée et de plus en plus recherchée, en particulier si la rotation ne comprend pas de légumineuses à graines en culture de rente. Comme toute source d'azote moins « maîtrisable » que l'azote minéral de synthèse, elle doit néanmoins être raisonnée finement, car certaines cultures suivantes peuvent être pénalisées par un apport d'azote trop important, comme l'orge de printemps brassicole (Cohan *et al.*, 2011c).

Les performances des légumineuses cultivées en cultures intermédiaires dépendent beaucoup de la date de récolte de la culture principale précédente et de leur propre date de semis, qui vont déterminer le temps d'installation (temps nécessaire plus long que d'autres familles botaniques) et de croissance, donc d'accumulation d'azote. Si la date de récolte de la culture principale est tardive, le décalage de la date de semis de la culture intermédiaire peut réduire sensiblement l'intérêt attendu sur la production de biomasse, et donc sur la fourniture d'azote. La quantité d'azote accumulée par une légumineuse cultivée en couvert intermédiaire peut s'élever à 100-150 kg/ha (Cohan *et al.*, 2011). Les mélanges bi-spécifiques composés d'une espèce de légumineuse (féverole, pois, vesce pourpre, vesce commune, trèfle incarnat…) et d'une crucifère ou d'une graminée peuvent aussi accumuler de fortes quantités d'azote si la culture est installée précocement en fin d'été (Tribouillois, 2014). L'accumulation d'azote peut être accrue par un semis de la légumineuse intermédiaire au cours du cycle de la culture de rente précédente (à début montaison du blé, par exemple ; Amossé *et al.*, 2013), ce qui permet d'allonger la durée d'accumulation d'azote au cours de la période automnale.

La résultante des flux d'absorption d'azote minéral du sol et de minéralisation de l'azote organique des résidus aériens et racinaires après destruction peut modifier la fourniture d'azote à la culture suivante. Un couvert intermédiaire est susceptible d'influencer deux postes de la méthode du bilan de masse prévisionnel de l'azote du sol. En premier lieu, il peut faire varier le stock d'azote minéral disponible dans le sol en sortie d'hiver. Il s'agit de l'« effet RSH » ou « effet Rsemis » (pour reliquat de sortie d'hiver ou reliquat au semis). Si la culture intermédiaire est détruite en fin d'automne, sa décomposition et sa minéralisation vont se produire même avec des températures du sol froides. Si la destruction est au printemps, sans effet de destruction dû au gel, le stock d'azote minéral du sol sera très faible, permettant un effet maximal de réduction des fuites de nitrate. En second lieu, les résidus du couvert intermédiaire permettent une libération supplémentaire d'une partie de l'azote acquis par minéralisation après la mesure du reliquat sortie hiver en cas de destruction de fin d'automne ou vont se minéraliser rapidement en cas de destruction de fin d'hiver. Cela constitue un surplus d'azote disponible sous la culture principale, appelé « MrCI » (pour minéralisation des résidus de la culture intermédiaire). La somme de ces impacts (effet RSH/Rsemis + MrCI) représente l'« effet fertilisant global » du couvert. Par des mesures de quantités d'azote dans le sol et dans les plantes en entrée et en sortie de bilan, il est possible d'estimer ces trois termes dans des expérimentations au champ. À titre d'exemple, la figure 3.22 (planche XIX) fournit des références pour la culture de maïs, synthétisant les résultats de différentes légumineuses cultivées en couverts intermédiaires (trèfle, vesce, pois, féverole, lentille ; mélange crucifères + légumineuses ; mélanges graminées + légumineuses).

Concernant les couverts à base de légumineuses, l'effet fertilisant peut dépasser 100 kg N/ha en cas de fort développement du couvert permis par une implantation précoce et une destruction tardive (cela correspond à une quantité d'azote accumulé par la culture intermédiaire supérieure à 200 kg N/ha). Ce fort effet est lié à deux phénomènes : d'une part la légumineuse pénalise peu ou pas le stock d'azote minéral du sol au semis du maïs, d'autre part les parties aériennes enfouies se minéralisent rapidement et de façon importante car elles contiennent de fortes quantités d'azote avec un rapport C/N faible (généralement de 11 à 14) permis par la fixation symbiotique. Les couverts de non-légumineuses présentent quant à eux des effets fertilisants beaucoup plus variables et en moyenne proches de zéro (figure 3.22, planche XIX). Cette variabilité est fortement liée à leur influence sur le reliquat azoté au semis. Un couvert de non-légumineuse est un piège à nitrate efficace qui ne restitue que partiellement l'azote capté après destruction (généralement pas au-delà de 35-40 %). Deux exemples très contrastés permettent de mieux comprendre les différentes situations rencontrées dans les essais. Dans les situations à forte lixiviation du nitrate (lame drainante importante, stock élevé d'azote minéral dans le sol à l'automne), les pertes en sol nu sont très importantes et supérieures à la quantité d'azote immobilisé par le couvert. L'effet du couvert sur le reliquat au semis est alors positif. Dans les situations inverses à faible lixiviation, les quantités perdues en sol nu sont inférieures aux quantités immobilisées dans le couvert. Ce dernier présente alors un effet négatif sur le reliquat mesuré au semis de la culture suivante (Cohan *et al.*, 2011).

En culture relais de légumineuse fourragère, dans des conditions AB, la quantité d'azote supplémentaire, fournie au maïs suivant par la minette, le trèfle blanc, la luzerne ou le trèfle violet implanté pendant le cycle du blé (au début de la montaison) et laissé en place pendant l'automne jusqu'à la préparation du sol pour la culture suivante, s'est élevée à 46 kg/ha en moyenne, représentant ainsi 50 % de l'azote accumulé par le témoin sans culture intermédiaire relais (Amossé *et al.*, 2013). Dans ce type d'agriculture, la fourniture d'azote par un précédent légumineuse a, d'une manière générale, un poids très important dans la nutrition azotée de la culture suivante, étant donné le faible recours à des engrais azotés organiques.

En conclusion, il apparaît que seuls les couverts intermédiaires à base de légumineuses (cultivées en pure ou en association) peuvent prétendre systématiquement à un effet positif significatif et généralisé à court et à moyen termes sur la fourniture d'azote à la culture suivante (entre 20 et 120 kg N/ha sur l'exemple maïs). À l'exception des situations à fort risque de lixiviation du nitrate, les couverts de non-légumineuses ont un effet globalement neutre sur ce processus dans les 10 à 15 premières années de pratiques.

Autres effets d'un couvert intermédiaire de légumineuses

Grâce à leur effet sur la fourniture d'azote à la culture suivante, l'utilisation de légumineuses, pures, en mélange ou en couverts intermédiaires, conduit fréquemment à une augmentation du rendement de la culture de rente suivante, alors que, en moyenne, les espèces non-légumineuses n'ont pas cet effet (Justes *et al.*, 2012). Ce résultat est moins visible en cas de fertilisation élevée de cette dernière.

Une expérimentation de 13 ans testant l'introduction de cultures intermédiaires non-légumineuses chaque année dans une rotation betterave-pois-blé (annexe A6 ; Arep, 2009), tout en confirmant le fort pouvoir de piège à nitrate (– 50 % de réduction de la teneur en azote des eaux drainantes), a montré, en l'absence d'ajustement des doses apportées aux cultures, le stockage d'azote dans le sol. À moyen terme, on a pu mesurer une augmentation de teneur en N organique de l'horizon labouré, et, après plusieurs années, un surplus de minéralisation, évalué à + 36 kg N/ha/an d'azote au terme des 13 années d'essais (Constantin *et al.*, 2010, 2011).

L'incorporation répétée de résidus de cultures intermédiaires peut entraîner des effets cumulatifs sur le stock de matière organique facilement minéralisable dans le sol et sur leur potentiel de minéralisation ultérieur. Ce dernier s'accroît au prorata des entrées cumulées d'azote organique sous forme de cultures intermédiaires pour atteindre un palier au bout de 20 à 40 ans, qui dépend de la nature et du rapport C/N des résidus de cultures intermédiaires (Constantin *et al.*, 2010, 2011). Ces effets sont toutefois généralement moins forts pour les légumineuses que pour d'autres familles botaniques, du fait de leur plus faible production de biomasse.

La mise en place de couverts intermédiaires en climat tempéré n'induit pas de fortes modifications de la réserve en eau du sol au printemps, ou au semis de la culture principale suivante, sauf si sa destruction intervient très tardivement (par exemple juste avant ce semis). Ce résultat est lié à la reconstitution du stock d'eau du profil grâce aux précipitations entre la destruction de la CIPAN et le semis de la culture suivante (Justes *et al.*, 2012).

La réussite de couverts intermédiaires de légumineuses permet un bon contrôle des adventices, d'autant plus important que la biomasse des légumineuses est élevée, ce qui est favorisé par le semis de ce couvert intermédiaire en relais dans la culture de rente précédente (Amossé *et al.*, 2013). Ce phénomène est particulièrement utile en conditions AB, où les adventices constituent un des facteurs limitants majeurs de la production.

Couverts associés à une culture de rente

Plusieurs travaux récents ont permis de préciser les intérêts d'un couvert incluant ou pas des légumineuses, implanté avec un colza d'hiver (couvert gélif) ou semé au printemps dans une culture de blé en place (Valantin-Morison *et al.*, 2014). Dans les deux cas, le couvert associé permet une meilleure gestion des adventices et un gain en azote substantiel pour le système de culture, si le couvert est une légumineuse pure ou en mélange. Le colza valorise directement une partie de cet azote, et dans le cas du blé, c'est la culture suivante qui en bénéficie. Par ailleurs, cette synthèse souligne des intérêts qui ne se limitent pas à l'azote (effet sur les insectes d'automne dans le cas du colza associé). Le choix des espèces et des variétés du couvert et de leur assemblage est primordial, et la gestion de l'itinéraire technique (désherbage, etc.) et du système (fertilisation et autre) doit être adaptée.

Couverts temporaires de légumineuses associés à l'automne au colza d'hiver

Ce n'est que depuis 2009 que des expérimentations ont débuté en France sur les associations crucifères-légumineuses, jusqu'alors très peu étudiées, contrairement aux cultures associées céréales-légumineuses. L'association d'une ou plusieurs espèces de légumineuses au colza d'hiver dès son semis permet de fournir différents services écosystémiques, relevant notamment de l'accroissement de l'autonomie azotée, de l'augmentation de la matière organique et de la porosité des sols, et de la lutte contre les bioagresseurs, mais ce levier partiel doit être combiné à d'autres éléments d'une stratégie globale du système de culture.

Selon le matériel disponible et la taille des graines des légumineuses, le semis du colza et du couvert associé peut être simultané ou effectué en deux temps, sans excéder 24 h entre le semis du couvert puis celui du colza. Le colza et son couvert de légumineuses se développent simultanément durant l'automne. Au printemps, le couvert doit avoir disparu pour ne pas pénaliser la mise en place des composantes de rendement du colza. Cette période de cohabitation automnale détermine le choix des espèces de légumineuses à associer (Landé et Sauzet, 2012). Les principales caractéristiques requises sont :
– des espèces de printemps pouvant se développer sur une période automnale ;
– des espèces non concurrentielles du colza ;
– des espèces gélives pendant l'hiver (ou précoces pour atteindre des stades sensibles aux gelées, tels que la floraison) ou à défaut des espèces à cycle court pour disparaître par sénescence naturelle pendant l'hiver ;
– des espèces à système racinaire complémentaire de celui du colza.

Les premières expérimentations de tri sélectif menées par le Cetiom et l'Inra de 2010 à 2012 (CASDAR Redusol, CASDAR Picoblé, Projet Ecophyto Phyto-sol) ont permis de retenir des espèces telles que la lentille, la vesce pourpre, la vesce commune, la féverole, la gesse, le fenugrec et le trèfle d'Alexandrie. Ces travaux se poursuivent en collaboration avec les principaux semenciers pour élargir la gamme des espèces potentielles, et pour sélectionner au sein des espèces retenues des profils variétaux spécifiques à cette conduite culturale : variétés plus précoces, variétés plus sensibles au gel ou variétés avec des PMG (poids de mille graines) plus faibles pour faciliter l'implantation.

Les services rendus par le fait d'associer un couvert de légumineuses au colza d'hiver peuvent être évalués, dans un premier temps, par des critères de concurrence ou de synergie entre le colza et son couvert vis-à-vis des ressources, au travers de la biomasse du colza et de sa teneur en azote. Les résultats de travaux du Cetiom, des chambres d'agriculture et de l'Inra menés de 2009 à 2014 (au moins 20 sites sur 7 régions) montrent que les couverts précédemment cités — implantés seuls ou en combinaison, sur la ligne, en interligne ou en plein — ne sont pas ou peu concurrentiels du colza à l'automne, à l'exception du pois. Vis-à-vis de l'azote, on observe, en tendance, des concentrations en azote plus élevées dans les colzas associés en entrée d'hiver. Les processus expliquant ces résultats (rhizodéposition, exploration racinaire améliorée, structure du sol améliorée…) doivent encore être élucidés, mais on sait d'ores et déjà que, comme pour toutes plantes associées, un des facteurs clés en jeu est la meilleure complémentarité de l'exploitation des ressources du sol (chapitre 2). Dans le cas du colza associé à une féverole, il a été montré en serre que la masse racinaire du colza est de 21 % plus importante qu'en culture pure (et la biomasse foliaire de 30 %). L'étude visuelle des racines en rhizotron a montré que les deux partenaires n'exploitent pas les mêmes horizons, car les racines secondaires du colza explorent le sol plus en profondeur que les racines de la féverole, laissant une compétition moins forte pour l'azote dès les stades précoces, ce qui se renforce avec la mise en place de la fixation symbiotique (Fustec, 2013).

D'autre part, les quantités d'azote contenu dans les parties aériennes des légumineuses testées varient le plus souvent entre 2 et 70 kg N/ha selon les années (moyenne de 15 sites, figure 3.23, planche XX), avec une valeur moyenne établie autour de

28 kg N/ha (Cadoux *et al.*, 2014). Cette variabilité du contenu en azote s'explique notamment par des conditions climatiques très contrastées et par la diversité des espèces légumineuses testées. Au printemps, au pic d'absorption d'azote (stade G4), les colzas associés ont bénéficié d'un surplus d'azote moyen, par rapport au colza seul, estimé entre 10 et 15 kg N/ha. Là encore, les mécanismes en jeu restent à identifier car cet effet peut provenir d'une minéralisation des résidus (aériens mais aussi souterrains) de couvert associé et/ou d'une amélioration de l'enracinement du colza. L'association du colza avec des légumineuses à l'automne permet, en moyenne, d'atteindre le même rendement qu'un colza seul (la moyenne de + 1,1 q/ha sur les 20 sites n'est pas significative), avec une réduction de doses d'azote de 30, voire 60 kg N/ha dans certaines situations. Par comparaison, la moyenne des écarts de rendements est en revanche de 8,3 q/ha dans le cas des colzas associés à des non-légumineuses. Par ailleurs, soulignons que sur des colzas non fertilisés (production biologique ou expérimentation), le gain est en moyenne de 10 q/ha avec une forte variabilité, voire plus fort si l'hiver est plus rigoureux et si le printemps qui suit est favorable (Valantin-Morison *et al.*, 2014).

Par ailleurs, les services rendus par ces légumineuses ont montré des résultats intéressants vis-à-vis de certains insectes. Sur les 6 essais conduits pendant 3 ans dans le Berry, les couverts associés ont permis une réduction significative des dégâts de charançon du bourgeon terminal (*Ceutorhynchus picitarsis*) (Cadoux *et al.*, 2014). L'effet des couverts associés semble principalement lié au supplément de biomasse qu'ils permettent d'obtenir, si le colza a levé suffisamment tôt pour avoir atteint une croissance active durant la phase de risque (entre le 15 octobre et le 5 novembre). En effet, une biomasse totale (colza + couvert associé) d'au moins 1,5 kg/m² permet de réduire nettement les dégâts de charançon, ce niveau de biomasse étant plus facile à atteindre avec des colzas associés. L'effet des couverts associés a également été mis en évidence sur la réduction du nombre de larves d'altises dans les colzas. Que ce soit pour le charançon ou l'altise, ce sont les couverts à base de féverole qui ont montré les meilleures efficacités. Les hypothèses explicatives font appel à un effet direct de perturbation des insectes par les couverts associés (dilution ou barrière du colza, perturbation visuelle ou olfactive, etc.). Ces pistes sont très intéressantes face aux problèmes d'efficacité des insecticides actuels sur colza.

Concernant la gestion des adventices, les couverts associés permettent de réduire significativement leur taux de couverture en entrée d'hiver (Landé et Sauzet, 2013 ; Landé *et al.*, 2013 ; Cadoux *et al.*, 2014 ; Valantin-Morison *et al.*, 2014). Comme pour les insectes, cet effet est lié à la biomasse totale colza + couvert associé, particulièrement à partir d'une biomasse de 1,5 kg/m². Ce fonctionnement permet de réduire les applications d'herbicides dans les situations peu problématiques en termes d'adventices. Dans les autres situations, et notamment quand il y a un risque de levées importantes et précoces d'adventices (géranium par exemple), la technique est à proscrire ou à combiner avec des leviers efficaces pour réduire les levées (semis direct).

L'association à l'automne de légumineuses gélives à un colza d'hiver s'annonce comme une conduite alternative prometteuse pour conduire un colza avec moins d'intrants de synthèse en assurant au moins le même rendement. À l'heure actuelle, sont proposés un abattement forfaitaire de 30 kg N/ha pour la fertilisation du colza associé, quelles que soient l'espèce associée et la biomasse entrée hiver, et une réduction et/ou un fractionnement des applications herbicides (en privilégiant des applications post-levée plus sélectives) pour ne pas pénaliser les couverts associés et bénéficier pleinement de leurs services. Par ailleurs, ces associations pourraient permettre d'enrichir la rotation avec des légumineuses dans les contextes où ces espèces ne sont pas assez compétitives avec les cultures de rente et pourraient à terme diversifier la microflore des sols et donc leur fonctionnement.

Autres associations de plantes de service et légumineuses relais

De même que les associations colza-légumineuses en couvert, des associations blé-légumineuses en couvert ont également été testées. Le principe de l'association est similaire : semis simultané, développement du couvert et de la culture de rente à l'automne, destruction de la légumineuse par le gel pendant l'hiver, laissant la culture de rente finir seule son cycle cultural. Le développement de la légumineuse à l'automne permet une accumulation d'azote issu de la fixation symbiotique (jusqu'à 80 kg/ha selon les conditions pédoclimatiques), en partie restituée au blé grâce à la minéralisation printanière de ce couvert. La compétition entre les deux espèces est très variable selon les pratiques (choix d'espèce de légumineuse notamment) et les conditions pédoclimatiques. Les résultats de 14 essais (2008-2010) ont montré que les effets de l'association variaient beaucoup en fonction des conditions d'installation de l'association (Cohan *et al.*, 2012). Ainsi, il n'a pas été rare d'observer une forte compétition du blé sur la légumineuse, qui n'a conduit à aucun effet bénéfique sur les performances du blé. Inversement, la légumineuse a, dans certaines situations, été très compétitive (parfois en lien avec une destruction trop tardive ou partielle), conduisant à une perte de rendement du blé. Enfin, dans les situations où la légumineuse a pu se développer jusqu'au stade 1-2 nœuds du blé, on a généralement observé une augmentation de la teneur en protéines, sans perte de rendement. Les résultats dépendent donc avant tout du niveau de compétition entre les deux espèces, qu'il est difficile de gérer *via* les pratiques actuellement les plus pratiquées sur le blé conventionnel.

L'introduction de légumineuses fourragères, notamment en plantes de service relais, est une technique qui tend à se développer, en particulier en AB (Amossé *et al.*, 2013a). Semées pendant le cycle de la culture de rente précédente (par exemple en mars pendant le cycle du blé), les cultures relais se développent pendant la fin du cycle de cette culture sans engendrer de compétition pouvant pénaliser ses performances. Suffisamment développée au moment de la récolte de la culture de rente, la culture de légumineuses prend aussitôt le relais, avec une couverture du sol suffisamment importante pour rapidement contribuer efficacement au contrôle des adventices (Amossé *et al.*, 2013b) et à l'amélioration du bilan d'azote, profitable pour la culture suivante (Amossé *et al.*, 2014). Le choix de l'espèce la mieux adaptée pose encore question : elle doit être capable de se développer sous le blé en croissance (et donc ne pas être trop sensible à un faible rayonnement), être capable de couvrir le sol rapidement et de croître même dans des conditions contraignantes (fortes températures, conditions hydriques limitantes), et pouvoir être détruite facilement. En région Rhône-Alpes, le trèfle blanc semble répondre à ces exigences. La présence des couverts a permis de diminuer significativement la densité des adventices, notamment des espèces printanières au moment de la récolte du blé, alors que le couvert n'a eu aucun effet pendant le cycle du blé. Cette diminution a été observée pour les quatre espèces de légumineuses, réduisant en moyenne de 52 % la densité d'adventices observée sur le traitement témoin en blé pur.

Les associations en relais se développent aussi dans le secteur de la production de semences (Deneufbourg, 2010). Semer par exemple du trèfle porte-graines (espèce pluriannuelle) dans une culture de céréale ou de maïs permet de favoriser l'implantation de ces légumineuses à petites graines en conditions plus favorables que si elles étaient semées plus tardivement et d'améliorer et stabiliser le démarrage de leur croissance. Des bénéfices sont aussi observés concernant la gestion d'adventices : après la récolte de la non-légumineuse, des densités moindres d'adventices pour le trèfle issu d'une implantation sous couvert de céréale ou maïs par rapport à une implantation en sol nu sont observées, permettant des réductions du nombre de désherbages. Des impacts positifs sur le temps de travail et sur la marge sont aussi observés en lien avec l'implantation de deux cultures en même temps et l'ajout du revenu associé à la culture de couvert. Des associations sont envisagées aussi en production de semences potagères dans lesquelles cette fois c'est la légumineuse qui joue le rôle de couvert.

À retenir. Les effets agronomiques de l'insertion des légumineuses non récoltées.

Les couverts intermédiaires ont un impact sur les flux d'eau et d'azote pendant leur temps de présence en interculture et en conséquence possiblement sur la culture suivante après leur destruction. Ils permettent de couvrir le sol durant leur présence et de réduire la lixiviation en période de drainage (effet « piège à nitrate »), élément favorable pour préserver la qualité de l'eau. Malgré la moindre efficacité des légumineuses en pièges à nitrate en interculture, les couverts intermédiaires avec légumineuses peuvent être utiles pour réduire les pertes de nitrate, soit en privilégiant l'implantation de légumineuses pures dans des situations à risque de transfert faible à moyen, soit en ayant recours à des mélanges légumineuses-non-légumineuses complémentaires. Ceci permet de valoriser leur effet bénéfique sur les cultures suivantes : les couverts intermédiaires à base de légumineuses apportent également un surplus d'azote pour les cultures suivantes (effet « engrais vert »), induisent une augmentation possible de rendement et contribuent à des systèmes de culture plus autonomes vis-à-vis des engrais azotés.

L'implantation de légumineuses comme couvert associé dans une culture de colza apparaît comme une solution intéressante pour réduire l'utilisation d'intrants dans le colza et le système de culture. Le principe est de valoriser les services rendus par ces plantes grâce à leur fixation d'azote ou leur rôle de régulation des bioagresseurs (contrôle des adventices ou perturbation des comportements de certaines populations d'insectes d'automne du colza), afin de réduire les besoins du colza vis-à-vis des engrais azotés de synthèse, voire des produits phytosanitaires. La pratique d'un couvert relais en légumineuse semé dans le blé se révèle intéressante en agriculture biologique. La diversité des pratiques des couverts, plus ou moins pérennes, est de plus en plus explorée, avec par exemple la culture de céréales sous couvert permanent de légumineuses.

▸▸ Légumineuses fourragères dans les prairies

Les systèmes fourragers peuvent être basés sur trois types de prairies (chapitre 1). Les prairies permanentes occupent la grande majorité des surfaces françaises en prairies, en général sur des sols non ou difficilement cultivables. La contribution des légumineuses y est variable, rarement très élevée et peu « pilotée ». Elles présentent une large gamme de productivité, faible (3-5 t MS/ha/an) dans les milieux contraints (par exemple climats montagnards ou très séchants, sols peu profonds, sols très acides) à élevée en contexte océanique favorable (jusqu'à 14-16 t MS/ha/an dans les situations les plus favorables).

Les prairies temporaires avec légumineuses sont plus fréquentes dans les plaines cultivables et sont souvent intégrées dans des successions prairies-cultures (*leyfarming* chez les Anglo-Saxons), à la base des systèmes fourragers des élevages laitiers plus ou moins intensifs d'Europe du Nord-Ouest. Leurs atouts sont :
– des niveaux élevés de production et de qualité fourragère ; les légumineuses permettent d'améliorer les teneurs en azote sans ou avec peu de fertilisation azotée et de stabiliser la qualité nutritive au cours des repousses ;
– la possibilité de choisir des combinaisons d'espèces différentes, adaptées à un usage et/ou un contexte variable ;
– la fourniture d'azote (sans apports d'intrants achetés) pour la culture suivante, qu'elle soit fourragère ou non (maïs, betterave fourragère, céréale de printemps).

Les prairies artificielles sont constituées essentiellement par la culture de luzerne pure (rarement du trèfle violet). C'est en particulier le cas en Champagne-Ardenne, région qui n'est plus aujourd'hui une région d'élevage, mais où la luzerne est valorisée par la filière de déshydratation. La luzerne s'insère dans l'assolement comme tête de rotation, du fait de son système racinaire pivotant qui améliore la structure du sol, et de son fort potentiel de fixation symbiotique de l'azote et de restitution aux cultures suivantes (Thiébeau *et al.*, 2003, 2004).

Cette partie présente les diverses combinaisons d'espèces semées en fonction de la diversité des situations (pédoclimat, stratégie générale de conduite alimentaire des troupeaux, pâture et stocks) et les tactiques de gestion intra et interannuelle pour valoriser ces couverts et en assurer la pérennité. Leurs effets sur les flux d'azote (et de carbone) pendant et après destruction de ces prairies seront détaillés.

Une diversité d'espèces pour répondre à des usages agronomiques variés

Les légumineuses fourragères et prairiales recouvrent une gamme diversifiée d'espèces. Cette diversité permet d'adapter le choix des espèces aux objectifs agronomiques attendus des systèmes dans lesquels elles sont insérées, notamment vis-à-vis de leur potentiel de rendement selon le contexte pédoclimatique, de leur valeur alimentaire, de leur longévité, de leur efficacité à acquérir l'azote et à le mettre à disposition pour les cultures suivantes (tableau 3.3, planche XXI[41]).

---

41. Voir également http://www.multisward.eu/multisward_eng/ rubrique *Knowledge library*.

Les espèces dont l'installation est la plus rapide sont en général relativement peu pérennes (trèfle violet, sainfoin, trèfle incarnat) et conviennent pour des rotations courtes (de 2 à 3 ans). Inversement, les espèces à installation plus lente sont généralement plus pérennes (trèfle blanc, luzerne, lotier) et sont recommandées pour des prairies de plus longue durée. Toutefois, cette distinction n'est pas totalement figée et dépend beaucoup de la période de semis.

Les exigences pédoclimatiques des espèces sont également à prendre en compte pour assurer une bonne efficacité de fixation de l'azote et de croissance : tolérance à l'acidité des sols (faible pour sainfoin, luzerne, minette), tolérance à l'hydromorphie (faible pour luzerne, lotier corniculé, lotier des marais), sensibilité à la sécheresse de certaines espèces (par exemple le trèfle blanc).

Les différentes espèces montrent également une diversité de capacité d'adaptation au mode d'exploitation. Les légumineuses à stratégie de colonisation de l'espace plutôt verticale (luzerne, trèfle violet, sainfoin, lotier) sont des espèces plutôt adaptées à la fauche, tandis que les légumineuses à stratégie de colonisation plutôt horizontale (trèfle blanc, espèce à stolons rampants) sont plus tolérantes au pâturage. Les caractéristiques de composition chimique des organes récoltables peuvent également ment orienter le choix d'espèces selon les attendus en valeur alimentaire : teneur en protéine élevée (trèfle blanc, trèfle violet, luzerne si elle est récoltée précocement), faible potentiel de météorisation[42] (sainfoin, lotier), et selon les attendus vis-à-vis de la culture suivante : minéralisation plus rapide pour des espèces riches en composés solubles (trèfles), ou plus durable chez les légumineuses plus riches en fibres et accumulant une quantité de matière souterraine importante (luzerne).

Les associations d'espèces permettent aussi d'assurer les stocks de fourrages, qui peuvent être mis en défaut lorsque le printemps est sec ou froid, grâce à leur potentiel de production élevé en fin de printemps/début été et automne[43]. Les intercultures de 4 à 8 mois pourront être valorisées par l'utilisation de cultures dérobées. Par exemple, les associations ray-grass d'Italie + trèfles sont très efficaces pour reconstituer les stocks en quantité (1 à 3 exploitations) et en qualité (UF et PDI), tout en faisant des économies d'azote pour la culture suivante.

Intérêts et pilotage des associations graminées-légumineuses

Les associations graminées-légumineuses représentent environ 70 % des prairies temporaires semées en France, soit près de 2 millions d'ha (Silhol et Debrabant, 2005). Les associations à base de petites légumineuses (trèfle blanc) sont majoritaires dans les zones tempérées humides (approximativement 1,16 Mha en 2006), suppléées dans les régions plus sèches par des associations à base de grandes légumineuses (luzerne, trèfle violet ; environ 0,2 Mha) et des mélanges complexes impliquant plusieurs espèces de légumineuses (environ 0,5 Mha). Dans les systèmes laitiers, les prairies pâturées d'association sont gérées par les éleveurs en vue de fournir une diversité de services écosystémiques (figure 3.24, planche XX).

---

42. Accumulation de gaz dans le rumen des ruminants (voir p. 257).
43. http://www.afpf-asso.org/index/action/page/id/91/title/melanges-prairiaux.

Les associations peuvent présenter certains avantages par rapport aux prairies monospécifiques, et permettent d'envisager une amélioration de la stabilité des rendements en quantité et qualité, une réduction des coûts de production des fourrages (réductions d'intrants) et une meilleure préservation de l'environnement (Louarn *et al.*, 2010 ; Vertès *et al.*, 2010 ; Thiébeau *et al.*, 2010a, 2010b). À l'échelle européenne (31 sites répartis dans l'UE, 11 associations testées), il a ainsi été démontré que les associations produisaient systématiquement plus que la moyenne des cultures pures en situation bas intrants (> 97 % des cas), et même autant, voire plus, que la meilleure des cultures pures dans 60 % des cas (Finn *et al.*, 2013). Outre les effets sur le rendement, des avantages sur le contrôle des adventices (valeur médiane de la part d'adventices dans le rendement réduite de 32 % à moins de 4 % après 3 ans de culture) et sur l'équilibre de la ration (meilleur rapport entre valeur énergétique et teneur en protéines, meilleure ingestibilité) sont avérés. Enfin, la fixation symbiotique d'azote des légumineuses permet de diminuer les besoins en fertilisants azotés, et donc de réduire un poste à la fois coûteux et polluant pour la production de fourrages. Le pouvoir compétitif des légumineuses associées aux graminées permet de limiter le développement des adventices grâce à un recouvrement important du sol, et varie fortement entre espèces (figure 3.25, planche XXII).

L'atteinte de ces bénéfices est toutefois étroitement liée à la proportion qu'occupent les légumineuses dans les prairies d'associations. En effet, gain de productivité et stabilité dépendent directement de la possibilité pour les partenaires graminée et légumineuse d'être complémentaires dans leur exploitation du milieu (dans le temps et/ou l'espace) et d'assurer une contribution significative au rendement. En outre, les économies d'azote escomptées dépendent de la quantité d'azote fixée par les légumineuses. Or, celle-ci répond en premier lieu aux besoins des légumineuses pour leur propre croissance et est donc directement contrainte par la part qu'occupent les légumineuses dans l'association et la répartition des ressources entre les deux partenaires (légumineuse et non-légumineuse) (voir chapitre 2). À ce jour, la maîtrise de cet équilibre dans différentes conditions d'environnement et de conduite représente toujours une difficulté. La part de légumineuses en associations n'est pas stable dans le temps et fluctue au sein d'une repousse, entre repousses au cours d'une année (effets saisonniers liés à la température et au stress hydrique), et entre années (effets à moyen terme sur la fertilité N des sols). Des leviers existent cependant pour influencer, à la hausse ou à la baisse, la proportion de légumineuses. Ils s'appuient sur la modulation du partage des ressources (lumière, eau, minéraux) en faveur de l'une ou l'autre des composantes de l'association afin de limiter les fronts de compétition et de favoriser les opportunités de complémentarité. Des décisions stratégiques à l'implantation (choix spécifique et variétal, période d'implantation...), puis des décisions tactiques en cours de culture (fréquence et intensité de défoliation, fertilisation...) peuvent être mobilisées comme leviers sur la part de légumineuses dans les associations.

Décisions stratégiques : compatibilités et règles d'assemblage, principes régissant l'équilibre entre espèces

Les décisions stratégiques déterminent pour une grande part la performance future des associations, les caractéristiques propres de chacune des composantes du mélange et leur compatibilité étant fixées pour la durée de la culture. Les choix d'espèces et de variétés doivent tenir compte à la fois des espèces partenaires envisagées, du pédoclimat de la parcelle et des modes d'utilisation souhaités.

La compétition pour la lumière, qui dépend en premier lieu de la surface foliaire et de la hauteur relative des espèces (caractères eux-mêmes fortement liés à la productivité), doit être limitée en choisissant des composantes de stature et vitesse de croissance comparables, ou en présentant des cycles nettement décalés sous peine de disparition des espèces dominées. Dans les associations ray-grass anglais avec trèfle blanc par exemple, la longueur maximale du pétiole et la taille des folioles du trèfle permettent de différencier les variétés adaptées à des graminées de stature importante (type géant ou *Ladino*, à associer avec des ray-grass tardifs diploïdes) des variétés de trèfle adaptées à des graminées de faible hauteur (type Hollandicum, voire nain, à associer avec des variétés très tardives tétraploïdes).

La compétition pour l'eau et les minéraux du sol dépend principalement de la densité racinaire et de la profondeur d'enracinement des espèces. Les graminées présentent généralement des densités racinaires plus fortes que les légumineuses et ont donc un avantage pour l'acquisition de ces ressources à même profondeur d'enracinement (Haynes, 1980). Certaines légumineuses ont toutefois un système racinaire pivotant puissant (grandes légumineuses telles que luzerne, sainfoin et dans une moindre mesure trèfle violet) qui peut dépasser la profondeur d'enracinement des graminées et offrir des possibilités de complémentarité. C'est le cas par exemple des associations luzerne-dactyle en sol profond (Chamblee et Collins, 1988). De tels choix ne peuvent cependant être pleinement valorisés dans toutes les conditions pédoclimatiques. Les sols superficiels notamment, en limitant le volume de sol prospecté, ne permettent pas à ces complémentarités racinaires de s'établir. Au contraire, ils placent les légumineuses en situation de compétition frontale avec les graminées, limitant particulièrement les possibilités de fixation d'azote et de production de biomasse dès que la disponibilité en eau du sol diminue.

Décisions tactiques : leviers et conséquences pour la gestion et le cycle des nutriments

Après l'installation du couvert, des leviers tactiques permettent d'ajuster l'équilibre entre les constituants de l'association. Le mode d'exploitation des prairies d'associations consiste en une succession de cycles défoliation-repousse visant à récolter et valoriser la biomasse aérienne. La fréquence (intervalle de temps entre deux défoliations successives), l'intensité (pourcentage de prélèvement de la surface foliaire et des points de croissance ; uniformité dans le prélèvement) et l'occurrence de la défoliation vis-à-vis du stade de développement des espèces (concordance avec des stades critiques ; état des réserves azotées et carbonées) peuvent être ajustées pour favoriser l'un ou l'autre des constituants. De manière générale :
– les intensités fortes de défoliation bénéficient aux graminées et aux légumineuses rampantes (trèfle blanc), au détriment des grandes légumineuses ;
– les grandes légumineuses érigées (luzerne, trèfle violet…) sont plus exigeantes dans le délai de remise en place de leur potentiel de croissance végétatif après défoliation et requièrent des fréquences plus faibles de récolte (par exemple, un intervalle minimal de 40 jours entre défoliations est recommandé pour la luzerne) ;

– en système pâturé, outre l'aspect mécanique du prélèvement, il faut également gérer le piétinement (auquel les grandes légumineuses sont très sensibles) et la sélectivité de l'animal en faveur des légumineuses qui tendent à désavantager cette composante de l'association (Haynes, 1980 ; Davies, 2001).

La gestion de la défoliation peut être un moyen de moduler la compétition pour la lumière et d'éviter qu'un constituant reste complètement ombré et improductif pendant une période trop longue. Elle ne constitue cependant pas une remise à l'état initial de la culture. Avice (1996) montre par exemple sur luzerne que la constitution de réserves est reliée à l'accès à la lumière et que les vitesses de redémarrage des plantes dominées (et leur compétitivité pour le cycle suivant) sont réduites lorsque les réserves sont faibles.

La fertilisation est un second levier tactique qui permet de moduler la compétition pour les minéraux du sol (N, C, P et K) lorsque la disponibilité de l'un ou plusieurs d'entre eux est limitante pour la croissance. Comme évoqué précédemment, la plus forte densité racinaire des graminées leur procure un avantage pour l'acquisition de ces ressources du sol. Toutefois, comme les légumineuses sont fixatrices d'azote atmosphérique et capables d'être autosuffisantes en azote dans les situations favorables à la fixation (présence de rhizobia appropriées, stress hydrique limité, etc. ; chapitre 2), les conséquences de fertilisations N et PK sont très différentes sur l'équilibre de l'association :
– la fertilisation N favorise les graminées et tend à augmenter leur proportion dans la production. Un faible apport en début de printemps peut améliorer la production printanière de graminées avec des conséquences limitées sur la production de la légumineuse si celle-ci est bien implantée en sortie d'hiver (Frame, 2001 ; Naudin *et al.*, 2010). Il est à noter que l'optimum de rendement azoté et de fixation dépend du type de sol, mais se trouve généralement à des niveaux de fertilisation faibles (50 kg N/ha/an environ) et non en absence totale de fertilisation N (Nyfeler *et al.*, 2011). Une telle fertilisation tend cependant à amoindrir la performance environnementale de la culture associée en raison des coûts énergétiques associés des fertilisants N de synthèse ;
– la fertilisation PK tend au contraire à favoriser la croissance des légumineuses, moins bonnes compétitrices et donc plus sensibles en situations limitantes (MacLeod, 1965). Des inversions de dominance sont ainsi reportées entre légumineuses et graminées lorsque K est limitant (graminée dominante) ou lorsqu'il ne l'est plus grâce à une fertilisation (légumineuse dominante ; Hunt et Wagner, 1963) ;
– les fertilisants organiques apportent à la fois NPK. Dans ces conditions, l'effet de la fertilisation N est généralement prépondérant sur les autres éléments et favorise davantage la croissance des graminées (Chamblee et Collins, 1988). Ce point souligne l'importance de gérer le rapport P/N pour pouvoir favoriser la fixation symbiotique en l'augmentant ; certaines pistes seraient à creuser sur des traitements des matières fertilisantes d'origine résiduaire pour augmenter le rapport P/N en vue d'une fertilisation organique favorable à la fixation symbiotique ainsi qu'à la réduction des risques environnementaux liés au lessivage azoté du sol ou à l'émission du CO_2 du sol.

Équilibre variable selon les espèces et les systèmes d'exploitation

Au total, l'impact des prairies d'associations sur le cycle de l'azote dépend des capacités de croissance et du rendement des légumineuses implantées, de la proportion d'azote fixée (Ndfa, chapitre 2) et de la quantité et de la qualité des litières et rhizodépôts générés (C/N, teneur en composés solubles, lignine…). La dynamique de l'azote est ainsi très différente entre des associations à base de trèfle blanc et de luzerne par exemple (Louarn *et al.,* 2015). Bien que fixant davantage d'azote atmosphérique, les associations à base de luzerne ont des transferts moins rapides et plus faibles (figure 3.26). Ceci s'explique en partie par des stratégies de survie et d'enracinement différentes (développement d'un pivot à durée de vie longue chez la luzerne/ racines nodales fines chez le trèfle) et par des qualités des matières organiques plus favorables à une minéralisation rapide chez le trèfle.

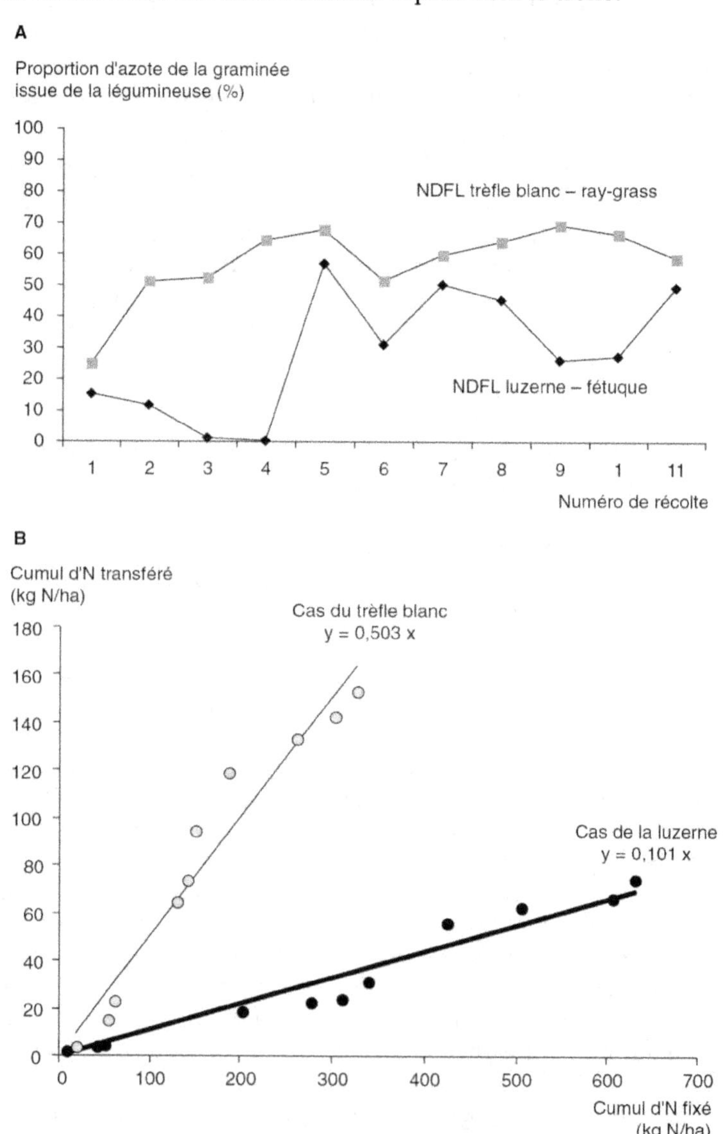

Figure 3.26. Comparaison des dynamiques de transfert net d'azote à la graminée (A) et de l'efficacité du transfert d'azote (B) entre une association graminée-légumineuse à base de trèfle ou de luzerne. Les récoltes 1 à 3, 4 à 7 et 8 à 11 ont respectivement lieu en année 1, 2 et 3 d'exploitation (Louarn *et al.,* 2015).

Les objectifs de proportion à maintenir entre légumineuses et non-légumineuses dépendent du mode d'exploitation : des optima de fonctionnement à 30-40 % de légumineuses pour les associations pâturées (Thomas, 1992) et de 50 à 70 % pour les associations destinées à la fauche (Nyfeler *et al.*, 2011) sont reportés. La proportion plus élevée en fauche est nécessaire pour compenser le moindre recyclage de l'azote. Exprimées par unité de masse de légumineuse récoltée (pour s'affranchir de l'effet de la proportion de légumineuses), des gammes de fixation d'azote atmosphérique de 24-36 kg N/t/an pour le trèfle violet ou de 30-46 kg N/t/an pour le trèfle blanc sont reportées dans la littérature. Seule une partie de cet azote (racines et résidus aériens à la dernière récolte) participe aux arrière-effets sur les cultures suivantes.

L'encadré 3.2 illustre l'exemple d'un système de polyculture-élevage laitier en agriculture biologique et souligne la nécessité d'une analyse systémique sur plusieurs années pour juger de la productivité des prairies.

Encadré 3.2. Pilotage des prairies dans le cas d'un système biologique en polyculture-élevage laitier.

Dans le système de polyculture-élevage laitier conduit en AB depuis 2004 à Mirecourt, 21 parcelles culturales d'associations luzerne-dactyle ont été semées et valorisées durant 3 ans au sein de successions culturales de 8 ans visant à produire également du blé panifiable (vendu), des céréales fourragères destinées à l'alimentation du troupeau laitier sans omettre la paille de litière. Ces successions ont été conduites sur les sols les plus favorables à la luzerne, de type argilo-limoneux relativement profonds (les moins hydromorphes et asphyxiants du parcellaire cultivé local). La moitié des semis de luzerne était réalisée sous couvert d'une céréale (triticale de printemps ou orge d'hiver), à la volée lors d'un passage de herse étrille en avril, l'autre moitié étant réalisée sur sol nu en août. Seule graminée associée au départ (2004 à 2009) à la luzerne (variété Cannelle), le dactyle (variété Ludovic) a été complété à partir de 2010 par du ray-grass hybride (RGH, variété Bahial) et de la fétuque élevée variété Dulcia afin de rendre la prairie plus réactive à la variabilité intraparcellaire des sols et plus tolérante à un pâturage éventuel. Les doses de semis ont été sensiblement ajustées à partir de 2010 avec 20 kg/ha de luzerne (*vs* 14-17 auparavant), 4 kg/ha de dactyle (*vs* 8 avant 2010) et de fétuque, et 7 kg/ha de RGH.

Le mode d'exploitation a varié selon les conditions du semis (printemps *vs* été), l'accessibilité des parcelles pour les vaches laitières et les circonstances climatiques. Pour 70 % des surfaces, l'exploitation a duré 3 ans (destruction en été la dernière année pour préparer l'installation du blé d'hiver), tandis que 15 % étaient maintenues 2 ans et 15 % 4 ans.

La figure 3.27 (planche XXII) rassemble les données de biomasse valorisée à l'échelle parcellaire (récolte et pâturage) pour les différentes années d'exploitation (y compris l'année d'installation s'il y a lieu) et les différentes coupes, le pâturage étant mentionné séparément, pour les seules surfaces qui sont concernées.

À l'échelle des 4 campagnes A0-A3 (et sans tenir compte des parcelles conservées seulement 2 années), la biomasse valorisée cumulée a été en moyenne de 22,7 (±5,4) t MS/ha (sachant qu'une parcelle a présenté une biomasse record à 38 t MS/ha). La part de la fauche diminue avec le temps : passant de 3 coupes

.../...

— .../... —

en années 1 et 2 à 2,4 en année 3, tandis que le pâturage concerne 30 % des surfaces en année 1 puis 60 % en années 2 et 3. La production annuelle moyenne est maximale en année 1 avec 8,6 t MS/ha, puis fléchit sensiblement en année 2 (7,7 t MS/ha) et 3 (4,6 t MS/ha), avec une première coupe plus productive quelle que soit l'année d'exploitation, la seconde restant relativement bonne en année 1 mais décrochant les années suivantes (1,5 t MS/ha), le pâturage permettant de valoriser environ 1 t MS/ha/an. L'implantation sous couvert au printemps permet de gagner 1,6 t MS/ha en moyenne l'année du semis comparé au semis d'été sans récolte possible. Ces données intègrent la campagne 2012 qui a été marquée par un gel intense durant les 15 premiers jours de février qui s'est traduit par une chute de production de 50 % des prairies à base de luzerne et la quasi-disparition de la légumineuse.

Les prairies à base de luzerne ont donc présenté une productivité très intéressante pour le système fourrager, avec 5,6 t MS valorisée en fauche /ha/an sur l'ensemble des parcelles entre 2005 et 2013, à 85 % en foin — 4,7 (3 à 10) jours en moyenne, avec 1,6 (0 à 4) fanages et 0,9 (0 à 4) retournements d'andains (Dion) — et 15 % en enrubannage (le plus souvent en septembre). Cette productivité est assortie d'une certaine variabilité, liée aux conditions climatiques et à la pérennité de la légumineuse dans les associations, qui peut questionner le choix variétal.

Compte tenu des teneurs en azote mesurées, ces prairies ont exporté en moyenne 224 (± 117) kg N/ha et par an, avec 100 (± 20) kg supplémentaires lorsque l'implantation sous couvert permettait une récolte dès l'année du semis. De même, l'exportation moyenne en phosphore s'est élevée à 31 (± 15) kg P/ha/an (+12 kg lorsque advient une récolte dès l'année du semis). La forte variabilité est induite essentiellement par le gel intense en 2012.

Performances des prairies pâturées avec légumineuses

De nombreux ouvrages techniques précisant les modalités d'utilisation des associations pâturées sont disponibles, qui insistent sur le respect du rôle moteur de la légumineuse, en général le trèfle blanc : favoriser son accès à la lumière en pratiquant un nettoyage ras au moins en automne (ou en début de printemps), favoriser la reconstitution de ses ressources entre deux exploitations en laissant repousser un peu plus longtemps que pour les graminées pures fertilisées (30 à 50 jours selon la saison, les conditions climatiques et les variétés choisies, au lieu de 18-25 jours), bien gérer le pâturage lors de la période de forte croissance en fermant le silo de maïs, etc.

Gestion des prairies d'association, production et pérennité

Des études menées dans l'ouest de la France dans les années 1980 (Vertès *et al.*, 1989 ; Le Gall *et al.*, 2005) ont permis de préciser les conditions plus ou moins favorables à la pérennité des prairies à base de trèfle blanc, pâturées ou mixtes (c'est-à-dire exploitées en fauche et pâture). La persistance du trèfle autour de 30-40 % de la biomasse prairiale s'avère difficile dans des conditions de sols superficiels séchants ou sur des sols souvent humides à hydromorphes. La probabilité de compaction de ces sols à une profondeur de 10-12 cm, induite par du pâturage en conditions peu portantes, est alors élevée. Au-delà de la destruction directe des plantes lors de piétinements intenses (Vertès *et al.*, 1988), cet horizon compacté limite la profondeur d'enracinement, rendant le trèfle particulièrement vulnérable à la sécheresse. L'infiltration de l'eau est ralentie (Lamandé *et al.*, 2003), et la vie biologique des sols fortement perturbée, comme l'ont montré Cluzeau *et al.* (1992) pour les vers de terre. Cet ensemble d'impacts du piétinement explique une large part des dégradations de prairies, en particulier lorsqu'ils adviennent en début de printemps, les plages de sol nu étant rapidement colonisées par des adventices annuelles ou pérennes de faible valeur fourragère.

La diminution de la production globale et la réduction des entrées d'azote accompagnant la régression des légumineuses incitent les éleveurs à refaire fréquemment leurs prairies, ce qui est à la fois peu économique, générateur de pertes d'azote et d'autres effets environnementaux (érosion, perturbation de la biodiversité, etc.). Des pratiques de pâturage mieux adaptées et/ou le choix de mélanges complexes plus résistants permettent d'améliorer l'ensemble des performances agronomiques et écologiques des associations pâturées.

Améliorer la pérennité des prairies pâturées ou mixtes reste, malgré quelques travaux de recherche et la mise en commun des connaissances de terrain, un objectif difficile à maîtriser. Il doit en effet s'appuyer sur des interactions complexes au sein de cet écosystème prairie, interactions mal connues entre les états physique et biologique du sol et des plantes, la dynamique de végétation et le rôle des flux d'azote. Selon Pochon (2013), la nutrition P et surtout K pourrait également jouer un rôle dans la pérennité du trèfle blanc. Le problème de la pérennité des prairies pluri-espèces présente un regain d'intérêt actuellement (RMT Prairies demain, projet PRAIPE). Les priorités sont de mieux choisir les combinaisons d'espèces et de variétés à l'implantation de ces prairies et d'améliorer leur gestion pour favoriser la durabilité de la prairie : respecter la reconstitution des réserves des plantes, mieux gérer les périodes difficiles (automne-printemps très pluvieux, été séchant, limiter la compaction du sol, favoriser l'égrenage…).

La place des légumineuses dans les prairies se raisonne non seulement à la parcelle mais surtout au choix du système de production*. Pour la production laitière, deux pays ont choisi massivement la production de lait à faible coût (pas de concentrés pour les animaux) basée sur des systèmes herbagers. Comme le système irlandais, avec ou sans trèfle, le système laitier néo-zélandais repose sur le pâturage de prairies permanentes d'associations. Il est très performant en termes de coût de production du lait : basé sur une bonne cohérence entre types d'animaux (petit format, produisant du lait riche en protéines et matières grasses), avec une part du pâturage maximisée permettant de produire tout le lait annuel sans complémentation concentrée. Maximiser le lait produit à l'hectare est l'objectif principal tandis que le lait à l'animal compte peu, animaux et éleveurs s'adaptant sans arrêt à l'herbe et les filières laitières composant avec cette saisonnalité. La productivité herbagère atteint 11-13 t MS/ha dans de tels systèmes. Le contexte pédoclimatique irlandais plus frais étant moins favorable à la croissance du trèfle blanc, les prairies permanentes étaient très dominées par les graminées modérément fertilisées. La tendance actuelle à l'augmentation de la productivité dans les deux pays s'accompagne de l'augmentation de la fertilisation et de prairies de graminées ressemées plus souvent, atteignant des productivités de 14-16 t MS/ha (Doole, 2014) et 12-14 000 l lait/ha, avec l'emploi massif d'engrais azotés (250-350 kg/ha/an) sans légumineuses. Dans les deux cas, les performances environnementales diminuent, avec une augmentation des émissions d'azote (vers l'eau et l'air) et des impacts liés à l'emploi massif d'engrais chimiques.

À l'opposé, basés eux aussi sur l'utilisation intensive de légumineuses, les systèmes laitiers danois reposent sur des prairies temporaires de courte durée (3-4 ans) très productives, à base de ray-grass, trèfle blanc et trèfle violet pour la pâture et dactyle, fétuque, luzerne et trèfle violet pour la fauche. Ces prairies sont en rotation avec 2-3 années de cultures, céréales de printemps pour l'essentiel, avec une part croissante du maïs. Ces prairies très productives (atteignant 12-14 t, voire près de 17 t MS/ha en conditions irriguées ; Rasmussen *et al.*, 2012) sont utilisées (un peu en pâture, beaucoup en fauche) pour des animaux à forte productivité individuelle (en forte complémentation). On se reportera à Pflimlin et Faverdin (2014) pour une description plus détaillée de la diversité des systèmes laitiers.

Les systèmes laitiers français des plaines (prairies temporaires ou permanentes) ayant choisi d'intégrer des légumineuses se situent entre ces extrêmes et se sont parfois inspirés de l'un ou l'autre (Alard *et al.*, 2002). Le développement de l'agro-écologie remet en avant les thématiques d'autonomie azotée, d'amélioration des recyclages internes, d'augmentation de l'efficience d'utilisation de l'azote et de réduction des fuites, toutes thématiques pour lesquelles le choix des prairies mixtes est pertinent. La prise en compte des facteurs économiques et sociaux progresse également, intégrée dès le début dans des programmes de recherche, afin de mieux comprendre les intérêts et l'aversion des éleveurs pour ces systèmes (Levain *et al.*, 2014 ; programme Valherb, RMT Prairies demain).

Gestion des prairies d'association et lixiviation de nitrate

Pour des pratiques de fertilisation raisonnée, de très faibles pertes sont observées sous prairies fauchées d'association graminées-trèfle blanc grâce à l'aptitude du couvert permanent à prélever l'azote disponible dans le sol (jusqu'à plus de 400 kg N/ha/an en conditions climatiques favorables). En prairies pâturées, les concentrations locales d'azote minéral sous les pissats peuvent dépasser les capacités de prélèvement des plantes, et sont à l'origine des pertes (Decau *et al.*, 2003 ; Leterme *et al.*, 2003). Le chargement animal est un indicateur du niveau de lixiviation de nitrate sous prairies, avec ou sans légumineuses (Eriksen *et al.*, 2010 ; Simon *et al.*, 1997). À l'échelle de la parcelle et de l'année, une synthèse des données de plusieurs dispositifs expérimentaux européens, où était mesuré l'azote lixivié sous des prairies paturées, avec ou sans légumineuses, selon différentes modalités de conduite (fertilisation, chargement) (Eriksen *et al.*, 2004 ; Ledgard *et al.*, 2009 ; Vertès *et al.*, 1997 ; de Vliegher *et al.*, 2007 ; Wachendorf *et al.*, 2004) a été réalisée. La relation entre quantités totales d'azote apportées au sol (incluant les restitutions au pâturage) et la lixiviation de nitrate ne fait pas apparaître d'effet significatif de la présence de légumineuses (figure 3.28A). La compilation de plusieurs essais européens (figure 3.28B) montre des pertes en nitrate légèrement inférieures sous associations graminées-trèfle, le nombre de jours de pâturage étant le principal facteur explicatif des pertes, avec 510 j/an en moyenne sur association contre 590 j/an en graminées pures fertilisées. Le pouvoir tampon des associations permet une petite réduction des pertes (de 5 à 10 %), expliquée par 3 mécanismes principaux de régulation :

– deux à court terme, par la rapide diminution de la fixation (Vertès *et al.*, 1995 ; Hutchings *et al.*, 2007 ; Eriksen *et al.*, 2004), et par la capacité de la graminée associée, dont l'indice de nutrition est généralement faible (Cruz *et al.*, 2006 ; Loiseau *et al.*, 2001a), à prélever l'azote des pissats (Vertès *et al.*, 1997) ;
– un à plus long terme, avec la diminution de la quantité de trèfle, moins compétitif pour l'accès à la lumière que la graminée en cas de niveau de fertilisation élevé. Schwinning et Parsons (1996) ont mis en évidence le rôle des interactions entre taux de trèfle et disponibilité en azote du sol pour expliquer et modéliser l'évolution cyclique du taux de trèfle souvent observée sur 3-4 ans dans les prairies d'association (Loiseau *et al.*, 2001b).

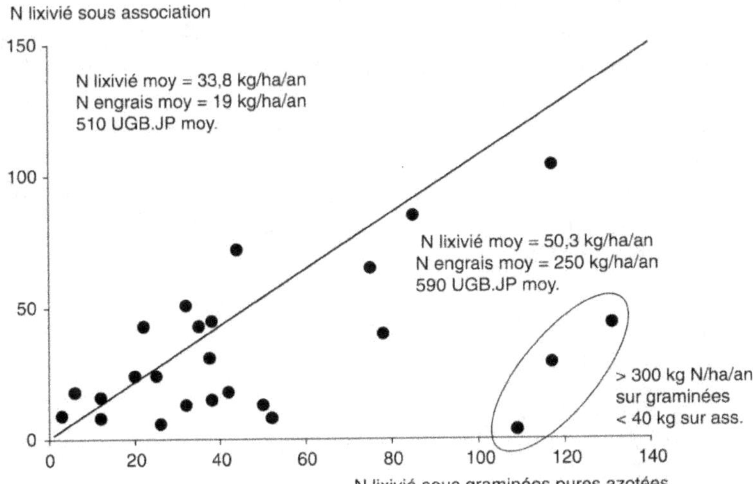

Figure 3.28. Lixiviation de nitrate sous graminées pures et sous associations (graminées et trèfle blanc) pâturées.

A. Effet des apports totaux d'azote sur l'azote lixivié sous ray-grass pur fertilisé et sous associations ray-grass-trèfle blanc, fertilisées ou non. D'après Eriksen *et al.*, 2010. B. Comparaison d'un ensemble d'essais européens (F, UK, NZ, DK) où chaque point représente la moyenne de plusieurs années de mesures expérimentales.

Sous peuplement prairial très dominé par les légumineuses ou sous trèfle blanc, les pertes en nitrate peuvent être élevées. Des résultats issus de mesures en cases lysimétriques (Loiseau *et al.*, 2001a) indiquent, pour des contextes à lame drainante élevée (plus de 400 mm), des pertes de 60 à 90 kg N/ha sous trèfle blanc pur en simulation de pâturage (apports de pissats). Lorsque le trèfle blanc en culture pure est fauché, les pertes sont plus ou moins régulées par la diminution de la fixation, relayée par l'assimilation d'azote minéral du sol (de façon analogue à la luzerne), qui permet à la plante d'immobiliser tout ou partie de l'azote minéral disponible.

Effets N (et C) des prairies avec légumineuses sur les cultures suivantes

La minéralisation de flux importants d'azote lors des destructions de prairies et de légumineuses est connue depuis longtemps et largement utilisée dans les systèmes traditionnels (*ley-arable farming* anglais du XIXe siècle) et dans les systèmes qui n'utilisent pas d'engrais de synthèse (AB). L'équivalent fertilisant en azote est défini empiriquement comme la quantité de fertilisant azoté nécessaire pour obtenir un rendement de la culture suivante identique au rendement observé suite à l'arrière-effet de la prairie. Les valeurs d'équivalent fertilisant azoté disponibles dans la littérature varient très largement suivant la nature des espèces composant la prairie retournée, suivant le mode de retournement adopté et les conditions climatiques des mois suivants. Ainsi les valeurs d'équivalent azote citées peuvent aller de 20-30 kg N/ha à plus de 100-150 kg N/ha (cas du maïs cultivé derrière une luzerne dans certains systèmes américains). De manière plus analytique, des études ont caractérisé et modélisé les cinétiques de minéralisation de l'azote et du carbone pour différents types de couverts, avec ou sans légumineuses, fertilisés ou non, pâturés ou fauchés (Laurent *et al.*, 2004), et proposent des facteurs expliquant les niveaux de minéralisation observés. Ainsi, il est apparu de manière générale que l'effet « destruction de prairie » est majeur et domine largement l'effet de la nature, graminée ou légumineuse, des espèces qui composent la prairie retournée (Vertès *et al.*, 2007b). La quantité et la qualité des résidus affectent néanmoins significativement la cinétique de minéralisation de N et C, et de pertes par lixiviation associées (ouest de la France).

Résidus de culture : caractérisation, dynamique de minéralisation

Composition des résidus de culture : luzerne et associations trèfle blanc-graminée pure

La quantité de biomasse détruite lors de la mise en culture d'une prairie d'association est généralement inférieure d'environ 20 % à celle d'une prairie de graminées pures (biomasse très élevée des collets, plateau de tallage et racines adventices de ces dernières comparées aux stolons et plus petites racines du trèfle), mais les quantités d'azote restituées au sol ne sont pas significativement différentes, du fait des teneurs en azote plus élevées (tableau 3.5a et b). Le rapport C/N des résidus de légumineuses est en général plus faible que celui des graminées, cette différence se réduisant pour des graminées très fertilisées dont les résidus seront plus dégradables que ceux de traitements peu azotés. La dégradabilité supérieure du trèfle est également pressentie avec les analyses Van Soest, montrant une part plus grande des composés solubles au détriment des composés hémicellulose, la cellulose et la lignine n'étant pas significativement différentes entre espèces (tableau 3.5c).

Tableau 3.5. Caractéristiques de résidus de légumineuses prairiales.

a. Pour la luzerne. D'après Justes *et al.*, 2001b.

Organes	Matière sèche (t/ha)	Teneur en C (% MS)	Teneur en N (% MS)	Ratio C/N
Racines (pivot + racines fines)	4,91 + 1,63	45,4	1,55	29,3
Collets (partie aérienne < 6 cm de hauteur, non récoltée)	3,10	44,7	1,97	22,7
Total 1 (luzerne enfouie sans repousse)	9,64	45,2	1,68	26,9
Matière sèche aérienne (feuilles + tiges > 6 cm de hauteur)	1,49	45,6	4,52	10,1
Total 2 (luzerne enfouie avec repousse)	11,13	45,3	2,09	21,7

b. Pour des associations ray-grass-trèfle (Laurent *et al.*, 2004 ; Vertès, non publié) correspondant à une végétation rase détruite en février (RGA, ray-grass anglais ; Ass., association RGA avec trèfle blanc). Les écarts-types des valeurs sont précisés après les moyennes.

Traitements antérieurs	MS aérienne (t/ha)	MS racinaire (t/ha)	% MS	Teneur C (% MS)	Teneur N (%MS)	C/N
Ray-grass non fertilisé	3,2	7,2	21,5	38,8	1,3	29,2
Ray-grass fertilisé	1,9 (0,6)	8,8 (1,8)	23,7 (2,5)	39,2 (3,6)	1,9 (0,3)	20,5 (2,3)
Ass. RGA-trèfle blanc	1,7 (0,8)	5,0 (0,6)	20,6 (1,6)	37,4 (2,8)	2,1 (0,3)	18,0 (1,9)

c. Composition biochimique moyenne des résidus par espèce (analyses Van Soest) pour le ray-grass anglais pur ou associé et le trèfle associé. Le nombre de traitements (fertilisation ou site) est indiqué entre parenthèses.

Traitements antérieurs	Lignine	Hémicellulose	Cellulose	Soluble
Ray-grass (pur ou en ass.) (6)	9,1 (1,4)	32,1 (1,6)	29,3 (4)	29,5 (2,8)
Trèfle blanc (2)	9,2	**17,0**	24,9	**49,0**

Cinétiques de minéralisation des résidus de luzerne et de prairies d'association à trèfle blanc

Les travaux réalisés sur la luzerne (Muller *et al.*, 1993 ; Justes *et al.*, 2001b) montrent que 60 % (soit 90 kg N/ha dans le contexte évoqué) de l'azote contenu dans les parties de la plante présentes au moment de la destruction (collets et pivots racinaires notamment) sont libérés progressivement au cours des 18 mois suivants. Par ailleurs, des travaux sur cases lysimétriques avec marquage isotopique ^{15}N des résidus montrent qu'un effet significatif persiste durant les 4 années qui suivent sa destruction, corroborant les travaux conduits à l'Inra de Theix, sur une succession qui insérait 2 années de luzerne dans une rotation céréalière de 6 ans (Waligora, 2009). Après 10 années de luzerne, on constate qu'il subsiste encore une partie de ce ^{15}N dans l'eau de drainage recueillie sous les cases lysimétriques où la culture était présente, ceci étant lié à la minéralisation plus lente des résidus de luzerne qui ont intégré le pool de matière organique du sol. Selon les travaux de Justes *et al.* (2001a), cette libération lente d'azote pourrait être liée au stock contenu dans les pivots racinaires : en effet, un essai en conditions contrôlées montre que 6 % seulement du stock initial contenu dans les racines sont minéralisés au terme des 18 mois équivalents de l'expérimentation au champ (figure 3.29A). En plus des pivots, les repousses potentielles ont également un effet significatif sur la quantité d'azote minéralisée dans les 18 mois qui suivent le retournement de la luzernière (figure 3.29B).

La cinétique de minéralisation de l'azote des résidus de prairies associées ray-grass anglais-trèfle blanc (aérien + racinaire pour les deux espèces non séparées) apparaît analogue à celle observée pour les parties aériennes de la luzerne pure, avec des taux de minéralisation variant entre 40 et 60 % sans phase d'immobilisation initiale, tandis que le taux de minéralisation des graminées pures (ici comparaison de traitements fertilisés modérément à 200-250 N) est variable mais reste inférieur (20 à 35 %). La différence de minéralisation en azote à court terme est en partie expliquée par le rapport C/N des résidus (Justes *et al.*, 2001a), alors que ce n'est pas le cas pour le carbone, pour lequel les taux de minéralisation varient dans de plus faibles proportions. Ces taux maximums de minéralisation sont atteints en 3 à 6 mois après la destruction pour la plupart des traitements, fournissant de l'azote rapidement disponible à la culture suivante.

L'effet du type de couvert est significatif pour la quantité de carbone restitué au sol (mais pas pour la quantité d'azote), et pour le pourcentage de carbone minéralisé, en proportion de la quantité de carbone du résidu à l'enfouissement (moindre pour l'association) (tableau 3.6). La proportion de l'azote des résidus minéralisée est significativement supérieure pour l'association, ainsi que la contribution de celle-ci à la minéralisation totale. La minéralisation des résidus est rapide et atteint son maximum au bout de 4 à 6 mois (les paliers des cinétiques de minéralisation sont atteints après 100 à 200 jours normalisés, figure 3.30, planche XXIII).

La fourniture d'azote par la minéralisation des résidus est du même ordre de grandeur que celle des ray-grass purs fertilisés et pâturés, tandis qu'elle est moindre pour le ray-grass sans azote ou fertilisé mais fauché (figure 3.30, planche XXIII). En revanche, on voit un effet significatif important de la présence de la légumineuse sur les taux de minéralisation d'azote, et un peu moins fort sur ceux du carbone des résidus (où l'interaction avec l'effet site est plus forte).

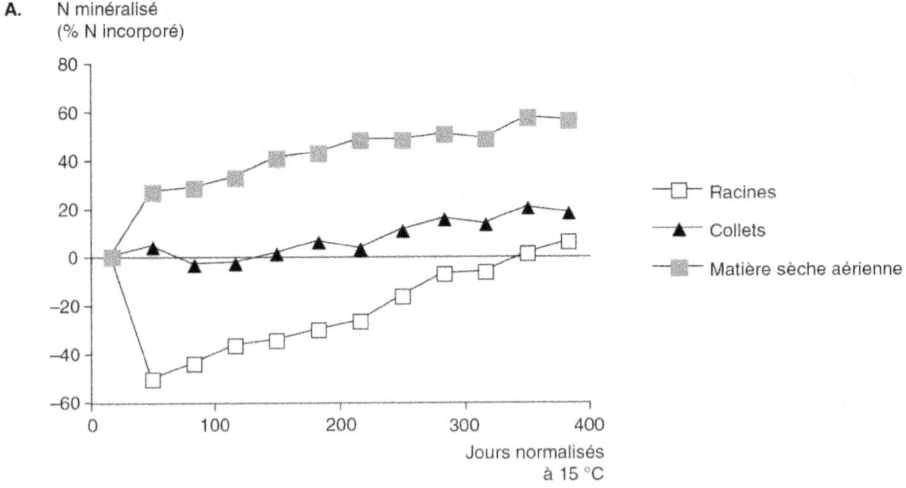

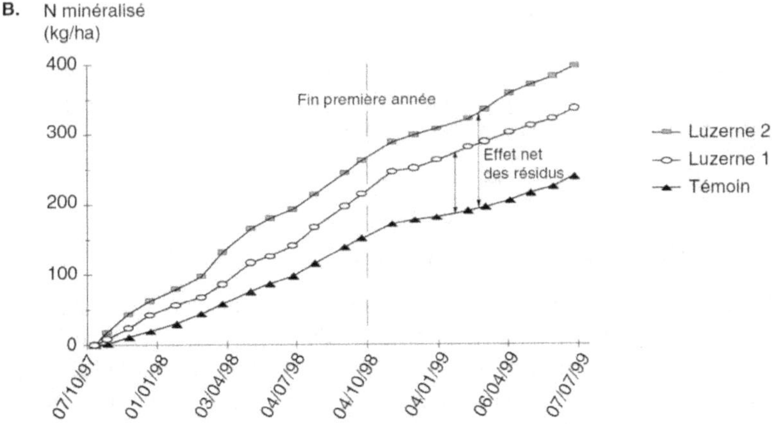

Figure 3.29. Cinétiques de minéralisation de l'azote provenant de résidus de luzerne après destruction : selon les compartiments considérés (A) ; selon la présence ou pas de repousses de la luzerne, en comparaison à un sol sans résidus végétaux (B).

Comme pour la luzerne, la part des résidus dans la minéralisation totale reste modeste, soit 20-25 % pour l'azote et 25-30 % pour le carbone au bout de 6 mois. Comme constaté pour la luzerne, les rapports C/N expliquent en partie les hiérarchies observées pour l'azote mais moins pour le carbone. Toutefois, la cinétique de minéralisation d'azote est plus rapide que pour la luzerne ou les graminées pures : la composition biochimique des résidus serait un facteur explicatif de la plus forte dégradabilité des légumineuses dont la fraction soluble est significativement supérieure à celle des graminées, à l'inverse de leur fraction hémicellulose.

Globalement, comme dans le cas des cultures annuelles, le stockage de carbone dans le sol est principalement lié à la quantité de carbone végétal non récolté et donc laissé dans le système sol-plante, ce qui a été montré en comparant la gestion d'une prairie en fauche par rapport à celle d'une prairie en pâturage (Senapati *et al.*, 2014). L'effet de l'espèce légumineuse sur le stockage du carbone reste encore largement à évaluer.

Tableau 3.6. Comparaisons de la composition et du devenir des résidus de ray-grass pâturés fertilisés et d'associations ray-grass-trèfle blanc.

Site/plante/fertilisation	C sol (t/ha)	N sol [a] (t/ha)	C des résidus (t/ha)	N des résidus (kg/ha)	N minéral total, sol + résidus (kg/ha/2 ans)	Taux de minéralisation du N des résidus	Contribution des résidus à la minéralisation totale (%)	Taux minéralisation du C des résidus	Contribution des résidus à la minéralisatin totale C (%)
1a RGA 200 N	109	11,1	3,8	180	520	36	17,5	30	30
1b RGA 250 N	106	10,2	5,8	270	280	23	15,8	47	34
2 RGA 250 N	75	6,7	3,5	147	300	33	17,6	28	27
1a Ass 50 N	105	9,9	2,7	131	673	40	19,2	37	24
1b Ass 50 N	104	9,9	2,1	132	280	50	21,8	51	24
2 Ass 0 N	62	5,5	2,4	112	340	40	20,8	40	26
Moyenne RGA	**96,7**	**9,3**	**4,4**	**200**	**367**	**30,7**	**17**	**35**	**30,3**
Moyenne Ass	**90,3**	**8,4**	**2,4**	**125**	**431**	**43,3**	**20,6**	**42,7**	**24,4**
Effet plante	ns	ns	*	ns	ns	*	**	ns	**

[a] Les ratios C/N des sols sont de 10,3 et 11,2 pour les sites 1a et b (Quimper-Kerlavic, CRAB Arvalis) et 2 (Quimper-Kerbernez, Inra) respectivement, non affectés par les traitements (d'après Vertès *et al.*, 2007).

ns, non significatif ; * significatif ** très significatif.

Effets sur la fertilisation azotée après légumineuses

L'ensemble de ces résultats a abouti à la publication de références au Comifer (2011 réactualisé 2013) pour quantifier l'arrière-effet azote des destructions de prairies dans les calculs de fertilisation. Cet arrière-effet est considéré équivalent pour les deux types de couverts (graminées pures et associations) après prairies pâturées, mais le coefficient réducteur de 0,7 ou 0,4 appliqué en cas de fauche partielle ou totale aux prairies de graminées ne s'applique pas aux associations ray-grass anglais-trèfle blanc (par ailleurs exploitées surtout en pâture, ou fauchées une fois). À partir de l'ensemble des résultats de minéralisation d'azote *in situ* et en conditions contrôlées pour des prairies de 5-6 ans (Laurent *et al.*, 2004), une quantification de la fourniture d'azote à la culture suivante en fonction de la durée écoulée depuis la destruction de la prairie a pu être proposée (figure 3.31). Dans le cas d'une luzerne (âgée de 2-3 années), l'équivalent fertilisant azote peut aller jusqu'à 100-150 kg N/ha pour le maïs suivant la destruction de la luzerne.

On notera que la minéralisation des résidus de prairies avec trèfle blanc étant plus rapide que celle de la luzerne, les délais entre destruction et valorisation possible par la culture suivante seront plus courts pour les premières. À l'inverse, le risque de lixiviation après une destruction d'été-automne sera plus difficile à gérer pour les associations comparées à la luzerne. Enfin, il faut signaler que les pédoclimats dans lesquels ont été acquises ces diverses références sont très différents : sols sur calcaires profonds en Champagne pour la luzerne, sols moins profonds et très drainants de l'Ouest pour les prairies d'association, ainsi que les rotations impliquées, ce qui rend moins génériques qu'on ne pourrait le souhaiter les conclusions directes issues des deux types de couverts.

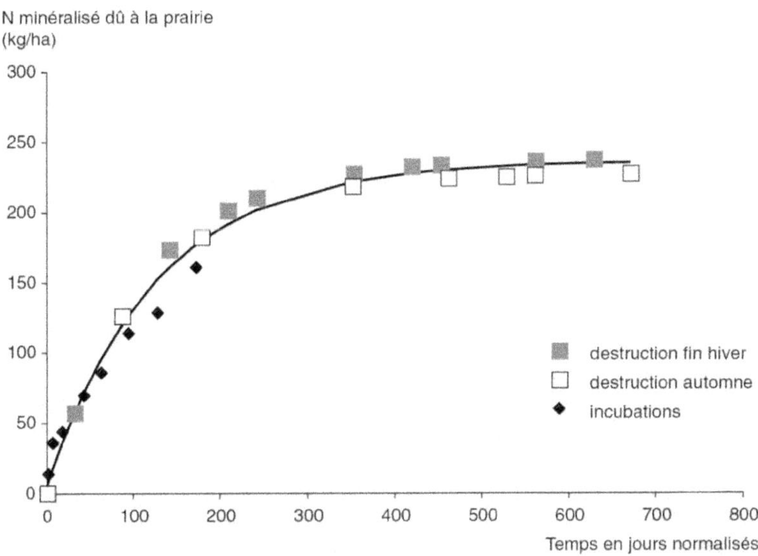

Figure 3.31. Cinétique de minéralisation moyenne (Mhp) due à la destruction de la prairie (synthèse de mesures après prairies de 5-7 ans, avec ou sans trèfle). D'après Vertès *et al.*, in Comifer, 2011.

Effets sur la lixiviation après prairie

Les risques de lixiviation après prairies de graminées ou légumineuses en culture pure ou en mélange sont examinés dans le chapitre 6. Nous concluons cette partie sur quelques éléments, basés sur les expérimentations développées ci-dessus. En situation de prairies temporaires de courte durée, avec ou sans légumineuses, Ledgard *et al.* (2009) ont mesuré des pertes annuelles d'azote modérées : 45 à 60 kg/ha sous orge/ pois, blé et betterave succédant à 2,5 années d'association pâturée. En revanche, la destruction de prairies en place depuis plus longtemps (4-7 ans et plus) entraîne une minéralisation d'azote élevée, qui se rajoute à la minéralisation basale de l'humus pour atteindre fréquemment une minéralisation totale de 200 à plus de 400 kg d'azote (Vertès *et al.*, 2007b). Ces quantités d'azote minéralisé sont difficilement valorisées par les cultures suivantes : Morvan *et al.* (2002) ont montré, par modélisation, l'intérêt de cultures de printemps à fort potentiel de croissance et de prélèvement d'azote (betterave fourragère > céréales > maïs) pour valoriser ces fournitures.

Concernant l'effet « légumineuse », la minéralisation d'azote très élevée après les deux types de couverts (dont celle des résidus illustrée précédemment) est mesurée dans plusieurs dispositifs de lysimètres ou bougies poreuses, en les maintenant en sol nu après la destruction des couverts (Laurent *et al.*, 2004). Ces dispositifs permettent de montrer des pertes équivalentes dans les deux types de couverts, et des pertes également élevées sous trèfle pur (figure 3.32). Les pertes sont apparues significativement inférieures dans un seul cas, où le trèfle était peu abondant.

Dans une configuration de production biologique (AB), des études sur blé ont permis d'analyser les effets des précédents de prairies à base de luzerne et ceux d'un mélange céréales-protéagineux recevant de l'azote organique (encadré 3.3).

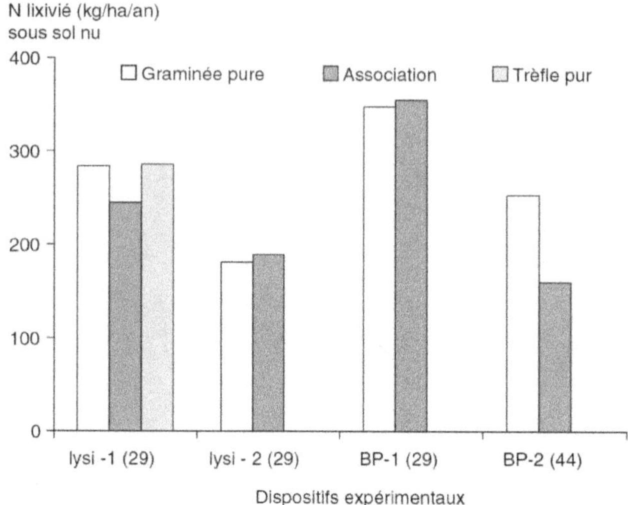

Figure 3.32. Quantités d'azote lixiviées sous sol nu durant l'hiver suivant la destruction de prairies de ray-grass fertilisé, trèfle et association non fertilisés, sous quatre dispositifs expérimentaux équipés de lysimètres (lysi) ou de bougies poreuses (BP), en Finistère et Loire-Atlantique. D'après Laurent *et al.*, 2004.

Encadré 3.3. Effet d'associations graminées-luzerne sur les cultures suivantes en AB.

Dans l'expérimentation-système de Mirecourt, la production de grains de blé d'hiver conduite en AB ainsi que leur teneur en azote ont été comparées pour des blés semés après des prairies de trois ans en luzerne-graminées (rotation de 8 ans) et après un mélange céréales-protéagineux avec fertilisation organique, au cours de la période 2007-2012. Le tableau 3.7 montre une exportation d'azote d'environ 30 % plus élevée après luzerne comparé au précédent céréale-protéagineux, en dépit d'une teneur en azote supérieure de cette seconde modalité (23,7 *vs* 22,1 %), grâce à une production de grains plus élevée de près de 40 % (26 q/ha après luzerne au lieu de 19 après le méteil fertilisé).

Tableau 3.7. Effet des précédents « prairie » à base de luzerne ou méteil céréale-protéagineux sur la production et la teneur en azote du blé d'hiver à Mirecourt (période 2006-2012).

	Production grains (q/ha)	Teneur en N (g/kg MS)	Exportation/ grain (kg N/ha)	Nombre de données	Origine
Précédent luzerne	26	22,1	48	17	Parcelle
Précédent céréale-prot	19	23,7	37	20	Parcelle

.../...

.../...

À l'échelle de la rotation (encadré 3.2), la fixation d'azote symbiotique par les prairies à base de luzerne constitue sans surprise la première entrée d'azote dans le système de culture avec 146 (± 102) kg N/ha/an, loin devant la fertilisation organique, à + 27 (± 6) kg N/ha pour les parcelles concernées. Le solde azoté cumulé sur la rotation s'établit en moyenne à + 148 kg N/ha, avec une très grande variabilité (de − 254 à + 475 kg N/ha) essentiellement liée au sol : ces deux valeurs extrêmes sont issues de deux placettes d'une même parcelle culturale, l'une sur un sol argileux et l'autre plus limoneux qui permet une production de luzerne bien plus élevée. Les balances azotées par culture sont illustrées sur la figure 3.33A, où quatre cultures montrent un bon équilibre de la balance azotée (entre − 50 et + 50 kg N/ha) : le blé d'hiver qui suit la prairie à base de luzerne, la prairie à base de luzerne et les céréales secondaires de printemps et d'automne. Les mélanges céréales-protéagineux et le blé derrière ces mélanges présentent en revanche de forts excédents, sachant que ce sont les seuls couverts qui reçoivent des engrais organiques dans ce système de culture.

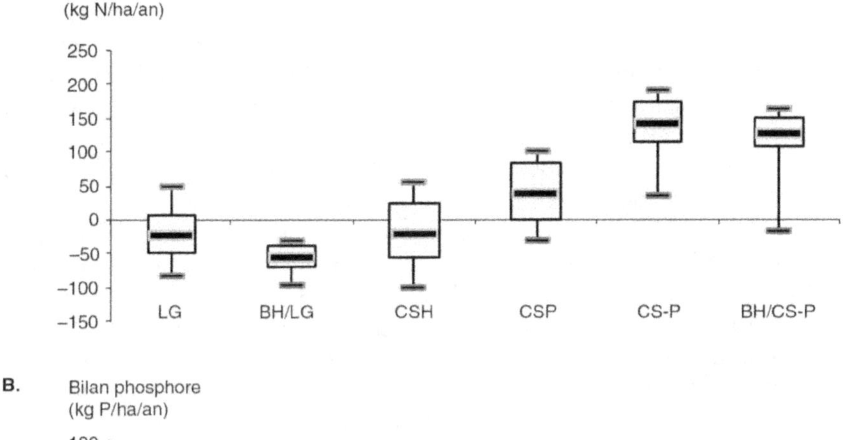

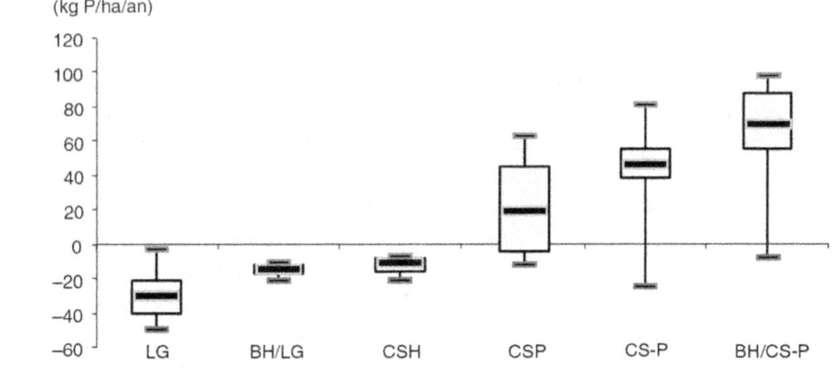

Figure 3.33. Bilans annuels d'azote (A) et de phosphore (B) pour les différentes cultures d'une rotation de 8 ans à Mirecourt.

LG, luzerne-graminées ; BH/LG, blé d'hiver derrière luzerne-graminées ; CSH, céréale secondaire d'hiver ; CSP, céréale secondaire de printemps ; CS-P, céréale secondaire-protéagineux ; BH/CS-P, blé d'hiver derrière céréale secondaire-protéagineux.

.../...

> **— …/… —**
>
> Le même bilan cumulé pour le phosphore (figure 3.33B) fait apparaître un surplus moyen de 19 (± 48) kg P/ha (variant de – 70 à + 60 kg/ha), ce qui correspond à un faible surplus de 3 kg P/ha/an, le solde variant avec la fréquence des apports de fumure : les prairies à base de luzerne ont un solde négatif (médiane – 30 kg P/ha/an), le blé de luzerne et les céréales de printemps également (– 15 et – 10 kg P/ha respectivement) sans apports fertilisants. En revanche, les trois autres cultures présentent des excédents annuels de P liés aux épandages de fumiers.
>
> Cette expérimentation système montre que les gains azotés liés à la présence de légumineuses peuvent suffire (blé de luzerne) ou pas (blé de mélange CP) à satisfaire les objectifs de production de la céréale. Ce dernier cas impose un apport de fertilisation organique pour atteindre les objectifs de teneurs en protéines du blé.

Autres arrière-effets des prairies : gestion des adventices à l'échelle de la succession

À l'échelle du système de culture, on observe un effet précédent de légumineuse annuelle ou pérenne sur la flore adventice de la culture suivante. Des observations réalisées en parcelles agricoles montrent que la luzerne a un impact fort sur la dynamique des communautés adventices à l'échelle de la rotation (Meiss *et al.*, 2010). Les espèces les plus réduites sont les dicotylédones annuelles à port érigé et grimpant, sensibles à la fauche de la prairie (mercuriale, chénopode blanc, morelle, renouée liseron), y compris des espèces très problématiques en systèmes céréaliers (gaillet). Le vulpin, graminée typique des systèmes céréaliers, est aussi affecté de façon importante par le précédent luzerne. À l'inverse, les espèces en rosette et certaines graminées (ray-grass) sont plus adaptées à ces pratiques. De plus, certaines espèces pérennes (comme le pissenlit ou le rumex) semblent profiter de l'absence de travail du sol pendant la période de la luzerne, alors que le chardon des champs, pourtant pérenne, est peu présent en blé de luzerne, les fauches successives épuisant les réserves souterraines chez cette espèce. Cette étude suggère que l'insertion de prairies temporaires, comme la luzerne, dans des rotations céréalières permet de réduire les abondances d'espèces adventices indésirables dans les cultures annuelles tout en favorisant des espèces moins problématiques. Ces observations ont été confirmées par une expérimentation au champ pluriannuelle pour tester les effets des prairies temporaires et de leur mode de gestion sur les communautés adventices (Meiss, 2010). Le potentiel d'infestation des espèces problématiques en cultures de céréales ou de colza (vulpin, gaillet, brome, ray-grass, géranium) a nettement diminué pendant la période de prairie temporaire, quelles que soient les modalités de gestion (espèce prairiale : luzerne *vs* dactyle, et fréquence de fauche : 3 *vs* 5 fauches annuelles). Ces comportements différents des espèces adventices en prairie temporaire sont expliqués par une importante variabilité interspécifique d'aptitude à la reprise de croissance consécutive à une fauche (Meiss *et al.*, 2008), la luzerne étant de loin l'espèce ayant accumulé le plus de biomasse à la 5e fauche. Les espèces suivantes les plus adaptées au régime de fauches répétées sont les graminées. À l'inverse, les espèces dicotylédones à port dressé comme l'amarante et le chénopode blanc présentent une très mauvaise aptitude à la croissance après la fauche, presque 100 % des amarantes ne survivant pas à la fauche. Une espèce en rosette (capselle) et les dicotylédones rampantes (stellaire et véronique de Perse) montrent une aptitude intermédiaire, grâce à la présence de plusieurs bourgeons sous la hauteur de coupe et à une surface foliaire verte résiduelle plus importante que les espèces à port dressé. Ces résultats expliquent en partie pourquoi les précédents luzerne défavorisent plus les espèces à port dressé que les espèces rampantes.

Prairies permanentes de plus de 15 ans

Combien et quelles légumineuses dans les prairies permanentes ?

Si les prairies permanentes sont dominées par les graminées, les légumineuses y sont presque toujours représentées. Elles constituent la deuxième famille botanique composant les prairies permanentes (PP), après les graminées. En s'appuyant sur un échantillon de 4 782 prairies françaises, on observe que la proportion de légumineuses dans la biomasse est en moyenne de 11 % (au pic de production au printemps), pour une contribution de 67 % des graminées (Plantureux *et al.*, 2010, issu de la base eFLORAsys[44]). La part des légumineuses est très variable selon les prairies (de 0 à 40 % au printemps) et dans le temps, avec une forte augmentation au cours de l'été, les conditions climatiques étant moins favorables aux graminées. La figure 3.34 montre que dans la très grande majorité des prairies permanentes françaises (situation de plaine et de montagne), la proportion de légumineuses au printemps excède très rarement 25 %.

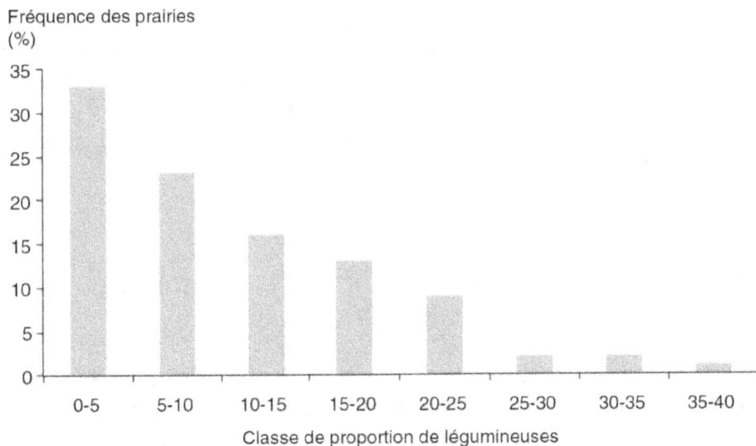

Figure 3.34. Fréquence des prairies selon la proportion de légumineuses qu'elles contiennent, dans un échantillon de 380 prairies permanentes françaises (typologie issue de l'étude CASDAR Prairies permanentes ; Launay *et al.*, 2011 ; et la typologie des prairies du Massif vosgien, Collectif, 2006).

---

44. http://eflorasys.inpl-nancy.fr.

Les deux légumineuses les plus fréquentes sont le trèfle blanc (présent dans 80 % des prairies) et le trèfle violet (74 %), en comparaison des espèces moins fréquentes et surtout moins dominantes : lotier corniculé (présent dans 46 % des prairies), gesse des prés (32 %), vesce commune (27 %), minette (19 %), trèfle douteux (17 %), vesce des haies (16 %), trèfle champêtre (15 %), ainsi que des espèces présentes dans moins de 10 % des prairies : vesces cracca et hérissée, hippocrépis à toupet, sainfoin, lotier des marais, trèfle jaunâtre, bugrane épineuse, genêt. La proportion de légumineuses varie beaucoup selon le type de prairies, comme l'a montré le travail de typologie des prairies permanentes françaises (figure 3.35), l'essentiel des variations étant attribuable au trèfle blanc, sauvage ou sursemé.

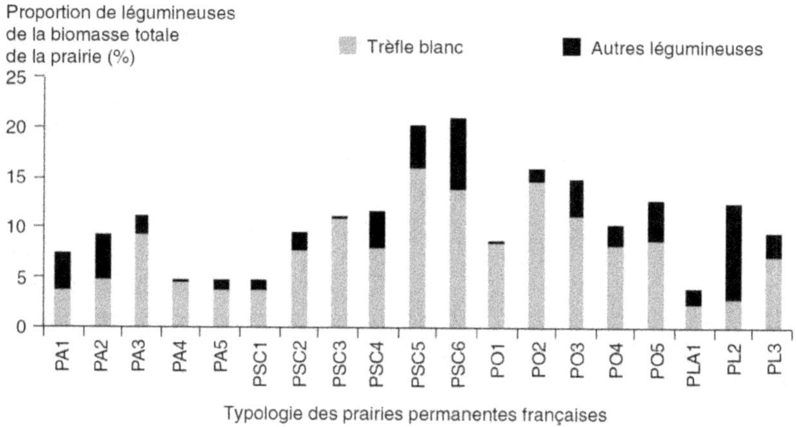

Figure 3.35. Proportion moyenne de légumineuses (trèfle blanc et autres légumineuses) dans les prairies permanentes françaises (CASDAR Prairies permanentes, 190 prairies). Sources : référence typologie nationale ; Baumont *et al.*, 2011.

PA, prairies d'altitude ; PSC, prairies des zones de plaine semi-continentales ; PO, prairies des plaines de l'Ouest ; PL, prairies du littoral atlantique.

Quels sont les facteurs qui influent sur les légumineuses dans les prairies permanentes ?

Le milieu et les pratiques déterminent la nature et la proportion de légumineuses des prairies permanentes. En ce qui concerne la nature des légumineuses, on note une beaucoup plus grande diversité de légumineuses dans les situations peu intensifiées et/ou dont la première exploitation est tardive, tandis que seuls les deux trèfles blanc et violet, plus généralistes, subsistent dans les prairies intensifiées (fertilisation, chargement, précocité d'exploitation). Dans les landes et parcours, incluant des espèces arbustives, certaines légumineuses comme le genêt sont favorisées par le fait qu'elles sont peu ou pas consommées. Le milieu intervient également *via* le facteur hydrique, qui discrimine des espèces de milieux humides (lotier des marais) d'espèces de milieux sains ou secs (lotier corniculé, sainfoin). La proportion de légumineuses dans une prairie permanente apparaît avant tout liée au niveau de fertilisation azotée (minérale ou organique). La figure 3.36 montre que, au-delà de 150 kg N/ha/an, il est improbable de dépasser 10 % de légumineuses, mais qu'une faible fertilisation ne garantit pas une forte proportion, d'autres facteurs limitants pouvant intervenir.

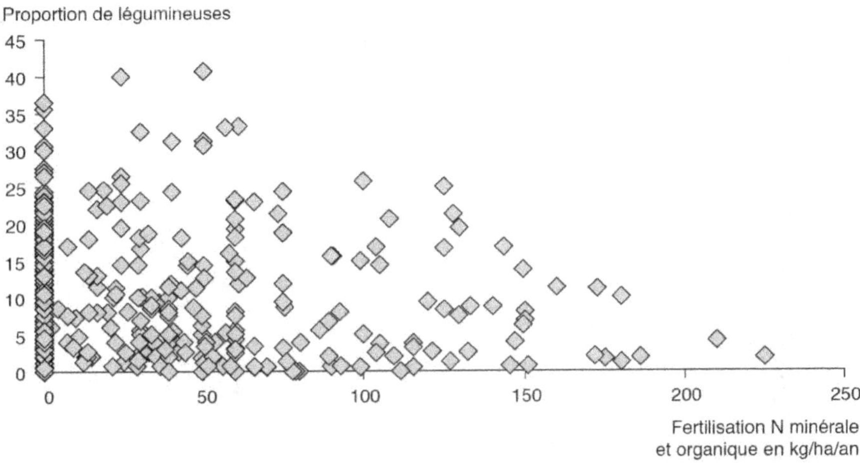

Figure 3.36. Effet de la fertilisation azotée sur la proportion de légumineuses au pic de production (printemps) dans un échantillon de 380 prairies permanentes (France entière + Vosges).

Il n'apparaît pas de différence de proportion de légumineuses « en moyenne » selon le mode d'exploitation quand on compare les prairies fauchées, pâturées ou mixtes (fauche-pâture). Le chargement global (en nombre de jours UGB/ha/an) n'a pas non plus d'effet significatif, à partir de l'analyse de ce large échantillon de quelque 4 800 prairies permanentes françaises. Ceci s'explique par la substitution de légumineuses très adaptées à la pâture (par exemple trèfle blanc) par celles très adaptées à la fauche (par exemple trèfle violet, lotiers, vesces), mais aussi par le fait que le pâturage favorise le trèfle blanc, mais également des graminées fortement compétitrices. Cependant, des effets significatifs de l'exploitation plus ou moins intensive d'une prairie permanente sur l'évolution de la composition de la prairie ont été observés lors de suivis expérimentaux, pendant huit années, en Auvergne (figure 3.37, planche XXIV).

Le milieu intervient également sur la dominance des légumineuses, mais là encore, la diversité des espèces présentes dans les prairies permet de trouver des légumineuses dans des conditions variées. On observe toutefois une plus faible proportion de légumineuses dans les situations très froides (climat continental ou montagnard), très chaudes (climat méditerranéen), et à forte salinité du sol. Les milieux secs et ceux à pH élevé ont généralement une plus forte dominance de légumineuses « toutes choses égales par ailleurs » comme la fertilisation ou le mode d'exploitation.

Légumineuses dans les prairies permanentes et valeur fourragère et agronomique ?

Il n'apparaît pas de relation directe entre la proportion de légumineuses et la production annuelle de matière sèche des prairies (figure 3.38), même en ne considérant que les trèfles blanc et violet, plus productifs que d'autres légumineuses spontanées.

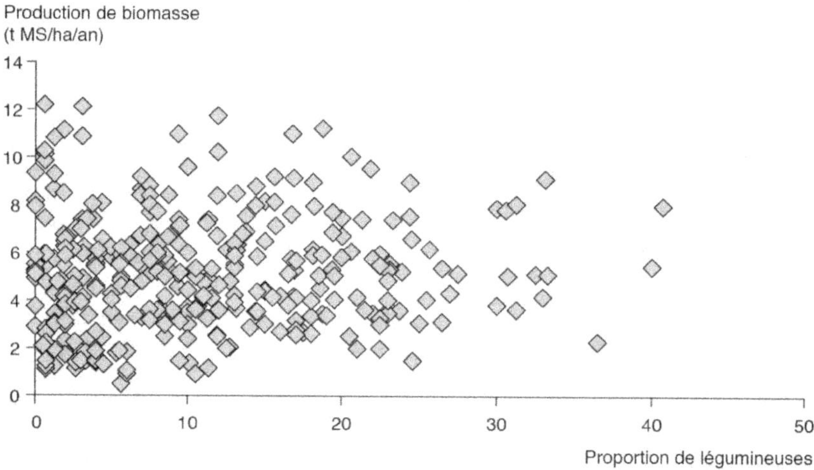

Figure 3.38. Production annuelle de matière sèche des prairies permanentes françaises en fonction de la proportion de légumineuses dans un échantillon de 380 prairies permanentes (France entière + Vosges).

L'impact agronomique des légumineuses se situe en revanche dans la contribution des légumineuses à la valeur alimentaire du fourrage, et dans l'apport d'azote gratuit au système par la fixation symbiotique. Du fait de leur ratio feuilles/tiges plus important que les graminées, la teneur en minéraux et particulièrement en azote est plus élevée chez les légumineuses, et leur concentration en tissus pariétaux est plus faible. Ceci conduit à la production d'un fourrage à digestibilité plus élevée, et dont la chute de digestibilité au fil de la saison est plus faible. L'efficacité de fixation symbiotique d'azote par des légumineuses spontanées des prairies permanentes est encore mal connue. En se basant sur l'échantillon de 380 prairies (France + Massif vosgien), et en considérant une fixation moyenne de 31 kg N/t MS de légumineuses, il apparaît que la fixation d'azote moyenne d'une prairie est de l'ordre de 15 kg N/ha/an. La valeur maximale observée est de 100 kg/ha/an. À l'échelle nationale (9 millions d'ha de PP), ceci représente 135 Mt d'azote fixé, ou de l'ordre de 100 millions d'euros économisés en fertilisation azotée.

Légumineuses dans les prairies permanentes et biodiversité

La diversité des légumineuses d'une prairie permanente est un bon estimateur de la richesse floristique totale d'une prairie. La proportion de légumineuses n'est en revanche aucunement liée à une richesse floristique élevée, ni à la présence d'espèces patrimoniales. Au-delà de leur contribution à la diversité floristique, les légumineuses des prairies permanentes ont un rôle essentiel vis-à-vis de plusieurs autres taxons. Les légumineuses sont très favorables à l'ensemble des insectes pollinisateurs (abeilles sauvages et domestiques, bourdons, syrphes, papillons), comme l'indique la figure 3.39. Elles peuvent même être, dans certaines prairies intensives, les seules plantes à fleurs à côté des renoncules et des pissenlits. Il semblerait que la forte teneur en azote de l'appareil souterrain soit favorable à la biodiversité tellurique, qu'il s'agisse des micro-organismes ou des décomposeurs de la matière organique que sont les vers de terre.

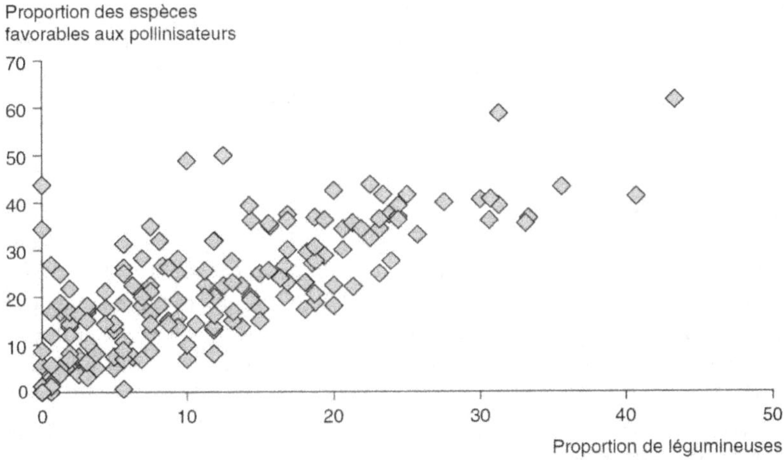

Figure 3.39. Relation entre la proportion de légumineuses et d'espèces favorables aux pollinisateurs au pic de production (printemps). Données CASDAR Prairies permanentes (n = 190).

À retenir. Les effets agronomiques de l'insertion des légumineuses fourragères dans les systèmes.

Les légumineuses fourragères recouvrent une gamme diversifiée d'espèces qui permet une adaptation aux conditions pédoclimatiques locales et aux divers usages visés. Dans la majorité des situations, les légumineuses fourragères sont associées à des graminées.

La productivité des prairies d'associations graminées-légumineuses est supérieure ou équivalente à la moyenne de productivité des espèces cultivées en monospécifiques, si le taux de légumineuse est satisfaisant, avec un besoin en fertilisation azotée nettement inférieur. Leur valeur alimentaire est généralement mieux équilibrée en protéines et en énergie, même si elle peut être limitée pour des animaux laitiers à fort niveau de production. La récolte et la conservation du fourrage (en ensilage ou en foin) restent cependant des points délicats dans certains climats. Une maîtrise de l'équilibre légumineuses-graminées et la pérennité de ces associations prairiales sont les deux points cruciaux et délicats à gérer, du fait de la variabilité de comportement des espèces selon les milieux et selon les modes de gestion. Cela exige du savoir-faire de la part de l'éleveur, car les leviers de pilotage sont relativement limités et doivent être actionnés au niveau du système (combinaison de différents types de prairies sur l'assolement, etc.). En prairies permanentes, des modes de gestion adaptés (pâturage tournant notamment) peuvent favoriser la présence de légumineuses et leur diversité, indicateur de valeur pastorale et de qualité fourragère.

De grandes quantités d'azote sont libérées lors de la destruction des prairies, qu'elles soient de graminées pures ou associées avec des légumineuses, et lors de la destruction de luzernières, en rotation avec des cultures fourragères ou de céréales. Si les risques de pertes nitriques sont difficilement évitables, une bonne gestion des rotations les réduit considérablement. La présence de légumineuses dans la prairie ne modifie pas significativement les risques ni le niveau de fourniture d'azote à la culture suivante, mais elle accélère un peu la minéralisation, qui n'est pas sensible (contrairement aux graminées pures) à l'absence de fertilisation antérieure ou à la substitution de pâture par des fauches.

▸▸ Conclusion

Les légumineuses ont des effets multiples au sein des systèmes de culture, différents selon les espèces, leur mode d'exploitation et leurs performances, mais également selon les interactions avec les espèces et les modes de gestion des autres cultures non-légumineuses du système. L'approche systémique et la dimension temporelle sont deux éléments indispensables pour valoriser les légumineuses dans les systèmes de production végétale. Ceci implique souvent de modifier en amont les stratégies décisionnelles des systèmes avant de moduler les décisions tactiques dans leur gestion. Des innovations sont encore attendues dans la conception des systèmes de culture intégrant des légumineuses afin de bien équilibrer les processus de compétition et de complémentarité, et les bénéfices mutuels (facilitation) entre des composantes légumineuses et non-légumineuses que ce soit dans le temps (succession) ou dans l'espace (association).

Ce chapitre est une synthèse s'intéressant à tous les types de légumineuses au sein des systèmes de production végétale française. Certaines espèces et systèmes ont été ici plus étudiés que d'autres pour deux raisons : en raison de leur importance en termes de surfaces (comme pois, trèfle et luzerne) et aussi car elles sont utilisées par les chercheurs comme plantes modèles pour étudier certains processus. Cependant, ce n'est qu'une partie des connaissances qui est couverte, et la diversité des espèces et des modes d'insertion nécessite de compléter les références, selon les avancées des connaissances agronomiques nourries par la recherche et par les innovations de certains groupes d'agriculteurs qui se différencient du système dominant actuel.

Cette synthèse a permis de quantifier les ordres de grandeur des fournitures d'azote issu des légumineuses, que ce soit pour les légumineuses de rente en succession culturale, les légumineuses en interculture ou les légumineuses en cultures associées. Mais les mécanismes biologiques en jeu n'ont pas livré tous les secrets de leur complexité. Il apparaît de plus en plus évident que la quantité d'azote issue des précédents culturaux ne suffit pas à définir la quantité qui sera finalement valorisée dans la productivité de la culture suivante, tant les dynamiques souterraines sont souvent sous-estimées. Passer à une analyse systémique (et non analytique) pour mieux appréhender la réalité du système agricole est donc indispensable pour évaluer les légumineuses. Des composantes autres que les flux azotés sont en jeu : maladies, ravageurs et enherbement, mais aussi structure et biologie du sol. La présence de légumineuses dans les systèmes nécessite de mieux tenir compte du compartiment sol et des parties souterraines des cultures dans l'analyse du fonctionnement de la production agricole. Les effets spécifiques des légumineuses sur la biodiversité de l'agrosystème et la qualité des sols (biologie, physique, chimie) font partie des lacunes à combler.

Malgré ces limites, les résultats de différents travaux comparant des systèmes de culture avec et sans légumineuses convergent pour montrer les intérêts agronomiques, mais également économiques, des systèmes avec légumineuses, dès lors que leurs bénéfices agro-environnementaux sont valorisés dans l'adaptation de la conduite des autres cultures du système, ce qui doit constituer un point d'attention majeur dans la réalité agricole d'aujourd'hui et de demain.

Avec la contribution de : Stéphane Cadoux, Benoît Carrouée, Charles Cernay, Stéphane Cordeau, Luc Delaby, Jean-Louis Fiorelli, Laurence Fontaine, Céline Le Guillou, Safia Médiène, Catherine Mignolet, Anne Moussart, Gilles Sauzet.

Chapitre 4

Conséquences zootechniques de l'introduction des légumineuses françaises dans les systèmes de productions animales

Jean-Louis PEYRAUD, Jean-Yves DOURMAD, Michel LESSIRE,
Françoise MÉDALE, Corinne PEYRONNET

L'utilisation des légumineuses fourragères et à graines a fortement régressé en élevage au niveau français, principalement en raison d'un manque de disponibilité des matières premières (voir chapitre 1, p. 41 et p. 52).

Dans le cas des graines, ce mouvement est en partie lié au choix des agriculteurs face aux difficultés techniques et aux contextes économiques, mais il est également lié aux évolutions des politiques agricoles, à la simplification générale du système de production* dominant et à la concurrence entre matières premières substituables pour les aliments composés (voir chapitre 7). Ainsi, les surfaces en pois sont passées par un maximum de 700 000 ha au début des années 1990 et ne représentent plus que 200 000 ha en 2010 (Unip, 2011).

De leur côté, les surfaces en légumineuses fourragères cultivées en pure ont diminué, notamment au profit du maïs beaucoup plus productif, soutenu par les politiques agricoles, plus facile à produire et très facile à utiliser chez les ruminants avec une complémentation à l'aide de tourteaux d'oléoprotéagineux (soja, colza, tournesol). Les surfaces en luzerne et trèfle violet couvraient 3,0 millions d'ha (Mha) en 1960, mais seulement 0,32 Mha en 2000 en France (Pflimlin *et al.*, 2003), alors que dans le même temps les surfaces en ensilage de maïs s'accroissaient de 0,35 à 1,4 Mha. Une exception notable est le trèfle blanc, les prairies d'association graminées-trèfle blanc représentant plus de 60 % des prairies temporaires semées dans l'ouest de la France, cette proportion s'étant régulièrement accrue depuis le milieu des années 1980. La même tendance est aujourd'hui rencontrée pour des associations fourragères à base de luzerne.

En conséquence, les graines de protéagineux ne représentent plus en 2010-2011 qu'une part minime du tonnage des aliments composés des porcs, volailles et bovins (respectivement 3 %, 1,5 % et 1 %), alors que le tourteau de soja en représente 12 %, 19 % et 15 % respectivement (SNIA, 2012), la différence étant assurée par les tourteaux issus de la trituration des oléagineux, et en particulier du colza, dont la production a augmenté depuis les années 2000 pour le débouché agrocarburant. La production de porc charcutier qui a valorisé jusqu'à 2 Mt de pois dans les années 1990, n'en valorise plus que 0,15 à 0,20 Mt en 2010-2011. En revanche, la disponibilité en tourteaux de colza s'est accrue de 0,6 Mt en 2000 à 2,6 Mt en 2010. Le trèfle violet est surtout utilisé pour l'ensilage et plus occasionnellement au pâturage dans des prairies multi-espèces (Le Gall, 1993). La luzerne est principalement utilisée en foin et fourrage déshydraté.

Au final, ces évolutions ont conduit à réduire très fortement le niveau d'autonomie protéique de l'élevage français. Le déficit protéique pour le secteur des aliments composés industriels se situait autour de 40 % dans les années 2010 (soit environ 1 200 kt). Les élevages de ruminants restent liés au sol et valorisent des fourrages, donc leur autonomie protéique est plus élevée que pour les ateliers de monogastriques. Pour autant, si l'autonomie fourragère est quasi atteinte dans la plupart des élevages de ruminants, l'autosuffisance protéique de la complémentation (part des protéines utilisées pour la complémentation de la ration produite sur l'exploitation) n'est que de 20 % en élevage laitier pour les concentrés utilisés (Paccard *et al.*, 2003) et de 27 % en élevage allaitant (Kentzel et Devun, 2004) avec une forte dispersion des résultats. L'analyse de l'autosuffisance protéique à l'échelle de l'ensemble de la ration donne, chez les élevages de ruminants, une image plus favorable puisque la ration de base assurée par les fourrages grossiers assure également un apport massif de protéines. Les importations de soja représentent 47 % (données Unip 2012/2013) des protéines consommées par les animaux dans les aliments concentrés, ce qui fragilise les filières face à l'augmentation tendancielle et aux fluctuations très importantes du prix du soja.

Pourtant, les légumineuses peuvent avoir une contribution importante pour la compétitivité et la durabilité des systèmes de production animale. Elles permettent de réduire la dépendance à l'azote et aux protéines importées, la dépendance aux énergies fossiles (*via* le moindre recours aux engrais azotés) et à la traçabilité des produits animaux.

Après avoir rappelé les grandes caractéristiques des légumineuses sous l'angle des productions animales, ce chapitre fera l'état des connaissances sur l'utilisation des légumineuses à graines et des légumineuses fourragères en alimentation animale, décrira les effets de leur utilisation sur les performances zootechniques des animaux pour les différentes filières et analysera les marges de progrès pour accroître leur utilisation.

▶▶ Composition des légumineuses à graines

Des graines riches en protéines et pouvant contenir des proportions élevées d'amidon ou de lipides

Les principales caractéristiques chimiques des graines figurent dans les tables Inra-AFZ (2004) mais, comme toute matière première d'origine végétale, la composition et finalement la valeur alimentaire des légumineuses à graines peuvent varier entre les lots, les échantillons et les variétés (Biarnes *et al.*, 2002). Cette variabilité est du même ordre de grandeur que celle des céréales.

Le tableau 4.1 rassemble les données moyennes de composition, utilisées dans les tables de valeur des aliments, pour les graines de pois, féverole à fleurs colorées et à fleurs blanches et lupin blanc (espèces majoritaires de la production française), avec une comparaison avec une céréale de référence (le blé tendre) et des tourteaux de soja et de colza. Les graines de protéagineux sont caractérisées par des teneurs en protéines élevées. Elles peuvent se répartir en deux groupes selon leur composition chimique (Carrouée *et al.*, 2003). Le premier groupe correspond à des graines riches en protéines (24 à 32 %) et amidon (40 à 50 %) et pauvres en matières grasses (1 à 3 %), c'est le groupe le plus important et il rassemble le pois, la féverole, les vesces et gesses, les haricots, le pois chiche et les lentilles. Les graines de ce groupe sont des aliments intermédiaires entre les céréales et les tourteaux. Le second groupe correspond à des graines plus riches en matières grasses et contenant peu d'amidon. Ce groupe rassemble les lupins, le soja et des légumineuses tropicales comme l'arachide. Sa composition est moins homogène que le précédent, les teneurs en huile variant de 6 à 10 % pour les lupins, 18 à 20 % pour le soja avant déshuilage, et 40 % pour l'arachide ; les teneurs en protéines sont toujours élevées (de 35 à 45 %), le reste de la matière sèche étant constitué essentiellement par des constituants pariétaux. Si les protéagineux du premier groupe peuvent être utilisés en l'état en alimentation animale, ceux du second groupe sont trop riches en huile et sont le plus souvent triturés, à l'exception des lupins. Notons que les graines de légumineuses riches en huiles peuvent aussi être distribuées aux animaux après avoir subi des traitements technologiques tels que le toastage ou l'extrusion.

Tableau 4.1. Composition centésimale des graines de protéagineux, en % de la matière sèche. D'après les tables Inra-AFZ, 2004.

	Blé	Pois	Féverole à fleurs blanches	Féverole à fleurs colorées	Lupin blanc	Tourteau de soja 48	Tourteau de colza
Matière sèche (%)	86,8	86,4	86,1	86,5	88,6	87,8	88,7
Protéines	12,1	23,9	31,1	29,4	38,5	51,6	38,0
Cellulose brute	2,6	6,0	8,7	9,1	12,8	6,8	13,9
NDF	14,2	13,9	15,9	16,1	21,3	13,9	31,9
ADF	3,6	6,9	10,6	10,6	15,5	8,3	22,1
Matière grasse	1,7	1,2	1,3	1,5	9,5	2,1	2,6
Amidon	69,8	51,6	43,3	44,2	0,0	0,0	0,0
Lysine (% MAT)	3,1	7,3	6,4	6,5	4,9	6,1	5,3
Méthionine (% MAT)	1,7	1,0	0,7	0,7	0,8	1,4	2,0
Mét+Cys (% MAT)	4,2	2,3	2,0	2,0	1,6	2,9	4,5
Thréonine (% MAT)	3,2	3,8	3,6	3,3	3,7	3,9	4,3
Tryptophane (% MAT)	1,3	0,9	0,8	0,5	0,7	3,3	2,9

ADF, *Acid Detergent Fiber* ; MAT, matière azotée totale ; NDF, *Neutral Detergent Fiber*.

Les protéines de toutes les légumineuses sont riches en lysine (le pois en particulier) comparativement aux céréales, ce qui les rend intéressantes en formulation pour les porcs et les volailles ; en revanche, elles sont relativement pauvres en méthionine et cystéine (acides aminés soufrés) et leurs protéines crues sont très dégradables dans le rumen (Inra-AFZ, 2002), ce dernier point pouvant être une limite en élevage de ruminants.

Il existe une variabilité génétique de la teneur en protéines des graines, dont l'ampleur peut varier (Guéguen et Lemarié, 1996) selon les espèces (pois, féverole, lupin, soja), mais aussi en fonction de la composition de ces protéines, notamment le rapport globulines/albumines, ces dernières étant plus riches en lysine et en acides aminés soufrés et moins dégradables que les globulines (Aufrère *et al.*, 2001). Les voies de progrès semblent exister. Ainsi, par sélection classique il a été possible d'accroître la teneur en protéines et dans une moindre mesure de réduire leur solubilité chez des lupins d'hiver (Moss *et al.*, 2001). L'introduction par transgenèse dans le lupin bleu (non cultivé en France) d'un gène codant pour une albumine de tournesol riche en méthionine (protéine SFA8) a aussi contribué à accroître sa teneur en AA soufrés (White *et al.*, 2001).

Des graines qui peuvent contenir des facteurs antinutritionnels

Des tannins sont présents dans les pellicules des graines des variétés de féverole et de pois à fleurs colorées. Ainsi, Bastianelli *et al.* (1998) pour les pois et Duc *et al.* (1999) pour les féveroles font état de teneurs moyennes en tannins condensés de 0,07 *vs* 5,49 mg d'équivalent catéchine/g pour les pois à fleurs blanches et fleurs colorées respectivement, et 0,01 *vs* 10 mg d'équivalent catéchine/g de matière sèche pour les féveroles à fleurs blanches et fleurs colorées respectivement. Cependant, alors que les pois actuellement cultivés sont tous issus de variétés à fleurs blanches, la grande majorité des graines de féverole sont issues de graines à fleurs colorées. Chez les ruminants, il ne paraît pas justifié de distinguer ces groupes variétaux dans la mesure où ces tannins n'affectent pas la dégradabilité des protéines dans le rumen et, au final, la valeur azotée des graines. Il n'en est pas de même chez les monogastriques, qui présentent toujours des digestibilités des protéines réduites par la présence de tannins (Longstraff *et al.*, 1991 ; Brévault *et al.*, 2003). Par ailleurs, dans les variétés actuellement cultivées, les autres facteurs antinutritionnels potentiels (facteurs antitrypsiques pour le pois, alcaloïdes pour le lupin) sont réduits à un niveau très faible. Ce n'est pas le cas des graines de soja, qui présentent, à l'état cru, des teneurs en facteurs antitrypsiques proches de 50 UTI (unité de trypsine inhibée) par mg de matière sèche comparativement au pois, qui ne dépasse pas les 5 UTI. Cependant, les procédés de trituration ou d'extrusion appliqués au soja permettent de réduire ces valeurs à des niveaux très faibles équivalents à ceux des graines de pois. Enfin, les problèmes d'appétibilité, lorsqu'ils sont mentionnés, ne le sont que de manière fugace ; il faut donc veiller à des transitions progressives lors de l'introduction d'une nouvelle matière première crue dans un régime, pratiques qui ne sont pas spécifiques aux légumineuses à graines. Les types sauvages ou les variétés anciennes de lupin contiennent aussi des alcaloïdes, qui présentent des effets antinutritionnels, mais ces molécules ont été supprimées par la sélection des variétés récentes.

Les pailles, co-produits valorisables en production animale

La paille de pois peut constituer un apport fourrager qui, lorsqu'elle est récoltée dans de bonnes conditions, constitue un fourrage appétible (Unip-ITCF, 1995), à l'inverse des pailles de féverole et de lupin qui sont difficiles à récolter, peu appétibles et de faible valeur nutritionnelle pour les ruminants. La paille de pois a une valeur énergétique plus élevée que celle du blé (0,59 *vs* 0,42 UFL ; Inra, 2007).

À retenir. Les légumineuses à graines sont des aliments d'intérêt pour les filières animales.

Les légumineuses à graines sont une source de protéines et d'énergie et constituent des aliments d'intérêt dans pratiquement toutes les filières animales. Ce sont aussi pour certaines d'entre elles des sources d'acides gras, de fibres et de minéraux (principalement le Ca).

Les pois et féveroles se situent entre les céréales et le soja car ils contiennent de l'amidon (entre 45 et 50 % de leur matière sèche, MS) et des protéines (de 20 à 35 % de leur MS). Le lupin ne contient pas d'amidon mais contient plus de protéines (35 à 40 % de la MS) ainsi que 6 à 10 % de matières grasses et une forte proportion de fibres (13 à 17 % de cellulose brute/MS). Quant à la graine de soja, elle présente les teneurs en protéines les plus élevées (proches de 40 %/MS), associées à des teneurs en matières grasses supérieures à 20 % de la MS et à l'absence d'amidon.

Les protéines des protéagineux sont naturellement riches en acides aminés indispensables et en particulier en lysine (notamment celles du pois) mais sont relativement pauvres en acides aminés soufrés et en tryptophane.

Les protéines des graines crues sont très solubles et dégradables dans le rumen, ce qui limite leur valeur azotée pour le ruminant. Cette dégradabilité peut être fortement abaissée par des traitements thermiques tels que la trituration, l'extrusion ou le toastage, mais le coût d'application de tels traitements technologiques doit être comparé au gain de prix d'intérêt obtenu en formulation en fonction des conjonctures de prix.

Des facteurs antinutritionnels sont présents dans certaines graines. Les facteurs antitrypsiques contenus dans les graines de soja sont responsables d'une forte réduction de la digestibilité des nutriments chez les animaux monogastriques, ce qui empêche une utilisation des graines crues. Des traitements thermiques pour les inactiver sont alors indispensables pour améliorer la digestibilité des acides aminés.

Par ailleurs, les graines de soja sont très généralement triturées pour en extraire l'huile. Le tourteau de soja qui en résulte est la matière protéique végétale la plus concentrée (près de 50 % de protéines dans la matière sèche) et la plus utilisée dans le monde. Les autres graines de pois, féverole et lupin peuvent être utilisées crues.

▸▸ Utilisation des légumineuses à graines en alimentation animale

Chez les porcs et les volailles, les céréales constituent la principale source d'énergie du régime, mais du fait de leur faible teneur en protéines, elles doivent être complétées par des sources de protéines permettant de satisfaire les besoins en acides aminés digestibles d'animaux à fort potentiel génétique de croissance ou de ponte. La valeur protéique des matières premières est liée à leurs teneurs en acides aminés digestibles et à l'équilibre entre les différents acides aminés. La teneur en protéines n'est donc importante que dans la mesure où elle affecte la teneur en acides aminés. Le taux d'incorporation des légumineuses dans les rations de monogastriques est influencé à la fois par le prix des différentes matières premières, y compris les acides aminés alimentaires, leurs valeurs nutritionnelles (acides aminés digestibles et valeur énergétique), leurs contraintes maximales d'incorporation et leur disponibilité sur le marché (Dourmad *et al.*, 2006b). Des contraintes spécifiques peuvent également intervenir, par exemple celles relatives aux rejets d'azote ou de phosphore. Chez les ruminants, les céréales représentent une part plus faible du régime qui est majoritairement constitué par des fourrages, mais la complémentation par des sources de protéines est nécessaire et importante, notamment dans les rations à base d'ensilage de maïs. La dégradation des protéines dans le rumen est alors, avec la teneur en protéines, le critère principal de la qualité des sources protéiques.

Valeur nutritionnelle et potentialité d'utilisation des légumineuses à graines chez les porcs

Une bonne valeur énergétique et azotée pour les porcs à l'engrais

La composition nutritionnelle des principaux protéagineux utilisables en alimentation porcine est présentée dans le tableau 4.2, en comparaison avec celle du blé et du tourteau de soja. Alors que les protéagineux présentent des teneurs en énergie métabolisable (EM) voisines de celle du blé, leurs valeurs en énergie nette (EN) sont plus faibles en raison de teneurs plus élevées en protéines et plus faibles en amidon. À l'inverse, la teneur en EN des protéagineux (10,3 à 11,2 MJ EN/kg MS) est plus élevée que celle du tourteau de soja (9,2 MJ EN/kg MS). Ces valeurs énergétiques constituent donc un atout pour l'utilisation des protéagineux chez le porc ; elles le seraient encore plus si elles pouvaient être accrues. Toutefois, le développement important de la production d'acides aminés industriels peut venir en concurrence, en favorisant l'utilisation accrue de céréales.

L'écart de digestibilité de l'énergie entre les céréales et les protéagineux est moindre chez les porcs que chez les volailles, en relation avec une capacité supérieure à digérer l'amidon et les fibres. Les porcs sont en effet moins sensibles que les volailles à la taille des granules d'amidon et à la teneur en amylose. Par ailleurs, la fermentescibilité des graines de légumineuses est plus élevée que celle des céréales (Canibe et Bach Knudsen, 2002), ce qui améliore la digestion fécale des fibres.

La teneur en lysine digestible, exprimée en pourcentage des protéines, est plus élevée dans le pois (6,0 %) que dans le tourteau de soja (5,5 %), la féverole présentant une valeur voisine de celle du tourteau de soja (5,2 %) et le lupin une valeur plus faible (4,0 %). En revanche, les protéagineux contiennent, proportionnellement à leur teneur en protéines, moins d'acides aminés soufrés, de thréonine et de tryptophane que le tourteau de soja, la digestibilité iléale du tryptophane étant particulièrement faible. L'utilisation des protéagineux comme source de protéines alternative au tourteau de soja nécessite donc d'avoir recours à des supplémentations en ces acides aminés (Sève, 2004). L'absence de source industrielle de tryptophane à des prix compétitifs a d'ailleurs longtemps été le principal facteur limitant à l'incorporation de hauts niveaux de pois permettant de remplacer la totalité du tourteau de soja, mais ce n'est plus le cas aujourd'hui. Le tourteau de colza qui est riche en tryptophane peut aussi constituer une alternative intéressante.

Tableau 4.2. Composition en éléments nutritionnels des graines protéagineuses en regard des besoins des porcs en croissance. D'après les tables Inra-AFZ, 2004.

	Blé	Pois	Féverole colorée	Lupin blanc	Tourteau de soja 48	Tourteau de colza	Besoin (25-50 kg)
MS (%)	86,8	86,4	86,5	88,6	87,8	88,7	
MAT (g/kg MS)	121	239	311	385	516	380	< 190
Digest MAT (%)	84	84	85	84	87	75	-
EN (MJ/kg MS)	12,1	11,2	10,4	10,3	9,2	7,1	10,9
AA digestible (g/kg MS)							
Lysine	2,9	14,4	16,2	15,3	28,4	15,3	9,9
Thréonine	3,1	6,9	8,3	11,1	17,4	12,2	6,7
Méthionine	1,7	1,9	1,7	2,3	6,7	6,8	3,0
Mét+Cys	4,3	4,2	4,4	7,0	13,2	14,2	6,0
Tryptophane	1,3	1,5	1,7	-	5,9	3,7	2,0
Isoleucine	3,9	7,9	9,8	15,5	21,3	12,0	5,3
Valine	4,6	8,7	10,5	12,2	22,0	14,8	6,4
Leucine	7,4	13,5	18,7	23,9	33,9	21,0	9,9
Phénylalanine	5,2	9,0	10,3	12,9	23,5	12,3	4,9
Phe+Tyr	8,2	15,0	17,8	28,9	39,3	21,2	9,4
P total (g/kg MS)	3,7	4,6	5,3	4,3	7,1	12,9	< 5,5
P digestible (g/kg MS)	1,1	2,2	2,0	2,1	2,3	4,1	2,9

AA, acides aminés ; EN, énergie nette ; MAT, matière azotée totale ; MS, matière sèche.

Des limites du fait de la présence possible de tannins ou de facteurs antinutritionnels

La valeur énergétique du pois ou de la féverole est influencée par la présence de tannins, en particulier dans les variétés à fleurs colorées (Pérez et Bourdon, 1992 ; Grosjean *et al.*, 2001). Toutefois, c'est surtout la digestibilité des protéines qui est affectée par la présence de tannins, aussi bien pour la digestibilité fécale (Grosjean *et al.*, 2001) que pour la digestibilité iléale des acides aminés (Jansman *et al.*, 1993). Cet effet est malgré tout un peu moindre chez les porcs que chez les volailles.

Alors que les effets des inhibiteurs trypsiques du pois sont difficilement observables sur la digestibilité fécale des protéines (Grosjean *et al.*, 1998), ces facteurs antinutritionnels affectent de façon marquée la digestibilité iléale des acides aminés, en particulier pour les plus limitants (Leterme *et al.*, 1990 ; Grosjean *et al.*, 1998). Ces observations ont conduit au développement de variétés de pois et de féveroles pauvres en tannins et de variétés de pois pauvres en facteurs antitrypsiques. Dans le cas des féveroles, Grosjean *et al.* (2001) mesurent, pour les meilleures variétés testées, des digestibilités de l'énergie et des protéines chez le porc assez proches de celles du tourteau de soja. Ils expliquent cette amélioration par la réduction conjointe de la teneur en tannins et en fibres de ces variétés. En revanche, ces digestibilités ne sont pas affectées par les teneurs en vicine et convicine, qui diffèrent également selon les variétés.

Différentes espèces de lupins ont été étudiées en alimentation porcine en France : le lupin blanc suite au développement de variétés à haut rendement, le lupin bleu adapté aux zones sèches et beaucoup produit en Australie, et le lupin jaune surtout produit en Europe de l'Est dans des zones sableuses à pH bas. Le lupin est caractérisé par une teneur élevée en protéines et en glucides non amylacés, alors qu'il contient très peu d'amidon. Il contient des teneurs élevées en oligosaccharides (stachyose, raffinose, verbascose) qui peuvent entraîner des flatulences et réduire la consommation, voire conduire à des désordres digestifs plus graves. Ceci peut contribuer à l'avantage généralement noté chez le porc du lupin bleu, comparativement au lupin blanc aussi bien pour la digestibilité iléale des acides aminés (Mariscal-Landin *et al.*, 2002b) que pour l'énergie nette (King *et al.*, 2000).

De l'intérêt d'utiliser des enzymes ou traitements technologiques

Compte tenu de leur forte teneur en glucides non amylacés, différentes tentatives d'amélioration de la digestibilité par le porc de l'énergie et des protéines des protéagineux ont été envisagées, soit en ajoutant des enzymes, soit par des traitements technologiques. Pour ce qui concerne la supplémentation par des enzymes, les résultats sont mitigés dans le cas du pois (Sève, 2004), même si quelques études notent des effets positifs. En revanche, l'ajout d'α-galactosidase dans des régimes contenant des niveaux élevés de graines de lupin tend à améliorer la digestibilité des acides aminés (Froidmont *et al.*, 2003, 2005).

Les études relatives à l'application de traitements technologiques semblent plus prometteuses. Chez le porc, une mouture fine du pois (220 *vs* 500 μm) améliore significativement la digestibilité de l'énergie et des acides aminés (Lahaye *et al.*, 2003), avec des effets plus marqués chez le porcelet sevré (Albar *et al.*, 2000). Montoya et Leterme (2011) ont également montré que le broyage fin du pois augmentait la digestibilité de l'amidon et de l'énergie. Les traitements thermiques contribuent à inactiver les facteurs antinutritionnels thermosensibles. Ainsi, Mariscal-Landin *et al.* (2002) observent chez le porcelet une amélioration de la digestibilité suite à un traitement par extrusion, cet effet étant plus important sur des variétés riches en inhibiteurs trypsiques. Stein *et al.* (2010) n'observent pas d'effet significatif de l'extrusion d'un lot de pois sur les performances de croissance des porcelets. De la même manière, une simple granulation permet d'améliorer la valeur EM de la féverole (Grosjean *et al.*, 1999).

Utilisation des légumineuses à graines dans les rations pour porcs

Dourmad *et al.* (2006a) ont montré que des contraintes maximales sur la teneur en protéines de l'aliment, dans un objectif environnemental, limitaient l'incorporation de protéagineux dans les rations, cet effet étant cependant moindre dans le cas d'une alimentation par phase. Certains cahiers des charges visant à favoriser l'autonomie alimentaire des exploitations, souvent dans le cadre de la fabrication d'aliments à la ferme, ou à éviter l'utilisation de tourteau de soja (en particulier OGM), peuvent également favoriser l'incorporation de protéagineux dans les rations. C'est le cas de la production biologique pour laquelle les sources de protéines potentiellement utilisables sont plus limitées. Mais dans ce cas, l'impossibilité d'utiliser les acides aminés industriels pour rééquilibrer les formules conduit à accroître le niveau de protéines de la ration. Les seuils maximaux d'incorporation des légumineuses dans les aliments pour les porcs dépendent du stade physiologique des animaux. Ils sont généralement fixés de manière à permettre des performances de croissance identiques à celles obtenues avec du tourteau de soja. Au-delà de ces niveaux, on peut observer une réduction de l'ingestion d'aliment et des performances.

L'influence de l'incorporation de protéagineux sur la qualité des carcasses et des viandes et la santé a été peu étudiée. Gatta *et al.* (2013) n'observent pas d'effet de l'incorporation de 20 % de féverole ou de 30 % de pois sur la qualité de la viande mesurée en termes de composition chimique, de couleur, de tendreté et de capacité de rétention.

Chez le porc en croissance, des incorporations de 60 à 70 % de pois ont été testées sans effets négatifs sur les performances ou la santé des animaux (Petersen et Spencer, 2006 ; Stein *et al.*, 2006). À ces niveaux, la totalité du tourteau de soja peut être remplacée par du pois. En accord avec ces résultats, Royer *et al.* (2004), qui citent les tables Ifip, Arvalis, Unip, Cetiom (2002), n'indiquent pas de limite maximale à l'incorporation de pois pour les porcs en croissance. Chez le porcelet sevré, les limites maximales varient entre 20 % (Stein *et al.*, 2007) et 30 % (Royer *et al.*, 2004) pour l'aliment 2e âge, des niveaux d'incorporation plus élevés pouvant s'accompagner d'une réduction de l'ingestion avec des risques accrus de diarrhées. En revanche, ces deux auteurs recommandent de ne pas incorporer de pois dans les aliments 1er âge. Chez la truie, Stein *et al.* (2006) fixent des niveaux maximaux de 20 à 30 % en gestation et en lactation alors que Royer *et al.* (2004) ne fixent pas de limite supérieure. En production biologique, Maupertuis et Ferchaud (2014) fixent des limites maximales d'incorporation du pois de 20 % pour les porcelets, 25 % pour les porcs en croissance et les truies allaitantes et 30 % pour les porcs en finition et les truies gestantes, soit des valeurs un peu plus faibles que celles retenues en production conventionnelle.

Pour la féverole, les données sont moins nombreuses que pour le pois. Royer *et al.* (2004) recommandent des niveaux maximaux d'incorporation de 15 % pour le porcelet en 2e âge et le porc à l'engraissement et de 10 % pour les truies en gestation et en lactation. En production biologique, Maupertuis et Ferchaud (2014) fixent les mêmes limites d'incorporation pour la féverole que pour le pois.

Les essais expérimentaux menés dans les années 2010 au sein d'une étude anglaise GreenPig[45] (Houdijk *et al.*, 2013) confirment les acquis français des années 1980, et vont plus loin dans les taux d'incorporation. Ainsi ils ont conclu que l'alimentation des porcs en croissance et finition avec un taux d'incorporation de 30 % de pois ou féveroles (sous condition d'équilibre des rations en acides aminés) procure un gain de poids, un indice de consommation et un taux de conversion des aliments similaires aux régimes témoins avec tourteau de soja et, de plus, sans nuire à la rétention d'azote, au taux de scatol dans les tissus adipeux (principal composant à l'origine de l'odeur du verrat) ou à la qualité de la carcasse (critère anglais P2 et pourcentage calculé de maigre) (Smith *et al.*, 2013). Dans cette étude, quatre essais en élevages commerciaux en production conventionnelle ont confirmé que les régimes avec pois ou féveroles aboutissent à des performances de croissance, santé et abattage similaires à celles des régimes de référence avec du tourteau de soja. Par ailleurs, une observation dans un élevage biologique montre que les porcs atteignent les mêmes performances avec des régimes pois ou féveroles (sans tourteau de soja) qu'avec un régime standard.

Pour le lupin blanc, Royer *et al.* (2004) indiquent des valeurs maximales d'incorporation de 5 % en premier âge et de 10 % pour les autres catégories d'animaux. Cherrière *et al.* (2003) ont testé des niveaux plus élevés d'incorporation de lupin blanc et bleu chez le porcelet en 2ᵉ âge. Avec du lupin bleu, les performances étaient identiques au témoin jusqu'à une incorporation de 15 %. Au-delà, on notait une baisse de la consommation, en particulier pour la variété plus riche en alcaloïdes. Avec le lupin blanc, les performances étaient réduites dès le niveau d'incorporation de 15 %.

Valeur nutritionnelle et potentialité d'utilisation chez les volailles

Une valeur énergétique plus faible que celle des céréales pour l'élevage de volaille

Le tableau 4.3 présente les teneurs en nutriments utilisables chez les volailles, par rapport au blé et au tourteau de soja, matières premières majeures de leur alimentation, et indique également un besoin « moyen » du poulet de chair pour comparaison. Ce tableau fait ressortir les avantages et déficiences en certains nutriments des protéagineux et en particulier leur richesse en lysine et leur déficit en acides aminés soufrés ainsi que leur teneur moyenne en énergie métabolisable expliquée en partie par de faibles concentrations en amidon.

---

45. GreenPig est un projet anglais coordonné par le Scottish Agricultural College (Defra-LINK, 2008-2012), à partenariat mixte recherche/industrie, qui visait à évaluer la possibilité de remplacer une quantité significative du soja importé avec des protéagineux produits localement dans les rations des porcs charcutiers (croissance et finition) afin d'améliorer la durabilité globale de la production porcine au Royaume-Uni (http://www.bpex.org.uk/R-and-D/R-and-D/GreenPig.aspx).

Tableau 4.3. Composition en éléments nutritionnels des graines protéagineuses en regard des besoins des poulets de chair, en % de la matière sèche. D'après les tables Inra-AFZ, 2004.

	Blé	Pois	Féverole à fleurs blanches	Lupin blanc	Tourteau de soja 48	Besoins « moyens » du poulet
Protéines	12,1	23,9	31,1	38,5	51,6	23
EM coq	3 430	3 180[a]	3 055[a]	2 585	2 600	3 300
Lysine digestible	0,30	1,38	1,82	1,72	2,88	1,2
Méthionine digestible	0,17	0,18	0,19	0,27	0,66	
Mét + Cys digestibles	0,44	0,44	0,47	0,87	1,31	0,9
Thréonine digestible	0,31	0,74	0,96	1,34	1,80	0,76
Tryptophane digestible	0,13	0,17	0,21	0,24	0,53	0,23
Phosphore disponible	0,21	0,10	0,12	0,10	0,55	0,32

[a] après granulation. EM, énergie métabolisable.

D'une façon générale, la digestibilité de l'amidon des protéagineux chez les volailles est plus faible que celle des céréales, en particulier chez les jeunes animaux (Yutste *et al.*, 1991). Ces différences sont liées à des structures et compositions spécifiques des amidons et à la taille des granules (Wiseman, 2006). Elles s'expliquent aussi par la présence de composés pouvant avoir un effet négatif sur la digestion et *in fine* les performances, notamment dans le cas de la féverole. Ces effets peuvent être sensiblement atténués par des traitements technologiques adaptés. Notons aussi que les valeurs de digestibilité obtenues sur poulets sont le plus souvent inférieures à celles observées sur coqs, et il convient donc de rechercher en permanence l'adéquation entre la matière première, le traitement technologique et le marché visé.

Des limites par la présence possible de tannins ou de facteurs antinutritionnels

La quantification de la valeur nutritionnelle de la féverole est complexe dans la mesure où la présence de facteurs antinutritionnels (tannins, vicine et convicine) est variable selon les variétés. Les tannins réduisent la digestibilité des protéines et celle de l'énergie et donc l'énergie métabolisable (Vilarino *et al.*, 2009 ; Woyengo et Nyachoti, 2012) et ont également un effet dépressif sur les performances de croissance et l'efficacité alimentaire des poulets (Trevino *et al.*, 1992). Vicine et convicine semblent également réduire la concentration en énergie métabolisable.

La variabilité génétique du lupin est également importante (Gladstones, 1988). Les lupins blancs présentent un plus fort potentiel d'utilisation chez les volailles, et les variétés cultivées sont pratiquement dépourvues d'alcaloïdes. Une variation de composition existe (Nalle *et al.*, 2012), et elle conduit à des valeurs d'énergie métabolisable variables, alors que la digestibilité des acides aminés semble indépendante de la composition.

De l'intérêt d'utiliser des traitements technologiques

Des travaux anciens ont montré la faible valeur de digestibilité de l'amidon du pois et son aptitude à être améliorée par l'énergie mécanique apportée lors du broyage ou de la granulation (Carré *et al.*, 1987, 1998). Al-Marzooqi *et al.* (2009) ont ensuite confirmé que les procédés technologiques pouvaient modifier la valeur des protéagineux, en particulier les traitements thermomécaniques. Ainsi la digestibilité de l'amidon est améliorée, bien que de façon variable selon les conditions d'extrusion, 70 *vs* 140 °C, addition d'eau ou non, mais la digestibilité des acides aminés est aussi réduite par le procédé. Nalle *et al.* (2011) ont également étudié l'effet de l'extrusion du pois à 140 °C et selon deux conditions d'humidité sur les valeurs de digestibilité chez le poulet de chair. Une partie des facteurs anti trypsiques est inactivée avec la plus forte condition d'humidité mais aucune amélioration n'est observée sur la digestibilité des protéines. L'extrusion augmente en revanche la digestibilité de l'amidon jusqu'à des valeurs supérieures à 98 %, mais n'a pas d'effet significatif sur l'énergie métabolisable apparente (EMA) du pois.

Comme pour le pois, les traitements technologiques tels la granulation améliorent la digestibilité de la féverole et finalement les performances des animaux (Gous, 2011). L'article de synthèse de Crépon *et al.* (2010) reprend de façon exhaustive les différentes données de la bibliographie sur la valeur nutritionnelle de la féverole. Le décorticage de la féverole permet d'éliminer une grande partie des tannins contenus dans les coques et de concentrer les nutriments contenus dans les cotylédons des graines. Le décorticage permet ainsi d'améliorer la digestibilité des protéines, des acides aminés et de l'énergie des graines (Lacassagne *et al.*, 1991 ; Nalle *et al.*, 2010), ces effets étant beaucoup moins marqués sur des graines sans tannins. Par ailleurs, des essais technologiques sont en cours sur le décorticage de la féverole[46] afin de confirmer l'intérêt de ce traitement pour augmenter la teneur en protéines et en énergie de la matière première et renforcer son intérêt économique pour les animaux exigeants en protéines : poulet, pondeuse mais aussi poissons.

Enfin, il faut noter que les protéagineux, en particulier le pois, peuvent être associés à des graines oléagineuses, le colza en particulier, pour subir des traitements technologiques spécifiques tels l'extrusion. Ce process améliore la digestibilité des lipides de la graine oléagineuse et réduit les facteurs antinutritionnels du pois (Golian *et al.*, 2007). Le décorticage permettrait également d'augmenter la digestibilité de l'énergie des graines de lupin (Nalle *et al.*, 2010). L'extrusion du lupin en revanche n'aurait pas d'effet sur les performances des poulets de chair (Diaz *et al.*, 2006).

Utilisation des légumineuses à graines dans les rations pour volailles

De nombreux essais d'utilisation des protéagineux dans l'alimentation des volailles sont recensés dans la littérature. Les résultats sont souvent contradictoires dans la mesure où des auteurs relatent des effets négatifs sur les performances alors que d'autres n'observent aucune différence. Ces différences entre essais peuvent s'expliquer par le fait que les conditions expérimentales changent d'une étude à une autre,

---

46. Peyronnet, communication personnelle.

notamment en termes de procédés technologiques, mais aussi car beaucoup d'essais relativement anciens ont été réalisés sans tenir compte des déséquilibres en acides aminés des protéagineux.

Ainsi, lorsque ces éléments sont déterminés et lorsque la ration est équilibrée en acides aminés digestibles, le lupin, par exemple, peut être incorporé à des niveaux élevés (20 %) dans les rations pour poulets, sans pénaliser les performances, même si des modifications de la morphométrie du tractus digestif sont notées (Nalle *et al.*, 2012), sans doute dues à la forte proportion de polysaccharides non amylacés présents. Le même niveau d'incorporation est mentionné pour le pois protéagineux (Nalle *et al.*, 2011). Pour la féverole, une incorporation de 25 % semble possible chez le poulet de chair, en particulier lorsque les aliments sont granulés, ce qui est la pratique la plus courante (Gous, 2011). Un taux d'incorporation jusqu'à 25 % de féverole peut s'envisager aussi chez la pondeuse, mais uniquement avec des variétés avec une teneur en vicine et convicine divisée par 10 (Lessire *et al.*, 2005), celles-ci étant responsables d'une diminution du poids des œufs. Cependant, Fru-Nji *et al.* (2007) conseillent de ne pas dépasser des taux d'incorporation de 20 % de pois et entre 15 et 20 % de féverole dans les rations pour pondeuses. L'utilisation d'enzymes exogènes pourrait également être une voie d'amélioration de la valeur nutritionnelle des protéagineux chez les volailles (Cowieson *et al.*, 2003).

En définitive, des incorporations significatives de graines de protéagineux sont possibles chez les volailles, si leurs caractéristiques nutritionnelles sont bien connues et si leurs déficits en certains acides aminés sont pris en compte dans la formulation des aliments. Cependant, vouloir s'affranchir du tourteau de soja impliquerait d'incorporer simultanément ces protéagineux et des tourteaux de colza et de tournesol. Trop peu d'études ont été réalisées à ce jour pour démontrer l'absence d'interactions entre ces matières premières renfermant différents facteurs antinutritionnels.

Valeur nutritionnelle et potentialité d'utilisation chez les ruminants

Une bonne valeur énergétique mais une valeur azotée limitée

La valeur énergétique des aliments pour ruminants s'exprime par leur teneur en énergie nette dans le système des unités fourragères (UFL, UFV) et leur valeur azotée par leur teneur en protéines digestibles dans l'intestin (PDI) (encadré 4.1).

Le principal facteur de variation de la teneur en énergie nette des aliments est la digestibilité de l'énergie brute qu'ils contiennent et qui est très étroitement liée à la digestibilité de la matière organique (dMO). La présence d'amidon dans le pois et la féverole ou de lipides dans le lupin, qui sont des éléments très digestibles, leur confère des valeurs énergétiques pour ruminants (UFL et UFV) élevées et variant de 1,1 à 1,2 UFL (ou UFV) /kg MS, soit équivalente ou supérieure à celle des céréales.

Ces graines se caractérisent en revanche par une dégradabilité élevée des protéines dans le rumen, liée à leur statut de protéines de réserve dans la graine et donc solubles. La dégradabilité théorique mesurée par la méthode des sachets (Michalet-Doreau *et al.*, 1987 ; Poncet *et al.*, 2003) est de 80 à 90 %. De ce fait, la valeur PDIA et par conséquent la valeur PDIE des légumineuses à graines sont faibles, de l'ordre de grandeur de celles du blé, et au moins deux fois plus faibles que celle des tourteaux de colza et de soja. La valeur PDIN est largement supérieure à la valeur PDIE (tableau 4.4).

Tableau 4.4. Valeur alimentaire des graines de légumineuses et oléoprotéagineux pour les ruminants par comparaison au blé et aux tourteaux oléagineux (adapté des tables Inra-AFZ, 2004).

	Blé	Pois	Féverole à fleurs colorées	Lupin blanc	Tourteau de soja 48	Tourteau de colza
dMO	0,88	0,92	0,91	0,90	0,86	0,77
UFL (/kg MS)	1,18	1,21	1,20	1,33	1,21	0,96
UFV (/kg MS)	1,18	1,22	1,21	1,33	1,20	0,90
DT6	0,76	0,90	0,86	0,86	0,63	0,69
dr retenue	0,92	0,86	0,89	0,80	0,95	0,79
PDIA (g/kg MS)	30	34	52	53	201	104
PDIE (g/kg MS)	102	97	112	120	261	156
PDIN (g/kg MS)	81	150	188	240	377	247
Lys Di (% PDIE)	6,7	7,7	7,4	4,9	6,9	6,8
Met Di (% PDIE)	1,9	1,7	1,5	0,8	1,5	2,0

DT6, dégradabilité théorique de l'azote ; dMO, digestibilité de la matière organique ; MS, matière sèche ; PDIA, protéines digestibles dans l'intestin d'origine alimentaire ; UFL, unité fourragère lait ; UFV, unité fourragère viande.

Encadré 4.1. Estimation de la valeur énergétique et de la valeur azotée des aliments pour les ruminants.

La valeur énergétique des aliments pour ruminants est exprimée en énergie nette (kcal/kg MS). Cependant, pour faciliter l'utilisation pratique elle est exprimée en unité fourragère (UF), qui représente la quantité moyenne d'énergie nette de un kg d'orge. Compte tenu des différences d'efficacité d'utilisation de l'énergie métabolisable pour la lactation et pour l'engraissement il y a deux valeurs : l'UF lait (UFL) et l'UF viande (UFV). Une UFL est la quantité d'énergie nette (1 700 kcal) fournie par un kg d'orge de référence distribué au-dessus de l'entretien. Une UFV est la quantité d'énergie nette (1 820 kcal) fournie par un kg d'orge pour l'entretien et l'engraissement. Les valeurs varient de 1,1 UFL (1,11 UFV) pour le maïs grain à 0,45 UFL (0,34 UFV) pour les pailles de bonne qualité. Le principal facteur de variation de la teneur en énergie nette des aliments est la digestibilité de l'énergie brute qu'ils contiennent et qui est très étroitement liée à la digestibilité de la matière organique (dMO).

La valeur azotée des aliments pour ruminants s'exprime à travers le système PDI (protéines digestibles dans l'intestin grêle) en termes de quantités d'acides aminés réellement absorbés dans l'intestin, qu'ils soient fournis par les protéines alimentaires non dégradées dans le rumen (PDIA, protéines digestibles dans l'intestin d'origine alimentaire), par les protéines microbiennes (PDIM, protéines digestibles dans l'intestin d'origine microbienne) dont la production peut être limitée par l'azote disponible (PDIMN) ou par l'énergie (PDIME). Chaque aliment est

………/………

...-/...

caractérisé par deux valeurs : la valeur PDIN (PDIA + PDIMN) qui représente sa valeur s'il est inclus dans une ration déficitaire en azote dégradable, et sa valeur PDIE (PDIA + PDIME) s'il est inclus dans une ration où l'énergie est le facteur limitant de la synthèse microbienne. La valeur PDI d'un aliment dépend avant tout de la dégradabilité des protéines, de la digestibilité réelle (dr) dans l'intestin grêle des protéines alimentaires non dégradées, de la quantité de MO fermentée dans le rumen (MOF) qui fournit l'énergie nécessaire aux synthèses microbiennes et de la teneur en MAT de l'aliment. La dégradabilité est mesurée par la méthode des sachets de nylon incubés dans le rumen, et le calcul de la dégradabilité théorique (DT6) s'effectue à partir de la cinétique et de la durée de séjour de l'aliment dans le rumen (le taux de sortie des particules est supposé égal à 6 % par heure). La MOF dépend directement de la digestiblité de la matière organique. La valeur PDIN est directement liée à la teneur en matières azotées dégradables dans le rumen et même plus simplement à la teneur en MAT ; la valeur PDIE est directement liée à la digestibilité.

PDIA = 1,11 × MAT × (1 – DT6) × dr
PDIE = PDIA + PDIME avec PDIME = 0,093 × MOF
PDIN = PDIA + PDIMN avec PDIMN = 0,64 × MAT × (DT6 – 0,1).

MAT, teneur en matières azotées totales de l'aliment ; DT, dégradabilité théorique en sachets nylon mesurée dans le rumen (avec un taux de passage des particules de 6 % par heure) ; dr, digestibilité réelle des acides aminés alimentaires dans l'intestin grêle ; DT6, dégradabilité théorique ; MOF, teneur en matière organique fermentescible de l'aliment.

Il demeure une incertitude sur la valeur PDI des graines protéagineuses car la mesure de la dégradabilité théorique par la méthode des sachets est sensible à la finesse de broyage de l'échantillon. Un broyage fin s'accompagne de pertes de particules à travers les pores des sachets, et les graines protéagineuses seraient plus sensibles à ce phénomène que les céréales car la taille de leurs particules est plus faible pour une même grille de broyage (Michalet-Doreau *et al.*, 1991). Ainsi, la dégradabilité théorique des graines de lupin diminue fortement avec la taille de l'ouverture des grilles : 95 *vs* 62 % pour des grilles de 0,8 *vs* 5 mm respectivement (Kibelolaud *et al.*, 1991). En utilisant des graines broyées sur une grille de 3 mm, les mesures réalisées par l'Unip et l'ITCF (Carrouée *et al.*, 2003) conduiraient à des valeurs PDIE du pois (130 g/kg MS) et du lupin (162 g/kg MS) plus élevées que celles calculées avec la grille de 0,8 mm retenue pour toutes les matières premières. La mesure réalisée *in vivo* des quantités de protéines transitant à l'entrée de l'intestin grêle chez des animaux en mesure de bilans digestifs est considérée comme une valeur de référence. Par cette méthode, la valeur du lupin apparaît légèrement plus faible que celle des tables (94 *vs* 106 g/kg MS), celle de la féverole est peu différente (113 *vs* 112 g/kg MS) et celle du pois est légèrement supérieure (109 *vs* 97 g/kg MS) (Aufrère *et al.*, 2001 ; Poncet et Rémond, 2002 ; Giger *et al.*, 2012). Des essais de production laitière (Cabon *et al.*, 1997, 2002) réalisés sur des vaches laitières ont montré que les vaches exprimaient des valeurs PDIE du pois (130 g/kg MS), du lupin (157 g/kg MS) et de la féverole (131 g/kg MS) plus élevées que celles qui figurent dans les tables de valeur des aliments, ce qui peut laisser supposer une sous-estimation dans les tables de la valeur PDI des graines de légumineuses. Les écarts observés ne sont toutefois pas de nature à modifier sensiblement les plans de rationnement des animaux.

Il faut enfin noter que la teneur en lysine digestible des légumineuses à graines est plus élevée que celle des tourteaux (tableau 4.4), ce qui est intéressant pour l'équilibre des rations des ruminants, mais ces graines sont un peu moins riches en méthionine digestible.

De l'intérêt d'utiliser des traitements technologiques

Des traitements technologiques permettent de limiter la dégradabilité des protéines des graines de légumineuses dans le rumen et de déplacer ainsi la digestion des protéines vers l'intestin. Les tables Inra-AFZ fournissent un ordre de grandeur sur l'effet des traitements thermiques sur la valeur des graines. Cependant, compte tenu de la variabilité des procédés, il est important de vérifier la valeur des aliments avant utilisation. Il convient aussi de rester prudent quant à l'intérêt de l'application de tels traitements technologiques, dont le coût doit être comparé au gain de prix d'intérêt obtenu en formulation d'aliments pour ruminants en fonction des conjonctures de prix.

L'augmentation de la taille moyenne des particules de la graine limite la dégradation dans le rumen des protéines, cet effet étant marqué pour toutes les graines de légumineuses. Ainsi pour des graines de soja torréfiées, l'accroissement de la taille moyenne des particules de 1 à 5 mm a permis de réduire fortement la dégradabilité ruminale des protéines (52 *vs* 71 %), mais il semble y avoir une taille optimale, la production laitière des animaux passant par un maximum pour des particules de 3 mm (Tice *et al.*, 1993). On peut recommander d'utiliser les graines de légumineuses sous forme simplement aplatie ou grossièrement broyée.

Les traitements thermiques induisent des modifications biochimiques des substrats et leurs effets s'accroissent avec la température, la durée d'application, la présence d'eau (traitements hydrothermiques, autoclavage par exemple) et les traitements mécaniques qui peuvent être associés[47] (tableau 4.5). Lorsque les conditions de traitement sont optimales, la réduction de la dégradation ruminale des protéines s'accompagne en général d'une augmentation de la digestibilité réelle des protéines dans l'intestin, ce qui contribue aussi à accroître les teneurs en PDIA des graines traitées. La dégradabilité ruminale des protéines diminue avec l'intensité du chauffage, mais les conditions optimales relevées dans la littérature et synthétisées par Poncet *et al.* (2003) sont très variables entre graines mais aussi

---

47. Les réactions de Maillard entre les groupements libres des protéines (notamment la lysine) et les sucres réducteurs conduisent à des liaisons plus résistantes à l'hydrolyse que les liaisons peptidiques, ce qui diminue la dégradabilité des protéines dans le rumen et augmente la quantité d'azote d'origine alimentaire à l'entrée de l'intestin grêle. Dans une première étape, ces réactions sont réversibles sous l'action du pH faible de la caillette et les protéines non dégradées peuvent être digérées dans l'intestin. Un chauffage trop important conduit à des réactions irréversibles qui rendent les acides aminés partiellement indisponibles pour l'absorption intestinale. La présence d'eau facilite les réactions et contribue à créer de nouvelles liaisons peptidiques qui modifient la structure tridimensionnelle des protéines, réduisant ainsi leur accessibilité aux enzymes bactériennes.

pour une même graine en fonction des conditions de traitement. Retenons que la réduction de la dégradabilité peut conduire à une très forte augmentation de la quantité d'azote non dégradée dans le rumen (celle-ci peut plus que doubler), qui s'accompagne également d'un accroissement de la digestibilité réelle dans l'intestin de cette fraction (de 80-85 à plus de 90 %). Les traitements hydrothermiques restent peu pratiqués sur le plan industriel. L'autoclavage du pois, de la féverole et du lupin réduit la dégradabilité de 76-80 % à 43-48 %, ce qui permet de doubler la fraction non dégradée (de 20-24 % à 52-57 %) sans affecter, voire en améliorant légèrement, la digestibilité réelle dans l'intestin.

L'extrusion (ou cuisson extrusion), qui consiste à forcer un produit à s'écouler à travers un orifice de petite dimension (où il est alors également soumis à de fortes pressions), a des effets similaires mais qui apparaissent plus aléatoires car le procédé est techniquement complexe. La dégradabilité des protéines de lupin est fortement réduite par l'extrusion avec des températures de plus de 150 °C — de plus de 90 % à moins de 70 %, selon Cros *et al.* (1991) et Aufrère *et al.* (2001) —, ce qui conduit à un doublement de la valeur PDIE. Des températures inférieures semblent inefficaces dans le cas des graines de soja ou de colza, alors que pour la féverole une extrusion à 120 °C permet déjà de réduire sensiblement la dégradabilité des protéines (Poncet *et al.*, 2003).

Rappelons toutefois que les conditions de mise en œuvre des procédés thermophysiques (toastage, extrusion) peuvent être très variables et qu'en conséquence il peut y avoir autant de variations de la valeur azotée des graines traitées en intra-traitement (par exemple entre usines) qu'en moyenne en inter-traitement. Les valeurs azotées des graines traitées fournies dans les tables ne sont que des valeurs indicatrices moyennes et il est important de pouvoir analyser précisément le produit utilisé pour calculer la ration des ruminants.

Tableau 4.5. Effet des traitements technologiques sur la valeur alimentaire des graines pour les ruminants. D'après les tables Inra-AFZ, 2004.

	Pois extrudé	Pois toasté	Féverole colorée extrudée	Féverole colorée toastée	Lupin blanc extrudé	Tourteau soja tanné	Tourteau colza tanné
Protéines (%MS)	23,9	23,9	29,4	29,4	38,5	51,6	38,0
dMO	0,92	0,92	0,91	0,91	0,90	0,92	0,77
UFL/kg MS	1,20	1,21	1,20	1,21	1,32	1,21	0,96
UFV/kg MS	1,22	1,22	1,20	1,21	1,32	1,20	0,90
DT6	0,75	0,58	0,65	0,52	0,67	0,28	0,30
dr	1,00	1,00	0,98	0,98	1,00	0,93	0,81
PDIA (g/kg MS)	67	112	111	153	141	383	239
PDIE (g/kg MS)	126	170	168	207	201	425	277
PDIN (g/kg MS)	166	185	215	232	280	443	287

DT6, dégradabilité théorique de l'azote ; dMO, digestibilité de la matière organique ; MS, matière sèche ; PDIA, protéines digestibles dans l'intestin d'origine alimentaire ; UFL, unité fourragère lait ; UFV, unité fourragère viande.

Utilisation des légumineuses à graines dans les rations de ruminants

L'utilisation des pois, féverole et lupin a fait l'objet de nombreux essais réalisés par l'Inra mais aussi l'Institut de l'élevage, ou encore Arvalis – Institut du végétal. Dès 1982, Hoden montrait que ces graines étaient bien acceptées par les ruminants, qu'elles ne modifiaient pas le niveau d'ingestion, permettaient des performances équivalentes à celles obtenues avec le tourteau de soja à partir d'une synthèse de 11 essais et des régimes incorporant de 17 à 55 % de légumineuses à graines.

L'utilisation des protéagineux en substitution d'une partie des tourteaux a été rééva-luée dans les années 2000 dans le cas de vaches à haut niveau de production par une série d'essais conduits par l'Institut de l'élevage (Brunschwig et Lamy, 2002, 2003 ; Brunschwig *et al.*, 2003, 2004). Dans une ration à base de maïs ensilage corrigée exclusivement par du tourteau de colza, la substitution d'une partie du tourteau par du pois, du lupin ou de la féverole introduit à raison de 15 à 20 % de la MS de la ration (environ 4 kg de graines dans la ration) ne modifie pas sensiblement l'ingestion, la production de lait et les taux protéiques ou butyreux. Des baisses du taux protéique (TP) (de l'ordre de 1 g/kg) peuvent être observées avec la féverole du fait d'une moindre teneur des rations en méthionine digestible comparativement au colza. Le lupin a tendance à légèrement accroître (de l'ordre de 0,5 g/kg) le taux buty-reux (TB) et diminuer la teneur en protéines du lait, comme l'avaient déjà observé Emile *et al.* (1991). Toutefois, du fait de leur teneur en PDIE modeste, le pois, la féverole ou le lupin ne peuvent pas être utilisés comme correcteurs exclusifs de la ration, sauf à admettre une réduction de la production de lait dans le cas de vaches à haut niveau de production (25-30 kg/j ou plus), comme cela a été montré pour le pois (Hoden *et al.*, 1992) ou le lupin (Emile *et al.*, 1991 ; Brunschwig *et al.*, 2003). Il faut aussi noter que l'utilisation de lupin extrudé (6,1 kg/j) entraîne une réduction du taux butyreux du fait de la libération de sa matière grasse dans le rumen. Cette libération peut perturber la digestion, entraîner une réduction de l'ingestion et de la production laitière. Finalement, les animaux ne valorisent pas le lupin extrudé au niveau de sa valeur PDIE (Brunschwig *et al.*, 2003).

L'ensemble de ces travaux a été synthétisé dans une plaquette de vulgarisation (Unip-Arvalis, l'Institut de l'élevage, 2005) sur l'utilisation des pois, féveroles et lupins par les ruminants, en proposant la règle de substitution suivante pour les vaches en lactation :

1 kg de tourteau de soja = 2,3 kg de pois + 0,1 kg de tourteau soja tanné

1 kg de tourteau de soja = 2 kg de féverole + 0,1 kg de tourteau soja tanné

1 kg de tourteau de soja = 1,5 kg de lupin + 0,1 kg de tourteau soja tanné.

Des recommandations de distribution en élevage, en fonction du type de ration de base, sont également proposées et montrent la faisabilité de distributions allant jusqu'à 6 kg par vache laitière et par jour, et de préférence sous forme broyée gros-sièrement. Le pois et la féverole viennent en complément d'un correcteur azoté, sauf dans le cas de régimes à base d'herbe naturellement plus riche en azote. Le pois et la féverole sont donc essentiellement utilisés comme des concentrés de produc-tion avec un apport complémentaire de tourteaux éventuellement tannés.

Pour la valorisation des protéagineux en élevages de bovins viande, les équivalences pour les jeunes bovins et les génisses sont estimées comme suit :

1 kg de féverole = 0,35 kg de tourteau de soja + 0,65 kg de céréales

1 kg de lupin = 0,55 kg de tourteau de soja + 0,45 kg de céréales.

Il est également possible d'utiliser les graines entières de protéagineux pour les veaux d'élevage de la naissance à 6 mois, ainsi que pour les chèvres, en particulier les graines entières de lupin, plus riches en matières azotées et plus adaptées aux chèvres en lactation. Les ovins (agneaux et brebis) peuvent également valoriser les protéagineux avec des quantités quotidiennes pouvant aller jusqu'à 500 g pour le pois et la féverole, et 600 à 700 g pour le lupin.

Valeur nutritionnelle et potentialités d'utilisation chez les poissons

La majorité des poissons d'élevage produits en Europe (saumon, truite, bar, daurade, turbot) ont des besoins élevés en protéines (38 à 55 % de la ration) et utilisent mal les glucides. Leur alimentation a été traditionnellement basée sur des ressources marines, la farine de poisson ayant une concentration en protéines et une composition en acides aminés essentiels optimales pour répondre aux besoins azotés de ces espèces et les huiles de poisson apportant des acides gras oméga-3 qui leur sont indispensables. Un des enjeux majeurs de la nutrition des poissons et crevettes d'élevage est aujourd'hui de diminuer la dépendance aux produits d'origine halieutique face à leur disponibilité plus limitée, à leur coût élevé, et aussi pour préserver les ressources naturelles marines face à la demande croissante en ingrédients alimentaires en lien avec l'essor de l'aquaculture mondiale (encadré 1.10, p. 68). Dans ce cadre, l'intérêt des produits végétaux pour l'alimentation des espèces aquacoles a été mis en évidence.

Les poissons nécessitent, pour couvrir leurs besoins nutritionnels, de matières premières riches en protéines et pauvres en fibres (tableau 4.6). Tout ou partie (selon les espèces) de ces protéines peut être apporté par des farines et des concentrés issus de légumineuses à graines (tableau 4.7). Plusieurs produits végétaux issus d'oléagineux (soja, colza, tournesol), de céréales (maïs, blé) et de protéagineux (lupins, pois) ont été testés individuellement à différentes doses en remplacement de la farine de poisson dans les aliments pour les poissons en phase de grossissement afin d'identifier l'intérêt et les limites de chacun. La substitution de la farine de poisson nécessite en fait d'utiliser différents produits végétaux en mélange afin de limiter les effets indésirables de chacun et d'optimiser l'apport en acides aminés essentiels.

Pour les espèces d'eau froide et tempérée, élevées en Europe, la teneur en amidon de l'aliment complet ne doit pas dépasser 20 % de la matière sèche et la teneur en fibres totales doit être maintenue en dessous de 10 %.

Une étude économique en cours de l'Unip-Céréopa[48] confirme une étude préliminaire antérieure (menée dans le contexte des années 2005-2008, caractérisé par des prix relativement faibles des matières premières agricoles), le pois et la féverole

---

48. Peyronnet, communication personnelle.

devaient être dépelliculés et/ou extrudés pour que leurs prix d'intérêt soient bien placés par rapport à leurs prix de marché. Les espèces telles que le lupin, plus riches en protéines, sont aussi bien positionnées.

Tableau 4.6. Principales caractéristiques nutritionnelles de quelques formules poissons. Source : NRC, 2011.

	Saumon	Truite	Daurade	Bar	Turbot
Énergie digestible (MJ/kg)	21	21	17,1	18,9	15
Matière azotée totale (%)	40	40	45	45	55
Protéine digestible (%)	36	38	40	40	50
Cellulose (%) en valeurs maximales	2,5	3,5	2,5	2,5	

Tableau 4.7. Valeur alimentaire des graines de légumineuses et oléoprotéagineux pour les poissons par comparaison au blé et aux tourteaux oléagineux. Adapté des tables Inra-AFZ, 2004.

	Blé	Pois	Féverole à fleurs blanches	Tourteau de soja 48	Tourteau de colza
Digestibilité de l'énergie	0,80	0,59	0,60	0,75	0,62
Énergie digestible (kcal/kg MS)	3 018	2 581	2 694	3 530	2 841
Digestibilité de N	0,90	0,80	0,80	0,86	0,82
Protéines digestibles (g/kg MS)	97	191	249	444	312

Le tourteau de soja est une source protéique intéressante pour l'alimentation des poissons d'élevage car sa composition en acides aminés essentiels se rapproche de celle de la farine de poisson, à l'exception de la méthionine. Il est de ce fait devenu une ressource largement utilisée dans les aliments aquacoles, mais d'autres espèces végétales comme le pois protéagineux, la féverole ou le lupin ont montré leur intérêt et sont maintenant régulièrement incorporées dans les rations, en particulier chez les salmonidés (truites et saumons). Au cours des deux dernières décennies, les résultats des recherches ont été rapidement appliqués par l'industrie de l'alimentation aquacole. Ainsi, la part des produits végétaux dans les régimes des principales productions de poissons d'élevage a fortement évolué pour devenir maintenant majoritaire. Actuellement, les farines et huiles de poisson ne représentent plus qu'un quart du régime des salmonidés et des poissons marins. Entre 1995 et 2011, la part des produits végétaux dans les régimes est passée de 15 à 58 % pour les saumons, de 35 à 65 % pour les truites et de 25 à 65 % pour les poissons marins (Médale *et al.*, 2013). Dans les régimes des espèces de poissons avec des besoins trophiques plus faibles, telles que les carpes et les tilapias, la part des végétaux est proche de 100 %. *In fine*, malgré leur utilisation délicate, les protéagineux sont devenus une source incontournable de protéines dans les aliments aquacoles.

Selon les espèces, 80 à 95 % de la farine de poisson peut être substituée, dans les aliments pour salmonidés et poissons marins, par un mélange de sources protéiques végétales apportant les acides aminés indispensables en quantité suffisante pour couvrir les besoins des poissons. Au-delà de ce taux de remplacement, on observe chez ces espèces de haut niveau trophique une baisse de la consommation d'aliments, de l'efficience alimentaire et de la croissance, bien que les aliments contiennent les nutriments nécessaires aux poissons. Les travaux de recherche actuels s'attachent à en identifier l'origine pour lever les verrous à la substitution plus poussée. Par ailleurs, d'autres études ont pour objectif de sélectionner des populations de poissons plus efficaces pour l'utilisation d'aliments à base de végétaux.

Les limites de l'utilisation des légumineuses à graines pour les aliments piscicoles concernent principalement leur concentration en protéines modérée face aux besoins des poissons et leur faible teneur en certains acides aminés essentiels (lysine, méthionine en particulier). Elles concernent aussi des facteurs antinutritionnels dans certaines graines ou dans le soja, notamment pour les espèces qui y sont très sensibles comme le saumon. Mais il faut rappeler que les facteurs antinutritionnels sont surtout présents dans les tourteaux, et de façon beaucoup moins prononcée dans les extraits protéiques.

Des traitements technologiques permettant d'améliorer la valeur nutritionnelle des graines pour les poissons peuvent s'avérer nécessaires. C'est en particulier le cas du dépelliculage, qui permet de concentrer la protéine et d'éliminer des composants indésirables comme les facteurs antinutritionnels ou les fibres. L'extrusion permet d'améliorer la digestibilité de l'amidon. Les traitements par des enzymes permettent de pré-digérer les glucides membranaires.

À retenir. Les légumineuses à graines pour les monogastriques.

Le soja est la légumineuse la plus utilisée, sous forme de tourteau de soja. Sa forte teneur en protéines et le bon équilibre en acides aminés de ses protéines lui confèrent une grande polyvalence et le rendent quasi indispensable dans les formules très concentrées telles que celles des animaux jeunes à forts besoins de croissance et les volailles.

Les protéagineux (pois et féverole) sont relativement bien adaptés en apportant simultanément de l'énergie et des protéines digestibles et ils peuvent être utilisés crus, contrairement aux graines de soja. Des incorporations significatives de graines de protéagineux sont possibles dans les aliments.

Chez le porc, le pois peut se substituer au tourteau de soja sans limite d'incorporation (il peut être incorporé à raison de 30 % du régime), sous réserve de régimes équilibrés en acides aminés digestibles (et notamment en tryptophane). Pour les volailles, les pois et féveroles peuvent être incorporés jusqu'à 15-20 % dans les régimes, mais ne sont généralement intégrés que dans des formules à concentration azotée moindre telles que celles des volailles à croissance lente et des pondeuses. Pour les poissons, les graines de légumineuses représentent des sources de protéines intéressantes pouvant se substituer partiellement aux farines de poissons.

Les légumineuses à graines telles que le pois, la féverole et le lupin peuvent être introduites dans les rations des ruminants à raison de 15 à 20 % de la MS sans pénaliser les performances. Des introductions plus importantes conduiraient à accroître les rejets d'azote du fait de la forte dégradabilité des protéines dans le rumen.

▸▸ Composition et valeur alimentaire des légumineuses fourragères

Composition des légumineuses fourragères en vert

La composition chimique et la valeur nutritive des fourrages ont été résumées par l'Inra (Inra, 2007), quelques valeurs sont rapportées dans le tableau 4.8. Comparées aux graminées et au ray-grass anglais (*Lolium perenne* L.) en particulier, les légumineuses sont caractérisées par des teneurs en matières azotées totales et en minéraux, notamment en calcium, plus élevées à tous les stades végétatifs mais contiennent relativement moins de sucres. Ainsi, les teneurs en sucres solubles de la luzerne et du trèfle violet varient entre 3 et 6 % de la MS et atteignent au maximum 6 à 10 % au début du bourgeonnement, alors que les teneurs en sucres du ray-grass varient entre 5 et 15 % et peuvent atteindre 20 % au début de l'épiaison (Inra, 2007), voire plus sur certaines variétés sélectionnées pour des teneurs en sucres solubles plus fortes. On notera l'exception notable que constitue le sainfoin, qui est une légumineuse fourragère riche en sucres solubles (Theodoridou, 2010). La teneur en calcium de la luzerne varie entre 15 et 20 g/MS, celle du trèfle violet entre 12 et 15 g/kg MS, et celle du trèfle blanc de 12 à 14 g/kg MS selon l'âge des repousses et les numéros de cycles, alors que celle des graminées varie entre 4 et 7 g/kg MS. Dans la mesure où les cultures fourragères sont des couverts en croissance, il y a un effet très important du stade de récolte (stade physiologique, quantité de biomasse disponible) sur la composition biochimique et sur la valeur alimentaire.

Valeur alimentaire des légumineuses en vert

La valeur nutritionnelle des fourrages est déterminée par sa digestibilité et sa valeur azotée, comme dans le cas des animaux monogastriques, mais aussi par les quantités de matière sèche qu'un ruminant est capable d'ingérer car le fourrage, contrairement aux concentrés, est un aliment qui encombre le rumen.

Fourrages à bonne digestibilité, notamment le trèfle blanc

La digestibilité d'un fourrage et donc sa valeur énergétique dépendent essentiellement de sa teneur en parois végétales et de la digestibilité de ses parois (Demarquilly et Andrieu, 1988). Les constituants cellulaires sont totalement (glucides solubles, fructosanes) ou très (protéines, lipides) digestibles, alors que les constituants pariétaux (cellulose et hémicellulose) ont une digestibilité qui varie de 90 % à 40 % selon qu'ils sont plus ou moins incrustés de lignine, l'incrustation augmentant avec l'âge des repousses. À même teneur en constituants pariétaux (lignocellulose dans la figure 4.1), la digestibilité des légumineuses est en moyenne assez proche de celle des graminées mais il demeure des effets spécifiques. C'est surtout le trèfle blanc qui se distingue par une digestibilité beaucoup plus élevée que toutes les autres espèces du fait de sa teneur en parois particulièrement faible à tous les stades. En effet, le fourrage récolté dans le cas du trèfle blanc est exclusivement constitué de limbes et de pétioles, et ne comporte pas de tiges, comme dans le cas de

Tableau 4.8. Composition chimique (g/kg MS) et valeur alimentaire de quatre légumineuses fourragères en comparaison avec du ray-grass anglais. D'après Inra, 2007.

	Composition					Valeur alimentaire				
	MAT	NDF	ADF	Ca	P	UEL	dMO	UFL	PDIE	PDIN
Ray-grass anglais										
1er cycle végétatif	18,2	50,0	23,9	5,7	4,1	0,98	0,83	0,99	95	117
1er cycle début épiaison	10,5	57,5	31,9	5,2	3,0	1,16	0,73	0,85	81	67
1er cycle pleine épiaison	8,7	59,5	32,7	5,2	2,7	1,20	0,70	0,81	76	56
2e cycle feuillu	18,0	51,9	25,7	6,2	3,7	0,99	0,78	0,96	100	117
Luzerne										
1er cycle végétatif	24,6	42,3	25,0	16,1	3,7	0,94	0,77	0,96	100	159
1er cycle début floraison	17,8	51,3	34,3	16,1	2,7	1,00	0,63	0,73	83	114
1er cycle pleine floraison	16,8	52,5	34,4	16,1	2,3	1,01	0,60	0,69	80	107
2e cycle feuillu	21,5	48,4	31,2	14,1	2,3	0,92	0,68	0,82	89	136
Trèfle violet										
1er cycle végétatif	21,9	40,1	23,4	13,7	3,4	0,95	0,81	1,00	100	141
1er cycle début floraison	16,6	47,6	31,2	12,7	2,3	1,01	0,69	0,81	68	106
1er cycle pleine floraison	15,8	50,8	33,9	11,7	2,3	1,02	0,65	0,75	83	101
2e cycle feuillu	20,5	45,2	27,9	13,7	2,7	0,92	0,73	0,88	91	129
Trèfle blanc										
1er cycle végétatif	24,9	42,2	25,1	13,2	2,7	0,92	0,83	1,09	106	161
1er cycle début floraison	22,9	44,7	27,8	12,7	2,3	0,92	0,80	1,03	102	147
1er cycle pleine floraison	20,0	47,1	30,2	12,7	2,0	0,93	0,77	0,98	97	128
2e cycle feuillu	22,0	43,0	25,9	13,7	3,0	0,93	0,79	0,96	95	139
Sainfoin										
1er cycle végétatif	18,4	40,9	23,0	9,3	3,0	0,87	0,79	1,00	95	117
1er cycle début floraison	14,3	49,7	32,3	9,3	2,7	1,01	0,71	0,83	84	91
1er cycle pleine floraison	13,3	57,2	39,4	8,8	2,7	1,11	0,62	0,70	76	84

MAT, matière azotée totale ; NDF, *Neutral Detergent Fiber* ; ADF, *Acid Detergent Fiber* ; Ca, calcium ; P, phosphore ; UEL, unité d'encombrement ; dMO, digestibilité de la matière organique ; UFL, unité fourragère lait ; PDIE = PDIA + PDIME ; PDIN = PDIA+PDIMN ; PDIA, protéines digestibles dans l'intestin d'origine alimentaire ; PDIME, protéines digestibles dans l'intestin issues de l'utilisation de l'énergie synthétisée par les bactéries ; PDIMN, protéines digestibles dans l'intestin issues de la digestion des bactéries par le ruminant.

la luzerne, du trèfle violet ou du sainfoin. La digestibilité du trèfle violet est légèrement plus élevée que celle du ray-grass à même teneur en lignocellulose (figure 4.1). La luzerne est caractérisée par des teneurs en lignocellulose plus élevées à même stade de développement que le ray-grass anglais, même si les stades de développement sont difficilement comparables, et donc sa digestibilité est plus faible que celle des autres légumineuses et du ray-grass anglais à même stade. Il y a donc tout intérêt à exploiter la luzerne à un stade précoce pour maintenir la valeur énergétique du fourrage.

Un autre avantage des légumineuses, et du trèfle blanc tout particulièrement, est que la chute de digestibilité avec l'âge est plus lente que pour les graminées. Au premier cycle, la chute de digestibilité avec l'âge est de 0,035 à 0,040 point/jour pour les légumineuses et de 0,040 à 0,050 point par jour (soit environ 0,001 UFL/j) pour les graminées, et elle est moitié plus faible pour le trèfle blanc du fait de l'absence de tiges chez cette espèce (figure 4.1). Pour les cycles suivants, la digestibilité du trèfle ne décroît pas entre 28 et 42 jours de repousse, contrairement à celle des graminées. Peyraud (1993) et Delaby et Peccatte (2003) ont rapporté des digestibilités supérieures à 0,75 après 7 semaines de repousse ou en pleine floraison au cours du premier cycle.

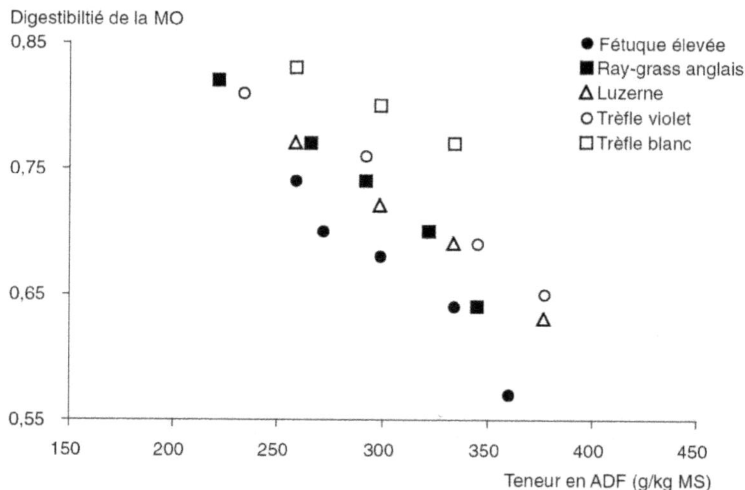

Figure 4.1. Évolution de la digestibilité de la matière organique (MO) de quelques espèces fourragères selon leur teneur en lignocellulose durant le premier cycle de végétation. D'après les tables de valeur des fourrages Inra, 2007.

ADF, *Acid Detergent Fiber.*

Des fourrages plus ingestibles que les graminées

L'aptitude d'un fourrage à être ingéré est caractérisée par son « ingestibilité ». L'ingestibillité d'un fourrage correspond aux quantités volontairement ingérées par des moutons alimentés à l'auge à volonté, c'est-à-dire s'il y a au moins 10 % de refus laissé dans l'auge. Les données sont ensuite rapportées à un fourrage de référence qui serait ingéré à raison de 140 g MS/kg poids métabolique chez la vache laitière. La valeur d'encombrement est l'inverse de l'ingestibilité. L'ingestibilité varie dans le même sens et avec les mêmes facteurs que la digestibilité. Il demeure des effets spécifiques. En particulier, l'ingestibilité des légumineuses est 10 à 15 % plus élevée que celles des graminées pour des digestibilités similaires (Inra, 2007). Par ailleurs, si l'ingestibilité diminue au cours du premier cycle de végétation en même temps que la digestibilité pour tous les fourrages, cette diminution est un peu plus lente pour les légumineuses que pour les graminées, et tout particulièrement pour le trèfle blanc.

Ces différences s'expliquent par une plus faible résistance des parois des légumineuses à la mastication, un rythme de réduction de taille des particules de fourrage et de transit hors du rumen vers l'intestin plus élevé que celui des graminées, ce qui réduit l'encombrement du rumen (Waghorn *et al.*, 1989 ; Jamot et Grenet, 1991 ; Steg *et al.*, 1994). Au pâturage, il est possible qu'en plus de l'effet du trèfle sur l'ingestibilité, les feuilles de trèfle soient plus favorables à la préhension par l'animal, car Ribeiro Filho *et al.* (2003 et 2005) ont aussi rapporté une vitesse d'ingestion plus élevée sur les prairies d'associations.

Des fourrages de bonne valeur azotée mais entraînant une utilisation peu efficace de l'azote

Les légumineuses sont des fourrages riches en protéines mais celles-ci sont très dégradables dans le rumen, comme pour tous les fourrages verts. La DT6 (encadré 4.1) des légumineuses est même plus élevée que celle des graminées puisque celle-ci s'accroît légèrement avec la teneur en MAT des fourrages et que les légumineuses sont plus riches en MAT. Les fourrages de légumineuses se caractérisent donc par des teneurs en PDIN très supérieures à leur teneur en PDIE (figure 4.2). Malgré tout, du fait de leur bonne digestibilité, les légumineuses conservent des teneurs en PDIE élevées (tableau 4.8), proches et même plus élevées que celles des graminées, que ce soit en vert ou pour les fourrages conservés sous forme d'ensilage ou de foin.

Le corollaire de ces particularités des légumineuses est que les pertes d'azote dans le rumen sont toujours élevées avec les légumineuses du fait du déséquilibre des fourrages entre leur teneur en azote dégradable et en énergie, ce qui conduit à une utilisation peu efficace de l'azote et à des rejets azotés urinaires plus élevés que pour les graminées. Cela a bien été montré dans une série de comparaisons entre ray-grass anglais et trèfle blanc (Peyraud, 1993). Dans ces études, l'excrétion d'azote urinaire était beaucoup plus élevée avec le trèfle (29 *vs* 21 g N/kg MS ingérée), alors que la quantité de protéines entrant dans l'intestin était toujours beaucoup plus faible que la quantité de MAT ingérée avec le fourrage dans le cas du trèfle blanc (75 % en moyenne) et qu'elle était en moyenne de 93 % pour le ray-grass anglais.

Valeur nutritionnelle des légumineuses conservées

Différences sur les fourrages conservés reflétant celles observées sur les fourrages en vert

Les différences entre graminées et légumineuses observées sur les fourrages verts se retrouvent globalement dans le cas des fourrages conservés. La conservation par ensilage diminue peu ou pas la digestibilité et la valeur énergétique du fourrage comparativement au fourrage vert. Cependant, cela peut arriver en cas de mauvaise conservation, notamment avec les ensilages de légumineuses qui sont souvent plus difficiles à réaliser que ceux de graminées.

La valeur azotée des fourrages diminue avec le fanage mais encore plus avec l'ensilage, non seulement parce que la dégradabilité de l'azote augmente de 3 à 10 points mais aussi du fait d'une diminution de la protéosynthèse microbienne, car les produits de fermentation des ensilages n'apportent pas d'énergie pour les synthèses microbiennes dans le rumen. Quelle que soit la forme de conservation, les légumineuses sont caractérisées par des teneurs en PDIN très élevées et, comparativement au fourrage vert, la différence entre PDIN et PDIE s'accroît pour les ensilages mais se réduit pour les foins (figure 4.2) puisque la dégradabilité de l'azote s'accroît avec l'ensilage et diminue avec le fanage. En conséquence, et comme cela a été expliqué dans le cas des fourrages verts, l'excrétion urinaire d'azote augmente fortement avec les ensilages de légumineuses comparativement aux ensilages de graminées (Dewhurst *et al.*, 2003, 2009).

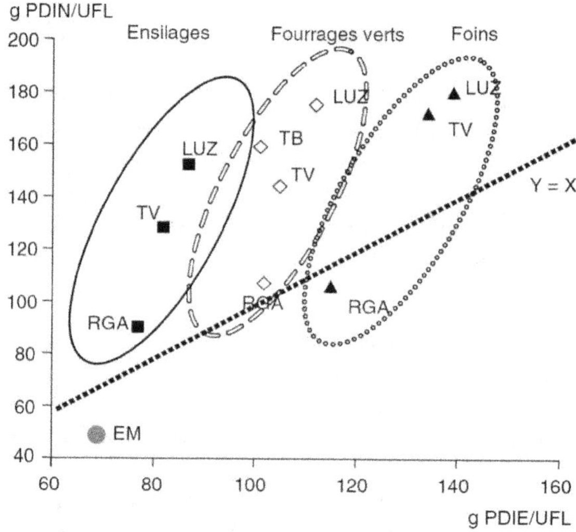

Figure 4.2. Évolution de la teneur en PDIE et en PDIN des légumineuses fourragères en comparaison du ray-grass anglais selon le mode d'utilisation et la teneur en énergie nette. D'après les tables de valeur des fourrages Inra, 2007.

EM, ensilage de maïs ; LUZ, luzerne ; TV, trèfle violet ; TB, trèfle blanc ; RGA, ray-grass anglais. Les ellipses représentent l'ensemble des valeurs pour les fourrages des tables Inra et les points les données moyennes des tables pour les espèces considérées.

Les différences d'ingestibilité entre légumineuses et graminées s'observent également sur les fourrages conservés. L'ingestibilité des légumineuses reste 10 à 15 % plus élevée que celle des graminées, que le fourrage soit distribué en ensilage ou en foin (Inra, 2007). Ainsi, Dewhurst *et al.* (2003) ont rapporté une ingestion d'ensilage par les vaches laitières plus élevée de 2 à 3 kg avec du trèfle violet que du ray-grass anglais.

La déshydratation est un procédé de conservation très utilisée pour la luzerne. Elle ne modifie pas la valeur énergétique du fourrage de départ lorsqu'elle est bien maîtrisée, et la valeur azotée est augmentée car la cuisson des protéines diminue leur dégradabilité dans le rumen. Ainsi, les teneurs en PDIE des luzernes déshydratées sont plus élevées que celles des luzernes vertes (105 *vs* 92 g/kg MS pour des luzernes à 18-20 % MAT en moyenne).

Améliorer la qualité des légumineuses fourragères conservées

La récolte et la conservation des légumineuses fourragères restent délicates, en tout cas plus difficiles que celles des graminées, et ces opérations nécessitent de prendre des précautions particulières. La récolte de luzerne déshydratée fait exception et conduit à un aliment de qualité constante.

Au cours du fanage, le fourrage subit des pertes qui résultent de la respiration des cellules végétales mais aussi des pertes mécaniques de feuilles qui affectent principalement les légumineuses — jusqu'à 30 % de pertes de feuilles pour un foin de luzerne (Pecatte et Dozias, 1998). Ces différentes pertes entraînent une diminution des constituants intracellulaires, principalement les sucres et les matières azotées, et il en résulte une diminution de la digestibilité et par conséquent de la valeur alimentaire qui est plus importante chez les légumineuses à cause de la fragilité des feuilles. Lors de la récolte, il s'agit donc en priorité de minimiser les chutes de valeur nutritionnelle par pertes de feuilles (Arnaud *et al.*, 1993 ; Huyghe et Delaby, 2013). Il est préférable de travailler le fourrage le matin lorsqu'il est encore un peu humide plutôt que l'après-midi car les feuilles sèches sont plus cassantes. Il faut aussi veiller au bon réglage des machines.

Dans le cas de l'ensilage, les légumineuses sont pénalisées par le manque de sucres du fait des faibles teneurs en glucides solubles des plantes, ce qui ne permet pas un abaissement rapide du pH, garant d'une bonne conservation. Pour pallier cette situation, il est nécessaire d'accroître la teneur en matière sèche par préfanage pour atteindre un taux de MS de 30 à 35 % à la mise en silo et/ou d'utiliser un conservateur à base de sels d'acides. L'utilisation de conservateurs à base d'enzymes transformant la cellulose en sucres est une voie intéressante mais qui nécessite encore des recherches.

En dehors des pratiques de récolte et de conservation, les marges de manœuvre envisageables semblent restreintes pour modifier les caractéristiques des légumineuses fourragères afin de faciliter leur conservation et éventuellement d'améliorer l'utilisation de leur azote. Elles nécessiteraient en outre des efforts de recherche importants alors qu'en l'état ces fourrages sont bien valorisés par les ruminants. La dégradabilité des protéines dans le rumen, mesurée par la méthode des sachets, ne varie pas entre les variétés pour la luzerne et le trèfle blanc, montrant ainsi qu'il y a peu d'espoir de pouvoir agir sur celle-ci, au moins par les méthodes classiques de la sélection végétale (Julier *et al.*, 2003a). Par ailleurs, la sélection de légumineuses avec des contenus plus élevés de polyphénol oxydase (PPO) serait une autre voie. La PPO favorise les liaisons covalentes entre les polyphénols et les protéines, le complexe formé protégeant les protéines durant le processus d'ensilage et lors des dégradations ruminales. Cependant, la PPO n'est présente que dans quelques génotypes chez le trèfle violet, et cette piste de progrès est encore loin d'être mise en œuvre même chez cette espèce (Jones *et al.*, 1995). L'analyse de la dégradabilité des protéines sur un petit nombre de variétés de trèfle violet a montré que les différences du degré de protéolyse dans l'ensilage étaient essentiellement affectées par le stade de développement des plantes à la récolte et le degré de fanage au moment de l'ensilage, sans qu'un lien avec l'activité enzymatique de la PPO ne soit mis en évidence (Krawutschke *et al.*, 2013). Le clonage des gènes impliqués chez le trèfle violet et leur expression dans des luzernes transgéniques ont montré la capacité de cette enzyme à réduire la solubilité des protéines (Sullivan et Hatfield, 2006). Il apparaît aussi peu probable qu'on puisse accroître par la voie génétique leur teneur en sucres qui favorise la conservation en ensilage (Berthiaume et Tremblay, 2010), bien que cela ait été possible sur le ray-grass anglais (Miller *et al.*, 2001 ; Lee *et al.*, 2002). La sélection de luzernes avec des teneurs en lignine plus faibles pourrait être une opportunité pour réduire la chute de leur valeur nutritionnelle avec l'âge des repousses et améliorer la qualité des fourrages conservés, mais il s'agit d'une perspective à long terme.

Valeur alimentaire des légumineuses contenant des tannins

Certaines légumineuses sont caractérisées par la présence de tannins. Les tannins condensés sont des oligomères et des polymères de flavonoïdes présents dans les vacuoles de cellules des feuilles, des tiges, des fleurs et des enveloppes de graines (aussi des racines) de plusieurs légumineuses. On les rencontre dans les lotiers pédonculé ou corniculé (*Lotus corniculatus*), le sainfoin (*Onobrychis viciifolia* L), le sulla (*Hedysarum coronarium* L), les fleurs de trèfle blanc et de trèfle violet. La concentration en tannins et leur composition varient selon les espèces, les variétés, la saison (Theodoridou, 2010), les organes des plantes (Häring *et al.*, 2007) et les méthodes de conservation (Hoste *et al.*, 2006).

L'activité biologique des tannins représente leur capacité à se lier avec des protéines mais ce sont les tannins extractibles (tannins condensés, TC) qui vont réagir avec les protéines. Ils peuvent se lier à la RuBisCO, principale protéine des fourrages verts, mais aussi avec les protéines microbiennes et celles de la salive. Les effets des tannins dépendent de leur teneur mais aussi de leur structure qui varie entre espèces. Il n'est généralement pas possible de comparer directement un même fourrage avec et sans tannins. Aussi, l'essentiel des informations sur le rôle des tannins a été obtenu avec des méthodes qui inhibent les TC (notamment l'utilisation de polyéthylène glycol, PEG).

Les TC ont des effets variables sur la digestibilité et l'ingestibilité du fourrage (Aufrère *et al.*, 2012), certaines études concluant à un effet dépressif et d'autres à l'absence d'effet. Les effets des tannins peuvent être reliés à une modification des fermentations ruminales et à une réduction de la vitesse de digestion. Notons que la présence de TC peut aussi avoir un effet dépressif direct sur l'ingestion *via* une réduction de l'appétibilité du fourrage du fait des phénomènes d'astringence (Frutos *et al.*, 2004).

Le rôle des tannins dans la réduction de la dégradabilité des protéines ruminales est en revanche bien documenté et la diminution de la dégradation de l'azote dans le rumen des fourrages contenant des tannins est décrite de longue date (Jones et Mangan, 1977). La méta-analyse conduite par Min *et al.* (2003) montre que l'augmentation de la teneur en TC accroît progressivement le flux de protéines des fourrages non dégradés dans le rumen et entre dans l'intestin sans affecter le flux de protéines microbiennes. La structure des tannins condensés va influencer leur capacité à se lier aux protéines dans le rumen (Lorenz *et al.*, 2014). En revanche, la digestibilité dans l'intestin des protéines des fourrages contenant des TC est faible comparée à celle des fourrages ne contenant pas de TC (Aufrère *et al.*, 2008). Au final, les travaux réalisés à l'Inra sur la valeur alimentaire du sainfoin depuis la dernière version des tables Inra en 2007 (Aufrère *et al.*, 2008 ; Theodoridou *et al.*, 2011) montrent que la valeur PDIE du sainfoin n'est pas sensiblement modifiée par rapport aux valeurs PDIE figurant dans les tables Inra 2007 (73 *vs* 75 g/kg MS en moyenne), qui n'avaient pas intégré les effets des TC, car la surestimation de la digestibilité intestinale (75,8 *vs* 42,7) compense celle de la dégradabilité ruminale (76,4 *vs* 59,5). En revanche, les valeurs PDIN des tables (tableau 4.8) sont surestimées de 10 à 20 g/kg MS (95 *vs* 79 g/kg MS en moyenne), les valeurs PDIN et PDIE du sainfoin étant nettement plus équilibrées que celles des autres légumineuses. De fait, les TC modifient les voies d'excrétion de l'azote et, à même teneur en azote du fourrage, l'excrétion fécale s'accroît alors que l'excrétion urinaire diminue (Aufrère *et al.*, 2012).

Les tannins, en se liant aux protéines, vont également jouer un rôle dans la maîtrise des risques de météorisation (lien aux protéines du fourrage) et des risques parasitaires (lien aux protéines pariétales des parasites) (voir p. 257-258).

À retenir. La valeur alimentaire des légumineuses fourragères.

Les légumineuses fourragères ont des teneurs en protéines et en calcium plus élevées que les graminées fourragères mais des teneurs en sucres plus faibles. La digestibilité des légumineuses est en moyenne assez proche (légèrement supérieure) de celle des graminées, mais il demeure des effets spécifiques. Elle diminue également moins vite avec l'âge que celle des graminées. Le trèfle blanc se distingue par une digestibilité beaucoup plus élevée que toutes les autres espèces du fait de sa teneur en parois particulièrement faible à tous les stades, alors que la digestibilité de la luzerne est plus faible. La présence de tannins dans certaines espèces de légumineuses ne modifie pas ou diminue légèrement la digestibilité des fourrages, mais elle réduit toujours fortement la dégradabilité des protéines dans le rumen et accroît donc la valeur azotée du fourrage pour l'animal. Les légumineuses sont plus ingestibles (10 à 15 %) que les graminées à même digestibilité, grâce à une digestion plus rapide de leurs parois cellulaires.

La conservation des légumineuses fourragères, sous forme d'ensilage et surtout de foin, est délicate en raison du risque de pertes de folioles à la fenaison et de leur faible teneur en glucides solubles, ce qui rend difficile leur conservation sous forme d'ensilage (sauf pour le sainfoin qui contient 20 % de glucides solubles). La déshydratation, très utilisée pour la luzerne, ne modifie pas la valeur énergétique du fourrage de départ lorsqu'elle est bien maîtrisée et la valeur azotée est augmentée car la cuisson des protéines diminue leur dégradabilité dans le rumen.

▶▶ Utilisation des légumineuses fourragères dans les rations des ruminants

Ingestion au pâturage : plus élevée que pour les graminées en cultures pures

Au pâturage, l'ingestion d'herbe est contrainte par les quantités offertes et la structure de la prairie. Les données disponibles sur les prairies en cultures pures confirment que l'ingestion est plus élevée avec les légumineuses que les graminées. À même quantité offerte, Alder et Minson (1963) ont ainsi montré que l'ingestion était 15 % à 20 % plus élevée avec de la luzerne que du dactyle. Mais au pâturage, les légumineuses sont le plus souvent utilisées en mélange avec les graminées et la légumineuse la plus utilisée est le trèfle blanc, historiquement au sein d'associations binaires avec le ray-grass anglais, et de façon croissante dans des associations plus complexes, avec un plus grand nombre de graminées, voire d'autres dicotylédones, comme la chicorée (*Cichorium intybus*). Il est aujourd'hui bien établi que l'ingestion d'herbe et les performances des animaux sont plus élevées sur les prairies d'associations que sur du ray-grass pur (Wilkins *et al.*, 1994 ; Ribeiro-Filho *et al.*, 2003, 2005) et les différences augmentent avec la proportion de trèfle dans l'association et avec l'âge des repousses. Elles atteignent en moyenne 1,5 kg MS/jour pour les vaches laitières dans ces études et la production laitière s'accroît aussi de 1 à 3 kg/j (Philips et James, 1998 ; Ribeiro-Filho *et al.*, 2003) en présence de trèfle blanc. L'écart est maximal pour des associations contenant 50 % de trèfle (Harris *et al.*, 1998). D'autres travaux rapportent aussi des performances des animaux améliorées dans le cas de brebis laitières ou d'agneaux en finition qui tendent à être plus élevées sur prairies d'association que sur prairies de ray-grass fertilisé (Orr *et al.*, 1990 ; Speijers *et al.*, 2004). Ribeiro-Filho *et al.* (2003) ont montré que l'ingestion par les vaches diminuait de 2,0 kg/j sur une prairie de graminées et de seulement 0,8 kg/j sur une prairie d'association en passant de 20 à 40 jours de repousse. Les prairies d'association procurent donc plus de flexibilité pour la conduite des troupeaux en permettant des intervalles entre passages sur les parcelles de plus de 4 semaines sans que la qualité du fourrage soit affectée.

Le potentiel productif de ces associations graminées-trèfle blanc dépend de la proportion de trèfle. Elle s'accroît avec la proportion de trèfle (+ 500 kg MS/ 10 % de trèfle, Le Gall, 2004) et le défi est de maintenir un taux de trèfle de 30 à 40 % pour maintenir une production d'herbe suffisante (Peyraud *et al.*, 2009), ce qui n'est pas toujours réalisable. En conséquence, ces prairies supportent en général des chargements plus faibles (Le Gall, 2004 ; Humphreys *et al.*, 2009) que les prairies de graminées fertilisées. Au-delà des mélanges binaires, il apparaît un effet positif de la diversité spécifique des prairies sur la productivité. Quelques espèces bien adaptées suffisent sans qu'il soit nécessaire de rechercher des mélanges très complexes, plus difficiles à gérer. Un vaste essai (28 sites et 17 pays en Europe) a comparé sur chaque site les deux graminées et les deux légumineuses les plus courantes (Kirwan *et al.*, 2007) cultivées seules ou en mélange. Dans tous les sites, les associations de quatre espèces ont produit plus de biomasse que la meilleure des monocultures (+1 t MS/ha en moyenne) et l'effet a persisté au cours des 3 ans de l'essai. Ce résultat ouvre de nouvelles opportunités pour concilier productivité et préservation de l'environnement.

Les données de performances animales sur prairies multi-espèces sont encore rares mais confirment l'intérêt des légumineuses au sein de ces prairies. Le projet européen Multisward (2010-2014)[49] vient étayer les performances animales que les prairies multi-spécifiques, riches en légumineuses, permettent d'atteindre. Dans ce projet, une étude qui comparait sur 13 cycles de végétation répartis sur 3 années consécutives des prairies de ray-grass pur, ou de mélange ray-grass, trèfle blanc et trèfle violet ou de mélange ray-grass, trèfle blanc, trèfle violet et chicorée a montré que l'ingestion et la production laitière par vache étaient systématiquement plus élevées sur les prairies multispécifiques (respectivement 14,3, 15,1 et 16,3 kg MS/jour et 17,1, 18,1 et 18,4 kg lait/jour ; Roca-Fernandez *et al.*, 2014). Ces résultats sont cohérents avec un autre travail (Delaby *et al.*, 2007) qui avait montré qu'au sein d'associations de 6 espèces comportant 1 à 3 légumineuses, la production laitière par animal était plus élevée en moyenne sur l'année et se maintenait tout au long de la saison, en particulier à l'automne, même si la composition botanique des prairies avait évolué au cours de la saison.

Utilisation des légumineuses sous forme de fourrages conservés

Ce sont surtout les grandes légumineuses (luzerne, trèfle violet) qui sont utilisées sous forme de fourrages conservés. Plusieurs travaux ont montré que des ensilages de légumineuses ou d'associations entre légumineuses et graminées pouvaient accroître la production de lait par rapport à des ensilages de graminées pures (Castle *et al.*, 1983 ; Dewhurst *et al.*, 2003). Mais dans le cas des rations françaises, les légumineuses ensilées ou fanées peuvent être de bons compagnons de l'ensilage de maïs car elles permettent de rééquilibrer la ration en azote dégradable tout en fournissant des protéines digestibles dans l'intestin. Chenais (1993) a synthétisé les résultats de 10 essais étudiant les effets de rations mixtes associant l'ensilage de maïs (*Zea mays* L.) avec des ensilages de trèfle violet ou de luzerne. Les rations mixtes ont conduit à des niveaux de performances identiques au témoin tout en permettant d'économiser du tourteau de soja, du moins lorsque les ensilages de légumineuses étaient de bonne qualité et en particulier lorsque leur teneur en MS était supérieure à 30 %. Des résultats identiques ont été obtenus pour la production de taurillons avec l'utilisation d'ensilage de trèfle violet (Weiss et Raymond, 1993). Plus récemment, d'autres travaux ont conforté ces premiers résultats dans le cas d'utilisation de foin, de balles rondes ou d'ensilage de luzerne utilisés à hauteur de 50 % des fourrages en remplacement de l'ensilage de maïs (Rouillé *et al.*, 2010), avec toutefois des niveaux de production laitière plus difficiles à maintenir dans le cas des foins. L'économie de tourteau (de colza dans cette série d'essais) a été de 1 à 2 kg par vache et par jour selon la qualité du fourrage ; ces fourrages permettent à la fois de sécuriser la production fourragère en la diversifiant sur l'exploitation et d'accroître l'autonomie protéique de l'alimentation.

---

49. http://www.multisward.eu/

La luzerne déshydratée distribuée à raison de 3 à 5 kg par vache et par jour permet d'accroître légèrement les performances des animaux (Peyraud et Delaby, 1994), mais son intérêt pourrait être limité par le coût énergétique de la déshydratation, même si ce procédé est l'objet d'amélioration constante pour la filière industrielle.

Intérêt nutritionnel de l'introduction de légumineuses fourragères riches en tannins dans les rations

L'utilisation de ces fourrages demeure très limitée en France où ils ont fait l'objet de peu d'améliorations génétiques, contrairement aux États-Unis, au Canada ou à la Nouvelle-Zélande, les principales légumineuses fourragères riches en tannins et utilisables en France étant le lotier, la coronille et le sainfoin. Leur culture reste difficile avec de faibles rendements dans le cas du lotier et la pérennité est limitée pour le sainfoin. Ces fourrages sont traditionnellement utilisés en foin et peuvent être pâturés sans risque de météorisation. Une voie prometteuse pour leur utilisation serait l'ensilage mi-fané car la présence de tannins condensés (TC) réduit l'hydrolyse des protéines dans le silo (Theodoridou *et al.*, 2012). De plus, dans le cas du sainfoin, comme mentionné précédemment, la teneur élevée en sucres favorise l'acidification rapide ce qui évite les besoins de conservateurs. Lors du fanage en revanche, la perte des feuilles et l'exposition au soleil contribuent à diminuer les teneurs en TC du sainfoin (Aufrère *et al.*, 2012).

La question de l'intérêt de l'utilisation de légumineuses contenant des tannins en mélange avec d'autres fourrages pour améliorer l'apport azoté des rations peut se poser. La dégradabilité ruminale des protéines du mélange est plus faible que la moyenne de celle des fourrages initiaux, au moins *in vitro* (Niderkorn *et al.*, 2011). D'autres travaux rapportent un effet positif sur la qualité de l'ensilage et la digestibilité des associations (Wang *et al.*, 2007), mais ces effets positifs ne sont observés qu'à la condition que la quantité de TC soit suffisante (Aufrère *et al.*, 2012). Très peu de travaux se sont intéressés aux effets de légumineuses contenant des TC sur la production laitière, notamment en Europe. Seule une étude conduite en Nouvelle-Zélande a mis en évidence un accroissement de la production laitière avec l'introduction de lotier en proportion croissante en complément de ray-grass anglais (Woodward *et al.*, 2009).

Effets non nutritionnels de l'introduction de légumineuses fourragères

Réduction de la production de méthane dans le rumen

La production de méthane entérique, exprimée en proportion de la MS ingérée, est plus faible chez les animaux alimentés avec des légumineuses comparativement aux graminées, mais cet effet ne paraît pas systématique dans tous les essais (Dewhurst *et al.*, 2009). Les émissions plus faibles avec les légumineuses pourraient être reliées à la combinaison de plusieurs facteurs qui reflètent en fait des différences de morphologie et de structures cellulaires entre les espèces végétales, différences qui sont elles-mêmes affectées par les stades de récolte, ce qui peut expliquer la variabilité des résultats. La réduction des émissions résulte certainement de la combinaison de plusieurs facteurs incluant une teneur plus faible en parois végétales, un transit accéléré dans le rumen qui limite la colonisation des particules par les bactéries méthanogènes, une digestibilité plus élevée qui oriente les fermentations ruminales vers la production de propionate qui est un accepteur d'hydrogène ou encore, pour quelques espèces, la présence de tannins condensés (Beauchemin *et al.*, 2008). Ces derniers inhiberaient les bactéries méthanogènes directement ou indirectement par l'inhibition des protozoaires, mais tous les tannins condensés n'auraient pas la même efficacité (Aufrère *et al.*, 2012). Si beaucoup de travaux rapportent des effets des tannins *in vitro*, il y a peu de démonstration *in vivo*. Cependant, Woodward *et al.* (2004) ont mis en évidence une diminution de la production de méthane chez des vaches laitières recevant des rations contenant de lotier corniculé.

Augmentation de la teneur en acides gras polysinsaturés des produits de ruminants

Par rapport aux fourrages à base de graminées, les légumineuses ont un effet sur le profil en acides gras des produits animaux. Il est aujourd'hui bien établi que les rations à base de fourrages verts, comparées aux régimes à base d'ensilage de maïs et/ou avec beaucoup de concentrés, accroissent les teneurs en acides gras polyinsaturés, et particulièrement en oméga-3 et en acide rumique du lait (Couvreur *et al.*, 2006) et de la viande (Priolo *et al.*, 2001), tout en diminuant la proportion d'acides gras saturés. Au-delà de cet effet, le pâturage de prairies d'associations graminées et trèfle blanc ou trèfle violet accroît le dépôt d'oméga-3 dans le gras des bovins et des agneaux (Scollan *et al.*, 2006 ; Lourenço *et al.*, 2007) comparativement à un pâturage de graminées. Des évolutions similaires ont aussi été rapportées dans le cas d'utilisation d'ensilages d'associations en production laitière (Dewhurst *et al.*, 2006). Ces effets des légumineuses peuvent s'expliquer par leur transit plus rapide qui limite les phénomènes de saturation des acides gras dans le rumen. Parmi les légumineuses, le trèfle violet semble être l'espèce la plus efficace pour accroître les teneurs en oméga-3 des produits animaux, peut-être en relation avec la présence de polyphénol oxydase qui peut réduire la lipolyse ruminale. Distribuer de la luzerne déshydratée dans des rations à base d'ensilage de maïs augmente également la teneur en oméga-3 du lait (Peyraud et Delaby, 2002).

Risque de survenue de météorisation

La météorisation est un risque souvent évoqué qui peut freiner l'utilisation des légumineuses fourragères. La météorisation spumeuse résulte d'une accumulation de bulles de gaz dans le rumen qui sont piégées à travers les petites particules du contenu. La mousse qui en résulte occasionne une forte pression dans le rumen. La probabilité d'occurrence de la météorisation s'accroît avec la concentration en protéines rapidement dégradables qui se lient entre elles pour constituer un réseau susceptible de piéger les gaz émis lors de la fermentation ruminale (selon le même principe que la formation de blancs en neige !) (Majak *et al.*, 1995). Des teneurs faibles en constituants pariétaux dans les fourrages et la présence de petites particules, comme les chloroplastes, contribuent directement à piéger les gaz et à la formation des mousses. En théorie, les légumineuses le plus souvent impliquées seraient donc le trèfle blanc et la luzerne, car ces cultures sont pâturées à des stades de développement précoces avec beaucoup de protéines solubles (Thompson *et al.*, 2000). De fait, aucun cas de météorisation n'est rapporté dans le cas de rations mixtes associant des légumineuses conservées avec d'autres fourrages, et les cas de météorisation en pâturage avec des associations graminées et trèfle semblent assez rares si le trèfle n'est pas ultra-dominant. Le pâturage de luzerne pure est en revanche une pratique à risque mais il n'est quasiment pas utilisé en France (à la différence de l'Argentine). À l'inverse, les légumineuses contenant des TC ne sont pas à l'origine de météorisation et peuvent aider à la prévenir, puisque les TC, en se liant aux protéines, empêchent la formation de réseaux protéiques. Ainsi, McMahon *et al.* (2000) ont montré que l'utilisation de sainfoin en complément d'une luzerne pâturée permettait de prévenir le risque de météorisation. Cet effet s'explique par la formation de complexes entre les protéines et les tannins qui réduisent la dégradabilité ruminale des protéines, ainsi que par la présence de tannins dans le rumen qui peuvent réduire l'activité bactérienne en bloquant l'activité des enzymes. De la même façon, le risque de météorisation sur des prairies avec beaucoup de trèfle blanc disparaît dès que celui-ci commence à fleurir. En effet, les TC présents dans les fleurs vont alors prévenir les risques de météorisation.

Effets sur les performances de reproduction

Certaines légumineuses, notamment le trèfle violet, peuvent contenir des composés secondaires agissant comme des phytohormones (phyto-œstrogènes), suggérant des effets sur la reproduction des animaux. Le rôle des acides gras polyinsaturés sur les fonctions ovariennes est aussi parfois évoqué. En fait, il s'agit d'un sujet complexe et peu de faits sont réellement avérés. Un effet négatif de ces substances sur la fertilité des brebis a été établi (Thomson, 1975) mais il n'en est pas de même chez les bovins. Un taux de réussite plus élevé à la première insémination a été rapporté pour des vaches alimentées avec de l'ensilage de trèfle violet comparativement à de l'ensilage de graminées (Austin *et al.*, 1982 ; Thomas *et al.*, 1985). Cet effet peut s'expliquer par un meilleur état nutritionnel des animaux du fait de l'accroissement des quantités ingérées, mais un lien avec un apport supplémentaire d'acides gras insaturés ne peut pas être exclu.

Propriétés antiparasitaires vis-à-vis des strongles gastro-intestinaux

Les strongles gastro-intestinaux (petits vers parasitaires) sont une des principales contraintes pathologiques pour l'élevage des ruminants au pâturage. Ils induisent des pertes économiques importantes liées à la chute de production et à la diminution de la qualité des produits (déclassement de carcasses) (Hawkins, 1993). Les mesures de contrôle reposent le plus souvent sur l'administration répétée de molécules anthelminthiques afin d'éliminer les vers. Ce recours quasi exclusif aux médicaments présente plusieurs limites et notamment un risque non négligeable d'apparition et de diffusion de résistances aux antiparasitaires, un risque environnemental avec des impacts sur la microfaune prairiale (McKellar, 1997) et un impact sur l'image des produits. Au vu de ces risques, la réduction des intrants antiparasitaires constitue un objectif important. Plusieurs approches complémentaires peuvent être développées (Hoste et Chartier, 1997). Parmi celles-ci, il semble notamment possible de perturber la biologie des strongles, et en conséquence la dynamique des infestations, avec la consommation de légumineuses fourragères riches en tannins (Hoste *et al.*, 2006). Les TC ont des activités antiparasitaires qui ont été bien mises en évidence chez les caprins et les ovins. Ils agiraient directement sur les parasites en formant des complexes avec les protéines riches en proline qui sont présentes à la surface des nématodes (Mueller-Harvey, 2006). Les tannins pourraient aussi directement stimuler des réponses immunitaires des animaux. Pour autant, des travaux restent à conduire car les mécanismes d'action ne sont pas complètement élucidés et il semble que les effets soient transitoires. Il est intéressant de noter que l'activité anthelminthique des TC du sainfoin reste présente après ensilage ou fenaison dans de bonnes conditions (Hoste *et al.*, 2006 ; Häring *et al.*, 2008), ce qui peut simplifier la distribution.

À retenir. Les légumineuses fourragères pour les ruminants.

Il est aujourd'hui bien établi que l'ingestion d'herbe et les performances des vaches laitières sont plus élevées sur les prairies d'associations de trèfle blanc et de ray-grass que sur du ray-grass pur. De plus, il est clair que les prairies d'associations procurent plus de flexibilité pour conduire les troupeaux car les performances des animaux diminuent moins rapidement avec l'âge des repousses. Le principal enjeu reste l'accroissement de la productivité des prairies d'associations. Les données de performances animales sur prairies multi-espèces (au moins 2 graminées et 2 légumineuses) sont encore rares mais confirment l'intérêt des légumineuses pour l'accroissement de la production des animaux. Ces prairies semblent aussi plus productives.

En raison de leur composition, les légumineuses fourragères ensilées ou fanées sont de bons compagnons de l'ensilage de maïs et permettent d'équilibrer les rations tout en améliorant l'autonomie protéique des exploitations.

Les légumineuses à tannins sont très peu utilisées en alimentation des troupeaux à ce jour mais la question de l'intérêt de leur utilisation en mélange avec d'autres fourrages est posée.

Les teneurs élevées en protéines solubles et calcium des légumineuses fourragères peuvent entraîner, lors de consommations pures au pâturage ou en vert, des risques de météorisation spumeuse. Les tannins condensés de certaines légumineuses (lotier, sainfoin) leur confèrent des propriétés anthelminthiques. Dans le cas des ruminants, plusieurs observations tendent à montrer que les légumineuses peuvent contribuer à réduire la production de méthane et augmenter la teneur en acides gras polyinsaturés dans les produits animaux.

►► Le concentré protéique de luzerne : un ingrédient aux multiples propriétés et utilisations

L'extraction industrielle de protéines et de pigments chez la luzerne permet d'obtenir à partir des feuilles de cette légumineuse un concentré protéique riche en pigments et en acides gras oméga-3. Ce procédé technologique est moins énergivore que la déshydratation classique (Andurand *et al.*, 2010). Le concentré protéique obtenu (CPL) contient plus de 50 % de protéines dans la matière sèche et moins de 5 % de fibres et il concentre aussi les lipides (9 % de la MS). Les protéines extraites sont principalement des enzymes, localisées en majeure partie dans les chloroplastes, dont la Ribulose 1-5 diphosphate carboxylase oxygénase (RuBisCO) qui représente un quart de ces protéines. Le CPL est très riche en pigments xanthophylles (1 200 à 1 300 ppm en moyenne), lutéine et zéaxanthine (750 à 850 ppm) et carotène (460 ppm). Il est aussi riche en acide linolénique (oméga-3 : 4 %MS) et en vitamine E (460 ppm) et K (90 ppm) (Andurand *et al.*, 2010).

Aujourd'hui, les débouchés principaux du CPL sont le marché des pigments en aviculture, qui représente la majeure partie des débouchés, celui des matières protéiques chez les herbivores, ainsi que le marché des produits riches en acides gras oméga-3 pour les ruminants.

Chez les ruminants, le concentré protéique de luzerne est caractérisé par une dégradabilité de l'azote très faible (0,25) et une valeur PDIE très élevée (422 g/kg MS, Inra-AFZ, 2004). Notons que cette valeur est peut-être légèrement surestimée (sans doute du fait d'une surestimation de la dr) car le CPL est valorisé à raison de 350 g/kg MS dans les rations des vaches laitières. Il n'en demeure pas moins la source de protéines la plus riche en PDIE après le tourteau de soja tanné. Même s'il n'est à ce jour pas compétitif vis-à-vis du soja tanné, il pourrait trouver une place dans les rations en cas de crise sur le prix du soja ou d'interdiction des traitements au formol, mais aussi dans le cadre de filières qui se différencient en garantissant une alimentation animale sans OGM. En outre, l'apport de CPL dans la ration des vaches laitières permet d'enrichir le lait en oméga-3 au même titre que la graine de lin extrudée (Peyraud *et al.*, 2008). Avec une teneur 4 à 5 fois plus faible en acide linolénique que la graine de lin, ce résultat s'explique par un meilleur taux de transfert depuis l'aliment vers le lait car les acides gras du CPL sont mieux protégés de la dégradation ruminale que ceux de la graine de lin (Bejarano *et al.*, 2009). L'utilisation de CPL, par son apport de carotène, peut aussi être une source d'enrichissement en vitamine A du lait (Peyraud *et al.*, 2008).

►► Conclusion

Les connaissances disponibles aujourd'hui montrent que les légumineuses peuvent être bien valorisées par les animaux. Dans tous les cas, ces légumineuses fourragères ou à graines concourent à une plus grande autonomie protéique mais aussi azotée (*via* la fixation symbiotique) d'exploitations conduisant des productions de ruminants laitiers ou à viande. Leur utilisation s'accompagne aussi d'une meilleure traçabilité des produits animaux.

Les légumineuses à graines sont très bien adaptées aux besoins alimentaires des porcs. Elles peuvent aussi être utilisées chez les volailles, en moindre quantité dans le cas des segments des volailles à croissance rapide. Chez les monogastriques, l'utilisation des protéagineux nécessite souvent le recours à des complémentations avec des acides aminés de synthèse car leurs protéines sont moins bien équilibrées que les protéines du tourteau de soja. Les tannins limitant la digestibilité et/ou les facteurs antinutritionnels sont aujourd'hui bien maîtrisés, soit par élimination (ou réduction sous une teneur faible sans impact) par sélection génétique, soit par traitements technologiques. L'utilisation des légumineuses à graines est encore limitée en alimentation des poissons du fait de leur teneur en protéines insuffisante en regard des besoins très élevés de ces espèces et de leur faible teneur en certains acides aminés essentiels. Si la quantité de légumineuses à graines a fortement diminué dans l'alimentation des monogastriques, ce n'est donc pas pour des raisons zootechniques mais avant tout du fait du manque de disponibilité de ces matières premières pour la formulation des aliments. La recherche d'une plus grande autonomie protéique de l'élevage français peut constituer un cadre favorable à un regain d'intérêt de ces graines en élevage.

Les légumineuses fourragères sont d'excellents fourrages qui peuvent être valorisés au pâturage ou sous forme conservée, ils sont alors de bons compagnons de l'ensilage de maïs. À l'avenir, les légumineuses fourragères pourront aussi contribuer à sécuriser les calendriers fourragers dans un contexte de réchauffement climatique avec les légumineuses à enracinement profond plus résistantes aux épisodes de sécheresse et les petites légumineuses qui, à la différence de la plupart des graminées prairiales, maintiennent leur croissance lors de fortes températures.

Les analyses socio-économiques des différents systèmes de production incluant ou non des légumineuses seront complétées dans le chapitre 7, en combinaison avec leur évaluation environnementale traitée en chapitre 6.

Chapitre 5

Les légumineuses pour l'alimentation humaine : apports nutritionnels et effets santé, usages et perspectives

Martine CHAMP, Marie-Benoît MAGRINI,
Noémie SIMON, Céline LE GUILLOU

Alors que les pois cassés et févettes faisaient partie des régimes de l'alimentation des générations précédentes, les légumes secs sont aujourd'hui peu consommés en France, malgré leurs vertus nutritionnelles ou culinaires. Ils fournissent des protéines de qualité, une faible teneur en matières grasses (pour la plupart), une richesse en fibres, et un faible indice glycémique *via* leur amidon. Ils sont indispensables dans les régimes végétariens et conseillés pour les sports d'endurance. Leur consommation régulière peut aussi contribuer à prévenir des maladies chroniques. Au-delà de leurs propriétés nutritionnelles, les légumineuses sont aussi utilisées par l'industrie comme des ingrédients techno-fonctionnels. La première partie de ce chapitre traite des conséquences nutritionnelles de la consommation de légumes secs ou produits alimentaires à base de légumineuses, et de la consommation de produits issus d'animaux ayant consommé des légumineuses. Puis, dans une seconde partie, les dynamiques socio-économiques de la consommation des légumes secs, et de leurs usages, en particulier industriels, seront analysées, ainsi que les perspectives d'une plus forte consommation de produits alimentaires à base de légumineuses, notamment au regard des recommandations nutritionnelles actuelles et de la demande mondiale croissante pour les protéines.

▸▸ Apports nutritionnels et effets santé des légumes secs et produits agroalimentaires issus des légumineuses

Place des légumes secs et des produits alimentaires issus de légumineuses dans les classifications et les recommandations nutritionnelles

Le positionnement des légumes secs varie selon les classifications. Ils peuvent être placés :
– parmi les féculents (c'est-à-dire la famille de trois catégories : pain et autres aliments céréaliers, légumes secs et légumineuses, pommes de terre) selon la représentation schématique des recommandations du Plan national Nutrition Santé (PNNS, plan français de santé publique lancé en 2001) ;
– dans un groupe d'aliments regroupant les produits végétaux consommés crus ou peu transformés (légumes, légumes secs, fruits, pommes de terre et apparentés, graines oléagineuses et châtaignes) selon la Table Ciqual 2013 (table donnant la composition nutritionnelle des aliments, éditée par l'Observatoire de la composition nutritionnelle des aliments au sein de l'Anses) ;
– dans une catégorie réunissant les principales sources de protéines, animales et végétales (par exemple, dans la pyramide alimentaire américaine ou canadienne).

Ces différentes classifications révèlent une perception différente des enjeux nutritionnels par les instances publiques. Dans la première pyramide alimentaire créée par le ministère américain de l'agriculture (USDA), datant de 1992, les légumes secs apparaissaient déjà à l'étage des principaux aliments vecteurs de protéines, dans la même case que les viandes, les poissons et les œufs. Cette classification a été maintenue dans la nouvelle pyramide actualisée en 2005. Au Canada, les légumineuses ainsi que le tofu apparaissent dans la catégorie des viandes et substituts. Le Guide alimentaire canadien (ressource à l'intention des éducateurs et prescripteurs) indique quelques éléments à l'intention des consommateurs, dont : « consommez souvent des substituts de la viande comme des légumineuses ou du tofu ». Il mentionne également que « ces aliments sont des sources économiques de protéines. En plus, ils sont riches en fibres et faibles en lipides ».

En France, si les recommandations du PNNS sont de consommer 1 à 2 fois par jour de la viande, du poisson ou des œufs, il n'y a pas encore de recommandations quantitatives pour les protéines d'origine végétale. D'autant que les légumes secs sont avant tout classés dans les féculents. Bien qu'il soit signalé — dans une plaquette éditée par l'Inpes (Institut national de prévention et d'éducation pour la santé) *Les féculents à chaque repas, on fait comment ?* — qu'ils apportent des protéines de bonne qualité et peu coûteuses, ils ne ressortent pas clairement comme une source alternative de protéines, comme les présentent les autorités nord-américaines. Ils restent ainsi positionnés sur le même plan que les produits céréaliers ou les pommes de terre, alors que ces derniers restent beaucoup plus riches en amidon que les légumes secs[50]. Ce positionnement nutritionnel de nos instances traduit les objectifs du PNNS qui sont d'abord :

---

50. http://www.inpes.sante.fr/CFESBases/catalogue/pdf/1116.pdf

– d'augmenter la consommation des glucides afin qu'ils contribuent à plus de 50 % des apports énergétiques journaliers, en s'appuyant sur la consommation des aliments sources d'amidon (les féculents) ;
– d'augmenter de 50 % la consommation de fibres, contenues dans les fruits, les légumes, les féculents, et en particulier les légumes secs et les produits céréaliers complets[51].

Ainsi, jusqu'à présent, les recommandations concernant la consommation de légumes secs sont beaucoup plus explicites en Amérique du Nord, qu'elles ne le sont en France. Dans ces pays, la communication sur les légumes secs est aussi beaucoup plus développée qu'en France. Par exemple, Pulse Canada — entité de coordination canadienne de la filière « légumineuses » — édite des livrets de recettes et diffuse des messages dans les média. Des initiatives similaires sont également proposées par une association australienne « Heart Foundation ». En France, seules quelques initiatives privées ont été menées ponctuellement, comme une conférence de presse par la filière française (Fédération française des légumes secs) avec des médecins-nutritionnistes en 2003 lors du projet européen « Pulses and health »[52] ayant permis l'édition en 4 langues d'une plaquette « Légumes secs, des aliments bons pour la santé » (*Pulses, for good health*). Depuis, ces initiatives ne semblent pas avoir été renouvelées.

À retenir. Une place variable dans les recommandations nutritionnelles des pays.

Les recommandations nutritionnelles des dernières décennies en faveur de la consommation de légumineuses à graines sont variables selon les pays. En Amérique du Nord, les légumes secs apparaissent comme une source de protéines, à côté des viandes, des poissons ou des œufs (et donc comme une de leurs alternatives). En France, même si le PNNS recommande d'en augmenter la consommation, les légumes secs sont classés dans les féculents, à côté des produits céréaliers et des pommes de terre.

Valeur nutritionnelle des légumineuses à graines pour l'être humain

D'un point de vue quantitatif, les légumes secs et autres légumineuses à graines constituent une source de protéines et de fibres alimentaires intéressantes, comme le montrent les chiffres moyens issus de l'Oquali, observatoire de la composition nutritionnelle des aliments génériques consommés en France. L'encadré 5.1 illustre ces différents apports de macronutriments. Les glucides, protéines et lipides sont en proportions similaires d'une espèce à l'autre alors que les teneurs en fibres sont très variables. Par ailleurs, les apports en vitamines et minéraux (micronutriments) sont aussi variables. Par exemple, la graine de lupin est riche en vitamines B1 et E, source de vitamines B2 et B3, riche en potassium, phosphore, magnésium, zinc et manganèse et source de calcium et de fer (allégations nutritionnelles autorisées par le règlement européen relatif aux allégations 432/2012).

---

51. http://www.mangerbouger.fr/pro/sante/s-informer-19/determinants-de-l-etat-nutritionnel/glucides-complexes-et-glucides-simples.html
52. *Pulses & Health (QLAM-2000-00161), an accompanying measure of LINK, Legume Interactive Network (FAIR-CT98-3923, 1999-2002).*

Encadré 5.1. Analyse de la composition nutritionnelle d'une portion de 150 g de haricots blancs appertisés égouttés.

Selon la Table Ciqual (Anses 2013), cette portion apporte en moyenne :
− 141 kcal soit 7,1 % d'un apport énergétique moyen (de 2 000 kcal) ;
− 10,9 g de protéines soit 14,5 % de l'apport protéique recommandé journalier (15 % de l'apport calorique sous forme de protéines) ;
− 17,7 g de glucides soit 7,1 % de l'apport glucidique recommandé (50 % de l'apport calorique sous forme de glucides) ;
− 0,74 g de lipides soit 0,83 % de l'apport lipidique recommandé (35 % de l'apport calorique sous forme de lipides) ;
− 10,2 g de fibres soit 40,9 % d'un apport minimal recommandé de 25 g (de 25 à 30 g de FA/j) de fibres alimentaires par jour.

L'ordre de grandeur de la contribution aux besoins nutritionnels d'une portion (150 g) des autres légumes secs (lentilles, pois chiche et pois cassés) est similaire pour les macronutriments. Seule la contribution des fibres varie considérablement entre légumes secs : ainsi 150 g de lentilles ne couvre que 25 % des besoins en fibres journaliers alors que la même portion de pois cassés couvre près de 64 % de ces besoins.

Protéines

Concernant les apports protéiques, d'après les connaissances actuelles, les protéines animales restent les protéines de meilleure qualité nutritionnelle et les mieux assimilées par le corps humain pour répondre aux besoins de croissance des enfants, puis au maintien des masses protéiques corporelles, en particulier au niveau du muscle squelettique, chez le sujet adulte (Tomé, 2012). La consommation simultanée des protéines issues des légumineuses et des céréales permet un apport en acides aminés essentiels équilibré et proche de celui des produits animaux. Les protéines de légumineuses sont en effet relativement riches en lysine (un atout) et pauvres en acides aminés soufrés (une faiblesse) (tableau 5.1), alors que les protéines de céréales sont pauvres en lysine et plus riches en acides aminés soufrés.

En cela, les légumes secs constituent un complément idéal aux céréales dans une alimentation pauvre ou dépourvue de protéines d'origine animale. Dans beaucoup de régions du monde, des plats traditionnels à base d'une légumineuse et d'une céréale produites localement ont constitué, et constituent encore, la base d'une alimentation pauvre en viande. Parmi ces plats mixtes, on peut citer le mélange riz ou maïs et haricots rouges en Amérique latine, le couscous associant la semoule de blé dur au pois chiche en Afrique du Nord, tandis que les légumes secs accompagnés de céréales (riz ou galette) et de légumes constituent la base de la cuisine indienne.

Le soja présente également des atouts car c'est la graine la plus riche en protéines connue du monde végétal. En raison de la présence des 8 acides aminés essentiels et d'une digestibilité de 90 % en moyenne par rapport aux protéines de référence (FAO, 1985), les protéines de soja peuvent être comparées aux protéines animales.

Tableau 5.1. Teneur en protéines, lysine et méthionine de quelques légumineuses comparée à celle d'autres aliments courants. D'après Afssa, 2007 ; Anses (Table Ciqual), 2013.

Nom de l'aliment	Protéines (g/100 g)	Lysine (mg/100 g protéine)	Méthionine (mg/100 g protéine)
Haricots rouges cuits à l'eau	9,1	68,90	15,05
Lentilles cuites à l'eau	9,0	70,00	8,56
Lupin, graines cuites à l'eau	15,6	53,33	7,05
Pois cassés cuits à l'eau	8,3	72,53	10,24
Soja, graines cuites à l'eau	16,6	66,75	13,49
Œuf entier cuit à l'eau	12,6	71,75	31,11
Lait entier	3,3	78,89	24,85
Pâtes alimentaires cuites	4,85	22,12	16,13

La biodisponibilité des protéines de légumineuses est souvent considérée comme moins bonne que les protéines animales. Cette plus faible digestibilité des protéines végétales est, pour une part importante, associée à la présence de composants des parois végétales (même si ce sont des fibres intéressantes par ailleurs) et de composés antinutritionnels. Elle est observée pour des produits végétaux non purifiés de type graines entières ou broyées (digestibilité de 50-80 %) et pour des produits peu purifiés sous forme de farines brutes (digestibilité de 80-90 %). En revanche, les protéines végétales à l'état purifié sous forme d'isolés (ou isolats), de concentrés ou de farines purifiées, ont généralement des digestibilités plus élevées (> 90 %) et proches des protéines animales (œuf, lait, viande). Des protéines végétales de soja ou de pois totalement ou partiellement extraites ont une digestibilité iléale vraie (*Ileal true digestibility*) élevée chez l'homme, légèrement inférieure à celle des protéines laitières (90 % *vs* 95 % en moyenne) (Gausserès *et al.*, 1997 ; Gaudichon *et al.*, 2002). Les protéines de lupin ont aussi une forte biodisponibilité (digestibilité iléale réelle : 91 % et faibles pertes endogènes au niveau iléal) y compris si elles sont incluses dans une farine relativement riche en fibres (Mariotti *et al.*, 2002).

Les études de bilan azoté révèlent également que la qualité des protéines de soja isolées est comparable, chez l'adulte, à celle des protéines animales. En revanche, elle est significativement inférieure (82 % de la valeur nutritive du lait écrémé) pour des enfants d'âge pré-scolaire (Tomé, 2012).

Le mélange des protéines de légumineuses avec celles des céréales permet donc de compenser le déséquilibre en acides aminés soufrés. Ainsi, un mélange maïs-haricot (76 et 24 %, respectivement) permet de couvrir les besoins azotés d'enfants d'âge pré-scolaire. Tomé (2012) conclut que les qualités nutritionnelles des sources de protéines peuvent se classer ainsi : protéines animales (lait, viande) $\geq$ protéines de légumineuses (soja) > protéines de céréales (blé, maïs). Les formules à base de lait de soja pourraient assurer le développement et la croissance des enfants nés à terme et en bonne santé mais elles ne sont recommandées qu'en cas d'intolérance au lactose, galactosémie et de besoin d'exclusion des aliments d'origine animale. Des aliments riches en protéines, à base de lentilles, ont des effets comparables aux aliments à base de protéines animales sur l'absorption azotée et le bilan azoté chez des enfants dénutris (cité par Tomé, 2012).

Bos *et al.* (2003) ont cependant montré que les protéines de soja se comportent comme des protéines « rapides » en comparaison aux protéines laitières qui sont « lentes » expliquant probablement la moins bonne rétention de ces protéines végétales. Ceci a été confirmé ultérieurement par la même équipe (Fouillet *et al.*, 2009) avec des protéines marquées à l'azote-15 ; elle observe un plus fort catabolisme au niveau splanchnique (+ 30 %) et une rétention périphérique diminuée de 20 % avec les protéines de soja toujours comparées aux protéines laitières.

Il n'existe actuellement pas de recommandation française concernant les apports en protéines végétales mais il est fréquemment indiqué que l'apport en protéines doit être couvert à 50 % par des produits végétaux.

Fibres

Concernant les fibres, les recommandations sont de consommer 25 à 30 g de fibres alimentaires par jour (Martin, 2001), mais la consommation moyenne actuelle n'est que de 17,5 g/jour chez les adultes, de 14,2 g chez les adolescents (15-17 ans) et 14,8 g/j chez les enfants de 11 à 14 ans (Étude INCA2, 2006-2007 ; Anses, 2009). Les légumes secs étant riches en fibres, ils pourraient contribuer à une augmentation des apports en fibres. Il n'existe pas, à l'heure actuelle, de recommandations qualitatives concernant ce constituant végétal mais il est généralement indiqué que l'alimentation doit comporter des fibres solubles et insolubles. Les légumineuses sont des sources de fibres insolubles (téguments et parois végétales) mais également solubles (parois végétales et contenu intracellulaire). Les légumineuses, dont les légumes secs, contiennent ainsi des α-galactosides (raffinose, stachyose, verbascose) qui sont des oligosides (polymères de degré de polymérisation < 10) hydrosolubles dans l'eau et très fermentescibles. Ces composés sont assimilés à des fibres d'après la réglementation française (application française de la définition du *Codex alimentarius*) et qui auraient des propriétés prébiotiques. La contrepartie de l'effet bénéfique des fibres sur la santé du tube digestif est le risque de flatulence suite à l'ingestion des fibres les plus fermentescibles (α-galactosides).

Microconstituants (autres que les micronutriments)

Les légumineuses, dont les légumes secs, contiennent en dehors des macronutriments (protéines, glucides, lipides et fibres alimentaires) et micronutriments (minéraux et vitamines) de nombreux composés qui jouent souvent un rôle de protection pour la plante. Parmi ces composés, plusieurs ont longtemps été qualifiés de facteurs « antinutritionnels » car ils réduisent la biodisponibilité des macro- ou des micronutriments et/ou ont des effets délétères lorsqu'ils sont absorbés en grande quantité par les espèces monogastriques. Une revue de synthèse a été publiée en 2002 sur ces composés présents dans les légumes secs (Champ, 2002).

Parmi ces substances, plusieurs, de nature protéique ou glycoprotéique (inhibiteurs de la trypsine et de la chymotrypsine, de l'α-amylase, lectines), sont dénaturées (en totalité ou au moins en grande partie) par les traitements hydrothermiques, dont les traitements classiques de cuisson des légumes secs. Les oxalates limitent la biodisponibilité des minéraux mais sont présents en très faibles quantités dans les légumineuses par rapport à certains végétaux verts (par exemple épinards).Les phytates, non dénaturés à la cuisson, limitent la biodisponibilité des minéraux, comme le fer et le zinc, dont les graines de légumineuses (et notamment les légumes secs) sont vecteurs. Des traitements, tels que la germination ou l'addition de certaines épices (ail, oignon…), semblent améliorer la biodisponibilité de ces minéraux. Les composés phénoliques sont très répandus dans le règne végétal ; parmi eux, les isoflavones, présents en particulier dans les graines de soja sont des phyto-œstrogènes (voir p. 273). Les tannins et les fibres alimentaires pourraient être responsables de la biodisponibilité plus faible des protéines de légumineuses, lorsqu'elles ne sont pas isolées, par rapport aux protéines animales. Les isolats protéiques issus de légumineuses concentrent souvent les inhibiteurs de protéase ; seul un traitement hydrothermique permet de dénaturer ces protéines.

À retenir. Des atouts nutritionnels confirmés, complémentaires d'autres aliments.

Les graines de légumineuses sont des aliments riches en protéines et en fibres alimentaires. Elles sont riches en lysine mais pauvres en acides aminés soufrés, ce qui en fait un excellent complément des céréales, dans la constitution d'une part protéique équilibrée d'origine végétale et permettant ainsi une substitution aux protéines d'origine animale.

Elles contiennent des vitamines B1, B2, B3 et E, et des minéraux (potassium, phosphore, magnésium, zinc, manganèse, calcium et fer) ; certaines plus particulièrement riches peuvent prétendre à des allégations selon la réglementation européenne. Cependant, la biodisponibilité de ces minéraux n'est à ce jour pas aussi bonne que dans les aliments d'origine animale en grande partie à cause de la présence de phytates dans les légumineuses. Si certains composés (dits « facteurs antinutritionnels ») sont impliqués dans la plus faible digestibilité des protéines de légumineuses par rapport aux protéines animales (tannins en particulier), beaucoup d'entre eux peuvent être détruits par les traitements hydrothermiques, ne présentant pas d'inconvénient pour l'alimentation humaine. Des préparations appropriées des graines de légumineuses peuvent donc permettre d'augmenter la biodisponibilité de leurs constituants.

Aucun aliment n'est idéal, chacun possédant des atouts et des faiblesses, et les légumineuses à graines n'échappent pas à la règle. Les apports nutritionnels des légumineuses ont toute leur place dans une alimentation variée et équilibrée, d'autant plus si cette alimentation, pour des raisons diverses, contient de faibles apports d'aliments d'origine animale. De plus, de récentes études cliniques tendent de plus en plus à présenter les légumineuses comme un aliment santé.

Contribution des légumineuses à la santé et au bien-être

Les bénéfices potentiels des légumineuses sont nombreux et illustrés depuis longtemps par des études sur modèles animaux mais également des études d'intervention chez l'homme et de plus rares études épidémiologiques (Champ *et al.*, 2002). Ils sont liés à la composition en macronutriments, micronutriments et substances associées (dont polyphénols), et aux propriétés de ces différentes fractions. Les bénéfices les mieux démontrés sont liés à la présence de fibres alimentaires et au faible indice glycémique de ces aliments ; ils concernent en particulier la santé cardiovasculaire ou le risque de diabète de type 2. Des travaux récents confortent encore ces hypothèses mais il n'y a encore à ce jour aucune allégation santé concernant les légumes secs, tandis que les Canadiens mènent une étude d'intervention sur des sujets légèrement hyper-cholestérolémiques dans le but d'obtenir une allégation santé pour les haricots et/ou les pois. À côté de ces propriétés pour lesquelles il existe des preuves scientifiques assez convergentes, des études récentes (Taylor *et al.*, 2012) ouvrent d'autres pistes ou étayent d'autres bénéfices potentiels, comme l'intérêt des légumes secs dans la prévention de l'obésité ou de cancers.

Un état des connaissances a été dressé par un groupe international d'experts lors d'un atelier de l'action européenne *Pulses & Health* en 2001. Un consensus scientifique a alors été formulé sur les impacts de la consommation de légumes secs sur la nutrition et la prévention de maladies. Étayé par un dossier scientifique publié en 2002 par le *British Journal of Nutrition* (Champ *et al.*, 2002) et diffusé lors d'actions de communication en 2002 et 2003, ce consensus scientifique est résumé ainsi : « les légumes secs sont des composants utiles pour des régimes équilibrés et peuvent aider à prévenir les maladies chroniques telles que le diabète type 2 et les maladies cardiovasculaires », et comprend plusieurs points (encadré 5.2) sur des sujets réexaminés et actualisés dans les paragraphes suivants. En 2012, un nouveau supplément du *British Journal of Nutrition* a été édité sous l'égide de Pulse Canada (Taylor *et al.*, 2012) et rassemble à la fois des revues de synthèse et des travaux originaux permettant de conforter et de compléter ces analyses. Nous proposons de revenir sur ces principaux bénéfices santé identifiés dans la littérature et d'en apprécier les limites pour préciser les besoins de recherche.

Encadré 5.2. Consensus Pulses & Health 19 April 2002, Madrid.

By pulses, we mean mainly beans (*Phaseolus*), lentils, chickpeas, faba beans (*Vicia faba*) which are the main species of grain legumes consumed by human populations in the world.
– Pulses are a useful component of balanced diets.
– Pulses are low in fat and rich sources of protein, fibre, minerals and vitamins.
– Pulses have a low glycaemic index (small rise of glucose after a meal) and can contribute to improved blood glucose control.
– Frequent intake of pulses may lower blood cholesterol concentration significantly. As part of a diet low in saturated fat and cholesterol, they may help to reduce the risk of coronary heart diseases.
– As part of a low-fat food, frequent consumption of low-fat pulses may be of assistance in weight management.
– Pulses have low allergenic capacity compared with some other sources of protein.

Légumineuses et contrôle du poids

D'après Marinangeli *et al.* (2012), il semble qu'il y ait peu de données expérimentales pour affirmer que les légumes secs ont un effet favorable sur le risque d'obésité. Cependant, d'après cette même publication, plusieurs études, dont en particulier celle de Higgins *et al.* (2004), tendraient à prouver une modulation du métabolisme des macronutriments par la consommation de légumes secs et une augmentation de l'oxydation des lipides. Marinangeli *et al.* (2012) indiquent que les légumes secs ont un effet satiétogène qui n'est cependant pas toujours associé à une réduction globale de l'apport calorique. Par ailleurs, d'après plusieurs auteurs cités dans ce même article, la consommation de légumes secs pourrait également contribuer à réduire le dépôt de tissu adipeux viscéral.

Une majorité des études sur l'impact de la consommation de légumes secs sur la satiété montre un effet favorable mais sans nécessairement d'effet sur la consommation totale d'énergie ingérée au cours de la journée (Johnson *et al.*, 2005 ; Pittaway *et al.*, 2007 ; Wong *et al.*, 2009 ; Murty *et al.*, 2010). Plusieurs travaux suggèrent qu'une augmentation de la satiété pourrait être la résultante d'une stimulation de la sécrétion de cholescystokinine (CCK) par les fibres en particulier. On ne dispose pas encore d'études sur l'impact de la consommation de légumes secs sur les principales hormones intervenant dans la régulation de la satiété telles que la ghréline, la glucagon-like peptide 1 (GLP-1) ou le peptide YY (PYY), ni d'essais cliniques d'intervention sur des patients en surpoids, par exemple, pour affirmer un effet bénéfique de la consommation de légumes secs sur le surpoids ou l'obésité.

Légumineuses, métabolisme glucidique et diabète

Des études épidémiologiques montrent des associations entre la consommation de légumineuses et une diminution du nombre de diabètes de type 2 (Bazzano *et al.*, 2001 ; Darmadi-Blackberry *et al.*, 2004 ; Esposito *et al.*, 2006). Le fait que les légumes secs aient un faible indice glycémique (IG) est largement démontré (Atkinson *et al.*, 2008 ; Sieven-Pipper *et al.*, 2009) (tableau 5.2). Par ailleurs, la consommation d'aliments à faible IG est corrélée à une plus faible incidence de diabète de type 2 et est favorable dans le cadre de son traitement.

Tableau 5.2. Indice glycémique (IG) moyen des légumes secs et de dérivé de légumineuses en comparaison avec deux aliments céréaliers (aliments tels que consommés). D'après Atkinson *et al.*, 2008.

Aliment	IG
Pois chiche	28 ± 9
Haricots blancs	24 ± 4
Lentilles	32 ± 5
Lait de soja	34 ± 4
Pain de mie (blanc)	75 ± 2
Spaghettis (blancs)	49 ± 2

Dans un article de synthèse portant sur l'impact de la consommation de haricots de différentes variétés sur le risque de maladies chroniques, Hutchins *et al.* (2012) ont examiné 23 articles et concluent que ces aliments ont beaucoup d'effets favorables à la santé qui pourraient être liés à la faible réponse glycémique à ces légumes secs. La méta-analyse de Sievenpiper *et al.* (2009) concluait que la consommation de légumes secs seuls, ou dans un régime à faible IG ou riche en fibres, améliore les marqueurs du contrôle glycémique à long terme (HbA_{1c} et fructosamine). Hutchins *et al.* (2012) concluent sur la base de sept études que la consommation de haricots secs (noirs, rouges ou blancs) a un effet bénéfique pour les sujets atteints de diabète de type 2 ou à risque pour cette pathologie.

Dans une étude d'intervention au cours de laquelle 45 adultes ont reçu 728 g de pois chiche par semaine pendant 12 semaines, l'insulinémie à jeun des sujets a diminué de 0,75 microU/ml (5,21 pmol/l) (Pittaway *et al.*, 2008).

Légumineuses, métabolisme lipidique et maladies cardiovasculaires

La méta-analyse réalisée en 2002 par Anderson et Major montrait que la consommation de légumes secs était associée aux changements suivants : cholestérol total à jeun, − 7,2 % (IC 95 % : − 5,8, − 8,6 %) ; LDL-cholestérol, − 6,2 % (IC 95 % : − 2,8, − 9,5 %) ; HDL-cholestérol, + 2,6 % (IC 95 % : + 6,3, − 1,0 % ; triglycérides, − 16,6 % [IC 95 % : − 11,8, − 21,5 %]) ; poids corporel, − 0,9 % (IC 95 % : + 2,2 %, − 4,1 %). Les effets hypocholestérolémiants des légumes secs seraient attribués en particulier aux fibres solubles, aux protéines et aux oligosides (α-galactosides) (Anderson et Major, 2002). En conclusion, cette première méta-analyse indiquait que la consommation régulière de légumineuses peut avoir des effets protecteurs importants contre le risque cardiovasculaire.

Plus récemment, Pittaway *et al.* (2008) ont confirmé cette observation au cours d'une étude d'intervention chez 45 adultes, avec une réduction du cholestérol total et LDL de 7,7 et 7,3 mg/dl de sérum, respectivement, après 12 semaines d'alimentation comprenant 728 g de pois chiche par semaine. Une analyse univariée a en outre révélé que ce sont les fibres qui sont le principal responsable de cette baisse de cholestérol. Cependant, Campos-Vega *et al.* (2010) suggèrent que les folates des légumineuses pourraient aussi contribuer à la prévention des maladies cardiovasculaires par la consommation de ces aliments.

Parmi les études sur l'impact sur la santé des fractions de lupin menées dans le cadre du projet européen HealthyProFood (voir p. 287), des résultats encourageants ont été obtenus avec des protéines de lupin sur un modèle animal d'hypercholestérolémie montrant un effet hypocholestérolémiant (baisse du cholestérol total et LDL) avec une faible dose quotidienne de protéine (50 mg/jour soit 250 mg/kg de poids corporel) (Sirtori *et al.*, 2004).

Légumineuses et fonctions coliques

Deux études de fermentation *in vitro* (fermentation en présence d'un inoculum bactérien d'origine fécale) de fibres de pois ou de fractions indigestibles de haricots noirs et lentilles ou autres légumineuses tendraient à montrer que la consommation de légumes secs ou de certaines fractions issues des graines génère une production de butyrate (un des acides gras à chaîne courte produits au cours de la fermentation des fibres au niveau du côlon) supérieure à celle de régimes sans légumes secs

(Stark et Madar, 1993 ; Mahadevamma *et al.*, 2004 ; Hernandez-Salazar *et al.*, 2010). D'autre part, l'introduction de différentes variétés de haricot dans l'alimentation de rats (25 % du régime) augmente significativement la concentration en butyrate des contenus caecaux des animaux (Han *et al.*, 2003). Or, le butyrate est le nutriment préférentiel du colonocyte ; il lui est attribué de nombreux effets favorables sur la santé du côlon comme la régulation du transit intestinal, la prévention du cancer colorectal ou l'amélioration d'états inflammatoires tels que la rectocolite hémorragique.

Légumineuses et métabolisme hormonal ou cancers

Cas du soja

Les résultats scientifiques sur les phyto-œstrogènes sont contradictoires : alors que les études les plus récentes semblent démontrer une absence d'effet sur la qualité du sperme et le taux de testostérone, certaines études montraient qu'ils pourraient, à forte dose, entraîner des troubles de la fertilité chez l'homme. Les phyto-œstrogènes sont encore utilisés sous formes concentrées (compléments alimentaires[53]) pour limiter les facteurs de risques et inconvénients de la ménopause, malgré des études encore contradictoires sur le risque de cancer du sein et des effets peu convaincants sur les bouffées de chaleur.

Enfin, les études épidémiologiques les plus récentes montrent que la consommation de soja contribue à réduire le risque de survenue de cancer du sein, d'autant plus qu'elle est commencée tôt (avant l'adolescence) et maintenue tout au long de la vie (Shu *et al.*, 2000 ; Yamamoto *et al.*, 2003). Malgré la présomption d'un effet protecteur du soja vis-à-vis du risque du cancer du sein, l'Anses invoque le principe de précaution et préconise de ne pas dépasser l'apport quotidien de 1 mg d'isoflavones par kg de poids corporel et par jour, notamment chez les femmes avec antécédent de cancer du sein. Cette recommandation reste compatible avec la consommation alimentaire de produits au soja dans le cadre d'une alimentation variée et équilibrée. Ainsi pour une femme de 60 kg, cela représente jusqu'à 60 mg d'isoflavones par jour, soit, par exemple, l'équivalent de plus de 9 crèmes dessert à base de soja par jour.

Cas des légumes secs

Le WCRF/AICR (2010) concluait de quatre études prospectives publiées avant décembre 2009 qu'il y a une diminution non statistiquement significative du risque de cancer colorectal lorsque la consommation de fibres de légumineuses augmente (RR $_{\text{pour 10 g/jour}}$ = 0,62, IC 95 % = 0,27-1,42, 4 études).

En 2008, Schatzkin *et al.* ont publié les résultats d'une étude prospective sur la consommation de fibres et le risque de cancer de l'intestin grêle. De l'analyse spécifique de la consommation de haricots, il ressort que le risque relatif de cancer de l'intestin grêle (duodénum, jéjunum et iléum) est de 0,81 (0,66-0,99) pour les gros

---

53. Les compléments alimentaires contiennent en général quelques mg à presque 100 mg d'isoflavoines sous forme active (aglycone), ce qui représente une quantité très difficile à atteindre en ingérant des aliments contenant des isofavones.

consommateurs de haricots *versus* les plus faibles ; la fréquence des cancers du duodénum serait la plus susceptible de diminuer chez les gros consommateurs de haricots ($\geq$ 3,0 g de fibres de haricots/jour *vs* 0,7- < 1,3 g/j).

À retenir. La consommation régulière de légumes secs a des effets favorables pour la santé.

Il existe désormais des études cliniques suffisamment bien conduites pour pouvoir indiquer que les légumes secs ont un effet favorable sur la santé, qu'ils peuvent contribuer à la prévention du diabète de type 2 chez des patients à risque, ainsi que, probablement, à la prévention de l'obésité, des maladies cardiovasculaires et du cancer colorectal. Ils sont également intéressants dans le cadre de l'alimentation des patients diabétiques en contribuant à l'équilibre glycémique.

De plus, les plus forts consommateurs de protéines végétales sont les individus les mieux protégés contre le risque de mortalité par infarctus et par cancer.

Légumineuses et allergies alimentaires

Les allergies alimentaires se distinguent selon le mécanisme immunitaire qu'elles impliquent. Les allergies alimentaires dépendant des anticorps immunoglobulines-E (IgE) sont les plus fréquentes. Malgré le pouvoir allergénique potentiel de tous les aliments, huit aliments sont responsables de plus de 90 % des réactions allergiques IgE-dépendantes de l'adulte et l'enfant : le lait de vache, les œufs, le poisson, les crustacés, l'arachide, le soja, le blé et les fruits à coque.

Les habitudes alimentaires régionales et l'exposition au pollen peuvent influencer l'épidémiologie de l'allergie aux légumineuses. Les allergies à l'arachide et au soja sont courantes notamment en Amérique du Nord et en Asie, alors qu'en Espagne, c'est l'allergie aux lentilles qui est la plus répandue (Pascual *et al.*, 2001 ; Sicherer, 2001 ; Martínez San Ireneo *et al.*, 2008).

Le soja est généralement considéré comme un allergène mineur par rapport à l'arachide ou au lait de vache. Chez les enfants, la prévalence de l'allergie ou de l'intolérance au soja serait tout de même de 1 à 6 %, selon les habitudes alimentaires régionales. Le dépistage de l'allergie au soja reste délicat du fait d'un fort taux de faux positifs avec l'utilisation de tests cutanés ou de dosages radio-isotopiques, et un test de provocation orale en double aveugle avec témoin placebo est beaucoup plus discriminant.

Pour le lupin, depuis son introduction dans l'alimentation humaine comme ingrédient fonctionnel, le nombre de réactions allergiques est en augmentation. Une étude chez plus de 1 500 individus suspectés d'allergies alimentaires a estimé la sensibilisation au lupin à 1,6 % dans cette population (Hieta *et al.*, 2009). L'allergie au lupin est souvent associée à une allergie à d'autres légumineuses, notamment l'arachide, mais certains individus montrent des liaisons IgE spécifiques aux protéines de lupin (Dooper *et al.*, 2009).

La prévalence de la co-sensibilisation entre légumineuses est très élevée. Elle toucherait plus de 70 % des personnes allergiques à une légumineuse (Bernhisel-Broadbent et Sampson, 1989 ; Reis *et al.*, 2007 ; Hieta *et al.*, 2009). Les traitements technologiques appliqués aux aliments peuvent influencer le potentiel allergène de ces derniers, par exemple en détruisant des épitopes allergènes, mais ils peuvent aussi former de nouveaux allergènes.

Pour prévenir le développement des allergies, on recommande une introduction tardive des allergènes dans le régime alimentaire de l'enfant, particulièrement dans le cas d'atopie. Lorsque l'allergie est déclarée, elle implique la mise en place de régimes d'éviction stricte.

Bénéfices nutritionnels des produits issus d'animaux ayant consommé des légumineuses

Produits issus d'espèces monogastriques et de volailles

Il y a peu d'études récentes visant à étudier l'impact de l'apport de légumineuses sur la qualité de la viande d'espèces monogastriques. En général, les études portent surtout sur la démonstration que l'utilisation d'une matière première donnée dans la formule des aliments ne modifie pas les performances de l'animal et la qualité de la carcasse par rapport à la formule de référence utilisée majoritairement pour un animal donné. L'absence de changement est ainsi souvent constatée pour l'introduction des protéagineux en remplacement partiel ou total d'autres matières premières (céréales, maïs, soja) pour les porcs et les volailles (chapitre 4).

Des études anglaises récentes (Smith *et al.*, 2013), au sein du projet GreenPig[45], ont confirmé ce que les études françaises avaient fait dans les années 1990 : l'introduction de pois ou de féverole dans l'alimentation du porc en substitution au tourteau de soja permet d'obtenir des carcasses ayant des qualités similaires à celles des animaux recevant du soja en termes de qualité (épaisseur de lard dorsal, pourcentage de maigre).

Des concentrés protéiques de luzerne (CPL) sont utilisés dans des aliments pour chevaux, lapins ou volailles. Par ailleurs, le CPL contient une concentration importante de xanthophylles qui permet d'accroître la coloration jaune du jaune d'œuf et de la chair du poulet (voir p. 259).

Produits issus des ruminants

Dans un effort de substitution du tourteau de soja par des sources de protéines métropolitaines, en alimentation animale, il a été réalisé des essais d'incorporation de CPL dans la ration de vaches laitières. Des travaux menés en collaboration avec la société française Désialis par des équipes belges ont montré que le CPL est une bonne source de protéines pouvant remplacer le tourteau de soja et permet d'augmenter la teneur en 18:3 n-3 de la matière grasse du lait (Dang Van *et al.*, 2010).

Ces concentrés sont vendus sous forme d'aliments destinés aux ruminants pour la production de lait (vaches laitières haute performance et petits ruminants). Un concentré protéique spécial ruminant est incorporé à moins de 2,5 % dans les aliments et est destiné à la filière Bleu-Blanc-Cœur. Il répond en outre au cahier des charges des aliments sans OGM ou sans soja. Une autre équipe a étudié l'effet de combinaisons d'aliments riches en acides gras oméga-3 sur le profil en acides gras du lait (Hurtaud *et al.*, 2012). Les associations de différentes sources avec le lin, notamment du colza et du concentré protéique de luzerne, semblent intéressantes. De même, l'augmentation de fourrages verts (dont les légumineuses) par rapport aux graminées peut contribuer à augmenter la teneur en acides gras polyinsaturés des produits animaux (voir p. 257).

À retenir. Peu d'informations sur les bénéfices pour la consommation humaine liés aux légumineuses consommés par les animaux.

Il existe peu d'informations sur les avantages, en termes de qualité nutritionnelle des productions animales, de l'introduction de légumineuses dans l'alimentation des animaux destinés à l'alimentation humaine. Les études se focalisent sur la substitution partielle ou totale d'autres matières premières, céréales ou soja, afin d'obtenir des produits animaux similaires. Le pois et la féverole sont intéressants pour produire des carcasses de porcs à qualités comparables à celles obtenues avec du tourteau de soja comme principale source de protéines. Dans le cas des vaches laitières, les concentrés protéiques de luzerne en substitution au tourteau de soja s'avèrent très intéressants pour la composition en acides gras (teneur en 18:3 n-3) du lait.

Pour conclure sur les légumineuses en nutrition et santé

Pour tendre vers certaines allégations santé (au sens réglementaire) d'une consommation plus importante de légumes secs et/ou d'ingrédients issus de légumineuses, il faudrait disposer de plusieurs études solides conduites sur du long terme chez des populations à risque de pathologies chroniques non transmissibles et/ou d'études par observation de cohortes importantes parmi lesquelles un nombre suffisant d'individus serait consommateur de légumes secs et/ou de dérivés de légumineuses. La cohorte « Nutrinet Santé » offre à ce titre une opportunité unique dont l'analyse prochaine pourrait amener à de nouvelles appréciations de ces effets santé.

Les différentes études citées ici permettent toutefois d'apporter des éléments conclusifs sur la consommation régulière de légumes secs pour contribuer à la prévention du diabète de type 2, des maladies cardiovasculaires et probablement de l'obésité et de certains cancers (dont le cancer colorectal). Une promotion efficace de la consommation de ces aliments pourrait donc contribuer à diminuer les coûts de santé dans tous les pays (dont la France) dans lesquels la consommation de protéines animales est importante tandis que celle de fibres est notoirement insuffisante. Par ailleurs, plusieurs ingrédients issus de légumineuses (farines, isolés protéiques ou fibres) qui présentent des propriétés fonctionnelles intéressantes pourraient augmenter les apports en fibres alimentaires et diminuer ceux de lipides notamment saturés chez les populations occidentales. Pour comprendre quels sont les différents leviers à actionner pour augmenter la consommation de ces aliments, il est nécessaire de se pencher sur les comportements d'achat actuels et la perception de ces produits par les consommateurs, mais également d'encourager les industriels qui peuvent être les promoteurs de nouveaux produits avec légumineuses, qui soient attractifs et bons pour la santé.

▸▸ Consommation et perceptions par le consommateur des légumes secs et produits issus de légumineuses à graines

Malgré les recommandations de consommer plus de légumes secs, et les différents bénéfices santé qu'on peut leur attribuer, les consommations restent faibles et un tiers environ de la population a des consommations moyennes quotidiennes de moins de 10 g/j d'après le PNNS. Les études tendent à montrer une perception ambivalente de ce produit par le consommateur. À côté du segment de consommation traditionnelle des légumes secs, se développent des produits alimentaires à base de légumineuses pouvant contenir différents types de fractions, et en quantités plus ou moins importantes. Ces fractions sont le plus souvent utilisées par les industries agroalimentaires pour différentes propriétés techno-fonctionnelles. Les nouveaux enjeux de consommation pourraient contribuer à renforcer leur consommation dans les prochaines années.

Consommation des légumes secs

En France, l'évolution des régimes alimentaires incorporant de plus en plus de produits carnés, la consommation de légumineuses à graines a chuté de 7,3 kg/personne/an à 1,4 kg/personne/an entre 1920 et 1985. Depuis 1985, cette quantité consommée est relativement stable (1,42 kg/personne/an en moyenne sur 2001-2008). Malgré les recommandations nutritionnelles d'augmenter notre consommation de légumes secs, les dernières données d'INCA2 (Anses, 2009) révèlent qu'un tiers de la population se déclare consommatrice de légumes secs mais que cette consommation n'atteint qu'environ 10 g/j pour les adolescents de 15-17 ans et les plus de 35 ans (35-54 et 55-79 ans) et est inférieure à 8 g/j pour les jeunes adultes (18-34 ans) et les enfants (3-14 ans).

Du fait de la quasi-absence de soutien politique et économique accordé aux légumes secs, la production de plein champ des légumineuses alimentaires (pour un rappel de ces différentes espèces, voir chapitre 1) est devenue confidentielle en France. Ainsi, malgré une consommation très faible, on estime à près de la moitié de la consommation française issue des importations. La France reste donc très déficitaire en légumes secs, en particulier pour les lentilles et les haricots secs avec un taux d'approvisionnement de 27 % en moyenne sur 2001-2008 (Commissariat général au Développement durable, 2009).

Sur la scène européenne, la France apparaît comme le plus faible consommateur, derrière le leader, le Royaume-Uni, suivi des pays méditerranéens : dans l'ordre d'importance, Italie, Espagne, Grèce et Portugal (Schneider, 2002). Les produits de légumes secs et les façons de les consommer sont très variables selon les habitudes culturelles et culinaires des différents pays. Les légumes secs en conserve sont quantitativement les plus consommés par rapport aux surgelés ou paquets de graines sèches. Le haricot commun est l'espèce dominante : par exemple, en 2000, la consommation de l'UE est d'environ 300 000 t à 350 000 t (selon les sources statistiques) pour une production de l'UE d'environ 115 000 t. À ce moment-là, trois pays, l'Angleterre (395 000 t), l'Espagne (224 000 t) et la France (80 000 t), représentaient 60 % de la consommation des légumes secs de l'Union européenne.

Au Royaume-Uni, le plus gros consommateur, le haricot représente 85 % de la consommation de légumes secs (consommé principalement à partir de conserves ou cuisiné sous forme de purée, et provenant pour la quasi-totalité d'importations), suivi du pois (type spécifique *marrowfat* dominant, produit dans le pays), tandis que pois chiches, féveroles et lentilles sont des débouchés de niches « ethniques » (la quasi-totalité des féveroles produites au Royaume-Uni est exportée).

L'Espagne est un pays représentatif des pays méditerranéens fortement consommateurs, trois fois plus que les Français (5-7 kg/personne). Contrairement aux pays du Nord de l'Europe, la palette des légumes secs consommés est spécialement large, avec une grande diversité régionale pour les espèces et les façons de les consommer ainsi que les catégories sociales concernées. Le haricot, le pois chiche et la lentille représentaient chacun environ un tiers de la consommation espagnole des légumes secs dans les années 2000, avec une augmentation pour les deux derniers, et tout spécialement la lentille. L'Espagne importe 70 % de sa consommation après une baisse de l'approvisionnement domestique.

En France, 80 000 t/an de légumes secs sont importées contre 20 000 t de production domestique. 70 % des échanges commerciaux sont gérés par cinq entités et les importations représentent 90 % de l'approvisionnement industriel. Le haricot représente presque la moitié de la consommation française de légumes secs (et 8 % est produit en France), vient ensuite la lentille (30 % de la consommation des légumes secs, 20 % de production domestique), les pois chiches (2 % de production domestique), alors que le pois de casserie est un marché réduit mais régulier et auto-suffisant. Les trois types de produits achetés sont : graines entières crues (majoritairement lentilles), conserves de légumes secs (presque la moitié pour le haricot blanc), et plats préparés intégrant des légumes secs (le cassoulet pour les 2/3) ; ce dernier segment des conserves de plats préparés capte plus de la moitié des volumes et les 2/3 de la valeur du marché des légumes secs (A.N.D., 2000). Le marché est très segmenté, sans substitution des espèces entre elles. Les consommations sont très variables selon les régions et les catégories de consommateurs (tranche d'âge et niveau social). Soulignons une tendance à l'augmentation d'innovations technologiques au cours des dernières années, qui permettent de proposer des légumineuses pré-cuites ou en mélange avec d'autres graines ou en plats préparés plus diversifiés.

Le secteur des légumes secs apparaît scindé en deux selon qu'ils proviennent d'importations ou qu'ils sont d'origine française. C'est par la différentiation que les producteurs français valorisent ce marché de niche, en jouant essentiellement sur l'ancrage territorial au regard de l'importance des importations : à la fin des années 2000, un tiers de la production de légumes secs vendus en graines entières est sous un signe officiel de qualité (d'après les statistiques INAO), auquel s'ajoute une multiplication de labels privés comme le précise le chapitre 7 (voir p. 376).

Consommation de produits
contenant des ingrédients issus de légumineuses

L'appellation « matières protéiques végétales » (MPV) regroupe des ingrédients alimentaires issus d'espèces végétales riches en protéines : graines de légumineuses (soja, pois, lupin, féverole), graines de céréales (blé). Les produits finis dans lesquels sont intégrés ces ingrédients couvrent une palette variée de rayons alimentaires, des pâtisseries aux produits carnés. Un référencement des matières protéiques végétales dans les produits alimentaires disponibles dans les magasins en France est permis grâce à une enquête du GEPV[54]. Cette association a pour mission de mener des travaux contribuant à améliorer la connaissance sur les MPV, pour l'intérêt général de tous les industriels concernés. L'enquête de référencement permet de suivre l'évolution de l'utilisation des MPV dans les produits agroalimentaires. Les résultats des derniers bilans de référencement indiquent que les MPV sont surtout présentes dans les produits des rayons « boulangerie, viennoiserie, pâtisserie » (38 % du total des produits contenant des MPV), « viandes » (29 %) et « produits traiteurs » (17 %). En 2011, dans ces trois secteurs, en fonction des types de produit, le nombre de références contenant des MPV a été multiplié par 2 ou 3 en seulement 2 ans, avec un dynamisme particulier du secteur des produits traiteurs qui ne se dément pas depuis plusieurs années (GEPV, 2013). Cependant, les protéines issues de légumineuses restent moins importantes que celles issues du blé (chapitre 7) mais leur présence n'est pas négligeable. Ceci est une spécificité française car les matières protéiques végétales issues du soja sont prédominantes chez nos voisins européens. La dernière enquête faite en 2013[55] a confirmé la progression du nombre d'aliments incorporant ces protéines et leur répartition entre rayons et espèces. La répartition par espèce végétale est toujours en faveur du blé (57 %), puis du soja (19 %) ou d'associations de différentes espèces (15 %), alors que les autres espèces sont plus minoritaires : 5 % de pois, 2 % de lupin, 2 % de farine de fève. La distribution des MPV dans les rayons selon les espèces végétales est illustrée par la figure 5.1 (planche XXV). La hausse des produits relevés intégrant ces protéines végétales est de 36 % entre entre 2011 et 2013 (de 3 169 à 4 304). Ce chiffre est une confirmation de l'intérêt manifesté par l'ensemble des fabricants et distributeurs de l'industrie agroalimentaire envers des ingrédients qui se caractérisent par leurs qualités nutritionnelles et organoleptiques — c'est-à-dire concernant la texture, la stabilité, le goût, ou l'aspect.

Perceptions par les consommateurs français et intérêts des industriels

Différentes études conduites dans ce secteur révèlent des perceptions ambivalentes des consommateurs sur ces produits, dans le sens d'une méconnaissance nutritionnelle et d'usage de ces denrées ; ces perceptions relèvent essentiellement d'études de marché spécifiques aux légumes secs. Côté ingrédients, certaines études confirment un intérêt croissant des industriels pour leurs usages ; nous ne disposons en revanche que de peu d'études sur la perception du consommateur de ces fractions intégrées aux aliments. Pour autant, celles existantes confirment une bonne perception du consommateur des protéines d'origine végétale.

---

54. Groupe d'études et de promotion des protéines végétales (GEPV), association interprofessionnelle soutenue par l'Onidol et l'Unip depuis 38 ans.
55. GEPV, communication personnelle.

Les légumes secs vus par les consommateurs français

Une étude du marché des légumes secs (A.N.D., 2000), menée en 2000 à la demande de Unip-Onidol, a fait ressortir dans l'analyse des attentes et des motivations du consommateur différentes vertus perçues, mais également un ensemble de freins connus à leur consommation.

D'abord, le consommateur accorde aux légumes secs des valeurs diététiques et naturelles qui n'excluent pas le plaisir, notamment visuel et organoleptique. Son imaginaire en fait un aliment mythique, lié à la création du monde, et intemporel. Mais les références peuvent être très contradictoires : modernité ou image passéiste, produit diététique ou aliment indigeste et relevant d'un statut dévalorisant (légume de collectivité, légume de pauvre). Cette perception du produit et les attentes du consommateur varient cependant selon la présentation et le type de circuit commercial, voire le lieu d'implantation en magasin : aliment pas cher de dépannage pour les boîtes de conserve de légumes secs (en grande distribution), aliment festif pour les graines en bocaux de verre, en filets (rayon fruits et légumes d'une grande surface) ou en vrac (au marché, dans un magasin bio ou chez un détaillant spécialisé). Le consommateur n'émet aucune réserve sur la qualité du produit au niveau de la production agricole mais tend à critiquer la gestion de l'industrie de transformation et du commerce (manque de transparence et de précision sur la qualité du produit). Il reconnaît bien souvent sa sous-culture gastronomique en la matière (peu de savoir-faire, ignorance sur les besoins de trempage, cuisson, aromates), alors que plusieurs grands chefs cuisiniers les intègrent régulièrement dans leurs préparations. Par exemple, en 2004, la crème de lentille fut le sujet du concours du meilleur apprenti cuisinier d'Europe. La lentille du Puy est plébiscitée par des grands cuisiniers pour sa qualité (Michel Troisgros, Bernard Loiseau ou Régis Marcon[56]). Mais le consommateur moyen tend plus à « montrer du doigt » les tares inhérentes au produit (mauvaise digestibilité, flatulences, difficulté de maîtriser la texture à la cuisson) dont les solutions résident dans des pratiques culinaires adaptées mais bien souvent méconnues.

Ensuite, sur le plan de la nutrition et de la santé, le légume sec concentre dans l'avis du consommateur un ensemble d'arguments favorables qui en font un produit assez unique (protéines végétales, apports nutritionnels spécifiques, glucides lents, absence de lipides...), qui reste cependant contrebalancé par nombre de freins perçus (risques de flatulence, aérophagie, somnolence, prise de poids...). Sur le plan organoleptique, les avis sont là aussi contradictoires : saveur et texture appréciées mais un aspect bourratif et fade, plat de terroir mais aussi plat du pauvre, diversité des espèces mais méconnaissance des préparations possibles. De plus, si la facilité de stockage est un atout, celui-ci s'efface derrière la contrainte des temps de trempage et/ou de cuisson, renforcée par le manque de savoir-faire.

Enfin, les modes de consommation se révèlent être marqués par la saison, avec une plus forte consommation en hiver, pouvant révéler un défaut de connaissances de préparations culinaires adaptées aux saisons. Les circonstances de consommation sont variées, plutôt conviviales (en famille pour le petit salé aux lentilles ou le

---

56. http://www.lalentillevertedupuy.com/plebiscitee-par-les-chefs-c12.html

cassoulet, ou entre amis pour le couscous ou chili con carne). L'achat des légumes secs n'est pas un achat d'impulsion, et le marketing n'a pas un rôle déterminant dans son acte d'achat. Notons cependant qu'au travers de cette étude une préférence est marquée pour la lentille, légume sec le plus facile et rapide à cuisiner. La lentille reste le légume sec le plus consommé en France, en se prêtant au plus grand nombre de recettes, notamment investies par des grands chefs de la gastronomie française.

Les arguments favorables aux légumes secs sont donc contrebalancés par des freins qui semblent rédhibitoires pour leur achat. Ce paradoxe peut expliquer en partie la difficulté du secteur des légumes secs à créer un marché dynamique et moderne. Les consommateurs pensent que l'avenir des légumes secs se jouera ainsi sur la praticité (passant des produits d'épicerie au rayon traiteur), sur la santé (en surfant sur les nouvelles tendances diététiques et en jouant sur la synergie avec les céréales, connues de certains consommateurs) et sur la gastronomie (en s'appuyant sur des recettes de grands cuisiniers et leur relais dans les médias). Pour eux, les efforts de communication doivent s'appuyer sur la diversité des légumes secs, leur caractère gourmand, leur praticité et leur richesse nutritionnelle.

Perception des matières protéiques végétales par les consommateurs

Face au développement des produits intégrant des MPV proposés en grande distribution, le GEPV a souhaité interroger les consommateurs sur leur perception des protéines végétales. L'institut CSA[57] a mené cette étude en septembre 2011, en interrogeant un échantillon de 1001 individus, âgés de plus de 18 ans et représentatifs de la population française (quotas : sexe, âge, profession, région). Selon cette étude, près d'un tiers des Français déclarent suivre un régime (amaigrissant, protéiné, sans sel…). Toujours selon cette enquête, près de 32 % de la population envisageait de réduire sa consommation de viande au cours des mois suivants (contre 67 % envisageant de la maintenir, dont 70 % d'hommes), principalement pour des raisons de santé (64 %), de prix (44 %) et aussi environnementales (26 %). Cette étude révèle ainsi que les pratiques alimentaires sont marquées par les discours ambiants (nutrition, économie, environnement) et que l'équilibre nutritionnel et l'hédonisme restent deux grandes articulations de l'alimentation pour les Français. Côté nutrition, la population interrogée connaît bien les recommandations du PNNS, les sources d'information sont nombreuses et variées, mais l'essentiel des informations nutritionnelles passe par les emballages des produits, par Internet et par le médecin. En revanche, les connaissances sont plus parcellaires dès lors que l'on parle de macronutriments (protéines, glucides, lipides). De manière générale, la protéine est le nutriment qui est perçu le plus positivement et qui a la meilleure notoriété fonctionnelle. Mais on note une forte méconnaissance du taux de protéines des légumineuses et des légumes secs par rapport aux aliments d'origine animale (viande, œufs, poisson) avec une perception gustative positive que l'on attribue davantage aux protéines animales. Toutefois, et malgré une méconnaissance volontiers avouée, les protéines végétales sont globalement bien perçues, et véhiculent dans l'ensemble

---

57. Perception des protéines végétales. Présentation ppt. N°1100886. 1er Décembre 2011.

une image positive. La quasi-totalité des personnes interrogées dans cette étude pense ainsi que les protéines végétales sont :

– bonnes pour la santé (95 %),

– indispensables à tous (90 %),

– complémentaires des protéines animales (89 %),

– bonnes pour l'environnement (86 %),

– synonymes de qualité (81 %).

Cette étude révèle aussi des intentions d'achat liées à la capacité des protéines végétales à améliorer l'équilibre nutritionnel (réduction du taux de matières grasses des aliments), à la curiosité des consommateurs et leur volonté de diversifier leur alimentation. À partir de cette analyse, on peut faire l'hypothèse que l'intégration de protéines végétales dans certains produits alimentaires est *a priori* bien acceptée dans des produits transformés, et que les produits transformés facilitant la praticité peuvent être mieux appréciés que les produits bruts. Cela devrait toutefois passer par une explication claire des bénéfices et il conviendrait impérativement de rassurer sur le goût.

Intérêts des industriels

Le secteur des légumes secs reste essentiellement traditionnel en France. Les industriels français innovent moins que d'autres pays dans ce secteur, tel le Canada pourtant plus récemment positionné sur le secteur. L'industrie agroalimentaire a privilégié une consommation traditionnelle en conserve pour des débouchés de masse. Pour renforcer la valeur ajoutée des légumes secs, la stratégie a surtout été basée sur une différenciation territoriale s'appuyant sur la traçabilité de l'origine française et ce n'est que récemment que des procédés technologiques pour des plats préparés sont plus investis par les acteurs économiques. Concernant des produits nouveaux pour moderniser ce marché (sachets de pré-cuisson, box…), les progrès technologiques ont d'abord concerné la lentille. Notons aussi que le prix Ecotrophélia de l'innovation alimentaire remporté en 2013 a porté sur une préparation de steak végétal à base de graines de lentilles vertes « du Puy » (chapitre 7). Les innovations agroalimentaires résident plus dans le secteur des ingrédients fonctionnels. Pour ce secteur des ingrédients, la confidentialité industrielle rend souvent délicat l'accès aux informations, d'autant plus sur des segments à petits volumes ou innovants, comme le cas des ingrédients issus des légumineuses.

Pour le cas du pois ou de la féverole, les industriels du fractionnement investis depuis plus ou moins longtemps (en Belgique : Cosucra depuis 1990 ; en France : Gemef Industrie depuis 1897 ou Roquette depuis 2000) s'avèrent convaincus de l'intérêt des protéagineux pour une diversification des ingrédients végétaux (à côté des autres matières premières des productions à plus gros volumes tels que soja, blé et maïs, betterave, etc.). Cependant, il n'y a pas encore de valorisation marketing systématique de ces ingrédients spécifiques par les fabricants d'aliments dans les produits finis que le consommateur achète. Les perspectives à venir jugées positives pour les protéines végétales pourraient permettre de dynamiser les initiatives des acteurs de ce secteur.

Le secteur des produits au soja est dynamique et en développement en France. C'est un marché de niche, légèrement inférieur au bio, apparu au début des années 1980. Les Français n'étaient alors pas habitués au goût du soja. De nombreux efforts de recherche et de développement ont été réalisés pour adapter le goût des produits au consommateur. Depuis dix ans, ce secteur connaît des croissances à deux chiffres. En 2012, environ 60 000 tonnes de *soyfoods* ont été vendues en grandes et moyennes surfaces (70 % sont des boissons au soja).

Depuis 1989, l'association Sojaxa, qui promeut les aliments au soja, regroupe les principaux fabricants de produits au soja en France : Nutrition et Nature, Alpro (Sojinal), la Laiterie de Saint-Denis de l'Hôtel et Triballat Noyal Sojaxa. Les membres de l'association privilégient un approvisionnement en graines de soja produites en France et garantissent l'absence d'OGM dans leurs produits. Ils s'engagent à n'utiliser que des graines de soja entières. Elles sont nettoyées, dépelliculées puis broyées afin d'en recueillir un jus de soja permettant de fabriquer une diversité de produits. Ces produits offrent une alternative variée aux produits animaux notamment. Pour autant, le soja a désormais dépassé son image d'aliment alternatif réservé à la seule population végétarienne et trouve sa place, au quotidien, dans un régime alimentaire varié et équilibré.

Pour le cas spécifique du lupin, limité à un seul acteur français pour la production et la transformation (Terrena et sa filiale Lup-ingrédient), une étude « business to business » a été menée et rendue publique lors d'un projet R&D européen sur le lupin (*Healthy-Profood*) pour mieux comprendre la perception de cette matière première dans l'industrie européenne, tout en restant dans une approche pré-compétitive (Schneider *et al.*, 2005). L'exemple de cette étude illustre la perception positive de ces ingrédients au sein du secteur industriel européen. Même si elle date d'une dizaine d'années, l'analyse permet en effet d'éplucher la structuration du marché et des perceptions des alternatives dans le monde des ingrédients agroalimentaires. Couvrant cinq régions européennes et trois profils d'acteurs, l'étude s'appuyait sur une vingtaine d'entretiens (industriels utilisant des aliments végétariens, industriels produisant des ingrédients issus de végétaux, distributeurs, experts des périodiques sur les ingrédients). Il existe deux marchés : un marché de substitution, en augmentation mais fragile, où la protéine de lupin est utilisée, et un marché spécifique qui valorise les spécificités du lupin. Dans ce dernier cas, la teneur en protéines et la couleur sont deux critères qui favorisent le lupin pour le secteur de la boulangerie et la production de pain et de pâtes à pâtisserie, et l'image positive des produits issus de lupin (*lupinfoods*) est un atout sur le marché de produits biologiques. D'ailleurs, l'Allemagne, où les débouchés végétariens et « bio » sont très porteurs, fait partie des deux pays où le développement industriel est déjà opérationnel. La France a une spécificité car l'acteur concerné associe production de la matière première et transformation industrielle au sein du même groupe. En Italie, le potentiel existe pour ce secteur, avec une perception positive des industriels face à un consommateur italien investi pour sa santé et tendant à favoriser les plats végétariens, même si les doutes sur les allergies croisées ont expliqué certains retards dans le développement industriel. En revanche, il y a peu de perspectives au Royaume-Uni, où le lupin n'est pas connu et trop associé à l'alimentation animale, ou aux Pays-Bas où le soja est trop solidement ancré dans le monde des ingrédients. Les acteurs sont peu nombreux et, selon leur pays, ont misé soit sur le lupin blanc soit sur le lupin bleu. La structure du marché est très différente pour le marché des ingrédients et pour le marché des *lupinfoods*. Dans le premier cas, les fournisseurs d'ingrédients ont souvent une stratégie de marketing très pro-active pour proposer les ingrédients avec une formulation et des produits à l'appui, mais parfois ils ne font que répondre à des demandes spécifiques de leurs clients. Les acteurs sont nombreux mais hétérogènes. Le secteur de la distribution a un rôle important car il peut démultiplier ou anticiper les exigences des consommateurs et de la société. Dans le cas des *lupinfoods*, l'organisation de marché est très spécifique, avec des distributeurs dédiés, et souvent étroitement liée au secteur agriculture biologique. Puisqu'ils délivrent des produits prêts à consommer, les distributeurs de produits biologiques connaissent bien le profil du consommateur final. Même s'il s'agit d'un marché de niche en développement, le secteur bio a un rôle très positif dans la promotion du lupin.

À retenir. La perception des légumineuses pour l'alimentation humaine.

La perception des légumes secs par le consommateur peut être très contrastée. Globalement, l'*a priori* est positif sur les valeurs nutritionnelles, mais les inconvénients semblent souvent rédhibitoires pour le consommateur « moyen » : manque de praticité, absence de savoir-faire culinaire ou image d'un mets désuet. Le marché spécifique du bio reste un secteur très porteur et promoteur des protéines végétales et produits alimentaires issus de légumineuses.

Si les sources de protéines végétales sont souvent mal identifiées, elles ont plutôt une image positive chez la majorité des consommateurs. L'incorporation de protéines végétales dans les aliments type plats préparés ou produits de boulangerie serait à l'heure actuelle mieux acceptée que dans les viandes, la charcuterie ou les produits laitiers.

Côté industriel, les informations restent relativement confidentielles sur ce marché de niche très compétitif, surtout pour les marchés hors soja. Les innovations technologiques pourraient se multiplier à l'avenir et être favorables à la revalorisation des légumineuses en alimentation humaine.

Ingrédients fonctionnels issus de légumineuses : des segments de marché et des acteurs industriels variés

Tandis que la consommation de légumes secs diminuait régulièrement dans la plupart des pays occidentaux, des dérivés du soja parvenaient sur le marché européen. Ces matières protéiques végétales représentent un volume significatif en alimentation humaine. Vers 1975, la France a commencé à développer des procédés technologiques pour produire des protéines à partir des légumineuses à graines métropolitaines pour tenter de les substituer aux protéines de soja dans le marché de l'alimentation humaine. Les tentatives de développement ont été, dans un premier temps, un semi-échec car le marché n'a pas augmenté comme il était attendu. Ce n'est que plus récemment que l'utilisation de dérivés de légumineuses a trouvé un nouvel essor grâce en particulier à l'introduction de farines de lupin dans les produits de panification ou dans la fabrication de produits carnés, de protéines de lupin dans les aliments sans gluten (produits de panification, cakes, biscuits, pâtes alimentaires...). Les protéines de pois sont aussi très utilisées dans la fabrication de produits de boulangerie-viennoiserie-pâtisserie, de produits carnés et traiteur, ou de produits diététiques. Dans de nombreux produits, on peut trouver des associations de protéines telles que féverole et pois, lupin et pois.

En France et en Europe, le marché des ingrédients issus des légumineuses hors soja reste un petit débouché et peu suivi statistiquement mais en augmentation régulière (source Unip-Onidol) avec le positionnement de plusieurs transformateurs industriels sur différentes espèces et produits. Il n'y a pas dans les données Inca2 de données de consommation de concentrés protéiques de légumineuses. Cependant, le marché des MPV connaît globalement, depuis les années 1980, une croissance régulière liée à des innovations de produits constituant autant de niches de marché (Voisin *et al.*, 2013). Ces MPV sont classées par la profession en farines, concentrés, isolés, protéines de feuilles (tableau 5.3).

Tableau 5.3. Les différentes classes de protéines végétales issues de légumineuses. Plusieurs industriels français (et européens) ont investi ce secteur, focalisés sur la production d'ingrédients et/ou d'aliments à base d'ingrédients, constituant autant de débouchés pour la production de légumineuses à graines et le développement de nouveaux produits agroalimentaires.

Classe	Teneur en protéines (N × 6,25 sur sec)	Sources végétales disponibles
Farine	50-65 %	Soja, lupin, féverole
Concentré	65-90 %	Soja, lupin, féverole
Isolé	≥ 90 %	Soja, pois
Protéines de feuilles	88 %	Luzerne

D'une façon générale, les MPV issues de légumineuses sont utilisées dans les aliments pour leurs propriétés fonctionnelles (liaison, émulsion, rétention d'eau). Elles permettent d'améliorer la conservation des aliments (stabilité des émulsions, limitation du développement des micro-organismes, maîtrise du rassissement) et agissent sur leur palatabilité (texture, onctuosité, rétention des jus de cuisson). Une synthèse a été publiée en 2010 sur le traitement, les caractéristiques, les propriétés fonctionnelles et les applications des protéines de légumineuses en alimentation humaine et animale (Boye *et al.*, 2010).

Les farines

La fabrication de farines a été investie pour la plupart des espèces de légumineuses à graines pour des destinations parfois très spécifiques, nous proposons ici un bref inventaire non exhaustif de ces utilisations par différents industriels agroalimentaires. Le choix de ces exemples n'est qu'illustratif.

La farine de féverole est utilisée traditionnellement en meunerie, à hauteur de 1 à 2 %, en alternative à la farine de soja comme agent de blanchiment et de tenue de la mie, tout particulièrement pour la fabrication des pains. AIT Ingrédients est un des acteurs industriels valorisant la farine de féverole pour la boulangerie. Cet usage tend à reculer en France et représente aujourd'hui moins de 10 000 t, mais il se maintient dans d'autres pays (source Unip). La farine de lupin s'est quant à elle développée en pâtisserie grâce à ses propriétés émulsifiantes et sa couleur jaune permettant de remplacer l'œuf. Cette filière a été fortement investie par le groupe Terrena via sa filière Lup'Ingrédients. Le Groupe Soufflet a investi les farines de légumes secs en 2012 mais d'autres acteurs sont aussi sur ce segment. Markal produit des farines de lupin à partir des graines bio autrichiennes. La farine de pois chiche est produite en France depuis les années 2000. Des farines de pois chiche et lentille sont aussi incorporées à une catégorie de pâtes de la marque Barilla (Italie) et de la farine de pois chiche est utilisée par Ugo Foods (Royaume-Uni) pour faire des pâtes sans gluten. Des farines de pois chiche ou de pois peuvent également trouver des applications dans les produits carnés (travaux expérimentaux cités par Tosh et Yuda, 2010). Enfin, des farines de pois chiche pourraient être utilisées dans la formulation de lait de suite pour des enfants ne consommant pas de formules lactées soit pour des raisons économiques soit par suite d'intolérance au lactose ou d'allergie aux protéines de lait de vache. Ces farines rempliraient les critères de la WHO/FAO ainsi que de la réglementation européenne (Malunga *et al.*, 2014).

Fractionnement de pois, féverole et lupin

Le fractionnement des légumineuses en protéines, amidon et fibres pour l'agroalimentaire est un secteur d'activité investi par des industriels souvent spécialisés sur une espèce de légumineuses. L'activité la plus développée concerne le pois, notamment au travers du leader du marché français, le groupe Roquette, qui depuis 2005 triture près de 80 000 t pois par an. Le groupe Roquette détient un brevet européen, Nutralys®, sur la protéine de pois. D'autres acteurs transforment des fractions protéiques sur d'autres espèces comme la filiale Lup'Ingredients du groupe Terrena pour le lupin, avec le brevet Protilup 450. Gemef Industrie, acteur historique en meunerie sur la farine de féverole depuis un siècle, avec sa filiale Sotexpro créée en 1995, transforme la féverole, le pois jaune et le soja en ingrédients nutritionnels et fonctionnels destinés à l'alimentation humaine et animale. Roquette commercialise également des fibres de pois qui sont des fibres majoritairement insolubles et destinées à la panification. Ces fibres ont un faible impact sur la viscosité du pâton. La société allemande JRS commercialise également des fibres de pois. Cette entreprise présente ce produit comme un concentré de fibres alimentaires constitué principalement de fibres alimentaires insolubles et solubles ainsi que d'amidon résistant. Leurs applications sont par exemple les produits végétariens, les garnissages, les produits de viande et de charcuterie et les soupes de légumes. Les coques de pois sont aussi valorisées, elles augmentent la capacité de rétention d'eau de farines composites et modifient la couleur de la croûte des pains (plus claire et plus jaune) tandis que les fibres de cotylédons de cette même graine semblent améliorer la consistance du pâton (plusieurs travaux cités par Tosh et Yuda, 2010). Les fibres de cotylédons de pois présenteraient également un intérêt pour améliorer la texture de produits carnés pauvres en matières grasses (Anderson et Berry, 2000).

En France d'autres acteurs industriels traitent des légumineuses sur des segments plus confidentiels, comme Expanscience qui alimente l'industrie cosmétique avec des peptides et des huiles de lupin.

Des industriels d'autres pays interviennent sur ce marché des ingrédients fonctionnels. Par exemple, en Belgique, pays s'approvisionnant aussi en France, Cosucra est un acteur du fractionnement du pois depuis 1990 (protéine de pois, fibre de pois et amidon de pois). En Allemagne, l'industriel J. Rettenmaier commercialise des fibres de pois. Le Canada est également très actif dans le secteur des légumineuses, notamment du pois, valorisés en agroalimentaire, citons notamment les acteurs suivants : Best cooking Pulses Inc., Nutri-Pea Ltd, Parrheim Foods (cités par Tosh et Yada, 2010). Deux entreprises, l'une chilienne, Avelup, l'autre australienne, Coorow Seeds, produisent des fibres à partir de téguments de lupin (*Lupinus albus* et *Lupinus angustifolius*, respectivement). Elles sont utilisées depuis de nombreuses années par des boulangers industriels.

Aliments issus des graines entières de légumineuses

Le marché le plus développé à base de légumineuses est sans nul doute celui lié aux aliments au soja (*soyfoods*), en augmentation de 8 % par an sur les cinq dernières années (source Sofiproteol). Sur le territoire français, le soja est transformé en *soyfoods* par quatre principaux acteurs (Alpro avec 22 % du marché, Triballat, Nutrition & Nature, LDSH) et quatre sociétés de taille plus modeste (Celnat, Tossalia, Sojami, Biochamp). L'approvisionnement de ces industries est très largement issu de la production française. Les aliments produits à base de soja représentent une alternative intéressante sous des formes très variées : tofu, boissons au soja, miso, natto, tempeh, galettes ou steaks de soja, plats cuisinés à base de soja et de légumes, riches en protéines végétales. Il existe aussi des aides culinaires (alternatives aux crèmes fraîches), de nombreux desserts à base de soja (alternatives végétales aux traditionnels yaourts et crèmes dessert) et également des boissons, produits qui présentent tous une teneur faible en acides gras saturés et, de plus, un profil en acides gras intéressant.

Les aliments à base d'autres espèces de légumineuses (*pulsefood* ou « aliments aux légumineuses ») restent plus récents et souvent encore au stade de la recherche et sont beaucoup moins développés en France. Le cas du lupin relève de l'investissement d'un seul acteur en France (Lup'Ingrédients). Cette espèce végétale a bénéficié d'études R&D européennes, menées dans le projet Healthy-ProFood[58] jusqu'en 2005, avec des expérimentations sur les étapes de production des ingrédients à partir de graines de lupin (bons pour la santé et présentant une valeur ajoutée), et la formulation de produits agroalimentaires, à base d'ingrédients issus de graines de lupin et prêts à l'emploi (boissons végétales, biscuits, muffins, snacks, produits extrudés et crèmes glacées).

---

58. HealthyProFood (*Optimised processes for preparing healthy and added value food ingredients from lupin kernels, the european protein-rich grain legume*) est un programme européen soutenu par le 5e PCRD de l'UE de 2003 à 2005, des synthèses des résultats scientifiques ont été diffusé par une publication en octobre 2005 sous forme d'actes de la conférence finale de diffusion avec des industriels (Arnoldi, 2005), et un dossier spécial dans le magazine *Grain Legumes* (Collectif, 2005).

Des pâtes issues de farines de blé dur-légumineuses ont été récemment testées à l'échelle industrielle française dans le cadre d'un projet de recherche entre l'Inra et la société Panzani. Ces produits sont déjà commercialisés depuis plusieurs années aux États-Unis par le groupe Barilla. En France, des pâtes à base uniquement de légumineuses (notamment à partir de farines de pois chiche) sont aujourd'hui proposées sur le marché et ont fait l'objet d'un brevet déposé par la société Céréavie en 2010 sur ces produits dénommés « Créatelles » (voir p. 381).

À retenir. Plusieurs types de produits dérivés des légumineuses pour l'agroalimentaire.

Plusieurs produits dérivés des légumineuses sont actuellement disponibles sur le marché industriel de l'agroalimentaire. Il s'agit de farines, d'isolés (ou isolats) ou de concentrés (ou concentrats) protéiques de légumineuses et de fibres solubles et/ou insolubles, issus du soja, du pois, de la féverole, du lupin, du pois chiche ou de la luzerne. Ces produits ont des utilisations très diverses : cuisinés par le consommateur à partir des graines entières, incorporés comme constituant majeur dans des pâtes alimentaires, ou alors utilisés comme ingrédients en agroalimentaire, tout particulièrement en panification, pour des viandes transformées, ou pour des produits destinés à des alimentations particulières (sans gluten ou autre). Il existe également des boissons et autres produits fabriqués à partir de graines entières (type aliments au soja, *soyfoods*) complémentaires des boissons lactées et dérivés ou des produits carnés.

Quelles perspectives pour les légumineuses à graines dans la transition alimentaire des régimes occidentaux ?

Les projections économiques et démographiques montrent qu'en l'état actuel des connaissances et des ressources, le niveau de consommation de protéines animales atteint par les pays les plus riches ne pourra pas se généraliser. L'accès à une part protéique de base pour l'ensemble de la population mondiale ouvre de nouvelles perspectives de valorisation pour les protéines végétales, et ce d'autant plus que les incidences sur la santé liées à une consommation excessive de produits animaux sont reconnues. Ces considérations nous amènent à réfléchir aux moyens pour favoriser une plus forte consommation de protéines végétales.

Vers la réduction des calories animales dans les régimes alimentaires

La transition alimentaire des régimes occidentaux pour répondre à la croissance démographique mondiale

Combris et Martin (2013) ont exploité les données de consommation de la FAO (FAO Stat[59]) pour caractériser les évolutions de consommation nutritionnelle au cours du développement économique des pays de tous les continents. Ces auteurs montrent que les « changements de la structure du régime alimentaire (baisse de la

---

59. http://www.fao.org/waicent/faoinfo/economic/faodef/fdef04e.htm

part des glucides, augmentation de la part des lipides, faible augmentation de la part des protéines) sont directement liés à l'augmentation des produits animaux lorsque le revenu s'élève ». Cette observation a été faite par la FAO dès le début des années 1960 (Périssé *et al.*, 1969) et restait toujours vraie dans les années 2007-2009. Ainsi, Combris et Martin (2013) observent que l'augmentation du PIB d'un pays s'accompagne, de façon de plus en plus marquée, d'une augmentation de la consommation de protéines animales aux dépens de celle des protéines végétales. En parallèle, on assiste à une diminution de la consommation de glucides complexes et une augmentation de celle des sucres et des lipides. Ces mêmes auteurs indiquent, toujours sur la base des données FAO, qu'en valeur absolue la consommation par tête des protéines a augmenté fortement au cours des 50 dernières années. Les céréales (blé et riz) demeurent une source essentielle de consommation de protéines. Leur consommation a légèrement progressé tandis que celle des légumineuses a diminué entre les années 1960 et les années 1980 pour se stabiliser ensuite. La consommation de protéines animales et surtout végétales se stabilise dans les pays les plus riches tandis que celle des protéines végétales et surtout animales augmente dans les pays de revenu intermédiaire. Les données FAO-Stat indiquent que la consommation de calories d'origine animale a progressé en Europe de l'Ouest, depuis les années 1975 jusqu'en 2005 (date de l'étude), de 900 à 1 050 kcal/pers/j. En parallèle, Combris et Martin (2013) relèvent que « depuis les années 1960, le niveau des disponibilités en protéines végétales n'a que très peu augmenté (de 38 à 43 g par personne et par jour). Le blé et le riz représentent toujours l'essentiel des disponibilités. Viennent ensuite les légumineuses et les légumes ». Les pays émergents qui rattrapent le niveau de développement des pays occidentaux voient les régimes alimentaires suivre la même transformation ; en témoigne la Chine qui est passée de 150 (dans les années 1970) à 650 kcal/pers/j de calories animales aujourd'hui. Face à la croissance démographique mondiale, le rapport Agrimonde (Inra/Cirad, 2009 ; Paillard *et al.*, 2011) établit à 500 kcal/pers/j le seuil de consommation de protéines animales qui permettrait, à l'horizon 2050, de fournir à l'ensemble de la population de la planète (soit 9 milliards d'individus) une ration calorique adéquate, supposant donc une diminution de la part des calories animales des régimes occidentaux ou des nouveaux pays développés comme la Chine. Cette substitution entre calories animales et végétales peut donner une place plus importante aux légumineuses à graines, d'autant plus que certaines études pointent des effets santé négatifs de l'excès de consommation de viande.

L'étude BIPE menée en 2014 sur les prospectives « Protéines dans le monde » a repris les données FAO et projette l'amorce de la deuxième transition alimentaire des pays développés à l'horizon 2030 (voir figure 1.33, planche XIII), c'est-à-dire que la consommation des protéines végétales tendrait à être à nouveau égale puis supérieure à celles des protéines animales.

L'analyse stratégique collective « Protéines végétales pour l'alimentation » du CVT Allenvi (au service de l'Alliance nationale de recherche pour l'environnement)[60] souligne les tendances du marché (et des brevets) marquées par une diversification des aliments à base de protéines végétales en remplacement ou complément des

---

60. Protéines végétales et alimentation, quels potentiels pour l'innovation ? Paris, 25 novembre 2014.

protéines animales, et l'émergence d'une dynamique des industriels et acteurs de la recherche pré-compétitive sur les protéines végétales, que ce soit à l'international (Canada, États-Unis mais aussi pays asiatiques) ou en France.

> **À retenir. La consommation des produits d'origine animale devra être réduite.**
>
> Selon le rapport Agrimonde (Inra/Cirad, 2009, Paillard *et al.*, 2011), l'agriculture ne pourra nourrir les 9 milliards d'habitants de la planète en 2050 que si la consommation individuelle des produits d'origine animale ne dépasse pas 500 kcal/j alors que la consommation de l'Europe de l'Ouest est déjà supérieure à 1 000 kcal/pers/j. La réduction de la consommation de calories animales par les pays occidentaux peut être permise par une augmentation de la part des calories végétales, tout particulièrement de sources de protéines végétales issues des légumineuses pour leur complémentarité en acides aminés avec les autres protéines végétales.

Consommations de protéines animales et pathologies chroniques

La consommation de protéines animales a augmenté dans la majorité des pays du monde avec la croissance du PIB, mais il existe de nombreux facteurs confondants qui empêchent de faire un lien direct entre consommation de protéines animales et pathologies chroniques. À titre d'exemple, l'évolution alimentaire des pays en développement s'accompagne de nombreux changements de vie parmi lesquels la migration des campagnes vers les zones urbanisées engendrant la plupart du temps une diminution de l'activité physique à la fois chez les adultes et les enfants. Néanmoins, l'accroissement de la mortalité associée aux maladies chroniques non transmissibles liées à l'alimentation dans la plupart des pays en développement est un phénomène reconnu (Maire *et al.*, 2002). Ces pays ont amorcé une transition épidémiologique et nutritionnelle, à l'instar des pays industrialisés aux siècles précédents.

L'excès de calories d'origine animale dans l'alimentation serait lié à une augmentation des pathologies chroniques. Une alimentation riche en produits animaux est en effet généralement associée à une forte consommation d'acides gras saturés qui elle-même contribue au développement de maladies cardiovasculaires par augmentation de la cholestérolémie. Cependant, si des fortes consommations de viande, et particulièrement de viandes transformées technologiquement, peuvent être associées à une augmentation du risque cardiovasculaire, une consommation modérée de viande dans le cadre d'une alimentation équilibrée et diversifiée apportant des acides gras polyinsaturés n'aurait pas d'effet délétère (Salter, 2013). Dans le cadre d'une autre étude prospective sur des femmes post-ménopausées, Kelemen *et al.* (2005) ont observé également que les femmes qui avaient une consommation de protéines animales moyenne, soit 12,9 % de leur apport énergétique, avaient le risque le plus faible de mortalité par cancer ou par infarctus. Les femmes les plus fortes consommatrices de protéines animales (soit 17,5 % de l'apport énergétique sous forme de protéines animales) présentaient en revanche un risque plus élevé de décéder d'un infarctus du myocarde. Une fois les facteurs confondants pris en compte (âge, énergie, AGS, AGPI, AG trans), il n'existait cependant plus de lien significatif entre le risque cardiovasculaire et une consommation modérée de protéines animales. Cette étude souligne cependant que les femmes ayant la plus forte consommation de protéines végétales étaient les moins victimes d'infarctus et de cancer, et ce même après prise en compte des facteurs confondants. L'étude prospective PREVEND menée par Halbesma *et al.* (2009) a abouti à des résultats relativement similaires en estimant un risque moindre d'accidents cardiovasculaires chez les individus ayant une consommation en protéines intermédiaire, sans que les auteurs aient pu faire la part des protéines animales dans la consommation de protéines totales chez ces individus. Ces études tendent donc à suggérer qu'une consommation modérée de protéines animales est favorable pour la santé.

Vers une plus forte consommation de légumineuses à graines ?

Ces considérations confirment un intérêt de substituer une partie des calories animales par des calories végétales, et en raison de la composition nutritionnelle des aliments d'origine animale riches en protéines, il s'agit essentiellement de travailler à une substitution entre protéines animales et végétales. Les études de marché mettent en avant un certain nombre de freins dans la consommation de légumes secs et plus généralement de légumineuses qui peuvent être une source privilégiée de protéines végétales. Substituer une partie des protéines animales par les protéines végétales suppose donc de lever ces freins. Mais également, au vu des éléments nutritionnels exposés dans la première partie de ce chapitre, cette substitution nécessite de développer des préparations ou des guides alimentaires permettant au consommateur de mieux associer les différentes sources de protéines végétales pour trouver un équilibre en acides aminés proche de celui des protéines animales. Nous proposons dans ce qui suit d'analyser l'état du marché sur les préparations alimentaires permettant une substitution des protéines animales par des protéines végétales, avant de revenir plus généralement sur les différents freins qu'il convient parallèlement de lever pour faciliter la consommation de légumineuses à graines par le consommateur.

Comment accéder à une substitution des protéines animales par les protéines végétales ?

Au-delà du développement de la consommation des légumes secs ou de produits au soja ou autres légumineuses (par exemple lupin, pois ou féverole), une voie pour augmenter la consommation de légumineuses est d'ajouter à des aliments très consommés des légumineuses ou fractions de légumineuses. Ce type de produits a fait son apparition depuis longtemps dans les magasins de produits biologiques avec des aliments qui « rebuteraient » le « consommateur moyen » dans un magasin conventionnel (souvent produits dont l'apparence n'est pas comparable au produit standard). Le projet de recherche Pastaleg (ANR associant des partenaires académiques et industriels) a élaboré et étudié les caractéristiques nutritionnelles de pâtes alimentaires mixtes blé dur-légumineuses contenant jusqu'à 35 % de légumes secs (lentille, fève, pois, pois cassé ou pois chiche) mais ces produits ne sont pas, à ce jour, commercialisés. La start-up Ici&Là, lauréate du concours mondial Innovation 2030, devrait proposer rapidement des produits aux lentilles pour la restauration hors foyer. Enfin, des entreprises telles que Barilla proposent des pâtes contenant des légumineuses (pois chiche et lentille), c'est-à-dire des pâtes avec plus de protéines et de fibres que la gamme standard. Par ailleurs, Ingredia et Roquette se sont associées pour la production de mix protéines laitières/végétales destinés à l'alimentation humaine. Il y a donc des innovations pour proposer des aliments diversifiés et répondant à certaines attentes de nombreux consommateurs (voir p. 375).

À retenir. Une faible consommation des produits issus des légumineuses en France.

Malgré les recommandations par le PNNS d'augmenter la consommation de légumes secs, celle-ci est encore très faible pour la plupart des Français. L'offre alimentaire de produits prêts à l'emploi ou précuits croît sensiblement sans cependant faire décoller la consommation. Il est évident que les légumineuses et leurs dérivés sont encore peu investis par les innovations culinaires ou agroalimentaires et manquent d'opérations de communication qui devraient être réalisées autant par les pouvoirs publics que par les opérateurs de la filière.

Freins à la consommation de légumes secs et produits issus de légumineuses, en alimentation humaine

Comme soulevé par les études qualitatives auprès des consommateurs et des acteurs du secteur agroalimentaire et diététiques présentées plus haut, les légumineuses ont des atouts bien connus des consommateurs et des industriels (diversité, aliment santé, produit végétarien et diététique, propriété fonctionnelle, traçabilité française) mais les principaux freins à la consommation restent forts et pourraient être levés par un ensemble d'innovation produits.

D'abord, pour les légumes secs, la praticité d'utilisation est perçue comme faible. Hormis la lentille, la plupart des légumes secs (haricots, pois de casserie, fèves, pois chiches) nécessite des préparations culinaires longues (trempage, temps de cuisson important...), comparativement aux céréales (riz, blé), ou aux produits céréaliers en général (semoule de blé dur, boulgour, pâtes alimentaires...), ces derniers ayant bénéficié d'innovations technologiques visant à réduire leur temps de cuisson. Cependant, depuis quelques années, l'offre s'est diversifiée avec l'arrivée sur le marché d'aliments à base de légumes secs prêts à l'emploi ou exigeant de faibles temps de cuisson. Il s'agit par exemple des sachets associant des graines de légumineuses et de céréales précuites et déshydratées qui peuvent être préparées selon un temps proche de celui de la cuisson des pâtes et du riz, soit environ 10 minutes. Citons par exemple, les lentilles et pois cassés cuisinés proposés par le Groupe Soufflet ou la gamme légumes secs cuisinés ou en mélange de Tipiak. La plupart des marques de la grande distribution ou des traiteurs proposent à leur tour ce type de produits, ainsi que des préparations de type salades composées à base de légumes secs (souvent des lentilles).

Concernant le goût des légumineuses (dont légumes secs) ou fractions issues de ces légumineuses, celui-ci est avancé dans certaines études comme trop prononcé. Ce problème de goût, tout particulièrement pour le haricot ou le pois, peut poser certaines difficultés d'utilisation des farines ou concentrés dans beaucoup d'aliments, notamment dans des pâtes mixtes blé-légumineuses ou des produits de panification. Ces goûts peuvent être réduits par des technologies appropriées ou par voie génétique en diminuant la teneur des graines en précurseurs des composés responsables.

Les procédés technologiques et la voie génétique sont aussi privilégiés pour réduire les flatulences caractéristiques de la digestion de ces graines entières. Ce risque de flatulence est souvent redouté par le consommateur. Il existe cependant des techniques assez efficaces pour en éliminer une grande partie avant ou pendant la cuisson (trempage dans l'eau bicarbonatée, pré-cuisson, fermentation). Des technologies plus sophistiquées pourraient être élaborées pour les éliminer plus fortement.

Enfin, nombre d'entreprises de commercialisation de légumes secs soulignent le fort déficit d'image de ces produits auprès du consommateur. Changer cette image passe par la diversification des produits transformés et par une information sur les propriétés nutritionnelles des graines de légumineuses, parfois considérées comme « des féculents qui font grossir ». La teneur élevée en protéines de ces graines et leur composition en acides aminés complémentaire de celles des céréales sont encore faiblement exploitées dans les produits transformés en France et dans beaucoup d'autres pays occidentaux. Ces aliments pourraient être ciblés prioritairement vers certains segments de consommateurs ayant des besoins spécifiques en protéines (seniors, enfants, sportifs). Cette image est cependant en train d'évoluer, au travers notamment du rôle de certains prescripteurs tels que les consommateurs « bio » qui véhiculent une image positive de ces produits. De la même manière, les MPV sont peu connues par les consommateurs, lesquels restent méfiants à l'égard des ingrédients utilisés en industries agroalimentaires.

Les principaux freins constatés au niveau des acteurs économiques sont :
1. un manque de compétitivité en amont qui freine le développement des légumineuses à graines en France ;
2. une forte dépendance aux conditions de concurrence sur des marchés mondialisés pour la mise en marché/commercialisation ;
3. la faible taille et le manque de structure de la filière, des freins présents à tous les niveaux (verrouillage) ;
4. un défaut de tissu industriel pour la transformation industrielle, avec une forte sensibilité aux prix. Les légumes secs sont en partie commercialisés sous forme de graines entières sans aucune transformation à l'exception du pois cassé qui est décortiqué et concassé. Ils sont également consommés après appertisation avec ou sans autres ingrédients (lentilles cuisinées, préparations à partir de haricots blancs ou rouges). Il existe enfin sur le marché des préparations prêtes à consommer, précuites ou utilisables comme ingrédients (graines de lupin vinaigrées pour l'apéritif, mélanges précuits de légumes secs et céréales, barres énergétiques proposées au Canada, farine de pois chiche). Un nouvel effort de diversification des produits à l'image de ce qui a été fait sur les céréales (petit-déjeuner, biscuits, barres énergétiques…) rendrait ces produits plus attractifs. Cette diversification pourrait en particulier exploiter la complémentarité nutritionnelle légumineuses/céréales ;
5. des ingrédients protéinés qui peuvent avoir du mal à remplacer les protéines animales :
 — les qualités organoleptiques des protéines végétales sont souvent inférieures à celles des protéines animales en tout cas dans le système alimentaire de référence actuel des consommateurs. Les protéines végétales produites sous forme d'isolats et/ou de concentrats peuvent présenter un goût et une couleur qui peuvent limiter leur utilisation dans les produits alimentaires, même si des progrès ont déjà été

obtenus dans ce domaine sur certaines espèces. Ceci est dû en grande partie à la présence de composés polyphénoliques caractéristiques des végétaux, voire à d'autres types de composés (saponines, produits d'oxydation des lipides…) ;
— les propriétés fonctionnelles des protéines issues de procédés industriels d'extraction/purification sont souvent moins bonnes que le potentiel évalué (à commencer par la solubilité des protéines). Les différentes étapes des procédés, que ce soit au niveau de la transformation des agroressources (par exemple trituration des graines et extraction d'huile par solvant) ou au niveau de l'extraction (pH, température) font subir aux protéines des modifications structurales et favorisent des interactions partiellement réversibles, voire irréversibles, qui sont susceptibles de limiter les propriétés des protéines/ingrédients ;
— la qualité des protéines végétales n'est pas constante d'une année sur l'autre, d'un champ à l'autre (principalement en raison de variabilité des séquences polypeptidiques assez importante, ce qui est moins ou pas le cas pour les protéines animales) (Mossé, 1990).

Le chapitre 7 reviendra sur les dynamiques socio-économiques associées aux différents débouchés des légumineuses, dont ceux de l'alimentation humaine ainsi que sur les leviers possibles.

▶▶ Conclusion

Les légumineuses représentent un potentiel important pour une alimentation plus saine et durable. D'une part, les légumes secs sont riches en protéines (et en lysine, un des acides aminés limitants des céréales) et en fibres alimentaires ; ils sont une source de glucides à faible indice glycémique (donc ils élèvent peu la glycémie postprandiale) et sont sources de vitamines (en particulier B1, B2, B3 et E) et de minéraux. Ces caractéristiques en font des aliments qui présentent un intérêt majeur dans le cadre de la prévention et du traitement du diabète de type 2 et probablement de l'obésité, des maladies cardiovasculaires et du cancer colorectal. D'autre part, des farines ou des fractions enrichies en protéines (concentrés ou isolés) sont disponibles sur le marché pour être utilisées comme ingrédients dans divers aliments. Elles sont utilisées pour leurs propriétés techno-fonctionnelles (par exemple utilisation de protéines de lupin en boulangerie), comme apport en protéines, en substitution à des sources de protéines animales (viande, en particulier) ou dans de nouvelles gammes d'aliments (sources ou riches en protéines) commercialisés dans les épiceries « bio » mais également de plus en plus en GMS.

La diminution de la consommation de produits animaux est une recommandation de la plupart des nutritionnistes mais également désormais des économistes qui estiment que les populations occidentales devraient diminuer de moitié leurs apports en protéines animales au profit de protéines végétales pour fournir à l'ensemble de la population de la planète un apport calorique adéquat. Il reste, en France et dans beaucoup de pays occidentaux, un long chemin à parcourir pour re-équilibrer la part des protéines animales et végétales.

Les populations occidentales, comme en France, consomment en moyenne moins de 10 g de légumes secs par jour. Leur consommation d'autres légumineuses sous forme d'ingrédients est plus difficile à appréhender (même si les MPV sont de plus en plus mentionnées sur les étiquettes françaises). La production de *soyfoods* en France est en augmentation depuis plus de 20 ans.

La disponibilité des aliments à base de légumes secs ou autres légumineuses (farines ou ingrédients riches en protéines) et particulièrement de plats prêts à consommer ou rapidement préparés ($\leq$ 10 min) est croissante mais ne suffit pas à augmenter significativement l'utilisation de ces produits par les faibles consommateurs. Le PNNS, toutes les autorités de santé, ainsi que les intervenants de la filière doivent conduire un effort significatif de sensibilisation de la population française. Cette sensibilisation pourrait commencer par la jeunesse (notamment à travers les cantines scolaires et des actions pédagogiques) et les populations les plus défavorisées (formations nutritionnelles, cours de cuisine...) qui sont le plus à risque d'obésité et de syndrome métabolique, mais également se faire grâce à une revalorisation culinaire par l'image auprès des classes moyennes et aisées, et à des efforts industriels pour plus de praticités adaptées au consommateur moderne. Le développement de produits innovants de grandes consommations semble essentiel pour un vrai changement de tendances : pâtes ou préparations prêtes à l'emploi, produits mixtes mélangeant protéines animales et végétales (liquides ou solides). Enfin, la disponibilité agricole doit également suivre pour répondre à une demande qui pourrait augmenter, ceci confirme la nécessité de renforcer les efforts techniques et génétiques, mais également organisationnels sur la production des légumineuses afin d'assurer l'offre.

Avec la contribution de : Catherine Esnouf et Anne Schneider.

Chapitre 6

Impacts environnementaux de l'introduction de légumineuses dans les systèmes de production

Pierre CELLIER, Anne SCHNEIDER,
Pascal THIÉBEAU, Françoise Vertès

Les légumineuses ont une forte présence dans les écosystèmes naturels, quels que soient le climat et le sol. Elles occupent aussi depuis très longtemps une place importante dans les systèmes agricoles. Les légumineuses représentent d'abord une source de protéines pour la nutrition humaine et animale (chapitres 1, 4 et 5) mais aussi, du fait de leur capacité à fixer l'azote atmosphérique (chapitre 2), la source principale d'azote dans les systèmes agricoles jusqu'au XXe siècle (chapitre 3).

Dans les systèmes alimentaires, on a observé au cours du XXe siècle la substitution des légumineuses par les protéines animales lors de la première transition alimentaire côté consommation humaine (voir chapitres 1 et 5) et, côté élevages, par des sources de protéines plus concentrées et moins chères, le tourteau de soja principalement, car très complémentaires du maïs ensilé qui est devenu la base de l'alimentation hivernale des bovins lors de la révolution fourragère des années 1970 pour se généraliser ensuite dans nombre de systèmes intensifs laitiers (voir chapitres 1 et 7). Les préoccupations actuelles questionnent les impacts de ces changements de modèles de productions végétales et de modèles alimentaires sur l'environnement et la santé humaine. Certains scientifiques estiment que les actions humaines sont en train de faire dépasser certaines « limites planétaires » qui font basculer l'état de la planète dans un « état très différent [de l'actuel], probablement bien moins favorable au développement des sociétés humaines », notamment pour le changement climatique, l'érosion de la biodiversité, le changement rapide d'utilisation des terres et la perturbation des cycles de l'azote et du phosphore, deux éléments essentiels à la fertilité des sols (Rockström *et al.,* 2009 ; Steffen *et al.,* 2015).

Dans les systèmes de productions végétales, depuis qu'existe la possibilité de produire des engrais industriels, l'attrait des légumineuses comme source d'azote a fortement régressé, ainsi que le total des surfaces en culture. Cependant, comme l'a montré récemment la synthèse de l'European Nitrogen Assessment (Sutton *et al.*, 2011), économiser l'azote et mieux maîtriser son utilisation et son devenir dans l'environnement deviennent une nécessité, quelle que soit son origine. En effet, l'azote réactif* est à l'origine d'une diversité d'impacts sur la qualité des eaux (teneur en nitrate des eaux de consommation, eutrophisation des milieux aquatiques et côtiers) et de l'air (émission de NO, précurseur d'ozone et d'ammoniac, précurseur de particules fines), sur les sols et les écosystèmes (acidification, eutrophisation, biodiversité) et le climat (émissions du protoxyde d'azote N_2O, particules, ozone troposphérique, stockage de carbone). La fabrication des engrais a de plus un coût énergétique important en combustibles fossiles que n'a pas la fixation symbiotique[61]. Cet atout des légumineuses prend une importance particulière en période de renchérissement de l'énergie et de nécessité de réduire la consommation de combustibles fossiles (Pointereau, 2001). L'azote fixé par les légumineuses est incorporé à la matière organique et est donc moins mobile que l'azote des engrais minéraux et organiques, minimisant *de facto* les risques pour l'environnement. Cependant, lors de la destruction naturelle (sénescence) ou provoquée (destruction avec ou sans enfouissement des résidus de la culture), l'azote fixé par la culture est remobilisé. Selon la gestion du système de production*, cet azote remobilisé peut être soit valorisé dans les cultures suivantes, soit perdu pour le système agricole en allant vers les compartiments de l'environnement (eaux, air, sols non explorés par les racines, etc.).

Au-delà de l'apport en azote, les légumineuses présentent d'autres atouts environnementaux qui ont été soulignés plus récemment. L'introduction de légumineuses dans les systèmes de culture et à l'échelle de paysages agricoles permettrait de favoriser et maintenir certaines formes de biodiversité végétale et animale. L'introduction de légumineuses dans des systèmes de culture permet aussi, dans certains cas, de réduire l'usage des produits phytosanitaires.

La problématique de l'azote étant la plus prégnante lorsqu'on s'intéresse aux questions environnementales concernant les légumineuses, ce chapitre commencera par resituer la place des légumineuses à différentes échelles spatiales dans les grands cycles biogéochimiques, avant de se focaliser plus spécifiquement sur les flux des différentes formes d'azote réactif. Ensuite, ces connaissances seront intégrées pour tenter d'expliciter jusqu'à quel point les légumineuses, et les systèmes qui les incluent, peuvent avoir des impacts sur l'environnement, par la conjonction de mécanismes et dynamiques spécifiques, notamment par le biais de l'azote et des interactions avec le cycle du carbone (et du phosphore, voire des autres composants élémentaires). Le rôle des légumineuses dans la biodiversité à l'échelle de la parcelle ou du paysage sera ensuite discuté. Enfin, ces différentes fonctions environnementales, positives ou négatives, des légumineuses seront repositionnées à des niveaux d'intégration tels que le système de culture ou le territoire.

---

61. Même si un certain surcoût existe indirectement, via le niveau de potentiel de rendement qui peut être moindre pour les légumineuses par apport aux céréales : voir p. 82.

⤏ Légumineuses dans les cycles biogéochimiques

Le monde vivant (la biosphère) interagit avec les compartiments de l'environnement (la géosphère, l'atmosphère, l'hydrosphère) *via* des transports et transformations (phase minérale ou organique notamment) des différents éléments chimiques constitutifs comme l'azote, le carbone, l'eau, l'hydrogène, le phosphore, les métaux, etc. (Bolin et Cook, 1983).

Importance des légumineuses dans la cascade de l'azote

Jusqu'à la fin du XIXe siècle, la fixation symbiotique était la principale source primaire d'azote réactif*, et la seule utilisable en agriculture. En effet, l'azote des effluents d'élevage ou le guano sont considérés comme des sources secondaires car elles proviennent d'un recyclage de l'azote ingéré par les animaux (Galloway, 1998 ; Thiébeau *et al.*, 2003 ; Erisman *et al.*, 2008). Le bilan d'azote à l'échelle mondiale s'équilibrait entre fixation symbiotique et dénitrification : environ 100 Mt pour chacun (Galloway *et al.*, 2003) (figure 6.1, planche XXVI).

Depuis le milieu du XXe siècle, la fixation industrielle de l'azote atmosphérique par le procédé Haber-Bosch (et les transformations ultérieures) a révolutionné le paysage de l'azote et multiplié par deux la formation d'azote réactif principalement au travers, de la fabrication d'engrais pour l'agriculture (Erisman *et al.*, 2008). En même temps, le développement des transports, la production d'énergie, le chauffage, etc. ont augmenté les émissions d'azote liées à la combustion. Cela a conduit à la circulation et à l'accumulation d'azote réactif dans tous les compartiments de l'environnement (eaux, air, sols, végétation) et à une diversité d'impacts sur l'homme et les écosystèmes (Galloway *et al.*, 2003 ; Sutton *et al.*, 2011). La contribution des légumineuses des écosystèmes naturels a légèrement baissé tandis que celle des légumineuses cultivées a doublé, passant de 12,5 % en 1850 à 29 % en 1990, d'après Galloway *et al.* (2004). Mais leur contribution totale au bilan d'azote à l'échelle mondiale a peu évolué en proportion.

Ainsi, dans le monde, la fixation symbiotique par les légumineuses cultivées (grains, luzerne, prairies semées) représente environ un quart de la production anthropique (hors production des surfaces naturelles) d'azote réactif, les engrais industriels en représentant 63 % et les processus de combustion (conduisant à la formation de NOx) 13 % (Galloway *et al.*, 2004). À l'heure actuelle, pour l'Europe et la France, la fixation (incluant les légumineuses prairiales) représente respectivement 8 % et 16 % de l'azote réactif créé, contre 70 % et 69 % pour les engrais et 21 % et 15 % pour la combustion (Sutton *et al.*, 2011, pour l'Europe ; Citepa, Unifa et Duc *et al.*, 2010, pour la France). La fixation d'azote atmosphérique par voie symbiotique est donc significative, mais elle n'est pas, de loin, la principale source d'azote réactif. Les légumineuses contribuent donc pour partie à l'excédent d'azote réactif, sans être la cause fondamentale des déséquilibres et des excès. Notons que l'importation d'azote par le biais des aliments pour le bétail (en grande partie du soja) représente une entrée très significative dans le bilan d'azote européen (3,5 Tg/an à comparer à 11,2 Mt/an pour la production d'engrais industriels ; Leip *et al.*, 2011) et français.

L'élevage et les légumineuses dans le cycle de l'azote

La place de l'élevage dans le cycle de l'azote est prédominante à l'échelle de la France et de l'Europe (voir encadré 6.1) puisque plus des ¾ de l'azote utilisé en agriculture vise à produire des aliments pour les animaux. De plus, la place de l'élevage est également importante dans la contribution des légumineuses à la cascade de l'azote et réciproquement, à différents points de vue. Tout d'abord, en France, 80 % de l'azote d'origine symbiotique est fixé par les légumineuses des prairies temporaires ou permanentes (Duc *et al.*, 2010). Le cycle de l'azote des prairies est fortement influencé par la présence de légumineuses (Thomas, 1992). Ensuite, les émissions d'azote réactif vers les eaux et l'air sont fortement déterminées par la présence des animaux qui transforment l'azote organique stable des végétaux (herbe, grains, ensilage) en azote labile (urée, acides aminés...), directement restitué aux sols, surtout dans les systèmes pâturés.

À l'échelle du système de production animale, l'utilisation de légumineuses dans la sole cultivée ou dans les prairies est l'un des principaux moyens d'améliorer l'autonomie protéique des troupeaux, qui est un élément important de la durabilité des systèmes de production animale (voir p. 352 et p. 384). Outre le fait de réduire la dépendance de l'élevage, cela a d'autres effets indirects : les cultures locales de légumineuses améliorent le bilan de gaz à effet de serre (GES) de l'exploitation (par rapport à l'importation de protéines et d'engrais azotés) et elles maintiennent le lien au sol, qui est un élément favorable pour limiter les fuites d'azote réactif sur la sole cultivée en favorisant une meilleure adéquation entre production et surfaces disponibles localement.

Les légumineuses dans le cycle du phosphore

Le phosphore est un élément nutritif à enjeu dans la biosphère pour des raisons différentes de l'azote. Il existe des ressources en phosphore sur terre mais les réserves sont plus limitantes que pour l'azote (seule celles du Maroc ne semblent pas trop proches de l'épuisement). De plus, le phosphore sur terre est présent majoritairement sous forme inorganique (minéraux d'apatites issus de la roche mère). Les formes organiques du phosphore sont dominantes dans les sols plus âgés, et les ions phosphatés sont très peu présents dans la solution du sol (car immobilisés par des interactions très fortes avec d'autres composants du sol). Le phosphore devient limitant pour une part grandissante des surfaces cultivées dans le monde. Or, c'est un des macro-éléments essentiels de la nutrition minérale des plantes, chez lesquelles la teneur en phosphore avoisine moins de 1 % de la matière sèche (Bieleski, 1973), voire moins : les études françaises (Vadez et Devron, 2001) relèvent une teneur de 0,2 % P dans les parties aériennes et racinaires, et significativement plus élevé à 0,5 % dans les nodosités des légumineuses.

La figure 6.2 (planche XXVI) illustre les interactions entre le cycle du phosphore et les activités agricoles. La quantité de fertilisation phosphatée a quadruplé depuis 50 ans avec l'augmentation de la production céréalière (tandis que la fertilisation azotée a été multipliée par 9). Le phosphore est donc un enjeu car c'est potentiellement un facteur limitant pour la production agricole à moyen terme et une ressource à préserver au sein de la biosphère. En 2014, la Commission européenne a recensé les phosphates naturels, qui servent à produire les engrais phosphatés, comme une des 20 matières premières critiques. C'est la seule qui concerne directement les questions de sécurité alimentaire et pour laquelle nous ne connaissons pas de substitut pour les organismes vivants.

En quoi les caractéristiques des légumineuses ont des interfèrences avec le cycle du phosphore ? Parmi les éléments nutritifs, le phosphore joue un rôle particulier car, en plus de son rôle structural pour les cellules, il est associé à la fourniture d'énergie et de métabolites aux nodosités (ATP) et est donc nécessaire pour la fixation symbiotique d'azote atmosphérique par les légumineuses (chapitre 2). Les légumineuses répondent généralement positivement (augmentation de la croissance et du rendement) à une fertilisation phosphorique qui augmente aussi la photosynthèse, la translocation d'assimilats dans la plante, et la croissance générale de la plante et de ses parties racinaires, toutes fonctions qui influencent favorablement la fixation symbiotique de N_2.

Les carences en phosphore relèvent soit d'une teneur faible en phosphore total de sols pauvres en matière organique ou très lessivés, soit d'une indisponibilité pour les plantes (complexification avec des cations ou adsorption sur complexe argilo humique). Le phosphore peut être un facteur limitant mais on a montré l'existence de mécanismes plus ou moins spécifiques aux légumineuses qui leur permettent de rendre le phosphore présent dans le sol plus disponible pour elles-mêmes mais aussi pour les autres cultures du système (partenaires associés ou cultures suivantes) (voir p. 109), avec plusieurs types de stratégies (voir p. 114) : augmentation de la surface d'échanges, ou acidification locale, ou augmentation de l'efficacité métabolique d'utilisation du phosphore. La plupart des légumineuses établissent aussi au niveau de leurs racines une symbiose mycorhizienne à arbuscules[62] qui est la voie dominante d'acquisition du phosphore (Smith *et al.*, 2003), qui stimule l'activité fixatrice d'azote.

À l'échelle des systèmes de culture, les besoins en phosphore des légumineuses peuvent nécessiter une fertilisation phosphatée (chapitre 3). Globalement, il est difficile de différencier les volumes totaux des successions culturales de grandes cultures des systèmes céréaliers, qu'il y ait ou non des légumineuses. Dans le cas des associations légumineuses–non-légumineuses, la fertilisation phosphatée et potassique (PK) des productions végétales favorise en général les légumineuses tandis que la fertilisation azotée favorise les autres espèces (voir p. 200).

---

62. Certains acacias auraient les deux types de mycorhization, à arbuscules (endo) et à manteau fongique (ecto).

Encadré 6.1. La cascade de l'azote (figure 6.3, planche XXVII).

La fixation symbiotique de l'azote atmosphérique a été à l'origine de la place importante des légumineuses dans les systèmes agricoles jusqu'au XXe siècle, car ces espèces, présentes dans les cultures ou les prairies, étaient alors la principale source d'azote, nutriment essentiel des productions végétales et animales. Le rôle des légumineuses a perdu de son importance à partir du milieu du XXe siècle en raison de la possibilité de produire des engrais azotés industriels à grande échelle. Aujourd'hui, l'intérêt pour les légumineuses est renouvelé dans une perspective agroécologique, c'est-à-dire dès que l'on cherche à mieux mobiliser les processus biologiques pour produire des denrées agricoles dans des conditions plus respectueuses de l'environnement.

L'azote fixé par fixation symbiotique est directement incorporé, après une phase ammoniacale, dans la matière organique de la plante fixatrice. Il constitue alors une source d'azote stable et peu volatil, donc peu susceptible de se disperser dans l'environnement et d'y créer des impacts négatifs, contrairement aux apports d'engrais appliqués sur les cultures. L'azote ainsi fixé profite non seulement à la légumineuse en place mais également aux plantes associées et aux cultures suivantes. On sait que les reliquats après une culture de légumineuses contiennent souvent plusieurs dizaines de kg N/ha en plus, par rapport à une culture de céréales. Cet apport additionnel pourra bénéficier, au moins en partie, à la culture suivante et permettre de réduire alors les apports d'engrais azotés qui lui sont nécessaires.

Cependant, lors de la dégradation des parties racinaires et aériennes de la plante de légumineuse, consécutive aux processus naturels de sénescence ou à des pratiques agricoles classiques (déchaumage post-récolte, enfouissement des résidus, retournement d'une prairie), la minéralisation de la matière organique et d'autres processus tels que la nitrification ou la dénitrification libèrent de l'azote sous des formes plus labiles (ammonium, nitrate, acides aminés…). La vitesse de décomposition est fortement dépendante de l'état du couvert végétal (en particulier matière végétale fraiche *versus* sèche) mais aussi des conditions de sols et des conditions météorologiques. Il n'est donc pas possible de contrôler toutes les facettes de ces processus et il est plus ou moins facile de faire coïncider la libération d'azote minéral avec les besoins de la culture suivante, qu'elle soit annuelle ou pérenne. Il est donc important de bien choisir notamment les successions culturales et les dates de destruction des couverts (chapitre 3). Plusieurs expérimentations ont d'ailleurs montré que cette libération peut représenter des quantités d'azote importantes et pouvait s'étaler sur plusieurs années. On est donc confronté ici à un réel risque de fuites vers les compartiments de l'environnement sous formes de nitrate (sols non explorés par les racines, eaux), d'ammoniac ou de protoxyde d'azote (air). Fort heureusement cette libération d'azote est, sauf cas exceptionnel, beaucoup plus progressive que les apports d'engrais industriels, ce qui favorise une bonne valorisation de l'azote minéral produit et minimise les risques de fuite.

Bien valoriser cet azote fixé par la légumineuse et remobilisé dans l'agrosystème (cultures suivantes et matière organique des sols) tout en limitant les risques pour l'environnement demande donc de bien adapter les pratiques agricoles, en particulier de bien choisir les cultures suivant la légumineuse ou le retournement d'une prairie et d'adapter ses plans de fertilisation. Utiliser plus largement les légumineuses dans les systèmes de grande culture demandera donc un renouvellement des pratiques à l'échelle du système de culture.

▸▸ Flux d'azote dans les différents compartiments de l'environnement en culture de légumineuses

Les mécanismes spécifiques aux légumineuses, notamment ceux liés à l'azote, ont été décrits, analysés et quantifiés à l'échelle de la plante en chapitre 2 et à l'échelle du système de production* en chapitre 3. Ici après quelques rappels généraux, le propos se focalise sur les modifications induites par la présence des légumineuses dans les systèmes agricoles dans les flux azotés au sein des différents compartiments de l'environnement (air, sols, eau, faune et flore, etc.) en lien aussi avec la santé de l'homme.

Spécificités connues et supposées des légumineuses vis-à-vis de l'azote

Considérant qu'une culture de légumineuses peut fixer des quantités d'azote équivalentes à celles apportées à une culture fertilisée, les pertes vers l'environnement pourraient être semblables. Mais les processus en cause sont différents, ce qui module le cycle de l'azote au sein des différents compartiments (figure 6.4). Par rapport à la voie chimique (procédé Haber-Bosch) de fixation de l'azote atmosphérique (N_2), l'azote réactif produit par la fixation symbiotique des légumineuses est incorporé à de

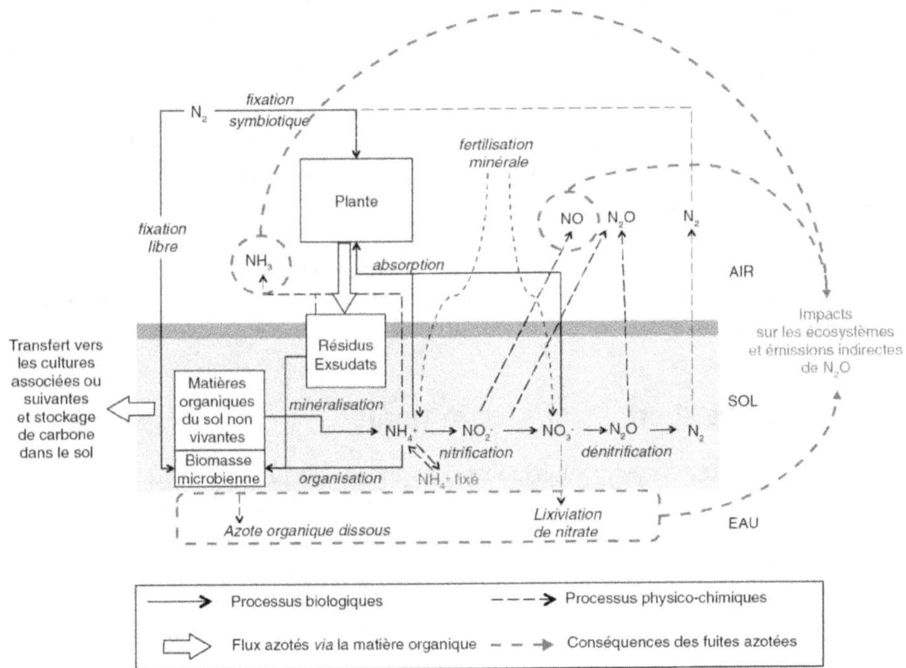

Figure 6.4. Cycle de l'azote au sein d'une culture avec un focus sur la dynamique de l'azote dans une culture de légumineuses (fixation symbiotique et matière organique) et sur les fuites d'azote réactif vers l'environnement : atmosphère (NH_3, N_2O, NO, N_2) et eaux (NO_3^-, DON).

la matière organique, donc moins labile, sauf d'éventuelles mais faibles émissions d'ammoniac par les stomates (Mattsson *et al.*, 2009 ; Massad *et al.*, 2010). Du fait de l'incorporation de l'azote dans la matière organique, il y a un couplage fort avec le cycle du carbone. En conséquence, la production (fixation symbiotique et production d'exsudats) et la libération (décomposition des résidus en surface ou dans le sol) d'azote réactif sont plus lentes et continues, ce qui diminue *a priori* les risques des pertes vers l'environnement. L'azote fixé par la légumineuse peut profiter non seulement à la légumineuse elle-même, mais aussi aux plantes voisines et aux cultures suivantes (chapitre 3).

La fixation symbiotique est régulée par la disponibilité en azote dans le sol : la quantité d'azote fixée varie au cours du cycle de la plante selon la concentration en nitrate du sol sur les 30 premiers centimètres (voir p. 83). Ce phénomène limite ainsi les risques d'excès.

Pendant la phase de culture, en dehors des prairies pâturées, les pertes d'azote vers l'environnement sont en général faibles. Alors que le processus de fixation symbiotique avait été considéré comme une source possible de N_2O, des travaux récents ont conclu à l'absence de telles émissions (Rochette et Janzen, 2005 ; Jeuffroy *et al.*, 2013). Les pertes d'azote réactif depuis les cultures de légumineuses sont générées essentiellement par la dégradation de la matière organique des résidus : à court terme, par volatilisation d'ammoniac après enfouissement d'engrais verts ou retournement superficiel de prairie/luzerne, et à moyen terme sous toutes les formes d'azote réactif, lors du déchaumage, du labour et de la dégradation des racines et parties aériennes enfouies. La richesse *a priori* plus grande mais plus ou moins élevée des résidus en azote en fonction du mode de production, en particulier du stade de récolte (chapitre 3), pourrait favoriser ces émissions vers l'air et les eaux. Cependant, la variabilité est principalement liée à l'espèce et la variété de légumineuse considérée, et à sa gestion au sein du système de culture. Elle dépend de l'importance des résidus laissés au sol (les pailles de pois sont peu importantes donc l'azote laissé est similaire ou inférieur à celui laissé par les résidus des céréales ou du colza) et de leur rapport C/N, ou selon que la légumineuse est récoltée (culture de rente), enfouie (engrais vert) et/ou cultivées en association.

Légumineuses et émissions d'ammoniac

Les émissions d'ammoniac en agriculture proviennent principalement des engrais minéraux et des déjections animales. Les facteurs d'émission[63] après application au champ varient entre 1-3 % (ammonitrate) et 10-20 % (urée) pour les engrais minéraux et de 1 à 80 % pour les effluents d'élevage (EEA-Emep, 2013). Toutefois, une fraction parfois non négligeable provient de la plante, soit par ses stomates pendant sa phase d'activité, soit lors de sa décomposition (résidus post-récoltes, enfouissement...) (Ruijter *et al.*, 2010).

---

63. Un facteur d'émission est la proportion de l'azote apporté (engrais) ou produit (déjections animales) émis vers l'atmosphère sous forme d'ammoniac, de NO ou de N_2O.

Concernant les légumineuses, les émissions d'ammoniac depuis la plante (feuillage) présentent une gamme de variation importante : 0-15 kg/ha/an selon Sutton *et al.* (1995), confirmée par Hermann *et al.* (2001) comparant des cultures graminées-trèfle fertilisées ou non. Mais ces émissions foliaires restent en général faibles. De plus, la même plante peut agir à d'autres périodes comme un puits pour l'ammoniac (NH_3) en l'absorbant par ses stomates. Les données sont assez éparses sur ce type de cultures et on mesure des émissions (Dabney et Bouldin, 1985 ; Sutton *et al.*, 1995), des dépôts ou les deux sur la même culture (Lemon et van Houtte, 1980 ; Harper *et al.*, 1989), amenant à ne pas considérer ces cultures comme une source significative (EEA-Emep, 2009 ; *unfertilized crops*).

Whitehead et Lockyer (1989), Bremer et Van Kessel (1992), Larsson *et al.* (1998) ou Ruijter *et al.* (2010) ont montré que les émissions résultant de la décomposition des résidus de culture (parties aériennes) dépendaient de leur rapport C/N et de leur teneur en azote : émissions négligeables pour des teneurs inférieures à 2 %, cas général des pailles de légumineuses à graines récoltées à maturité (C/N ~ 20), et montant à 10 % de N contenu dans les résidus des parties aériennes pour des teneurs proches de 4 %, cas général des résidus de légumineuses fourragères ou légumières récoltées avant maturité (C/N ~ 10). Typiquement, les légumineuses ont ici un comportement similaire aux cultures ou graminées prairiales fortement ferti-lisées. La volatilisation devient négligeable dès que les résidus sont incorporés au sol (Janzen et McGinn, 1991). En revanche, elle oscille de 5 à 16 % de l'azote total qu'ils contiennent lorsque les résidus sont laissés à la surface du sol. Glazener et Palm (1995) ont fait le même type d'observation en conditions tropicales, avec diffé-rentes légumineuses dont les émissions ont été comprises entre 3 et 12 % de l'azote de la plante. Janzen et Mc Ginn (1991) ont observé des pertes pouvant s'élever à 14 % de l'azote de la plante sur des résidus de lentilles laissés à la surface du sol. Ils en concluent, tout comme Larsson *et al.* (1998), qu'au-delà de l'impact environ-nemental, cela diminue significativement la valeur fertilisante de la culture comme engrais vert. Néanmoins, toutes cultures confondues, la contribution des résidus de culture aux émissions d'ammoniac reste mineure à l'échelle d'un pays, dans le contexte d'une agriculture intensive en Europe : 2,5 % pour les Pays-Bas (Ruijter *et al.*, 2010).

Les émissions d'ammoniac sont souvent plus fortes sur prairies pâturées, l'animal transformant l'azote stable de la matière organique des plantes en azote labile dans les déjections sous formes d'urine et fèces. La part due aux légumineuses n'est cependant pas facile à identifier et passe en pratique par sa possible influence sur les quantités d'azote excrétées (donc lien avec la richesse azotée de la ration et la conduite de l'alimentation du troupeau). De manière générale, ces émissions sont limitées par la capacité du couvert végétal à absorber et métaboliser une partie de l'ammoniac émis à la surface (Denmead *et al.*, 1976 ; Farquhar *et al.*, 1980 ; Asman *et al.*, 1998 ; Nemitz *et al.*, 2000).

Légumineuses et lixiviation de nitrate

La présence de nitrate dans le sol résulte de l'équilibre entre différents processus de formation (apport d'engrais nitriques, nitrification des engrais ammoniacaux, minéralisation de la matière organique puis nitrification) et de consommation (absorption par la plante, dénitrification, organisation par la biomasse microbienne) ou de transfert de nitrate (lixiviation, apport par ruissellement de surface ou remontée de nappe) (figure 6.3, planche XXVII). Les légumineuses interviennent à ces différentes étapes avec parfois une place assez spécifique : absorption de nitrate pendant la phase de croissance, source de résidus riches en azote et donc d'azote minéral à plus ou moins long terme, source d'azote à libération plus lente et continue que les engrais industriels.

L'état des connaissances sur les flux azotés après culture et sur la teneur en azote du sol en période de risque de lixiviation (période de drainage) a été détaillé en chapitre 3. Sont récapitulées ici les connaissances sur les différentes phases de développement des couverts végétaux et pour différents modes d'utilisation des légumineuses.

Légumineuses en phase de croissance

Comme pour l'ammoniac, il convient ici de distinguer la phase de croissance et la phase post-récolte. En période de croissance, les légumineuses ne sont généralement pas des sources importantes de nitrate et peuvent même prélever des quantités importantes de nitrate dans le sol : en présence de concentrations importantes, les légumineuses sont capables d'utiliser l'azote nitrique du sol et de diminuer drastiquement la fixation symbiotique (Vertès *et al.,* 1995 ; Voisin *et al.,* 2002 ; Thiébeau *et al.,* 2004). De ce fait, elles ne présentent généralement pas de risques de lixiviation, en particulier pour les légumineuses fourragères pérennes et les prairies hors pâturage, qui ont une saison de croissance longue, voire continue, ce qui évite des pertes de nitrate importantes. Seul le nitrate situé au-delà de la profondeur d'enracinement peut être lixivié pendant cette phase, en cas de drainage. La luzerne en particulier, par son système racinaire profond, est à même de récupérer du nitrate dans les couches profondes du sol ; la teneur en nitrate dans l'eau de drainage est généralement très faible sous cette culture (Bolton *et al.,* 1970 ; Muller *et al.,* 1993 ; Thiébeau *et al.,* 2003, 2004). Pour les légumineuses annuelles (pois, fèves, soja, lupin…), les pertes de nitrate pendant la croissance sont également faibles. Selon Varvel et Peterson (1992), le soja permet de prévenir le lessivage du nitrate pendant sa phase de croissance parce qu'il l'utilise comme source d'azote lorsque sa teneur dans le sol est élevée. C'est le cas pour toutes les légumineuses à graines, comme expliqué en chapitre 2. Cependant, comme ces cultures sont présentes moins longtemps au champ (5 à 8 mois), les risques de lixiviation sont plus grands au printemps (pour les types semés au printemps) et en automne (sauf pour les cas de récolte tardive comme le soja) que pour les légumineuses pérennes. Ces risques peuvent être prévenus par la mise en place d'un couvert végétal piège à nitrate avant et après leur insertion dans l'assolement (voir p. 166).

Le cas des légumineuses prairiales

Pour les prairies, les pertes de nitrate par lixiviation sont en général moindres sous prairies avec légumineuses comparées aux prairies fertilisées sans légumineuse (d'environ 10 % à même chargement animal), et sous prairies, ou légumineuses pures, fauchées comparées à pâturées. Les études de lixiviation de nitrate sous

légumineuses ont pour l'essentiel été consacrées aux prairies d'association à base de graminées et de trèfle blanc, et à la luzerne en culture pure. Plusieurs facteurs suggèrent que les systèmes basés sur l'utilisation de légumineuses prairiales sont plus efficients dans la conversion de l'azote :
− parce que les légumineuses fixent l'azote atmosphérique en phase avec leur aptitude à le valoriser ;
− qu'elles réduisent leur fixation en présence d'azote minéral facilement disponible dans le sol (Vertès *et al.*, 1997 ; Vinther, 1998) ;
− qu'on évite les apports ponctuels et importants de N minéral ;
− que les durées de pâturage sont moindres sur les systèmes de prairies sans fertilisation et avec trèfle blanc.

Les risques de pertes d'azote par lixiviation sont donc plus faibles sous prairies avec légumineuses que sous prairies fertilisées (Hutchings et Kristensen, 1995 ; Ledgard, 2001 ; Ledgard *et al.*, 2009). Une illustration en est donnée au chapitre 3 (voir p. 206 et figure 3.28 ; Vertès *et al.*, 2010a).

L'une des causes essentielles tient à la plus faible productivité des prairies d'associations comparées aux prairies de graminées fortement fertilisées, ne permettant donc pas des chargements aussi élevés. À chargement équivalent, les quantités d'azote lixiviées sous prairies d'associations seraient équivalentes (Tyson *et al.*, 1997) ou seulement légèrement réduites (de 5 à 10 %) (Vertès *et al.*, 1997 ; Eriksen *et al.*, 2010) comparées aux graminées fertilisées. En revanche, les quantités d'azote lixivié pourraient augmenter pour les prairies d'associations lorsque les proportions de trèfle deviennent très élevées. Ainsi, Loiseau *et al.* (2001) ont rapporté des niveaux de lixiviation sous lysimètre de 26 à 140 kg N/ha sous trèfle blanc pur contre moins de 20 kg/ha pour des associations ray-grass et trèfle blanc fauchées. Il semble que le trèfle puisse contribuer à limiter les pertes par lixiviation à condition qu'il ne représente pas plus de 30 à 50 % de la biomasse des parcelles.

Les données sont beaucoup moins nombreuses pour les autres légumineuses mais il apparaît que les pertes par lixiviation sont plus faibles sous les prairies contenant de la luzerne (Grignani *et al.*, 1996 ; Russelle *et al.*, 2001) bien que la productivité soit semblable à celle observée avec le trèfle blanc. Les luzernières ont fait l'objet de quelques travaux (Thiébeau *et al.*, 2004) mesurant des pertes très modérées associées à des productions de biomasse exportée importantes. Par ailleurs, la technique d'implantation d'une luzernière sous couvert de pois protéagineux a démontré que l'on supprimait le risque encouru après une culture de pois pur, puisque la luzerne en place absorbe l'azote libéré dans le sol par le pois en fin de cycle végétatif (Thiébeau et Larbre, 2002). Une synthèse récente (Vertès *et al.*, 2010b) recense les principaux résultats en termes de lixiviation de nitrate sous légumineuses pures ou associées.

Le cas des légumineuses en interculture

En interculture, malgré un intérêt non négligeable comme engrais vert, les légumineuses sont moins efficaces que les crucifères, la phacélie ou les graminées pour réduire le stock d'azote minéral dans le sol avant l'entrée en période de drainage. Leur efficacité en tant que piège à nitrate dépend en particulier de la rapidité et de la qualité de leur implantation, et de la quantité de biomasse produite, le tout sous influence des conditions pédoclimatiques. Du fait de la fixation symbiotique, les légumineuses restituent en général plus d'azote lors de leur destruction, ce qui représente un risque (et pas seulement une opportunité) qu'il faudra prendre en compte pour la conduite de la culture suivante (Justes *et al.*, 2012). Cependant, comme expliqué en chapitre 3 (voir p. 187), il est possible d'implanter des couverts intermédiaires à base de légumineuses tout en gardant des objectifs liés à la réduction de la lixiviation du nitrate, soit en privilégiant l'implantation de légumineuses pures dans des situations à risque de transfert faible à moyen, soit en ayant recours à des mélanges légumineuses–non-légumineuses.

Après la culture de légumineuse

C'est suite à l'enfouissement des résidus (azote des résidus souterrains et enfouissement des résidus aériens s'ils ne sont pas exportés) que les légumineuses, annuelles ou pérennes, peuvent le plus contribuer à la lixiviation de nitrate lors de l'automne suivant dans le cas où il n'y a pas de culture piège à nitrate mise en place. L'intensité de ce phénomène dépend avant tout de la culture de légumineuse (espèce et mode d'exploitation), du type de sol et du climat.

Concernant les cultures annuelles, il y a de vrais risques de lixiviation (Francis *et al.*, 1994), même en climat sec. L'introduction de couverts intermédiaires pièges à nitrate s'avère souvent très efficace pour réduire de moitié la teneur en azote des eaux drainantes (Arep, 2009), contre – 13 % pour la réduction du tiers de la fertilisation azotée des cultures. Sans un couvert d'interculture qui suit, Carrouée *et al.* (2006a) mentionnent des pertes plus fortes après une culture de pois qu'après une céréale à paille (supplément de seulement 0 à 20 kg/ha en moyenne) et l'expliquent principalement par un enracinement peu profond du pois. La différence est encore plus marquée avec une betterave dont la croissance et les prélèvements se poursuivent jusqu'à l'automne. En revanche, les risques de pertes après colza et pomme de terre sont du même niveau qu'après pois protéagineux en moyenne. Les risques de fuites de nitrate peuvent être gérés par l'implantation d'une culture intermédiaire couvrant le sol avant le protéagineux et d'une culture valorisant bien l'azote après le protéagineux (Beillouin *et al.*, 2014).

Globalement, pour les cultures de légumineuses à graines annuelles récoltées au cours de l'été, il peut y avoir un risque à l'automne qui suit : la couverture du sol avec des cultures piégeant bien l'azote pendant l'automne (CIPAN ou colza) est donc nécessaire pour prévenir la lixiviation dans les situations à risque de transfert fort (lame drainante importante, légumineuse à faible enracinement) (voir p. 161). Par la suite, il est nécessaire d'adapter la fertilisation des cultures qui suivent une culture de légumineuses ou un couvert de légumineuses pour ne pas accentuer les risques au cours du printemps et de l'automne de l'année qui suit la présence de la légumineuse.

Si on le prend correctement en compte à l'échelle de la rotation, l'effet des légumineuses annuelles serait plutôt positif (Watson *et al.*, 2006 ; Carrouée *et al.*, 2006 ; Vertès *et al.*, 2010 ; Thiébeau *et al.*, 2010a) : la culture suivante présente une meilleure efficience d'utilisation de l'azote disponible, et plus de rendements avec des apports de fertilisants réduits après une légumineuse qu'après une graminée. Quelques données disponibles indiquent une réduction du risque à l'automne de l'année suivante du même ordre de grandeur que l'augmentation l'année de la culture de la légumineuse, ce qui aboutit à un bilan neutre sur deux ans (voir p. 166).

Après enfouissement d'une légumineuse pérenne, les risques peuvent être importants, car plusieurs dizaines à centaines de kg d'azote vont être minéralisées après le labour d'une luzerne ou d'une prairie (Adams et Pattinson, 1985). Le risque de lixiviation est d'autant plus fort que l'enfouissement est précoce par rapport à la culture suivante (Stopes et Phillips, 1994). Cela dépend aussi du climat et du sol. Il est donc essentiel de bien raisonner la valorisation de l'azote post-enfouissement : utilisation de cultures valorisant bien cet azote, enfouissement bien en phase avec l'implantation de la culture suivante, prise en compte à moyen terme de la libération d'azote… En Champagne, Justes *et al.* (2001) ont montré qu'une luzerne libérait près de 60 % du stock d'azote contenu dans sa biomasse lors de sa destruction jusqu'au terme des 18 mois suivants. À partir d'essais conduits sur cases lysimétriques avec marquage isotopique (^{15}N) réalisé sur la dernière repousse de la luzerne, Muller *et al.* (1993) ont montré que la libération d'azote se réalisait de manière significative durant les quatre années qui suivent la destruction de la luzernière, et que l'eau de drainage contenait toujours des traces de cet azote marqué 10 ans après la destruction de la luzerne. Il est donc nécessaire de tenir compte de ces libérations d'azote pour ajuster les conduites azotées des cultures suivantes, ce qui n'est toutefois pas évident, compte tenu de la forte variabilité due au sol et au climat.

À retenir. Légumineuses et gestion de l'azote vis-à-vis de l'environnement.

La fixation symbiotique de l'azote atmosphérique a été à l'origine de la place importante des légumineuses dans les systèmes agricoles, où ces espèces cultivées ou présentes dans les prairies étaient la principale source d'azote, facteur essentiel des productions végétales et animales. Aujourd'hui, cet intérêt est renouvelé dans une perspective agroécologique, où l'on cherche à mieux mobiliser les processus biologiques pour produire des denrées agricoles à diverses destinations dans des conditions respectueuses de l'environnement.

L'azote fixé par fixation symbiotique est directement incorporé, après une phase ammoniacale, dans la matière organique de la plante fixatrice. Il constitue alors une source d'azote stable et peu volatil, donc peu susceptible de se disperser dans l'environnement et d'y créer des impacts négatifs. L'azote ainsi fixé profite non seulement à la légumineuse en place mais également aux plantes associées et aux cultures suivantes. On sait que les reliquats après une culture de légumineuses contiennent souvent plusieurs dizaines de kg N/ha en plus, par rapport à une culture de céréales. Cet apport additionnel pourra bénéficier, au moins en partie, à la culture suivante et, s'il est pris en compte dans le plan de fertilisation, il peut constituer un gain économique significatif.

Mais, lors de la dégradation des parties racinaires et aériennes de la plante, consécutive aux processus naturels de sénescence ou à des pratiques agricoles classiques (déchaumage post-récolte, enfouissement des résidus pour implantation de la culture suivante, retournement d'une prairie), la minéralisation de la matière organique et d'autres processus tels que la nitrification ou la dénitrification libèrent de l'azote sous des formes plus labiles (ammonium, nitrate, acides aminés...). La vitesse de décomposition est fortement dépendante de l'état du couvert végétal (en particulier matière végétale fraiche *vs* sèche) mais aussi des conditions de sols et météorologiques. Ces processus sont donc plus difficiles à piloter, notamment pour faire coïncider la libération d'azote minéral avec les besoins de la culture suivante, qu'elle soit annuelle ou pérenne. Plusieurs expérimentations ont d'ailleurs montré que cette libération représentait des quantités d'azote importantes et pouvait s'étaler sur plusieurs années. On est donc confronté ici à un réel risque de fuites vers l'environnement sous formes de nitrate, ammoniac ou protoxyde d'azote. Fort heureusement, cette libération d'azote est, sauf cas exceptionnel, beaucoup plus progressive que les apports d'engrais industriels, ce qui favorise une bonne valorisation de l'azote minéral produit et minimise les risques de fuite.

Bien valoriser cet azote fixé par la légumineuse tout en limitant les risques pour l'environnement demande donc de bien adapter ses pratiques, en particulier bien choisir les cultures suivant la légumineuse, ou le retournement d'une prairie, et adapter ses plans de fertilisation. Utiliser plus largement les légumineuses dans les systèmes de grandes cultures demandera donc un renouvellement des pratiques à l'échelle de la rotation.

Légumineuses et émissions d'azote organique dissous

L'azote organique dissous (AOD, ou DON en anglais) se formant à partir de la décomposition de la matière organique, les principales sources depuis les sols agricoles sont les résidus de culture, les apports de matières organiques exogènes (effluents, pâturage) et la matière organique du sol. L'AOD peut représenter une part importante des pertes totales d'azote vers les eaux, en particulier depuis les sols organiques ou les systèmes à faibles apports d'engrais industriels (Christou *et al.*, 2005 ; Ghani *et al.*, 2007 ; van Kessel *et al.*, 2009), ce qui est le cas des cultures de légumineuses simples ou en association. Ces pertes d'AOD vers les eaux de surface et profondes présentent des risques d'eutrophisation et d'acidification des écosystèmes, ainsi que pour la santé humaine. La fixation symbiotique par les légumineuses étant une source importante d'azote organique et les résidus de cultures de légumineuses annuelles ou de prairies pouvant être riches en azote, elles peuvent présenter un risque (Boyer *et al.*, 2002). Peu de choses sont toutefois connues sur l'effet des types de culture ou des rotations (Chantigny, 2003), mais Oelmann *et al.* (2007) ont trouvé que la présence de légumineuses augmentait les pertes d'azote sous forme d'AOD, alors que le nombre d'espèces avait peu d'influence.

Légumineuses et émissions de N_2O

La source majeure de N_2O dans les sols est la transformation de l'azote minéral par la nitrification et la dénitrification. La nitrification est une réaction d'oxydation qui permet la transformation de l'azote ammoniacal en nitrate. Au cours de cette transformation aérobie, une partie de l'azote est libérée sous forme de N_2O, par un mécanisme qui n'est pas encore complètement identifié. La dénitrification est une réaction de réduction qui permet la transformation du nitrate en azote gazeux en milieu appauvri en oxygène ; N_2O est un produit intermédiaire qui peut être à la fois libéré au cours de cette transformation, mais aussi repris par la microflore dénitrifiante et transformé en azote gazeux inerte (N_2). L'azote minéral produit par minéralisation des résidus de légumineuses après récolte ou après retournement va subir ces transformations microbiennes et donc pouvoir être source de N_2O comme tout autre produit organique.

Le processus de fixation symbiotique s'accompagne lui-même d'un processus de dénitrification qui a longtemps été suspecté de produire des quantités significatives de N_2O (O'Hara et Daniel, 1985 ; Garcia-Plazaola *et al.*, 1993). En conséquence, la méthodologie GIEC de 1997 affectait aux cultures de légumineuses un facteur d'émission très significatif. Ceci était toutefois basé sur un nombre très limité de données. Rochette et Janzen (2005) ont établi plus récemment que ces émissions étaient surestimées et pouvaient, en réalité, être négligées par rapport aux émissions liées aux entrées d'azote dans le sol par l'exsudation racinaire et la décomposition des résidus. La proposition de Rochette et Janzen (2005) retenue par le GIEC (2007) est donc de ne considérer que les émissions de N_2O depuis le sol et les résidus, ce qui a fortement fait baisser la contribution des légumineuses aux émissions de N_2O dans les inventaires d'émission.

La restitution au sol de l'azote fixé par les exsudats racinaires durant la phase de culture et par l'incorporation des résidus de légumineuses libère des quantités importantes d'azote minéral qui sont susceptibles de produire du N_2O (et du NO) par nitrification et dénitrification (Aoyama et Nozawa, 1993 ; Larsson *et al.*, 1998 ; Baggs *et al.*, 2000 ; Yang et Cai, 2005 ; Huang *et al.*, 2004 ; Rochette *et al.*, 2004 ; Parkin et Kaspar, 2006). Les résidus peuvent être plus ou moins riches en azote : une teneur en N de 3-5 %, donc équivalentes à des cultures très fertilisées, un rapport C/N plus ou moins faible, selon que les produits de récolte sont plus ou moins efficients à exporter l'azote. Les quantités produites de résidus aériens peuvent être plus grandes que pour les autres cultures (Aulakh *et al.*, 1991 ; Millar *et al.*, 2004) notamment pour les légumineuses qui ne vont pas à maturité physiologique du grain (pois potager, engrais verts), mais elles sont souvent moindres : cas du pois protéagineux et du soja par rapport aux autres grandes cultures, et cas des prairies (Vertès *et al.*, 2007). Ainsi, les mesures faites sur diverses cultures de légumineuses annuelles ou pluriannuelles montrent des valeurs du même ordre, ou inférieures, à celles de cultures non fertilisées pendant la phase végétative. Par exemple, sur des cultures de pois, Lemke *et al.* (2007) et Jeuffroy *et al.* (2013) ont mesuré des émissions inférieures à 0,7 kg N-N_2O/ha/an. De plus, Jeuffroy *et al.* (2013) n'ont pas observé d'émissions de N_2O plus fortes après incorporation des résidus, comparé à d'autres cultures (colza, blé), ni lors du cycle de la culture suivante (figure 6.5). Dans leur synthèse sur les émissions de N_2O par les légumineuses, Rochette et Janzen (2005) montrent que les émissions depuis les légumineuses à graines (lentille, pois-chiche…) sont également assez faibles, sauf pour le soja où des émissions de plusieurs kg N-N_2O/ha/an ont été mesurées dans certaines situations (Jacinthe et Dick, 1997 ; Mc Kenzie *et al.*, 1998).

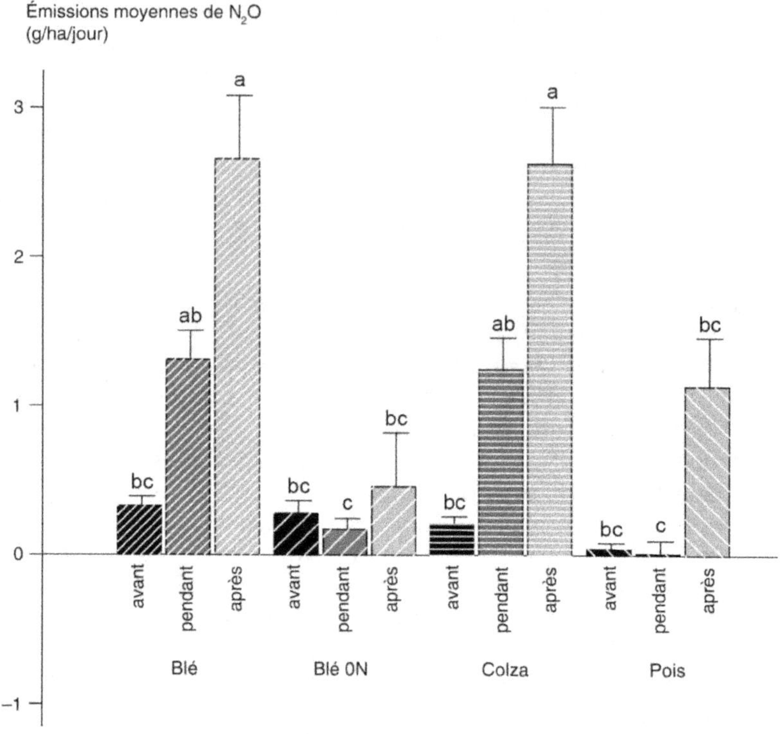

Figure 6.5. Émissions moyennes de N_2O pour différentes cultures (blé, colza d'hiver, pois), fertilisées ou non (0N) et différentes périodes d'observation (avant la 1e fertilisation azotée, pendant la période de fertilisation et plus de 14 jours après la dernière fertilisation). Les barres d'histogramme ayant la même lettre ne sont pas significativement différentes. Les barres d'erreur représentent l'écart-type.

Sur prairie comprenant plus (35 ± 4 %) ou moins (19 ± 4 %) de trèfle blanc, Klumpp *et al.* (2011) rapportent des émissions correspondant à 0,6 % de l'azote apporté au bout de 6 mois de suivi, ce qui est dans la partie basse de la proportion relevée dans la littérature, comprise entre 0,4 et 5,2 % (Clayton *et al.*, 1997 ; Rudaz *et al.*, 1999 ; Abdalla *et al.*, 2009). Des émissions plus élevées sur légumineuses prairiales et luzerne ont aussi été observées (0,5 à 4,5 kg $N\text{-}N_2O$/ha/an ; Duxbury *et al.*, 1980 ; Mc Kenzie *et al.*, 1998 ; Rochette *et al.*, 2004). Par rapport à des prairies de graminées, Corré et Kasper (2003) ont mesuré des émissions de N_2O plus faibles sur les prairies d'associations (0,2 *vs* 1,3 % N). Les références étant peu nombreuses, il conviendrait toutefois de consolider ces résultats.

Un tout autre aspect concerne les légumineuses du point de vue de ces émissions de N_2O. Le gène *nosZ* codant pour la synthèse de l'enzyme impliquée dans la réduction de N_2O en N_2 a été observé chez certains des Rhizobiacées symbiotes de légumineuses (Sameshima-Saito *et al.*, 2006 ; Hénault et Revellin, 2011), ce qui pourrait donc limiter la proportion de N_2O dans l'azote dénitrifié. Cette propriété pourrait être utilisée pour favoriser la réduction de N_2O en N_2 lors de la dénitrification dans des sols possédant peu cette aptitude, en vue de limiter les émissions de N_2O

(Hénault et Revellin, 2011). Cette hypothèse reste toutefois à valider par des expérimentations au champ.

Légumineuses et émissions de NO

Du monoxyde d'azote (ou oxyde nitrique, NO) peut être émis depuis les sols, à partir des processus de nitrification et de dénitrification (Garrido *et al.*, 2002) consécutifs à la dégradation des résidus de légumineuses riches en azote. Si les sols ont un pH supérieur à 5, ces émissions résultent plutôt de la nitrification (Remde et Conrad, 1991 ; Skiba *et al.*, 1997). Un déterminant majeur de la nitrification, processus aérobie, est la concentration en azote minéral. Pour des cultures non fertilisées telles que les légumineuses, celle-ci peut être augmentée après un travail du sol ou l'incorporation des résidus de culture (Aneja *et al.*, 1997). Suite à ce type d'opérations, Skiba *et al.* (1997, 2002) et Civerolo et Dickerson (1998) ont observé une augmentation des émissions d'un facteur 4 pendant une à trois semaines. La teneur en eau du sol et sa température sont également des paramètres importants (Aneja *et al.*, 1996 ; Skiba *et al.*, 1997). On dispose toutefois de très peu de valeurs d'émission de NO sur les légumineuses. En première approximation, on estime que, comme pour les cultures fertilisées, 0,7 % des apports d'azote, ici la production d'azote minéral par la décomposition des résidus, sont perdus sous forme de NO. Compte tenu des incertitudes fortes et des émissions attendues relativement faibles, les émissions de NO par les légumineuses ne sont pas considérées comme un problème environnemental significatif.

Encadré 6.2. Services ou dys-services écosystémiques.

Les performances environnementales d'une culture ou d'un système de culture peuvent se décliner sous deux aspects : bénéfices ou dommages pour l'environnement.

Les excès ou déséquilibres de différents flux (azote, phosphore, xénobiotiques) sont à l'origine de la formation de certains polluants et impacts négatifs sur l'environnement. Les pratiques agricoles peuvent être des sources de ces perturbations qui, selon la sensibilité du milieu, les conditions de transfert vers les organismes ou milieux cibles et leur sensibilité, se transformeront ou pas en impacts, qui auront une valeur positive ou négative.

Par ailleurs, certaines pratiques, cultures ou systèmes peuvent apportent des bénéfices environnementaux ou aménités, tels que le stockage de carbone dans les sols, ou l'absorption et la dégradation de polluants par les plantes ou le sol. Ces bénéfices sont les bienfaits que les hommes obtiennent des écosystèmes. On peut utiliser la notion de « services écosystémiques »* selon la grille référencée par l'Évaluation des écosystèmes pour le millénaire réalisée en 2005 par les Nations Unies (Millenium Ecosystem Assessment, 2005) : services d'approvisionnement, de régulation (air, eau, climat, érosion, biodiversité, parasites), culturels, de soutien (figure 6.6).

Par rapport aux légumineuses, les services les plus pertinents sont : « support de culture alimentaire », « maintien de la pollinisation », « maintien de la qualité des sols », « amélioration de la qualité des eaux », « biodiversité » et « régulation du climat ».

.../...

— .../... —

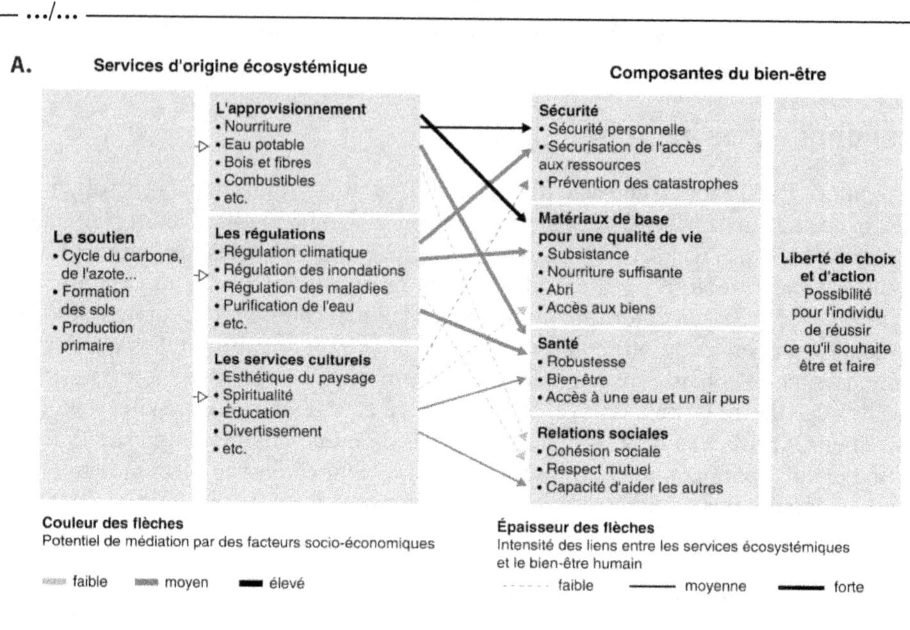

B.

Section	Division	Group
Provisioning	Nutrition	Biomass
		Water
	Materials	Biomass, Fibre
		Water
	Energy	Biomass-based energy sources
		Mechanical energy
Regulation and Maintenance	Mediation of waste, toxics and other nuisances	Mediation by biota
		Mediation by ecosystems
	Mediation of flows	Mass flows
		Liquid flows
		Gaseous/air flows
	Maintenance of physical, chemical, biological conditions	Lifecycle maintenance, habitat and gene pool protection
		Pest and disease control
		Soil formation and composition
		Water conditions
		Atmospheric composition and climate regulation
Cultural	Physical and intellectual interactions with ecosystems and land-/seascapes (environmental settings)	Physical and experiential interactions
		Intellectual and representational interactions
	Spiritual, symbolic and other interactions with ecosystems and land-/seascapes (environmental settings)	Spiritual and/or emblematic
		Other cultural outputs

Figure 6.6. Grille des « services écosystémiques » A. version référencée par l'Évaluation des écosystèmes pour le millénaire (Millenium Ecosystem Assessment), réalisé en 2005 par les Nations Unies ; B. version revue par le CICES 2012.

▸▸ Impacts et performances environnementales de la culture de légumineuses et des systèmes incluant des légumineuses

Selon leur importance et les possibilités d'atténuation par les pratiques, les flux des éléments (azotés ou autres), mais également les spécificités écologiques des composantes du système agricole, vont engendrer des impacts positifs ou négatifs sur un ou plusieurs compartiments de l'environnement (air, eau, sols, stocks des ressources non renouvelables de la biosphère, biodiversité, etc.) selon les conditions rencontrées.

Les impacts environnementaux (positifs ou négatifs) concernent toute une gamme d'échelles (spatiales et temporelles) : lorsqu'on parle de changement climatique, on s'intéresse à l'échelle globale, alors que lorsqu'on s'intéresse à des problématiques telles que l'eutrophisation ou la biodiversité ce sont des échelles régionales (10-1 000 km), voire locales (0,1-10 km) ou micro-locales (agrégat, profil de sol), qui deviennent pertinentes. En outre, pour ces derniers types d'impacts, l'organisation de l'espace (fragmentation, relations de proximité, continuités) peut aussi être déterminante, ainsi que le rôle des acteurs agricoles, de l'environnement ou de l'aménagement du territoire. L'évaluation des impacts environnementaux peut demander de considérer cette variété d'échelles et donc de replacer les cultures de légumineuses dans leur contexte spatial ou de les inscrire dans une échelle temporelle.

Nous analyserons d'abord les impacts des légumineuses sur les grandes problématiques environnementales — changement climatique, pollution, eutrophisation, biodiversité — sans réelle connotation spatiale ou temporelle, puis ces impacts seront resitués dans l'espace et le temps au sein de systèmes de culture et de territoires.

Effets globaux, liés au changement climatique

L'analyse de l'impact des légumineuses sur le changement climatique fait ressortir, au sein des multiples effets concernés, une convergence d'effets positifs. Outre des émissions moindres de N_2O, le stockage de carbone dans les sols est favorisé dans les prairies permanentes, y compris riches en légumineuses, sans coût énergétique grâce à la photosynthèse et la fixation symbiotique. Elles réduisent également les émissions indirectes (amont[64]) de CO_2 et de N_2O, du fait d'un moindre recours aux engrais de synthèse, et aval[65] du fait de moindres émissions de nitrate, d'ammoniac et NO. Ces effets intègrent différents éléments selon les niveaux d'organisation considérés : la culture ou la prairie (émissions de GES, stockage C), le système de production (substitution aux engrais industriels, systèmes avec prairies d'association

---

64. Les émissions indirectes « amont » sont celles qui se produisent lors de la fabrication, le conditionnement et le transport des intrants.

65. Les émissions indirectes « aval » sont celles qui se produisent après transfert de nitrate, NH_3 et NO depuis les parcelles agricoles vers d'autres écosystèmes.

ou non), le territoire régional ou l'échelle globale (influence sur les importations d'aliments et la production d'engrais).

Évitements en amont

L'introduction de légumineuses permet d'éviter une partie de la production d'engrais azotés industriels et de réduire alors les émissions de CO_2 (et N_2O) qui sont associées à cette production et au transport des engrais . Elle permet de réduire la consommation d'énergie non renouvelable, puisqu'il faut 55 MJ (soit environ 1,5 l d'équivalent fuel) pour produire, transporter et épandre 1 kg d'engrais azoté industriel sur les cultures ou prairies. Il faut ainsi 1,2 MJ pour produire 1 UFL (= 7 100 kJ) avec du ray-grass fertilisé à 150 kg N/ha mais seulement 0,4 MJ avec une association (il en faut 0,9 pour de l'ensilage de maïs après blé) (Besnard *et al.*, 2006). Ainsi, Ledgard *et al.* (2009) ont montré que la consommation de fuel pour produire 1 kg de lait, déjà très faible dans les systèmes néo-zélandais, était réduite de 1,25 MJ à 0,5 MJ lors de l'utilisation de prairies d'association comparée à des ray-grass anglais fertilisés à raison de 150 kg N/ha/an. Cette économie d'énergie confère un avantage décisif aux systèmes valorisant des légumineuses lorsque le coût de l'énergie fossile et celui des engrais sont élevés.

Les systèmes basés sur les légumineuses utilisent moins d'autres intrants (produits phytosanitaires, carburants...) et des pratiques moins consommatrices d'énergie (Thiébeau *et al.,* 2010a ; Carronée *et al.*, 2006b, 2012). L'agriculteur peut agir sur le niveau d'émission de GES en limitant les apports d'engrais azotés au strict nécessaire (absence sur légumineuses et réduction sur les autres cultures qui bénéficient de leurs effets positifs), en mettant en œuvre des techniques culturales limitant la lixiviation d'azote (couverts intermédiaires), et en limitant le nombre d'interventions consommatrices d'énergie fossile (remplacement d'un labour par un travail du sol simplifié).

En termes de performance énergétique, l'introduction de légumineuses dans un assolement de grande culture permet d'obtenir une consommation énergétique et une efficience énergétique meilleures que lors d'un assolement comportant exclusivement des cultures de céréales et d'oléagineux.

Évitements en culture et en aval

Les légumineuses ont des émissions de N_2O directes et indirectes « aval » moindres que les cultures fertilisées : on a vu précédemment que les émissions directes de N_2O par les légumineuses ne concernaient que celles qui résultent de la décomposition des résidus et qu'elles étaient moins élevées que pour les cultures fertilisées. Les émissions indirectes « aval » liées aux légumineuses sont également plus faibles puisque ces cultures présentent des émissions moindres de NH_3, NO et nitrate.

Potentiel d'accumulation de la matière organique des sols

Le stockage de carbone (composante majeure de la matière organique) contribue à l'atténuation des émissions de gaz à effet de serre (réservoir de carbone) et à la qualité des sols agricoles (productivité et résilience). La restitution du carbone au sol est le facteur d'influence majeur des pratiques agricoles sur le stockage de carbone, en interaction également avec la restitution azotée (p. 182 et p. 208). Par ailleurs, le changement d'affectation des sols est un facteur prépondérant sur le stockage de carbone dans les sols, la réduction des surfaces en prairies permanentes contribuant par exemple à sa réduction, dans le cadre des systèmes de culture français passés et actuels.

L'état actuel des connaissances ne permet pas d'avoir une évaluation précise de l'évolution du stockage de carbone dans les sols et leurs facteurs de variation, ce qui rend difficile l'analyse, au sein des productions agricoles, du facteur spécifique « légumineuses » qui peut être non significatif.

Cependant, la composante « légumineuse » est corrélée à d'autres composantes des systèmes qui peuvent être favorables : azote organique, présence pouvant être pluriannuelle, lien au pâturage, etc. Globalement, de manière tendancielle, les systèmes intégrant des légumineuses favoriseraient le stockage de carbone dans les sols, notamment en système à bas niveau d'intrant azoté (Drinkwater *et al.*, 1998 ; Robertson *et al.*, 2000 ; Fornara et Tilman, 2008 ; Jensen *et al.*, 2012), car plusieurs études mettent en évidence un potentiel d'accumulation de matière organique dans le sol plus fort en présence de légumineuses, notamment pérennes, et en donnent diverses explications :

– le bilan d'azote d'un écosystème est un élément clé pour le stockage de C dans les sols (de Vries *et al.*, 2006 ; De Bruijn et Butterbach-Bahl, 2010) et les données collectées dans une variété d'écosystèmes montrent le rôle central des légumineuses pour assurer cet apport d'azote (Jensen *et al.*, 2012) ; elles seraient plus efficaces que des apports d'azote minéral. En effet, puisque le profil en composants élémentaires (C, N, S, P…) des résidus des légumineuses est proche de celui de la matière organique du sol, leur présence stimule plus la formation de matière organique des sols que celle des résidus ayant un C/N plus élevé. Cette tendance dépend du niveau d'intensification des intrants du système et doit être confirmée par de plus amples études ;

– la productivité primaire est favorisée par la biodiversité, et particulièrement la présence de légumineuses pérennes. Des prairies permanentes avec une grande diversité d'espèce stockeraient de 2 à 6 fois plus d'azote et de carbone que des couverts monospécifiques (Fornara et Tilman, 2008) grâce à une biomasse racinaire plus forte liée à la pérennité du couvert, et grâce à la bonne complémentarité entre groupes fonctionnels (capacité des légumineuses à fixer l'azote et de celle des autres plantes à valoriser l'azote minéral du sol) ;

– par leurs apports d'azote en particulier, les légumineuses favorisent la pérennité de systèmes à fort potentiel de stockage de carbone tels que les prairies permanentes (Arrouays *et al.*, 2002) ;

– la matière organique présente dans le sol sous des rotations incluant des légumineuses présenterait des formes plus résistantes (teneur en formes carbonées aromatiques) à la dégradation biologique (Gregorich *et al.*, 2001), favorisant le stockage profond et de longue durée du carbone dans le sol. Cette hypothèse reste toutefois à démontrer sur une large gamme de pédoclimats et de types de systèmes de culture.

À retenir. Légumineuses et bilan de gaz à effet de serre.

La présence de légumineuses dans les systèmes de production végétale engendre des changements dans les flux azotés qui convergent plutôt vers des effets favorables si la part d'azote fixé est importante (permettant d'éviter des émissions de polluants et de gaz à effet de serre dont le N_2O) et si les risques de lixiviation de nitrate après minéralisation de leurs résidus sont minimisés par une gestion adéquate du système.

Les effets, variables selon les espèces et les modes d'insertion, sont multiples :
– production d'azote réactif par fixation symbiotique et donc évitement (pour la culture de légumineuse) ou réduction (pour la succession culturale) de la consommation de combustibles fossiles pour la production d'engrais azotés pour le système de culture ;
– émissions fortement réduites de N_2O pendant le cycle de la légumineuse, en culture pure ou en association (cultures associées, prairies), et ceci d'autant plus fortement dans les cas où le produit de récolte exporte la majorité de l'azote mobilisé (cas des graines de légumineuses annuelles). Ce point est moins net pour les émissions potentielles lors du retournement de certains résidus riches en azote (retournement de luzernières ou de prairies) ;
– émissions indirectes de N_2O moindres, par rapport à une culture ou une prairie fertilisée, en raison de plus faibles émissions d'ammoniac (également source d'acidification et de formation de particules fines) et d'oxydes d'azote. Ce point est moins net pour les émissions indirectes de protoxyde d'azote consécutives à la lixiviation de nitrate ;
– amélioration possible du stockage de carbone dans les sols, d'une part en raison des fournitures d'azote liés à la légumineuse, en particulier dans des systèmes peu intensifs, d'autre part du fait de certaines caractéristiques biochimiques des légumineuses ; cet effet reste toutefois controversé et, de fait, variable selon les espèces et modes d'exploitation, les légumineuses pluriannuelles favorisant une biomasse plus importante et un stockage de carbone plus important ;
– diminution des opérations culturales et des consommations énergétiques associées dans les rotations incluant des légumineuses grâce à l'absence ou la réduction de la fertilisation azotée des cultures et à des possibilités accrues de travail réduit du sol et, parfois, une diminution des opérations de protection des cultures.

Les légumineuses ont donc globalement un effet positif sur le bilan des émissions de gaz à effet de serre du système de culture. L'élément majeur est l'énergie économisée grâce à la fixation symbiotique de l'azote. Le poste « engrais » est en effet généralement de loin le poste de consommation énergétique le plus important d'une exploitation agricole. Vient ensuite la diminution très sensible des émissions de N_2O liée au fait que les légumineuses ne nécessitent pas ou peu d'apports d'engrais industriels ou organiques, et que la fixation symbiotique ne produit que peu de N_2O.

Les effets liés à la culture de légumineuse se mesurent donc surtout à l'échelle du système de culture. De plus, ils se répercutent d'une part également à l'échelle du système de production animale, et d'autre part du produit agroalimentaire, car les matières premières agricoles sont prépondérantes dans les impacts des élevages et significatives dans les impacts de l'agroalimentaire.

Effets pour les polluants azotés sur les milieux et la santé

Les émissions de NH_3, NO, NO_3^- depuis les systèmes agricoles, après transfert vers les autres milieux (eaux, air, écosystèmes incluant les sols), induisent un ensemble d'impacts sur l'environnement et la santé (Galloway *et al.*, 2003 ; Sutton *et al.*, 2011). Un même composé peut conduire à plusieurs impacts. Par exemple, NH_3 contribue à l'acidification des sols et des eaux, à une perte de biodiversité dans les écosystèmes et à la formation de particules fines, néfastes à la santé, dans l'atmosphère. Le nitrate contribue à une dégradation des eaux de consommation et à l'eutrophisation des écosystèmes aquatiques et côtiers à des seuils bien inférieurs à la limite de potabilité des eaux de consommation (50 mg NO_3^-/l) dans les cas — fréquents — où le phosphore n'est pas limitant. L'eutrophisation a des effets marqués sur la biodiversité.

Les légumineuses ont diverses spécificités par rapport aux cultures fertilisées. Elles émettent aussi des composés acidifiants et polluants (NH_3, NO) mais en quantités limitées, inférieures aux cultures fertilisées puisque ces émissions concernent essentiellement les résidus en décomposition. De plus, au niveau du système de production, l'introduction de légumineuses permet de diminuer les achats d'intrants et d'aliments pour le bétail. On peut donc supposer des impacts moindres que dans les systèmes basés sur l'utilisation d'engrais de synthèse. En ce sens, Vertès *et al.* (2010) ont comparé par analyse de cycle de vie deux exploitations de grandes cultures avec des surfaces en légumineuses faibles (lég.–) ou élevées (lég.+) (0 *vs* 20 %) et trois exploitations laitières maïs-herbe (27 % d'herbe dans la SAU) ou herbagères (52 % d'herbe dans la SAU) avec 10 ou 30 % de légumineuses dans les prairies pour ces dernières (Vertès *et al.*, 2010) (tableau 6.1).

Tableau 6.1. Impacts potentiels d'eutrophisation (kg équivalent PO_4) par ha de SAU (surface directe et indirecte) pour trois fermes d'élevage laitier, avec contribution par poste et par tonne de lait produit.

Type	Ferme	Intrants utilisés					Excrétion animaux			Résidus de récolte	Autres
		Machines	Agents énergétiques	Engrais	Aliments et fourrages achetés	Pesticides + plastiques	Bâtiment + stockage	Épandage	Pâture		
kg équivalent PO_4 par ha de SAU (surface directe et indirecte)											
Maïs herbe	30,8	0,05	0,69	0,95	6,19	0,01	3,34	1,33	2,58	0,00	15,68
Herbe lég. –	32,9	0,04	0,86	1,14	1,14	0,00	2,79	1,10	3,12	0,00	22,73
Herbe lég. +	25,4	0,04	0,90	0,48	0,01	0,00	2,91	1,15	3,25	0,00	16,68
kg équivalent PO_4 par tonne de lait produit											
Maïs herbe	4,0	0,01	0,09	0,12	0,81	0,00	0,44	0,17	0,34	0,00	2,05
Herbe lég. –	6,1	0,01	0,16	0,21	0,21	0,00	0,52	0,21	0,58	0,00	4,24
Herbe lég. +	4,5	0,01	0,16	0,09	0,00	0,00	0,52	0,21	0,58	0,00	2,98

En exploitation de grande culture, les résultats indiquent une légère diminution (7 %) de l'impact d'eutrophisation par ha pour les rotations incluant des légumineuses. Pour les fermes d'élevage, on observe une réduction de l'impact d'eutrophisation par hectare lorsque la proportion de légumineuse est élevée. Rapporté au lait produit, l'impact eutrophisation est équivalent pour les systèmes maïs–herbe et les systèmes herbe–lég+, et moindre que celui de la ferme herbagère à faible présence de légumineuses. La réduction de l'impact eutrophisation pour le système herbe–lég+ est liée aux émissions moindres de nitrate au champ et à la réduction des achats d'aliments (Vertès *et al.*, 2010), poste qui contribue aussi, associé aux moindres achats d'engrais, à la réduction de l'utilisation d'énergie non renouvelable (Thiébeau *et al.*, 2010a).

Concernant plus spécifiquement l'acidification, Haynes (1983) a montré que les légumineuses contribuent à l'acidification du sol, d'une part par le biais du processus de fixation symbiotique qui a pour conséquence une exsudation de protons depuis les racines vers le sol (bien que locale et souvent transitoire), d'autre part par le lessivage de nitrate. Ces effets sont toutefois limités par rapport aux conséquences des dépôts de composés acidifiants (NH_3, NOx, SO_2), voire même à l'effet acidifiant de la fertilisation azotée, et, pour le premier, limité aux couches superficielles du sol.

Concernant le cycle du phosphore, on a vu que les légumineuses favorisaient la mobilisation du phosphore dans les sols du fait de l'acidification de la rhizosphère liée à la fixation symbiotique et/ou de leur fonctionnement mycorhizien (Hinsinger *et al.*, 2011 ; Hassan *et al.*, 2012 ; Rehmut *et al.*, 2012). Cela pourrait favoriser la lixiviation de phosphore, mais cet effet est sans doute modéré.

Effets sur la biodiversité

En France, l'agriculture, par son emprise de longue date sur le territoire et les transformations des milieux naturels qu'elle opère, entretient des liens étroits avec la biodiversité. Historiquement, l'introduction de zones de cultures a contribué à façonner les paysages, créant de nouvelles conditions écologiques génératrices à leur tour de biodiversité. Or, la biodiversité a des effets directs sur la productivité des agroécosystèmes à l'échelle de la parcelle ou du paysage, mais aussi des effets indirects notamment par le biais de la protection des cultures.

Toutefois, l'agriculture peut à l'inverse mettre en danger cette diversité par l'intensification des pratiques. L'agriculture française moderne exploite peu les services écologiques naturels, auxquels elle a substitué des intrants chimiques (pesticides, fertilisants). En outre, la réduction du nombre de cultures, la simplification des méthodes culturales et l'homogénéisation des paysages (disparition des haies par exemple) ont des effets négatifs sur la biodiversité des espaces agricoles (Le Roux *et al.*, 2008). Par ailleurs, la présence de cultures fertilisées conduit à une perte de biodiversité en bordure de parcelles et dans les milieux aquatiques du fait de transferts de fertilisants azotés vers les zones riveraines.

Les légumineuses, par leurs caractéristiques propres et leur insertion dans les systèmes de culture, peuvent avoir une action sur la biodiversité en milieu agricole.

Celle-ci doit se raisonner à différents niveaux (Le Roux *et al.*, 2008 ; Thiébeau *et al.*, 2010b) :
– au niveau de la parcelle, la microflore du sol (diversité et abondance) et la composition floristique (prairies permanentes) sont favorisées par les légumineuses. Une part importante des effets de la biodiversité sur la productivité est due à la présence de légumineuses, que ceux-ci soient dus à la fixation symbiotique ou à la baisse possible de la pression phytosanitaire à l'échelle du cycle de culture ou de la rotation ;
– au niveau du paysage agricole, l'introduction de cultures de légumineuses annuelles ou pérennes augmente la diversité d'espèces végétales dans un environnement « céréalier » souvent assez uniforme (substitution à des cultures pauvres en biodiversité). De manière générale, elles favorisent les pollinisateurs en zones de grandes cultures et représentent des refuges pour des auxiliaires des cultures et pour la macrofaune (oiseaux, mammifères).

Les origines et l'importance de ces effets sont différentes selon les organismes considérés.

La biodiversité des sols

Pour la microflore du sol, les systèmes de culture avec légumineuses induisent une convergence d'effets positifs pour la biodiversité microbienne en raison principalement des spécificités de l'environnement racinaire des légumineuses (Eisenhauer *et al.*, 2009) : exsudats riches en azote, mobilisation du phosphore. De plus, l'utilisation moindre de produits phytosanitaires pour les légumineuses pérennes de même que la réduction de la fertilisation minérale (Jangid *et al.*, 2008) limitent les impacts de ces intrants sur la microflore.

Pour la mésofaune du sol (vers de terre, insectes…), des recherches anciennes et récentes se sont intéressées au rôle des légumineuses sur les populations et activités de la faune du sol. Gastine *et al.* (2003) ont mis en évidence l'effet négatif des légumineuses sur la quantité de biomasse racinaire, mais positif sur la diversité des vers de terre et l'abondance des vers de terre épigés. Ces auteurs suggèrent que les légumineuses et les vers de terre forment une sorte de relation mutualiste affectant les fonctions essentielles de l'écosystème dans les prairies tempérées, notamment *via* la production d'exsudats racinaires et la décomposition d'organes riches en azote, améliorant la productivité végétale. Pour les prairies permanentes, dont la durabilité est due en bonne partie à la présence de légumineuses, il est bien établi qu'une de leurs caractéristiques est la richesse de leur mésofaune.

Les insectes

Les pollinisateurs

Les abeilles domestiques et sauvages ainsi que les autres pollinisateurs sont nécessaires pour la production agricole car elles permettent d'assurer la reproduction de 70 à 80 % des plantes à fleurs, ce que sont quasiment tous les fruits, légumes, oléagineux et protéagineux, épices, café et cacao. Le déclin des populations d'abeilles dans le monde depuis la fin du XXe siècle est préoccupant. Les causes pouvant l'expliquer sont diverses (Breeze *et al.*, 2012), mais l'intensification agricole (fragmentation des habitats, raréfaction et pollution des ressources) est considérée comme le principal facteur (Steffan-Dewenter, 2003 ; Le Féon *et al.*, 2010).

Toutes les légumineuses cultivées sont classées comme cultures attractives pour les abeilles et autres insectes pollinisateurs, contrairement aux céréales (sauf le maïs pour le pollen) et les cultures industrielles. Par ailleurs, la fécondation par les insectes est nécessaire pour les espèces de légumineuses non autogames (comme la féverole) et peut également augmenter la productivité de la culture avec une maturation rapide et homogène des gousses. Les légumineuses produisent toutes du pollen (sauf la luzerne) et du nectar (sauf le lupin) récoltés par les abeilles, et parfois du nectar extra-floral (exemple de la féverole). Il existe d'ailleurs une certaine variabilité génétique pour la sécrétion nectarifère (quantité et composition), par exemple chez le pois (Loenning, 1985) et la féverole (Pierre *et al.*, 1996). Certaines légumineuses sont beaucoup plus attractives que d'autres, comme la féverole et la luzerne (tableau 6.2). En zone de grandes cultures, les légumineuses, qui ont des floraisons longues, représentent une offre de nourriture à des moments où les autres plantes sont à maturité (céréales) ou en phase végétative (plantes sarclées), notamment en mai-juin entre les deux grands pics de production liés à la floraison du colza, en avril, puis du tournesol et du maïs en juillet. Les légumineuses fourragères comme la luzerne, fauchées plusieurs fois dans l'année, ont plusieurs périodes de floraison, à des périodes sensibles pour les abeilles, en mai-juin et en fin d'été (annexe A7). La luzerne offre des ressources appréciées d'un large cortège d'espèces d'abeilles (Rollin *et al.*, 2013 ; Decourtye *et al.*, 2014). Pour les pollinisateurs, les légumineuses fournissent une source de nectar de bonne qualité (Decourtye *et al.*, 2007), contrairement aux pollens du tournesol et du maïs, les deux principales sources parmi les grandes cultures (Requier *et al.*, 2015). Cela peut concerner des cultures pures ou la présence de

Tableau 6.2. Espèces de légumineuses présentant des intérêts pour les insectes pollinisateurs. D'après Decourtye *et al.*, 2007.

Nom commun	Pérennité[a]	Printemps		Été-Automne		Potentiel mellifère (kg/ha)
		Période de semis	Période de Floraison	Période de semis	Période de Floraison	
Lotier corniculé	P (2+)	Mars/Mai	Juin/Août	Août/Sept.	Avril/Juin	25-50
Luzerne	P (3+)	Mars/Avril	Juin/Sept.	Juill./Août	Juin/Juill.	200-500
Luzerne lupuline	P (2+)	Mars/Avril	Juin/Août	Août/Sept.	Mai/Juill.	50-100
Mélilot blanc	B			Août/Sept.	Mai/Sept.	100-200
Sainfoin	P (2)	Mars/Avril	Juin/Sept.			100-200
Trèfle blanc	P (3+)	Mars/Avril	Juin/Sept.	Août/Sept.	Mai/Sept.	50-100
Trèfle hybride	P (2+)	Mars/Avril	Juin/Sept.	Août/Sept.	Mai/Août	200-500
Trèfle incarnat	A	Avril	Juin/Juill.	Août/Sept.	Mai/Juin	50-100
Trèfle violet	P (2+)	Mars/Avril	Juill./Sept.	Août/Sept.	Mai/Juill.	200-500
Vesce commune	A	Mars/Avril	Juin/Juill.	Août/Sept.	Mai/Juin	50-100

[a] Pérennité : A, Annuelle ; B, Bisannuelle ; P, Pérenne ; (X+), X ans et plus.

légumineuses dans des cultures intermédiaires ou en association. Par une adaptation des pratiques (comme le semis sous couvert), la floraison peut être positionnée à des périodes creuses de floraison des autres espèces mellifères. L'insertion de légumineuses dans les systèmes de grande culture en France peut donc avoir un effet bénéfique sensible pour l'alimentation et la santé des abeilles (domestiques et sauvages) et autres pollinisateurs, tant par la diversification des cultures qu'elles proposent, que par leurs qualités intrinsèques (valeurs mellifères et périodes de floraison).

Vis-à-vis des auxiliaires

Les légumineuses présentent l'atout supplémentaire de constituer des zones refuges (en plus des haies et des bandes enherbées) hébergeant les auxiliaires des cultures qui vont repeupler les parcelles adjacentes après les travaux agricoles (Thiébeau *et al.*, 2003 ; Decourtye *et al.*, 2007). La luzerne, par son caractère pérenne, contribue à héberger davantage de papillons qu'une culture annuelle. La différence se révèle particulièrement intéressante pour les luzernes aménagées[66] qui représentent un bassin de nourriture pour des espèces comme *Vanessa cardui* L. et *Pieris rapae* L., mais aussi comme site de reproduction pour *Polyommatus icarus* L. Ces aménagements accroissent donc l'intérêt de la luzerne pour la biodiversité dans les paysages de grandes cultures (Thiébeau *et al.*, 2010b ; annexe A7).

Certaines associations légumineuses–non-légumineuses donnent l'occasion de souligner quelques exemples de lutte biologique possible, même si l'ensemble des processus de régulation en jeu dans les différentes espèces et différents modes d'insertion des légumineuses est encore à explorer. Dans le cas du colza associé à un couvert de féverole, on a observé une mortalité plus importante des pucerons du colza que dans le cas d'un colza seul (Jamont *et al.*, 2013a et b), qui s'explique par la présence d'un auxiliaire prédateur des pucerons qui se nourrit de nectar extra-floral situé à la base des stipules de la féverole. Alors que les agriculteurs connaissent des problèmes d'efficacité des insecticides sur colza, on observe des réductions significatives des dommages engendrés par deux insectes d'automne, le charançon du bourgeon terminal (*Ceutorhynchus picitarsis*) et l'altise, avec des colzas associés à des couverts avec légumineuses (dont la féverole) (Cadoux *et al.*, 2014). Les hypothèses d'explication font appel à un effet direct de perturbation des insectes par les couverts associés (dilution ou barrière du colza, perturbation visuelle ou olfactive, etc.) (voir p. 194).

Pour les mammifères et les oiseaux

Des observations (Arvalis, août 2011) ont montré l'intérêt des cultures intermédiaires pour la faune sauvage, à la fois comme abri et comme source d'alimentation (culture, mais aussi les populations d'insectes et autres espèces qu'elles abritent).

---

66. On entend par « luzerne aménagée » une luzernière conduite de manière à laisser une bande de luzerne (largeur de coupe d'une machine × longueur du champ) non récoltée du reste du champ au moment de la coupe 1, qui sera récoltée en coupe 2, tandis qu'une autre bande ne sera pas récoltée sur le côté opposé du champ, mais le sera en coupe 3, etc. Cette technique permet de laisser fleurir les luzernes et de maintenir un abri pour la faune sauvage.

Dans ce cadre, les légumineuses sont une source de protéines notable. Ce serait plus spécifiquement les mélanges d'espèces, en particulier celles incluant des légumineuses (vesce, pois) qui présenteraient le meilleur compromis entre intérêt agronomique et intérêt pour la faune. Ces aspects positifs sont renforcés dans le cas des couverts pérennes. Des initiatives en faveur d'une biodiversité végétale comprenant des légumineuses pérennes ont été engagées pour maintenir et développer cette biodiversité animale. La luzerne, en tendance, contribue à héberger davantage d'oiseaux qu'une céréale classique et les luzernes aménagées offrent un bassin de nourriture pour la faune de ces campagnes de grandes cultures. Des nids ont été trouvés sur le sol des luzernes aménagées, augmentant les chances de ces couvées d'arriver à terme (Thiébeau *et al.*, 2010b ; annexe A7).

Des études menées sur la zone atelier « Plaine & Val de Sèvres » ont montré l'importance de la présence de couverts pérennes, en particulier des luzernières, pour le développement et le maintien de populations d'espèces remarquables telles que l'outarde canepetière (Bretagnolle *et al.*, 2011). Au-delà de la culture pérenne comme refuge et site de nidification, son rôle passe aussi par des liens trophiques, la luzerne pouvant favoriser plus ou moins, selon son mode de gestion, les populations de criquets (Badenhausser et Bretagnolle, 2005).

Biodiversité des flores et des écosystèmes en général

En plus de ces différents effets sur la faune, la présence de légumineuses favorise la biodiversité à l'échelle des écosystèmes en constituant un support important de la fertilité des écosystèmes extensifs tels que des prairies permanentes pas ou peu fertilisées, souvent riches en biodiversité, permettant ainsi leur maintien. La base e-Flora-Sys (Plantureux *et al.*, 2010) a ainsi montré que dans des systèmes pastoraux, les légumineuses étaient présentes dans plus de 80 % des cas, avec une soixantaine d'espèces recensées. Des légumineuses comme les lotiers, vesces, gesses sont assez fréquentes dans des prairies peu intensives, mais régressent très rapidement lorsque le niveau de fertilité du milieu s'accroît (Diquélou *et al.*, 2003) (voir p. 197).

Conclusion sur la biodiversité

Les effets décrits ci-dessus sont liés plus ou moins étroitement aux légumineuses mais leur expression et leur intensité dépendent aussi beaucoup de la gestion agricole : niveau d'intensification, gestion spatiale, choix d'espèces (par exemple cultures intermédiaires), adéquation aux cycles et aux comportements de la faune ou flore considérée, etc.

Autres effets sur la protection de l'environnement

Protection des sols contre l'érosion

De manière générale, les couverts pérennes limitent l'érosion des sols, à la fois du fait de la présence de la plante qui limite l'écoulement de surface de l'eau et favorise son infiltration, et de l'augmentation de la teneur en matière organique des sols qui les rend plus stable. L'introduction d'une culture pérenne en système de grandes cultures limite le retour annuel de la charrue sur la parcelle qui supporte cette culture, donc l'exposition du sol aux agents climatiques (Thiébeau *et al.*, 2003). Cet effet concerne particulièrement les légumineuses pérennes comme la luzerne, mais aussi le rôle des légumineuses comme soutien de systèmes pérennes tel que les prairies permanentes.

Les couverts végétaux, en interculture ou en couverts associés en partie au cycle de croissance de la culture de rente, que ce soit avec ou sans légumineuse, ont également ce rôle de protection du sol. Les légumineuses à cycle plus court, de type culture de printemps, sont de plus en plus accompagnées de couverts en interculture précédente, avec une obligation réglementaire en zones vulnérables (et également extension des bonnes pratiques). Pour l'interculture suivant la légumineuse, on peut souligner l'augmentation du recours (considérations financières et/ou environnementales) aux couverts d'interculture (par repousses ou implantations) ou la pratique, encore très peu fréquente, de cultures semées tôt comme le colza placé après le pois, ou alors de l'implantation d'une culture « dérobée » qui couvre ainsi le sol (trois cultures en deux ans). Ces évolutions de pratiques peuvent contribuer à donner un rôle significatif à la présence des couverts (souvent avec légumineuses) pour prévenir l'érosion des sols.

Protection des cultures

Le chapitre 3 a souligné les effets positifs des légumineuses (annuelles ou pérennes) sur l'utilisation de produits phytosanitaires. Les cultures de légumineuses pérennes ont un IFT* faible et elles peuvent être des refuges à auxiliaires des cultures. Elles créent en outre des conditions défavorables pour des espèces adventices problématiques dans les grandes cultures annuelles. Intégrées dans des rotations, elles peuvent limiter la sélection d'adventices spécifiques et permettre de réduire les usages d'herbicides de façon très significative (voir p. 216).

Concernant les légumineuses à graines, l'effet est moindre mais existe néanmoins. L'IFT de la légumineuse à graine peut être aussi élevé que celui d'autres cultures annuelles, mais son insertion dans une rotation allonge le cycle de retour d'une culture sur la même parcelle et a donc un effet positif sur les maladies. L'intégration des légumineuses annuelles dans des rotations de cultures peut donc être utilisée comme une composante de la gestion intégrée de plusieurs bioagresseurs, permettant de réduire le besoin d'utilisation des produits fongicides, insecticides et herbicides (voir p. 346).

> **À retenir. Effets des légumineuses sur la biodiversité.**
>
> Les légumineuses, par leurs caractéristiques propres et par leur insertion dans les systèmes de culture, contribuent à la biodiversité en milieu agricole à différentes échelles. Leur famille botanique apporte de la diversité dans les agrosystèmes dominés par les graminées et les crucifères, favorisant une faune et flore sauvage également plus diversifiée, à l'échelle micro, méso ou macro.

À l'échelle de la culture, de la prairie ou de la rotation culturale, l'environnement racinaire des légumineuses augmente la biodiversité souterraine (diversité microbienne, effets positifs sur certaines populations de vers de terre, etc.). Ces effets sont favorisés par une moindre application d'engrais minéraux et, pour certaines espèces, de produits phytosanitaires (moindre pression sanitaire liée à la rupture de cycle des bioagresseurs des cultures dominantes). Elles ont également des effets indirects en favorisant, par le biais de la fixation symbiotique d'azote, la durabilité de systèmes tels que les prairies permanentes qui sont connues pour leur richesse en termes de biodiversité. De plus, en agissant comme source de nectar pour les insectes pollinisateurs ou de protéines pour la macrofaune, les légumineuses annuelles et surtout pérennes favorisent la biodiversité à l'échelle du paysage. Les légumineuses peuvent également servir de refuge pour différentes populations d'insectes auxiliaires ou de bioagresseurs. Cette fonction de refuge, où se cumulent les effets liés au caractère pérenne et/ou à la richesse en protéines de certaines légumineuses, concerne également différentes espèces de petits ou grands mammifères ou d'oiseaux.

Tous ces effets liés aux légumineuses contribuent à la biodiversité à l'échelle du paysage, en interaction avec les autres composantes du territoire.

▸▸ Effets des légumineuses à l'échelle de l'exploitation agricole et du territoire

Nous avons vu précédemment que les légumineuses en cultures annuelles, pérennes ou en interculture avaient des effets significatifs, en général positifs, sur les flux d'éléments et la biodiversité à l'échelle de la parcelle. Cependant, leurs effets ne se cantonnent pas à des effets locaux. Ils doivent également être resitués dans un ensemble agronomique et environnemental plus large, au niveau des systèmes de culture et des territoires agricoles. Ces éléments sont largement discutés d'un point de vue agronomique dans le chapitre 3 et sont intégrés dans l'analyse multi-enjeux des exploitations agricoles dans le chapitre 7. En conséquence, nous n'en faisons ici qu'une brève synthèse, soulignant les aspects relatifs à l'environnement

Les légumineuses dans les rotations

Les légumineuses (annuelles ou pérennes, pures ou en mélanges) sont insérées dans un système de culture dans lequel elles ont généralement une place particulière. L'insertion d'une telle culture dépasse le simple ajout ou la substitution d'une culture dans la rotation. Elle touche bien souvent à la conduite de l'ensemble du système, en particulier en termes de fertilisation et de protection des cultures.

On a vu que la présence de légumineuses dans les systèmes de production végétale engendrait des changements dans les flux azotés qui convergeaient plutôt vers des effets favorables si la part d'azote fixé était importante (moins d'émissions de polluants et de gaz à effet de serre, dont le N_2O) et si les risques de lixiviation après minéralisation de leurs résidus étaient minimisés par un pilotage du système en conséquence. Ainsi, pour bénéficier au mieux de l'azote de la fixation symbiotique et limiter les pertes de nitrate *via* la lixiviation en automne et en hiver, il convient de raisonner la gestion des flux d'azote à l'échelle du système de culture en réduisant la dose d'azote apporté sur la succession culturale selon l'azote fixé et remobilisé et en assurant cette remobilisation par les cultures suivantes.

Risques de fuites en nitrate

En phase de culture, une moindre lixiviation de nitrate sous légumineuses permet d'améliorer le bilan au niveau de la rotation (figure 6.7). L'effet de l'introduction d'une luzerne dans un assolement de grande culture a été conduit sur cases lysimétriques à Châlons-en-Champagne. À l'échelle d'une rotation de 10 ans, l'introduction d'une culture de luzerne maintenue durant 2 années de production montre une réduction de 30 % de la teneur en nitrate de l'eau drainée par rapport à une rotation ne la comprenant pas.

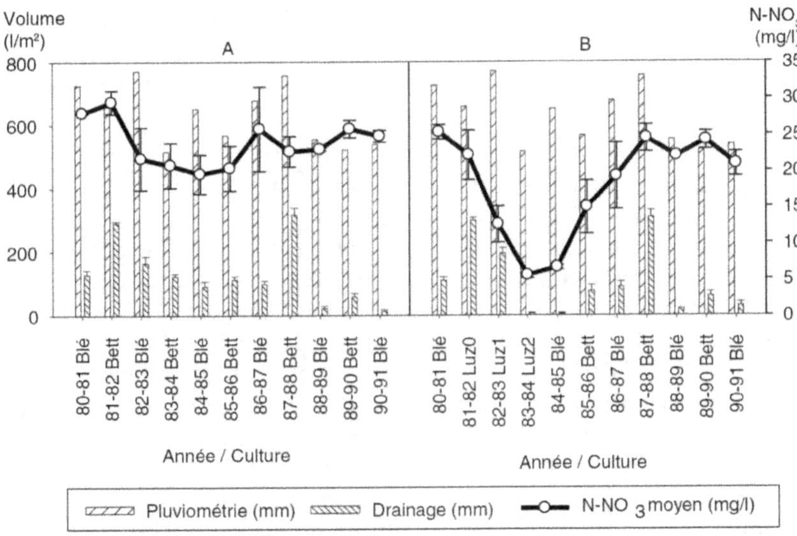

Figure 6.7. Impact de l'introduction d'une culture de luzerne (B) dans un assolement blé-betterave (A) sur la concentration en nitrate de l'eau drainée sous les différentes cultures durant 11 ans.

On a vu précédemment que la phase la plus critique était la période qui suivait la légumineuse, qu'il y ait ou non incorporation au sol des résidus de culture. Pour valoriser l'azote fixé par les légumineuses, la conception des systèmes de culture doit intégrer à la fois les plantes principales et les intercultures, notamment après retournement de prairies, de luzernes et d'intercultures comportant des légumineuses. Ce raisonnement ne doit pas se limiter à l'année suivant le retournement, car ces résidus peuvent libérer de l'azote durant plusieurs années (Muller *et al.*, 1993 ; Justes *et al.*, 2001 ; chapitre 3).

Des essais annuels et des essais de longue durée ont montré l'efficacité de l'implantation de couverts intermédiaires dans le cas des cultures annuelles avec intercultures à risque. C'est le cas par exemple de l'interculture courte entre pois et blé ou de l'interculture longue entre blé et betterave. Pour ces cas, en sol de craie de Champagne, une expérimentation de 13 ans sur une rotation betterave-pois-blé (Arep,

2009 ; annexe A6) a quantifié à 50 % la réduction de la teneur en azote des eaux drainantes (de 106 à 51 mg NO_3/l en moyenne) par l'introduction de CIPAN, alors que la forte réduction des apports d'engrais minéraux sur les cultures (- 35 %) a un impact très faible (réduction des pertes et diminution de la concentration en nitrates de - 13 %).

Globalement, les principales recommandations sont le choix de la culture suivant la légumineuse (précocité d'implantation et grande capacité d'absorption d'azote à l'automne, comme le colza derrière un pois par exemple), l'implantation d'une culture intermédiaire piège à nitrate avant et/ou après culture de protéagineux (notamment avant le blé pour réduire la lixiviation de nitrate qui peut être importante car le blé n'a pas la capacité d'absorber tout l'azote minéral disponible), la gestion optimisée de la fertilisation en engrais minéraux et organiques sur les cultures précédant (pour limiter le stock azoté du sol en fin de culture) et suivant les légumineuses (en tenant compte des « effets précédents »), choix du mode de conduite (associations, gestion des résidus), etc. Plusieurs résultats issus de dispositifs expérimentaux appuient ces recommandations (Drinkwater *et al.*, 1998 ; Morvan *et al.*, 2000 ; Carrouée *et al.*, 2006 ; Justes *et al.*, 2001, 2009 et 2012).

Risque de fuites en produits phytosanitaires

La pollution potentielle par les substances actives est très difficile à appréhender selon les cultures, étant donné les fortes différences de toxicité entre substances actives et la grande diversité des itinéraires techniques pratiqués sur une culture donnée. Cependant, l'IFT permet de quantifier la pression exercée par la protection phytosanitaire. L'IFT des cultures de légumineuses peut être équivalent ou parfois supérieur (certaines légumineuses annuelles) ou généralement inférieur (légumineuses fourragères) à celui des autres grandes cultures. Si l'on considère l'effet de la légumineuse à l'échelle de la succession culturale, on constate alors que la pression de phytosanitaires est presque systématiquement réduite dans les systèmes avec légumineuses (chapitre 3, pour les cultures annuelles, p. 173, pour les prairies, p. 216 ; et chapitre 7, p. 347). En raison de la nature différente des pathogènes des céréales/oléagineux et des légumineuses, celles-ci introduisent des ruptures dans le cycle des pathogènes. De plus, les légumineuses annuelles, mais surtout pluriannuelles, s'insèrent généralement dans des rotations longues qui limitent *de facto* le développement des pathogènes.

Analyses environnementales multicritères des systèmes de production incluant des légumineuses

Il est nécessaire de regarder simultanément des indicateurs reflétant plusieurs types d'impacts potentiels sur l'environnement afin d'éviter les transferts de pollution qui se produisent lorsque l'amélioration d'un critère augmente un autre type de pollution environnementale.

Les approches basées sur la méthodologie « analyses de cycle de vie » (ACV, voir encadré 6.3) permettent de prendre en compte différents impacts environnementaux et, sur chacun, le rôle de l'ensemble des étapes successives de la production d'un produit donné. Les paragraphes suivants présentent quelques exemples d'analyse multicritères à l'échelle de systèmes de production.

Encadré 6.3. Évaluation des impacts environnementaux via les ACV.

Les impacts environnementaux sont souvent décrits selon une série d'indicateurs. Ceux de l'analyse de cycle de vie (ACV) sont normés selon ISO et permettent d'analyser les impacts selon un ensemble cohérent et relativement complet suivant différents groupes d'impacts. Cette méthodologie permet de prendre en compte tous les éléments mobilisés en amont d'un système ou d'une activité, rendant un service donné. Si on considère une matière première qui sort d'une exploitation agricole (système délimité jusqu'à la sortie de la ferme), on intègre dans son ACV les impacts générés par l'ensemble des intrants (le tracteur comme l'engrais potassique) et les opérations (le labour comme le stockage de la récolte) qui ont été mobilisés lors de la production de cette matière première agricole. Si l'on veut utiliser l'ACV pour faire des comparaisons, il est indispensable de considérer des systèmes ou des produits à même service rendu. La grille des impacts de l'ACV est la suivante :

1. Épuisement des ressources

    1.1. Consommation d'énergies non renouvelables
    1.2. Consommation en eau
    1.3. Érosion (ponctuelle ou diffuse)
    1.4. Utilisation des sols
    1.5. Qualité des sols (structure du sol, microbiologie, fertilité, érosion)

2. Potentiel de réchauffement global : émissions gaz à effet de serre (et destruction couche d'ozone stratosphérique) – N_2O, CO_2, CH_4

3. Polluants

    3.1. Formation d'ozone troposphérique
    3.2. Acidification (NH_3)
    3.3. Eutrophisation (c.-à-d. excès de nitrates + phosphates, source de pollution des eaux)
    3.4. Toxicités (aquatique, terrestre et humaine)
    3.5. Dispersion de phytosanitaires dans le sol, l'air et l'eau (pollutions ponctuelles et diffuses)

4. Autres indicateurs

    4.1. Biodiversité (service : maintien de la biodiversité)
    4.2. Qualité et Fertilité des sols (service : maintien de la qualité des sols)
    4.3. Occupation des sols (et couverture des sols)

Dans les systèmes de productions végétales

Dans des systèmes céréaliers à base de colza et céréales à paille de différentes régions françaises, il a été montré qu'il était possible d'insérer du pois protéagineux en améliorant significativement les effets sur une série de critères d'impacts environnementaux, sans dégrader les autres (Carrouée *et al.*, 2012 ; Nemecek *et al.*,

2015). L'analyse a été menée en s'appuyant sur la méthodologie des ACV qui a été appliquée sur 56 systèmes de culture, conventionnels et intégrés, pour la Bourgogne, la Moselle et la Beauce dunoise irriguée, avec cinq rotations reprises dans chaque région. Le tableau 6.3 résume les principaux résultats de cette analyse, sous forme d'écarts des impacts des rotations avec pois par rapport aux rotations de références respectives. Comparée à un blé ou un colza (recevant 190 et 160 kg d'engrais azotés respectivement), une culture de pois permet de réduire de près de 50 % de l'énergie fossile consommée, 70 % des GES et 85 % des gaz acidifiants, dans des systèmes céréaliers non irrigués. Sur la succession culturale, les rotations avec du pois montrent des impacts plus faibles que les témoins « Colza-Blé-Orge » et « rotation riche en céréales » par hectare et par euros de marge semi-directe. Les deux stratégies d'insertion du pois qui semblent les plus adaptées sur le plan agroéconomique et environnemental sont l'insertion entre deux blés, lorsque cette succession est présente dans l'assolement de référence, et l'insertion avant un colza. Ainsi, en moyenne sur les quatre cas considérés :

– insérer un pois entre deux blés, Colza-Blé-Pois-Blé-Orge à la place de Colza-Blé-Blé-Orge, permet de réduire de 10,5 % la consommation en énergie non renouvelable (réduction de 2 600 éq. MJ/ha/an, soit 13 000 MJ d'économisés en cinq ans) et de 14 % l'effet de serre (- 450 kg éq. CO_2/ha/an, soit 2,2 t éq. CO_2 d'économisées en 5 ans) (la moyenne de la dose azotée apportée est réduite de 23 %) ;

– insérer un pois devant le colza dans la rotation type Colza-Blé-Orge permet de réduire de 8 % la consommation en énergie non renouvelable (- 2 000 éq. MJ/ha/an) (avec la réduction du niveau de fertilisation utilisée dans cette étude, soit - 24 kg/ha) et de 10 % l'effet de serre (- 300 kg éq. CO_2/ha/an) (la moyenne de la dose azotée apportée est réduite de 17 %).

Tableau 6.3. Écarts des impacts par hectare des rotations alternatives avec pois (A – pois) par rapport à l'impact des rotations de référence de chaque région, en production conventionnelle (en valeur pour la moyenne des témoins et en % par rapport au témoin pour la moyenne des alternatives par région).

	% pois	Nombre de rotations dans la moyenne	kg N	Énergie non renouve-lable, fossile et nucléaire (éq. MJ)	Potentiel d'effet de serre 100 ans (IPCC 2007) (kg éq. CO_2)	Potentiel formation d'ozone, NOx élevé POCP (kg éq. éthylène)	Eutro-phisation potentielle combinée (kg N)	Acidi-fication (kg éq. SO_2 (EDIP 97))	Toxicité aquatique 100 ans (CML) (kg éq. 1,4-DCB)
Témoin sans pois	0 %		100 %	100 %	100 %	100 %	100 %	100 %	100 %
		3 (Beauce)	Be : 168	Be : 28 939	Be : 3 357	Be : 0,75	Be : 73	Be : 43	Be : 756
		2 (Bourg.)	Bo : 167	Bo : 21 784	Bo : 3 132	Bo : 0,62	Bo : 96	Bo : 40	Bo : 2 035
		5 (Moselle)	Mo : 164	Mo : 22 967	Mo : 2 993	Mo : 0,68	Mo : 89	Mo : 43	Mo : 679
A_pois Beauce	22 %	10	77 %	87 %	84 %	90 %	87 %	78 %	90 %
A_pois Bourgogne	14 %	8	83 %	92 %	90 %	96 %	92 %	85 %	104 %
A_pois Moselle	13 %	9	85 %	93 %	92 %	96 %	87 %	88 %	83 %

Ceci confirme des tendances déjà observées lors de l'étude européenne précédente (Nemecek, 2006 ; annexe A8) dont la conclusion était qu'inclure 20 % de légumineuses dans les rotations de systèmes intensifs européens (exemple le Barrois en France et la Saxe-Anhalt en Allemagne) permettait une réduction de :

– environ 13 % de moins d'énergie fossile consommée par hectare de l'exploitation agricole ;

– jusqu'à 18 % de moins de composés acidifiants par hectare (réduction de 20-40 kg SO_2 équivalents) ;

– environ 14 % de moins du potentiel d'effet de serre par hectare (évitant 2,5 t éq. CO_2 : 0,4-0,6 par an).

Ces modélisations par ACV rejoignent les extrapolations des mesures ponctuelles (voir figure 6.5 page 312) menées au champ en parallèle sous blé, colza et pois en France (Jeuffroy *et al.*, 2013) : la réduction drastique des émissions de N_2O sous pois engendre la réduction estimée ici à 20–25 % des émissions de N_2O au champ lorsqu'on introduit une culture de pois dans une rotation de 3 ans.

Un autre exemple d'étude ACV en grandes cultures (annexe A9 ; Thiébeau *et al.*, 2010a) couvrait spécifiquement les cas de deux fermes conventionnelles type de Champagne crayeuse (zone betteravière) reflétant chacune environ 450 exploitations, l'un dont la proportion de légumineuses est de 5 % (taux bas), l'autre dont la proportion est de 20 % (taux haut). Les résultats de l'ACV indiquent une diminution des impacts liés au changement climatique (- 4 %) et d'utilisation d'énergie non renouvelable (- 5 %) par hectare de SAU pondéré des assolements respectifs, en faveur des exploitations disposant de 20 % de surface occupée par des cultures de légumineuses. Ramené à l'échelle d'une exploitation disposant de 20 % de surface en légumineuses, cela évite le rejet de plus de 16 400 kg équivalent CO_2 et économise 153 500 MJ d'énergie non renouvelable.

L'encadré 6.4 illustre les cas des associations céréales-protéagineux, très intéressantes pour réduire toutes les catégories d'impacts environnementaux.

Encadré 6.4. L'évaluation multicritère des associations céréales protéagineux.

Des analyses environnementales couvrant plusieurs critères ont été menées[67] sur une série de cas d'associations de culture avec céréales et légumineuses entre 2005 et 2012. Dans le cadre d'une production conventionnelle de blé meunier et de pois protéagineux dont le grain est récolté pour l'alimentation animale, par rapport aux cultures pures (blé pur fertilisé et pois pur), les associations blé–pois permettent à surface équivalente une augmentation de 10 à 20 % de la production de grains (LER de 1,1 ou 1,2), en ayant recours à moins d'intrants, et de produire chaque tonne de blé avec moins de la moitié d'engrais azotés par rapport au blé pur fertilisé (Corre-Hellou *et al.*, 2013).

…/…

---

67. Projets CASDAR « Associations » n°5431 de 2005-2008, et n°8058 de 2009-2012 « Concilier productivité et services écologiques par des associations céréale-légumineuse multiservices en agricultures biologique et conventionnelle ».

— …/… —

Une réduction de l'utilisation des fertilisants azotés sur l'association peut conduire à une réduction de la consommation énergétique, ainsi qu'à une réduction des émissions de GES liées à la production et à l'application de ces engrais. Les résultats d'un réseau national d'essais (Pelzer *et al.*, 2012) ont ainsi montré que l'énergie nécessaire à la production d'une tonne de grains (grains de blé pour les modalités blé pur, grains de pois pour le pois pur, ou grains de blé et grains de pois mélangés pour les modalités association) est significativement plus élevée pour le blé pur fertilisé que pour les autres modalités (blé pur non fertilisé, pois pur, association pois-blé fertilisée et association pois-blé non fertilisée). L'énergie nécessaire à la production d'une tonne de grains de blé est également significativement plus élevée pour le blé pur fertilisé que pour les autres modalités (Pelzer *et al.*, 2012). La méthode d'analyse de cycle de vie (ACV) a été mise en œuvre afin d'évaluer les impacts environnementaux potentiels des associations en comparaison à des cultures pures de blé tendre d'hiver et de pois protéagineux d'hiver pour les catégories d'impacts « changement climatique », « demande en énergie », « eutrophisation » et « occupation des terres » (Le Breton 2001 ; Naudin *et al.*, 2014). Cette évaluation a été réalisée pour des stratégies de conduites et d'insertion de mélanges blé-pois d'hiver définies à dire d'experts, et adaptées aux régions Pays-de-la-Loire et Normandie (Le Breton, 2011). Comparées à des combinaisons de cultures pures qui produisent les mêmes quantités à l'hectare, les associations présentent des impacts environnementaux potentiels inférieurs aux cultures pures, quelle que soit la catégorie d'impacts considérée. À production équivalente, une association blé–pois a des impacts d'environ 30 à 60 % inférieurs aux cultures pures concernant le changement climatique (émissions de GES) et la demande en énergie. À surface équivalente, l'association réduit l'eutrophisation jusqu'à 77 % dans certains systèmes testés.

De façon générale, en systèmes céréaliers, mis à part le choix de l'origine de l'engrais et des modalités d'application, la réduction des apports d'engrais azotés est de loin le principal levier d'amélioration des performances environnementales dans ce type de système de culture, à performances économiques équivalentes. Dans les secteurs sous contrainte de réduction d'engrais azoté (comme dans certains bassins d'alimentation de captage), l'introduction d'une culture de légumineuses paraît particulièrement intéressante pour maintenir les performances économiques en limitant les risques de perte de rendement et de marge pour les cultures fertilisées.

Dans les systèmes de productions animales

En production monogastrique (volaille et porc), l'impact des aliments représente la majeure partie de l'impact global de l'élevage.

En systèmes laitiers, de 7 à 10 exploitations laitières bretonnes, échantillon des réseaux ETRE et BIO, ont été évaluées avec l'outil nommé « EDEN »[68], outil de type ACV (encadré 6.3), le système étudié étant ici l'exploitation agricole délimitée jusqu'à la sortie ferme. Les résultats ont souligné les bonnes performances environnementales des fermes herbagères autonomes en azote avec des prairies incluant

______

68. http://agro-transfert-bretagne.univ-rennes1.fr/EDEN/

30 % de légumineuses, notamment une forte relation entre impacts d'eutrophisation et émissions au champ des cultures (soit sur la ferme elle-même, soit pour produire les intrants tels que les aliments).

La figure 6.8A (planche XXVIII) décrit les principales caractéristiques des systèmes types comparés : système de référence maïs-herbe, systèmes herbe comprenant 10 et 30 % de légumineuses. Les impacts ont été calculés par hectare et par tonne de lait produit. Lorsqu'ils sont calculés par tonne de lait, les impacts prennent en compte l'ensemble des moyens de production (locaux et relatifs aux produits importés) mobilisés pour produire le lait. Lorsque les impacts sont rapportés à l'hectare, les impacts indirects (générés par la production des intrants) sont rapportés aux surfaces indirectes et les impacts directs (générés par l'utilisation des intrants et par les productions de la ferme) sont rapportés à la surface de l'exploitation. Le résultat final intègre l'ensemble de ces impacts (la méthode est détaillée dans Van der Werf *et al.*, 2009). Le bilan apparent en azote décroît du système maïs-herbe au système avec 30 % de légumineuses, que le bilan soit calculé avec ou sans la fixation d'azote par les légumineuses. Pour satisfaire leur besoin en protéines, ces élevages mobilisent des surfaces hors exploitations dont le niveau décroît du système maïs-herbe au système herbager comprenant le plus de légumineuses (figure 6.8A, planche XXVIII).

Six indicateurs ont été calculés (eutrophisation, acidification, changement climatique, toxicité terrestre, utilisation d'énergie non renouvelable et occupation de la surface) pour calculer les impacts à la sortie de la ferme (il s'agit ici d'impacts totaux, c'est-à-dire incluant le changement d'affectation des sols). Comparés au système maïs-herbe, les deux systèmes herbagers (prairies avec 10 ou 30 % de légumineuses) ont des impacts égaux ou supérieurs lorsqu'ils sont rapportés au lait produit, mais inférieurs lorsqu'ils sont rapportés à l'hectare, sauf pour l'impact toxicité, toujours supérieur pour le système maïs-herbe (figure 6.8C, planche XXVIII). La figure 6.8B (planche XXVIII) illustre la contribution des principaux postes aux impacts agrégés, qui varie entre systèmes. Les gains les plus sensibles des systèmes de production riches en légumineuses sur le poste énergie sont dus aux moindres utilisations d'intrants (engrais et aliments concentrés) et de combustibles fossiles (moins de transport et d'engins agricoles), à la réduction de la consommation en électricité et à la moindre utilisation de gaz brut : - 55 % (HLég-) et - 89 % (HLég+) comparé à maïs-herbe grâce à l'économie du séchage des aliments concentrés.

Pour l'impact « changement climatique », les émissions de CO_2 sont réduites de 74 et 62 % pour HLég- et HLég+ comparé à maïs-herbe, en raison de l'utilisation moindre d'intrants (engrais, concentrés) nécessitant moins d'énergie. Les émissions de N_2O et NOx sont aussi relativement basses pour les systèmes légumineuses, avec une réduction des pertes à partir des excrétions animales dans le bâtiment, au pâturage et lors du stockage : - 68 % N_2O et NOx émis par HLég+ comparé à maïs-herbe (pas d'engrais de synthèse, part du pâturage importante). Enfin, les plus faibles émissions de nitrate pour le système HLég+ (- 26 % comparé à MH) s'expliquent essentiellement par un bilan apparent global azoté plus faible. La part des impacts indirects dans les impacts totaux rapportés à la tonne de lait produit diminue du système MH au système HLeg+ (figure 6.8B, planche XXVIII). Enfin, la prise en compte des hectares nécessaires pour fournir les intrants dans ces trois systèmes types montre des besoins en sol quasi équivalents (figure 6.8A, planche XXVIII).

Évaluation de la matière première utilisable par le premier acheteur

L'analyse environnementale des produits finaux issus des productions agricoles françaises a fait l'objet d'un effort national lors du programme Agri-Balyse[69], pour caractériser les matières premières végétales agricoles françaises les plus représentatives (notamment blé tendre, maïs, orge, colza, tournesol, pois, féverole, pomme de terre et luzerne) ainsi que les principales productions animales françaises. Une série d'indicateurs d'impacts a été utilisée, incluant la consommation en énergie, les émissions de GES, l'acidification et l'eutrophisation.

Pour ces indicateurs d'impacts, les émissions au champ sont prépondérantes. Pour sept grandes cultures analysées (Willmann *et al.*, 2014), les émissions de GES vont de 940 à 3 380 kg éq. CO_2/ha selon la culture (figure 6.9, planche XXIX). Le pois de printemps et le tournesol ont un potentiel de réchauffement climatique bas du fait de l'absence de fertilisation azotée sur le pois et de la faible dose (40 unités/ha) apportée sur le tournesol. Quand les résultats sont exprimés dans l'unité fonctionnelle du kilogramme du produit agricole, les rapports peuvent changer, et les comparaisons sont délicates à mener car 1 kg de pois n'a pas les mêmes caractéristiques en termes de composition et de valeur nutritionnelle que 1 kg de pomme de terre par exemple.

Les résultats d'Agri-Balyse font ressortir, parmi les pratiques à moindre impact environnemental, l'introduction d'une culture de légumineuses dans la rotation. L'analyse des ACV-culture confirme les impacts environnementaux potentiels significativement plus bas pour le pois (fixant l'azote) et aussi pour le tournesol (culture à bas intrants), comparativement aux cultures nécessitant des apports azotés importants en cours de culture. Cela confirme les analyses au niveau de la culture et de la succession culturale (Jeuffroy *et al.*, 2013 ; Nemecek *et al.*, 2014).

Analyses multicritères des produits issus des légumineuses

En considérant l'aval de la production végétale, des évaluations des impacts environnementaux des produits achetés par le consommateur ont été menées pour quantifier le rôle de l'utilisation de légumineuses dans ces produits.

Produits issus d'animaux ayant consommé des légumineuses

Pour analyser les impacts environnementaux de l'introduction en Europe des protéagineux dans les aliments du bétail, cinq cas d'études ont été évalués par ACV dans quatre régions selon l'importance de productions respectives : production de porcs en Rhénanie du Nord Westphalie (NRW, Allemagne) et en Catalogne (CAT, Espagne), production de porcs, poulets et œufs en Bretagne (BRI, France), et production de lait dans le Devon et Cornwall (DAC, Royaume-Uni)

---

69. Agri-Balyse (2010-2013), financé par l'Ademe et impliquant 14 partenaires (Ademe, Inra, ART-Agroscope Reckenholz-Tänikon, Cirad, Acta, Arvalis-Institut du végétal, Institut de l'élevage, Itavi, Ifip, Ctifl, IFV, ITB, Cetiom, Terres d'Innovation, Unip) a permis la mise en place d'une base de données sur les inventaires de cycles de vie (ICV), les flux polluants et les impacts potentiels (analyses de cycle de vie, ACV).

(A17 ; Baumgartner *et al.,* 2008). Les formulations considérées ont été calculées par un modèle d'optimisation économique (Pressenda et Lapierre 2008), apportant les éléments nutritifs nécessaires aux différents animaux dans une composition réaliste d'aliments du bétail. Les aliments contiennent cinq catégories de matières premières : tourteau de soja (venant du Brésil ou des États-Unis ou d'Argentine), différentes matières premières riche en protéines (colza, tournesol et tourteau d'amande de palme, maïs, gluten), des pois et féveroles d'origine européenne, des matières premières riche en énergie (blé, drèches de blé, orge, maïs, pulpes de betterave et d'agrumes, manioc, huiles), et minéraux (chaux, biphosphate de calcium, acides aminés de synthèses, vitamines). Les vaches laitières ont des fourrages dans leurs rations (frais ou séchés). La part de l'aliment (production et transport des matières premières) est importante (40 à 100 % des impacts) et prédominante dans tous les impacts (sauf énergie).

Pour les cinq cas étudiés sur la production de viande (porc et volaille), d'œufs ou de lait, remplacer le tourteau de soja par des protéagineux apporte des bénéfices clairs dans le cas des impacts liés à l'utilisation des ressources grâce à un moindre transport, à une incorporation réduite de matières premières riches en énergie dans les formules et l'absence de changement d'usage des sols. Ainsi, la consommation des énergies non renouvelables est réduite dans tous les cas sauf celui de la Rhénanie du Nord Westphalie où l'alternative avec protéagineux européens est similaire à la référence avec soja importé. Lorsque le soja (du Brésil, des États-Unis ou d'Argentine) est remplacé principalement par du pois et des tourteaux de colza et de tournesol (formule GLEU), l'effet favorable est lié au moindre transport et au fait que la production du pois et de la féverole demande moins d'énergie fossile que la combinaison avec le tourteau de soja et les matières riches en énergie qu'ils remplacent. Cet effet est clairement illustré dans le cas d'étude du lait en Angleterre (- 10 % pour la réduction des besoins en énergie non renouvelables) et renforcé dans le cas de la production à la ferme (- 20 %).

Le potentiel de réchauffement planétaire est réduit dans tous les cas avec les formules à base de protéagineux européens, sauf pour le cas de la Catalogne. Ceci est dû au potentiel de réchauffement lié au soja importé notamment en liaison avec le changement d'occupation des sols. La transformation de la forêt tropicale brésilienne et de la savane argentine en cultures de soja entraîne des rejets importants de CO_2 (biomasse et matière organique des sols).

Il y a un faible effet sur les impacts liés aux nutriments, puisque les effets positifs de la moindre utilisation du tourteau de soja et des matières premières riches en énergie sont souvent compensés (ou dépassés) par les effets négatifs de la mise en production des cultures des protéagineux eux-mêmes ou des autres matières premières riches en énergie qui leur sont associées, notamment le tournesol et le tourteau de colza.

Vu l'importance de la part des aliments dans les impacs des élevages, il a été décidé de mettre à jour une base de données de matières premières agricoles utilisables pour les fabricants d'aliments du bétail, capitalisant sur la méthodologie Agri-Balyse, et d'étudier l'optimisation de la formulation des aliments composés pour animaux pour des impacts environnementaux les plus bas possibles au niveau des aliments et au niveau des élevages (projet Ademe-Casdar EcoAlim 2013-2015).

Plats cuisinés issus de protéagineux

Peu d'évaluations multicritères ont été publiées sur des produits issus de légumineuses pour la consommation humaine, d'où l'intérêt de mentionner ici une étude de ce type. Des repas à équivalence nutritionnelle (même teneur en protéine et énergie) composés de différents produits alimentaires (dont certains issus de graines de légumineuses) ont été comparés dans une étude suédoise pour leur valeur environnementale, en intégrant toutes les étapes de la production de leurs matières premières à leur consommation (Davis et Sonesson, 2008 ; Davis *et al.*, 2010). Certains contiennent de la viande de porc dont les rations contenaient du pois à la place du tourteau de soja, d'autres, non pas de la viande, mais de la charcuterie faite avec de la protéine de pois, d'autres encore sont végétariens (sandwich avec un steak végétarien, type « burger »). Les résultats sont en général en faveur de l'utilisation du pois. Seul le critère énergie consommée met le « burger végétarien » au même niveau que le plat à base de viande. Les plats végétariens ont des impacts environnementaux réduits comparativement à la viande, surtout sur les gaz à effet de serre, l'acidification et l'eutrophisation, car l'impact « agricole » est largement diminué (beaucoup moins de matière première végétale nécessaire). Par contre, les étapes de transformation ultérieures, en particulier cuisson et conservation (congélation), pèsent lourd dans les bilans en énergie non renouvelable, et ce d'autant qu'il s'agit de filières portant sur de petits volumes. Soulignons que les résultats seraient différents avec des produits peu transformés, c'est-à-dire des plats cuisinés avec des légumes secs par exemple.

Les légumineuses dans les paysages agricoles

Au sein des paysages agricoles, les cultures de légumineuses ou les prairies sont connectées à d'autres parcelles et à d'autres écosystèmes (forêts, haies, fossés, bordures). Ces relations de proximité créent des échanges à la fois abiotiques (composés azotés, produits phytosanitaires) et biotiques (micro-organismes pathogènes ou non, insectes, oiseaux, petits mammifères). Elles contribuent à la réalisation d'un « damier » végétal, constituant une offre potentielle de nourriture et de site de reproduction à la biodiversité animale.

Les légumineuses étant faiblement émettrices de NH_3, voire un puits pendant l'essentiel de leur cycle, elles ont un impact potentiellement faible sur les écosystèmes proches. On pourrait imaginer qu'elles puissent contribuer à constituer des zones-tampons autour des zones sensibles (Hicks *et al.*, 2011), en particulier les légumineuses pérennes qui présentent l'autre avantage de réduire la pression phytosanitaire et ses conséquences sur les écosystèmes voisins. Ces atouts peuvent être particulièrement importants dans des paysages à parcellaire très morcelé et à proximité de zones humides. Le même constat peut être fait, dans certaines conditions de pratiques, pour les fuites de nitrate. L'implantation de légumineuses pérennes en cultures pures ou en associations prairiales peut être envisagée dans les périmètres de captage d'eau potable pour limiter les risques de contamination des eaux par le nitrate et les produits phytosanitaires. Des précautions doivent toutefois être prises au moment du retournement de ces couverts.

Concernant les échanges biotiques, on a vu précédemment que les légumineuses, plantes mellifères, favorisaient les populations d'insectes pollinisateurs. Elles favorisent de manière générale les populations d'insectes. Cette fonction peut être valorisée en les insérant dans le paysage agricole sous forme de bandes de luzerne aménagée. Servant de refuges à insectes, elles favorisent aussi les animaux insectivores, en particulier les oiseaux. Les légumineuses pluriannuelles constituent des refuges pour la nidification de certaines espèces d'oiseaux, pour l'alimentation d'insectes, d'oiseaux et de mammifères. Tous ces effets contribuent à la biodiversité générale à l'échelle du paysage.

À retenir. Effets des systèmes avec légumineuses sur l'environnement.

Les impacts environnementaux, effectifs ou potentiels, ont été quantifiés (par des mesures ou de la modélisation sur une série de critères) dans le cas de plusieurs types (cas de système-type ou de cas réel) de systèmes agricoles ou systèmes agroalimentaires impliquant (ou pas) des légumineuses : systèmes de cultures céréaliers, systèmes d'élevages, produits issus d'animaux ou autres produits agroalimentaires. Les résultats sont variables selon les espèces de légumineuses et leurs modes d'insertion, mais ils confirment une convergence d'effets qui est plutôt favorable à l'environnement.

Les systèmes avec légumineuses, en comparaison avec des systèmes équivalents sans légumineuse, contribuent notamment de façon significative à la réduction de la consommation des ressources en énergies fossiles et à l'atténuation du changement climatique des productions agricoles. Ils contribuent également significativement à la réduction des émissions acidifiantes (NH_3, NO) vers l'atmosphère et les écosystèmes naturels.

Ces effets favorables sont dus principalement à l'évitement d'émissions liées aux engrais azotés, qui représentent environ 60 % des besoins en énergie d'une culture fertilisée et 50 à 80 % de sa production en GES.

À l'échelle de la culture en système conventionnel, l'ordre de grandeur des réductions est de 50 à 60 % pour l'énergie fossile, de 60 à 70 % pour les GES, de 80 % pour les gaz acidifiants. À l'échelle de la rotation culturale, la réduction est de l'ordre de 10 à 50 % selon les impacts et les systèmes.

De plus, au sein de plusieurs échantillons d'exploitations agricoles existantes (conventionnelles ou en agriculture biologique), l'analyse multicritère souligne que l'introduction de légumineuses est une composante qui facilite la réalisation de performances agronomiques et environnementales satisfaisantes.

▸▸ Conclusion

Les impacts environnementaux de l'introduction de légumineuses dans les systèmes de culture concernent donc principalement le cycle de l'azote et la biodiversité. Concernant l'azote, les effets sont globalement positifs, accompagnant une amélioration du bilan énergétique due essentiellement à la moindre utilisation d'engrais industriels, et montrent une diminution des fuites vers l'environnement (NH_3, N_2O, NO, nitrate) et des impacts qui y sont associés. Il faut cependant souligner les risques liés à l'enfouissement des résidus de culture, surtout pour les cultures pérennes qui peuvent libérer de grandes quantités d'azote sur plusieurs mois ou années.

Pour ce qui concerne la biodiversité, les effets sont multiples, portant à la fois sur la microflore du sol, la flore, la mésofaune, les petits mammifères et les oiseaux. La compréhension des effets des légumineuses bénéficiera certainement des approfondissements nécessaires sur les facteurs de ce qu'on nomme parfois « fertilité des sols » pour recouvrir l'ensemble des paramètres permettant une production agricole élevée et durable. Ces effets peuvent être directs, la légumineuse étant une source de nutriments (riches en azote) ou un refuge (couverts pérenne), ou indirects, une moindre pression phytosanitaire réduisant les impacts des activités agricoles sur certains organismes.

Ces relations entre légumineuses et environnement doivent être intégrées de façon simultanée pour les différents types d'impacts et doivent aussi se replacer dans divers contextes spatiaux ou organisationnels. Les effets de l'introduction de légumineuses ne se réduisent en effet pas à l'échelle de la parcelle, mais doivent aussi s'évaluer à l'échelle du système de culture (place des légumineuses dans les rotations) et des paysages agricoles (contribution à la biodiversité à cette échelle, impacts positifs sur les écosystèmes voisins…) et des produits consommables issus de l'agriculture.

C'est donc sur ces connaissances environnementales et à ces différentes échelles d'analyse que les acteurs du monde agricole peuvent concevoir des systèmes agricoles utilisant les légumineuses pour contribuer à une agriculture durable. Une telle conception doit combiner les deux faces de la médaille : éviter ou minimiser les dommages potentiels et faire exprimer au maximum les services écosystémiques. Or, cette conception de systèmes agricoles durables est aussi très dépendante des composantes des systèmes socio-économiques qui les englobent (valeurs sociétales, contexte économique et réglementations ou organisations d'acteurs et de marchés), ce qu'examine le chapitre 7.

Avec la contribution de : Benoît Carrouée, Nicolas Cerruti, Guénaëlle Corre-Hellon, Katell Crépon, Axel Decourtye, Jean-Jacques Drevon, Rémy Duval, Thomas Nemecek.

Chapitre 7

Analyses multi-enjeux et dynamiques socio-économiques des systèmes de production avec légumineuses

Marie-Benoît Magrini,
Alban Thomas, Anne Schneider

Les différents atouts agronomiques et environnementaux étayés au fil des précédents chapitres justifieraient une plus grande importance de ces espèces dans les rotations. Les propriétés nutritionnelles de ces espèces, tant pour l'alimentation animale qu'humaine, renforcent aussi l'intérêt pour leurs usages dans notre système d'alimentation. Pour autant, force est de constater que, malgré un certain nombre d'aides publiques et de périodes plus fastes pour certaines espèces, la production de légumineuses continue de diminuer en France, et plus largement eu Europe (chapitre 1). Alors que dans d'autres pays occidentaux, comme le Canada, cette production a connu un renouveau important sur les deux dernières décennies. La priorité donnée aux céréales dans le développement agricole et commercial depuis les années 1950, ainsi que l'intensification et la spécialisation de la production agricole (Stoate *et al.*, 2001, 2009) et agro-industrielle (Meynard *et al.*, 2013) françaises contribuent à expliquer la marginalisation des légumineuses dans nos systèmes de production, à l'amont comme à l'aval des filières. Un certain nombre de mécanismes économiques et sociaux peuvent expliquer cette situation qualifiée par les économistes de « verrouillage technologique » : si différents avantages économiques ou environnementaux conduiraient à introduire plus de légumineuses dans les systèmes, ce changement ne s'opère pourtant pas dans les pratiques de production et la tendance reste à la baisse des surfaces.

À partir de différents cas d'études, ce chapitre vise à évaluer les légumineuses par des approches systémiques, en considérant conjointement plusieurs dimensions de la durabilité, à analyser les freins socio-économiques à leur production et à proposer différents leviers qu'il conviendrait de mobiliser simultanément pour aider au déverrouillage du système de production* actuel pour insérer plus de légumineuses. L'accent est ici mis sur les légumineuses produites comme cultures de rente, mais nombre de considérations analysées dans ce chapitre peuvent s'appliquer aux légumineuses cultivées comme plante de service. La première partie s'intéresse aux systèmes de production amont, à l'échelle de l'exploitation agricole dans sa diversité (des systèmes de grandes cultures aux exploitations d'élevage). Elle met notamment en évidence la faisabilité de conjuguer performance économique et environnementale dans des systèmes incluant des légumineuses, au regard de la disjonction avec les pratiques actuelles. Cette disjonction observée souligne l'influence prédominante du contexte économique à court terme sur le choix de l'agriculteur, de la perception du risque (agronomique et économique), ainsi que des orientations des acteurs territoriaux qui leur apportent conseils et logistique (collecteurs, industriels acheteurs, décideurs régionaux, etc.). La deuxième partie analyse, dans une perspective historique, les grandes dynamiques socio-économiques et technologiques qui ont impacté les différentes filières commerciales de production, en étudiant l'influence des politiques publiques agricoles jusqu'à aujourd'hui sur les filières de l'alimentation animale, des aliments concentrés et du secteur des fourrages, ainsi que sur les filières de l'alimentation humaine (de la consommation des graines entières aux ingrédients fonctionnels). Elle met en exergue le mécanisme de rendements croissants d'adoption pour expliquer pourquoi le système de production actuel tend à marginaliser ces espèces. Ce panorama d'évolution des filières et des forces de marché aboutit à la troisième partie axée sur les leviers socio-économiques mobilisables pour développer les légumineuses dans les systèmes de production. Des outils de régulation du marché aux rôles des débouchés, cette partie insiste sur les dispositifs de coordination pour fédérer les acteurs sur des choix productifs en faveur des légumineuses, au travers de différentes modalités de qualification de la valeur environnementale et/ou commerciale de ces espèces, et ce dans une perspective de rendre les intérêts des acteurs convergents de l'amont à l'aval des filières.

▸▸ Analyses multi-dimensions des systèmes de production incluant des légumineuses

Les enjeux du développement durable nécessitent d'appréhender les systèmes de production agricole de manière intégrée, permettant d'analyser conjointement les dimensions économiques, environnementales et sociales, et également de confronter différentes échelles d'analyse révélant la perception des acteurs. Cette partie propose de revenir sur les enseignements majeurs de ces approches intégrées à partir d'une synthèse de différentes études contextualisées pour en retirer la généricité.

En premier, nous reviendrons sur les enjeux comptables dans l'évaluation de la performance des exploitations. Nous rappellerons que les analyses économiques des exploitations agricoles se basent le plus souvent sur les marges comptables annuelles des différentes cultures et ateliers animaux. Or, c'est une échelle temporelle plus large qui permet d'intégrer les effets liés à la rotation, en prenant en compte les interactions entre les composantes de la succession culturale dans l'espace et dans le temps (chapitre 3). C'est donc à l'échelle du système de production agricole que l'on peut mesurer le gain économique lié à l'insertion de légumineuses, comme le montrent plusieurs cas d'étude ; ceci souligne l'importance de passer d'une comptabilité analytique annuelle à une comptabilité de gestion interannuelle pour mieux appréhender l'intérêt d'un changement de pratiques et de système.

De plus, les performances agronomiques (qui se traduisent aussi en termes économiques) sont aussi corrélées aux possibles fuites de polluants vers l'environnement (chapitre 6). Les démarches multicritères pour l'évaluation environnementale permettent d'éviter les transferts de pollution qui se produisent lorsque l'amélioration d'un seul critère augmente un autre type de pollution environnementale. L'évaluation « multi-dimensions », en prenant simultanément en compte les trois piliers de la durabilité, permet de mieux croiser les intérêts des différents acteurs d'un territoire (citoyen consommateur et soucieux de l'environnement, producteur et industriel, autres acteurs du développement régional) afin de juger de l'adéquation d'un système face à des enjeux concomitants. Par ailleurs, si ces analyses sont souvent établies à partir d'études de cas en grandes cultures, ce cadre d'analyse se modifie pour des exploitations d'élevage où la valeur de la légumineuse est renforcée par sa contribution protéique à l'autonomie alimentaire de l'élevage ou de la région. Pour autant, là aussi, la diminution des exploitations de type polyculture-élevage et le recours croissant des systèmes d'élevage aux marchés des matières premières interrogent sur les bénéfices escomptés et sur la prise de décision des agriculteurs pour les légumineuses.

Enfin, la décision de l'agriculteur, largement influencée par les acteurs du monde agricole qui l'entoure (collecteurs acheteurs, collectivités), doit intégrer une complexité de composantes et elle est tout spécialement impactée par la perception du risque des uns et des autres, et la plus ou moins grande prise en compte des coûts cachés.

Analyses économiques à l'échelle du système de production

La performance économique d'une production agricole peut être analysée comme le résultat d'une combinaison de plusieurs facteurs de production que l'agriculteur doit assembler pour parvenir à un objectif (ou plutôt plusieurs objectifs liés au choix des volumes et des qualités des productions visées, des types de pratiques culturales…). Certains de ces facteurs de production sont externes à l'agriculteur, tels que le potentiel pédologique de la parcelle et les conditions climatiques tout au long du cycle d'une année, d'autres endogènes sont plus ou moins fixes (surface agricole, matériels investis…) ou variables (main-d'œuvre, produits phytosanitaires, outils d'aide à la décision et compétences externes…), d'autres encore relèvent de l'exploitant lui-même (compétences…). Il est important de comprendre l'ensemble de ce schéma décisionnel pour accompagner un changement de pratique. La manière dont l'agriculteur recueille et analyse les données qui se présentent à lui (les économistes parleront du type de rationalité mise en œuvre) a notamment un impact fort sur les décisions retenues.

L'évaluation de la marge : « à la culture » *versus* « à la rotation »

En systèmes de grandes cultures, la marge à la culture est l'indicateur le plus utilisé pour les évaluations économiques des productions végétales. La marge à la culture des protéagineux est souvent la plus faible des marges des grandes cultures dans un système et un contexte donné, ce qui peut amener à estimer que ce type de culture n'est pas rentable ou pas compétitif. Avec ce raisonnement, seuls les acteurs conscients de l'intérêt agronomique et économique des légumineuses pour le système (apport d'azote symbiotique, augmentation des rendements des cultures suivantes, baisse des produits phytosanitaires grâce à la diversification, etc.) choisissent d'intégrer les protéagineux dans leurs rotations culturales. Ainsi, la décision de l'agriculteur change si l'évaluation du système va jusqu'à la marge rotationnelle, c'est-à-dire le cumul des marges des cultures de la succession, après avoir optimisé l'itinéraire technique de chaque culture selon son précédent et le type de succession. Les marges de chaque culture prennent alors en compte la valeur des interactions agronomiques des cultures successives, c'est-à-dire l'impact d'un précédent sur les performances et les itinéraires techniques (donc les charges) des cultures qui suivent. La hiérarchie des meilleures marges change en regardant déjà les « cultures assolées » (c'est-à-dire selon son précédent) (figure 7.1).

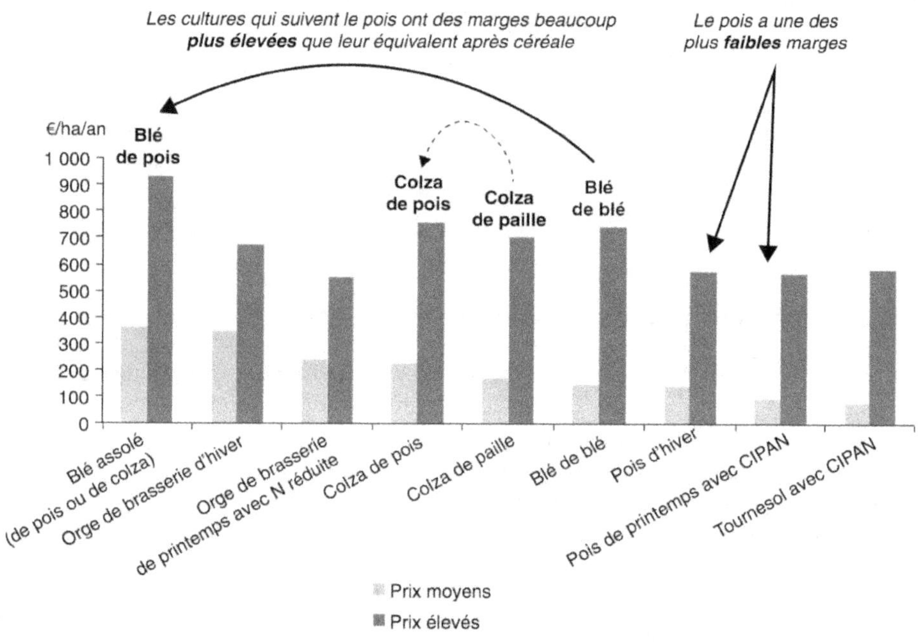

Figure 7.1. Principe de la comparaison de marges semi-directes de différentes cultures et de différentes cultures *a minima* selon leurs précédents (dans deux contextes de prix) : le fait de considérer la marge d'une culture assolée change l'analyse et est un préalable pour une marge rotationnelle, indicateur pertinent dans la comparaison des successions et assolements.

À l'échelle de la rotation (et donc indirectement de l'assolement), on constate souvent que le fait d'inclure un protéagineux (toute chose étant égale par ailleurs, notamment pour le machinisme) résulte dans une succession culturale qui comprend des cultures à meilleure marge (rendement plus élevé et charges réduites sur les cultures qui suivent le protéagineux) et dégage donc un profit qui est équivalent ou supérieur à celui de la succession sans protéagineux.

Ces considérations sont valables quels que soient le mode et le système de production considéré dans les analyses économiques, comme démontré par les divers cas ci-après. Leur importance est même renforcée dans les systèmes à faibles intrants où, pour exprimer de bonnes performances, la prise en compte des mécanismes agronomiques et écologiques est encore plus cruciale que dans les systèmes plus intensifs pilotés par les intrants.

Évaluations économiques de systèmes céréaliers avec légumineuses

On observe une convergence des évaluations économiques des systèmes avec protéagineux, que ce soit dans des réseaux expérimentaux (voir p. 348), des cas types représentatifs de différentes régions françaises mais aussi dans des échantillons de fermes réelles (annexes A1, A2, A3, A4, A5). Ces études montrent d'abord que l'aide publique à la production de ces cultures, qui existe en France pour plusieurs espèces de légumineuses (chapitre 1), est nécessaire dans le contexte agricole actuel, même si ce n'est pas toujours suffisant. Elle peut être suffisante si sont bien réfléchis le choix du protéagineux selon son potentiel régional (espèce et type hiver ou printemps), son positionnement dans la succession (ordre et nombre des cultures) et l'adaptation des intrants *a minima* sur la culture suivante (si ce n'est sur l'ensemble des cultures de la succession). Le montant total de l'aide peut parfois être très incitatif si le système de production intègre des objectifs environnementaux, qui permettent d'accéder à des incitations financières supplémentaires à l'aide de base (MAE notamment).

Études économiques *a priori* basées sur des expertises agronomiques et des données régionales dans le cas du pois

Dans les contextes récents et à venir (de 2005 à 2020[70]) qui incluent une aide couplée à la production de protéagineux, soja et luzerne (aides du premier pilier de la PAC : voir chapitre 1), faire évoluer la composition de la rotation courte colza-blé-orge ou des rotations des systèmes céréaliers à forte proportion de céréales en introduisant un protéagineux comme le pois en plus des cultures existantes s'avère une alternative qui ne dégrade en général pas la performance économique du système, en moyenne sur l'ensemble des années de la rotation ou sur l'assolement qui reflète souvent la succession. En revanche, un investissement initial (en temps notamment) est nécessaire, car les agriculteurs doivent alors gérer plus de cultures et intégrer des notions nouvelles (ou différentes) par rapport au système de culture basé sur un nombre restreint d'espèces qui sont pilotées avant tout par l'application d'intrants.

Comme démontré par des études de cas types (Collectif, 2011 ; Carrouée *et al.*, 2012), les rotations alternatives avec pois comme culture supplémentaire (et non en remplacement d'une autre) ont systématiquement une performance économique à peu près équivalente, voire légèrement ou plus franchement améliorée, par rapport aux rotations majoritairement observées. Ceci se constate dans les différentes régions céréalières de la moitié Nord de la France (tableau 7.1). La performance

---

70. L'aide liée spécifiquement aux protéines végétales dans le cadre de la PAC 2015-2020 comprendrait une clause de rendez-vous en 2016 pour les protéagineux (pour vérifier l'augmentation de leur utilisation en alimentation animale) et une surface maximale européenne pour le soja.

économique de la succession culturale est plus franchement améliorée si le pois est inséré entre deux blés, elle est mitigée si le pois est inséré avant le colza lorsque le témoin est une rotation courte type colza-blé-orge, et elle est réduite si on remplace un colza une fois sur deux par du pois dans ces rotations colza-blé-orge.

Soulignons cependant que seuls les effets précédents à court terme (sur culture suivante) ont été pris ici en compte dans les performances économiques, et que les réductions de charges « herbicide » à terme avec la diversification de la rotation n'ont pas été intégrées (car difficiles à chiffrer de façon fiable en analyse *a priori*). Or ce sont des impasses techniques telles que les résistances aux herbicides auxquelles sont confrontés aujourd'hui de plus en plus d'agriculteurs pratiquant les rotations courtes de type colza-blé-orge.

Tableau 7.1. Effet de l'introduction du pois sur la marge semi-directe (MSD) comparativement à des rotations de référence sans pois dans plusieurs régions et contextes économiques. Source : étude de 2010, CASDAR 7-175.

Écart de marge avec pois (en €/ha/an) (% du témoin respectif)	Insertion du pois entre 2 blés (1/5 ans)		Insertion du pois devant le colza 1 fois sur 2 (1/7 ans)		Remplacement de l'orge par du pois 1 fois sur 2 (1/6 ans)	
Rotation	C-B-(P)-B-O		C-B-O-(P)-C-B-O		C-B-C (ou P)-C-B-O	
Contexte	Moyenne 2005-2009	Hypothèse 2011-2012	Moyenne 2005-2009	Hypothèse 2011-2012	Moyenne 2005-2009	Hypothèse 2011-2012
Beauce (avec orge pr., pois hiver et blé dur)	+ 14 (+ 2,9 %)	+ 35 (+ 3,7 %)	- 1	+ 5 (0,5 %)	+ 2	- 9 (1 %)
Thymerais (avec orge br. d'hiver et pois d'hiver)[a]	0	+ 14 (1,5 %)	**- 16** **(3,3 %)**	- 3 (2,4 %)	- 11 (2,4 %)	+ 4 (2,4 %)
Bourgogne (avec orge br. d'hiver et pois d'hiver)	+ 21 (+ 6 %)	+ 32 (4,2 %)	- 2	0	- 3	- 1
Plateau lorrain (avec orge four et pois pr.)	+ 22 (+ 6 %)	+ 44 (+ 5,6 %)	+ 9 (2,3 %)	+ 21 (2,6 %)	+ 12 (3 %)	+ 29 (3,6 %)

[a] Thymerais : remplacement de l'orge d'hiver par de l'orge de printemps lorsque le pois est inséré avant le colza.

** Prix « moyens » (2005-2009) : blé à 126 €/t et pois à 150 €/t.

***Prix « hauts » (prévisions à l'époque pour 2010-2011) : blé à 200 €/t et pois à 225 €/t.

*** Aide existante à la culture de pois, c'est-à-dire d'un montant total entre 100 et 200 €/ha sur cette période.

MSD = MB – charges variables spécifiques = (Rendement × Prix) + Indemnités*** – Intrants – Assurances – Charges de mécanisation variables par année culturale – Travaux par tiers.

Les fonds de chaque case soulignent l'écart par rapport au témoin : gris foncé, écart supérieur à + 5 % ; gris clair, entre + 3 et 5 % ; blanc, entre - 3 % et + 3 % ; en gras et encadré, supérieur à - 3 %.

Dans cette étude, l'analyse de sensibilité sur les éléments du contexte souligne les atouts plus marqués de la culture de pois dans le cas où l'on peut insérer du pois d'hiver, dont les charges sont moindres que le pois de printemps. Cependant, les conclusions précédentes sont très stables quels que soient les contextes de prix de vente des grains. Ceci est confirmé par la remise à jour de cette étude par l'Unip avec des données prix et rendements moyens de 2009 à 2013 avec le pois d'hiver en région Centre.

Pour ce qui est des impacts potentiels sur l'environnement, l'ensemble des systèmes évalués ci-dessus sur le plan économique ont montré également des réductions significatives sur une série de critères d'impacts environnementaux, sans dégrader les autres, que ce soit *via* des ACV (tableau 6.3, voir A8) (Nemecek *et al.*, 2015) ou par l'outil CRITER.

En termes de liens avec les autres acteurs socio-économiques, il est à souligner que l'insertion d'une culture protéagineuse devant un blé ou un colza permet de cumuler les intérêts agronomiques et économiques avec une moindre perturbation de l'équilibre des filières locales (par rapport au cas de la substitution d'une autre culture par un protéagineux), en rajoutant essentiellement une matière première qui est par ailleurs utilisable pour différents débouchés.

De plus, en dehors des conduites de culture conventionnelles, les cas d'étude menés avec des conduites à dose azotée réduite et/ou à IFT hors herbicide réduit confirment que, dans le cadre de plafonnement des intrants d'un système, les protéagineux sont un outil clé pour une meilleure gestion de l'azote des rotations et assolements (Carronée *et al.*, 2012) et tout particulièrement avec des cultures associées (encadré 6.4).

Études *a posteriori* de systèmes de culture sur des exploitations agricoles existantes

Une étude régionale en Bourgogne[71] chez 15 agriculteurs (annexe A4) tend à conforter les résultats précédents. À partir de l'assolement, des interventions culturales et des rendements des différentes parcelles avec un historique de 2 à 5 ans, 27 systèmes de culture comprenant du pois (hiver ou printemps) et du soja ont été identifiés et évalués. Les résultats montrent que la rentabilité économique reste égale entre systèmes de culture avec ou sans pois ou soja, quel que soit le scénario de prix des productions, des engrais ou des produits phytosanitaires (Duc *et al.*, 2010).

Dans le cas du soja, une autre analyse multicritère (Parachini, 2013 ; annexe A) a été menée dans des exploitations contrastées du Sud-Ouest de la France pour quantifier les atouts environnementaux de la culture du soja (sobriété en émissions de GES et en utilisation de produits phytosanitaires) et analyser leur compétitivité. Elle montre que la culture de légumineuses (soja sec ou irrigué et luzerne) peut tout à la fois permettre de diminuer les émissions de GES des systèmes de culture orientés en grandes cultures (d'autant plus que la proportion de légumineuses est grande, et que le soja est non irrigué) tout en maintenant des résultats économiques satisfaisants pour l'exploitation agricole. Dans les contextes irrigués, le maïs ayant un rendement record, le soja ne devient compétitif que dans le cas d'un soutien *via* la mesure

---

71. Projet PSDR-Profile coordonné par la Chambre régionale d'Agriculture de Bourgogne à la fin des années 2000

agroenvironnementale territorialisée MAET « IRRLEG »[72]. En revanche, dans des situations hydriques contraintes, le soja devient compétitif par rapport au maïs même sans attribution de prime. Ces résultats (figure 7.2, planche XXIX) sont cohérents avec des simulations réalisées par ailleurs (Deumier *et al.*, 2012) qui montrent que sous l'effet d'une contrainte hydrique croissante, les exploitations au sein de 3 collectifs d'irrigants de Midi-Pyrénées diminuent leur sole de maïs grain (pour maintenir le niveau d'irrigation optimum), et incorporent des cultures de diversification comme le soja (de 20 à 25 %) qui valorise mieux une irrigation contrainte.

Par ailleurs, cette étude Cetiom montre que, dans le contexte de prix 2012 (un prix de vente du soja à 500 €/t et un rapport de 2,3 environ avec le prix de vente du maïs), il y a des situations où le soja irrigué est la culture de printemps la plus rentable et où le soja sec est également intéressant. Bien qu'exceptionnel jusqu'à présent, ce contexte de prix favorable au soja (prix du soja historiquement élevé et rapport élevé avec le prix du maïs) pourrait se répéter du fait de la tension sur l'approvisionnement en protéines (le ratio de prix soja/maïs a atteint 3 en 2013). Il sera d'autant plus favorable au soja si la tendance à la hausse du prix des intrants agricoles se maintient.

Études *a posteriori* sur des exploitations agricoles existantes toutes légumineuses confondues

Démontrer la faisabilité de l'introduction de légumineuses dans un système de culture économiquement performant est crucial. Conduire ces évaluations *a posteriori* sur un nombre significatif d'exploitations agricoles existantes est certainement plus démonstratif que les analyses de quelques fermes ou les études réalisées par expertise, même si celles-ci sont solidement ancrées sur des données régionales, comme dans le cas des analyses précédentes.

Plusieurs études multi-dimensionnelles ont été menées sur des échantillons d'exploitations agricoles françaises, de façon indépendante et avec des approches et méthodes complémentaires, entre 2007 et 2012. Elles étaient menées avec leurs objectifs propres (groupes liés à Ecophyto, 2018 ou cas de groupes cherchant à suivre des cahiers des charges environnementaux liés à des MAE) mais elles ont l'intérêt d'avoir collecté un grand nombre de données. Or, en examinant ces données sous l'angle présence ou non de légumineuses, on observe des différences significatives.

Comme ces analyses sont traitées sur les trois dimensions de la durabilité, elles sont détaillées ci-après, mais sur le plan économique, un enseignement commun en ressort : parmi l'hétérogénéité des performances économiques au sein d'un même territoire, il est possible de trouver des exploitations agricoles qui ont des résultats économiques très satisfaisants avec des systèmes de culture incluant des légumineuses (couvrant des cas protéagineux, soja ou luzerne). La diversité de situations nécessite de prendre en compte la spécificité des exploitations agricoles. On peut cependant constater que le profil des exploitants les plus performants est souvent celui d'agriculteurs innovants qui se sont appropriés la maîtrise de ces cultures à bas intrants et qui ont opté pour des objectifs de production donnant la priorité à la durabilité du système de culture dans le temps et au respect de l'environnement.

---

72. 80 €/ha pour 5 ha engagés avec 1 ha de soja minimum par an sur ces 5 ha (ici 10,2 ha de soja engagés sur 12,5 ha cultivés) soit : 80 × 5 × 10,2/12,5 = 326,4 €/ha.

Analyses de la durabilité des systèmes de culture

Si une approche multicritère permet de mieux intégrer les différents impacts environnementaux, considérer une approche multi-enjeux permet de couvrir les trois piliers de la durabilité pour appréhender les différentes raisons d'insertion de légumineuses dans les systèmes. Les considérations environnementales sont aujourd'hui de plus en plus prégnantes dans la société, notamment la nécessité d'une réduction des pollutions diffuses. Celles-ci ne font pas l'objet d'évaluation comptable dans les analyses qui sont centrées sur les marges, comme rappelé précédemment. Mais leur prise en compte peut infléchir les choix de l'agriculteur dans une approche visant la double performance économique et environnementale. Dans le cadre des actions visant une réduction de l'utilisation des produits phytosanitaires, des études indépendantes portant sur des fermes existantes ou des réseaux expérimentaux, pour différents systèmes et dans différents contextes pédoclimatiques, ont mis en avant le fait que des systèmes de culture avec légumineuses faisaient partie des systèmes permettant d'atteindre les objectifs environnementaux de réduction de l'utilisation et des impacts des produits phytosanitaires, pouvant s'accompagner, là aussi, d'une évaluation économique positive.

Études en expérimentation de systèmes de culture

Au sein du réseau du RMT Systèmes de culture innovants (qui est structuré depuis 2007 avec 44 dispositifs expérimentaux sur lesquels sont expérimentés 70 systèmes de culture) (Deytieux *et al.* 2012), quatre systèmes de culture en production intégrée comprennent des légumineuses annuelles (soja, féverole de printemps et d'hiver, pois d'hiver) :
– Époisses S4 sans betterave (21) (argiles profondes) : soja – blé – orge printemps – colza – blé – triticale ;
– Époisses S4 (21) (argiles profondes) : féverole hiver – tournesol – blé – colza – blé – betterave sucrière – orge printemps ;
– La Brosse (89) (argilo-calcaires superficiels) : pois hiver – colza – blé – orge hiver – (CIPAN) – chanvre – blé – (moutarde) – orge printemps ;
– Brie Compte Robert (77) (limons argileux profonds) : féverole printemps – (repousses) – blé – (repousses) – colza – (repousses) – blé – moutarde – orge printemps.

L'analyse multicritère des performances de ces systèmes a été faite selon la méthodologie en 6 étapes commune au sein du RMT (Petit *et al.* 2012, www.systemesdecultureinnovants.org). Les résultats mettent en avant des gains environnementaux importants de l'insertion de légumineuses dans les rotations, tout en maintenant une marge semi-nette au moins équivalente au système de référence sans légumineuse (figure 7.3, planche XXX) :
– une amélioration systématique des performances énergétiques, avec une réduction des consommations de 20 à 40 % et une amélioration de l'efficience de 10 à 50 % ;
– une réduction systématique des pertes de nitrate par lessivage jusqu'à 20 %, et des émissions de N_2O jusqu'à 50 % ;
– une réduction de 40 % ou plus de l'IFT et de l'impact des phytosanitaires dans les milieux considérés.

Études multi-enjeux *a posteriori* sur des exploitations agricoles existantes

Le réseau FermEcophyto 2010, qui correspond à la phase test du plan national Ecophyto qui comprenait 124 exploitations en cultures arables dont 41 % avec légumineuses, a permis d'évaluer entre autres plusieurs systèmes de culture avec légumineuse (36 avec des annuelles, 6 avec de la luzerne, 10 avec des prairies mixtes). En regardant la distribution des systèmes selon l'évaluation menée, on observe que 36 % des systèmes avec légumineuses (20 sur 56) sont jugés économes (IFT < 70 % de l'IFT de référence) et performants (du double point de vue économique et environnemental) alors que ce n'est le cas que de 14 % des systèmes sans légumineuses (10 sur 70) (figure 7.4, planche XXX). Ainsi, dans cet échantillon DEPHY 2010, de nombreux acteurs des systèmes « économes » ont exploré la voie des légumineuses et il semble plus facile d'être économe en intrants et performant dans des systèmes de culture avec légumineuses que sans légumineuse (annexe A1, Reau *et al.,* 2010).

Par ailleurs, sur trois campagnes entre 2001 et 2013, les données de l'assolement d'environ 100 à 200 cas d'exploitations agricoles ont été analysées sous l'angle « présence ou non » de légumineuse, majoritairement des protéagineux et de la luzerne, au sein d'un des réseaux des fermes DEPHY qui est coordonné par InVivo[73]. Les données considérées ici couvrent 8 à 12 régions différentes. Ce réseau s'avère assez proche de la moyenne nationale, avec une forte hétérogénéité qui permet de creuser les voies de progrès en termes de pression sur l'environnement. Des groupes représentant des surfaces équivalentes entre les deux cas « avec » et « sans » ont pu être comparés : 41 et 77 exploitations respectivement en 2010-2011 (6 809 ha *vs* 4 094 ha), 60 et 120 en 2011-2012 (13 069 *vs* 6 684 ha) et 42 et 62 en 2012-2013 (6 873 *vs* 3 883 ha).

Avec l'hypothèse que l'extrapolation de l'assolement (base de ces évaluations) reflète le système pluriannuel, les comparaisons des moyennes sur l'ensemble des régions des différents indicateurs, en relatif par rapport aux références régionales, montrent un différentiel entre les deux types de système au sein d'une même région, avec un avantage environnemental et économique significatif pour le cas des exploitations avec protéagineux (Pourcelot *et al.,* 2014 ; annexe A2).

Entre les exploitations avec et sans légumineuses, aucune différence significative de productivité et de rentabilité n'a pu être mise en évidence en comparaison des références régionales. Pour les exploitations intégrant des légumineuses, on observe une productivité légèrement supérieure sur les trois campagnes et une proportion plus grande d'exploitations dans les tranches de rendement les plus élevées pour les deux premières campagnes.

Pour les trois campagnes, la proportion des assolements avec protéagineux ou luzerne est plus grande (que celle des assolements « sans ») dans les tranches à forte réduction d'IFT hors herbicide (figure 3.1, planche XVI). Ainsi, chaque année, au moins les deux tiers, voire les ¾, des exploitations avec légumineuses ont un IFT hors herbicides réduit d'au moins 30 % par rapport à la référence, contre seulement 40 à 56 % pour les « sans », et moins de 15 % en ont un supérieur, contre au moins 25 % pour les « sans ».

---

73. Le réseau piloté par InVivo comprend 155 exploitations pour 21 coopératives agricoles en 2011 (et 317 exploitations pour 34 coopératives en 2012).

Dans le cas des systèmes avec élevages, on observe que la place des légumineuses est essentielle dans les systèmes qui se sont engagés par le passé dans la MAE Système fourrager économe en intrants (SFEI) (existant depuis 1995). Elles sont donc principalement présentes sous la forme de prairies d'associations mais on trouve également des cultures protéagineuses annuelles (féveroles) et des mélanges céréales–protéagineux. Elles contribuent largement à l'augmentation des performances permettant :

– de faire des économics sur les engrais (– 82 % en €/ha comparé aux moyennes nationales) et donc d'énergie ;

– de fournir une alimentation équilibrée aux ruminants et réduire ainsi leurs besoins de concentrés azotés (– 53 % sur le poste énergie comparé à la moyenne Planète) ;

– de favoriser la biodiversité, notamment par la présence d'espèces mellifères ;

– de favoriser la longévité des prairies et améliorer la structure des sols. Notons que le résultat courant dans ces systèmes est comparable (+ 2 %) à la référence nationale (statistiques RICA).

Un groupe de polyculteurs-éleveurs et de céréaliers a travaillé de 2008 à 2012 sur un cahier des charges de systèmes de culture économes en intrants (en partant initialement de cette MAE Système « originelle ») : réseau coordonné par FRCivam de 56 exploitations[74] du Grand Ouest. L'analyse des résultats de ce suivi a montré que 10 systèmes (25 %) se sont révélés satisfaisants pour l'ensemble des indicateurs choisis de l'évaluation avec 3 systèmes céréaliers et 7 systèmes de polyculture–élevage. L'analyse des composantes favorables à l'atteinte des résultats souligne l'introduction de légumineuses dans les 10 cas. Le réseau a alors proposé un cahier des charges MAE Système avec notamment l'obligation de cultiver 10 % de la SAU en légumineuses. Sur deux ans, les agriculteurs du réseau des Civam ont presque triplé leurs surfaces en cultures protéagineuses annuelles (+ 187 %), plus que doublé leurs surfaces en mélanges céréales-protéagineux (+ 131 %) alors que les surfaces en céréales étaient réduites de 5 % (De Marguerye *et al.*, 2013 ; annexe B).

Encadré 7.1. Le cas des systèmes de culture en agriculture biologique.

Des études multicritères ont permis d'analyser des systèmes de cultures conduits dans des exploitations en agriculture biologique sans élevage : 11 cas-types de rotations des régions Centre, Île-de-France, Pays de la Loire, Poitou-Charentes et Rhône-Alpes (projet RotAB[75]), et 44 cas de Midi-Pyrénées, représentatifs des rotations biologiques spécialisées, courtes à très courtes, dominantes entre 2003 et 2006 (projet CITODAB). Des cas-types complémentaires de rotations ont ensuite été définis dans les régions Bretagne, Midi-Pyrénées et Bourgogne, tandis que ceux des Pays de la Loire, de Poitou-Charentes et de Rhône-Alpes étaient mis à jour pour étudier la place des légumineuses à graines dans les systèmes de culture céréaliers biologiques (projet ProtéAB[76]).

.../...

---

74. Polyculteurs–éleveurs (monogastriques principalement) et céréaliers du Grand Ouest (Bretagne, Pays de la Loire, Centre, Poitou-Charentes).

75. RotAB projet piloté par l'ITAB avec 11 partenaires, de janvier 2008 à décembre 2010, financé par le CASDAR, avec une valorisation des acquis en 2011 avec l'appui financier de FranceAgriMer.

76. ProtéAB (Développer les légumineuses à graines en AB : un enjeu pour les filières animales et la diversification des systèmes de culture) est un projet financé par le CASDAR, qui s'est déroulé d'octobre 2010 à mars 2014.

_ .../... ____

Les analyses multicritères (Colomb *et al.,* 2011) montrent que la durabilité environnementale est le volet le mieux assuré, tout en soulignant des réserves sur les rotations les plus intensives, qui consomment plus d'eau et d'énergie. L'acceptabilité sociale est très satisfaisante, car les aspects qui intéressent directement les agriculteurs (complexité de mise en œuvre, pénibilité du travail, risques pour la santé) sont particulièrement bien notés. Cependant, le point négatif est la faible contribution à l'emploi saisonnier (trait commun à tous les systèmes céréaliers, AB ou non) et parfois un niveau de productivité surfacique insuffisant. La durabilité économique est la plus sensible dans le temps. En effet, la rentabilité dépend nettement du contexte de production : les sols et le climat définissent les espèces cultivables, les potentiels de rendement et les possibilités de désherbage mécanique ; les débouchés locaux rendent possibles, ou non, la valorisation de cultures telles que la luzerne ou de cultures de « niche » rémunératrices (légumes en particulier). La variation du niveau de production sous l'effet du climat est particulièrement dommageable à la rentabilité lorsque la production se situe à un niveau général plutôt faible, comme c'est le cas dans les situations non irriguées de plusieurs régions.

L'étude des cas-types de rotations, évalués avec un jeu d'indicateurs quantitatifs et non agrégés (outil Systerre®) (Garnier *et al.,* 2013), montre que la rentabilité des systèmes étudiés est assurée dans les contextes de prix observés depuis 2008, tout en confirmant l'analyse de Colomb *et al.* (2011) de la forte dépendance au contexte de production au sens large (débouchés, potentiel de sol, climat, disponibilité et prix des intrants…). L'approche tend à montrer, néanmoins, que les rotations courtes irriguées (souvent associées à des potentiels favorables) présentent des résultats économiques élevés à l'hectare (bons rendements et cultures à forte valeur ajoutée), mais de moins bons résultats pour les indicateurs techniques (temps de travail, consommation de carburant) et environnementaux (émission de GES, consommation d'énergie) ; elles sont plus sensibles à l'enherbement, et plus dépendantes aux intrants extérieurs (engrais organiques azotés et eau), ce qui pose des questions quant à leur durabilité. À l'opposé, des rotations longues (plus souvent présentes sur des sols à potentiels inférieurs) ont de meilleurs résultats techniques et environnementaux, grâce à des têtes de rotation fourragères pluriannuelles à base de légumineuses (souvent une luzerne, mais aussi du trèfle ou des prairies multi-espèces). Ainsi, ces rotations longues, bien que moins performantes économiquement dans les contextes économiques observés, présentent des avantages forts en termes de durabilité agronomique et une meilleure robustesse*. En effet, elles semblent moins sensibles aux variations de contexte économique, à condition que la récolte de la prairie soit réalisée par entreprise (moins de travail exigé).

Dans le cadre plus spécifique du projet ProtéAB, les cas-types ont permis d'étudier, par simulation, l'impact de l'introduction de nouvelles cultures (en conservant la cohérence agronomique du système), en l'occurrence l'augmentation de la part de légumineuses à graines (protéagineux, soja), à destination de l'alimentation animale, dans la rotation des cultures (Garnier *et al.,* 2013). Les simulations effectuées ont montré qu'il y avait peu d'impact sur les indicateurs techniques et environnementaux. En revanche, la marge nette augmentait dans quatre cas sur cinq. Il n'y a diminution que dans un seul cas, qui correspond à l'insertion d'un soja en sec avec un rendement faible dans les Pays de la Loire. L'étude met par ailleurs en évidence qu'un frein principal au développement des légumineuses à graines à destination de l'alimentation animale dans les rotations céréalières est la compétition avec le débouché alimentation humaine, mieux valorisé (soja, lentille, pois chiche).

Les éléments marquants de l'analyse des systèmes de culture

La réalité agricole montre une grande hétérogénéité des performances des exploitations agricoles (et la variabilité est aussi grande entre milieux différents qu'au sein d'un même territoire), ce qui révèle des marges de manœuvre pour améliorer les systèmes de culture, à la fois d'un point de vue économique et environnemental. Elle montre aussi qu'il est possible de gérer l'insertion de légumineuses avec succès sur le plan tant environnemental qu'économique. La performance des résultats de ces nombreux cas d'étude révèle également l'importance d'améliorer l'accès des agriculteurs à des références techniques régionales en fonction des choix de diversification et des filières de valorisation. Cela renforce le besoin d'observatoires des systèmes et des pratiques, ainsi que les actions de diffusion du conseil et d'accompagnement au changement des systèmes.

Pour résumer ici les principaux bénéfices observés, il ressort globalement que l'intérêt économique de l'insertion des légumineuses réside d'abord dans la diversification des cultures qui, par elle-même, est une source de meilleure robustesse* des systèmes agricoles, que ce soit face au milieu physique (contexte pédoclimatique) qu'économique (prix des intrants et prix des récoltes). Car la diversité des performances agronomiques et économiques des productions tend à assurer une meilleure stabilité dans le temps de la marge de l'exploitation agricole. Cependant, cette robustesse peut aussi être perçue par certains comme une entrave à l'occasion de saisir des opportunités financières certaines années, ce que la libéralisation des marchés et l'augmentation des prix des grains entre 2007 et 2012 ont rendu d'autant plus attractif.

En systèmes de grandes cultures, l'intérêt est essentiellement fonction des gains liés aux effets précédents des légumineuses à court et moyen termes :
— réduction de l'apport de fertilisants azotés, ce qui est directement dû à la spécificité des légumineuses qui permettent une voie d'entrée alternative de l'azote dans les systèmes grâce à l'azote gazeux fixé symbiotiquement ;
— moindre recours aux autres produits phytosanitaires, grâce à une meilleure qualité sanitaire des cultures de la succession, bénéfice qui n'est pas spécifique aux propriétés des légumineuses, mais résulte plus d'un gain général lié à la diversification des cultures.

Ce moindre recours aux intrants de synthèse réduit les charges opérationnelles. Pour autant, cette économie de charges ne semble pas toujours exploitée. En effet, l'analyse des pratiques culturales moyennes observées (approchées par les enquêtes du SSP) montre par exemple notamment que les doses azotées apportées et les protections phytosanitaires ne sont modulées qu'à la marge (peu de différences selon le précédent ou le système de culture), ce qui fait que les réductions des charges opérationnelles sont inexistantes ou faibles.

Ce gain de charges apparaît également moins pertinent dans le contexte actuel de forte progression des prix des cultures majeures, tout particulièrement des céréales ; d'autant plus qu'une aversion au risque peut renforcer la préférence de l'agriculteur pour des cultures majeures par rapport à des cultures comme les légumineuses, cultures de diversification souvent considérées comme « plus risquées » dans le contexte actuel des rapports de forces entre productions agricoles.

Analyses de la durabilité des systèmes avec élevages de ruminants

L'autonomie en protéines est une des motivations premières pour introduire les légumineuses fourragères au sein des systèmes de production avec élevage (voir p. 384). En général, les légumineuses fourragères considérées sont la luzerne cultivée en pure ou en association avec des graminées, ou bien les trèfles blanc et violet quasiment toujours associés à une graminée. Ci-dessous sont résumés les résultats principaux de quatre études, toutes portant sur le cas de la luzerne. La première compare un ensemble de critères permettant d'évaluer la durabilité de systèmes comprenant ou non de la luzerne déshydratée ; la seconde simule des effets technico-économiques de l'introduction de la luzerne en systèmes laitiers utilisant des fourrages d'herbe et/ou de maïs ; la troisième identifie les motivations d'éleveurs pour utiliser de la luzerne ; enfin la quatrième étude a déjà été résumée dans le chapitre précédent pour ses impacts environnementaux, à la porte de la ferme, de systèmes herbe–maïs à des systèmes comprenant une part plus ou moins grande de légumineuses fourragères, et permet de faire le lien entre ses quantifications environnementales et la productivité de l'exploitation.

Une étude[77] de Coop de France Déshydratation a comparé, en 2011, 20 élevages laitiers en agriculture conventionnelle en Ille-et-Vilaine et Mayenne, dont 10 avec une alimentation basée sur une ration régulière avec luzerne cultivée sur place. La méthode IDEA (indicateurs de la durabilité des exploitations agricoles) a été utilisée à cette fin. Les élevages laitiers produisant et utilisant de la luzerne déshydratée importent moins de protéines végétales, augmentant donc directement leur autonomie alimentaire (scores qui sont 3,7 % supérieurs par rapport aux élevages sans luzerne par la méthode IDEA). Par ailleurs, on observe un nombre plus réduit de traitements vétérinaires dans les élevages laitiers utilisant de la luzerne déshydratée comparativement aux élevages n'en utilisant pas (écart moyen de scores de 43 % par la méthode IDEA) ; cet indicateur reflète l'amélioration apportée pour le bien-être animal.

Les études technico-économiques de l'Institut de l'élevage sur la façon d'introduire des sources protéiques soulignent souvent un bénéfice limité qui se résume parfois par « plus de travail, plus d'autonomies », comme dans le cas de l'étude en Pays de la Loire des Réseaux d'élevage (Idele et Chambres d'agricultures, 2011) sur la luzerne introduite dans des systèmes avec herbe et/ou maïs, car ces simulations ne chiffrent pas les intérêts de la légumineuse pour la santé animale ou la conduite agronomique des cultures.

Pour les élevages bovins lait, d'après une étude socio-technique menée récemment dans le Grand Ouest (encadré 7.2), les motivations principales des producteurs de luzerne portent, en ordre d'importance des réponses, sur l'intérêt agronomique (rotation), l'effet bénéfique sur la santé des animaux et l'autonomie en protéines. Plus la part de maïs est importante, plus l'équilibre de la ration prime dans l'argumentaire donné, l'objectif étant une amélioration en « fibres » favorables à la rumination et la prévention des risques d'acidose. Inversement, si la part du maïs est faible, l'autonomie en protéines est alors davantage mise en avant (figure 7.5). Cette autonomie est souvent citée en motivation de départ, avant la mise en culture, tandis que les effets agronomiques sont peu cités en motivation initiale mais ressortent fortement *a posteriori* (figure 7.6).

---

77. http://coopedom.fr/img/content/presse/Durabilite-luzerne-Fiche-de-synthese.pdf

Encadré 7.2. Motivations et freins pour le développement de la luzerne dans les élevages bovins lait.

La coopérative Terrena, dans le cadre du projet Luzfil[78] visant à identifier les freins et les leviers au développement de la luzerne dans les exploitations en systèmes fourragers bovins lait de sa région, a conduit une série d'entretiens auprès d'éleveurs de bovins lait en Pays de Loire :

− 57 élevages producteurs de luzerne par des visites sur place (6 producteurs de bovins viande et 51 producteurs de bovins lait, avec 8 % de luzerne sur la superficie fourragère principale, SFP[79], basée sur luzerne, prairies et maïs) ;

− 100 élevages non producteurs de luzerne *via* des enquêtes téléphoniques.

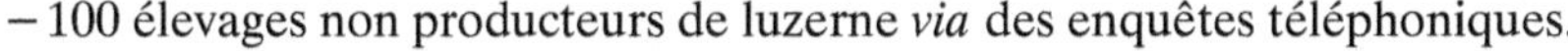

Part maïs dans la ration	76 %	71 %	63 %	58 %	29 %
Nombre	18	13	11	7	6

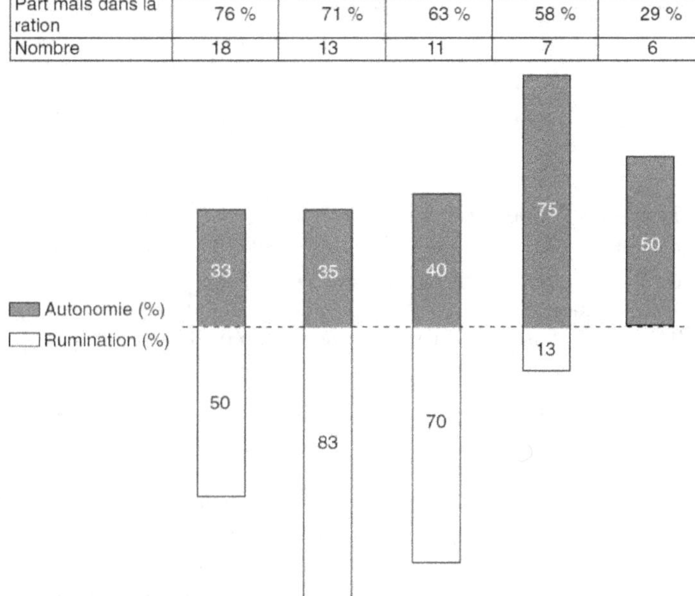

Figure 7.5. Les motivations « équilibre de la ration » et « autonomie protéique » des agriculteurs selon la part de maïs utilisée dans la ration de l'animal.

Les inconvénients majeurs résident dans la complexité de la conduite et surtout de la récolte : il y a en effet peu de jours disponibles pour la première coupe de foin compte tenu du climat pluvieux. Les coûts de la récolte arrivent en seconde position. Un autre frein cité par les éleveurs est le manque de surface adaptée disponible.

.../...

---

78. L'objectif du projet Luzfil était d'identifier les freins et les leviers au développement de la luzerne dans les exploitations en systèmes fourragers bovins lait de la région Pays de la Loire. Le financeur est la Région, et le porteur de projet la coopérative TERRENA en partenariat avec Arvalis, ESA d'Angers, IDELE, et les Chambres d'agriculture 44, 49 et 53.

79. La superficie fourragère principale comprend les fourrages en culture principale (fourrages annuels, prairies artificielles, prairies temporaires) et la superficie toujours en herbe (prairies semées depuis plus de 5 ans, prairies naturelles, parcours et landes peu productifs).

— .../... —

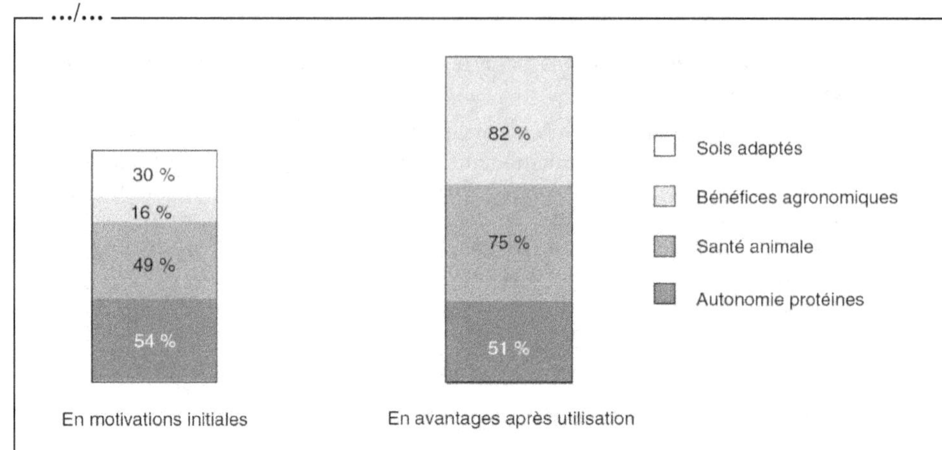

Figure 7.6. Les motivations comparées des agriculteurs vis-à-vis de la luzerne : motivations avant la première mise en culture puis après expérience de production et d'utilisation.

Pour l'avenir, seuls 2 % envisagent une réduction, 47 % des enquêtés prévoient une augmentation et 49 % une stabilité de leur surface en luzerne.

Les incitations à la production concernent la déshydratation (il existe un projet d'usine dans la région en Loire Atlantique), l'acquisition de meilleures connaissances (20 % des réponses) et aussi l'autonomie en protéines (11 % des réponses seulement).

Comme décrit dans le chapitre 6 (p. 331), l'évaluation multicritère d'exploitations agricoles en systèmes laitiers a souligné les bonnes performances environnementales ramenées à l'unité de surface des fermes herbagères autonomes en azote avec des prairies incluant 30 % de légumineuses, principalement pour les impacts « consommation d'énergie non renouvelable » et « toxicité », mais aussi « acidification », « eutrophisation ». Les impacts ramenés à la tonne de lait produit sont cependant égaux, voire supérieurs, pour les systèmes herbagers avec légumineuses, sauf pour les critères « toxicité » et « occupation des sols », comparés aux systèmes mixtes maïs-soja, -herbe ou herbagers sans légumineuses.

Les légumineuses contribuent à réduire très sensiblement la consommation d'énergie fossile pour la production des fourrages du fait des économies d'engrais azotés qu'elles permettent. En effet, aucun coût en énergie fossile n'est lié à cette entrée d'azote ce qui n'est pas le cas pour les engrais de synthèse (voir p. 316).

Les performances environnementales des systèmes fourragers incluant des légumineuses (luzerne, trèfle associé à des graminées) semblent fournir des arguments convaincants pour les adopter d'autant plus que des évaluations économiques corroborent leur intérêt, notamment dans le contexte assez stable entre 1995 et 2005 (Chatellier *et al.*, 2009). Cependant, par la suite, le contexte a changé (Chatellier *et al.*, 2013) : volatilité des prix de marché des matières premières agricoles et du lait, vive concurrence des productions végétales dans certains territoires depuis 2007, augmentation de la disponibilité en tourteaux de colza, diminution du nombre de fermes laitières, augmentation de la taille des troupeaux, fin des quotas laitiers et passage à une régulation par les marchés et contrats privés, nouvelle PAC 2015-2020 avec une aide aux prairies avec légumineuses, etc. La compétitivité des légumineuses dans l'alimentation des vaches laitières est à ré-examiner. De façon tendancielle, la volatilité des prix renforce la motivation des éleveurs pour plus d'autonomie pour l'alimentation de leur cheptel, et notamment leur intérêt pour les légumineuses en vue d'une autonomie protéique.

Néanmoins, ces systèmes sont peu développés pour plusieurs raisons. D'une part, leurs performances productives dépendent de la proportion de légumineuses dans les associations ; cette composition étant difficile à maîtriser (voir p. 197), ceci peut accentuer les variabilités habituelles liées par exemple au climat ou au contexte socio-économique de production (évolutions rapides des prix du lait et des céréales, demandes des filières, etc.). Mais une raison majeure correspond aux verrouillages socio-techniques (qui seront décrits plus loin). Ceci explique le décalage parfois observé entre les impacts estimés à partir de cas types et les impacts réels (Gascuel *et al.*, 2015). Ainsi, les systèmes maïs-herbe fertilisés, coûteux mais relativement maîtrisables, dominent alors que des systèmes herbagers à forte contribution de légumineuses associées aux graminées, qui sont moins coûteux, régressent, car ils sont plus difficilement maîtrisables. Pour réduire ces décalages sur le terrain, il est indispensable de progresser dans la levée de verrous au sein du système socio-technique, l'accompagnement technique des élevages intégrant la prise en compte des services écosystémiques, mais également dans des organisations socio-économiques valorisant mieux ces atouts pour la durabilité.

Choix d'assolement des agriculteurs : quelle prise en compte des effets de la rotation dans la décision ?

Le constat de la diminution des surfaces interpelle lorsque les analyses mettent en avant des bénéfices environnementaux et économiques de l'insertion des légumineuses dans les assolements. Il semble que la plupart des agriculteurs n'utilisent pas les mêmes indicateurs pour évaluer leurs choix d'assolement et de rotations que ceux proposés dans le cadre de ces dispositifs expérimentaux. La disjonction entre des analyses scientifiques (théoriques et expérimentales) combinant les effets agronomiques, économiques et environnementaux, et la majorité actuelle des systèmes agricoles existants souligne que le choix de l'agriculteur est influencé par d'autres facteurs tels que l'aversion au risque (encadré 7.3) et également par d'autres acteurs (conseillers, collecteurs, industriels, acheteurs) qui conditionnent environnement technique et choix logistiques.

Ces contradictions apparentes renvoient à la dimension sociale et au processus d'adoption des innovations. On sait que l'adoption d'une innovation notamment environnementale est faisable seulement s'il y a conjonction d'un impact positif sur deux dimensions : le profit économique (à relativement court terme) et le statut sociétal de l'acteur qui adopte cette innovation (Asselineau et Piré-Lechalard, 2009).

Encadré 7.3. Risque et décision.

Le cadre d'analyse des travaux des économistes repose généralement sur le principe de rationalité suivant : les agriculteurs cherchent à optimiser leur revenu net tout en cherchant à maîtriser le risque associé. Les choix d'assolements et d'itinéraires techniques ne sont pas indépendants et conduisent à un certain nombre d'arbitrages en termes de coûts, mais aussi en termes de risques perçus (Moschini et Hennessy, 2001), au regard d'un ensemble d'opportunités et de contraintes de marché, de disponibilité de la main-d'œuvre et du matériel, des caractéristiques parcellaires, des connaissances techniques disponibles, etc. En fonction de ces opportunités et de ces contraintes, plusieurs types de risque doivent être pris en compte (le plus souvent simultanément) pour comprendre le processus de décision de l'agriculteur (Cordier *et al.*, 2008). Nous proposons de revenir ici sur trois de ces risques majeurs : le risque de production, le risque de marché, le risque politique.

Le risque de production renvoie aux aléas inhérents aux conditions climatiques et sanitaires qui affectent le rendement et la qualité des produits agricoles. Des solutions agronomiques peuvent prévenir un certain nombre de ces risques, mais celles-ci doivent s'adapter dans le temps, notamment en fonction des évolutions climatiques et de l'apparition de certains parasites (chapitre 3). Ce risque de production existe, quelle que soit la culture, mais il s'agit ensuite d'appréhender la notion d'amplitude de ce risque mais aussi sa fréquence. Or la variabilité des rendements est souvent analysée à la culture (et non au système) avec une perception qui est influencée indirectement par la pente de progression du rendement au cours des dernières années et par le prix de vente de la matière première agricole. Il manque d'analyses solides donnant toutes les clés à l'agriculteur sur la comparaison des risques en pluriannuel en prenant compte de l'évolution du climat, et de l'analyse du risque à l'échelle du système en termes de résilience* et de robustesse*. Ces différents niveaux d'analyse du risque permettent de prendre en compte ou non les atouts des systèmes diversifiés, qui peuvent se résumer par « ne pas mettre tous les œufs dans le même panier ».

Le risque de marché est plus difficile à contrôler par l'agriculteur que le premier risque en raison de la forte volatilité du cours des matières premières. Le risque de marché reste aussi fortement corrélé au premier risque : les variations de rendement affectant directement le prix des cultures et de nombreux cours agricoles sont fortement corrélés entre eux (notamment grande dépendance du prix du pois aux prix du blé et du tourteau de soja, voir encadré 7.6 et www.unip.fr). Si la diversification des cultures peut donc être avancée comme une stratégie d'atténuation de ce risque en diversifiant les débouchés, les possibilités de réduire la transmission des chocs de prix sur le revenu agricole sont limitées. De plus, ce risque reste lié à la masse critique de la production pour l'aval : si le volume n'est pas suffisant et régulier, une matière première risque d'être « délaissée » pour son usage et d'induire ensuite des coûts pour la réintroduire dans les procédés et formules. Ceci s'observe plus particulièrement pour le marché de l'alimentation animale (voir p. 369). En revanche, sur des marchés où la substitution des matières premières est moindre, par exemple le marché des ingrédients

...../....

.../...

fonctionnels pour l'alimentation humaine où les procédés de transformation et les propriétés technologiques des ingrédients sont spécifiques par espèce, des modalités de commercialisation contractuelle sont plus fréquentes puisque le degré de spécificité des actifs des parties qui échangent augmente (Ménard, 2012). Un autre aspect à considérer pour le risque économique est donc le mode de commercialisation. Certains contrats de production (tels que les contrats avec des primes spécifiques ou les contrats tunnel indexés sur des cours agricoles) peuvent offrir des garanties de prix plus intéressantes que les transactions de type « spot », mais ils soumettent en même temps l'agriculteur à des exigences de qualité supérieures qui peuvent aussi s'avérer plus risquées à respecter.

Le risque politique lié à l'évolution des aides publiques, notamment au travers de la politique agricole commune, impliquerait pour l'exploitant agricole de ne pas pratiquer d'investissements de long terme ou de changements radicaux de systèmes qui risqueraient de ne pas être compatibles avec l'évolution des politiques, engendrant une perspective économique défavorable. Dans le cas des protéagineux, cette dernière pourrait être l'abandon de l'aide spécifique nationale aux protéagineux ou sa brusque diminution dans le cadre de la négociation budgétaire européenne et au regard du désengagement progressif des États dans le soutien direct aux prix des productions. À l'opposé, le risque pourrait diminuer et alors inciter à faire le choix des légumineuses (avec différents modes d'exploitation possibles dans les systèmes agricoles), si les évolutions politiques à venir renforcent soit les mesures d'obligations de performance environnementale de la production et des produits agricoles, soit des mécanismes allouant une valeur économique aux pratiques permettant de réduire les impacts environnementaux des systèmes.

Le statut sociétal des acteurs du monde agricole a été fortement associé à la notion de performance. Les informations prises en compte par l'agriculteur dans son processus de décision dépendent du mode d'évaluation de la performance.

Sur le plan environnemental, les objectifs de réduction d'impacts sont souvent liés à des pénalités économiques de non-respect réglementaire et peu évalués dans une perspective de meilleure performance économique de l'exploitation. De plus, sur le plan agroéconomique, à côté de la possible sous-estimation des effets précédents et de l'influence des prix des céréales actuellement élevés, il semble que le risque associé aux légumineuses soit perçu par l'agriculteur comme plus fort par rapport à d'autres cultures. Le paradoxe est que la diversification des cultures apporte pourtant elle-même une plus grande robustesse* face aux aléas climatiques et économiques.

L'incertitude associée au rendement de ces cultures, comparativement aux cultures majeures dont les rendements semblent plus stables, peut constituer un frein majeur dans la décision de l'agriculteur. En effet, si la variabilité interannuelle des rendements est également observée chez les autres grandes cultures, l'amplitude est plus élevée dans le cas des légumineuses sur les dernières années, avec des valeurs absolues moins élevées que les céréales majeures (voir p. 146). Le différentiel entre le rendement moyen observé du blé et du pois, qui s'est creusé depuis 15 ans, expliquerait la dégradation de la perception par les acteurs de l'intérêt économique du pois et ainsi en partie de la réduction des surfaces de protéagineux dont le pois était la composante majoritaire. Or, les moindres surfaces, avec toujours néanmoins une certaine dispersion géographique, accentuent la variabilité perçue (moyenne nationale et interrégionale). L'affectation progressive de ces cultures vers des terres à moindre potentiel a contribué aussi à la baisse de leur rendement moyen national et à la dégradation du ressenti sur cette espèce ces dernières années, même s'il y a des opportunités qui sont prises comme en 2010 et 2014.

Finalement, le caractère « risqué » de ces cultures est perçu comme plus prononcé que pour les autres grandes cultures car elles ne correspondent pas au raisonnement actuel construit sur le contrôle de la production par les intrants chimiques et des outils de pilotage spécifiques. Ainsi, ces cultures bénéficient de moindres compétences disponibles et diffusées dans le conseil agricole et de peu d'outils de pilotage visant à optimiser la fixation symbiotique de l'azote ou à maîtriser leurs contraintes biotiques ou abiotiques.

En fonction des préférences de l'exploitant agricole ou de son comportement vis-à-vis du risque et de sa situation financière, le choix de pratiquer une culture de légumineuse dépendra donc plus fortement de la partie du revenu agricole total « garanti » par la politique agricole que des modalités de commercialisation. Ainsi, si des contrats permettant d'assurer un débouché industriel plus sécurisé pour le producteur sont une condition réduisant le risque de marché, les risques agronomiques restent importants et peuvent continuer à décourager les agriculteurs à mettre en œuvre ces cultures, et ce d'autant plus que l'accès au conseil technique est réduit.

À retenir. Des fermes existantes prouvent qu'il est possible d'allier économie et environnement dans des systèmes de culture incluant des légumineuses.

Les bénéfices économiques des avantages agroenvironnementaux de l'insertion des légumineuses dans la rotation (c'est-à-dire leurs « effets précédents ») sont liés à des réductions de charges opérationnelles, qui se révèlent dans une évaluation pluriannuelle de la marge brute. Or fréquemment, le raisonnement économique de l'agriculteur dans son choix d'assolement prend peu en compte ces bénéfices interannuels, car il raisonne le plus souvent à l'échelle annuelle et est influencé par d'autres paramètres tels que l'aversion au risque. Cette aversion au risque est d'autant plus forte que les cultures de légumineuses souffrent d'une plus forte variabilité des rendements que les céréales, surtout depuis la dernière décennie. Appréhender la contribution des légumineuses à une meilleure durabilité du système de culture nécessite donc des approches multi-enjeux.

Parmi l'hétérogénéité des performances observées des exploitations agricoles (même dans un contexte identique), on constate qu'il est possible de gérer les systèmes avec légumineuses avec un succès conjoint sur les plans environnemental et économique, et que la présence de légumineuses facilite la conjugaison des deux types de performances. Un appui pertinent du conseil agricole est ici crucial pour que l'agriculteur réussisse à faire exprimer tout le potentiel de ces bénéfices agronomiques et environnementaux qui peuvent se traduire en bénéfices économiques.

▸▸ Analyse globale sur les dynamiques socio-économiques et technologiques

Une proportion plus importante des légumineuses dans l'agriculture française pourrait apporter une série d'avantages pour la durabilité du système de production agricole, comme les évaluations précédentes le mettent en avant. Pour autant, un ensemble de dynamiques socio-économiques ont orienté les pratiques agricoles et les marchés en défaveur de ces espèces, créant une situation qualifiée de verrouillage technologique. Pour comprendre comment dépasser ce verrouillage, qui pénalise aujourd'hui les légumineuses, et engager, à l'inverse, l'adoption plus large (voir l'analyse sur le « rendement croissant d'adoption ») de pratiques ou systèmes en faveur de ces espèces, nous proposons de revenir d'abord sur l'analyse des dynamiques passées et présentes, et ensuite sur l'étude du fonctionnement respectif des marchés majoritaires et émergents qui orientent aussi fortement le choix des agriculteurs.

Une perspective historique sur l'évolution de la production des protéagineux et du soja souligne leur réactivité aux soutiens publics dans la limite des marges réduites laissées par la préférence céréalière de l'UE ; mais la confrontation du cas des pois avec celui du colza met en exergue l'importance des stratégies des acteurs privés qui peuvent être nécessaires pour prendre le relais des aides publiques (cas de l'industrie du diester après les aides à la jachère industrielle qui a permis l'essor du colza). Principalement destinées au marché de l'alimentation animale, les légumineuses à graines restent confrontées à une très forte concurrence qui a accentué leur défaut de compétitivité par rapport à d'autres cultures devenues plus lucratives dans le contexte actuel. À l'inverse, de nouveaux débouchés à plus forte valeur ajoutée en alimentation humaine sont susceptibles de relancer les investissements en faveur de ces espèces. Le secteur des fourrages a suivi une dynamique également défavorable aux légumineuses avec le développement du maïs ensilage, avec une évolution récente de développement des prairies temporaires en association. *In fine*, ces différentes analyses contribuent à illustrer une situation de verrouillage technologique.

Rétrospective historique : des évolutions contrastées des protéagineux et du soja

Le chapitre 1 a résumé les grandes évolutions des légumineuses en France. Nous analysons ici les dynamiques sous-jacentes sur l'exemple de deux légumineuses à graines, le pois et le soja, l'une majoritaire et l'autre minoritaire en termes de surfaces, en les resituant par rapport aux dynamiques des autres grandes cultures. L'analyse historique des surfaces de légumineuses à graines utilisées pour l'alimentation animale est instructive pour analyser les facteurs socio-économiques majeurs en jeu, soulignant notamment une influence marquée des réglementations liées à la politique agricole commune de l'UE (PAC).

Les effets des politiques agricoles ont été fondamentalement contingentés par la priorité initiale donnée par la Communauté européenne à la production céréalière. Cependant, avec cette limite, les filières des légumineuses à graines ont été très réactives aux incitations de la PAC basées sur le premier « plan protéines », avec un développement très rapide des surfaces dans les années 1980. Mais, à partir de 1986-1988, les stabilisateurs budgétaires créent un frein à cette expansion, et les surfaces de protéagineux entameront ensuite une diminution progressive avec la baisse du niveau de soutien public. Au-delà des changements du régime des aides, la dégradation de la compétitivité économique du pois par rapport aux autres grandes cultures contribue à la baisse des surfaces. La mise en regard de l'évolution des protéagineux avec celle des oléagineux (figure 7.7, planche XXXI) révèle en effet l'importance des stratégies professionnelles privées qui peuvent venir en relais des aides publiques pour relancer certaines cultures (par exemple l'influence des biocarburants sur les oléagineux). Ce constat nous conduit à mieux comprendre comment les aides publiques ont impacté l'évolution des assolements de ces cultures[80] (figure 7.8, planche XXXI).

Pour expliquer ces évolutions, Thomas *et al.* (2013) ont identifié différentes étapes successives qui caractérisent la dynamique des surfaces de pois et de colza.

Une PAC fondée sur la priorité aux céréales, et indirectement sur les importations d'oléoprotéagineux

Les principes fondateurs de la PAC créée en 1962 visaient la transformation de l'agriculture traditionnelle d'après-guerre en un secteur économique performant au service des consommateurs européens. Dans les années 1960, la Communauté économique européenne (CEE) avait un objectif d'autosuffisance en céréales, sucre et viande, et a protégé son marché intérieur pour ces denrées de première nécessité, avec des barrières tarifaires (prix de seuil) et des mécanismes d'achats publics (intervention) et de subventions aux exportations. En contrepartie de la protection des céréales européennes, sous la pression des États-Unis, la CEE a concédé l'entrée de quantités illimitées d'oléagineux (soja en particulier) sans prélèvements douaniers, par l'accord du *Dillon round* (1960-1962), consolidé lors du *Kennedy round* achevé en 1967. Le mécanisme de protection des prix des céréales a ainsi conduit à un rapport de prix entre les céréales et le soja dans l'UE souvent bien supérieur à celui observé sur le marché mondial, ce qui a favorisé l'expansion de la production céréalière européenne. Cette situation dure encore mais, depuis 2007, les prix mondiaux des céréales, en particulier du blé, a rejoint et plusieurs fois dépassé le prix de seuil européen. L'objectif initial s'est donc poursuivi bien au-delà de celui de l'autosuffisance en céréales, atteint au cours des années 1980, qui marquent le début des exportations subventionnées de céréales hors Europe. Ces soutiens historiques ont donc fortement influencé l'évolution des assolements européens, dominés aujourd'hui par la présence des céréales.

En 1973, alors que l'élevage européen commençait à s'intensifier avec le recours au tourteau de soja, l'embargo américain sur le soja a mis en exergue la forte

---

80. Les différentes évolutions des surfaces sont précisées dans le chapitre 1. Pour rappel, précisons qu'en 2012 les protéagineux occupent seulement 197 000 ha en France, c'est-à-dire 1,65 % de la surface en céréales, oléagineux et protéagineux (SCOP), après avoir connu un développement rapide de la fin des années 1970 jusqu'à en 1993 (753 750 ha dont 737 500 ha de pois). Le soja s'est effondré à 38 000 ha (conjointement à la régression du tournesol et à la forte progression du colza, deux cultures qui représentent alors 1 601 000 ha c'est-à-dire 13,5 % de la SCOP en 2012).

dépendance de l'Europe vis-à-vis des matières riches en protéines (MRP)[81] importées (en plus de sa dépendance aux importations en huile pour la consommation humaine). La CEE a alors réagi avec le lancement d'un plan protéines, mais dans les limites définies par les accords commerciaux internationaux de 1962, incluant une entrée illimitée en Europe des oléagineux comme le soja. La PAC est ainsi guidée (encadré 7.4) à la fois par des considérations politiques et budgétaires internes à l'Europe et par ces accords internationaux. Ce contexte politique a eu de profonds impacts sur le développement de ces différentes productions, créant le phénomène de « dépendance du chemin » décrit dans l'encadré 7.9.

Encadré 7.4. Les grandes réformes de la PAC sur les grandes cultures.

En 1992, la première réforme de la PAC (Mc Sharry) imposa une réduction du prix garanti aux céréales compensée par des aides directes (couplées au type de production) et accompagnée par un taux fixe de jachère obligatoire. Les agriculteurs doivent mettre en jachère une partie de leurs terres pour avoir droit aux aides sur les surfaces en céréales, oléagineux et protéagineux : on parle de « jachère aidée » ou « jachère institutionnelle » qui est en fait un « gel des terres ». Les surfaces ainsi gelées donnent droit à une aide à l'hectare et peuvent recevoir des cultures destinées exclusivement à des fins non alimentaires : on parle alors de « jachère industrielle » ou « jachère non alimentaire ».

L'objectif affiché de la réforme Mc Sharry étant de réduire les distorsions de marché liées à la politique d'intervention (soutien direct des prix) en rapprochant les prix européens des prix mondiaux, les aides à l'hectare (jugées comme moindre facteur de distorsion) se sont substituées partiellement aux prix garantis. Les aides sont obtenues en multipliant le rendement de référence départemental[82] par un montant à la tonne au niveau national : 78,40 €/t pour les protéagineux, 94,30 €/t pour les oléagineux et 54,30 €/t pour les céréales. Cette aide était constante quel que soit le prix de marché observé. La deuxième réforme de 2000 (Agenda 2000) a renforcé cette tendance de baisse des prix garantis mais en maintenant un léger avantage aux protéagineux, avec des montants d'aide progressivement alignés à 63 €/t (72,50 €/t pour les protéagineux) à multiplier par le rendement de référence départemental pour les récoltes 2000 à 2003.

La troisième réforme de la PAC décidée en 2003 introduisant le découplage immédiat ou progressif des aides directes effaça plus encore le différentiel entre les cultures. L'aide protéagineux en 2004 et 2005 comprenait une aide de base de 63 €/t (identique pour l'ensemble des grandes cultures) multipliée par le rendement de référence départemental (sec ou irrigué) de 2003, mais avec un complément spécifique protéagineux à hauteur forfaitaire[83] de 55,57 €/ha dans la limite

.../...

---

81. Matières premières agricoles dont la matière azotée totale est supérieure à 15 %.
82. Le rendement de référence départemental était différencié en sec et irrigué et était établi par catégorie de culture (et parfois différemment selon les départements) : celui des céréales et protéagineux était souvent le même, celui des oléagineux était établi en deux grandes zones (nord et sud) jusqu'en 2001 avant de rejoindre le rendement de référence céréalier départemental à partir de 2002.
83. La seule différence par rapport au système antérieur est le fait que ce montant est fixe dans toute l'UE, alors qu'auparavant le montant était plus élevé dans les bonnes terres ou les secteurs irrigués (car lié au potentiel de rendement régional).

— .../... —

d'une SMG (surface maximale garantie) de 1,6 Mha pour l'UE à 25, remplaçant le supplément variable de 9,50 €/t. Avec le découplage[84] partiel choisi par la France en 2006, les protéagineux bénéficient par rapport aux céréales et oléagineux de ce complément d'aide forfaitaire de 55,57 €/ha en vigueur dès 2004 et maintenu jusqu'en 2011 compris.

En 2010, dans le cadre du « bilan de santé de la PAC » (mise en œuvre de « l'article 68 »), un programme d'aide a été mis en place par le ministère français de l'Agriculture avec 40 millions d'euros par an pour la production de protéagineux (pois, féverole, lupin) et de 1 puis jusqu'à 8 millions d'euros pour celle de légumineuses fourragères. Cette enveloppe budgétaire est à partager entre les producteurs qui déclarent les hectares implantés en France chaque année. L'aide s'est ainsi établie à 100 €/ha pour 2010 et 140 €/ha en 2011. À cela, s'ajoute l'aide européenne de 55,57 €/ha. Le montant de l'aide totale versée aux producteurs français de protéagineux est de 155,57 €/ha en 2010 et 195,57 €/ha en 2011 (hors modulation et autre abattement).

Lors de la récolte 2012, le soutien européen spécifique aux protéagineux a été supprimé et intégré dans les DPU (droit à paiement unique) des producteurs de protéagineux selon une base historique. Ne subsistait alors que l'aide nationale versée aux producteurs de protéagineux, dont le montant était fixé à 200 €/ha (hors modulation et autres abattements) en 2012, compte tenu du recul des surfaces en protéagineux, à 205 €/ha en 2013 et 175 €/ha en 2014. L'aide aux légumineuses déshydratées s'élevait à 126 €/t.

Le cadre européen et français a été changé en 2015 (voir p. 74).

Années 1980 : une rapide ascension portée par le « plan protéines »

Au début des années 1980, avec des surfaces totales de l'ordre de 800 000 ha, les oléagineux (colza et tournesol) bénéficiaient d'une présence historique dans les assolements, portée d'une part par les efforts de développement des professionnels, dont l'origine remontait à la crise d'approvisionnement de la France en corps gras au cours de la seconde guerre mondiale, et un soutien européen des prix à la production dès la fin des années 1960 d'autre part. En revanche, la présence du soja et des protéagineux (pois, féveroles et lupins) n'a été significative en France qu'à partir des années 1980, suite à l'embargo américain sur le soja en 1973 (figure 7.1). Une politique européenne pro-active pour les sources de protéines domestiques pour l'alimentation animale (le premier « plan protéines » de la PAC) et l'organisation du marché intérieur européen ont alors permis le démarrage de ces cultures en Europe pour moins dépendre des importations. Ceci s'est traduit par une fulgurante expansion des surfaces de pois sur

---

84. L'application de la troisième réforme de la PAC (suite à l'accord de Luxembourg de 2003) consiste en un paiement aux cultures arables totalement ou partiellement découplé, avec des modalités différentes selon les États membres. La France a choisi un paiement constitué : à 75 % d'une partie découplée, les DPU (droits à paiement unique), non liée à la production effective et fondée sur un historique des aides versées pendant la période de référence 2000 à 2002 ; et à 25 % d'une partie couplée, constituée d'aides directement liées à la production.

le territoire français : multipliées par 6,5 entre 1982 et 1993, passant de 100 000 ha à 750 000 ha. Les surfaces oléagineuses étaient multipliées par 2,5, passant de 767 000 ha en 1982 à 1 880 000 ha en 1988, à l'époque au grand bénéfice du tournesol (multiplié par 3,4, passant à 960 000 ha) et du soja qui, partant de surfaces confidentielles, atteint 94 000 ha (multiplié par 10). Cette expansion a été accompagnée par des efforts de recherche publique et privée, notamment en matière de sélection génétique et de physiologie, et de soutien économique au développement de ces cultures. La PAC de la CEE a ainsi sécurisé la production de protéagineux et d'oléagineux en garantissant un prix minimum au producteur et une subvention aux « premiers utilisateurs » (principalement les fabricants d'aliments concentrés dans le cas des protéagineux[85], et les triturateurs dans celui des oléagineux). Le montant de cette aide aux utilisateurs instaurée à partir de 1978 permettait de compenser la différence entre le prix Minimum Garanti payé aux producteurs et le prix de marché. Cette aide disparaîtra en 1993 avec l'instauration du système d'aide au revenu des producteurs (aide à l'hectare et non plus à la tonne), période à partir de laquelle les surfaces en protéagineux commenceront à chuter en France (seulement après 2003 pour l'UE).

Pour les protéagineux, les décisions politiques et les incitations réglementaires des années 1980 permettent le développement d'une nouvelle filière professionnelle qui, dix ans après, atteint une production record en France (presque décuplée par rapport à 1982) : 3 845 000 tonnes de protéagineux (dont 3 776 000 de pois) en 1993. La France est devenue le premier producteur de protéagineux et de pois de l'UE. L'industrie porcine est en volume le débouché principal du pois protéagineux. De son côté, la filière des oléagineux a pu augmenter ses volumes, atteignant 5 479 000 tonnes (moitié colza, moitié tournesol) en 1987 (multiplication par 6,4 par rapport à 1973). La culture de soja s'est aussi développée jusqu'en 1990 atteignant près de 120 000 hectares.

À partir de 1988, stagnation des surfaces européennes de protéagineux (et d'oléagineux)

Constatant que les dépenses du FEOGA-garantie avaient cru en 15 ans cinq fois plus vite que la richesse communautaire (dépenses multipliées par 2,5 contre une augmentation de 50 % du PIB européen), les responsables européens décident de mettre en place des stabilisateurs budgétaires, à l'image des quotas laitiers institués en 1984. Dès 1986, des quantités maximales garanties (QMG) sont instaurées pour les protéagineux, les oléagineux et les céréales. En 1988, le régime des « stabilisateurs budgétaires », définis par des QMG et une diminution automatique des prix en cas de dépassement par des prélèvements dits de « coresponsabilité », est généralisé à côté d'actions structurelles en faveur du boisement, de la protection de certaines zones fragiles en matière d'environnement, de la diversification de l'agriculture et d'incitations pour la mise en jachère de terres cultivées[86].

---

85. Les cultures concernées sont le pois (*Pisum sativum*, toutes variétés), la féverole (*Vicia faba*, toutes variétés) et trois espèces de lupins (*Lupinus albus*, *Lupinus luteus* et *Lupinus angustifolius*, variétés douces uniquement, c'est-à-dire contenant moins de 5 % de grains amers). Seules les cultures récoltées en grains secs bénéficient du soutien spécifique aux protéagineux.

86. Comme le précise le rapport d'information au Sénat en séance du 2 juin 1998.

La dynamique d'expansion des surfaces des oléagineux est stoppée net à partir de 1988, les QMG étant atteintes dès leur mise en place. En revanche, le pois continue, mais au ralenti, son développement jusqu'en 1993 en France (et un peu plus tard au niveau européen) car les QMG protéagineux retenues (3,5 Mt pour l'UE) laissant une légère marge de progrès (encadré 7.4). L'instauration des QMG, fondées sur un historique, fige en fait la part respective des grandes familles de cultures dans l'Union européenne, avec une large priorité aux céréales qui bénéficient d'une QMG de 160 Mt (correspondant à des niveaux de surfaces élevés déjà stabilisés). Pour faciliter les négociations entre États et entre secteurs économiques, la réforme préserve les positions acquises par les différentes productions. Ce tournant majeur de la PAC marque le passage de politiques volontaristes de croissance de la production à une volonté de stabilisation des dépenses en figeant les acquis antérieurs.

La réforme de 1992 ou le retour en force du marché : une évolution contrastée des surfaces pois et colza

À partir de 1993, le soutien communautaire à l'utilisation des oléagineux et des protéagineux mis en place en 1978 est remplacé par un système d'aide au revenu des producteurs (paiement à l'hectare et non plus à la tonne) (Carrouée *et al.*, 2000). Suite aux accords de Blair House (validant les critiques des États-Unis contre le soutien couplé aux oléagineux depuis 1966), la réforme communautaire brise le lien entre l'aide et le niveau de production, dès 1993 pour les oléagineux, et impose des surfaces maximales garanties (SMG). Cette réouverture du marché européen vers le marché international est plus ou moins différée pour les autres productions dont les céréales, qui continuent à bénéficier d'un prix d'intervention abaissé progressivement.

On constate en analyse historique rétrospective que, en dépit des accords de Blair House[87], c'est la conjonction d'une évolution de la politique agricole et de la maturité d'un projet agro-industriel pour le développement des agrocarburants qui permit l'expansion du colza en France, une des cultures dont l'augmentation de l'attractivité vis-à-vis de l'agriculteur a été concomitante de la baisse de celle du pois, au moins dans certaines zones les plus productrices de pois (Thomas *et al.*, 2013). En effet, à l'origine se trouve l'opportunité d'une « jachère industrielle » dans le cadre de la « jachère » réglementaire rendue obligatoire par la réforme de la PAC de 1992 (encadré 7.4). Ensuite, la réforme de 2000 non seulement ne remet pas en cause les acquis précédents mais, en faisant disparaître la notion de SMG liée au soutien du colza, rend possible le développement sur la sole cultivée des cultures d'oléagineux à destination non alimentaire, jusqu'alors confinées à la jachère indemnisée. Ce contexte arrive en même temps que la maturité technologique et la consolidation de la filière industrielle de l'agrocarburant à base de colza (ADE, 2001), facilitée par une politique de défiscalisation incitative à l'incorporation de biocarburant depuis 1992 et l'augmentation des prix (30 % d'augmentation pour le colza entre 2000 et 2003 alors que les prix des autres cultures restent stables). Ainsi, malgré la suppression de la jachère obligatoire en 2008, la filière reste solide, aidée par l'amélioration des prix et des rendements, la possibilité de contractualisation des colzas industriels, et par

---

87. Dans le cadre de l'Uruguay Round 1986-1994.

l'engagement européen et français pour l'incorporation des biocarburants avec un objectif de 7 % à l'horizon 2020. Ce dernier point est actuellement remis sans cesse en question sous l'effet des critiques vis-à-vis des biocarburants de première génération (concurrents à l'alimentaire), ce qui fait envisager non seulement l'arrêt de la croissance de ce débouché pour le colza, mais des incertitudes quant à sa pérennité et un besoin d'alternatives à envisager à moyen terme.

Manque de visibilité pénalisant pour le soja français

Après le premier effondrement des surfaces de soja suite à la réforme de 1992, puis le contexte mouvementé d'introduction des jachères et de contrôle de la production d'oléagineux dans l'UE, on observe une stabilisation des surfaces autour de 100 000 ha (figure 7.9). Le soja bénéficiait alors de l'aide irriguée combinée à l'aide spécifique aux cultures oléagineuses qui était supérieure à celle des céréales, et qui est maintenue jusqu'en 1999. Puis la mise en place de l'agenda 2000 entraîne une baisse de la sole soja qui passe à environ 80 000 ha en 2000.

L'artéfact de 2001 avec un pic à 120 000 hectares s'explique par l'octroi d'une aide nationale en 2000 et 2001 au soja sous réserve de s'inscrire dans une filière de qualité non OGM respectant un cahier des charges minimal (équivalent d'environ 150 €/ha), aide en partie déclenchée pour compenser la suppression de l'aide irriguée (de retour en 2002). La suppression provisoire de cette dernière a favorisé le soja en sec et l'émergence de certaines conduites « extensives », vite prises en défaut en 2003, année de grande sécheresse dans le Sud-Ouest de la France. Ce dispositif a eu l'intérêt d'avoir incité la mise en place des filières tracées sous cahier des charges dont beaucoup ont perduré au-delà de la période d'aide. Enfin, ce dispositif a aussi démontré que c'est bien l'écart de compétitivité qui freine la culture du soja, mais que celle-ci pouvait être très rapidement réactivée grâce aux aides et à une demande en croissance, dans les bassins traditionnels où le savoir-faire existe encore.

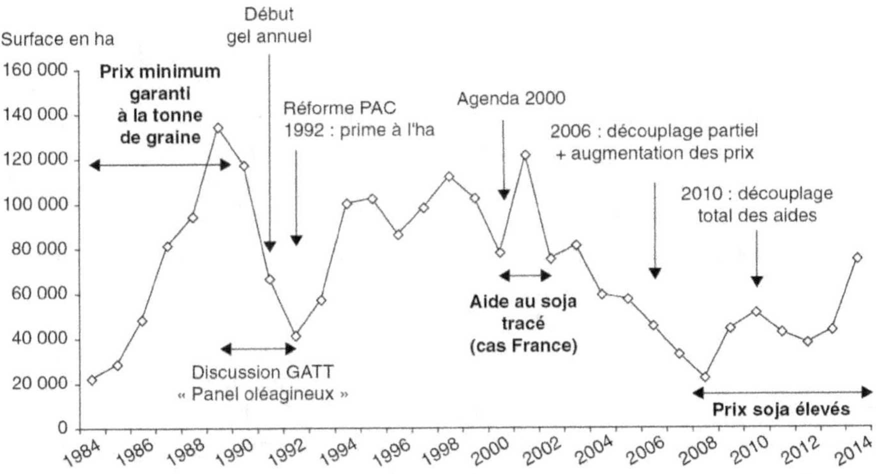

Figure 7.9. L'évolution des surfaces de soja marquée par la réglementation et certains accidents climatiques.

Ensuite, l'arrêt de l'aide au soja qualité en 2002 et le retour à l'aide spécifique irriguée — avec un montant cependant réduit, suite au découplage partiel des aides — ont renforcé le manque de visibilité pour les producteurs. S'y est ajouté un contexte économique marqué par une hausse des prix agricoles depuis 2006 qui favorise les autres cultures à plus fort rendement. Tout ceci a contribué à figer le soja sur une ligne basse de 40 à 50 000 hectares. Les mesures agri-environnementales territorialisées lancées un peu tardivement fin 2011 ont eu peu d'influence sur les semis de soja en 2012, mais la dernière réforme de la PAC pour 2015-2020 semble offrir de nouvelles opportunités (voir p. 74), accompagnée par une demande croissante pour du soja non OGM en alimentation animale et humaine.

Une réduction drastique des surfaces de pois à partir de 1994 en France

Au total, entre 1988 et 2003, les différentes réformes de la PAC se reflètent au niveau européen par une oscillation des surfaces et de la production des protéagineux aux limites du plafond « financier » institué par les QMG en 1988, puis par les SMG qui prennent le relais en 1993 avec l'instauration des paiements à l'hectare.

Contrairement aux surfaces européennes, en France, le recul des surfaces de pois a commencé dès 1994 et trouve principalement son origine dans deux phénomènes. D'une part, des problèmes agronomiques ont affecté le pois de printemps avec une série de printemps chauds et secs et l'extension d'une maladie racinaire due à *Aphanomyces euteiches* dans les meilleures terres de production où il a été remplacé par le colza comme tête de rotation des successions céréalières (notamment en région Centre où le pois était historiquement important). D'autre part, des évolutions réglementaires directes (disparition des aides aux cultures irriguées en 2000) et indirectes (soutien à la production de biocarburants) ont joué défavorablement.

Le sursaut des surfaces en protéagineux en France en 2010 est lié en partie à l'application de l'« article 68 » par la France pour revaloriser l'aide spécifique aux protéagineux (encadré 7.4). En plus de ce « recouplage » national, les rendements des protéagineux, relativement bons en 2008 et 2009, ont été favorables à la hausse des surfaces en 2010. Mais celle-ci est aussi certainement fortement liée à l'aide à la diversification des assolements qui permet, en 2010 seulement, d'obtenir un supplément de 25 €/ha pour l'ensemble des cultures si l'assolement est composé d'au moins quatre cultures. La MAE rotationnelle, de 32 €/ha de 2010 à 2013 dans les régions éligibles, semble avoir eu moins d'impact, notamment parce qu'elle demande un engagement pluriannuel contrairement à l'aide à la diversification.

Après 2010, les surfaces de protéagineux en France ont fortement reculé, passant de 397 000 ha en 2010 à 275 500 ha en 2011, puis à 194 400 ha en 2012, dont 132 400 ha de pois, 59 700 ha de féveroles et 2 300 ha de lupins. Elles ont ainsi baissé de 29 % par rapport à 2011, en raison de faibles rendements en 2011, en pois comme en féverole, et de prix peu incitatifs durant l'été 2011. Les aléas climatiques ont été particulièrement défavorables aux cultures de pois et de féverole en 2011 et 2012. Par ailleurs, élément non comptabilisé dans les chiffres précédents, soulignons que les surfaces cultivées en association céréales–protéagineux tendent à se développer depuis quelques années, principalement en agriculture biologique comme production fourragère.

Vers une reprise de surfaces ?

En 2014, un redressement des surfaces des légumineuses à graines s'amorce. Cela semble lié à plusieurs facteurs dont la volonté affichée des pouvoirs publics français sur ce secteur notamment dans le plan agroécologique, par une certaine demande des marchés (prix élevé du soja, alimentation bio ou alimentation humaine), voire par une tendance à anticiper le « verdissement » de la PAC 2015-2020. Cette reprise semblerait se confirmer en 2015 et le contexte à venir semble favorable (voir p. 74). Cependant, il est difficile de prédire la consolidation ou non de cette tendance, et surtout d'une augmentation suffisamment significative pour parler d'un retour du rôle majeur des légumineuses en France.

Au regard de ces différentes aides, il semble que la politique d'aide à l'utilisateur (essentiellement le fabricant d'aliments du bétail) ait fortement soutenu l'essor des protéagineux dans les années 1980. Ensuite, la diminution drastique des volumes, accompagnée de différents facteurs (changement du régime des aides, développement du pathogène *Aphanomyces...*) ont rendu l'offre plus mineure et incertaine aux yeux des fabricants. Côté agriculteurs, la dégradation de la compétitivité économique par rapport à d'autres cultures ou matières premières a contribué à rendre ces cultures moins attractives. La compétitivité actuelle des protéagineux est ainsi moindre que celle des céréales favorisées par une augmentation régulière des rendements et des prix élevés, et celle du colza, tiré par le développement de débouchés spécialisés et/ou contractualisés comme la production de biodiesel. À l'avenir, les préoccupations environnementales pourraient amener les acteurs publics et privés à pallier l'absence actuelle de valorisation économique des services écosystémiques rendus par les légumineuses, ce qui permettrait d'affecter directement à ces cultures les bénéfices acquis sur l'ensemble du système et de les rendre plus compétitives, et ce d'autant plus si de nouveaux débouchés à plus forte valeur ajoutée se développent.

À retenir. La forte réactivité avérée aux aides publiques n'a pas assuré une compétitivité pérenne pour les légumineuses à graines, sans industrie spécifique et fidélisée.

Les accords commerciaux d'après-guerre entre les États-Unis et l'Europe ont profondément impacté l'assolement des productions végétales françaises en défaveur des légumineuses. La culture des légumineuses reste très dépendante des aides publiques dans le contexte d'un système de production agricole dominé depuis cinquante ans par la simplification des assolements et le pilotage par les intrants des systèmes des grandes cultures. Le lancement du premier plan protéines à partir de la fin des années 1970 a permis le développement rapide des légumineuses à graines, essentiellement du pois protéagineux, en France et en Europe. Si la politique interventionniste de la PAC a été réduite, contribuant à la baisse des surfaces initiée depuis le début des années 1990, des aides aux cultures protéagineuses ont été maintenues. Toutefois, puisque les surfaces continuent de diminuer, ces aides ne semblent pas permettre de compenser le différentiel de compétitivité estimé par les agriculteurs par rapport à d'autres cultures ayant des débouchés plus attractifs comme les céréales majoritaires ou des cultures industrielles. La culture du colza par exemple a connu un développement plus récent (à l'opposé exact des tendances des surfaces nationales du pois) mais plus ample, augmentant en conséquence l'offre de tourteaux, matières premières également riches en protéines : cette production a été favorisée par des opportunités d'aides publiques, relayées par la maturité d'une industrie spécialisée, et a été soutenue par des marchés porteurs tirés par une industrie spécialisée, même si les limites de ces stratégies apparaissent aujourd'hui avec les critiques des agrocarburants de première génération.

Dynamiques de marché de l'alimentation animale : une concurrence forte entre matières premières

Si le processus d'intensification des élevages, entamé dans les années 1970, a réduit la pratique du système de polyculture-élevage et donc l'utilisation directe de cultures légumineuses (graines et fourrages) par les éleveurs, les fabricants d'aliments se sont eux développés en créant un fort potentiel d'usage des graines de légumineuses. En effet, l'intensification des élevages s'est accompagnée d'un recours croissant aux aliments dits « composés », fabriqués à partir de différentes matières premières pour la plupart d'origine végétale. Les volumes utilisés, par exemple en pois, ont ainsi pu être conséquents dans les années 1980-1990 (voir p. 66) et les volumes d'utilisation potentielle sont largement supérieurs à l'offre française (Pressenda et Lapierre, 2008). Cependant, les utilisations de pois dans les aliments composés se sont fortement réduites dans les années 2000 avec la réduction de l'offre, et l'intérêt économique des légumineuses peut être rapidement mis à mal dans un contexte de marché de l'alimentation animale à moindre coût. En effet, les pratiques de la formulation des fabricants d'aliments composés, fondées sur une très forte substituabilité des matières premières, génèrent une concurrence très forte entre ces commodités (Lapierre, 2005). Dans un tel contexte de marché, notre propos visera ici à montrer que, à défaut d'un prix agricole bas, la valorisation des légumineuses doit chercher des voies de différenciation spécifique sur le marché pour contourner ou s'affranchir de cette concurrence, mais dont l'efficacité reste fortement dépendante de l'organisation des acteurs au sein des filières (Meynard *et al.*, 2013).

Les pratiques de la formulation : mise en concurrence difficile pour les graines protéagineuses

Le développement des aliments dits « composés » dans les schémas d'alimentation des animaux d'élevage a permis le développement de débouchés industriels supplémentaires pour de nombreuses espèces végétales. La France fabrique aujourd'hui environ 21 Mt d'aliments par an, se situant au 2e rang européen derrière l'Allemagne. Dans ces formules, une place croissante a été donnée aux tourteaux issus de l'industrie agroalimentaire (en particulier le soja) et des agrocarburants (comme le colza). Le développement de ces marchés a conforté la production et l'usage de co-produits pour l'alimentation animale. Les tourteaux d'oléagineux occupent aujourd'hui environ 30 % des formules d'aliments composés. Les céréales (et leurs co-produits) représentent près de 60 % des taux d'incorporation, une place importante confortée par les normes d'incorporation européennes dont elles bénéficient. En revanche, les graines protéagineuses occupent maintenant une place relativement congrue, directement reliée au recul de la production : moins de 2 % des matières premières incorporées (figure 7.10) alors qu'elles représentaient plus de 10 % au début des années 1990. *In fine*, les matières premières utilisées par l'industrie française de la nutrition animale proviennent aux trois quarts de l'hexagone. Les tourteaux de soja proviennent eux essentiellement d'Amérique du Sud, le Brésil et l'Argentine représentant respectivement 68 % et 7 % des importations françaises de tourteaux de soja (d'après le SNIA[88] ; MAAF, 2012).

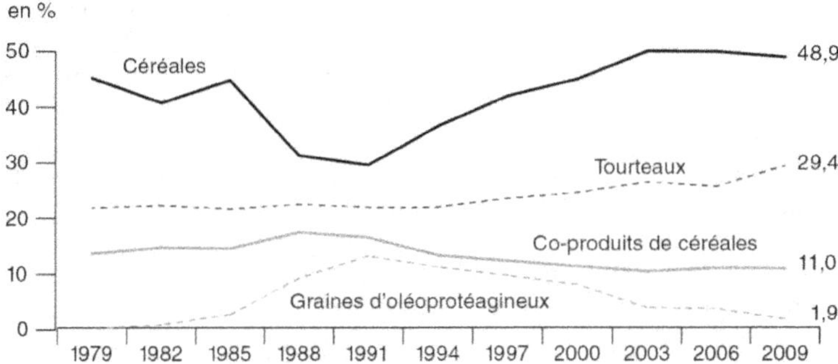

Figure 7.10. Taux d'incorporation des principales matières premières dans les aliments composés (Agreste, 2011).

Le développement de la formulation a profondément modifié l'organisation du marché de l'approvisionnement des matières premières (Sauvant *et al.*, 2004) et a abouti à une hiérarchisation des matières premières utilisées plutôt défavorables aux graines oléoprotéagineuses françaises, car celles-ci présentent plusieurs désavantages au regard de ces différentes dimensions de la pratique de formulation (encadré 7.5).

Des atouts pour les filières animales de qualité

Si les productions animales « standards » permettent aux formulateurs de jouer davantage sur la substituabilité des matières premières (cahiers des charges moins exigeants sur la composition des aliments) et de réaliser ces économies d'échelle, certaines filières visent des critères de production (en quantité ou en qualité) qui contraignent les formulateurs à privilégier une matière première plutôt qu'une autre. D'après les études du Céréopa, les formulateurs gèrent aujourd'hui plus de 500 cahiers des charges selon les contraintes imposées par certaines marques nationales ou de la grande distribution, couplées aux appellations officielles de la qualité et de l'origine. Par exemple, dans la filière porcine, qui est une filière d'élevage utilisant déjà le plus de pois protéagineux[89], les produits vendus sous le label « sans OGM » ont un taux d'incorporation de pois plus élevé que la viande de porc standard.

---

88. Communication du SNIA (Syndicat national de l'industrie de la nutrition animale) à l'ambassade du Brésil le 28 juin 2012.

89. Au niveau européen parmi les aliments composés pour animaux dans sept pays européens (Allemagne, Belgique, Danemark, Espagne, Pays-Bas, République Tchèque et Royaume-Uni), 90 % des pois utilisés étaient incorporés dans des formules pour l'alimentation porcine, bien plus que pour les volailles (8 %) ou les ruminants (2 %), d'après le Céréopa.

Encadré 7.5. Les grands principes de la formulation des aliments composés.

Le principe général de la formulation des aliments composés consiste à calculer, dans une conjoncture donnée de prix, pour chaque type d'aliment, le pourcentage d'incorporation de chaque matière première permettant d'obtenir la composition nutritionnelle souhaitée, à un coût minimum. La formulation contribue donc à structurer la demande et l'offre, en mettant en regard la production agricole avec les besoins nutritionnels des élevages et leurs performances. Pour une recette alimentaire donnée, les formulateurs peuvent combiner une grande diversité de matières premières, aux profils nutritionnels complémentaires dans la formule. La formule est raisonnée à partir d'une combinaison nutritionnelle à atteindre — teneur en énergie, protéines digestibles, acides aminés (AA), minéraux, etc. — et ne dépend pas de la nature des matières premières (tourteau de soja, graines, etc.). C'est le principe de « nutriment anonyme » : la recette s'exprime sous la forme d'une combinaison de nutriments pouvant provenir de différentes matières premières.

Or, l'intérêt des matières premières pour les fabricants d'aliments concentrés (FAC) dépend aussi des conditions d'approvisionnement et de leur disponibilité. La pratique de la formulation prend en effet en compte de nombreux paramètres sur les conditions d'approvisionnement (prix de marché, capacité de stockage, coûts de transport, régularité, stabilité de la qualité, fiabilité du fournisseur, etc.). La formulation relève donc d'une véritable logique d'optimisation de l'outil industriel. Les formules sont le résultat d'une interaction étroite entre le formulateur (davantage connecté aux besoins des éleveurs) et l'acheteur de l'usine (davantage connecté au marché et aux conditions d'approvisionnement). Si la notion de « prix d'intérêt » d'une matière première (prix de marché au-dessus duquel une matière première devient moins intéressante qu'une autre par rapport à son apport nutritionnel) est souvent utilisée (encadré 7.6), il paraît plus juste de parler de « prix de substitution », notion prenant en compte l'ensemble des conditions économiques liées à l'approvisionnement, au stockage et à la transformation/assemblage, qui orientent les choix de matières premières. Il apparaît alors que si le prix de marché de la matière première, qui peut contribuer jusqu'à 70 % au coût de l'aliment (Bris, 2011), est un poste sur lequel les FAC ont peu de marge de manœuvre, les conditions d'approvisionnement (impactant les coûts de transaction), les conditions de stockage (disponibilité des cellules) et de transformation technologique, sont autant de leviers sur lesquels les FAC peuvent jouer dans l'optimisation économique de leurs formules d'aliments.

Malgré la large gamme de matières premières utilisables et les différents leviers de l'outil industriel sur lesquels les FAC peuvent jouer, leur schéma d'approvisionnement s'est finalement fortement standardisé autour du couple tourteaux-céréales, et plus précisément du couple soja-blé au regard du complexe protéines-énergie (chapitre 4). Cette standardisation s'explique d'abord par une tendance à la simplification des formules dans une logique d'économie d'échelle et de massification des approvisionnements. Ainsi, la plupart des usines étant polyvalentes (80 % des usines fabriquent des aliments pour différents types d'élevages, d'après le Céréopa), les FAC tendent à privilégier des matières premières également polyvalentes (utilisables dans différentes gammes d'aliments).

Encadré 7.6. Incorporation potentielle du pois dans les formules selon son prix d'intérêt.

Le modèle Prospective Aliment[90] simule, à l'échelle de la France entière (divisée en 9 régions intégrant les coûts spécifiques d'approvisionnement), la consommation potentielle de matières premières du secteur des aliments composés (hors fabricants d'aliments à la ferme — FAF). Ce modèle montre, par exemple, que sur la campagne 2012/2013, les prix moyens observés auraient permis l'incorporation de près de 250 000 tonnes de pois ; le réel observé ayant été de moins de 200 000 t du fait de l'offre limitée (figure 7.11, planche XXXII). Sur la base des pratiques de formulation, une réduction de seulement 5 % de ce prix moyen permet l'incorporation de près de 750 000 tonnes de pois qui seraient utilisées essentiellement par les formules porcines mais également, et dans une moindre mesure, dans les formules pour vaches laitières et volailles. Cela montre la forte élasticité de la demande, puisque la hausse de l'offre est rapidement absorbée avec un ajustement de prix très limité, comme lors du doublement de l'offre entre 2009 et 2010.

Rappelons que le prix du pois est directement lié aux prix des autres matières premières énergétiques et azotées entre lesquelles le pois se situe, et principalement du blé et du tourteau de soja (sa valeur est intermédiaire, souvent de 10 à 25 % au-dessus du prix du blé).

Mais des volumes insuffisants

Pour autant, malgré ces quelques filières d'élevage en faveur de l'utilisation du pois, cette espèce, qui reste la première des légumineuses à graines cultivées en France, souffre d'un fort manque de compétitivité par rapport aux autres matières utilisées dans ce secteur. Si l'utilisation des protéagineux en alimentation animale en France a atteint 2,5 Mt à la fin des années 1980, son niveau se situe depuis 2011 en dessous des 200 000 t pour les fabricants d'aliments du bétail (un volume d'environ 150 000 t reste exporté pour des fabricants industriels européens), d'après les données de bilan Unip[91]. Les soutiens des politiques agricoles n'ont ainsi pas suffi à renforcer la compétitivité de ces espèces sur le marché de l'alimentation animale au regard des importations croissantes de tourteaux de soja et du développement du maïs. Les aides instaurées après l'embargo sur le soja des années 1970 et renforcées à la fin des années 1980 n'ont pas trouvé de relais pour relancer durablement la production de pois, dont les surfaces sont en chute depuis le début des années 1990. Différents facteurs économiques dans ce secteur peuvent expliquer cette baisse de compétitivité, comme cela peut être observé sur le pois.

---

90. Le Céréopa propose des modèles de simulation et d'optimisation destinés à représenter les stratégies d'approvisionnement des entreprises industrielles fabriquant des aliments composés. http://www.cereopa.com/fr/actions/prospective-aliment.html

91. http://www.prolea.com, rubrique Publications/Chiffres.

Le pois : une matière première intermédiaire fortement substituable

Le pois protéagineux a un profil nutritionnel qualifié « d'intermédiaire », au regard de sa composition énergétique et protéique. Principalement concurrencé dans les formules par le couple tourteau de soja–blé, matières premières respectivement très concentrées en protéines et en amidon, le pois est donc hautement substituable. Le développement récent d'autres co-produits de l'industrie agroalimentaire, mais également de l'industrie de l'éthanol (drèches) et des agrocarburants (tourteaux de colza, tournesol…) a élargi la gamme des matières premières substituables et renforcé le défaut d'attractivité du pois.

De plus, dans un souci de réduction des rejets azotés, les teneurs en matière azotée totale (MAT) des régimes sont réduites et la formulation se fait en acides aminés digestibles. Ainsi, les acides aminés de synthèse occupent une place croissante et participent à la simplification des formules qui laisse moins de place aux matières premières intermédiaires telles que le pois. Ainsi, même si l'intérêt majeur du pois réside dans sa teneur en lysine, le développement de la fabrication de lysine de synthèse (et plus généralement des acides aminés de synthèse) affecte son attractivité auprès des FAC.

Un manque d'accessibilité de l'offre

La concentration géographique des FAC dans les zones d'élevage pénalise le recours à des productions végétales dispersées sur le territoire. Les usines se situant au plus près de leurs clients (les élevages), la demande est en effet généralement concentrée dans certaines régions, comme en Bretagne qui recense 40 % des usines de fabrication des aliments. La logistique étant un paramètre important dans la démarche d'optimisation de la formulation, la localisation de l'offre peut donc poser des problèmes d'accessibilité des matières premières aux usines, tout particulièrement lorsque leur culture est éclatée sur le territoire et en faible quantité, alors que d'autres matières arrivent en grande quantité dans les ports situés à proximité. Ce problème d'accessibilité se pose particulièrement pour le pois, et plus généralement pour les légumineuses à graines qui représentent aujourd'hui moins de 2 % de la SAU. L'approvisionnement pour des matières produites en faibles quantités et dispersées géographiquement augmente les coûts de transaction, c'est-à-dire l'ensemble des coûts subis pour acheter un volume (prix d'achat, transports, contrôles, etc). Quant au blé, autre concurrent du pois, il est disponible et accessible en grande quantité dans les silos des coopératives bretonnes. Ensuite, la multiplication des cahiers des charges contraint à choisir des formules « globales » facilement adaptables, où le pois trouve plus difficilement sa place car ses atouts zootechniques pour les autres animaux sont un peu moindres comparativement aux porcs (chapitre 4), et au regard des cahiers des charges des volailles sous label qui imposent 65 % à 85 % de céréales.

Manque de visibilité sur l'offre

Par ailleurs, à défaut de contrats, l'impossibilité de s'approvisionner à termes, c'est-à-dire au-delà de la fin de l'année (période où les volumes sont alors très faibles), renforce le manque de visibilité sur l'offre du pois pour les FAC. Cependant, ce relatif manque de visibilité pourrait être pallié par une politique commerciale offensive des organismes stockeurs (OS) sur l'alimentation animale. Or, d'une part, ce secteur est considéré comme une variable d'ajustement au vu d'une multiplication des co-produits qui ne favorise pas la mise en avant du pois comme une matière première de qualité ; d'autre part, l'émergence récente de débouchés en alimentation humaine, mieux valorisés (par exemple, les pois jaunes à l'export), réoriente la politique commerciale des OS en faveur de ce marché, ce qui réduit la disponibilité pour l'alimentation animale dans le cas où la production est limitée. Le prix du pois devient alors intéressant pour les FAC dans le cas où l'OS, en fin de campagne, doit libérer une cellule de stockage et décide de « se débarrasser » du pois invendu. Le FAC n'a donc pas intérêt *in fine* à s'engager sur un prix ferme en début de campagne, n'incitant donc pas les OS à mettre en avant le pois comme une espèce d'intérêt pour ce marché. De plus, avec la forte volatilité des cours qui caractérise ce marché des matières premières pour l'alimentation animale (indice IPAMPA), les fabricants d'aliments du bétail ont des stocks réduits (faible couverture) ; les flux sont tendus ce qui n'incite pas à une politique de contractualisation ou d'anticipation des achats. Il n'y a donc pas de coordination forte entre l'amont et l'aval pour cette espèce dans ce débouché, qui souffre ainsi d'un manque de volume, qui s'auto-renforce.

Comment renforcer la coordination entre les différents acteurs de la filière ?

Derrière les défauts de compétitivité du pois dans les formules pour l'alimentation animale, apparaissent donc des problèmes de coordination majeurs au sein de la filière. Les incitations économiques et informationnelles ne se diffusent pas auprès de l'ensemble des acteurs, et notamment des agriculteurs. Aussi, une meilleure coordination horizontale (amont-aval), mais aussi verticale, serait une condition essentielle à la production et l'utilisation de pois protéagineux à une plus large échelle (encadré 7.7). Les freins à la production, et surtout à la valorisation de cette culture, peuvent être adressés de manière partagée entre les acteurs, notamment en ce qui concerne les questions d'ordre logistique comme la capacité de stockage (adaptée aux volumes de pois) et la massification des approvisionnements (« re-concentrer » dans des silos l'offre géographiquement dispersée), ainsi que les questions de mise en marché comme la capacité d'anticipation des volumes par les FAC. À l'inverse, sur les marchés exports pour l'alimentation humaine, le surplus de valeur ajoutée permis incite certaines coopératives exerçant du « trading » à l'international à regrouper les offres dispersées d'autres coopératives (la coopérative trader réalisant un bénéfice sur cette massification de l'offre auprès d'acheteurs internationaux).

> **Encadré 7.7. Vers une plus forte coordination amont-aval pour mieux valoriser les légumineuses.**
>
> **Favoriser la contractualisation**
>
> La contractualisation des surfaces est un mécanisme potentiellement efficace pour permettre aux légumineuses de se démarquer de la concurrence du marché spot. Mais ces mécanismes de contractualisation reposent sur la reconnaissance d'une qualité spécifique pour légitimer un besoin de sécurisation de cette production (Ménard, 2012). À défaut d'une reconnaissance nutritionnelle spécifique dans son usage pour les animaux, la mise en avant de qualités environnementales pourrait constituer une forme d'actif spécifique.
>
> **Mettre en avant les services écosystémiques des légumineuses**
>
> D'abord, la mise en avant de services écosystémiques spécifiques, notamment au regard des enjeux de fertilisation et de réduction des pollutions par les nitrates, favoriserait une meilleure diffusion des informations sur la culture des protéagineux et plus largement des légumineuses (références technico-économiques) et servirait la durabilité d'autres productions végétales. Ensuite, les filières d'élevage peuvent être amenées à jouer un rôle dans leur contribution à la réduction des GES par leur choix d'alimentation et d'approvisionnement. Un repositionnement des légumineuses dans ces choix de production permettrait ainsi d'établir une contribution non négligeable de ces acteurs à ces différents enjeux environnementaux (fertilisation, changement climatique…), nécessitant une meilleure coordination entre filières puisque le partage d'enjeux incite à la coordination des actions.
>
> **Vers une contractualisation agriculteurs-FAC qui nécessite le maintien d'aides spécifiques**
>
> Cette coordination pourrait notamment prendre appui sur de nouveaux arrangements contractuels de type « contrats tunnel » entre agriculteurs et FAC, tels qu'expérimentés par la filière Bleu-Blanc-Cœur pour la production de lin oléagineux (Charrier *et al.,* 2013 ; Magrini *et al.,* 2014), ou directement entre agriculteurs et fabricants d'aliments à la ferme (FAF), tels que des projets en cours de réflexion dans certaines régions par la filière porcine. Néanmoins, face aux niveaux actuellement très élevés de rémunération des cultures céréalières concurrentes, il reste difficile de trouver une entente sur la définition d'un prix d'intérêt commun : suffisamment élevé pour l'agriculteur et acceptable pour l'éleveur. Le maintien d'aides spécifiques demeure alors essentiel pour parvenir à une convergence d'intérêts entre cultivateurs et éleveurs à l'échelle territoriale, montrant la nécessité de combiner différents leviers organisationnels pour restructurer la production des protéagineux dans ce secteur.

Vers de nouveaux débouchés en alimentation humaine

Par ailleurs, sur le plan de la nutrition, l'émergence de nouveaux débouchés à plus haute valeur ajoutée en alimentation humaine ouvre des opportunités intéressantes pour le pois protéagineux (Géhin *et al.,* 2011 ; Magrini *et al.,* 2014). Si ces nouveaux marchés « détournent » les volumes de protéagineux de l'alimentation animale, il est susceptible de générer un intérêt croissant pour ces cultures de la part de certains opérateurs, voulant investir dans la filière pour lever différents verrous.

Ce positionnement des acteurs rendraient les protéagineux « moins substituables », car recherchés spécifiquement par des industriels ciblant des marchés spécifiques tels que celui des ingrédients fonctionnels de l'agroalimentaire, secteur pour lequel les contrats de production se sont développés ces dernières années afin de sécuriser les approvisionnements des industriels. Le développement de ce débouché est donc susceptible de relancer les volumes produits, tout en libérant des lots de moindre qualité (« déclassés ») vers l'alimentation animale (comme cela se pratique pour les blés). Nous pouvons également imaginer que le développement du pois et autres protéagineux pour l'industrie agroalimentaire soit susceptible de générer des co-produits pour l'alimentation animale, selon les nutriments visés. *In fine*, le développement de nouveaux débouchés est susceptible de contribuer à une valorisation globale de l'espèce (en trouvant des synergies entre débouchés) plus intéressante que sa seule valorisation sur le marché de l'alimentation animale.

> **À retenir. Une compétitivité-coût et hors-coût à renforcer pour un usage des protéagineux en alimentation animale.**
>
> Les protéagineux présentent un profil nutritionnel intermédiaire entre matières riches en amidon (énergie) et matières riches en protéines, et, malgré leurs bons potentiels d'usage en alimentation animale, ils restent fortement substituables aux autres matières premières incorporées dans les formules. Les volumes concernés sont importants lorsque l'offre est suffisante. Mais l'insuffisante compétitivité économique de ces espèces sur ce marché interroge leur avenir pour ce débouché si le contexte ne change pas. Ceci oriente les réflexions sur des voies complémentaires pour de nouvelles valorisations en alimentation humaine. La donne pourrait être différente si le contexte économique ou sociétal évolue : si une ascension forte des cours du soja (tension actuelle avec plus de la moitié des importations de soja mondiales captées par la Chine) conduit à une ré-évaluation du prix d'intérêt des protéagineux ou de la luzerne déshydratée dans les formulations ; si les éleveurs et consommateurs adhérent à une meilleure valorisation des matières premières d'origine locale (ou française) et/ou des services écosystémiques rendus par le choix de formules riches en protéagineux et autres légumineuses pour les animaux.

Débouchés pour l'alimentation humaine : des marchés de niche à fort potentiel de développement

Sur les dernières campagnes agricoles, plus d'un tiers de la production de légumineuses à graines était à destination des marchés de l'alimentation humaine : nombre de coopératives affichent récemment ce type de marché comme une nouvelle priorité commerciale. Ces nouveaux débouchés à plus haute valeur ajoutée en alimentation humaine sont des opportunités intéressantes pour ces cultures de diversification (Guéguen *et al.*, 2008 ; Géhin *et al.*, 2011 ; Voisin *et al.*, 2013) ; d'autant plus que plusieurs analyses stratégiques collectives récentes[92] conduisent à estimer un fort potentiel de développement de ce débouché d'ici 2050 face à la croissance de la population mondiale qui conduira à terme à un rééquilibrage des régimes alimen-

---

92. Prospectives Protéines de Sofiprotéol sur la base de l'étude BIPE et Prospectives protéines Allenvi CV rendues en 2014, Prospectives Huiles et protéines du Cetiom en cours en 2014.

Tableau 7.2. Principaux débouchés actuels des légumineuses à graines produites en France (moyenne des dernières campagnes, de 2009 à 2014, des données Bilan Onidol-Unip et Agreste) et tendances lié du marché historique et du potentiel.

Principaux débouchés	Alimentation animale	Alimentation humaine			
	Graines entières	Graines entières dans le produit vendu		Graines transformées	
		Légumes secs	Export protéagineux	Aliments aux légumineuses (type *soyfood*)	Fractionnement pour production d'ingrédients
Volume des graines mises en œuvre	400 kt + 270 kt exportées	< 80 kt	270 kt	20 kt	100 kt
Principales espèces	Pois, féverole	Lentilles, haricots, pois cassés, pois chiche…	Pois, féverole	Soja	Pois, soja, lupin, féverole
Grandes tendances du marché	Part réduite depuis 2000 (en proportion de la production). Marché historique, à volume potentiel très large (estimé de 4 à 12 Mt pour le pois en UE) et directement fonction de l'offre, mais soumis à une très forte concurrence des autres matières (dont le soja essentiellement importé).	Marché traditionnel très concurrencé (importations), à volume moindre que l'alimentation des animaux mais à plus forte valeur ajoutée. Poids des labels, efforts récents de modernisation et de transformation agroalimentaire (graines seules ou mélangées).	Marchés tiers instables (Égypte, Pakistan…). Une demande croissante en Chine et en Inde. Accès au marché réussi depuis 1999 mais forte concurrence notamment du Canada et de l'Australie.	Multiples marchés : BVP (Boulangerie-Viennoiserie-Pâtisserie) ; viandes ; produits traiteurs, biscuits snack céréales ; produits diététiques ; poisson ; produits frais ; babyfood. Innovation technologique continue, marchés en croissance, avec un besoin de renforcement de la traçabilité sur l'origine (en général mention de l'espèce végétale d'origine, mais rarement du pays de production). Marché des *soyfoods* en augmentation de 8 % par an sur les 5 dernières années. Potentiel important pour les MPV à moyen et long terme.	

taires en faveur des protéines végétales (voir p. 288). Il existe donc de fortes potentialités pour le développement de ces espèces à destination de l'alimentation humaine courante, mais également pour répondre à des besoins de réponse importants pour des marchés spécifiques (concentrés protéiques pour les seniors, les sportifs…), pour le développement de la restauration hors foyer (restauration collective, plats préparés, snack food…), ainsi que pour répondre aux attentes croissantes d'amélioration du profil nutritionnel des produits alimentaires en conformité avec les plans nationaux liés à l'alimentation. L'ensemble de ces considérations sont susceptibles d'offrir aux légumineuses un renouveau de production, avec des innovations technologiques pour l'industrie agroalimentaire créatrices d'activités, et à l'amont une incitation économique plus forte pour introduire ces espèces dans la sole cultivée. Comme expliqué précédemment (voir p. 61 et p. 284), deux grands segments de marché (et de types de consommation) se distinguent : l'offre de graines entières, vendues crues ou cuisinées, et l'usage des graines transformées (ingrédient fonctionnel en industrie agroalimentaire) pour une offre de produits finis divers. Le tableau 7.2 résume les principaux débouchés. Nous renvoyons le lecteur sur le chapitre 1 pour un repérage statistique plus fin de ces débouchés dans le temps. Les produits et rayons alimentaires dans lesquels les matières protéiques des légumineuses s'insèrent sont différents selon les espèces, comme l'illustre la figure 5.1 (planche XXV). Rappelons que la principale source de protéines végétales utilisées comme ingrédient est le blé.

Les différents bénéfices nutritionnels et comportements du consommateur sont exposés dans le chapitre 5. Nous proposons ici d'analyser certaines dynamiques socio-économiques de ces marchés, tout particulièrement pour comprendre comment enclencher des rendements croissants d'adoption en faveur de ces espèces alors que jusqu'à présent le débouché de l'alimentation animale ne l'a pas permis.

Les marchés des graines entières : le marché national versus les exportations vers pays tiers

Le marché des légumes secs reste confidentiel en France (voir p. 69) avec une consommation alimentaire inférieure à 2 kg/an/habitant, tandis que le marché export des protéagineux connaît un fort développement depuis le début des années 2000.

Le marché des légumes secs : un marché traditionnel soumis à une forte concurrence des importations

La consommation directe des graines désigne les marchés traditionnels des légumes secs (lentilles, haricots, pois cassés, pois chiche…), dont un tiers est sous un signe officiel de qualité et de l'origine (SIQO) à la fin des années 2000 (d'après les données de l'INAO), auxquels s'ajoute une multiplication de labels privés, valorisant l'ancrage territorial de ces productions pour faire face à la concurrence des importations très importantes sur ce marché (50 % des légumes secs consommés en France sont importés d'après la Fédération nationale des légumes secs). Ces signes de qualité sont souvent accompagnés de circuits de commercialisation locaux (Mormont et van Huylenbroeck, 2001). La faiblesse des volumes produits (bassins de production limités, rendements de seulement 15 à 20 q/ha – voir p. 50) et la forte présence de labels publics ou privés conduisent à caractériser ces marchés de niche[93]. Les stratégies de labellisation sont très tôt apparues dans ce secteur pour se différencier des productions importées. Les labels officiels (AOP/IGP ou Label Rouge) concernent essentiellement la lentille et le haricot, comme l'illustre

---

93. Par exemple, l'IGP de la lentille verte du Berry et l'AOP de la lentille verte du Puy totalisent à elles deux une production de moins de 5 000 t/an, ce qui représente le plus gros volume de production d'une espèce de légumes secs sous label. Les autres productions (haricot tarbais, Mogette de Vendée, pois chiche du Lauragais, etc.) dépassent rarement les 1 000 t annuelle pour chacune. Mais ces productions régionales contribuent localement à diversifier les systèmes de culture.

la figure 7.12. Une explication de l'importance des importations dans ce secteur réside dans le différentiel de prix par rapport aux productions nationales et le faible nombre d'opérateurs industriels dédiés à ce secteur. Beaucoup d'industries de la conserverie (débouché principal pour la transformation des légumes secs) sont des opérateurs des légumes frais qui cherchent à rentabiliser leur outil de production en période creuse.

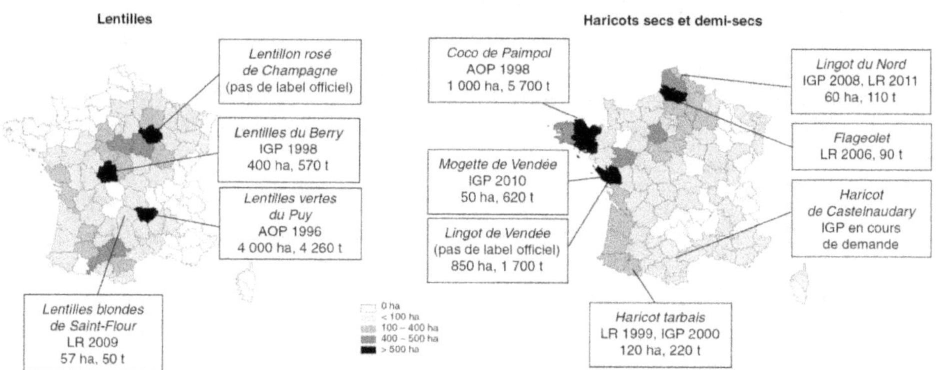

Figure 7.12. Positionnement des labels dans la production des lentilles et haricots français en 2010. Source : Agreste, SAA, INAO/ODG, OTSIQO, 2010.

AOP, appellation d'origine contrôlée ; IGP, indication géographique protégée ; LR, label rouge.

Deux stratégies de commercialisation semblent se distinguer au sein de ce marché :
– la valeur ajoutée des graines commercialisées directement par les coopératives agricoles repose essentiellement sur la garantie du respect d'une qualité spécifique relative à un label officiel ou privé (Allaire, 2002, 2012), sans innovation de procédé. Ces coopératives cherchent souvent à développer localement un tissu industriel de valorisation des produits transformés (conserverie, plats préparés) ;
– les grands groupes agro-industriels qui ont investi ce marché, comme les groupes Soufflet ou Tipiak, cherchent plus à commercialiser des produits innovants tels que ceux permettant de réduire les temps de cuisson ou de préparation (sachets à cuisson rapide), sans s'appuyer spécifiquement sur des signes officiels de la qualité et de l'origine (leurs volumes de production nécessitent en effet le recours aux importations du fait de la faible production française)[94].

Bien que stable sur les 30 dernières années, la consommation de légumes secs reste réduite à une part congrue comparativement à la consommation de pâtes ou de pommes de terres par exemple (chapitre 5). La faible diversification au champ se révèle ainsi dans nos assiettes (tableau 7.3).

---

94. Notons ici qu'une difficulté de commercialisation de ces légumes secs réside dans les obligations imposées par la grande distribution de garantir la disponibilité du produit tout au long de l'année. La faiblesse des volumes produits conduit les coopératives agricoles à choisir des circuits de distribution autres (magasins et épiceries spécialisées, comptoirs régionaux…) réduisant l'impact auprès du consommateur.

Tableau 7.3. Principales sources de féculents consommées en France (Agreste-Memento Alimentation 2011)

	Blé tendre (diverses transformations…)	Pommes de terre (frais et transformé)	Blé dur (pâtes, semoule…)	Légumes secs (lentilles, haricots…)
Quantité consommée (donnée 2009)	90 kg/hab	50 kg/hab	15 kg/hab	1,6 kg/hab

Le marché de la consommation des légumes secs souffre souvent d'une image désuète auprès du consommateur (voir p. 277). De nouveaux efforts d'innovation sont donc nécessaires pour conférer à ces graines (pois, lentilles…) une image plus attractive, en les rendant notamment plus pratiques à cuisiner et en valorisant la complémentarité nutritionnelle céréales-légumineuses. De tels efforts d'innovation (pré-cuisson, extrusion, farines mix) ont été couronnés de succès dans le cas des produits céréaliers. On peut imaginer que des transferts technologiques entre secteurs de l'agroalimentaire puissent favoriser la mise au point de nouveaux produits de grande consommation. En effet, la mise au point de nouvelles techniques de pré-cuisson des grains de céréales (chauffage ohmique, traitement par micro-ondes, à la vapeur, sous vide…) a permis de proposer de nouvelles gammes de produits sous forme de grains à temps de réhydratation rapide. Le blé dur a été le premier à bénéficier de ces technologies dites HTST (*High Temperature Short Time*) avec la marque Ebly. Cette innovation a notamment permis de conforter la production de blé dur autour du bassin de Châteaudun, lors de la réforme de la PAC de 1992 qui avait supprimé l'aide au blé dur dans cette région. Cependant, c'est le riz qui a été le principal bénéficiaire de ces innovations. Son temps de préparation a été réduit à moins de 5 minutes, voire encore moins avec les produits préparés sous sachet micro-ondable ou les produits dits « à poêler ». L'application de ces techniques aux légumineuses permet à la fois de diminuer, mais aussi d'uniformiser, les temps de réhydratation quelles que soient la taille et la structure des graines. Cela ouvre la voie à de nouvelles gammes de produits (mélanges de grains et graines) faciles à préparer (puisque de temps de préparation identique) et d'un intérêt certain d'un point de vue nutritionnel, le chapitre 5 ayant mis en avant leur complémentarité protéique dans l'apport des acides aminés indispensables. De tels produis sont déjà présents mais principalement confinés à des voies de distribution spécialisées, rayons « bio » ou « nature » (éthique ou végétarien).

La reconnaissance de cette complémentarité nutritionnelle a conduit aussi récemment au lancement de nouveaux produits transformés tels que des pâtes combinant des farines de légumineuses et de céréales.

Le marché export des graines de protéagineuses : une croissance de la demande mondiale

La France exporte aujourd'hui plus de 150 000 t de pois et plus de 200 000 t de féverole vers des pays où la consommation de ces graines est plus courante (Inde, Égypte, notamment). Mais la faiblesse des volumes exportables pour la France pénalise son positionnement sur les marchés internationaux, notamment sur les marchés de la Chine et de l'Inde où les exportations canadiennes sont mieux positionnées, et bien que les productions françaises soient jugées par les courtiers français comme de très bonne qualité. La parité monétaire entre le dollar et l'euro contribue aussi à pénaliser les exportations françaises vers ces pays tiers. Néanmoins, face à la très forte croissance démographique de ces pays émergents, le développement de ces marchés export devrait se poursuivre et *in fine* contribuer à orienter la production française vers de nouvelles exigences qualitatives par rapport aux critères de l'alimentation animale qui constitue encore en France le débouché privilégié pour la sélection variétale de ces graines.

Le marché des *soyfoods* et des ingrédients fonctionnels : des marchés de niche en développement

En plus des marchés traitant des ventes de graines entières (crues ou pas), il existe le marché des aliments de type *soyfoods* (que l'on pourrait nommer « aliments aux légumineuses »), composés de produits contenant uniquement des légumineuses dont les graines ont été transformées en aliments liquides ou solides, et le marché des ingrédients nutritionnels et/ou fonctionnels, c'est-à-dire des ingrédients issus du fractionnement des graines, qui sont incorporés, avec d'autres matières premières, dans des produits complexes par l'industrie agroalimentaire, au même titre que diverses protéines animales. Les différents types de ces MPV et de leurs débouchés actuels sont décrits dans les chapitres 1 et 5. Le marché des MPV connaît globalement depuis une trentaine d'années une croissance régulière liée à des innovations de procédés, mais également de produits dans la poursuite d'une industrialisation croissante du secteur agroalimentaire face à l'augmentation de la restauration hors foyer et à la segmentation de plus en plus forte des produits selon les âges et modes de vie, mais aussi les besoins spécifiques (tels que des apports nutritionnels spécifiques pour les sportifs). Ces innovations constituent autant de niches de marché (Guéguen *et al.*, 2013). Rappelons ici quelques-unes des innovations technologiques qui se développent depuis le début des années 2000 (voir également chapitres 1 et 5).

Les farines de légumineuses tendent à se développer pour une incorporation dans des produits courants. En pâtisserie, sa couleur jaune et ses propriétés émulsifiantes permettent au lupin de remplacer l'œuf. Le secteur des pâtes alimentaires a également été investi, soit en complément de la farine de blé (encadré 7.8), soit en utilisation pure (citons par exemple les sociétés Nutrinat ou Céréavie, avec un brevet en 2010 sur les produits de cette dernière dénommés « Créatelles »). Le groupe Soufflet propose également depuis 2012 des farines de différentes légumineuses sous la marque « Léguminelles ». Il existe également des développements de pains enrichis en protéines.

Le secteur des ingrédients incorporés dans les produits des rayons BVP, traiteur, viande, snacks, ou autres, connaît aussi des dynamiques récentes, avec des investissements et innovations technologiques pour la préparation des ingrédients. Par ailleurs, ces acteurs sont aussi dépendants de leurs clients à savoir les industries agroalimentaires qui achètent ce type d'ingrédients, qui tendent à se diversifier et pourraient devenir plus sensibles au discours sur les protéines végétales (voir p. 282).

Les industriels proposant ou valorisant ces MPV sont pour la plupart adhérents du GEPV[95]. Des recherches à long terme visant à améliorer les propriétés fonctionnelles des protéines des légumineuses pourraient assurer une plus large diversification des usages de ces produits en tant qu'ingrédients fonctionnels. Sur le long terme, le potentiel des marchés des MPV est fort, s'il y a une volonté de remplacer une partie des protéines animales dans la consommation humaine (voir p. 288).

Cependant, le secteur des *soyfoods*, historiquement plus ancré (voir p. 284), connaît un fort développement (8 % par an ces 5 dernières années d'après Sofiprotéol, et 10-12 % auparavant). Plusieurs des acteurs sont regroupés dans l'association Sojaxa. Ils privilégient les graines de soja produites en France et sans OGM. On sait qu'en 2011, il y avait 57 kt de produits vendus (boissons et crèmes-desserts) en GMS en France (données Nielsen 2011), mais les volumes en réseaux de distribution bio et nature doivent aussi être comptabilisés.

D'autres types de produits sont aussi en cours de développement, tels que les steaks végétaux. En dehors des produits carnés incorporant des protéines végétales ou des produits à base de soja uniquement, il y a également des essais industriels sur des prototypes de « steaks » à base de légumes secs. Un tel produit à base de lentilles vertes du Puy a remporté le concours européen d'innovation alimentaire (Ecotrophelia) en 2013 par la société Ici&Là. Les progrès technologiques et les innovations produits de ce secteur peuvent être un stimulant fort au renouveau de la production de légumineuses.

Encadré 7.8. Les « pâtes » blé dur-légumineuses : un aliment d'avenir ?

Le mélange de farine de légumineuses à des farines de céréales à raison de 25-30 % permet d'obtenir des produits alimentaires, notamment des pâtes alimentaires, à faible indice glycémique. Cependant, les protéines de légumineuses n'ont pas d'aptitude à se structurer sous forme de réseau tridimensionnel, ce qui limite les possibilités de les incorporer dans des aliments sous forme de pâtes. Différentes recettes ont été testées récemment, notamment dans un projet de recherche liant l'Inra et Panzani (1er transformateur de blé dur en France), l'ANR PastaLeg, évaluant la tenue à la cuisson, les propriétés nutritionnelles et organoleptiques (figure 7.13, planche XXXII). Certaines formules s'avèrent concluantes (Petitot *et al.,* 2010).
Ces produits existent déjà sur le marché américain de la grande consommation des pâtes alimentaires depuis plusieurs années avec une multitude de marques. Ces pâtes s'affichent souvent sur un segment de marché à plus forte valeur nutritionnelle en communiquant à la fois sur la richesse en protéines et en fibres (comme la gamme « Pasta Plus Multi-Grains » de Barilla). Néanmoins, les conditions de leur développement en France restent à définir eu égard aux réglementations européennes des pâtes alimentaires qui sont définies exclusivement à base de farines de blé dur, et au défaut de maturité du consommateur au regard de l'intérêt nutritionnel de ces produits, deux freins possibles au développement de ces produits en France ou en Europe.

---

95. http://www.gepv.asso.fr

Ces innovations technologiques permettraient donc au consommateur d'accéder à de nouveaux produits d'intérêt nutritionnel. Mais une communication plus forte sur ces produits permettrait au consommateur de mieux connaître les complémentarités nutritionnelles des différentes sources de protéines végétales pouvant déclencher l'acte d'achat. En ce sens, des démarches de soutien à ces filières, *via* le PNNS et le PNA, pourraient être apportées comme cela a été fait dans d'autres filières agroalimentaires (Magrini et Duru, 2014). De la même manière que les agriculteurs tendent à mal percevoir les bénéfices environnementaux de ces cultures, les consommateurs ne perçoivent pas les bénéfices nutritionnels de ces produits.

Il existe donc un fort potentiel sur le marché de l'alimentation humaine pour des innovations technologiques qui pourraient être plus soutenues dans la perspective d'une plus forte consommation de protéines végétales. Mais actuellement, à défaut d'un marché intérieur innovant, ce sont les exportations « brutes » qui semblent le plus tirer le volume de production. Lorsqu'on compare la situation avec d'autres pays qui ont récemment fortement relancé la production de légumineuses à partir du marché de l'alimentation humaine, tel que le Canada, il semble qu'il y ait des complémentarités à trouver entre ces deux débouchés. La demande d'exportations soutient une production dont une partie plus faible va sur des filières de niche en développement. Mais si ce marché export n'existait pas, peut-être qu'il n'y aurait pas suffisamment d'incitation auprès des acteurs pour structurer cette production amont[96]. Notons également que les guides alimentaires officiels canadiens — et également américains — recommandent la consommation de protéines végétales issues de légumineuses à graines de façon bien plus appuyée que les guides français, créant en plus un cadre institutionnel favorable au développement des légumineuses en alimentation humaine.

À retenir. La deuxième transition alimentaire appelle à plus de protéines végétales dans nos assiettes.

La transition vers une agriculture plus durable nécessite d'être accompagnée d'une transition de nos régimes alimentaires : une diversité cultivée plus grande au champ peut se traduire par une diversité plus grande dans nos assiettes. Le contexte actuel de la transition démographique mondiale crée un fort potentiel de développement des légumineuses en alimentation humaine. En France, différents segments de marché ont déjà été investis par les groupes coopératifs et les industriels, des segments historiques basés sur la valorisation directe des graines entières auprès du consommateur (particulièrement sous label officiel ou privé) à des segments plus récents basés sur l'incorporation de ces matières dans des préparations alimentaires reposant sur des innovations technologiques. Ces nouveaux débouchés en plein développement pourraient contribuer à redynamiser la production amont.

---

96. Le ministre de l'Agriculture canadien a annoncé au cours de l'été 2013 l'octroi d'une contribution de 15 millions de dollars pour l'organisation d'une grappe de recherche constituée d'experts du secteur, de scientifiques du gouvernement et d'universitaires, pour améliorer la position concurrentielle de l'industrie et accroître la demande de légumineuses canadiennes.

Des dynamiques contrastées dans le secteur des fourrages

Si les légumineuses à graines sont fortement concurrencées sur le marché de l'alimentation animale, principalement pour le débouché des aliments concentrés, le secteur des fourrages présente des dynamiques contrastées. Rappelons d'abord que les prairies ont largement été concurrencées par l'extension des grandes cultures (spécialisation des territoires soit en productions animales, soit en productions végétales) réduisant les zones de prairies (comprenant des légumineuses prairiales) (voir p. 52), et le développement des fourrages annuels. En effet, la révolution fourragère des années 1960-1970 (voir p. 57) a incité la production intensive de fourrages, et donc celle de légumineuses en culture monospécifique ; mais l'apparition des engrais azotés industriels a minoré le rôle des légumineuses dans les années 1970 et favorisé l'utilisation du maïs ensilage complémenté par des tourteaux d'oléagineux. La demande sociétale d'après-guerre de productivité agricole et les technologies industrielles restent des déterminants importants de l'évolution des pratiques des éleveurs.

Si les surfaces de légumineuses en culture monospécifique ont fortement régressé, le développement des prairies d'associations de graminées et de légumineuses (trèfle blanc et luzerne) dans l'ensemble des régions d'élevages de ruminants peut être vu comme emblématique d'un certain regain d'intérêt pour les légumineuses. Aujourd'hui, plus de la moitié des prairies semées le sont en associations de graminées et de trèfle blanc comparé à 10 % en 1985 (Peyraud *et al.*, 2009). Les associations à base de trèfle blanc sont essentiellement utilisées en pâturage. Celles avec le trèfle violet sont principalement utilisées en ensilage (Le Gall, 1993) ; la luzerne est utilisée sous forme d'ensilage, d'enrubannage et de foin quand elle est seule ou en association, et également sous forme de fourrage déshydraté quand elle est en culture pure.

Actuellement, sous la tension des prix à la hausse des matières premières et notamment du soja (face à la demande mondiale croissante), la problématique de l'autonomie protéique revient en force chez les éleveurs. Cette volonté de récupérer de l'autonomie protéique est une préoccupation particulièrement forte chez les polyculteurs éleveurs (autonomie de l'exploitation agricole), mais aussi pour les pouvoirs publics (autonomie territoriale ou sécurisation de l'approvisionnement national). Du côté des producteurs de bovin lait l'exemple développé dans l'encadré 7.2 montre par ailleurs que même si ceux qui développent la production de luzerne pensent *a priori* autonomie, ce sont finalement les atouts agronomiques qui les ont convaincus *a posteriori*.

Les économies d'agglomération ont favorisé la spécialisation et la concentration régionale des activités, d'autant plus que la proximité géographique des exploitations et des industries accroît aussi l'efficacité et facilite la diffusion des innovations ce qui auto-entretient le double processus d'intensification et de spécialisation. Toutefois, les préoccupations environnementales poussent également à reconsidérer la spécialisation des territoires sur un seul type de productions, soit en organisant des échanges de matières (aliments et effluents par exemple) entre bassins spécialisés, soit en recréant des territoires avec chacun une mixité de productions animales et végétales (notamment dans le cas des ruminants). Cette seconde voie, qui apparaît logique de prime abord, est en fait difficile à mettre en œuvre car elle se heurte à des besoins d'investissements importants et de réorganisation de filières tout en perdant en partie les avantages économiques de la concentration. La première piste se heurte à la difficulté et au coût de transport des volumes importants de produits à faibles valeurs ajoutées (pailles ou effluents). Le développement de technologies innovantes, telles que la production d'engrais normalisés à partir des effluents, pourrait être à même de lever ce verrou, les marges de manœuvre apparaissant en fait plus importantes en termes de technologies qu'en termes d'organisations territoriales.

En termes d'organisation marchande, soulignons que le marché des légumineuses fourragères est limité à la luzerne déshydratée (et ce malgré de fortes demandes en Europe, Afrique du Nord, Moyen-Orient et Extrême-Orient) et à un commerce de foins, réduit en volume, avec toutefois une exception notable dans le cas d'une AOC, le foin de Crau.

Pour ce qui est des acteurs, on observe actuellement quelques initiatives locales qui, même si elles sont anecdotiques, peuvent illustrer la recherche d'innovations par des groupes locaux : par exemple celle autour du sainfoin (aux vertus nutraceutiques) en Aveyron, dont la relance de la production a été permise par des semences paysannes et vise à s'adapter au changement climatique.

La filière luzerne déshydratée représente une filière à part entière. Malgré une petite taille à l'échelle du secteur de l'alimentation animale, sa structure et son évolution sont relativement originales par rapport aux autres grandes productions végétales. À sa création dans les années 1950-1960 dans les bassins de production fourragère (nombreux à l'époque, et particulièrement en luzerne), elle a toujours connu deux types d'organisation qui ont évolué en parallèle. Même si ces deux types d'organisations ont pour base commune d'être en système très majoritairement coopératif, leur fonctionnement est différent :
– une filière basée sur les bassins céréaliers avec une démarche commerciale très poussée, les producteurs de luzerne sont propriétaires des outils de déshydratation, les consommateurs sont basés dans les bassins d'élevage. La mise à disposition des produits déshydratés est réalisée à travers une activité commerciale organisée par des tiers liés aux coopératives de production (comme France Luzerne, puis Désialis, filiales de coopératives de production) ou indépendants (courtiers en matières premières, entreprises d'alimentation animale) ;
– une filière localisée dans les bassins d'élevage avec un système de prestation de service où les producteurs de luzerne sont aussi les consommateurs (éleveurs). La coopérative est alors un prestataire de services qui assure la récolte et le séchage des luzernes (avec éventuellement d'autres services associés).

La dimension économique de l'activité n'est pas perçue de la même façon par les acteurs de ces deux filières. Dans le premier cas, la décision de mise en culture de la luzerne sera prise en fonction du niveau de rémunération à l'hectare qu'elle offre comparativement à d'autres productions végétales (au-delà du simple calcul de marge brute, d'autres facteurs pourront être pris en compte à l'échelle de la rotation : moindre charge de travail, effet agronomique sur les autres cultures, absence d'assurance grêle…). L'utilisation de la luzerne par les éleveurs (consommateurs) sera alors décidée en fonction d'une analyse concurrentielle du marché au moment de l'achat et de la performance commerciale du vendeur au moment du besoin.

Dans le deuxième cas, les décisions de production et de consommation sont prises par le même acteur au même moment ce qui en fait une organisation *a priori* plus robuste.

L'évolution de la filière luzerne déshydratée montre cependant que ce sont les coopératives situées dans les bassins de grandes cultures qui ont le plus tiré profit du développement de l'activité déshydratation (fin des années 1970) et ont le mieux résisté à son ralentissement (depuis le début des années 2000). Les raisons sont au moins au nombre de trois. Contrairement aux zones d'élevages, les bassins céréaliers bénéficient d'un contexte pédoclimatique plus favorable aux grandes cultures, et en particulier à la luzerne, ce qui permet une productivité par hectare plus importante, réduisant ainsi les coûts de récolte et permettant le traitement de plus grandes surfaces par usine. Les coûts variables sont plus favorables. Les installations localisées dans les bassins céréaliers ont une période d'activité plus longue car au-delà de la période de fonctionnement de 6 mois correspondant à la période de végétation de la luzerne, elles bénéficient très souvent d'un supplément d'activité de 3 mois correspondant au traitement des pulpes de betteraves. Les coûts fixes sont donc aussi plus favorables. La plus grande solidité financière des entreprises des bassins céréaliers a permis à celles-ci de mieux résister aux différentes crises qu'a subies la filière dans sa globalité : crises énergétiques, crises de marché.

Dans sa globalité, la filière de la luzerne déshydratée a toujours bénéficié de soutiens européens (depuis les années 1970), qui ont atteint leurs plus hauts niveaux au début des années 1990 pour être pratiquement réduits à zéro depuis 2012. Grâce à des efforts de restructuration des entreprises, une évolution des pratiques conduisant à une réduction des coûts énergétiques et un contexte de marché favorable, l'activité se poursuit. Mais un retour à un contexte de marché tel qu'il existait avant la fin des années 2000 ferait peser des risques sur l'équilibre économique de cette filière.

À retenir. Les enjeux des filières des légumineuses fourragères relèvent des stratégies locales des élevages mais surtout de l'amélioration des technologies.

Comme dans la situation des légumineuses à graines en alimentation animale, les légumineuses fourragères ont souffert d'un défaut de compétitivité par rapport à d'autres ressources fourragères. Néanmoins, les enjeux actuels pour une plus forte autonomie protéique des élevages laissent à penser un renouveau de ces cultures, mais qui restera très dépendant de l'évolution des élevages en France et de leur type de production. Les enjeux relèvent autant des technologies (pour améliorer la production végétale, faciliter la conservation des produits ou la valorisation des effluents) que de l'organisation des acteurs (au sein des exploitations de polyculture-élevage et à l'échelle des territoires pour favoriser des circuits locaux d'alimentation des élevages).

Une situation de verrouillage technologique à la défaveur des légumineuses

Une plus grande insertion de légumineuses en grandes cultures pourrait contribuer à une agriculture plus durable. Mais cette diversification se heurte à une organisation très structurée des acteurs des filières en faveur d'un paradigme « génétique » (Vanlocqueren et Baret, 2009) qui a délaissé les voies de recherche pour une meilleure valorisation des régulations agroécologiques entre espèces, et qui a concentré les investissements (tant à l'amont qu'à l'aval) sur quelques espèces dominantes, telles que les céréales (Meynard *et al.*, 2013). La transition vers une agriculture favorisant une plus grande diversité pour plus de durabilité ne s'initie donc pas facilement, et ce malgré les différentes évaluations économiques qui mettent en avant des bénéfices réels à l'échelle de l'exploitation agricole. Les parties précédentes tendent à souligner l'importance du rôle des débouchés qui ont orienté le système agricole en faveur de certaines espèces au détriment d'autres espèces dont les légumineuses, et tout particulièrement les légumineuses à graines. Les économistes tendent à qualifier cette situation de verrouillage technologique (*lock-in*) : le système de production agricole, en reposant sur un usage intensif d'intrants combiné à une recherche génétique adaptée, a favorisé une réduction de la diversité cultivée. Cette situation de verrouillage peut s'expliquer par un ensemble de facteurs d'auto-renforcement[97] qui favorisent des rendements croissants d'adoption en faveur du régime productif conventionnel (encadré 7.9). Différents auteurs de la littérature nationale et internationale mettent en avant une telle situation de verrouillage pour l'agriculture contemporaine, permettant de comprendre les difficultés rencontrées pour la faire transiter vers des pratiques plus durables[98] (Cowan et Gunby, 1996 ; Labarthe, 2010 ; Lamine *et al.*, 2011 ; Fares *et al.*, 2012 ; Roep et Wiskerske, 2012 ; Meynard *et al.*, 2013).

Encadré 7.9. Verrouillage technologique et dépendance du chemin.

Le verrouillage technologique (*lock-in*) désigne une situation où, bien qu'une technologie jugée plus efficace existe, la technologie initiale reste la norme ; elle est devenue un tel standard pour la société qu'il semble difficile d'en changer. Le terme de « technologie » renvoie à une définition large : le verrouillage peut s'appliquer à un choix de technique de production, de produit, de norme, etc., qui fait référence. Cette théorie peut trouver une application dans le monde agricole où l'agriculture conventionnelle fondée sur un usage intensif d'intrants et des rotations qui se sont raccourcies caractérise aujourd'hui largement la situation des grandes cultures.

Cette théorie du verrouillage a identifié différents mécanismes permettant de comprendre pourquoi le choix initial d'un système de production conduit à se renforcer dans le temps (mécanismes dits d'auto-renforcement), créant un processus de dépendance au chemin tracé par les choix initiaux (*path dependency*) grâce à l'enclenchement des rendements croissants d'adoption, comme illustré par la figure 7.14. Le concept de « rendements croissants d'adoption » (RCA) a été forgé par Arthur (1989) pour expliquer pourquoi une technologie standard n'est pas forcément choisie parce qu'elle est la meilleure, mais qu'elle devient la

.../...

---

97. « auto-renforcement » est la traduction française du terme anglo-saxon *self-reinforcement* utilisé par cette littérature. Cette notion vise à mettre en avant comment certains processus contribuent à renforcer la valeur d'une technologie (c'est-à-dire une « façon » de produire) contribuant par là-même à élargir son usage, comme la recherche d'une rentabilité plus grande par une logique d'économie d'échelle.

98. Citons, par exemple, Roep et Wiskerske (2012, page 208) : *« the modernization of agriculture and the agri-food system since the WWII is a well-elaborated example of such a lock-in and the institutionnalized incapacity to deal with in-built unsustainability ».*

─── .../... ───

meilleure parce qu'elle est choisie. L'argumentation est la suivante : par l'effet conjugué des économies d'échelle (réduction du coût unitaire par le volume de production), de l'apprentissage par la pratique (amélioration des performances par l'expérience) et des externalités de réseau (plus le nombre d'utilisateurs est important, plus l'utilité pour chacun d'entre eux est grande), on parvient au résultat selon lequel plus un système productif est « adopté » (plus il se diffuse), plus ses coûts de production baissent et son utilité augmente, au détriment d'autres solutions alternatives. Les rendements d'adoption sont donc dits « croissants ». Une conséquence majeure est que l'efficience économique du système productif standard, en l'occurrence ici l'agriculture conventionnelle, n'est plus nécessairement assurée. En effet, ce mode de production intensif en intrants de synthèse contribue à une très forte consommation d'énergie et à une perte de biodiversité. À partir d'un choix initial, les RCA peuvent conduire à ce qu'un système productif « sous-optimal » s'impose. En l'occurrence, la préférence historique donnée au lendemain de la seconde guerre mondiale aux cultures céréalières a conforté leur développement et a contribué à une spécialisation des systèmes. Le verrouillage d'un système de production conduit ainsi à un tri entre les pratiques et les innovations : celles qui sont totalement compatibles avec le standard ont une chance de se développer (par exemple, la fertilisation de précision), alors que celles qui remettent en cause celui-ci (insertion de légumineuses dans la rotation) et les relations entre acteurs telles qu'elles se sont organisées autour du standard (par exemple, l'organisation du conseil technique) ont beaucoup moins de chances de se développer.

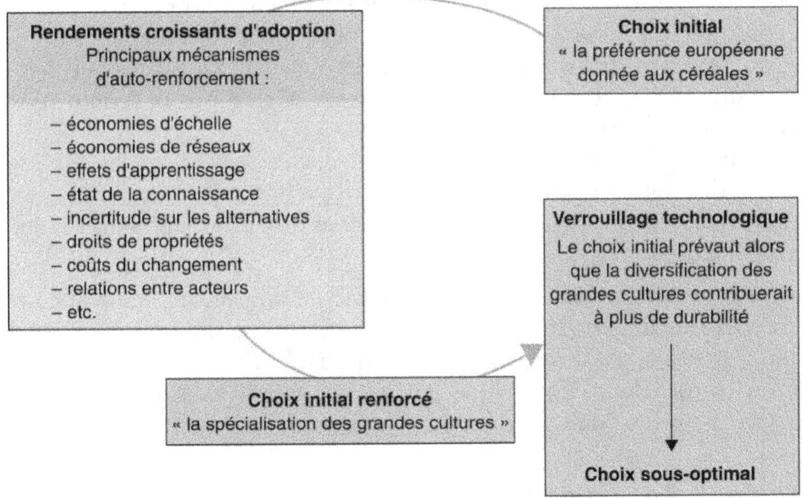

Figure 7.14. Le processus de verrouillage.

Parmi ces mécanismes d'auto-renforcement, la recherche d'économies d'échelle apparaît comme un déterminant majeur de la spécialisation des bassins de production en agriculture. En effet, la spécialisation en faveur des grandes cultures céréalières est très marquée pour la France qui assure un quart de la

─── .../... ───

> — .../... —
>
> production européenne. Les céréales comme le blé tendre, l'orge, le blé dur et le maïs occupent environ 60 % des terres arables de l'hexagone. Cette spécialisation est encore plus marquée dans les régions céréalières. Cette recherche d'économie d'échelle de l'agriculture conventionnelle a donc contribué à une simplification des systèmes de culture qui se traduit par des rotations plus courtes (Schott *et al.*, 2010 ; Fuzeau *et al.*, 2012) et par une marginalisation de systèmes agricoles diversifiés et innovants comme, par exemple, les cultures associées (Magrini *et al.*, 2013). Cette simplification des systèmes s'est renforcée dans le temps par son étroite dépendance à l'organisation des systèmes productifs industriels et des marchés interagissant avec le monde agricole qui, eux aussi, ont privilégié la recherche d'économies d'échelle, laissant peu de place aux cultures de diversification.
>
> La même logique se retrouve dans la production animale utilisatrice des protéagineux et des légumineuses, avec des élevages de taille croissante et une concentration territoriale également croissante, souvent à proximité des lieux de transformation

Pour comprendre les voies possibles d'un déverrouillage de ce système productif vers plus de diversité en grandes cultures, la théorie des transitions, développée dans l'approche multi-niveaux des systèmes socio-techniques[99] (Geels, 2011), s'intéresse à deux niveaux d'action complémentaires (Duc *et al.*, 2013, p. 120) :
– la construction de niches d'innovation porteuses de nouvelles pratiques productives, pouvant être valorisées dans des marchés de niche (comme, par exemple l'AB ou de nouveaux marchés pour les légumineuses en alimentation humaine) qui en les « protégeant » leur permettra de se stabiliser, voire de se développer. Leur développement suppose une diffusion d'apprentissages et de connaissances qui sont susceptibles de faire évoluer le régime dominant qui peut utiliser ces innovations pour changer son mode de production ;
– des modifications du contexte sociétal (nouvelles attentes, réglementations, etc.) qui ouvrent des fenêtres d'opportunités et des incitations permettant à ces niches d'émerger et de se développer ; et qui exercent aussi une pression sur le régime conventionnel pour évoluer.

Dans cette analyse, les « niches » jouent un rôle de catalyseur d'innovations susceptibles de faire évoluer le régime dominant vers un nouveau mode de production fondé sur de nouvelles normes et standards[100]. Ce cadre d'analyse met aussi en exergue le rôle déterminant joué par les débouchés aval qui peuvent soutenir l'émergence de niches d'innovation en ré-orientant les choix productifs amont[101].

---

99. Développée par plusieurs autres auteurs dont Kemp, Rip, Schot, Smith, Unruh...

100. « In the first [the regime] change is more incremental to the vested agri-food system gradually improving its sustainability performance, introducing improved techniques. In the latter [the niches], change is more radical in nature, challenging the prevailing regime although novel, unusual techniques or novelties are developed in niches driven by the continuous articulation and eventual institutionalization of alternative norms, values and rules. In this case novelty production provokes a regime shift, clearing the path for fundamental changes in the agri-food system. Novelties are then the seeds of transition... » (Roep et Wiskerke, 2012, page 208).

101. Comme le rappelle D. Bousseau de la coopérative Terrena, les agriculteurs « produisent avant tout pour un débouché » (2009, page 130).

Par exemple, est-ce que les niches de marché pour les légumineuses à graines en alimentation humaine peuvent se développer et contribuer à diversifier les grandes cultures ? Cette analyse axée sur ces dynamiques de débouchés, mais également institutionnelles qui peuvent aider à la construction de ces débouchés, semble d'autant plus pertinente que, dans un contexte de déréglementation des politiques agricoles, les États affichent la volonté de s'appuyer sur plus de régulations par les marchés. Comme l'exposent Meynard *et al.* (2013) « même si elle doit, pour s'initier, être soutenue par les pouvoirs publics, la diversification ne perdurera sur le long terme que si l'action des Pouvoirs publics est relayée par les mécanismes du marché ». C'est ce que la rétrospective historique dressée dans la partie précédente illustre. La recherche de nouveaux débouchés en aval apparaît donc comme un levier particulièrement important pour favoriser une plus grande diversification de la sole cultivée française en amont, qui permette une réduction significative de l'usage d'intrants chimiques. Mais si les nouveaux débouchés en alimentation humaine offrent de nouvelles opportunités, ces filières de niches doivent dépasser les mécanismes d'auto-renforcement du système conventionnel pour enclencher à leur tour des RCA (encadré 7.9).

Économie d'échelle et rendements croissants d'adoption

Pour les économistes, la spécialisation de l'agriculture française en faveur de quelques espèces dominantes (blé tendre, orge, maïs, colza totalisent près de 70 % de la surface en céréales et oléoprotéagineux) s'explique en grande partie par la recherche d'économies d'échelle à l'amont et à l'aval du système agro-industriel. À l'amont, la R&D étant généralement spécifique par espèce végétale en termes de variétés et de produits phytosanitaires, les investissements ont été entrepris sur des perspectives de volumes de production conséquents pour les rentabiliser. Du côté des exploitations agricoles, le processus de spécialisation s'explique par la plus grande facilité d'acquérir la maîtrise technique, d'amortir le matériel agricole et d'organiser le travail à partir de quelques productions dans lesquelles on se spécialise. À l'aval, les outils de stockage, de transformation et de commercialisation ont suivi la même logique : la spécialisation des activités sur quelques espèces dominantes conduit à la réalisation d'économies d'échelle réduisant le coût marginal d'usage d'une espèce végétale donnée.

Cette spécialisation amont semble avoir moins impacté les légumineuses notamment par le maintien d'activité de recherche publique importante conduite par l'Unip et l'Inra. En revanche, les logiques d'économies d'échelle des industriels de la transformation semblent avoir eu une répercussion prépondérante sur la production. Le débouché traditionnel des légumineuses est le marché de l'alimentation animale, au sein duquel le pois protéagineux a occupé une place importante quand il y avait de l'offre. Or, comme expliqué précédemment, le très fort développement du marché des aliments composés et les stratégies d'optimisation de l'approvisionnement des fabricants d'aliments comosés (FAC) ont accéléré la réduction de la place des protéagineux dans les formules. D'abord, la très forte substituabilité des matières premières au regard des nutriments recherchés permet aux FAC d'ajuster à court terme leurs formules au regard des prix du marché des matières premières. Au regard du profil nutritionnel intermédiaire du pois pour sa teneur en protéines et ne présentant pas de qualité spécifique recherchée, son intérêt d'incorporation dépend donc avant tout de son rapport de prix avec le blé et le soja qui sont les deux matières premières les plus utilisées dans les formules. Or ces prix relatifs ont été défavorables au pois ces dernières années. Ensuite, la recherche d'économie d'échelle pour réduire les coûts marginaux de fabrication des aliments conduit les FAC à privilégier les matières premières dont les volumes de production sont suffisamment importants pour les incorporer dans plusieurs formules, sachant que 80 % des FAC sont polyvalents et proposent des aliments pour différents élevages (porcins, volailles, ruminants). Mais l'organisation actuelle des approvisionnements en protéagineux ne permet pas une disponibilité continue, de par la faiblesse des volumes. L'offre étant dispersée sur le territoire français, son approvisionnement est plus coûteux (coûts de transaction[102] démultipliés). L'organisation logistique de l'offre en pois et son incapacité à « massifier » des offres dispersées apparaissent ainsi comme déterminantes. La combinaison de ces facteurs conduit les graines protéagineuses à occuper une place éloignée dans la hiérarchie des matières premières. Les légumineuses ne sont ainsi considérées que comme des matières premières d'ajustement (d'opportunité) pour les FAC.

La trajectoire du pois sur ce marché illustre ici parfaitement le mécanisme de verrouillage et d'auto-renforcement d'une situation initiale : dans les années 2000, les politiques publiques et le contexte économique, combinés à des problèmes techniques, ont incité les agriculteurs à produire d'autres espèces plus rentables que le pois, telles que les céréales, puis plus récemment les oléagineux ; le défaut de compétitivité du pois a réduit sa demande auprès des FAC, incitant en retour les agriculteurs à moins produire de pois, ce qui a renforcé la faiblesse des volumes produits, perçu comme un désavantage supplémentaire pour les FAC qui raisonnent avant tout en termes d'économies d'échelle. De cette analyse, nous pouvons comprendre pourquoi les politiques publiques de soutien ponctuel aux protéagineux via les aides complétant les prix de vente des graines (les plans protéines) n'ont pas permis de soutenir le redéploiement de cette production sur le long terme. En effet, le soutien de cette aide incite les agriculteurs à en produire, mais les formulateurs ont besoin d'un temps d'adaptation pour réincorporer plus de protéagineux dans les formules ; par ailleurs, ces aides ne permettent que de pallier ponctuellement leur défaut de compétitivité dans les formules par rapport aux matières concurrentes, sans résoudre durablement ce différentiel de compétitivité pour pérenniser sa production. Cette analyse met aussi en avant le rôle crucial de la logistique qui assure l'interface entre l'offre et la demande agricole. Des investissements dans de nouvelles infrastructures de stockage des organismes agricoles apparaissent nécessaires pour soutenir la diversification des cultures et peuvent être l'occasion d'une redéfinition du maillage territorial des OS en lien avec les politiques publiques d'aménagement de l'espace.

Conjointement, cette recherche d'économie d'échelle a été renforcée par les RCA. Les RCA renvoient à deux types d'effets interdépendants : les effets de réseaux et d'apprentissage. Les effets de réseaux contribuent à renforcer la valeur d'usage d'un produit ou d'une technologie en lien avec l'augmentation du nombre d'utilisateurs.

---

102. Par coût de transaction on entend l'ensemble « des coûts de recherche et d'information, des coûts de négociation et de décision, des coûts de surveillance et d'exécution » (Coase 2005, pages 23-24).

Ainsi, l'augmentation du nombre d'agriculteurs en système spécialisé et intensif en intrants a favorisé l'affinement des connaissances sur les cultures dominantes, au détriment des connaissances sur les autres espèces. Ces connaissances peuvent se situer à l'amont agricole, par exemple sur les itinéraires techniques, ou plus en aval en termes de transformation et d'usage des espèces. Par exemple, sur le marché de la nutrition animale, les pratiques de formulation s'étant largement standardisées en défaveur des légumineuses, on a assisté à une perte de connaissances sur les propriétés nutritionnelles et technologiques de ces espèces, de moins en moins cultivées et valorisées industriellement, et au contraire à un renforcement des apprentissages en faveur des espèces dominantes, dont la valeur d'usage a augmenté par les progrès technologiques orientés en leur faveur (Meynard *et al.*, 2013).

Pourtant, si des économies d'échelle visent à réduire le coût unitaire d'un bien (pour en réduire son prix) en augmentant son volume de production[103], à partir d'un certain palier de production des « déséconomies » d'échelle peuvent apparaître. Des coûts additifs de gestion liés à des dysfonctionnements, entraînant notamment des pertes plus importantes, peuvent survenir et réaugmenter le coût unitaire du bien. Mais surtout, certains paliers de production peuvent entraîner des externalités négatives de production dont la prise en compte peut augmenter le coût unitaire. L'agriculture conventionnelle qui a favorisé une forte spécialisation des grandes cultures semble avoir atteint ce palier de déséconomies externes d'échelle. La reconnaissance de ces déséconomies externes d'échelle pourrait inciter les acteurs du monde agricole et agro-industriel à s'orienter vers la recherche d'économies de gamme (désignées également comme économies d'envergure). L'objectif est alors de réaliser des gains en regroupant sur un même bassin de production plusieurs biens agricoles complémentaires ; ces gains, qui sont liés à ce que les économistes désignent par des effets de synergie ou de sous-additivité en industrie, s'apparentent ici aux effets des services écosystémiques. La logique qui sous-tend les économies de gamme est de raisonner sur le rapport bénéfice-coût global alors que les économies d'échelle raisonnent plus sur le coût unitaire.

Favoriser la diversification agricole, c'est donc aussi développer de nouvelles complémentarités agro-industrielles. De nouvelles complémentarités à l'échelle des territoires pourraient être trouvées, par exemple, entre filières animales et végétales par une reconception des formules d'alimentation favorisant des espèces végétales produites à proximité (Moraine *et al.*, 2012). Au regard de l'analyse faite plus haut sur les enjeux d'innovations technologiques pour l'industrie agroalimentaire dans la valorisation d'une gamme plus large d'espèces du végétal, on peut également suggérer qu'une évolution stratégique du métier des FAC vers celui de « fractionneur » ou « bioraffineur » pourrait combiner des logiques d'économies d'échelle et de gamme en valorisant leur offre, à la fois pour l'industrie agroalimentaire (visant des nutriments « premium »), pour les élevages (visant les co-produits associés) et autres industries intéressées par d'autres propriétés fonctionnelles.

À l'échelle de l'exploitation agricole, les économies de gamme supposent aussi que la diversification des cultures favorise *in fine* une efficience technique globale permettant de réduire les charges de travail, qui est probablement liée à la taille des

---

103. Réduisant ainsi la part des charges fixes et des charges semi-variables pour chaque unité produite.

exploitations. Il existe très peu d'études appliquées au mode agricole pour étayer ce point de gestion d'économies d'échelle/de gamme. Quelques études statistiques permettent seulement de constater, de manière paradoxale, que si la diversification de l'assolement tend à augmenter avec la taille de la sole cultivée dans l'exploitation (Fuzeau *et al.*, 2012), en termes de rotation, ce sont parfois dans les exploitations de grande taille que les rotations courtes sont les plus fréquentes (statistiques Agreste pour 2010).

La capacité des coopératives agricoles et des transformateurs à gérer différentes filières de production, notamment céréalières et protéagineuses, peut être étroitement corrélée aux standards technologiques mis en place, mais également aux systèmes d'information et de connaissances mis à disposition des acteurs pour évaluer ces gains.

Compatibilités technologiques et standards productifs

Plus une technologie est répandue, plus des technologies complémentaires se développent, renforçant sa position dominante. L'une des sources du déclin des légumineuses dans la seconde moitié du XXe siècle a été le développement de la fertilisation azotée minérale. Le recours à la fertilisation minérale pour satisfaire les besoins azotés des cultures est en effet une technique plus fiable que le développement de légumineuses dans la rotation pour assurer aux plantes une alimentation azotée soutenue, nécessaire à l'atteinte de hauts rendements. Aujourd'hui, l'augmentation du coût de l'énergie et le souci de réduire les pollutions de l'air et des eaux imposent une réduction des engrais azotés. Mais on assiste alors surtout au développement d'innovations incrémentales de la technologie conventionnelle, comme la recherche d'un ajustement plus précis des doses et dates d'apport aux besoins des cultures (par exemple, le dispositif Farmstar ; Labarthe, 2010), et peu à une reconception du système de culture insérant des légumineuses dans la rotation. De plus, les rotations céréalières courtes qui dominent les régions de grandes cultures ne seraient pas possibles sans l'emploi intensif de pesticides, car elles contribuent à aggraver les problèmes de parasitisme, et rendent difficile la maîtrise des populations d'adventices (Schott *et al.*, 2010). Du fait du rôle clé des pesticides dans la logique des systèmes de culture, les entreprises qui commercialisent ces intrants sont devenues la principale source de conseil aux agriculteurs. Pour lutter contre les bioagresseurs, ce conseil privilégie souvent les solutions chimiques, simples et d'efficacité « spectaculaire » plutôt que les méthodes agronomiques préventives, telles que l'allongement de la rotation, plus complexes à mettre en œuvre et d'efficacité moins directe (Butault *et al.*, 2010). Le développement des intrants de synthèse a été le pivot de la spécialisation des grandes cultures ou, autrement dit, de la réduction de la diversité cultivée.

Partant de là, des standards technologiques en aval des filières se sont également imposés, favorisant des systèmes productifs amont intensifs, comme les fortes exigences des transformateurs pour les taux de protéines du blé (tant pour le blé tendre en panification que pour le blé dur en pasterie), qui requiert des apports d'azote important. Une évolution des standards technologiques aval pourrait donc impacter les pratiques amont.

Une analyse similaire peut être conduite sur l'intensification des élevages de ruminants et ses conséquences sur l'utilisation des légumineuses fourragères en culture pure. Le développement d'associations graminées–légumineuses, exploitées comme les graminées en pure, mais avec des économies significatives d'intrants et une amélioration de la valeur alimentaire, permet une inversion de tendance de l'usage de ces espèces sans remettre en cause la trajectoire des élevages. Toutefois, la maîtrise de l'équilibre des associations, essentiel à l'obtention des bénéfices attendus, nécessite une diffusion adaptée des connaissances pour assurer une bonne compréhension des mécanismes physiologiques et un apprentissage réussi de l'éleveur.

Le développement de pratiques culturales innovantes intégrant plus de légumineuses, telles que les cultures associées, peuvent aussi poser des problèmes d'adaptation technico-organisationnelle pour les autres opérateurs de la filière. C'est tout particulièrement le cas pour les cultures associées céréales-légumineuses qui permettent des gains de rendements et de qualité intéressants en systèmes de grandes cultures. Ces pratiques d'intensification écologique pourraient être plus facilement adoptées si les coopératives disposaient de machines de tri adaptées au triage de ces espèces et au principe de séparation en trois lots (la céréale, la légumineuse, les déchets) et de structures de stockage permettant de gérer une plus grande diversité dans la collecte (Magrini *et al.*, 2013). Dans un récent projet Casdar, l'évaluation du coût supplémentaire induit pour le tri avec du matériel standard a été évaluée autour de 20 €/t, mais avec l'évolution technologique du tri optique et une nouvelle organisation du travail, on peut penser que ce surcoût puisse fortement diminuer (Bousseau, 2009 ; ANR Perfcom[104]). Des innovations techniques sont probablement aussi à trouver au niveau même des moissonneuses qui pourraient disposer d'un système de pré-tri au moment de la moisson pour économiser un temps de triage à la coopérative.

La recherche de nouvelles technologies et standards aux différents maillons des filières compatibles avec de nouvelles pratiques de production amont détermine ainsi fortement la trajectoire future de l'agriculture. Ces évolutions interpellent plus particulièrement le régime des connaissances.

L'état de la connaissance : un déterminant majeur pour la transition des systèmes

La diffusion insuffisante de l'information technico-économique et des performances de durabilité des légumineuses peut être avancée comme un facteur supplémentaire pour expliquer le désintérêt progressif pour ces espèces auprès des agriculteurs. Les connaissances des agents jouent en effet un rôle important dans l'auto-renforcement des pratiques, à différents niveaux. D'abord, les parcours de formation des agents, et de ceux qui assurent un service de conseil auprès d'eux, influencent fortement leur capacité à utiliser telle ou telle technologie : chacun choisit celle qui lui semble la plus satisfaisante compte tenu de ce qu'il sait. Cela a conduit, par exemple, les agriculteurs et les conseillers agricoles à orienter les choix productifs en ayant recours à la fertilisation minérale étroitement associée

---

104. Synthèse des résultats de ce projet de recherche sur les cultures associées céréales et légumineuses disponible sur http://www6.montpellier.inra.fr/systerra-perfcom/Productions-PerfCom/Salons-plaquettes

au paradigme de l'agriculture conventionnelle. Le cœur de compétences des agriculteurs et/ou des entreprises agro-industrielles peut ainsi générer des rigidités qui limiteront leurs capacités à innover et à changer de technologie. Ensuite, le conseil technique aux agriculteurs est aussi inséré dans des rapports de force institutionnalisés qui verrouillent la capacité d'évolution des connaissances vers des systèmes alternatifs (Labarthe, 2010). Enfin, le manque de connaissances pratiques d'une technologie alternative réduit sa probabilité d'adoption (Meynard, 2010). À ce titre, l'étude Inra (Meynard *et al.*, 2013) souligne le peu de références technico-économiques à l'échelle pluriannuelle mises à disposition des agriculteurs alors que les différentes études rappelées au début de ce chapitre montrent que l'insertion de légumineuses dans la rotation conduit à un bénéfice économique non négligeable. Le rôle de la connaissance reste étroitement dépendant des supports institutionnels qui la diffusent[105]. En l'occurrence, le défaut d'adoption d'une comptabilité analytique par les centres de gestion et d'autres organismes professionnels agricoles peut expliquer en partie leur incapacité à proposer aux agriculteurs des évaluations pluriannuelles plus fines au regard de la réduction des charges opérationnelles apportées par une diversification des espèces dans la rotation. Ces évaluations contribueraient à concevoir de nouveaux systèmes de production aux objectifs renouvelés, à adapter les pratiques pour plus de durabilité environnementale et économique. Mais à défaut d'autres connaissances, les effets cumulatifs des facteurs d'auto-renforcement augmentent la valeur d'adoption des espèces « majeures ». Ceci interpelle donc les pouvoirs publics dans la mise en œuvre de nouveaux systèmes d'information et de partage des connaissances, tout particulièrement pour les agriculteurs et conseillers.

À retenir. De la nécessité de mobiliser des leviers de changement par des innovations techniques, économiques et organisationnelles.

Une augmentation de la production de légumineuses se heurte à un système agro-industriel qui s'est organisé en faveur des cultures majeures, de l'amont à l'aval, sur le marché de l'alimentation animale, mais également sur le marché de l'alimentation humaine. La structuration progressive des acteurs, des technologies, des infrastructures, des institutions et des normes au fil des dernières décennies, a en effet conduit à un système très cohérent, autour d'un paradigme fondé sur l'intensification productive par l'agrochimie et des critères de sélection génétique associés. Ce paradigme ne permet pas de prendre en compte les services écosystémiques pouvant être rendus par les légumineuses, qu'elles soient à graines ou fourragères. La transition vers une production plus durable (plus « écologiquement intensive » ou plus « agro-écologique ») est susceptible de donner une place plus importante à ces productions. Néanmoins, le déverrouillage du système en place suppose de

---

105. Un parallèle peut être ici établi au regard de l'aval des filières, plus particulièrement pour l'alimentation humaine. Les méconnaissances des consommateurs sur les bénéfices nutritionnels associés à la consommation de légumes secs, par exemple, sont peut-être liées en partie aux classifications nutritionnelles officielles qui répertorient ces produits dans la catégorie « féculents » alors que d'autres pays les classent comme « protéines » en tant qu'alternatives aux protéines animales, comme par exemple au Canada (http://www.hc-sc.gc.ca/fn-an/food-guide-aliment/choose-choix/meat-viande/tips-trucs-fra.php#a1), voir chapitre 5.

mobiliser conjointement un ensemble de leviers et d'acteurs (de l'amont à l'aval des filières) pour agir sur les différentes composantes du système et enclencher, *in fine*, des rendements croissants d'adoption en faveur des légumineuses. Si l'opportunité de nouveaux débouchés en alimentation humaine peut être la source d'un appel d'air pour ces productions face aux enjeux de la transition démographique et nutritionnelle, il convient de s'appuyer conjointement sur d'autres leviers car ces nouveaux débouchés en alimentation humaine pourraient aussi à terme être rapidement concurrencés par des innovations technologiques sur les espèces majeures. Des innovations technologiques mais également organisationnelles ou économiques (économie carbone, valorisation de l'autonomie, cahiers de charges durables) sont également à imaginer dans les débouchés en alimentation animale.

▸▸ Leviers mobilisables pour des systèmes plus durables avec plus de légumineuses

Les aides directes à la production, telles que les soutiens aux prix, ont constitué l'outil privilégié de la politique agricole européenne du dernier quart de siècle, et sont maintenues spécifiquement pour certaines productions protéiques dans l'application française de la PAC 2015-2020, avec l'affectation de 2 % des aides du premier pilier de la PAC aux cultures riches en protéines (pois, féverole, lupin, luzerne, soja, légumineuses fourragères, certaines associations) utilisées pour l'alimentation animale. Cependant, le désengagement progressif de l'État dans ces aides directes à la production au cours des années 1990 et 2000 (réformes successives de la PAC depuis l'Agenda 2000) s'est vu accompagné par un recul significatif des surfaces de protéagineux (voir p. 360). Cela souligne le risque d'artéfact de ce type de soutien étatique qui n'a pas suffi, à lui seul, pour enclencher une dynamique pérenne et autonome des acteurs économiques du secteur concerné. La volonté de s'appuyer sur plus de régulation par les marchés invite à considérer aussi les mécanismes institutionnels qui sont susceptibles de renforcer la production de légumineuses, notamment ceux qui s'appuient sur l'approche de développement durable. Ainsi, de nouveaux leviers sont à concevoir, afin d'apporter un contexte favorable à des pratiques vertueuses pour l'environnement et durables *via* des systèmes incitatifs valorisant le bénéfice environnemental d'une façon ou d'une autre, ainsi que l'organisation entre acteurs du secteur concerné.

Dans cette logique d'économie marchande, nous proposons de revenir ici sur trois types de leviers d'action majeurs. Le premier type de leviers rassemble les outils de régulation des marchés permettant d'orienter les choix productifs des acteurs (privés) vers des pratiques plus respectueuses des ressources environnementales, auxquels s'est largement intéressée l'économie de l'environnement ces dernières années. Cependant, ces supports prennent plus ou moins bien en compte les innovations (par exemple, les cultures associées). Ces outils concernent : les mesures réglementaires (appliquées aux zones vulnérables par exemple), notamment les normes publiques ou privées, les mesures agroenvironnementales de type MAE ; les dispositifs de certification et d'affichage environnemental ; les instruments d'intervention tels que les taxes ou les marchés carbone. Ces outils visent principalement à créer de nouveaux dispositifs de coordination des choix productifs qui internalisent les externalités environnementales négatives et financent parfois les externalités environnementales positives (MAE), à défaut de monétarisation effective des services écosystémiques. Le deuxième type de leviers s'intéresse au rôle des débouchés pour ces productions. Au-delà de l'internalisation des services écosystémiques associés aux légumineuses, l'opportunité pour l'agriculteur d'obtenir une valeur ajoutée commerciale plus rémunératrice reste un levier majeur de développement de la production. Les stratégies de différenciation par la qualité ont conduit des opérateurs à créer des labels publics ou privés pour soutenir ces productions. Ces labels correspondent en partie à des niches de marché en alimentation animale, mais aussi en alimentation humaine, qui sont susceptibles d'être des réservoirs d'innovations pour soutenir le développement de ces productions qui demandent parfois des investissements en amont (cas des cultures associées, du bio ou autres). Le développement de nouveaux produits de marché interpelle également des innovations organisationnelles pour coordonner les acteurs dans la structuration de nouvelles filières. À travers ces deux leviers, la coordination des acteurs ressort comme un troisième type de levier majeur pour la relance des légumineuses. Ces modalités de coordination relèvent de différentes formes d'arrangement institutionnel (selon les concepts de l'économie des organisations) : d'une part, des arrangements privés qui visent à créer des formes organisationnelles nouvelles (hybrides) *via* de nouveaux dispositifs contractuels ou de règles d'action collective (gestion des biens communs) ; d'autre part, des arrangements qui relèvent du public, liés notamment aux dispositifs de coordination de l'interprofession et des dispositifs de formation, de partage des connaissances et de la recherche. *In fine*, la mobilisation conjointe de l'ensemble de ces leviers peut renforcer l'enclenchement d'une transition vers un système de production agricole utilisant plus de légumineuses.

Rôle des outils de régulation des marchés : quelles nouvelles mesures et quels outils incitatifs ?

Face aux externalités négatives liées à l'intensification agricole, les autorités publiques disposent d'un ensemble d'outils de régulation des marchés visant à orienter les agriculteurs vers des pratiques plus durables. Un ensemble de mesures existe déjà dont certaines concernent plus ou moins directement les légumineuses. Certaines ont montré des niveaux d'efficacité relativement faibles par le passé, d'autres jugées *a priori* plus efficaces sont en cours d'expérimentation.

Les outils réglementaires : de la directive nitrates aux mesures agroenvironnementales

Les outils les plus directifs sont les réglementations sur des obligations de moyens ou de résultats, fondées sur le choix de normes. Les enjeux de réduction des pollutions diffuses par les nitrates ont fait l'objet de plusieurs directives (les directives nitrates) visant à réduire les doses d'azote apportées aux cultures[106]. Mais la pertinence de cet outil est remise en question à plusieurs titres.

Avant tout, l'application de cette mesure en France est basée sur l'obligation de moyens (gestion de la fertilisation) et non sur une obligation de résultat (teneur des eaux ou impacts négatifs sur l'environnement et l'homme), contrairement à certains pays comme la Belgique. La marge de manœuvre de l'agriculteur est alors réduite, ce qu'il vit souvent mal et perçoit uniquement la mesure comme une contrainte. Ceci conduit d'ailleurs actuellement la profession à critiquer fortement les ministères français, alors que, *a contrario*, l'UE reproche à la France de ne pas aller suffisamment loin sur ce sujet (assignation de la France en Cour de Justice en février 2012 pour ne pas avoir pris les mesures nécessaires à la lutte contre la pollution des eaux par les nitrates notamment en Bretagne).

Ensuite, le choix du seuil pose des difficultés de consensus entre parties prenantes au regard des différentes cultures et de leurs contextes pédoclimatiques et géographique (distance aux zones de captage). De plus, le seuil retenu a plus ou moins d'impacts dans le temps, dans la mesure où l'amélioration technologique continue sur les pratiques de fertilisation minérale a conduit les acteurs à mieux ajuster les doses au cours du temps sans s'orienter vers un usage plus accru de légumineuses, cultures par ailleurs perçues comme « à risque » pour la lixiviation, ce qui n'est vrai que si la gestion du système de culture est inappropriée (chapitres 3 et 6). La définition d'un seuil, à une période donnée, peut devenir rapidement caduque. Enfin, la crédibilité de ces mesures réglementaires repose sur l'existence de dispositifs de contrôle. Or, bien souvent, la difficulté d'une évaluation suffisamment représentative du respect d'application de ces mesures ne permet pas de leur octroyer un effet coercitif efficace.

D'autres dispositifs relèvent de réglementations plus volontaires, du type des mesures agroenvironnementales (au sein du « second pilier » de la PAC), qui visent à octroyer une aide spécifique à l'agriculteur qui met en place des pratiques agricoles vertueuses sur le plan environnemental, et ce avec un engagement pluriannuel (3 ou 5 ans en général). Ces mesures initiées au début des années 2000 ont fait l'objet de différentes évaluations (dont Asca 2004) qui révèlent généralement d'une part, d'un faible taux d'adoption (en partie du fait de l'engagement contractuel pluriannuel), et d'autre part, des difficultés administratives d'appui aux agriculteurs et de suivi de ces mesures. Il ressort par exemple que pour la MAE rotationnelle visant à diversifier les assolements dans le temps et l'espace (avec 32 € /ha de 2010 à 2013 dans les régions éligibles), il faut attendre 2010 pour que l'ensemble des régions françaises aient des agriculteurs engagés dans cette

---

106. Ces zones ont été révisées en 2012 sur la base des résultats de concentrations des eaux souterraines et superficielles observés en 2010-2011. Aujourd'hui, environ 55 % de la surface agricole de la France est classée en zone vulnérable, cela correspond aux régions où l'activité agricole est la plus importante. Cette révision s'est traduite par le classement de 1 440 communes supplémentaires aux quelque 18 400 communes déjà concernées, essentiellement localisées dans les bassins Adour-Garonne, Loire-Bretagne, Rhône-Méditerranée et Seine-Normandie. 617 communes ont été déclassées au vu de l'amélioration ponctuelle de la qualité des eaux superficielles et souterraines traduisant les efforts réalisés par les agriculteurs dans la maîtrise des pollutions azotées ; ces communes déclassées sont essentiellement localisées dans les bassins Adour-Garonne et Artois-Picardie.

mesure pour totaliser cependant moins de 10 % de la sole cultivée nationale. En revanche, on peut souligner l'efficacité de l'« aide à la diversification des assolements » qui a certainement eu un effet direct sur les surfaces de protéagineux en 2009 et 2010, même si elle n'a duré que peu de temps ; elle a permis, jusqu'en 2010, d'obtenir un supplément de 25 €/ha pour l'ensemble des cultures si l'assolement était composé d'au moins quatre cultures, sans engagement pluriannuel. La PAC 2015-2020 (voir p. 74) intègre d'ailleurs une clause de diversification des cultures, qui impose trois cultures minimum dans la rotation, pour l'éco-conditionnalité du paiement des aides à la production. De plus, le principe des MAE est repris avec ce qui s'appelle désormais les mesures agri-environnementales et climatiques (MAEC). Deux d'entre elles sont spécifiques aux grandes cultures et privilégient un engagement au niveau du système au travers de différentes conditions à remplir sur la diversité des cultures, l'obligation de rotation, la limitation des traitements phytosanitaires et la fertilisation azotée.

Des dispositifs de type « certification » peuvent aussi entrer dans ce volet de réglementations volontaires, comme par exemple la certification à haute valeur environnementale (HVE) ou des réflexions actuelles qui portent sur la possibilité d'étendre le dispositif réglementaire des Certificats d'économie d'énergie (CEE), qui oblige les fournisseurs d'énergie à réaliser des économies d'énergie en entreprenant différentes actions auprès des consommateurs, à d'autres intrants énergétiques comme les produits phytosanitaires (CEPP), et éventuellement aussi les engrais minéraux azotés (tout en privilégiant le choix d'actions volontaires plus qu'imposées). Les CEPP sont inscrits dans la loi d'Avenir de l'agriculture du 11 septembre 2014, et ils visent à reconnaître des pratiques vertueuses au regard de l'objectif de réduction de l'usage des produits phytosanitaires.

La PAC de 2015-2020 : la poursuite des plans protéines et une norme de diversification

Les plans protéines rappelés dans la partie précédente constituent encore aujourd'hui un outil de régulation majeur de la production agricole. Ces mesures sont maintenues dans la nouvelle PAC avec une extension des espèces concernées au soja, luzerne et légumineuses fourragères, *via* les éleveurs (voir p. 74), y compris les surfaces céréales-légumineuses si la légumineuse est majoritaire. Ce dernier cas permet de mettre en valeur les cultures associées, et même si certains points sont encore flous (proportion au semis ou à la récolte), cette ouverture est positive pour des innovations dans les systèmes de culture pour lesquels les statistiques officielles et mesures réglementaires sont jusqu'à présent mal adaptées. Par ailleurs, concernant la clause de diversification des assolements imposée dans la nouvelle PAC, une étude récente a montré que plus de 75 % des exploitations agricoles françaises respectaient déjà cette exigence (Fuzeau *et al.,* 2012). Cette norme aura donc un impact essentiellement sur les parcelles en mono-cultures, mais peu d'impact sur le renforcement d'une diversification à l'échelle de la rotation (Magrini *et al.,* 2013).

Une autre clause d'éco-conditionnalité sur 30 % des aides de la PAC impose un minimum de la SAU de l'exploitation, à savoir 5 % en 2015 et peut-être 7 % en

2017, en surfaces d'intérêt écologique[107] (SIE). Cette reconnaissance peut aider à soutenir certaines productions, telles que la luzerne (Nil, 2012) ou d'autres cultures de légumineuses. Or, dorénavant, en France, les SIE pourront inclure des « cultures fixant l'azote », qui sont prises en considération avec un facteur de 0,7 % pour leur comptabilisation en surfaces SIE.

De la fiscalité écologique à la mise en œuvre de marchés écologiques

Les projets de taxe écologique ont fait l'objet de nombreux débats ces dernières années, sans qu'aucun dispositif spécifique soit finalement initié hormis la récente taxe sur les produits phytosanitaires gérée par les agences de l'eau (redevance pour pollutions diffuses, RPD). Le principe d'une taxe est simple : le prélèvement de la taxe permet d'octroyer de nouveaux moyens pour financer des projets visant à développer des pratiques alternatives, tout en poussant les acteurs à se tourner vers ces pratiques alternatives pour ne pas subir le coût de la taxe. On pourrait ainsi imaginer une taxe sur les engrais minéraux, comme cela se pratique dans d'autres pays tels que les Pays-Bas. Néanmoins, cette mesure présente plusieurs inconvénients : d'abord, la définition d'une valeur tutélaire de la taxe, ensuite le coût de gestion de cette fiscalité peut être relativement important au regard du bénéfice escompté, enfin la pertinence de cette mesure suppose l'adoption simultanée de cette mesure par d'autres pays pour ne pas créer de différentiel de compétitivité préjudiciable.

Ces difficultés d'application des mesures réglementaires ont, de manière générale en politique de l'environnement, orienté de plus en plus les politiques vers des outils de marché permettant à chaque acteur d'ajuster son action dans le temps, en n'imposant pas de norme spécifique qui peut s'avérer inappropriée au profil de certains acteurs. Le développement des marchés dits « de droit à polluer » entre dans cette logique. Il s'agit essentiellement du développement des « marchés carbone », qui compte cependant très peu d'initiatives pour le domaine agricole[108]. Depuis 2006, la France a lancé le dispositif des « projets domestiques CO_2 » (Dequiedt, 2012), qui s'appuie sur le principe de la mise en œuvre conjointe (MOC), mécanisme de projet prévu par le protocole de Kyoto, et que la France souhaite prolonger à l'avenir. L'objectif est de contribuer à la réduction des émissions de gaz à effet de serre (GES) sur le territoire national et de participer à l'engagement de notre pays pour diminuer nos émissions d'un facteur 4 d'ici à 2050. Le mécanisme est une incitation financière à la réduction des émissions de GES pour les acteurs de secteurs non couverts par le système européen d'échange de quotas de CO_2 (agriculture, transports, bâtiment, traitement des déchets, installations industrielles non couvertes), mais qui engagent volontairement des actions de réduction de leurs émissions sur le territoire français (métropole et DOM). L'État puise dans son stock d'unités

---

107. Surfaces dont les bénéfices pour l'environnement, l'amélioration de la biodiversité et le maintien de paysages attrayants sont prouvés (tels que les caractéristiques du paysage, les bandes tampons, les surfaces boisées, etc.).

108. Voir rapport de la SAF-Agriculteurs de France réalisé en 2006 avec l'Ademe et la Caisse des Dépôts, http://www.agriculteursdefrance.com/Upload/Travaux/Fic-1_76.pdf.

de quantité attribuée (UQA) pour délivrer des unités de réduction des émissions carbone (URE) aux développeurs de projet, qui pourront ainsi intégrer le bénéfice des crédits carbone dans le plan de rentabilisation de leur investissement. Les URE sont alors vendues sur le marché européen appelé EU ETS (*European Union Emissions Trading Scheme*), soit sur le marché des quotas soit sur le marché volontaire (auprès de partenaires privés voulant afficher une contribution environnementale dans leur stratégie de marque, en achetant des crédits carbone de « gré à gré » pour contribuer à leur démarche RSE). En attendant le nouveau cadre qui devrait donner suite au protocole de Kyoto au niveau international, l'Union européenne a prévu de mettre en œuvre un mécanisme de substitution pour les mécanismes de MOC pour maintenir une visibilité jusqu'en 2020.

Un des rares exemples du secteur agricole est le « projet domestique légumineuses » agréé en 2011 : les services environnementaux rendus par les légumineuses, notamment en termes de réduction du protoxyde d'azote (N_2O), un des GES puissant et majoritaire pour les productions végétales[109], sont rémunérés *via* des URE accordées aux coopératives dont la surface en légumineuses a augmenté comparativement à une situation de référence, et revendues sur le marché carbone (encadré 7.10).

Si le marché carbone n'est pas suffisamment incitatif actuellement, ces pistes restent à explorer car le contexte risque de changer à moyen et long terme. D'ailleurs, une expertise collective récente de l'Inra (Pellerin *et al.,* 2013) sur les GES dans le secteur agricole a mis en évidence la culture des légumineuses à graines comme l'une des dix mesures les plus significatives pour réduire ces GES[110].

Encadré 7.10. Le marché carbone accessible aux légumineuses : un dispositif agréé depuis 2011.

Depuis 2012, un des services environnementaux des légumineuses peut être rémunéré *via* des crédits carbone, correspondant aux émissions de GES qu'elles ont permis d'éviter au champ. Le principe de ce projet domestique CO_2 Légumineuses a été agréé par le ministère en charge de l'Écologie en 2011[111]. Les légumineuses concernées sont : féveroles, fèves, haricots, lentilles, lupin, luzerne, petits pois, pois chiches, pois d'hiver, pois de printemps, soja, vesces et autres protéagineux. Concrètement, dès que l'ensemble des agriculteurs déclarants ont une surface en légumineuses proportionnellement supérieure à celle de la moyenne départementale de référence, la coopérative adhérente au projet se verra attribuer des URE. InVivo, qui coordonne le projet, assure de façon contractuelle tous les calculs

.../...

---

109. Les émissions de GES d'origine agricole représentent, en 2011, 20,9 % des émissions françaises. Entre 1990 et 2011, leur réduction, due à la diminution de la fertilisation azotée, à la baisse des effectifs bovins et au fléchissement de la consommation d'énergie, a atteint environ 7,6 %. L'agriculture est le principal secteur émetteur de méthane et de protoxyde d'azote (Rapport de la Direction générale de l'énergie et du climat 2013, http://www.developpement-durable.gouv.fr/IMG/pdf/Fr_RMS_2013__.pdf).
110. Cette expertise Inra précise que sur les 17,8 % de GES émis par l'agriculture, 9,8 % sont dus aux émissions de protoxyde d'azote (N_2O) produit lors des réactions biochimiques de nitrification et de dénitrification, et 8,0 % sont liés au méthane (CH_4) lors de la digestion des animaux.
111. Méthodologie spécifique aux projets de réduction des émissions de N_2O dues à la dénitrification des sols agricoles par insertion de légumineuses dans les rotations agricoles, consultable sur le site du ministère de l'Écologie : http://www.developpement-durable.gouv.fr/Liste-des-methodes-referencees-et.html.

.../...

pour les coopératives et regroupe les URE afin de les mutualiser pour atteindre un volume minimal et les proposer sur le marché d'échange de crédits carbone ou auprès d'opérateurs privés pour des achats de « gré à gré ». Les 9 coopératives adhérentes au projet en 2011 sont : Cavac, Maïsadour, Terrena, Terres du Sud, Cap Seine, Sèvre et Belle, Dijon Céréales, Vivescia, EMC2. L'agriculteur s'engage par une convention de partenariat avec la coopérative. Chaque coopérative a choisi une des quatre possibilités de démonstration de l'additionnalité[112] : comparaison de marge brute, non-saturation de l'outil logistique, coûts d'entretien des cellules plus élevés, volonté d'investissement de matériel de stockage. Elle gère la répartition des URE qu'elle percevra pour les hectares de légumineuses implantés par ses adhérents, et décide de l'allocation de ce bénéfice (rétribution directe aux agriculteurs, investissements pour les filières de légumineuses, investissement dans de nouvelles infrastructures de stockage, etc.).

Les premières années sont des phases de test, d'autant que le prix du carbone fluctuant est très bas dans les années 2010-2015. La rémunération à l'hectare n'est pas encore très significative, mais elle pourrait monter en puissance lorsque le marché du carbone se relèvera ou pourrait trouver un intérêt auprès d'autres opérateurs désireux d'acheter ces crédits pour contribuer à leur démarche RSE. Se développe ainsi un marché de vente des crédits carbone de « gré à gré ». Comme le souligne les porteurs du projet domestique Légumineuses, malgré le contexte, cette méthodologie reste intéressante car grâce à elle, certains efforts des agriculteurs en termes de lutte contre le changement climatique peuvent désormais être reconnus et valorisés, comme dans d'autres secteurs.

Rôle des débouchés : quelles nouvelles valeurs commerciales et synergies entre acteurs ?

L'analyse de la première partie de ce chapitre a insisté sur la valeur économique des légumineuses issue d'une meilleure considération des services écosystémiques associées à leur culture et à leurs impacts sur les autres cultures, en rotation ou en cultures associées, en tant que plante de service mais aussi en tant que culture de rente. Une plus forte valeur économique de ces espèces peut provenir d'une meilleure valorisation commerciale *via* des débouchés à plus forte valeur ajoutée s'appuyant soit sur une fonction spécifique, soit sur une qualité environnementale. Cette recherche de nouveaux débouchés apparaît comme un levier majeur de relance de ces espèces car, face à l'ascension du cours des espèces majeures, le différentiel de compétitivité continue de se creuser entre ces espèces et les produits issus des cultures majoritaires comme les céréales. Cet écart de rémunération est d'autant plus problématique que l'évaluation à la marge annuelle reste le mode de raisonnement dominant de l'agriculteur. En ordre de grandeur, leur marge brute annuelle à l'hectare est aujourd'hui 2 à 6 fois moins importante que les cultures majeures, selon les espèces et contextes de production (Dequiedt, 2012). La valorisation par de

---

112. Prouver que sans l'octroi d'URE, le projet ne serait pas économiquement viable ou qu'il ne serait pas mis en œuvre en raison de barrières trop importantes.

nouveaux débouchés passe par deux grands types de stratégies : le développement de produits innovants à base de légumineuses, tout particulièrement en alimentation humaine, mais également par des stratégies de différenciation par la qualité, notamment environnementale.

Le défaut de compétitivité de ces espèces par rapport aux cultures majeures est particulièrement fort pour le marché de l'alimentation animale, comme expliqué précédemment. Certaines niches de marché, telles que les productions animales sous labels, accordent une place plus importante à ces espèces dans les cahiers des charges (Cavaillès, 2009), mais ces débouchés ne sont pas associés à des rémunérations plus élevées, hormis en agriculture biologique. En revanche, l'enjeu d'un affichage environnemental des élevages prenant en compte les choix d'alimentation animale pourrait augmenter l'intérêt pour ces espèces qui peuvent contribuer significativement à la réduction des GES du secteur agricole (Pellerin *et al.*, 2013). En effet, les protéagineux rentrent plus facilement dans les aliments composés si la formulation animale intègre une contrainte de GES, c'est-à-dire si la formulation prend en compte, en plus du prix et de la valeur nutritionnelle, la valeur de l'impact environnemental de la matière première, ce qui a été quantifié lors d'une étude initiée par les professionnels en 2010 (étude 2010 SNIA-Syncopac-Onidol-Céréopa ; Onidol, communication personnelle). La méthodologie récemment développée par un fabricant d'aliment (Valorex) pour quantifier les émissions de méthane des ruminants en fonction de l'impact des aliments ingérés sur le processus de digestion[113] pourrait se combiner avec une évaluation de la réduction d'autres sources de GES liés à la production même de ces aliments, telle que la méthodologie spécifique aux projets de réduction des émissions de N_2O dues à la dénitrification des sols agricoles par insertion de légumineuses dans les rotations agricoles. Un engagement des systèmes d'élevage à s'approvisionner auprès d'exploitations agricoles bénéficiant d'une certification HVE renforcerait aussi les choix des agriculteurs en faveur d'itinéraires techniques plus diversifiés. Le dispositif « Agri-Balyse » mis en œuvre entre l'Ademe, les Instituts techniques agricoles et l'Inra vise à créer une base de données publique sur laquelle pourront être intégrées les valeurs d'un affichage environnemental. Ainsi, une différenciation par la qualité environnementale de filières d'élevage pourrait directement soutenir des choix productifs des exploitations de grandes cultures en faveur des légumineuses.

Une autre stratégie de valorisation est l'affichage d'une alimentation garantie « sans OGM » qui contribuerait à utiliser plus de graines oléoprotéagineuses françaises. Plusieurs études sont actuellement menées par des filières d'élevage pour évaluer les conditions technico-économiques de ces filières « sans OGM », appuyées souvent par des demandes de la grande distribution. Nous pouvons citer à titre d'exemple le projet NAVIRRE conduit en région Centre sur la filière avicole. Ce projet vise à évaluer dans le cadre d'une approche muticritères les possibilités de remplacer le soja incorporé dans la ration des volailles par des protéagineux (pois, féverole)

---

113. Le logiciel « Visiolait » offre la possibilité de prédire la production de méthane des vaches (en g/litre de lait), méthode brevetée par Valorex avec l'Inra et validée en 2013 par le ministère de l'Environnement en tant que méthodologie officielle : http://www.developpement-durable.gouv.fr/Liste-des-methodes-referencees-et.html

ou co-produits d'oléagineux (colza, tournesol) produits en région[114]. Le rapport de 2009 du Commissariat au développement durable (encadré 7.11) tendait cependant à mettre en évidence que la substitution d'une partie du soja importé par des légumineuses françaises pourrait entraîner une détérioration de la balance commerciale agricole : une compensation par une forte reconnaissance de l'impact environnemental de ces choix productifs reste ainsi indispensable pour soutenir ces productions.

Encadré 7.11. La relance des légumineuses étudiée par les pouvoirs publics en 2009 : les conclusions du rapport Cavaillès.

En 2008-2009, le ministère de l'Écologie a mené une étude pour approcher l'intérêt, la faisabilité et les conséquences d'un remplacement des tourteaux importés par des légumineuses françaises pour retirer des bénéfices environnementaux (Cavaillès, 2009). Si le moindre recours aux engrais azotés permet de réduire les émissions de GES au champ (protoxyde d'azote, en particulier), il en est de même de leur fabrication et leur transport (une fois pris en compte le gaz naturel servant à leur fabrication et le carburant). Une relance des légumineuses en France pourrait ainsi, *via* la baisse de la fabrication et du transport des engrais azotés, entraîner une réduction des émissions de gaz à effet de serre de l'ordre de 1,8 Mt éq. CO_2 par an, soit un gain annuel estimé à 57 M€ si le prix de la tonne de CO_2 est de 32 €. La perspective envisagée consisterait à effectuer une substitution d'importations pour l'alimentation animale (tourteaux de soja) par la culture de légumineuses. Le tourteau de soja provient majoritairement d'Amérique latine et représente un élément majeur des rations de concentrés étant donné sa richesse en acides aminés (plus de 70 % des apports azotés des porcs et des volailles). Cette substitution ne pourrait s'opérer qu'au moyen de modifications plus ou moins simples dans les techniques d'élevage, dans la réglementation et dans la formulation des rations pour l'alimentation animale. Plusieurs pistes en ce sens ont été identifiées et chiffrées par le CGDD en examinant les formules assurant l'équilibre des rations et en faisant référence aux études des instituts techniques (Institut de l'élevage) ou de recherche-conseil (Céréopa). Il ressort de ces analyses que l'alimentation bovine et porcine pourrait s'affranchir globalement du tourteau de soja en France, mais que la transition est bien moins prometteuse pour la filière avicole. Les calculs du CGDD donnent un niveau de substitution impliquant une augmentation d'environ 1,82 Mt pour les légumineuses à graines, 1,30 Mt pour les légumineuses fourragères et 1,17 Mt pour les tourteaux de colza supplémentaires en France, assurant une diminution des importations des tourteaux de soja de 41 %.

Un tel niveau de production supplémentaire au niveau national impliquerait un accroissement des surfaces de légumineuses d'environ 650 000 ha, et de multiplier par deux la part des prairies temporaires en légumineuses ou en association graminées et légumineuses pour atteindre 2,2 millions d'hectares. Ceci est d'ailleurs la situation à laquelle la production fourragère est parvenue, six ans après la publication de cette étude. L'étude du CGDD fait l'hypothèse qu'une partie des surfaces en légumineuses pourrait se substituer aux céréales, de l'ordre de 650 000 ha. De plus, le colza étant très présent dans les rotations actuelles,

…/…

---

114. http://www.elevageocentre.com/73+navirre-nouveaux-aliments-volailles.html

> .../...
>
> la majorité de sa production destinée à l'exportation serait ré-orientée vers le marché intérieur de l'alimentation animale. Ces modifications entraîneraient une baisse des exportations de céréales et de colza respectivement de 11 et 70 % (les substitutions en alimentation animales ne compensant que partiellement les substitutions au niveau de la production), conduisant à un coût annuel de 227 M€ au total.
>
> La perspective implique finalement d'être en capacité de compenser les coûts ci-dessus induits par la détérioration de la balance commerciale agricole (227 M€ environ) par les gains associés à l'augmentation des légumineuses. Les bénéfices environnementaux estimés à 57 M€ représenteraient 30 % de cette compensation, auxquels il convient d'ajouter les bénéfices liés à l'amélioration de la balance commerciale du fait de la diminution des importations d'engrais et de produits énergétiques.
>
> L'étude du CGDD indique enfin que la compensation ci-dessus est sans doute sous-estimée : la totalité des gains environnementaux associés à une relance des légumineuses n'a pu être prise en compte (quantification difficile de la réduction des gaz acidifiants, NH_3, et des particules fines associées, dont l'impact sur la santé publique a un coût élevé, de la pression phytosanitaire, de l'amélioration de la fertilité des sols et du maintien de la biodiversité), et le bénéfice environnemental lié à la réduction des émissions de gaz à effet de serre va certainement croître dans le futur en fonction des choix publics et privés de lutte contre le changement climatique.
>
> Par ailleurs, en 2012, le ministère en charge de l'agriculture avait testé les systèmes d'aides en estimant leur impact sur l'évolution future des niveaux d'assolement et de production des protéagineux et du soja, par une projection réalisée à l'aide du modèle multi-sectoriel Magali (Ramanantsoa et Villien, 2012). Cependant, cette simulation était limitée par le modèle à composantes essentiellement économiques et mécanistes qui ne prennent en compte que les prix et les aides, sans intégrer les augmentations de rendement et diminution de charges des cultures assolées, ce qui limite, par construction du modèle, l'impact de la mesure étudiée dans le cas des légumineuses.

Sur le marché de l'alimentation humaine, les enjeux de différenciation par la qualité environnementale sont aussi prégnants. Plusieurs coopératives françaises réfléchissent actuellement à développer des labels environnementaux sur les filières blé. La capacité que pourront avoir les acteurs aval des filières d'espèces dominantes (tout particulièrement pour les filières blé tendre et dur qui utilisent de fortes doses d'azote pour atteindre des teneurs en protéines élevées) à contractualiser la production de ces espèces dans des objectifs de production plus durable pourrait soutenir la ré-insertion des légumineuses dans les rotations ou dans des associations. Ceci pourrait conduire, par exemple, à inscrire dans les cahiers des charges amont des productions dominantes des objectifs de rotation en faveur des légumineuses dont le prix serait dépendant de celui des céréales. En d'autres termes, est-ce que les filières « dominantes » peuvent favoriser la production d'espèces plus mineures *via* de nouveaux contrats à visée environnementale ? Cet enjeu repose sur le développement de la contractualisation pluriannuelle qui peut passer aussi par le développement de nouveaux signes de qualité (publics ou privés) valorisant cette dimension environnementale. À titre d'illustration, nous pouvons citer ici le lancement du label « Nouvelle Agriculture » du groupe Terrena[115] : la filière cunicole de Terrena propose au consommateur des conditionnements avec une étiquette « NA : alimentation avec luzerne et graines de lin, nourri sans OGM, sans antibiotiques ». Terrena cherche aussi à proposer à certains de ses clients industriels, par exemple chez des pastiers, d'afficher ce label NA sur leurs produits en soutien à la production d'un blé à bas niveaux d'intrants. Un autre exemple récent est le lancement en 2013 d'un engagement « agri blé-éthique » par la coopérative Cavac pour la filière blé : au cœur de la démarche blé agri-éthique, il y a la fixation d'un prix du blé sécurisé pendant 3 ans (en contractualisation avec les meuniers), ainsi qu'un engagement des agriculteurs à réduire l'impact environnemental de la production de blé qui passe, par exemple, par la mise en place de couverts végétaux entre deux cultures ou des rotations plus diversifiées.

Sur le marché de l'alimentation humaine, nous avons indiqué que des rémunérations plus élevées ont amené, ces dernières années, certaines coopératives à prioriser ce débouché. Nous avons précisé également que ces débouchés peuvent s'accompagner d'une contractualisation plus importante pour sécuriser les approvisionnements des industriels. Cette plus forte coordination peut contribuer à mieux structurer ces filières de légumineuses et à engager des investissements plus importants en faveur de ces espèces. Les progrès des connaissances sur les propriétés technologiques et nutritionnelles de ces espèces contribueront probablement au développement de produits innovants dans ce secteur. Ces derniers pourront nécessiter des ajustements dans les critères de choix variétaux. Pour la première fois depuis la création du CTPS, un représentant d'une filière de l'alimentation humaine est entré à la section « Plantes Protéagineuses » en 2012. Un enjeu majeur du secteur des légumineuses est donc de parvenir à trouver des points communs et synergies dans les critères de sélection pour soutenir les différents débouchés, qu'ils relèvent de l'alimentation humaine ou animale. Pour cela, un renforcement de la coordination des différentes filières peut aider à la définition des priorités de recherche et de développement des prochaines années.

Rôle clé de la coordination des acteurs : quels nouveaux accords privés et institutionnels ?

La coordination des acteurs est déterminante à l'échelle des filières pour la diffusion de la valeur ajoutée et des informations qui conditionnent les incitations perçues par les acteurs pour orienter leurs choix productifs (Fares *et al.*, 2012), et d'autant plus pour assurer la cohérence des standards et technologies entre maillons des filières. Or, ces filières protéagineuses apparaissent peu coordonnées. Pour autant, certaines filières de niche en développement offrent des modalités de coordination renforcées qui sont susceptibles de contribuer à la relance de ces productions.

---

115. http://www.terrena.fr/index.php?page=nouvelle-agriculture-c-est-quoi

Comme exposé dans l'approche multi-niveaux de la transition, les niches sont en effet susceptibles d'offrir une voie au déverrouillage en organisant la production sur une technologie ou un standard différenciés, et en coordonnant fortement les acteurs le long de la filière, afin que les incitations économiques et les informations nécessaires remontent jusqu'à l'amont agricole pour favoriser l'adoption de modes de production différenciés, en l'occurrence ici de systèmes de production incluant plus de légumineuses dans la sole. L'exemple de la filière BBC cité précédemment illustre cette analyse, *via* notamment la mise en œuvre de contrats spécifiques. Le prix de vente du lin oléagineux est couramment fixé selon un « tunnel de prix », lié au cours des grandes cultures présentes dans l'assolement de l'exploitation. L'objectif est de garantir une marge à l'hectare équivalente à la marge à l'hectare du colza ou du blé pour inciter l'agriculteur à introduire cette culture dans sa sole. La fixation de ce tunnel (prix minimum et prix maximum de vente) est le fruit d'une négociation annuelle entre l'industriel et les producteurs. Ainsi, 80 % des surfaces de lin oléagineux destinées à ce FAC sont contractualisées. La contractualisation représente dans ces filières de niche un mode de coordination privilégié pour inciter les agriculteurs à adopter des espèces plus mineures. Des stratégies commerciales de différenciation par la qualité pour les légumineuses que nous évoquions précédemment pourraient adopter ces modalités de coordination afin de donner à l'agriculteur plus de lisibilité sur la commercialisation de sa production. Un tel projet de contractualisation de type « tunnel » est en cours d'étude par la filière porcine française en région Centre pour soutenir la production de pois protéagineux. Ces contrats tunnel en faveur des légumineuses à graines ont également été mis en place en France récemment sur le marché de l'alimentation humaine par les industriels Roquette et Cosucra pour garantir ses approvisionnements en pois protéagineux, ou encore le groupe Terrena pour la production de lupin blanc destiné à la production de farines et autres ingrédients alimentaires. Cette contractualisation s'accompagne d'une prime pour compenser en partie le différentiel de compétitivité de ces cultures par rapport au cours des autres cultures dominantes dans les assolements.

D'autres exemples offrent des pistes pour organiser de nouvelles modalités de coordination, tout particulièrement au regard d'une reconnaissance des services écosystémiques au sein d'une économie de marché. Nous avons précisé précédemment les enjeux de stratégies de commercialisation fondées sur un affichage environnemental. Citons aussi les accords contractuels mis en place par certains opérateurs pour garantir la durabilité de leurs conditions de production. Les eaux Vittel (du groupe Nestlé) se sont ainsi organisées avec les agriculteurs pour réduire la pollution des eaux dans les Vosges (Déprés *et al.*, 2008 ; Grolleau *et al.*, à paraître). Établi en partenariat avec l'Inra, leur cahier des charges interdit ainsi l'usage des pesticides et limite les apports d'engrais azotés pour 40 agriculteurs signataires de la charte Agrivair (représentant 10 000 ha sur 11 communes). Ces objectifs se traduisent ainsi par une place plus importante des légumineuses dans leur assolement.

In fine, qu'ils soient portés par des exigences productives (sécurisation des approvisionnements pour des transformateurs ou distributeurs) ou des stratégies de différenciation par la qualité, ces différentes modalités de coordination des acteurs au sein d'une économie de marché définissent différentes formes d'arrangement institutionnel (au sens de l'économie des organisations), où la contractualisation occupe une place plus importante en renforçant la durabilité des liens entre les acteurs. Par ces arrangements, les choix productifs sont établis en fonction de paramètres économiquement mesurables. La quantification monétaire des services écosysté-miques est donc avancée comme un moyen important pour renforcer cette prise en compte des externalités associées aux modes de production dans les contrats de production. Il peut s'agir d'internaliser dans les coûts de production ceux associés aux externalités négatives des modes de production conventionnels, *via* par exemple une quantification des coûts de réparation des pollutions engendrées (Chevassus-au-Louis *et al.*, 2009). De nouveaux dispositifs institutionnels permettant la création de valeurs de références monétaires des services écosystémiques peuvent contri-buer à renforcer la valeur d'usage de certaines espèces pour soutenir les différents dispositifs présentés dans ce chapitre, tels que les MAE, les affichages d'une valeur environnementale des produits, le marché carbone, etc., qui reposent tous sur une forme de monétarisation des services écosystémiques (encadré 7.12). La valeur du service écosystémique peut donc venir renforcer la valeur commerciale de la culture pour faire basculer des choix productifs en leur faveur (Cavaillès, 2009).

Encadré 7.12. La monétarisation des services agrosystémiques.

Le rapport de Amigues et Chevassus-au-Louis (2011) permet de brosser le développement des démarches sur la monétarisation des services agrosysté-miques*. La réflexion sur l'évaluation des services écologiques est réellement entrée dans le débat public suite à la publication de Costanza *et al.* (1997) et du rapport du Millenium Ecosystem Assessment (2005), qui proposaient un chiffrage de la valeur de l'ensemble des écosystèmes mondiaux. Les principes méthodologiques majeurs ont été discutés à la Conférence internationale pour la biodiversité de Nagoya en 2010, et le rapport Chevassus-au-Louis *et al.* (2009) a fourni une contribution similaire pour l'évaluation de la biodiversité en France. Si l'évaluation des services écologiques, écosystémiques ou agroécologiques ne se confond pas toujours avec la monétarisation, cette dernière a l'avantage impor-tant de la simplicité. En effet, toutes les composantes des services étant asso-ciées à une valeur monétaire, elles peuvent être priorisées, comparées aux coûts de programmes de restauration voire agrégées en indicateurs synthétiques. Le rapport récent Amigues et Chevassus-au-Louis (2011) vise à mieux comprendre les motifs du faible développement de l'évaluation des services écologiques et encourage les décideurs et les gestionnaires à en faire un élément d'appui à leurs actions en faveur de l'environnement.

Les services écosystémiques au sens large sont définis comme un ensemble de biens et services produits du monde naturel et sources de bénéfices pour l'homme et la société. Cette définition fait le lien entre la logique fonctionnelle des milieux et le bien-être humain ou social, ce qui est illustré par la typologie des services proposée par le Millenium Ecosystem Assessment (2005). Cette dernière distingue quatre catégories de services : soutien (services supports), approvi-sionnement (services valorisables du vivant), régulation (climat, eau, etc.) et les services culturels et immatériels (voir lexique et chapitre 6). La notion de services écologiques englobe les catégories de « patrimoine naturel » et de « bien environ-nemental », la nature étant vue comme un système composé d'éléments de stocks (le capital naturel), produisant un flux de biens et services écosystémiques rendus

...../...

.../...

à l'homme et/ou à la nature. Ce flux est soumis à des pressions anthropiques conduisant à sa dégradation ou visant à sa préservation.

L'évaluation par monétarisation des services écologiques rencontre plusieurs difficultés. Tout d'abord, il convient de s'assurer de la cohérence spatiale du système considéré, ce qui implique l'identification de l'entité spatiale pertinente. Ensuite, les interactions écologiques en jeu dans la fourniture de services peuvent être complexes et supposent une approche fonctionnelle des milieux. De plus, l'hétérogénéité de ces derniers et leur dynamique évolutive doivent être prises en compte. Enfin, les typologies des milieux doivent être associées mais analysées séparément des typologies de gestion (par des groupes de producteurs, *via* des mesures de politiques publiques, etc.).

Si les montants monétaires associés aux services écologiques sont souvent considérables, la notion même de monétarisation ne va pourtant pas de soi pour certains. Tout d'abord, le principe même de monétarisation peut être remis en cause car renvoyant à la possibilité de mise sur un marché et donc d'échange entre des parties pas toujours désireuses d'assurer le maintien des services. Ensuite, la monétarisation se base sur l'hypothèse fondamentale que la fourniture de services écologiques procure un certain niveau de « bien-être » (degré de satisfaction pour les économistes) aux individus. Or, de nombreux services (l'activité des micro-organismes dans le sol par exemple) ne font l'objet d'aucune demande réelle dans la société. La somme des valeurs individuelles pour des services ne se confond pas en général avec la valeur pour la société dans son ensemble. Notamment, les milieux naturels peuvent avoir une valeur dépassant les générations présentes et peuvent même avoir une valeur d'existence (usage passif), ce qui implique la construction pour l'évaluation d'un régime de responsabilité environnementale collective.

Les démarches usuelles d'évaluation économique à des fins de monétarisation sont basées sur les préférences révélées ou déclarées. Dans le premier cas, les préférences servant à construire les valeurs (d'usage, dans ce cas) sont indirectement déduites des comportements observés (dépenses de protection, achats de biens substituts aux services dégradés, etc.). Dans le second cas, des protocoles d'enquête sont construits pour faire déclarer aux individus la valeur économique qu'ils accordent à l'environnement. Si des progrès ont été réalisés dans l'évaluation des services par la méthode des préférences déclarées, celle-ci reste parfois difficile à justifier devant la difficulté pour certains individus à associer une variation de leur bien-être pour des services auxquels ils sont peu ou pas habitués.

Le cas des systèmes contenant des protéagineux est un exemple intéressant car fournissant des services agroécologiques à impact local relativement aisés à évaluer (diminution de la facture d'eau en raison de la baisse de la teneur en nitrates) ou à impact plus diffus (régulation du climat en raison de la diminution des GES). Dans le cas du service de régulation de la qualité de l'eau, le niveau spatial choisi détermine la population pertinente à envisager pour la valorisation monétaire (population desservie par les points de captage). Dans le cas de la régulation du climat, la délimitation de la population concernée est plus difficile à établir.

La démarche d'évaluation des services écologiques reste, malgré ces difficultés, indispensable car elle permet de fournir un appui à la conception d'actions en

.../...

.../...

faveur de l'environnement, à destination des acteurs en charge de la gestion des milieux. De plus, fournir des valeurs monétaires lors de l'évaluation des services permet aux gestionnaires des milieux de justifier leurs actions en se plaçant à parité avec les autres intérêts économiques. Comme le montre Amigues (2012), la monétarisation n'est qu'un critère économique qui doit être perçu comme un outil d'aide à la décision, au même titre que des analyses d'impact de nature biotechnique. Comme le précise également Carole Hernandez Zakine (spécialiste du droit de l'environnement au think tank « Saf Agr'iDées »), cette monétarisation au travers de paiements pour services environnementaux (PSE) déplace les principes du pollueur-payeur à un paiement incitatif « sur-mesure » entre (au minimum) deux acteurs qui trouvent un intérêt financier à agir sur les pratiques dans un sens favorable à l'environnement.

Il convient enfin de remarquer que les méthodes de préférences révélées ou déclarées permettent, de plus, de construire des profils de valeurs selon différents segments de la population, facilitant ainsi le ciblage lors de campagnes d'information et de promotion d'innovations systémiques par exemple. La production d'informations sur les valeurs des services écologiques permet de faire évoluer le regard des acteurs sur l'environnement et peut, dans certains cas, faciliter la prise de décision publique.

Ces enjeux d'une meilleure coordination des acteurs interpellent aussi les dispositifs de recherche-développement et de formation pour soutenir la transition agricole vers des pratiques plus durables. La littérature internationale sur l'innovation met en effet de plus en plus en avant l'importance des dynamiques de réseaux dans la construction des innovations, associant les acteurs privés et institutions publiques (Hall et Rosenberg, 2010). Dans le domaine agricole, la mobilisation simultanément de l'ensemble des acteurs d'une même filière en stimulant plus particulièrement la coordination entre les acteurs professionnels, les centres techniques, les établissements d'enseignement et la recherche académique permettrait d'explorer ensemble de nouvelles possibilités pour re-concevoir les systèmes de production et de transformation. Une telle démarche est aujourd'hui expérimentée par la filière française de blé dur, ou par d'autres réseaux comme celui « Blés rustiques », les réseaux mixtes technologiques (RMT), des groupements d'intérêts scientifiques (GIS), les projets Casdar, etc. Ces réseaux visent à mettre les acteurs en capacité d'innover. Cette approche de l'innovation par les réseaux est fondée sur une forte coordination des acteurs publics/privés et la mise en œuvre de systèmes d'information partagés (encadré 7.13.).

Encadré 7.13. Mettre en place des systèmes d'information partagés pour développer les compétences.

L'exploration des leviers mobilisables pour des systèmes plus durables avec plus de légumineuses a amené à identifier des solutions d'une part biotechniques (déjà applicables ou en cours d'exploration), et d'autre part organisationnelles, pour accompagner les filières et les acteurs dans l'adoption de ces nouvelles solutions. Or, pour que ces leviers fonctionnent, les informations et connaissances

.../...

— …/… —

accessibles aux agriculteurs jouent un rôle fondamental. En effet, la transition vers des systèmes doublement performants ou durables nécessite un changement en profondeur d'une partie des systèmes actuels (Hill et MacRae, 1996 ; Butault *et al.*, 2010). Or, pour faire évoluer leurs systèmes, les agriculteurs modifient rarement d'un coup et radicalement leurs systèmes. Ils adoptent progressivement de nouvelles techniques (Chantre, 2011) et les recombinent avec certaines techniques actuelles dans un nouveau système répondant à leurs nouveaux objectifs, favorisant différentes boucles d'apprentissage. Pour accompagner les agriculteurs dans le changement, les conseillers sont eux-mêmes confrontés à des ruptures par rapport à leurs pratiques antérieures qui constituent des routines. Cette évolution concerne autant la modification de leurs références que de leurs postures et identités, ou encore leur mandat et leur cadre d'action (Compagnone *et al.*, 2009 ; Petit *et al.*, 2012). Ces changements dans la profession interpellent en retour des évolutions dans les formations (initiales et continues). Elles doivent, certes, mieux sensibiliser les acteurs aux enjeux du développement durable, mais être aussi en mesure de dispenser des connaissances permettant d'aller jusqu'à l'opérationnalité de systèmes durables depuis la conception jusqu'à l'évaluation de leurs performances (Compagnone *et al.*, 2009). Le constat aujourd'hui est que les informations sur les connaissances mobilisables pour la conception, le pilotage et la mise en œuvre des systèmes de culture sont dispersées et souvent non formalisées, voire non disponibles car détenues par les praticiens (Meynard, 2010). Au-delà de la question de la création des connaissances scientifiques et des savoirs locaux, il est donc tout aussi important de considérer le besoin de partager ces connaissances, ainsi que la manière de les mobiliser pour concevoir, piloter et évaluer des systèmes de culture doublement performants (Meynard, 2012). Un enjeu fondamental est donc de repenser les systèmes d'information et de connaissances, afin de permettre aux acteurs d'avoir à disposition de nouveaux systèmes de partage des connaissances. Le développement de systèmes d'information partagés apparaît notamment indispensable pour assurer le partage et la valorisation de l'ensemble de l'information disponible et permettre le développement de compétences sur le conseil, la formation et la gestion de systèmes de culture intégrant plus de légumineuses en fonction de la diversité des territoires d'action sur l'espace national.

Par exemple, dans le cadre d'Ecophyto, la création d'un système d'information unique rassemblant les données issues de l'ensemble des réseaux de ferme et des dispositifs d'expérimentation va dans ce sens, de même que le développement d'une plateforme de diffusion des connaissances via le portail EcophytoPic.

Une restructuration du dispositif de recherche et développement pour le secteur des légumineuses pourrait améliorer la définition des priorités d'actions au regard des différents enjeux qui ont été rappelés au fil du document. Rappelons ici quelques-uns d'entre eux :

— mieux cerner les pratiques et les performances territoriales à l'échelle de la culture et du système de culture, pour valoriser les innovations locales (innovations d'agriculteurs dits « satisfaits » pour l'utilisation des protéagineux dans leurs systèmes en adéquation avec leurs objectifs) ;

— renforcer l'expertise et la concertation entre acteurs par plus de relations entre experts techniques et acteurs territoriaux (collecteurs, conseillers agricoles dont les chambres d'agriculture, centres de gestion, etc.). En effet, face à la relative

marginalisation des cultures de protéagineux, on assiste à une perte d'expertise des agriculteurs et des conseillers sur les techniques de culture et une valorisation insuffisante des références et des innovations mises au point pour lever certains freins techniques identifiés par le passé en stabilisant les performances. On notera que ceci joue actuellement un rôle significatif dans le développement des prairies associant graminées et légumineuses, notamment grâce à l'action de l'AFPF (Association française pour la production fourragère) avec la production de guides et la mise en place de la marque France Prairies ;
– soutenir l'innovation technologique et génétique relative à ces espèces. Le soutien à l'innovation doit aussi concerner la mise à disposition de solutions phytosanitaires et biologiques pour ces espèces ;
– définir des valeurs de références sur les services écosystémiques rendus par les légumineuses en fonction de différentes modalités d'insertion ;
– rapprocher les acteurs des productions animales et des productions de légumineuses pour questionner les enjeux d'intégration de ces filières à l'échelle d'un territoire ou d'une exploitation, afin de contribuer à davantage d'autonomie protéique pour les élevages notamment, à réduire les coûts économiques et environnementaux de transport des intrants et des produits, à renforcer la segmentation et la traçabilité… ;
– développer des liens avec l'industrie agroalimentaire pour définir les conditions de production performantes (efficacité industrielle et praticité des produits, mais aussi qualité nutritionnelle environnementale et pour la santé) pour l'alimentation humaine ;
– renforcer l'affichage environnemental des produits ;
– réduire les distorsions à la concurrence, tout particulièrement au regard des importations de légumes secs ;
– contribuer à la réflexion sur les flux territoriaux des zones agricoles avec tous les acteurs, pour une optimisation des assolements selon les besoins et une gestion territoriale des collectes de matières premières agricoles, des flux azotés, des pollutions potentielles, dans une démarche d'écologie industrielle ;
– développer des synergies entre les filières de productions de légumineuses.

Une meilleure coordination entre acteurs de tous les maillons des filières reste ainsi essentielle pour définir les priorités de recherche, de développement et de formation qui contribueront, sur la base d'une vision partagée, à une agriculture plus durable.

À retenir. De la nécessité de donner une valeur aux services écosystémiques.

La valeur des services écosystémiques des légumineuses peut renforcer la valeur commerciale de ces cultures pour faire basculer des choix productifs en leur faveur. Une large reconnaissance économique et sociale de ces services écosystémiques peut engendrer une augmentation significative des surfaces, ce qui apporte à la fois un bénéfice environnemental effectif au niveau national et une consolidation des filières par le volume et la valeur ajoutée. La combinaison de nouveaux débouchés commerciaux et d'un renforcement de la visibilité des services écosystémiques des légumineuses dépend fortement de la capacité des acteurs institutionnels et privés à se coordonner afin de définir les directions communes des actions de recherche et de développement agricole et industriel à conduire.

▶▶ Conclusion

Le consensus majeur des théoriciens traitant des trajectoires technologiques (tous secteurs d'activité confondus) est que l'histoire compte (Dosi et Nelson, 2010). Les choix productifs tendent à s'auto-renforcer dans le temps par différents mécanismes socio-économiques, contribuant dans leur ensemble à définir des rendements croissants d'adoption en faveur du modèle de production initialement choisi. Nous avons illustré ici comment le modèle d'agriculture conventionnelle s'est renforcé dans le temps sur le paradigme de l'agrochimie défavorable aux cultures de diversification pouvant pourtant rendre certains services écosystémiques comme ceux rendus par les légumineuses, et comment, conjointement à cela, les maillons des filières agro-industrielles se sont structurés autour de pratiques et techniques ne valorisant pas les légumineuses, tout particulièrement en alimentation animale. Ainsi, aujourd'hui, bien que ces espèces et cultures présentent un intérêt agroécologique à l'échelle de la rotation ou des filières agricoles, elles sont peu présentes dans les systèmes de grandes cultures conventionnels ; parce qu'initialement, ayant été défavorisées au profit d'investissements plus importants pour d'autres cultures (tant à l'amont que plus en aval des filières, notamment dans leur usage industriel), les difficultés auxquelles les agriculteurs pouvaient être confrontés dans leur culture (tels que l'irrégularité des rendements et des problèmes sanitaires) sont perçues comme d'autant plus importantes que des améliorations spectaculaires ont été réalisées pour les autres espèces. Comme le souligne l'étude de Meynard *et al.* (2013), le système agricole conventionnel a progressivement instauré une dichotomie entre les espèces « majeures » et les espèces « mineures » qui souffrent aujourd'hui d'un manque de compétitivité important. Les légumineuses présentent actuellement une trop faible rentabilité pour l'agriculteur car leur non-évaluation à l'échelle de la succession culturale fait perdre de vue leurs intérêts agronomique et environnemental qui peut pourtant se traduire en un intérêt économique, le faible intérêt des filières agro-industrielles pour leur usage ne leur octroie pas une plus forte valeur ajoutée (historiquement dédié à l'alimentation animale), la faiblesse de leur rendement ne compense pas suffisamment leur faible besoin en engrais (à l'échelle annuelle qui reste l'échelle de calcul de référence de la plupart des agriculteurs). L'insertion de légumineuses dans les productions végétales peut contribuer à améliorer la performance économique de l'exploitation, pour peu que les connaissances soient disponibles et que l'approche systémique soit prise en compte.

Un des enjeux de la transition agroécologique est donc de leur redonner une place significative en jouant sur différentes raisons de ce manque d'attractivité. Nous avons particulièrement insisté sur la nécessité que les agriculteurs puissent conduire des évaluations à l'échelle pluriannuelle ; ces évaluations pouvant être accompagnées d'un ensemble de démarches institutionnelles visant la reconnaissance des services écosystémiques, mais également une plus grande mise à disposition de valeurs de références régionales et des outils de gestion comptable adaptés à l'évaluation de la rotation. Face au désengagement progressif des politiques publiques de soutien aux prix, il est prioritaire de trouver de nouveaux débouchés à plus forte valeur ajoutée pour ces espèces, tout particulièrement en alimentation humaine. La recherche d'une valorisation spécifique en alimentation animale, telle qu'une contribution des formules à la réduction des GES, peut aussi contribuer à redonner plus d'intérêt à ces espèces. Les légumineuses peuvent jouer un rôle important dans la transition nutritionnelle, vu la demande croissante mondiale de protéines et le nécessaire rééquilibrage entre protéines animales et végétales dans l'assiette occidentale. Ces nouvelles orientations sont des opportunités pour les légumineuses, qui nécessitent d'être accompagnées par un ensemble d'innovations d'ordre technologique, organisationnel et institutionnel où la coordination des acteurs reste un facteur clé de réussite. Un renforcement de la coordination entre acteurs de l'amont et de l'aval, *via* des instances de gouvernance publique (ministères, Actia, pôles de compétitivité…) pour mieux définir prioritairement les actions de recherche et de développement, ainsi qu'un renforcement de l'apprentissage de la conduite de ces cultures dans les systèmes de culture, apparaissent comme des leviers majeurs pour donner une nouvelle place aux légumineuses en France au XXIe siècle.

Avec la contribution de : Joël Abecassis, Benoît Carrouée, Didier Coulmier, Melissa Dumas, Michel Duru, Jacques Guéguen, Françoise Labalette, Thierry Maleplate, Alexis de Marguerye, Meryll Pasquet, Jérome Pavie, Marie-Sophie Petit, Jean-Louis Peyraud, Corinne Peyronnet, Raymond Reau, Noémie Simon, Stéphane Sorin, Pascal Thiébeau, Stéphane Walrand.

Conclusion générale

Cette synthèse sur les légumineuses aura apporté des éclairages (et pistes à creuser) sur leur place hier, aujourd'hui et demain dans nos territoires et parcelles agricoles, dans nos assiettes soit en direct soit après une transformation par l'animal. Ces espèces, tant par leur diversité biologique, écologique et fonctionnelle, que par les utilisations possibles, peuvent jouer un rôle privilégié dans l'émergence de systèmes agricoles, et de systèmes alimentaires durables, tels que définis par Brutland, pour peu que l'on prenne en considération leurs spécificités. La diversité des traits fonctionnels des espèces de légumineuses permet de les utiliser en production de graines, de fourrages ou en apports de services autres que productifs. Ceci explique la diversité des solutions que les légumineuses contribuent à construire et des systèmes agricoles et alimentaires qui peuvent les valoriser.

Il est essentiel d'identifier les limites de l'exercice, mais aussi les enseignements et les recommandations que l'on est en mesure de tirer de cette compilation d'informations, qui a mobilisé une large gamme de compétences scientifiques et techniques, de différents domaines disciplinaires, et s'est appuyée tant sur les acquis de la recherche cognitive et fondamentale que sur les expériences de terrain, chez les agriculteurs.

Afin d'éviter le biais d'analyse engendré par la conjoncture instantanée, nous avons posé un cadre d'analyse systémique, basé sur les connaissances scientifiques et techniques et mobilisant des concepts reconnus et partagés, comme celui du Millenium Ecosystem Assessment (2005) qui structure fortement la réflexion. Cet ouvrage constituera une référence utilisable dans la durée, apportant des éléments génériques applicables à une large gamme de contextes et de milieux tout à la fois pédoclimatiques, socio-économiques et sociétaux.

▸▸ Des connaissances en partie liées à un contexte français et européen

Toutefois, ce travail n'est pas dénué de limites liées autant au contenu qu'à la genèse de ce projet et la façon dont nous l'avons construit. Ces limites tiennent d'abord au contexte global dans lequel il est préparé. Même si les connaissances mobilisées sont larges, elles ont été appelées pour éclairer la vision de décideurs français sur

la production et l'utilisation des légumineuses. Quatre éléments majeurs marquent l'éclairage proposé :
– il s'agit d'abord d'un contexte pédoclimatique des régions tempérées de l'Europe de l'Ouest, ce qui définit les ensembles d'espèces de légumineuses mobilisables dans les systèmes de production de cette région du monde ;
– les systèmes agricoles et alimentaires de cette région du monde sont profondément marqués au sceau de l'intensification. Celle-ci est permise par la fertilité des milieux agricoles, la forte concurrence entre spéculations productives, la mobilisation massive d'intrants issus de la chimie de synthèse et la performance du secteur industriel de l'aval, au travers de grandes installations dont l'efficacité et la compétitivité reposent sur les économies d'échelles ;
– une trajectoire de décroissance forte des légumineuses à graines et d'accroissement de la sole en oléagineux, même si celle du colza connaît maintenant un ralentissement ;
– un environnement profondément marqué par l'intensification agricole, ceci se traduisant par une modification des paysages agricoles, mais aussi des impacts négatifs sur l'environnement.

L'organisation et le contenu des chapitres apparaissent ainsi profondément marqués par ce contexte européen et français, car sollicité par un comité national français. Le contexte est aussi celui qui est issu de 60 ans d'évolution des régimes alimentaires en Europe occidentale, marqué par l'augmentation de la consommation de produits carnés. Dès les années 1970, au moment où l'Europe prend conscience de sa faiblesse sur le secteur stratégique de la production des protéines végétales nécessaires aux élevages, s'installe un différentiel d'investissement en recherche et de développement entre le domaine privilégié de la nutrition animale d'une part et celui de l'alimentation humaine et des technologies agroalimentaires pour la transformation de ces matières premières particulières d'autre part.

En conséquence de ces contextes géographiques et temporels, des choix ont été faits qui ont pu engendrer des biais. Ainsi en est-il du soja, qui n'est pas regardé au travers de cet ouvrage comme une légumineuse dont la culture pourrait être massivement mise en œuvre sur le territoire national, sous réserve d'une adaptation des types variétaux, ou des espèces pour lesquelles un bond variétal ou une innovation en système de culture pourraient changer la donne. La priorité a été mise sur la connaissance des spécificités et non sur des plans de développement arrêtés. Il a été cependant montré que la complémentarité entre espèces est un atout à jouer pour les territoires français et la diversité botanique, un plus pour l'agroécologie.

Pour cerner les limites de ce travail, on peut identifier les invariants que nous avons volontairement ou implicitement supposés, même si cet exercice *a posteriori* reste délicat.

Cet ouvrage est une synthèse des connaissances et non une étude prospective. Des scénarios de rupture n'ont pas été étudiés même si des évolutions et propositions d'actions pour infléchir le système dominant actuel ont été initiées dans le dernier chapitre. Il serait certainement intéressant de poursuivre des analyses, avec une dimension quantitative des moyens et des résultats, pour une situation de rupture par rapport aux trajectoires actuelles des systèmes agricoles et alimentaires et des habitudes de consommation : évolution plus profonde des systèmes de cultures (l'ensemble des surfaces en cultures associées, plusieurs cultures dans l'année, rééquilibrage des zones de productions végétales et animales, etc.) et des régimes alimentaires, des innovations exogènes fortes comme une autre méthode de production d'engrais azotés à des coûts énergétiques faibles telle que le laisse supposer la récente publication de Shima *et al.* (2013). Cependant, ne pas se placer en rupture rend les leviers évoqués dans cet ouvrage plus immédiatement applicables dans les systèmes agricoles et alimentaires actuels.

▸▸ Appréhender la complexité par des approches systémiques

L'importance du travail d'analyse et de synthèse conduit pour la préparation de cet ouvrage permet de dégager quelques enseignements forts pour renforcer le statut des légumineuses comme ingrédients pertinents au sein des systèmes agricoles et alimentaires de demain. Trois de ces enseignements peuvent être ici soulignés.

Il existe une grande richesse des connaissances fondamentales et appliquées mobilisables pour l'action, et donc disponibles pour que les acteurs économiques déploient des innovations tant biotechniques qu'organisationnelles pour que les légumineuses assurent la fourniture d'une large gamme de services écosystémiques. Il s'agit de capitaliser sur cette avance que possède la France sur les légumineuses, même si ces connaissances sont encore à compléter, surtout dans le cadre d'un besoin d'innover dans les pratiques. Il s'agit surtout de voir comment les diffuser et les traduire en outils facilement mobilisables par chaque acteur du monde agricole, en favorisant un contexte qui incite à le faire.

Le second enseignement est l'obligation d'adapter le cadre d'analyse pour valoriser le potentiel des légumineuses dans les systèmes agricoles et alimentaires. Il est en effet indispensable d'avoir une pensée systémique. Plus que toute autre spéculation agricole, les légumineuses sont à l'interface de plusieurs systèmes. Il s'agit d'abord du système de production agricole, puisque certains services écosystémiques ne peuvent être exprimés et donc valorisés que dans le temps (légumineuses en rotations avec des cultures annuelles, accumulation d'azote et de carbone dans les prairies, etc.) ou dans les espaces agricoles (préservation de la qualité des milieux et service à la biodiversité). C'est ensuite le système que composent les diverses valorisations en alimentation humaine et animale ou en utilisation non alimentaire, notamment des protéines, une caractéristique essentielle des légumineuses. L'évolution de la population mondiale et des consommations individuelles moyennes en protéines végétales et animales va inévitablement mettre ce système en tension demain, que ce soit pour les échanges commerciaux ou pour les consommateurs. Dernier système enfin, celui de l'azote, élément central dans les acides aminés et les protéines pour les êtres vivants et également dans les équilibres au sein des compartiments de l'environnement. La fourniture d'azote aux cultures est une composante indispensable à la production et à la qualité des produits de récolte. Sa fourniture aux plantes est énergétiquement coûteuse, soit lors de la synthèse chimique, soit lors de la fixation symbiotique. Mais le système protéines-azote est aussi à l'origine de dommages ou de bénéfices environnementaux potentiels, soit par les pertes d'ammoniac, les lixiviations de nitrate ou les émissions de protoxyde d'azote. Il est donc là encore indispensable de penser les légumineuses à une échelle systémique.

Le troisième enseignement est l'obligation de favoriser les approches multicritères pour analyser de façon exhaustive et conjointe les différentes performances des systèmes de production agricole et des systèmes alimentaires. Elles permettent d'explorer des pondérations entre les critères et, donc, entre les différentes composantes de la durabilité pour trouver des compromis. Cependant, elles permettent aussi d'aller au-delà, c'est-à-dire d'approcher des fronts nouveaux et d'imaginer des innovations dès lors qu'on explore les convexités de relations. Si deux performances *a* et *b* sont liées négativement, la performance *b* se dégrade quand la performance *a* augmente. La convexité de la relation signifie que la performance *b* se dégrade moins vite dès lors que la performance *a* augmente. Au-delà du cadre théorique résumé de façon simpliste ici, c'est bien toute notre analyse qui s'en trouve transformée. Cette réflexion sur la prise en compte simultanée de plusieurs critères conduit aussi à réfléchir aux échelles de temps. En effet, les performances selon les différents piliers de la durabilité ne sont pas toutes impactées simultanément. Ceci est particulièrement important sur les légumineuses et leur place dans les systèmes de production agricole, puisque si l'on note des effets positifs sur l'environnement, ces effets sont perçus sur des pas de temps longs, alors qu'une baisse de rendement est perçue instantanément. C'est surtout au moment des transitions que ces décalages dans le temps sont sensibles et seul un accompagnement pertinent basé sur une réflexion stratégique peut permettre de telles transitions.

▸▸ Ébaucher des recommandations

Au terme de cette compilation de connaissances et d'analyses, nous nous permettons d'émettre un certain nombre de recommandations, que l'on peut regrouper selon deux ensembles de questionnement : comment stimuler l'innovation sur les systèmes agricoles et agro-alimentaires incluant des légumineuses ? Sur quelles thématiques faut-il concentrer l'effort de recherche ?

Le premier ensemble conduit à réfléchir à l'écosystème de l'innovation et à sa déclinaison spécifique sur les légumineuses. L'innovation a été définie par l'OCDE en 2005 comme étant l'adoption d'une nouveauté. Cette nouveauté peut être soit le fruit de travaux de recherche finalisée ou appliquée, soit le fruit de la créativité de praticiens, parfois qualifié à tort de savoir profane.

Or, pour les légumineuses, et en particulier les légumineuses à graines, un certain nombre de connaissances existent et la question essentielle est donc de savoir pourquoi elles ne sont pas ou peu traduites en innovations, effectivement adoptées par un nombre significatif d'acteurs. L'analyse de l'écosystème de l'innovation permet de nous éclairer, ce qui a été un des objectifs du dernier chapitre de cet ouvrage.

Cet écosystème est constitué par les acteurs de la recherche, du développement, de la formation initiale et continue d'une part et, d'autre part, par les acteurs économiques, qu'ils soient individuels ou collectifs (entreprises et institutions). Pré-modelé par le modèle de société en cours, cet écosystème est bordé par le cadre réglementaire, qui peut favoriser ou ralentir l'adoption d'une nouveauté, et par les politiques incitatives de recherche et développement (et les financements correspondants) qui peuvent plus ou moins favoriser le travail partenarial entre les différents membres de cet écosystème. Dans le cas des légumineuses à graines et des légumineuses fourragères, l'analyse de cet écosystème donne un bilan contrasté. Si l'effort de recherche a été soutenu, en particulier sur les modèles pois et luzerne, l'analyse des autres composantes est différente entre les groupes d'espèces et entre les segments de la chaîne de valeur, et le différentiel par rapport aux céréales ou oléagineux est flagrant. Dans le cas de légumineuses fourragères, les acteurs économiques concernés sont les éleveurs et les coopératives de déshydratation d'une part, et les obtenteurs de variétés d'autre part. Le secteur de la déshydratation, comme les acteurs de l'obtention, est largement investi dans des projets partenariaux permettant de renforcer la conception et de favoriser l'adoption. Dans le cas des légumineuses en prairies d'association, les actions du développement ont grandement favorisé l'adoption de ce mode d'utilisation, et il est notable de voir la place que celui-ci occupe dans l'enseignement agricole, notamment au travers du concours Prairies temporaires porté par le GNIS, où la plupart des projets présentés par les étudiants en formation comprennent des prairies d'association ou des légumineuses. La situation est sans doute plus contrastée sur les légumineuses à graines. La recherche partenariale est particulièrement active en amélioration génétique sur le pois, auparavant grâce à plusieurs programmes soutenus par les ministères et la profession en France et par la Commission européenne, et actuellement grâce au programme Investissement d'avenir PeaMUST. Elle se développe également pour la transformation et la valorisation, par exemple au travers de la plateforme Improve. C'est sans doute au niveau de la production que des efforts doivent porter. En effet, une mobilisation des acteurs économiques est indispensable pour relayer les travaux d'amont et de la recherche appliquée dans le développement de nouveaux systèmes de production, en stimulant la production d'outils dédiés au pilotage de ces cultures et ainsi contribuer en priorité à la réduction des aléas interannuels. Le renforcement du rôle de la formation pourrait aussi être envisagé. C'est d'ailleurs pour contribuer à cette dynamique de la formation que le présent ouvrage a été mis à disposition également sous forme d'ouvrage électronique en accès libre pour que chaque apprenant puisse en profiter. Enfin, dans le cas des légumineuses non récoltées, cet écosystème est presque totalement à construire.

Mais, par-dessus tout, l'écosystème des légumineuses est conditionné par le système de production agricole dominant, hérité de l'urgence d'après-guerre à fournir l'approvisionnement alimentaire en quantité et à moindre coût, et dont la cohérence impose le maintien de l'équilibre installé entre les parties de ce système. L'innovation doit aussi s'appliquer au processus de changement de paradigme de cet écosystème agricole si la société décide de mieux prendre en compte les préoccupations environnementales et l'auto-approvisionnement protéique.

Le second ensemble de recommandations porte sur les verrous de connaissances identifiés et sur l'identification des priorités de recherche. Les différents chapitres de cet ouvrage, tout en présentant une grande richesse de résultats et de connaissances, identifient également des verrous de connaissances. Il serait vain de les reprendre tous ici, mais il est préférable d'identifier des points clés, au risque que la hiérarchie ainsi proposée ne soit trop réduite.

La connaissance des génomes, et en particulier le séquençage, a fortement progressé sur quelques espèces, comme le pois, le soja et la luzerne. Il faut poursuivre ce travail afin de proposer les outils issus de ces études pour l'ensemble de la diversité des espèces utilisées en France. Cela donnera des outils pour mieux connaître la diversité génétique mobilisable en amélioration génétique et fournira à court terme les ressources pour mettre en œuvre la sélection génomique.

Ces outils et méthodologies doivent servir à créer du matériel génétique répondant à des objectifs agronomiques. Après avoir favorisé les caractéristiques des types printemps des légumineuses, la sélection au cours des dernières décennies a aussi porté sur des matériels génétiques à cycle long de type hiver selon des démarches originales, comme les types Hr en pois ou les types déterminés en lupin. Toutefois, cela a pour conséquence d'augmenter la période pendant laquelle les cultures sont exposées à des aléas biotiques et abiotiques. Il serait pertinent de tester l'hypothèse inverse, à savoir rechercher les cycles les plus courts possibles, mais en vue d'insérer les légumineuses à graines dans des systèmes de culture profondément modifiés et où, par exemple, on cherche à insérer 3 cultures de production en 2 ans. Ainsi, les schémas de sélection doivent mieux prendre en compte la diversité possible des systèmes de culture et ouvrir à des caractères autres que la productivité des plantes, comme l'autonomie en intrants ou la fourniture de services écosystémiques.

L'analyse des caractéristiques agronomiques a permis de souligner la sensibilité des cultures à une large gamme de bioagresseurs, tant maladies que ravageurs. Ainsi, même si l'intégration de légumineuses dans les successions permet de réduire le recours à des produits phytosanitaires à l'échelle de la culture, la culture légumineuse elle-même reste sensible aux contraintes du milieu et devient parfois difficile par manque de molécules homologuées. Les travaux de recherche sur la résistance aux bioagresseurs doivent donc être poursuivis, mais avec une approche permettant de combiner le progrès conjoint sur plusieurs stress. Et doit être explorée la voie du contrôle des bioagresseurs grâce aux fonctions régulatrices de l'écosystème cultivé, avec des travaux sur la conception du système de culture et sur l'usage du biocontrôle comme mode de protection des cultures, en identifiant éventuellement des spécificités liées aux légumineuses, comme par exemple la richesse en protéines des tissus végétaux.

Comme il a été montré au long de ces pages, les cultures en associations et les usages de légumineuses en tant que plantes apportant des services autres que celui de l'approvisionnement ouvraient de nouvelles perspectives pour maximiser la production de légumineuses et de protéines, pour accroître la contribution de la fixation symbiotique aux entrées d'azote dans les systèmes de cultures et plus globalement pour augmenter la fourniture de services écosystémiques par les légumineuses. Or, ces modes de culture sont en émergence. Il est donc nécessaire de poursuivre l'effort de recherche entrepris, pour mieux comprendre les processus biologiques et physiologiques en œuvre dans ces écosystèmes particuliers, éventuellement rechercher les types variétaux les plus adaptés et développer les outils d'aide à la décision pertinents pour mieux valoriser les processus biologiques spécifiques comme la fixation symbiotique. Dans le cas des associations, la maîtrise de l'équilibre entre les partenaires est un enjeu essentiel pour maximiser les bénéfices agronomiques issus de ces couverts.

Les bénéfices environnementaux permis par les légumineuses constituent de toute évidence un atout pour l'agriculture qu'il convient de maximiser tout en minimisant les éventuels dys-services. De nombreux services environnementaux sont en lien avec le cycle de l'azote. Les travaux de recherche doivent être poursuivis dans ce domaine pour mieux en comprendre l'ensemble des déterminants des flux polluants azotés, dans l'air, l'eau ou les sols. De plus, face aux écarts considérables des impacts environnementaux entre situations, il faut comprendre les mécanismes de régulation des écosystèmes cultivés et intégrer ces éléments de connaissance dans l'élaboration de systèmes de culture et d'itinéraires culturaux, et ainsi améliorer le conseil.

L'état des connaissances établi au travers de cet ouvrage montre aussi l'importance de lever des verrous de connaissances sur l'utilisation des produits, notamment pour engendrer de la valeur ajoutée. Si les travaux sur l'utilisation en alimentation animale ont été particulièrement développés par le passé, il reste à remettre à jour au sein des systèmes de production de demain visant des performances et priorités revisitées. Il reste également quelques incertitudes concernant la valorisation des légumineuses fourragères et notamment leur contribution en tant que sources de fibres digestibles. Mais c'est surtout en alimentation humaine et en technologies agroalimentaires que l'effort doit porter. Il est indispensable de développer une offre permettant une valorisation des légumineuses à graines comme ingrédients dans une large gamme de produits agroalimentaires répondant à plusieurs types de besoins. De la même façon, les travaux entrepris en vue d'une utilisation non alimentaire dans le cadre de la bioraffinerie, ou plus largement de ce que l'on nomme *Bio-Based Industries* doivent être intensifiés.

Si des premiers travaux montrent des effets bénéfiques sur la santé humaine, il convient de poursuivre ces travaux de recherche pour bien en comprendre les déterminants, les effets propres des légumineuses et les composants, ou combinaisons de composants, qui les expliquent. Les bienfaits sur la santé doivent être étudiés en considérant que les légumineuses en alimentation humaine apparaîtront de plus en plus comme l'ingrédient d'une diète ou de plats, et de moins en moins comme des aliments *per se*.

Enfin, les travaux en sciences humaines et sociales dédiés aux légumineuses mériteraient une poursuite et une intensification. Dans un premier volet, ils doivent aborder la question de la perception et de l'acceptation de ces espèces et de ses produits. Comprendre les déterminants de la perception constitue un point essentiel de l'acceptation. C'est le cas pour les producteurs quand il s'agit d'intégrer des légumineuses dans les productions végétales ou dans l'utilisation pour l'alimentation des troupeaux. C'est également le cas des consommateurs dans ce qui va déterminer leurs choix alimentaires et leurs pratiques d'achat. Développer les démarches et outils pertinents pour accompagner les changements doit constituer le deuxième volet de ces travaux.

▶▶ Rendre applicables et incitatifs les changements pour des systèmes plus durables incluant des légumineuses

Pour traverser l'étape cruciale de l'adoption des innovations, il s'agit de définir le contexte favorable et les outils adéquats pour changer le paradigme de la production agricole ou du moins moduler la conception des systèmes de production pour les rendre effectivement plus durables. La présence de légumineuses est un levier de la durabilité de l'agriculture trop peu utilisé en Europe et en France, contrairement à tous les autres continents. Il ne sera effectif qu'en repensant l'accompagnement au changement et qu'en conjuguant les leviers économiques et sociologiques au service de la durabilité.

Des leviers indispensables sur légumineuses à graines
— Massifier durablement l'offre pour enclencher des rendements croissants d'adoption ; la massification de l'offre peut se faire en visant différents segments de marchés en alimentation humaine et animale, en développant des grilles de qualité à l'échelle nationale pour fédérer la production sur des standards communs.
— Renforcer les observatoires des prix d'achat des légumineuses ainsi que l'utilisation d'accords interprofessionels ou d'arrangements privés pour intégrer les bénéfices environnementaux dans la chaîne de valeur.
— Soutenir la mise en œuvre de nouvelles filières, particulièrement en alimentation humaine.
— Renforcer les recherches en agroécologie, en nutrition humaine et en systèmes de culture innovants.
— Renforcer l'accompagnement technique et les outils de pilotage sur les systèmes incluant des légumineuses, ainsi que sur les valorisations des graines issues de cultures associées.
— Renforcer la communication auprès du citoyen sur les bénéfices environnementaux et nutritionnels de ces espèces.

Des leviers indispensables sur les légumineuses fourragères
— Renforcer les recherches et le conseil sur la conduite des prairies d'association.
— Renforcer les recherches sur l'impact de la consommation des légumineuses sur la qualité des produits animaux.
— Renforcer les recherches sur le machinisme agricole pour améliorer la récolte des fourrages en accélérant la vitesse de séchage pour réduire les pertes et améliorer la valeur alimentaire.
— Renforcer les recherches en agroécologie et en systèmes de culture innovants incluant des prairies temporaires à base de légumineuses.

Des leviers indispensables sur toutes les légumineuses
— Renforcer le conseil technique et l'échange de compétences de terrain sur l'insertion des légumineuses dans les systèmes de production (prairies et cultures annuelles).
— Soutenir les démarches contractuelles, particulièrement de type pluriannuel.
— Intégrer le secteur agricole dans des marchés carbone et définir des méthodologies de calcul pour les différentes filières de valorisation des légumineuses (tant en alimentation animale qu'humaine).
— Renforcer les travaux sur l'utilisation innovante des légumineuses dans les systèmes de culture, notamment *via* les associations de cultures ou les associations de couverts entre sous-cultures.
— Renforcer la communication sur les bénéfices agroenvironnementaux des légumineuses auprès d'institutions publiques affectant les politiques agricoles (par exemple les agences de l'eau).

Un levier économique de premier ordre pour les légumineuses réside dans tout mécanisme qui permettrait de mieux prendre en compte la valeur économique des services écosystémiques rendus par les légumineuses, que ce soit dans l'évaluation économique des systèmes agricoles ou/et *in fine* dans les prix des produits agricoles dont ils sont issus. Actuellement, la valeur commerciale des légumineuses est restreinte à la production de graines ou de biomasse en tant que cultures de rente. Donner une valeur économique aux services écosystémiques dans leur ensemble peut se faire à plusieurs niveaux :
– dans l'évaluation comptable des systèmes agricoles (économies d'intrants à l'échelle de la rotation et production de services environnementaux potentiels) que ce soit à l'échelle de l'agriculteur ou de l'ensemble des acteurs de la chaîne de valeur agricole ;
– dans les prix des produits agricoles finaux (au travers par exemple d'un « price premium » affecté à une valeur écologique tel qu'un éco-label) ;
– dans une monétarisation, directe ou indirecte, des différents services écosystémiques, comme les bénéfices tirés de la vente d'unités de réduction d'émission de GES liée aux légumineuses sur le marché du carbone ou des prix différenciés de produits issus d'une production agricole plus durable en intégrant des légumineuses.

Par ailleurs, une plus grande « perception de valeur » passe également par des débouchés à plus forte valeur ajoutée, tout particulièrement sur les marchés en développement pour l'alimentation humaine, qu'il s'agisse du marché des graines entières (exportations graines protéagineuses vers pays tiers) ou du marché des ingrédients fonctionnels (farines, isolats, extraits de protéines, d'amidon…). Les marchés des protéines végétales pour l'alimentation humaine connaissent une croissance forte depuis les années 2000 sous l'effet de plusieurs tendances :
– enjeux environnementaux de l'agriculture et enjeux de santé humaine mobilisant l'alimentation ;
– progrès des connaissances nutritionnelles sur les micro- et macro-nutriments,
– nouvelles possibilités d'innovation liées aux progrès des technologies agroalimentaires et de la sécurité alimentaire et sanitaire ;
– transition démographique mondiale associée à une transition culturelle occidentale vis-à-vis des élevages.

Un autre levier économique réside dans la massification de l'offre, via différents segments de marchés (favoriser à la fois les débouchés de masse et les débouchés de niche à haute valeur ajoutée) liés à leur usage direct (valeur marchande) ou à la mise en avant de leur contribution environnementale aux autres cultures (valeur écologique).

Sur le plan socio-économique, le mécanisme d'adoption de nouvelles pratiques (vers des systèmes agricoles avec plus de légumineuses) peut s'enclencher par un processus d'investissements et d'apprentissage cumulatifs, car plus le nombre d'adoptants augmente, plus les connaissances se diffusent et consolideront les performances de ces espèces (rendements croissants d'adoption). Pour accompagner ce processus d'adoption, il s'agit aussi de mobiliser la formation primaire et secondaire sur les compétences nécessaires à ces productions végétales, ainsi que les réseaux techniques et agricoles sur les supports et techniques relatifs à ces cultures, à l'image de ce qui a pu se produire pour l'utilisation de légumineuses fourragères en association dans les prairies temporaires. En effet, l'état de connaissances conditionne les actions, il est donc nécessaire de faire évoluer le paradigme dominant aujourd'hui et fondé principalement sur l'agrochimie pour aller vers une meilleure prise en compte des régulations écologiques.

Il s'agit d'accompagner l'émergence de nouvelles technologies adaptées aux légumineuses en assurant leur mise en cohérence technico-organisationnelle avec les standards technologiques du conseil agricole dominant structuré principalement autour des solutions à court terme.

Encourager une meilleure coordination des acteurs, coordination horizontale mais aussi verticale, des filières jusqu'au consommateur, est une condition essentielle à la production et à une utilisation de légumineuses à une plus large échelle. Cela relève à la fois d'outils de régulation des marchés (mesures et incitations éco-environnementales), des débouchés (nouvelles valeurs commerciales), et de nouveaux standards (accords privés et institutionnels avec cahiers des charges ou contractualisation, affichage environnemental, affichage nutritionnel, économie carbone, etc.).

Une grande partie du chemin reste à venir, mais citons, en le traduisant, Lawrence Busch (2011), chercheur américain travaillant sur les standards alimentaires : « ce processus sera sans aucun doute long et lourd de conflits, car il implique des changements considérables pour de nombreux acteurs de la chaîne de valeur. Plus tôt cela commencera, plus grandes seront les chances de succès »[116].

Pour conclure, la conjugaison de plusieurs approches semble nécessaire pour actionner le levier des légumineuses au service de la durabilité. Les systèmes de production à bas intrants ou avec un objectif de durabilité ont montré l'atout des légumineuses. À l'avenir, l'extension de l'utilisation de ces cultures sur notre territoire français sera permise si l'on conjugue la prise de conscience citoyenne, l'intérêt de chaque acteur agricole et l'intérêt général français. Amener le changement de paradigme qui place la durabilité comme priorité est le fondement d'une évolution des systèmes, même si cela demande du temps. Renforcer la diffusion large des connaissances sur les légumineuses et poursuivre la compréhension des mécanismes qui leur sont spécifiques sont des préalables indispensables. Attribuer une valeur ajoutée aux services écosystémiques des systèmes de production qui soit reconnue sur les échanges économiques peut permettre une appropriation à plus court terme des pratiques plus durables dont l'inclusion de légumineuses dans les systèmes agricoles et alimentaires français.

---

116. Texte original : « this process will doubtless be long and fraught with conflict as it will involve considerable dislocations for many supply chain actors. The sooner it begins, the more likely it will be successful ».

Références bibliographiques

ADE, 2001. Évaluation de la politique communautaire des oléagineux, Rapport de la société ADE pour la Commission Européenne, 230 p.

A.N.D., 2000. Étude sur le marché des légumes secs. Rapport final 2000 de l'A.N.D. pour ONIOL et partenaires, 67 pages.

Abdalla M., Jones M., Smith P., Williams M., 2009. Nitrous oxide fluxes and denitrification sensitivity to temperature in Irish pasture soils. *Soil Use Manage*, 25, 376-388.

Abdel-Wahab S., 1985. Potassium nutrition and nitrogen fixation by nodulated legumes. *Fert. Res.*, 8, 9-20.

Adams J.A., Pattinson G.M., 1985. Nitrate leaching losses under a legume-based crop rotation in Central Canterbury, New Zealand. *New Zealand Journal of Agricultural Research*, 28, 101-107.

Afssa, 2007. Apport en protéines : consommation, qualité, besoins et recommandations. 461 pages.

Agreste, 2011. Les matières premières dans les aliments composés pour animaux de ferme en 2009, Agreste Primeur n° 258, 4 pages.

Agreste, 2012. Infos Rapides. Grandes cultures et fourrages, novembre 2012, 9/10.

Al-Marzooki W., Wiseman J., 2009. Effect of extrusion under controlled temperature and moisture conditions on ileal apparent amino acid and starch digestibility in peas determined with young broilers. *Anim. Feed Sci. Tech.*, 153, 113-130.

Alard V., Béranger C., Journet M., 2002. *À la recherche d'une agriculture durable. Étude de systèmes herbagers économes en Bretagne.* Éditions Inra, 340 p.

Albar J., Skiba F., Royer E., Granier R., 2000. Effects of the particle size of barley, wheat, corn or pea based diets on the growth performance of weaned piglets and on nutrient digestibility. *Journées Recherche Porcine*, 32, 193-200.

Albrecht K.A., Wedin W.F., Buxton D.R., 1987. Cell wall composition and digestibility of alfalfa stems and leaves. *Crop Sci.*, 27, 735-741.

Alder F.E., Minson D.J., 1963. The herbage intake of cattle grazing lucerne and cocksfoot pasture. *J. Agric. Sci.*, 60, 359-369.

Alkama N., 2010. Adaptation de la symbiose rhizobienne chez le haricot à la déficience en phosphore : détermination de la réponse de la plante en terme d'échanges gazeux et de flux minéraux échangés avec la rhizosphère. Thèse SupAgro, Montpellier, soutenue le 9/12/2010.

Alkama N., Bolou Bi Bolou E., Vailhe H., Roger L., Ounane S.M., Drevon J.J., 2009. Genotypic variability in P use efficiency for symbiotic nitrogen fixation is associated with variation of proton efflux in cowpea rhizosphere. *Soil Biol. Biochem.*, 41, 1814-1823.

Allaire G., 2002. L'économie de la qualité, en ses territoires, ses secteurs et ses mythes. *Géographie, Economie et Société*, 4 (2), 155-180.

Allaire G., 2012. The Multidimensional Definition of Quality. *In : Geographical Indications and International Agricultural Trade: The Challenge for Asia* (Augustin-Jean L., Ilbert H., Saavedra-Rivano N., eds), Palgrave Macmillan.

Amigues J.P., 2012. Les services écosystémiques : une nouvelle clé de négociation des politiques publiques. *Innovations Agronomiques*, 23, 85-94.

Amigues J.P., Chevassus-au-Louis B., 2011. *Évaluer les services écologiques des milieux aquatiques : enjeux scientifiques, politiques et opérationnels.* Collection Comprendre pour agir, 152 p. + annexes 20 p., ONEMA, Vincennes. http://www.onema.fr/Evaluer-les-services-ecologiques

Amijee F., Barroclough P.B., Tinker P.B., 1991. Modeling phosphorus uptake and utilization by plants. *In : Phosphorus Nutrition of Grain Legumes in the Semi-arid Tropics* (Johansen C., Lee K.K., eds), Sahrawat, Icrisat, Hydrabad, p. 62-75.

Amossé C., Celette F., Jeuffroy M.H., David C., 2013. Association relais blé / légumineuse fourragère en système céréalier biologique : une réponse pour le contrôle des adventices et la nutrition azotée des cultures. *Innovations Agronomiques*, 32, 21-33.

Anderson E.T., Berry B.W., 2000. Sensory, shear, and cooking properties of lower-fat beef patties made with inner pea fiber. *J. Food Sci.*, 65, 805-810.

Anderson J.W., Major A.W., 2002. Pulses and lipaemia, short- and long-term effect: potential in the prevention of cardiovascular disease. *Br. J. Nutr.*, 88, Suppl 3, S263-271.

Andrews D.J., Kassam A.H., 1976. The importance of multiple cropping in increasing world food supplies. *In : Multiple Cropping* (Papendick R.I., Sanchez A., Triplett G.B., eds), ASA Special Publication 27. American Society of Agronomy, Madison, WI, pp. 1-11.

Andrews M., Lea P.J., Raven J.A., Azevedo R.A., 2009. Nitrogen use efficiency. 3. Nitrogen fixation: genes and costs. *Ann. Appl. Biol.*, 155, 1-13.

Andurand J., Coulmier D., Despres J.L., Rambourg J.C., 2010. Extraction industrielle de protéines et de pigments chez la luzerne : état des lieux et perspectives. *Innovations Agronomiques*, 11, 147-156.

Aneja V.P., Holbrook B.D., Robarge W.P., 1997. Nitrogen oxide flux from an agricultural soil during winter fallow in the upper coastal plain of North Carolina, USA. *J. Air Waste Management Association*, 47, 800-805.

Annicchiarico P., Barrett B., Brummer E.C., Julier B., Marshall A., 2015. Achievements and challenges in improving temperate perennial forage legumes. *Crit. Rev. Plant Sci.*, 34, 327-380.

Annicchiarico P., Julier B., 2014. Alfalfa: back to the future. *Legume Perspectives*, 4.

Anses, 2009. Rapport Étude individuelle nationale des consommations alimentaires 2 (INCA2)(2006-2007). http://www.anses.fr/Documents/PASER-Ra-INCA2.pdf. 225 pages.

Anses, 2013. Table Ciqual. https://pro.anses.fr/TableCIQUAL/index.htm. Consulté le 20/11/14.

Anuradha M., Narayanan A., 1991. Promotion of root elongation by phosphorus deficiency. *Plant and Soil*, 136, 273-275.

Aoyama M., Nozawa T., 1993. Microbial biomass nitrogen and mineralization-immobilization processes of nitrogen in soils incubated with various organic materials. *Soil Sci. Plant Nutr.*, 39, 23-32.

Arep, 2009. Limiter le lessivage des nitrates. Essai de longue durée de Thibie, résultats acquis de 1991 à 2008. Document Arep-Arvalis, 82 pages + annexes.

Armstrong E.L., Pate J.S., 1994. Field pea crop in SW Australia. I. Patterns of growth, biomass production and photosynthetic performance in genotypes of contrasting morphology. *Aust. J. Agric. Res.*, 45, 1347-1362.

Arnoldi A., 2005. *Optimised processes for preparing healthy and added value food ingredients from lupin kernels, the European protein-rich grain legume*, Aracne Ed.

Arnaud J.D., Le Gall A., Pflimlin A., 1993. Évolution des surfaces en légumineuses fourragères en France. *Fourrages*, 134, 145-154.

Aronsson H., Tortensson G., 1998. Measured and simulated availability and leaching of nitrogen associated with frequent use of catch crops. *Soil Use and Management*, 14, 6-13.

Arrouays D., Balesdent J., Germon J.-C., Jayet P.A., Soussana J.F., Stengel P., 2002. Contribution à la lutte contre l'effet de serre. Stocker du carbone dans les sols agricoles de France ? Expertise scientifique collective, Synthèse, Inra, 32 p.

Arthur B., 1989. Competing Technologies, Increasing Returns, and Lock-In by Historical Events. *The Economic Journal*, 99 (394), 116-131.

Arvalis Institut du végétal, Unip, 2010. Le test Aphanomyces : Pour mieux gérer le risque de pourriture racinaire du pois. Fiche pratique 2010.

AScA, 2004. Rapport d'évaluation nationale MAE sur demande du Ministère de l'Agriculture français pour l'« Evaluation à mi-parcours portant sur l'application en France du règlement CE n° 1257/1999 du Conseil, concernant le soutien au développement rural », Chapitre VI- Soutien à l'agroenvironnement.

Asman W.A.H., Sutton M.A., Schjørring J.K., 1998. Ammonia: emission, atmospheric transport and deposition. *New phytologist*, 139 (1), 27-48.

Asselineau A., Piré-Lechalard C., 2009. Le développement durable : une voie de rupture stratégique ? *Management et Avenir*, 26, 280-299.

Atkinson F.S., Foster-Powell K., Brand-Miller J.C., 2008. International tables of glycemic index and glycemic load values: 2008. *Diabetes Care*, 31 (12), 2281-2283.

Attoumani-Ronceux A., Aubertot J.-N., Guichard L., Jouy L., Mischler P., Omon B., Petit M-S., Pleyber E., Reau R., Seiler A., 2011. Guide pratique pour la conception de systèmes de culture plus économes en produits phytosanitaires. Application aux systèmes de polyculture. ministères chargés de l'agriculture et de l'environnement, RMT Systèmes de culture innovants.

Aufrère J., Dudilieu M., Poncet C., 2008. *In vivo* and *in situ* measurements of the digestive characteristics of sainfoin in comparison with lucerne fed to sheep as fresh forages at two growth stages as a hay. *Animal*, 2, 1331-1339.

Aufrère J., Graviou D., Melcion J.P., Demarquilly C., 2001. Dégradation in the rumen of lupin and pea seed proteins. Effect of heat treatment. *Anim. Feed. Sci. Technol.*, 92, 215-236.

Aufrère J., Theodoridou K., Baumont R., 2012. Valeur alimentaire pour les ruminants des légumineuses contenant des tannins condensés en milieux tempérés. *Inra Prod. Anim.*, 25, 29-44.

Aulakh M.S., Doran J.W., Walters D.T., Power J.F., 1991. Legume residue and soil water effects on denitrification in soils of different textures. *Soil Biol. Biochem.*, 23, 1161-1167.

Austin A.R., Aston K., Drane H.M., Saba N., 1982. The fertility of heifers consuming red clover silage. *Grass For. Sci.*, 53, 250-259.

Avice J.C., 1996. Mobilisation of N and C reserves in *Medicago sativa* L.: study by 15N and 13C labelling, characterisation of taproot storage protein and relationships with the regrowth capacity following defoliation. PhD Thesis, Université de Caen.

Avice J.C., Ourry A., Volenec J.J., Lemaire G., Boucaud J., 1996. Defoliation-induced changes in abundance and immunolocalization of vegetative storage proteins in taproots of *Medicago sativa* L. *J. Plant Physiol. Biochem.*, 34 (4), 561-570.

Avice J.C., Lemaire G., Ourry A., Boucaud J., 1997. Effects of the previous shoot removal frequency on subsequent shoot regrowth in two *Medicago sativa* L. cultivars. *Plant Soil*, 188, 189-198.

Avice J.C., Louahlia S., Kim T.H., Jacquet A., Morvan-Bertrand A., Prudhomme M.P., Ourry A., Simon J.C., 2001. Influence des réserves azotées et carbonées sur la repousse des espèces prairiales. *Fourrages*, 165, 3-22.

Baccar R., 2007. Les associations blé-pois : quelles variétés associer en mélange ? Stage de Master 2, Agronomie, AgroParisTech, Paris.

Badenhausser I., Bretagnolle V., 2005. Grasshopper abundance in grassland habitats in western France. *Grassland Sci. Eur.*, 10, 445-448.

Baggs E.M., Rees R.M., Smith K.A., Vinten A.J.A., 2000. Nitrous oxide emission from soils after incorporating crop residues. *Soil Use and Management*, 16, 82-87.

Ballot R., 2009. Prise en compte des facteurs agronomiques dans les indicateurs de rentabilité des successions culturales. Mémoire de fin d'études de l'ESA Angers encadré avec l'Onidol et l'Unip, soutenu en septembre 2009, 135 pp. + annexes.

Barnes D.K., Heichel G.H., Vance C.P., Viands D.R., Hardarson G., 1981. Successes and problems encountered while breeding for enhanced N a fixation in alfalfa. *In : Genetic Engineering of Nitrogen Fixation and Conservation of Fixed Nitrogen* (Lyons J.M. *et al.*, eds), Plenum Press, New York, pp. 233-248.

Bastianelli D., Grosjean F., Peyronnet C., Duparque M., Régnier J.M., 1998. Feeding value of pea (*Pisum sativum* L.) 1. Chemical composition of different categories of pea. *Animal Science*, 67, 609-619.

Baumgartner D.U., de Baan L., Nemecek T., Pressenda F., Crépon K., 2008. Life cycle assessment of feeding livestock with European grain legumes. Proceedings of the 6th International Conference on LCA in the Agri-Food Sector, Zurich, November 12-14, 2008.

Baumont R., Plantureux S., Farrié J.P., Launay F., Michaud A., Pottier E., 2011. *Prairies permanentes : des références pour valoriser leur diversité*. Éditions Institut de l'Élevage, 128 p.

Bazzano L.A., He J., Ogden L.G., Loria C., Vupputuri S., Myers L., Whelton P.K., 2001. Legume consumption and risk of coronary heart disease in US men and women: NHANES I Epidemiologic Follow-up Study. *Arch. Intern. Med.*, 161 (21), 2573-2578.

Beauchemin K.A., Kreuser M., O'Mara F., Mc Allister T.A., 2008. Nutritional management for enteric methane abatement: A review. *Aust. J. Exp. Agric.*, 48, 21-27.

Beaudoin N., Saad J.K., Van Laethem C., Machet J.M., Maucorps J., Mary B., 2005. Nitrate leaching in intensive agriculture in Northern France: Effect of farming practices, soils and crop rotations. *Agric. Ecosyst. Environ.*, 111, 292-310.

Beaudoin N., Tournebize J., Ruiz L., Constantin J., Justes E., 2012. Nitrate et eau en période d'interculture. *In : Les cultures intermédiaires pour une production agricole durable* (Collectif), éditions Quæ, 112 p.

Bedoussac L., Justes E., 2010. The efficiency of a durum wheat-winter pea intercrop to improve yield and wheat grain protein concentration depends on N availability during early growth. *Plant Soil*, 330, 19-35.

Bedoussac L., Bernard L., Brauman A., Cohan J.-P, Desclaux D., Fustec J., Haefliger M., Hellou G., Hinsinger P., Journet E.-P, Magrini M.-B., Palvadeau L., Ridaura S., Triboulet P., 2012. Les Cultures Associées céréale / légumineuse en agriculture « bas intrants » dans le Sud de la France. Projet PerfCom, Peuplements Complexes Performants en Agriculture Bas intrants. Inra, IRD, Cirad, ESA, Arvalis-Institut du Végétal, BioCivam Aude, Décembre 2012. http://www6.montpellier.inra.fr/systerra-perfcom/Productions-PerfCom/Salons-plaquettes

Beillouin D., Schneider A., Carrouée B., Champolivier L., Le Gall C., Jeuffroy M.H., 2014. Short and medium term effects on nitrogen leaching of the introduction of a pea or an oilseed rape crop in wheat-based successions Poster avec extended abstract, 18th Nitrogen Workshop Lisbon, 30 June – 3 July 2014.

Bejarano L., Mignolet E., Coulmier D., Vanvolsem T., Larondelle Y., Focant M., 2009. Biohydrogénation comparée des acides gras insaturés d'un concentré protéique de luzerne et de graines de lin extrudées. *Renc. Rech. Ruminants*, 16, 66.

Bénézit M., 2013. Diagnostic agronomique des facteurs limitants du rendement du pois protéagineux d'hiver et de printemps en Champagne Berrichonne. MFE, Montpellier SupAgro, 42 p.

Bennett A.J., Bending G.D., Chandler D., Hilton S., Mills P., 2012. Meeting the demand for crop production: the challenge of yield decline in crops grown in short rotations. *Biol. Rev.*, 87, 52-71.

Bergersen F.J., Turner G.L. Peoples M.B., Gault R.R., Mothorpe L.J., Brockwell J., 1992. Nitrogen fixation during vegetative and reproductive growth of irrigated soybean in the field: application of $\delta^{15}N$ methods. *Aust. J. Agric. Res.*, 43, 145-153.

Bernhisel-Broadbent J., Sampson H.A., 1989. Cross-allergenicity in the legume botanical family in children with food hypersensitivity. *J. Allergy Clin. Immunol.*, 83, 435-440.

Berthiaume R., Tremblay G.F., 2010. Du fourrage sucré pour mieux performer. http://www.agrireseau.qc.ca/bovinslaitiers/documents/Berthiaume_Tremblay.pdf

Besnard A., Montarges-Lellahi A., Hardy A., 2006. Système de culture et nutrition azotée. Effets sur les émissions de GES et le bilan énergétique. *Fourrages*, 187, 311-320.

Biarnès V., Gaillard B., Jeuffroy M.H., Guichard L., Hellou G., 2008. Céréales et légumineuses: une association pour produire du lé avec peu d'intrants ? *Perspectives Agricoles*, 347, 52-55.

Biarnes V., Roullet C., Ragonnaud G., 2002. Rendements et teneur en protéines du pois protéagineux. *Perspectives Agricoles*, 281, 12-17.

Bieleski R.L., 1973. Phosphate pools, Phosphate transport, and Phosphate availability. *Annual Review of plat Physiology,* 24 (1), 225-252.

Board J.E., Hall W., 1984. Prematuring flowering in soybean fields reductions at non-optimal planting dates as influenced by temperature and photoperiod. *Agronomy J.*, 76 (4), 700-704.

Boelt B., Julier B., Karagić Đ., Hampton J., 2015. Legume seed production meeting market requirements and economic impacts. *Crit. Rev. Plant Sci.*, 34, 412-427.

Bolin B., Cook R.B., 1983. *The Major Biogeochemical Cycles and their Interactions*, John Wiley and Sons, New York.

Bolton E.F., Aylesworth J.W., Hore F.R., 1970. Nutrient losses through tile drains under three cropping systems and two fertility levels on a Brookstone clay. *Can. J. Soil Sci.*, 50, 275-279.

Bonilla E., 2013. Diagnostic agronomique des facteurs limitant le rendement du pois protéagineux et identification des leviers d'action pour le producteur en Eure-et-Loir. Mémoire de fin d'étude présenté pour l'obtention du diplôme d'ingénieur agronome spécialité Productions Végétales Durables à Montpellier SupAgro. 36 pages + annexes.

Bos C., Metges C.C., Gaudichon C., Petzke K.J., Pueyo M.E., Morens C., Everwand J., Benamouzig R., Tomé D., 2003. Postprandial kinetics of dietary amino acids are the main determinant of their metabolism after soy or milk protein ingestion in humans. *J. Nutr.*, 133 (5), 1308-1315.

Boulard J., 1998. *Dictionnaire de botanique.* Ellipses, Paris

Bourion V., Laguerre G., Depret G., Voisin A.S., Salon C., Duc G., 2007. Genetic variability in nodulation and root growth affects nitrogen fixation and accumulation in pea. *Ann. Botany*, 100, 589-598.

Bourion V., Rizvi S.M.H., Fournier S., de Larambergue H., Galmiche F., Marget P., Duc G., Burstin J., 2010. Genetic dissection of nitrogen nutrition in pea through a QTL approach of root, nodule, and shoot variability. *Theor. Appl. Genet.*, 121, 71-86.

Bousseau D., 2009. Associations céréales-légumineuses et mélanges de variétés de blé tendre : point de vue agronomique et pratique d'une coopérative. *Innovations Agronomiques*, 7, 129-137.

Boutin J.P., Dronne Y., Ducournau S., Munier-Jolain N., Sève B., Tivoli B., Duc G., Guéguen J., 2008. *La Filière protéagineux : quels défis* (Guéguen J., Duc G., coord.), Éditions Quæ, 147 pages.

Boye J., Zare F., Pletch A., 2010. Pulse proteins: processing, characterization, functional properties and applications in food and feed. *Food Res. Intern.*, 43, 414-431.

Boyer E.W., Goodale C.L., Jaworski N.A., Howarth R.W., 2002. Anthropogenic nitrogen sources and relationships to riverine nitrogen export in the northeastern USA. *Biogeochemistry*, 57/58, 137-69.

Breeze T.D., Bailey A.P., Balcombe K.G., Potts S.G., 2011. Pollination services in the UK: How important are honeybees? *Agriculture, Ecosystems & Environment*, 142 (3-4), 137-143.

Bremer E., Van Kessel C., 1992. Seasonal microbial biomass dynamics after addition of lentil and wheat residues. *Soil Sci. Soc. Am. J.*, 56, 1141-1146.

Bretagnolle V., Villers A., Denonfoux L., Cornulier T., Inchausti P., Badenhausser I., 2011. Rapid recovery of a depleted population of Little Bustards Tetrax tetrax following provision of alfalfa through an agri-environmental scheme. *Ibis*, 153, 4-13.

Brévault N., Mansuy E., Crépon K., Bouvarel I., Lessire M., Rouillère H., 2003. Utilisation de différentes variétés de féverole pour l'alimentation du poulet biologique. 5e journées de la Recherche Avicole.

Bris V., 2011. Relation animal/végétal : atténuer les impacts de la volatilité pour les productions animales, les propositions en amont. Sommet de l'élevage, Table ronde URFACAL-Coop de France NA-SNIA, 6 novembre 2011, Clermont-Ferrand, 13 p.

Brisson N., Launay M., Mary B., Beaudoin N., 2008. *Conceptual basis, formalisations and parameterization of the STICS crop model*. Éditions Quæ, 297 p.

Brisson N., Gate P., Gouache D., Charmet G., Oury F.-X., Huard F., 2010. Why are wheat yields stagnating in Europe? A comprehensive data analysis for France. *Field Crops Research*, 119, 201-212.

Brunschwig P., Lamy J.M., 2002. Utilisation de féverole ou de tourteau de tournesol comme sources protéiques dans l'alimentation des vaches laitières. *Renc. Rech. Ruminants*, 9, 316.

Brunschwig P., Lamy J.M., 2003. Les protéagineux contribuent à l'autonomie alimentaire du troupeau laitier alimenté avec du maïs ensilage, sans pénaliser les performances. *Fourrages*, 175, 395-402.

Brunschwig P., Lamy J.M., Weill P., Lepage E., Nerriere P., 2003. Le lupin broyé ou extrudé comme correcteur unique de rations pour vaches laitières. *Renc. Rech. Ruminants*, 10, 383.

Brunschwig P., Lamy J.M., Peyronnet C., Crépon K., 2004. Valorisation de la féverole dans des rations pour vaches laitières. *Renc. Rech. Ruminants*, 11, 275.

Buirchell B.J., 2008. Narrow-leafed lupin breeding - where to from here? *In : Lupins for health and kilt* (Palta J.A., Berger J.D., eds), Proceedings of the 12th International Lupin Conference, Fremantle, Western Australia, pp. 226-230.

Burger P., 2001. Analyse de la variabilité de la teneur en protéines de la graine de soja. Thèse INA-PG, 171 p.

Burstin J., Marget P., Huart M., Moessner A., Mangin B., Duchene C., Desprez B., Munier-Jolain N., Duc G., 2007. Developmental genes have pleiotropic effects on plant morphology and source capacity, eventually impacting on seed protein content and productivity in pea. *Plant Physiol.*, 144, 768-781.

Busch L., 2011. Food standards: the cacophony of governance. *J. Exp. Bot.*, 62, 3247-3250.

Butault J.-P., Dedryver C.-A., Gary C., Guichard L., Jacquet F., Meynard J.-M., Nicot P., Pitrat M., Reau R., Sauphanor B., Savini I, Volay T., Ecophyto R&D, 2010. Quelles voies pour réduire l'usage des pesticides ? Synthèse du rapport d'étude, Inra, 90 p.

Cabon G., Dersoir C., Soulard J., Carrouée B., 1997. Utilisation du pois protéagineux dans des rations pour vaches laitières déficitaires en PDI. Comparaison à des témoins connus. *Renc. Rech. Ruminants*, 4, 141.

Cabon G., Metais D., Peyronnet C., 2002. Valeur azotée PDIE du Lupin Blanc Doux et de la Féverole, dans des rations de vaches laitières - Comparaison à des régimes témoins. *Renc. Rech. Ruminants*, 9, 317.

Cadoux S., 2014. Synthèse technique 'colza d'hiver associé à un couvert automnal'. Synthèse des essais « CLE » 2011, 2012, 2013 et 2014. Poitou-Charentes, Centre, Lorraine. Rapport de l'action Cetiom Phytosol C3110040.

Campbell B.C., Stafford Smith D.M., Ash A.J., Fuhrer J., Gifford R.M., Hiernaux P., Howden S.M., Jones M.B., Ludwig J.A., Manderscheid R., Morgan J.A., Newton P.C.D., Nösberger J., Owensby C.E., Soussana J.F., Tuba Z., Zuozhong C., 2000. A synthesis of recent global change research on pasture and rangeland production: reduced uncertainties and their management implications. *Agriculture, Ecosystems and Environment*, 82, 39-55.

Campbell C.A., Lafond G.P., Zentner R.P., Biederbeck V.O., 1991. Influence of fertilizer and straw baling on the soil organic matter in a thin Black Chernozem in Western Canada. *Soil Biol. Biochem.*, 23, 443-446.

Campos-Vega R., Loarca-Pina G., Oomah B.D., 2010. Minor components of pulses and their potential impact on human health. *Food Research Intern.*, 43, 461-482.

Canibe N., Bach Knudsen K.E., 2002. Degradation and physicochemical changes of barley and pea fibre along the gastrointestinal tract of pigs. *J. Sci. Food. Agric.*, 82, 27-39.

Caradus J.R., 1990. The structure and function of white clover root systems. *Advances in Agronomy*, 43, 1-46.

Carrée B., Melcion J.P., Widiez J.L., Biot P., 1998. Effects of various processes of fractionation, grinding and storage of peas on digestibility of pea starch in chickens. *Anim. Feed Sci. Tech.*, 71, 19-33.

Carroll B.J., McNeil D., Gresshoff P.M., 1985. Isolation and properties of soybean (Glycine max (L.) Merr.) mutants that nodulate in the presence of high nitrate concentrations. *Proc. Natl Acad. Sci. USA*, 82, 4162-4166.

Carrouée B., Gent G., Summerfield R.J., 2000. Production and use of grain legumes in the EU. *In : Linking research and marketing opportunities in the 21st Century* (Knight R., ed.), Kluwer, p. 79-98.

Carrouée B., Crépon K., Peyronnet C., 2003. Les protéagineux : intérêt dans les systèmes de production fourragers français et européens. *Fourrages*, 174, 163-182.

Carrouée B., Bourgeais E., Aveline A., 2006a. Nitrate leaching related to dry pea in arable crop rotations. *In : AEP workshop Grain legumes and the environment: how to assess benefits and impacts*, pp. 117-124.

Carrouée B., Bourgeais E., Aveline A., 2006b. Dry pea crop effect on the soil nitrogen balance. *In : Grain legumes and the environment: how to assess benefits and impacts?* AEP workshop, 18-19 November 2004, Agroscope FAL Reckenholz, Zurich, Suisse, pp. 111-116.

Carrouée B., Schneider A., Flénet F., Jeuffroy M.H., Nemecek T., 2012. Introduction du pois protéagineux dans des rotations à base de céréales à paille et colza : impacts sur les performances économiques et environnementales. *Innovations Agronomiques*, 25, 125-142

Casagrande M., David C., Valantin-Morison M., Jeuffroy M.H., 2009. Factors limiting the grain protein content of organic winter wheat in south-eastern France: a mixed-model approach. *Agron. Sustain. Dev.*, 29, 565-574.

Cassman K.G., Whitney A.S., Stockinger K.R., 1980. Root growth and dry matter distribution of soybean as affected by phosphorus stress, nodulation, and nitrogen source. *Crop Sci.*, 20, 239-244.

Cassman K.G., Whitney A.S., Fox R.L., 1981. Phosphorus requirement of soybean and cowpea as affected by mode of N nutrition. *Agron. J.*, 73, 17-22.

Castle M.E., Reid D., Watson J.N., 1983. Silage and milk production: studies with diets containing white clover silage. *Grass Forage Sci.*, 38, 193-200.

Cavaillès E., 2009. *La relance des légumineuses dans le cadre d'un plan protéine : quels bénéfices environnementaux ?* Études & Document n° 15, CGDD, MEEDDM (42 p.) www.developpement-durable.gouv.fr

Chamblee D.S., Collins M., 1988. Relationships with other species in a mixture. *In : Alfalfa and alfalfa improvement* (Hanson, A.A., Barnes D.K., Hill R.R. Jr., eds.), N° 29 in the series Agronomy, Madison, Wisconsin, pp. 439-461.

Champ M., Anderson J.W., Bach-Knudsen K.E., 2002. Supplement Pulses and Human Health. *Brit. J. Nutr.*, 88 (S3), S237-319.

Champ M.M., 2002. Non-nutrient bioactive substances of pulses. *Br. J. Nutr.*, 88, Suppl 3, S307-319.

Chantigny M.H., 2003. Dissolved and water-extractable organic matter in soils: a review on the influence of land use and management practices. *Geoderma*, 113, 357-380.

Chantre E., Cerf M., Le Bail M., 2014. Transitional pathways towards input reduction in French field crop farms. *International Journal of Agricultural Sustainability*, 13 (1), 69-86.

Charrier F., Magrini M.-B., Charlier A., Fares M., Le Bail M., Messéan A., Meynard J.-M., 2013. Alimentation animale et organisation des filières : une comparaison pois protéagineux-lin oléagineux pour comprendre les facteurs freinant ou favorisant les cultures de diversification. *OCL*, 20 (4), D407.

Chatellier V., Guesdon J.C., Guyomard H., Perrot C., 2009. L'application française du bilan de santé de la PAC : Un transfert limité pour l'élevage, mais une véritable réévaluation pour l'herbe. *Journées Renc. Rech. Ruminants*, 16, 203-210

Chatellier V., Lelyon B., Perrot C., You G., 2013. Le secteur laitier français à la croisée des chemins. *Inra Prod. Anim.*, 26 (2), 71-94.

Chenais F., 1993. Ensilage de légumineuses et production laitière. *Fourrages*, 134, 258-265.

Cherrière K., Albar J., Noblet J., Skiba F., Granier R., Peyronnet C., 2003. Utilisation du lupin bleu (*Lupinus angustofolius*) et du lupin blanc (*Lupinus albus*) par les porcelets en post-sevrage. *Journées Rech. Porcine*, 35, 97-104.

Chevassus-au-Louis B., Salles J.M., Pujol J.L., 2009. *Approche économique de la biodiversité et des services liés aux écosystèmes – Contribution à la décision publique*, Rapport du Centre d'Analyse Stratégique, La Documentation française, coll. Rapports et documents, n° 18, Paris.

Chikowo R., Faloya V., Petit S., Munier-Jolain N.M., 2009. Integrated Weed Management systems allow reduced reliance on herbicides and long-term weed control. *Agriculture, Ecosystems and Environment*, 132, 237-242.

Christou M., Avramides E.J., Roberts J.P., Jones D.L., 2005. Dissolved organic nitrogen in contrasting agricultural ecosystems. *Soil Biol. Biochem.*, 37, 1560-1563.

Civerolo K.L., Dickerson R.R., 1998. Nitric oxide emissions from tilled and untilled cornfields. *Agriculture Forest Meteorology*, 90, 307-311.

Clayton H., McTaggart I.P., Parker J., Swan L., Smith K.A., 1997. Nitrous oxide emissions from fertilised grassland: a 2-year study of the effects of N fertilizer form and environmental conditions. *Biol. Fertil. of Soils*, 25, 252-260.

Cluzeau D., Binet F., Vertes F., Simon J.C., Riviere J.M., Trehen P., 1992. Effects of intensive cattle trampling on soil-plant-earthworms system in two grassland types. *Soil Biol. Biochem.*, 24, 1661-1665.

Coase R., 2005. L'entreprise, le marché et le droit. Ed. d'Organisation, 245 p.

Cober E.R., Voldeng H.D., 2000. Developing high-protein, high-yield soybean populations and lines. *Crop Sci.*, 40, 39-42.

Cohan J.P., Laurent F., Champolivier L., Lieven J., Duval R., Morin P., 2011a. Effet des couverts intermédiaires sur la fourniture d'azote à la culture suivante. *In : Cultures intermédiaires – Impacts et conduite*, Arvalis-Cetiom-ITB-ITL, pp. 44-61.

Cohan J.P., Labreuche J., Lieven J., Duval R., 2011b. Ecophysiologie des couverts intermédiaires. *In : Cultures intermédiaires – Impacts et conduite*, Arvalis-Cetiom-ITB-ITL, pp. 27-43.

Cohan J.P., Besnard A., Hanocq D., Moquet M., Laurent F., 2012. Impact des couverts intermédiaires sur la fourniture d'azote au maïs suivant et l'évolution des fournitures d'azote du sol à long terme. *In : 30 ans de références pour comprendre et limiter les fuites d'azote à la parcelle*. Journée de synthèse scientifique Crab-Arvalis-Inra/AgroCampus Ouest, 03 février 2012, Plöermel, France.

Cohan J.P., Corre-Hellou G., Naudin C., Hinsinger P., Jeuffroy M.H., Justes E., Bedoussac L., 2013. Association céréales-légumineuses récoltée en grains : de bonnes performances en fourniture d'azote limitante. *Perspectives Agricoles*, 404, 53-56.

Colbach N., Saur L., 1998. Influence of crop management on eyespot development and infection cycles of winter wheat. *Eur. J. Plant Pathol.*, 104, 37-48.

Colbach N., Maurin N., Huet P., 1996. Influence of cropping system on foot rot of winter wheat in France. *Crop Protection*, 15, 295-305.

Colbach N., Lucas P., Meynard J.M., 1997. Influence of wheat crop management on take-all development and infection cycles. *Phytopathology*, 87, 26-32.

Colbach N., Schneider A., Ballot R., Vivier C., 2010. Diversifying cereal-based rotations to improve weed control. Evaluation with the ALOMYSYS model quantifying the effect of cropping systems on a grass weed. *OCL*, 17, 5, 292-300.

Collectif, 2005. Special report: Food uses and health benefits of lupins. *Grain Legumes Magazine*, 43.

Collectif, 2006. Le massif vosgien : Typologie des prairies naturelles. Document INPL–Inra / Chambres d'agriculture 67, 68, 88 / PNR des Ballons des Vosges / Institut de l'Élevage, Brochure 27 pages, Ed. Chambre d'Agriculture des Vosges.

Collectif, 2008. Grain legumes chain – Synthesis report by the GL working group of Eurocrop (FP6-2004-SSP4-022757), Version 2.

Collectif, 2011. Rapport du programme Casdar-7175 « Amélioration des performances économiques et environnementales de systèmes de culture avec pois, colza et blé », 129 pages, www.unip.fr.

Colomb B., Aveline A., Carof M., 2011. Une évaluation multicritère qualitative de la durabilité de systèmes de grandes cultures biologiques, Quels enseignements ? Restitution des programmes RotAB et CITODAB, Document d'analyse PSDR3 Midi-Pyrénées-Projet CITODAB, 42 p. + annexes, http://www.itab.asso.fr/programmes/rotation.php.

Combris P., Martin P., 2013. Évolution de la consommation des protéines dans le monde (1961-2009) – La croissance de la consommation des protéines animales peut-elle se généraliser ? Les rencontres de l'Inra au Salon de l'Agriculture. Quelles protéines pour une alimentation saine et durable ? Inra Ed. 25 février 2013. 28 diapos et résumé 2 pages.

Comifer, 2011 réactualisé 2013. Calcul de la fertilisation azotée : guide méthodologique pour l'établissement des prescriptions locales pour les cultures annuelles et les prairies, http://www.comifer.asso.fr

Commissariat général au Développement durable, 2009. La relance des légumineuses dans le cadre d'un plan protéine : quels problèmes environnementaux ? *Études & documents*, 15, 44 pp.

Compagnone C., Auricoste C., Lémery B., 2009. *Conseil et développement en agriculture : quelles nouvelles pratiques ?* Educagri éditions-éditions Quæ.

Constantin J., Justes E., 2012. Impacts de la gestion de l'interculture sur les bilans d'azote et d'eau et sur le rendement de la culture suivante, simulés avec le modèle de culture STICS. *In :Réduire les fuites de nitrate au moyen de cultures intermédiaires : Conséquences sur les bilans d'eau et d'azote, autres services écosystémiques.* Expertise Scientifique Collective, Éditions Inra.

Constantin J., Beaudoin N., Launay M., Duval J., Mary B., 2012. Long-term nitrogen dynamics in various catch crop scenarios: Test and simulations with STICS model in a temperate climate. *Agric. Ecosyst. Environ.*, 147, 36-46.

Constantin J., Beaudouin N., Laurent F., Cohan J.P., Duyme F., Mary B., 2011. Cumulative effects of catch crops on nitrogen uptake, leaching and net mineralization. *Plant Soil*, 341, 137-154.

Constantin J., Mary B., Laurent F., Aubrion G., Fontaine A., Kerveillant P., Beaudouin N., 2010. Effects of catch crops, no till and reduced nitrogen fertilization on nitrogen leaching and

balance in three long-term experiments. *Agric., Ecosyst. Environ.*, 135, 268-278.

Cordier C., Pozo M.J., Barea J.M., Gianinazzi S., Gianinazzi-Pearson V., 1998. Cell defense responses associated with localized and systemic resistance to *Phytophthora parasitica* induced in tomato by an arbuscular mycorrhizal fungus. *Mol. Plant Microbe Inter.*, 11, 1017-1028.

Cordier J., Erhel A., Pindard A., Courleux F., 2008. La gestion des risques en agriculture de la théorie à la mise en oeuvre: éléments de réflexion pour l'action publique. *Notes et études économiques*, 30, 33-71.

Corre N., Bouchart V., Ourry A., Boucaud J., 1996. Mobilization of nitrogen reserves during regrowth of defoliated *Trifolium repens* L. and identification of vegetative storage proteins. *J. Exp. Bot.*, 47 (301), 1111-1118.

Corre-Hellou G., Crozat Y., 2005a. N2 fixation and N supply in organic pea (*Pisum sativum* L.) cropping systems as affected by weeds and pea weevil (*Sitona lineatus* L.). *Europ. J. Agronomy*, 22 (4), 449-458.

Corre-Hellou G., Crozat Y., 2005b. Assessment of root system dynamics of species grown in mixtures under field conditions using herbicide injection and 15N natural abundance methods: A case study with pea, barley and mustard. *Plant Soil*, 276, 177-192.

Corre-Hellou G., Dibet A., Aveline A., Crozat Y., 2004. Le pois dans des systèmes à faibles intrants : cultures pures ou associées ? *Perspectives agricoles*, 306.

Corre-Hellou G., Fustec J., Crozat Y., 2006a. Interspecific competition for soil N and its interaction with N2 fixation, leaf expansion and crop growth in pea-barley intercrops. *Plant Soil*, 282, 195-208.

Corre-Hellou G., Dibet A., Aveline A., Crozat Y., 2006b. Le pois au service des systèmes de culture à faibles intrants : quels besoins variétaux ? *Dossiers de l'environnement de l'Inra*, 30 (186), 111-116.

Corre-Hellou G., Brisson N., Launay M., Fustec J., Crozat Y., 2007. Effect of root depth penetration on soil nitrogen competitive interactions and dry matter production in pea-barley intercrops given different soil nitrogen supplies. *Field Crops Res.*, 103, 76-85.

Corre-Hellou G., Dibet A., Hauggaard-Nielsen H., Crozat Y., Gooding M., Ambus P., Dahlmann C., von Fragstein P., Pristerie A., Montie M., Jensen E.S., 2011. The competitive ability of pea-barley intercrops against weeds and the interactions with crop productivity and soil N availability. *Field Crops Res.*, 122, 264-272.

Corre-Hellou G., Bédoussac L., Bousseau D., Chaigne G., Chataigner C., Celette F., Cohan J.P., Coutard J.P., Emile J.C., Floriot M., Foissy D., Guibert S., Hemptinne J.L., Le Breton M., Lecompte C., Marceau C., Mazoué F., Mérot E., Métivier T., Morand P., Naudin C., Omon B., Pambou I., Pelzer E., Prieur L., Rambaut G, Tauvel O., 2013. Associations céréale-légumineuse multi-services. *Innovations Agronomiques*, 30, 41-57.

Corre-Hellou G., Baranger A., Bedoussac L., Cassagne N., Cannavacciuolo M., Fustec J., Pelzer E., Piva G., 2014. Interactions entre facteurs biotiques et fonctionnement des associations végétales. *Innovations Agronomiques*, 40, 25-42.

Costanza R., d'Arge R., de Groot R., Farber S., Grasso M., Hannon B, Limburg K., Naeem S., ONeill R.V., Paruelo J., Raskin R.G., Sutton P., vandenBelt M., 1997. The value of the world's ecosystem services and natural capital. *Nature*, 387, 253-260.

Couvreur S., Hurtaud C., Lopez C., Delaby L., Peyraud J.L., 2006. The linear relationship between the proportion of fresh grass in the cow diet and milk fat characteristics and butter properties. *J. Dairy Sci.*, 89, 1956-1969.

Cowan R., Gunby P., 1996. Sprayed to Death: Path Dependence, Lock-in and Pest Control Strategies. *The Economic Journal*, 106, 521-542.

Cowieson A.J., Acamovic T., Bedford M.R., 2003. Supplementation of diets containing pea meal with exogenous enzymes: effects on weight gain, feed conversion, nutrient digestibility and gross morphology of the gastrointestinal tract of growing broiler chicks. *Br. Poultry Sci.*, 44, 427-437.

Crépon K., Marget P., Peyronnet C., Carrouée B., Arese P., Duc G., 2010. Nutritional value of faba bean (*Vicia faba* L.) seeds for feed and food. *Field Crops Res.*, 115, 329-339.

Crews T.E., Peoples M.B., 2004. Legume versus fertilizer sources of nitrogen: ecological tradeoffs and human needs. *Agric. Ecosys. Environ.*, 102, 279-297.

Cros P., Benchaar C., Bayourthe C., Vernay M., Moncoulon R., 1991. *In situ* evaluation of the ruminal and intestinal degradability of extruded whole lupin seed nitrogen. *Reprod. Nutr. Dev.*, 31, 575-583.

Crozat Y., Gillet, Tricot F., Domenach A.M., 1992. Nodulation, N$_2$ fixation and incorporation of combined N from soil into pea crop: effect of soil compaction and water regime. *In : Proceedings to 1st European Conference Protein Crops*, Angers, pp. 141-142.

Crozat Y., Aveline A., Coste F., Gillet J.P., Domenach A.M., 1994. Yield performance and seed production pattern of field-grown pea and soybean in relation to N nutrition. *Eur. J. Agron.*, 3 (2), 135-144.

Cruz P., Jouany C., Theau J-P., Petibon P., Lecloux E., Duru M., 2006. L'utilisation de l'indice de nutrition azotée en prairies naturelles avec présence de légumineuses. *Fourrages*, 187, 369-376.

Dabney S.M., Bouldin D.R., 1985. Fluxes of ammonia over an alfalfa field. *Agronomy J.*, 77, 572-578.

Dang Van Q.C., Coulmier D., Mignolet E., Froidmont E., Larondelle Y., Focant M., 2010. Efficacité d'un mélange de concentré protéique de luzerne et de graine de colza extrudée pour améliorer la composition en acides gras du lait de vache. *Renc. Rech. Ruminants*, 17, 328.

Darmadi-Blackberry I., Wahlqvist M.L., Kouris-Blazos A., Steen B., Lukito W., Horie Y., Horie K., 2004. Legumes: the most important dietary predictor of survival in older people of different ethnicities. *Asia Pac. J. Clin. Nutr.*, 13 (2), 217-220.

David C., Jeuffroy M.H., Henning J., Meynard J.M., 2005. Yield variation in organic winter wheat: a diagnostic study in the Southeast of France. *Agron. Sustain. Dev.*, 25, 213-223.

David C., Wezel A., Bellon S., Doré T., Malézieux E., 2011. Agroécologie, Les Mots de l'agronomie, http://mots-agronomie.inra.fr

Davies A., 2001. Competition between grasses and legumes in established pastures. *In : Competition and succession in postures* (Tow P.G., Lazenby A., eds), CABI Publishing, pp. 63-83.

Davis J., Sonesson U., 2008. Environmental potential of grain legumes in meals. Life cycle assessment of meals with varying content of peas. SIK Report 771, Swedish Institute for Food and Biotechnology (SIK), Göteborg, Sweden.

Davis J., Sonesson U., Baumgartner D.U., Nemecek T., 2010. Environmental impact of four meals with different protein sources: Case studies in Spain and Sweden. *Food Research International*, 43, 1874-1884.

De Bruijn A.M.G., Butterbach-Bahl K., 2010. Linking carbon and nitrogen mineralization with microbial responses to substrate availability — the DECONIT model. *Plant Soil*, 328, 271-290.

De Marguerye A., Denis E., Mialon A., Deschamps D., 2013. Vers une MAE « Systèmes de culture économes en intrants ». *Innovations Agronomiques*, 30, 219-235.

De Vries W., Reinds G. J., Gundersen P., Sterba H., 2006. The impact of nitrogen deposition on carbon sequestration in European forests and forest soils. *Glob. Change Biol.*, 12, 1151-1173.

Debaeke P., Petit M.-S., Bertrand M., Mischler P., Munier-Jolain N., Nolot J.-M., Reau R., Verjux N., 2008. Evaluation des systèmes de culture en stations et en exploitations agricoles : où en sont les méthodes ? *In : Systèmes de culture innovants et durables : Quelles méthodes pour les mettre au point et les évaluer ?* (Reau R., Doré T., eds), Actes du colloque du 27 mars 2008, Educagri.

Decau M.L., Simon J.C., Jacquet A., 2003. Fate of urine nitrogen in three soils throughout a grazing season. *J. Environ. Qual.*, 32, 1405-1413.

Decourtye A., Lecompte P., Pierre J., Chauzat M.P., Thiébeau P., 2007. Introduction de jachères florales en zones de grandes cultures : comment mieux concilier agriculture, biodiversité et apiculture ? *Courrier de l'Environnement de l'Inra*, 54, 33-56.

Decourtye A., Gayrard M., Chabert A., Requier F., Rollin O., Odoux J.-F., Henry M., Allier F., Cerrutti N., Chaigne G., Petrequin P., Plantureux S., Gaujour E., Emonet E., Bockstaller C., Aupinel P., Michel N., Bretagnolle V., 2014. Concevoir des systèmes de culture innovants favorables aux abeilles. *Innovations Agronomiques*, 34, 19-33.

Dejoux J.F., Meynard J.M., Reau R., Roche R., Saulas P., 2003. Evaluation of environmentally-friendly crop management systems based on very early sowing dates for winter oilseed rape in France. *Agronomie*, 23, 725-736.

Delaby L., Pecatte J.R., 2003. Valeur alimentaire des prairies d'association ray-grass anglais / trèfle blanc utilisées entre 6 et 12 semaines d'âge de repousse. *Renc. Rech. Ruminants*, 10, 389.

Delaby L., Pecatte J.R., Aufrère J., Baumont R., 2007. Description et prévision de la valeur alimentaire des prairies multiespèces – premiers résultats. *Renc. Rech. Ruminants*, 14, 249.

Demarquilly C., Andrieu J., 1988. Les fourrages. *In : Alimentation des bovins ovins et caprins* (Jarrige R., ed.), Inra Éditions, pp. 315-336.

Deneufbourg F., 2010. Implantation des légumineuses. Vers de nouvelles solutions à moindre coût. *Bulletin semences*, 213, 20-23.

Denmead O.T., Freney J.R., Simpson J.R., 1976. A closed ammonia cycle within a plant canopy. *Soil Biol. Biochem.*, 8, 161-164.

Depres C., Grolleau G., Mzoughi N., 2008. Contracting for environmental property rights: the case of Vittel. *Economica*, 75 (299), 412-434.

Dequiedt B., 2012. Réduire les émissions de l'agriculture : l'option des légumineuses. *Les cahiers de la Chaire Economie du Climat*, n° 19, octobre, 31 p.

Déroulède M., Martin M., Labreuche J., Sauzet G., 2013. Des niveaux de sensibilité au tassement très variables entre cultures. *Perspectives Agricoles*, 397, 22-24.

Deumier J.M., Lacroix B., Marsac S., Georges J., Baque T., Fourcade M., Longueval C., Weber J.J., Granier J., Champolivier L., Bergez J.E., 2012. Connaissance, adaptation et amélioration de la gestion quantitative de l'eau avec des collectifs d'irrigants de Midi-Pyrénées. *Innovations Agronomiques*, 25, 165-178.

Devine T.E., 1984. Genetics and breeding of nitrogen fixation. *In : Biological Nitrogen Fixation* (Alexander M., ed.), Plenum Publ., New York, pp. 127-154.

Devine T.E., Breithaupt B.H., 1980. Significance of incompatibility reactions of *Rhizobium japonicum* strains with soyabean host genotype. *Crop Sci.*, 80, 269-271.

Dewhurst R.J., Fisher W.J., Tweed J.K.S., Wilkins R.J., 2003. Comparison of grass and legume silages for milk production. 1. Production response with different levels of concentrate. *J. Dairy Sci.*, 86, 2598-2611.

Dewhurst R.J., Shingfield K.J., Lee M.R.F., Scollan N.D., 2006. Increasing the concentration of beneficial polyunsaturated fatty acids in milk produced by dairy cows in high forage systems. *Anim. Feed Sci. Technol.*, 13, 168-206.

Dewhurst R.J., Delaby L., Moloney T., Boland T., Lewis E., 2009. Nutritive value of forage legumes uses for grazing and silage. *Irish Journal of Agricultural and Food Research*, 48, 51-70.

Deytieux V., Vivier C., Minette S., Nolot J.-M., Piaud S., Schaub A., Lande N., Petit M.-S., Reau R., Fourrié L., Fontaine L., 2012. Expérimentation de systèmes de culture innovants : avancées méthodologiques et mise en réseau opérationnelle. Innovations agronomiques, 20, 49-78.

Diaz D., Morlacchini M., Masoero F., Moschini M., Fusconi G., Piva G., 2006. Pea seeds (*Pisum sativum*), faba beans (*Vicia faba* var. *minor*) and lupin seeds (*Lupinus albus* var. Multitalia) as protein sources in broiler siets: effect of extrusion on growth performance. *Italian Journal of Animal Science*, 5, 43-53.

Diquélou S., Simon J.C., Leconte D., 2003. Diversité floristique des prairies permanentes de Basse-Normandie (synthèse). *Fourrages*, 173, 3-22.

Djedidi S., Yokoyama T., Ohkama-Ohtsu N., Risal C.P., Abdelly C., Sekimoto H., 2011. Stress Tolerance and Symbiotic and Phylogenic Features of Root Nodule Bacteria Associated with *Medicago* Species in Different Bioclimatic Regions of Tunisia. *Microbes and Environments*, 26, 36-45.

Doole G.J., Romera A.J., 2014. Detailed description of grazing systems using non linear optimisation methods: a model of pasture based New Zealand dairy farms. *Agricultural Systems*, 122, 33-41.

Dooper M.M., Plassen C., Holden L., Lindvik H., Faeste C.K., 2009. Immunoglobulin E cross-reactivity between lupine conglutins and peanut allergens in serum of lupine-allergic individuals. *J. Investig. Allergol. Clin. Immunol.*, 19 (4), 283-291.

Doré T., 1992. Analyse, par voie d'enquête, de la variabilité des rendements et des effets précédent du pois protéagineux de printemps (*Pisum sativum* L.). Thèse de Doctorat de l'INAPG, Paris, 214 p.

Dore T., Meynard J.M., Sebillotte M., 1998. The role of grain number, nitrogen nutrition and stem number in limiting pea crop (*Pisum sativum*) yields under agricultural conditions. *Eur. J. Agron.*, 8, 29-37.

Doreau L., Michalet-Doreau B., 1987. Tourteaux et graines de colza et de tournesol : utilisation digestive par les ruminants. *Bull. Tech. CRZV Theix, Inra*, 68, 29-39.

Dosi G., Nelson R.R., 2010. Technical change and industrial dynamics as evolutionary processes. *Handbook of the Economics of Innovation*, 1, 51-127.

Dourmad J.Y., Dronne Y., Baudon E., 2006a. Evaluation of emissions from pig production, effect of feeding grain legumes. *In : Grain legumes and the environment: how to assess benefits and impact*, European Association for Grain Legume Research, pp. 139-146.

Dourmad J.Y., Kreuzer M., Pressenda F., Daccord R., 2006b. Grain legumes in animal feeding – evaluation of the environmental impact. *In : Grain legumes and the environment: how to assess benefits and impact*, European Association for Grain Legume Research, pp.167-170.

Drinkwater L.E., Wagoner P., Sarrantonio M., 1998. Legume-based cropping systems have reduced carbon and nitrogen losses. *Nature*, 396, 262-265.

Duarte I., Imtiaz M., Simões N., Silva L.L., Lourenço E., Chaves M.M., 2013. Genotypes stability and selection strategies for chickpea in the Mediterranean basin. In SWUP-MED projet Final Conference, 10-15 March 2013, Agadir, Morocco.

Duarte-Maçãs I., 2003. Selecção de linhas de grão-de-bico (Cicer arietinum L.) adaptadas ao ambiente Mediterrânico – critérios morfológicos e fisiológicos. Dissertação apresentada para obtenção do grau de Doutor. Universidade de Évora. 171 p.

Dubach M., Russelle M.P., 1994. Forage legume roots and nodules and their role in nitrogen transfer. *Agron. J.*, 86 (2), 259-266.

Duc G., 1995. Mutagenesis of faba bean (*Vicia faba* L.) and identification of five genes controlling no nodulation, inefective nodulation and supernodulation. *Euphytica*, 83, 147-152.

Duc G., Messager A., 1989. Mutagenesis of pea (*Pisum sativum* L.) and the isolation of nodulation and nitrogen fixation mutants. *Plant Sci.*, 60, 207-213.

Duc G., Mariotti A., Amarger N., 1987. Measurements of genetic variability for symbiotic dinitrogen fixation in field grown faba bean (*Vicia faba* L.) using a low level 15N tracer technique. *Plant Soil*, 106, 269-276.

Duc G., Marget P., Esnault R., Le Guen J., Bastianelli D., 1999. Genetic variability for feeding value of faba bean seeds (*Vicia faba*): Comparative chemical composition of isogenics involving zero-tannin and zero-vicine genes. *J. Agric. Sci.*, 133, 185-196.

Duc G., Mignolet C., Carrouée B., Huyghe C., 2010. Importance économique passée et présente des légumineuses : rôle historique dans les assolements et facteurs d'évolution. *Innovations Agronomiques*, 11, 1-24.

Duc G., Bao S., Baum M., Redden B., Sadiki M., Suso M.J., Vishniakova M., Zong X., 2010. Diversity maintenance and use of *Vicia faba* L. genetic resources. *Field Crops Res.*, 115, 270-278.

Duc G., Blancard S., Hénault C., Lecomte C., Petit M.S., Bernicot M.H., Bizouard F., Blanc N., Blondon A., Blosseville N., Bonnin E., Bois B., Castel T., Challan-Belval C., Coulon C., Delattre M., Deytieux V., Dobrecourt J.F., Dumas M., Geloen M., Humeau F., Huot E., Jeuffroy M.H., Killmayer M., Larmure A.,

Lelay D., Leseigneur A., Mabire J.B., Mangin P., Marget P., Million G., Raynard L., Robin P., Ronget D., Richard Y., Vaccari V., Vermue A., Villard A., Villery J., Vivier C., 2010. Potentiels et leviers pour développer la production et l'utilisation des protéagineux dans le cadre d'une agriculture durable en Bourgogne. *Innovations Agronomiques*, 11, 157-173.

Duc G., Barbottin A., Valentin-Morison M., Magrini M.-B., Huyghe C., Abecassis J., Charmet G., Debeake P., Schneider A., Petit M.-S., Gastal F., Biarnes V., Georget M., 2013. Filières Grandes Cultures. *In : Vers des agricultures à hautes performances* (Coudurier B., Georget M., Guyomard H., Huyghe C., eds), Chapitre 1, Volume 4 : Analyse des voies de progrès en agriculture conventionnelle par orientation productive, Inra, Paris, pp. 11-163.

Dumans P., Flénet F., Wagner D., Bonnin E., Schneider A., 2010. Prise en compte des effets précédents dans la rentabilité des cultures : pour gagner plus avec un colza, placez-le après un pois ! *Perspectives agricoles*, 368, 6-8.

Dumas M., Moraine M., Reau R., Petit M.-S., 2012. Rapport FERME 2010 - Produire des ressources pour l'action à partir de l'analyse de systèmes de culture économes en produits phytosanitaires mis au point par les agriculteurs dans leurs exploitations. Tomes 2. Synthèse de 36 systèmes de culture économes et performants. Rapport Ecophyto.

Durand J.L., Sheehy J.E., Minchin F.R., 1987. Nitrogenase activity, photosynthesis and nodule water potential in soyabean plants experiencing water deprivation. *J. Exp. Botany*, 38, 311-321.

Duthion C., Pigeaire A., 1991. Seed length corresponding to final stage in seed abortion of three grain legumes. *Crop Science*, 31, 1579-1583.

Ecochard R., 1986. La sensibilité de la plante à la photopériode et à la thermopériode. *In : Le soja : Physiologie de la plante et adaptation aux conditions françaises*, Document édité par le Cetiom en collaboration avec Inra, ENSAT, ENSAM, CEPE, CNRS, pp. 91-97.

Eisenhauer N., Milcu A., Nitschke N., Sabais ACV., Scherber C., Scheu S., 2009. Earthworm and below ground competition effects on plant productivity in a plant diversity gradient. *Oecologia*, 161, 291-301.

Elboutahiri N., Thami-Alami I., Udupa S.M., 2010. Phenotypic and genetic diversity in *Sinorhizobium meliloti* and *S. medicae* from drought and salt affected regions of Morocco. *BMC Microbiology*, 10 (15).

Ellenberg H., 1974. Indicator values of vascular plants in central Europe. *Scripta Geobotanica*, 9, 97.

Emile J.C., Huyghe C., Huguet L., 1991. Utilisation du lupin blanc doux pour l'alimentation des ruminants : résultats et perspectives. *Ann. Zootech.*, 40, 31-44.

Emile J.C., Mauriès M., Allard G., Guy P., 1997. Genetic variation in the feeding value of alfalfa genotypes evaluated from experiments with dairy cows. *Agronomie*, 17, 119-125

Engels F.M., Jung H.G., 1998. Alfalfa stem tissues: cell-wall development and lignification. *Annals of Botany*, 82, 561-568.

Engström L., 2010. Nitrogen dynamics in crop sequences with winter oilseed rape and winter wheat. Dept. of Soil and Environment, Swedish University of Agricultural Sciences, Uppsala.

Eon F., Frediére S., Marchal F., Lemoine S., 1999. Enquête Soja Sud-Ouest 1999 : Les pratiques culturales et l'avenir de la culture (Gers, Haute-Garonne, Lot-et-Garonne, Ariège). Isara Lyon, 109 p.

Eon F, Frediére S., Lemoine E., Marchal F., Jouffret P., 2000. Le désherbage du soja : un point préoccupant dans le sud-ouest (enquête 1999). *Oléoscope*, 56, 27.

Eriksen J., Vinther F.P., Soegaard K., 2004. Nitrate leaching and N_2-fixation in grasslands of different composition, age and management. *J. Agric. Sci.*, 142, 141-151.

Eriksen J., Ledgard S., Luo J., Schils R., Rasmussen J., 2010. Environmental impacts of grazed pastures. *Grassland Sci. Eur.*, 15, 880-890.

Erisman J.W., Sutton M.A., Galloway J., Klimont Z., Winiwater W., 2008. How a century of ammonia synthesis changed the world. *Nature Geoscience*, 1, 636-639.

Esnouf C., Russel M., Bricas N., 2011. *Pour une alimentation durable. Réflexion stratégique duALIne*, Éditions Quæ, Paris, 288 p.

Esposito K., Ciotola M., Giugliano D., 2006. Mediterranean diet, endothelial function and vascular inflammatory markers. *Public Health Nutr.*, 9 (8A), 1073-1076.

Evans J., Mcneill A.M., Unkovich M.J., Fettell N.A., Heenan D.P., 2001. Net nitrogen balances for cool-season grain legume crops and contributions to wheat nitrogen uptake: a review. *Aust. J. Exp. Agric.*, 41, 347-359.

Fares M., Magrini M.-B., Triboulet P., 2012. Transition agro-écologique, innovation et effets de verrouillage: le rôle de la structure organisationnelle des filières. Le cas de la filière blé dur française. *Cahiers d'Agricultures*, 21 (1), 34-45.

Farquhar G.D., Firth P.M., Wetselaar R., Weir B., 1980. On the gaseous exchange of ammonia between leaves and the environment: determination of the ammonia compensation point. *Plant Physiology*, 66, 710-714.

Fernandez-Aparicio M., Sillero J.C., Rubiales D., 2007. Intercropping with cereals reduces infection by Orobanche crenata in legumes. *Crop Protection*, 26, 1166-1172.

Fernández-Aparicio M., García-Garrido J.M., Ocampo J.A., Rubiales D., 2010. Colonization of field pea roots by arbuscular mycorrhizal fungi reduces Orobanche and Phelipanche species seed germination. *Weed Res.*, 50, 262-268.

Fernández-Aparicio M., Shtaya M.J.Y., Emeran A.A., Allagui M.B., Kharrat M., Rubiales D., 2011. Effects of crop mixtures on chocolate spot development on faba bean grown in Mediterranean climates. *Crop Protection*, 30, 1015-1023.

Finn J.A., Kirwan L., Connolly J., Sebastià M.T., Helgadóttir Á., Baadshaug O.H., Bélanger G., Black A., Brophy C., Collins R.P., Čop J., Dalmannsdóttir S., Delgado I., Elgersma A., Fothergill M., Frankow-Lindberg B.E., Ghesquiere A., Golinska B., Golinski P., Grieu P., Gustavsson A.M., Höglind M., Huguenin-Elie O., Jørgensen M., Kadziuliene Z., Kurki P., Llurba R., Lunnan T., Porqueddu C., Suter M., Thumm U., Lüscher A., 2013. Ecosystem function enhanced by combining four functional types of plant species in intensively managed grassland mixtures: a 3-year continental-scale field experiments. *J. Appl. Ecol.*, 50, 365-375.

Föhse D., Claaseen N., Jungk A., 1988. Phosphorus efficiency of plants. *Plant and Soil*, 110 (1), 101-109.

Fontaine L., Fourrié L., Garnier J.F., Mangin M., Colomb B., Carof M., Aveline A., Prieur L., Quirin T., Chareyron B., Maurice R., Glachant C., Gouraud J.P., 2012. Connaître, caractériser et évaluer les rotations en systèmes de grandes cultures biologiques. *Innovations Agronomiques*, 25, 27-40.

Fornara D.A., Tilman D., 2008. Plant functional composition influences rates of soil carbon and nitrogen accumulation. *J. Ecol.*, 96, 314-322.

Fouillet H., Juillet B., Gaudichon C., Mariotti F., Tomé D., Bos C., 2009. Absorption kinetics are a key factor regulating postprandial protein metabolism in response to qualitative and quantitative variations in protein intake. *Am. J. Physiol. Regul. Integr. Comp. Physiol.*, 297 (6), R1691-1705.

Frame J., 2005. *Forage legumes for temperate grasslands*, Hamilton, New Zealand, Science Publishers.

Frame J., Newbould P., 1986. Agronomy of white clover. *Advances in Agronomy*, 40, 1-88.

Francis C., Lieblein G., Gliessman S., Breland T.A., Creamer N., Harwood, Salomonsson L., Helenius J., Rickerl D., Salvador R., Wiedenhoeft M., Simmons S., Allen P., Altieri M., Flora C. Poincelot R., 2003. Agroecology: The Ecology of Food Systems. *Journal of Sustainable Agriculture*, 22, 99-118.

Francis G.S., Haynes R.J., Williams P.H., 1994. Nitrogen mineralization, nitrate leaching and crop growth after ploughing-in leguminous and non-leguminous grain crop residues. *J. Agric. Sci.*, 123, 81-87.

Fried G., Chauvel B., Reboud X., 2009. A functional analysis of large-scale temporal shifts from 1970 to 2000 in weed assemblages of sunflower crops in France. *Journal of Vegetation Science*, 20 (1), 49-58.

Froidmont E., Schoeling O., Deliège F., Wathelet B., Wavreille J., Bartiaux-Thill N., 2003. Influence de la substitution du tourteau de soja par des graines de lupin, avec ou sans complément d'alpha-galactosidase, sur la digestibilité des régimes et la rétention azotée du porc en croissance. *Journées Rech. Porcine*, 35, 105-112.

Froidmont E., Wathelet B., Beckers Y., Romnee J.M., Dehareng F., Wavreille J., Schoeling O., Decauwert V., Bartiaux-Thill N., 2005. Improvement of lupin seed valorisation by the pig with the addition of alpha-galactosidase in the feed and the choice of a suited variety. *Biotechnologie, Agronomy, Society and Environment*, 9, 225-235.

Fru-Nji F., Niess E., Pfeffer E., 2007. Effect of graded replacement of soybean meal by faba beans (*Vicia faba* L.) or field peas (*Pisum sativum* L.) in rations for laying hens on egg production and quality. *J. Poult. Sci.*, 44 (1), 34-41.

Frutos P., Hervas G., Giraldez F.J., Mantecon A.R., 2002. Review. Tannins and ruminants nutrition. *Span. J. Agric. Res.*, 2, 191-202.

Fustec J., Lesuffleur F., Mahieu S., Cliquet J.B., 2010. Nitrogen rhizodeposition of legumes. A review. *Agron. Sustain. Dev.*, 30, 57-66.

Fuzeau V., Dubois G., Thérond O., Allaire G., 2012. Diversification des cultures dans l'agriculture française – état des lieux et dispositifs d'accompagnement. Études et documents du Service de l'Économie, de l'Évaluation et de l'Intégration du Développement Durable (SEEIDD) du Commissariat Général au Développement Durable (CGDD), N° 67.

Galloway J.N., 1998. The global nitrogen cycle: Changes and consequences. *Environmental Pollution*, 102, 15-24.

Galloway J.N., Aber J.D., Erisman J.W., Seitzinger S.P., Howarth R.W., Cowling E.B., Cosby B.J., 2003. The Nitrogen Cascade. *Bioscience*, 53 (4), 341-356.

Galloway J.N., Dentener F.J., Capone D.G., Boyer E.W., Howarth R.W., Seitzinger S.P., Asner G.P., Cleveland C.C., Green P.A., Holland E.A., Karl D.M., Michaels A.F., Porter J.H., Townsend A.R., Vorosmarty C.J., 2004. Nitrogen cycles: past, present, and future. *Biogeochemistry*, 70, 152-226.

Garcia-Plazaola J.I., Becerril J.M., Arrese-Igor C., Hernandez A., Gonzalez-Murua C., Aparicio-Tejo P.M., 1993. The contribution of *Rhizobium meliloti* to soil denitrification. *Plant Soil*, 157, 207-213.

Garnier J.F., Fontaine L., Lubac S., Bouviala M., Berrodier M., 2013. Conception et évaluation multicritère de cas-types régionalisés en grandes cultures biologiques sans élevage. *Innovations Agronomiques*, 32, 109-121.

Garrido F., Hénault C., Gaillard H., Perez S., Germon J.C., 2002. N$_2$O and NO emissions by agricultural soils with low hydraulic potentials. *Soil Biol. Biochem.*, 34, 559-575.

Gascuel C., Ruiz L., Vertès F., 2015. *Comment réconcilier agriculture et littoral ? Vers une agroécologie des territoires*. Éditions Quæ, 152 pp.

Gastine A., Scherer-Lorenzen M., Leadley P.W., 2003. No consistent effects of plant diversity on root biomass, soil biota and soil abiotic conditions in temperate grassland communities. *Applied Soil Ecology*, 24, 101-111.

Gates C.T., 1974. Nodule and plant development in *Stylosanthes humilis* H.B.K.: Symbiosis response to phosphorus and sulphur. *Aust. J. Bot.*, 22, 45-55.

Gates C.T., Wilson J.R., 1974. The interaction of nitrogen and phosphorus in the growth nutrient status and nodulation of Stylosanthes humilis. *Plant & Soil*, 41, 325-333.

Gatta D., Russo C., Giuliotti L., Mannari C., Picciarelli P., Lombardi L., Giovannini L., Ceccarelli N., Mariotti L., 2013. Influence of partial replacement of soya bean meal by faba beans or peas in heavy pigs diet on meat quality, residual anti-nutritional factors and phytoestrogen content. *Arch. Anim. Nutr.*, 67, 235-247.

Gaudichon C., Bos C., Morens C., Petzke K.J., Mariotti F., Everwand J., Benamouzig R., Daré S., Tomé D., Metges C.C., 2002. Ileal losses of nitrogen and amino acids in humans and their importance to the assessment of amino acid requirements. *Gastroenterology*, 123 (1), 50-59.

Gausserès N., Mahé S., Benamouzig R., Luengo C., Ferriere F., Rautureau J., Tomé D., 1997. [15N]-labeled pea flour protein nitrogen exhibits good ileal digestibility and postprandial retention in humans. *J. Nutr.*, 127 (6), 1160-1165.

Gautier H., Varlet-Grancher C., Baudry N., 1997. Effects of blue light on the vertical colonization of space by white clover and their consequences for dry matter distribution. *Annals of Botany*, 80, 665-671.

Geels F.W., 2011. The multi-level perspective on sustainability transitions: response to seven criticisms. *Environnemental Innovation and Societal Transitions*, 1, 24-40.

Géhin B., Guéguen J., Bassot P., Seger A., 2011. Répondre aux besoins spécifiques de qualité pour augmenter l'utilisation des légumineuses en transformation industrielle. *Innovations Agronomiques*, 11, 115-127.

GEPV, 2013. Bilan de référencement France 2011. www.gepv.asso.fr

Ghani A., Dexter M., Carran R.A., Theobald P.W., 2007. Dissolved organic nitrogen and carbon in pastoral soils: the New Zealand experience. *Eur. J. Soil Sci.*, 58, 832-843.

GIEC/IPCC, 2007. Climate Change 2007. *The physical science basis*. Cambridge University Press, UK, 1009 p.

Giger-Reverdin S., Maaroufi C., Chapoutot P., Peyronnet C., Sauvant D., 2012. Estimation de la valeur azotée du pois distribué aux ruminants par des approches *in vitro, in situ* et *in vivo*. *Renc. Rech. Ruminants*, 19.

Glazener K.M., Palm C.A., 1995. Ammonia volatilization from tropical legume mulches and green manures on unlimed and limed soils. *Plant Soil*, 177, 33-41.

Glick B.R., 1995. The enhancement of plant growth by free living bacteria. *Can. J. Microbiol.*, 41, 109-117.

Gliessman S.R., 2007. *Agroecology: the ecology of sustainable food systems*. CRC Press, Taylor & Francis, New York, 384 p.

Goering H.K., Van Soest P.J., 1970. Forage fiber analysis. *USDA Agric. Handbook*, 379, 1-20.

Golian A., Campbell L.D., Nyachoti C.M., Janmohammadi H., Davidson J.A., 2007. Nutritive value of an extruded blend of canola seed and pea (Enermax™) for poultry. *Can. J. Anim. Sci.*, 87 (1), 115-120.

Gordon A.J., Kessler W., 1990. Defoliation induced stress in nodules of white clover. *J. Exp. Bot.*, 41, 231, 1255-1262.

Gosse G., Varlet-Grancher C., Bonhomme R., Chartier M., Allirand J.M., Lemaire G., 1986. Production maximale de matière sèche et rayonnement solaire intercepté par un couvert végétal. *Agronomie*, 6 (1), 47-56.

Gous R.M., 2011. Evaluation of faba bean (*Vicia faba* cv. Fiord) as a protein source for broilers. *S. Afr. J. Anim. Sci.*, 41 (2), 71-78.

Gregorich E., Drury C., Baldock J., 2001. Changes in soil carbon under long-term maize in monoculture and legume-based rotation. *Can. J. Soil Sci.*, 81, 21-31.

Gregory P.J., 1988. Root growth of chickpea, fababean, lentil and pea and effects of water and salt stress. *In : World crops: cool season food légumes* (Summerfield R.J., ed.).

Grennwood D.J., Gerwitz A., Stone D.A., Barnes A., 1982. Root development of vegetable crops. *Plant Soil*, 68, 75-96.

Grignani C., Acutis M., Reyneri A., Cavallero A., Lombardi G., 1996. Flussi di azoto da colture foraggere nell'areale padano:interazioni con la tipologia di suolo. *Rivista di Agronomia*, 3, 339-349.

Grolleau G., McCann L.M., 2012. Designing watershed programs to pay farmers for water quality services: Case studies of Munich and New York City. *Ecological Economics*, 76, 87-94.

Grosjean F., Bastianelli D., Bourdillon A., Cerneau P., Jondreville C., Peyronnet C., 1998. Feeding value of pea (*Pisum sativum* L.). 2. Nutritional value in the pig. *Anim. Sci.*, 67, 621-625.

Grosjean F., Cerneau P., Bourdillon A., Bastianelli D., Peyronnet C., Duc G., 2001. Valeur alimentaire, pour le porc, de féveroles presque isogéniques contenant ou non des tanins et à forte ou faible teneur en vicine et convicine. *Journées Rech. Porcine*, 33, 305-210.

Gunawardena S.F.B.N., Danson S.K.A., Zapata F., 1993. Phosphorus requirement and source of nitrogen in three soybean (*Glycine max*) genotypes, Bragg, nts 382 and Chippewa. *Plant Soil*, 151, 1-9.

Guéguen J., Anton M., Magrini M.-B., Micard V., 2013. Accroître l'acceptabilité des protéines végétales par le consommateur : un besoin d'innovation. *In : Quelles protéines pour une alimentation saine et durable ?* Rencontres de l'Inra au Salon de l'Agriculture, http://inra.dam.front. pad.brainsonic.com/ressources/afile/228894-37686-resource-resumes-quelles-proteines-pour-une-alimentation-saine-et-durable-o.html

Guéguen J., Duc G., Boutin J.-P., Dronne Y., 2008. *La filière protéagineuse: Quels défis ?* Éditions Quæ, 160 p.

Guéguen J., Lemarié J., 1996. Composition, structure et propriétés physico-chimiques des protéines des légumineuses et d'oléagineux. *In : Protéines végétales* (Gordon B., eds), Partie 3 : propriétés biochimiques et physicochimiques des protéines végétales. Lavoisier, Paris, pp. 80-119.

Guérin V., Pladys D., Trinchant C., Rigaud J.M., 1991, Proteolysis and nitrogen fixation in faba bean (Vicia faba) nodules under water stress. *Physiol. Plant.*, 82, 360-366.

Guérin V., Trinchant C., Rigaud J.M., 1990. Nitrogen fixation (C_2H_2 reduction) by broad bean (*Vicia faba* L.) nodules and bacteroids under water restricted conditions. *Plant Physiol.*, 92, 595-601.

Guilioni L., Wéry J., Lecoeur J., 2003. High temperature and water deficit may reduce seed number in field pea purely by decreasing plant growth. *Funct. Plant Biol.*, 30, 1151-1164.

Guines F., Julier B., Ecalle C., Huyghe C., 2003. Among- and within-cultivar variability for histological traits of lucerne (*Medicago sativa* L.) stem. *Euphytica*, 130, 293-301.

Hall B.H., Rosenberg N., 2010. *Handbook of the Economics of Innovation*, Vol. 1, Elsevier.

Hamblin A.P., Hamblin J., 1985. Root characteristics of some legume species and varieties on deep, free-draining entisols. *Aust. J. Agric. Res.*, 36, 63-72.

Hamblin A., Tennant D., 1987. Root length and water uptake in cereals and grain legumes: How well are they correlated? *Aust. J. Agric. Res.*, 38, 513-527.

Han K.H., Fukushima M., Shimizu K., Kojima M., Ohba K., Tanaka A., Shimada K., Sekikawa M., Nakano M., 2003. Resistant starches of beans reduce the serum cholesterol concentration in rats. *J. Nutr. Sci. Vitaminol.* (Tokyo), 49 (4), 281-286.

Hardaker J.B., Huirne R.B.M., Anderson J.R., Lien G., 2004. *Coping with risk in agriculture*, CABI Publishing.

Hardarson G., Heichel G.H., Barnes D.K., Vance C.P., 1982. Rhizobial strain preference of alfalfa populations selected for characteristics associated with N_2 fixation. *Crop Sci.*, 22, 55-58.

Hardarson G., Zapata F., Danso S.K.A., 1984. Effect of plant genotype and nitrogen fertilizer on symbiotic nitrogen fixation by soybean cultivars. *Plant Soil*, 82, 397-405.

Häring D.A., Scharenberg A., Heckendorn F., Dohme F., Lüscher A., Maurer V., Suter D., Hertzberg H., 2008. Tanniferous forage plants: agronomic performance, palatability and efficacy against parasitic nematodes in sheep. *Renewable Agriculture and Food Systems*, 23, 19-29.

Harper J.E., Gibson A.H., 1984. Differential nodulation tolerance to nitrate among legume species. *Crop Sci.*, 24, 797-801.

Harper L.A., Giddens J.E., Langdale G.W., Sharpe R.R., 1989. Environmental effects on nitrogen dynamics in soybean under conservation and clean tillage systems. *Agron. J.*, 81, 623-631.

Harris S.L., Auldist M.J., Clark D.A., Jansen E.B.L., 1998. Effect of white clover content in the diet on herbage intake, milk production and milk composition of New Zealand dairy cows housed indoors. *J. Dairy Res.*, 65, 389-400.

Hauggaard-Nielsen H., Ambus P., Jensen E.S., 2003. The comparison of nitrogen use and leaching in sole cropped versus intercropped pea and barley. *Nutrient Cycling in Agroecosystems*, 65, 289-300.

Hawkesford M.J., Belcher A.R., 1991. Differential protein synthesis in response to sulfate and phosphate deprivation: identification of possible components of plasma-membrane transport systems in cultured tobacco roots. *Planta*, 185, 323-329.

Hawkins J.A., 1993. Economic benefits of parasite control in cattle. *Vet. Parasitol.*, 46, 159-173.

Haynes R.J., 1980. Competitive aspects of the grass-legume association. *Adv. Agron.*, 33, 227-261.

Haynes R.J., 1983. Soil acidification induced by leguminous crops. *Grass Forage Sci.*, 38, 1-11.

Heichel G.H., Henjum K.I., 1991 Dinitrogen fixation, nitrogen transfer, and productivity of forage legume-grass communities. *Crop Sci.*, 31, 202-208.

Hénault C., Revellin C., 2011. Inoculants of leguminous crops for mitigating soil emissions of greenhouse gas nitrous oxide. *Plant Soil*, 346, 289-296.

Hernández-Salazar M., Osorio-Diaz P., Loarca-Piña G., Reynoso-Camacho R., Tovar J., Bello-Pérez L.A., 2010. *In vitro* fermentability and antioxidant capacity of the indigestible fraction of cooked black beans (*Phaseolus vulgaris* L.), lentils (*Lens culinaris* L.) and chickpeas (*Cicer arietinum* L.). *J. Sci. Food Agric.*, 90 (9), 1417-1422.

Herridge D., Rose I., 2000. Breeding for enhanced nitrogen fixation in crop legumes. *Field Crops Res.*, 65, 229-248.

Herridge D.F., Peoples M.B., Boddey R.M., 2008. Global inputs of biological nitrogen fixation in agricultural systems. *Plant Soil*, 311, 1-18.

Herrmann B., Jones S.K., Fuhrer J., Feller U., Neftel A., 2001. N budget and NH_3 exchange of a grass/clover crop at two levels of N application. *Plant Soil*, 235, 243-252.

Hicks W.K., Whitfield C.P., Bealey W.J., Sutton M.A., 2011. Nitrogen Deposition and Natura 2000, Science & practice in determining environmental impacts. COST729/ Nine/ ESF/CCW/JNCC/SEI Workshop Proceedings, publié par COST. http://cost729.ceh.ac.uk/n2kworkshop, consulté le 6 janvier 2015.

Hieta N., Hasan T., Mäkinen-Kiljunen S., Lammintausta K., 2009. Lupin allergy and lupin sensitization among patients with suspected food allergy. *Ann. Allergy Asthm Immunol.*, 103 (3), 233-237.

Higgins J.A., Higbee D.R., Donahoo W.T., Brown I.L., Bell M.L., Bessesen D.H., 2004. Resistant starch consumption promotes lipid oxidation. *Nutr. Metab.* (Lond.), 1 (1), 8.

Hill S.B., MacRae R.J., 1996. Conceptual framework for the transition from conventional to sustainable agriculture. *Journal of Sustainable Agriculture*, 7 (1), 81-87.

Hinsinger P., Gobran G.R., Gregory P.J., Wenzel W.W., 2005. Rhizosphere geometry and heterogeneity arising from root-mediated physical and chemical processes. *New Phytol.*, 168, 293-303.

Hinsinger P., Betencourt E., Bernard L., Brauman A., Plassard C., Shen J., Tang X., Zhang F., 2011. P for Two, Sharing a Scarce Resource: Soil Phosphorus Acquisition in the Rhizosphere of Intercropped Species. *Plant Physiology*, 156, 1078-1086.

Hirose T., Werger M.J.A., 1987. Maximising daily canopy photosynthesis with respect to the leaf-nitrogen allocation pattern in the canopy. *Oecologia*, 72, 520-526.

Hobbs S.L.A., Mahon J.D., 1983. Variability and interaction in the *Pisum sativum* L – *Rhizobium leguminosarum* interaction. *Can. J. Plant Sci.*, 63, 591-600.

Hoden A., 1982. Valeur nutritive des légumineuses à graines pour les ruminants et utilisation par les vaches laitières. *Bull. Techn. C.R.Z.V. Theix, Inra*, 49, 27-31.

Hoden A., Delaby L., Marquis M., 1992. Pois protéagineux comme concentré unique pour vaches laitières. *Inra Prod. Anim.*, 5 (1), 37-42.

Hogh-Jensen H., Schjoerring J.K., 2000. Below-ground nitrogen transfer between different grassland species: Direct quantification by N-15 leaf feeding compared with indirect dilution of soil N-15. *Plant Soil*, 227, 171-183.

Hoste H., Chartier C., 1997. Perspectives de lutte contre les strongyloses gastro-intestinales des ruminants domestiques. *Point Vét.*, 28, 181-187.

Hoste H., Jackson F., Athanasiadou S., Thamsborg S.M., Hoskin S.O., 2006. The effects of tannin-rich plants on parasitic nematodes in ruminants. *Trends Parasitol.*, 22, 253-261.

Houdijk J.G.M., Smith L.A., Tarsitano D., Tolkamp B.J., Topp C.E.F., Masey-O'Neill H., White G., Wiseman J., Kightley S., Kyriazakis I., 2013. Peas and faba beans as home grown alternatives for soya bean meal in grower and finisher pig diets. *In: Recent Advances in Animal Nutrition 2013* (P.C. Garnsworthy and J. Wiseman, eds). Nottingham University Press, Nottingham, pp. 145-175.

Huang Y., Zou J., Zheng X., Wang Y., Xu X., 2004. Nitrous oxide emissions as influenced by amendment of plant residues with different C:N ratios. *Soil Biol. Biochem.*, 36, 973-981.

Humphreys J., Casey I.A., Laidlaw A.S. 2009. Comparison of milk production from clover-based and fertilizer N-based grassland on a clay-loam soil under moist temperate climatic conditions. *Irish Journal of Agricultural and Food Research*, 48, 71-90

Hungria M., Vargas M.A.T., 2000. Environmental factors affecting N2 fixation in grain legumes in the tropics, with emphasis on Brazil. *Field Crops Res.*, 65, 151-164.

Hunt O.J., Wagner R.E., 1963. Effects of phosphorus and potassium fertilizers on legume composition of seven grass-legume mixtures. *Agron. J.*, 55, 16-19.

Hurtaud C., Buchin S., Berodier F., Duboz G., Beuvier E., 2012. Effet de combinaisons d'aliments riches en acides gras oméga 3 sur le profil en acides gras du lait et les caractéristiques physico-chimiques et sensorielles d'un fromage de type pâte pressée cuite. *Renc. Rech. Ruminants*, 19, 418.

Hutchings N.J., Kristensen I.S., 1995. Modelling mineral nitrogen accumulation in grazed pasture: will more nitrogen leach from fertilized grass than unfertilized grass/clover? *Grass Forage Sci.*, 50, 300-313.

Hutchings N.J., Olesen J.E., Petersen B.M., Berntsen J., 2007. Modelling spatial heterogeneity in grazed grassland and its effects on nitrogen cycling and greenhouse gas emissions. *Agriculture, Ecosystems & Environment*, 121, 153-163.

Hutchins A.M., Winham D.M., Thompson S.V., 2012. Phaseolus beans: impact on glycaemic response and chronic disease risk in human subjects. *Br. J. Nutr.*, 108, Suppl 1, S52-65.

Huyghe C., 2009. Évolution des prairies et cultures fourragères et de leurs modalités culturales et d'utilisation en France au cours des cinquante dernières années. *Fourrages*, 200, 407-428.

Huyghe C., Delaby L., 2013. *Prairies et systèmes fourragers*, 2nde édition, Éditions La France Agricole, 530 p.

Idele et Chambres d'agricultures, 2011. Impacts de l'introduction de la luzerne en système laitier en Pays de la Loire, Réseaux d'élevage pour le conseil et la prospective, Ed. Idele.

Ifip, Arvalis, Unip, Cetiom, 2002. *Tables d'alimentation pour les porcs*, Édition IFIP, 40 p.

Inra-AFZ, 2004. *Tables de composition et de valeur nutritive des matières premières destinées aux animaux d'élevage* (Sauvant D., Perez J.M., Tran G., eds), 2e édition revue et corrigée, Inra Éditions, Paris, 301 p.

Inra, 1988. *Alimentation des bovins, ovins et caprins* (Jarrige R., ed.), 470 p.

Inra, 2007. *Alimentation des bovins, ovins et caprins. Besoins des animaux, valeur des aliments*, Éditions Quæ, 307 p.

Inra, 2013. Vers des agricultures à hautes peformances. Étude réalisée pour le Commissariat général à la stratégie et à la prospective. Synthèse 2- Demain la ferme France : vers des agricultures à hautes performances ; Chapitre 6, Choix des successions de cultures et des assolements. *In : Volume N°3, Évaluation des performances de pratiques innovantes en agriculture conventionnelle.* ISBN 978-2-7380-1340-8.

Inra, 2013. *Volume N°4. Analyse des voies de progrès en agriculture conventionnelle par orientation productive.* ISBN 978-2-7380-1341-5.

Inra/Cirad, 2009. *Agrimonde – Agricultures et alimentations du monde en 2050: Scénarios et défis pour un développement durable*, 296 p.

Israel D.W., 1987. Investigation of the role of phosphorus in symbiotic nitrogen fixation. *Plant Physiol.*, 84, 835-840.

Israel D.W., Rufty T.W., 1988. Influence of phosphorus nutrition on phosphorus and nitrogen utilization efficiencies and associated physiological responses in soybean. *Crop Science*, 28 (6), 954-960.

Jacinthe P.A., Dick W.A., 1997. Soil Management and nitrous oxide emissions from cultivated fields in southern Ohio. *Soil Till. Res.*, 41, 221-235.

Jakobsen I., 1985. The role of phosphorus in nitrogen fixation by young pea plants (*Pisum sativum*). *Physiologia Plantarum*, 64 (2), 190-196.

Jamont M., Piva G., Fustec J., 2013a. Sharing N resources in the early growth of rapeseed intercropped with faba bean: does N transfer matter? *Plant Soil*, 371, 641-653.

Jamont M., Crépellière S., Jaloux B., 2013b. Effect of extrafloral nectar provisioning on the performance of the adult parasitoid Diaeretiella rapae. *Biological Control*, 65, 271-277.

Jamot J., Grenet E., 1991. Microscopic investigation of changes in histology and digestibility in the rumen of a forage grass and forage legume during the first growth stage. *Reproduction, Nutrition, Développement*, 31, 441-450.

Jangid K., Williams M.A., Franzluebbers A.J., Sanderlin J.S., Reeves J.H., Jenkins M.B., Endale D.M., Coleman D.C., Whitman W.B., 2008. Relative impacts of land-use, management intensity and fertilization upon soil microbial community structure in agricultural systems. *Soil Biol. Biochem.*, 40, 2843-2853.

Jansman A.J.M., Huisman J., Poel A.F.B., 1993. Ileal and faecal digestibility in piglets of field beans (*Vicia faba* L.) varying in tannin content. *Anim. Feed Sci. Technol.*, 42, 83- 96.

Janzen H.H., McGinn S.M., 1991. Volatile loss of nitrogen during decomposition of legume green manure. *Soil Biol. Biochem.*, 23, 291-297.

Jayasundara H.P.S., Thomsom B.D., Tang C., 1998. Responses of cool season grain legumes to soil abiotic stresses. *Adv. Agron.*, 63, 77-151.

Jensen E.S., 1986. Symbiotic N_2 fixation in pea and field bean estimated by N15 fertilizer dilution in field experiments with barley as a reference crop. *Plant Soil*, 92, 3-13.

Jensen E.S., 1987. Seasonal patterns of growth and nitrogen fixation in field-grown pea. *Plant Soil*, 101, 29-37.

Jensen E.S., 1996. Grain yield, symbiotic N_2 fixation and interspecific competition for inorganic N in pea-barley intercrops. *Plant Soil*, 182, 25-38.

Jensen E.S., 1997. The role of Grain legume N_2 fixation in N_2 cycling of temperate cropping systems. D.Sc. Thesis. Risø National Laboratory.

Jensen E.S., Hauggaard-Nielsen H., 2003. How can increased use of biological N_2 fixation in agriculture benefit the environment? *Plant Soil*, 252, 177-186.

Jensen E.S., Peoples M.B., Boddey R.M., Gresshoff P.M., Hauggaard-Nielsen H., Alves B.J.R., Morrison M.J., 2012. Legumes for mitigation of climate change and the provision of feedstock for biofuels and biorefineries. A review. *Agron. Sustain. Dev.*, 32, 329-364.

Jeudy C., Ruffel S., Freixes S., Tillard P., Santoni A.L., Morel S., Journet E.P., Duc G., Gojon A., Lepetit M., Salon C., 2010. Adaptation of *Medicago truncatula* to nitrogen limitation is modulated *via* local and systemic nodule developmental responses. *New Phytologist*, 185 (3), 817-828.

Jeuffroy M.H., Baranger E., Carrouée B., de Chezelles E., Gosme M., Hénault C., Schneider A., Cellier P., 2013. Nitrous oxide emissions from crop rotations including wheat, rapeseed and dry pea. *Biogeosciences*, 10, 1787-1797.

Jeuffroy M.H., Munier-Jolain N.G., Lecoeur J., 2005. Répartition de la biomasse et de l'azote au cours du cycle. *In : Agrophysiologie du pois protéagineux* (Munier-Jolain N.G., Biarnès V., Chaillet I., Lecoeur J., Jeuffroy M.H., coord.), Inra éditions, pp. 81-85.

Jeuffroy M.H., Vocanson A., Roger-Estrade J., Meynard J.M., 2012. The use of models at field and farm levels for the *ex ante* assessment of new pea genotypes. *Eur. J. Agron.*, 42, 68-78.

Johnson S.K., Thomas S.J., Hall R.S., 2005. Palatability and glucose, insulin and satiety responses of chickpea flour and extruded chickpea flour bread eaten as part of a breakfast. *Eur. J. Clin. Nutr.*, 59 (2), 169-176.

Jones B.A., Muck R.E., Hatfield R.D., 1995. Red clover extract inhibits legume proteolysis. *J. Sci. Food Agr.*, 67, 329-333.

Jones W.T., Mangan J.L., 1977. Complexes of the condensed tannins of sainfoin (*Onobrychis viciifolia*) with fraction 1 leaf protein and with submaxillary mycoprotein, and their reversal by polyethylene glycol and pH. *J. Sci. Food Agr.*, 28, 126-136.

Jouffret P., Bayrounat M., Pédebas C., 1995. Enquête soja sud-ouest 1994 : techniques d'irrigation et de protection de la culture. Étude Cetiom-Agence de l'eau Adour-Garonne, pp. 29-34.

Jouffret P., Beugniet G., 2012. Soja 2012-Dates de semis précoces et très précoces - Compte-rendu essais 2010-2011. Document interne Cetiom-GIE sélectionneurs de soja.

Juan N.A., Sheaffer C.C., Barnes D.K., Swanson D.R., Halgerson J.H., 1993. Leaf and stem traits and herbage quality of multifoliolate alfalfa. *Agron. J.*, 85, 1121-1127.

Julier B., Huyghe C., Ecalle C., 2000. Within- and among-cultivar genetic variation in alfalfa: forage quality, morphology, and yield. *Crop Sci.*, 40, 365-369.

Julier B., Huyghe C., Emile J.C., 2003a. Variations pour la dégradation des protéines de quatre espèces de légumineuses fourragères. *Fourrages*, 175, 367-372.

Julier B., Guines F., Ecalle C., Emile J.C., Lila M., Briand M., Huyghe C., 2003b. Eléments pour une amélioration génétique de la valeur énergétique de la luzerne. *Fourrages*, 173, 49-61.

Julier B., Guines F., Poussot P., Ecalle C., Huyghe C., 2008. Use of image analysis to quantify histological structure along the stems of alfalfa (*Medicago sativa* L.). *Acta Botanica Gallica*, 155, 485-494.

Julier B., Fourtier S., Straebler M., 2014. Panorama de l'offre variétale des espèces fourragères et à gazon en Europe. *Fourrages*, 219, 255-262.

Justes E., Beaudoin N., Bertuzzi P., Charles R., Constantin J., Dürr C., Hermon C., Joannon A., Le Bas C., Mary B., Mignolet C., Montfort F., Ruiz L., Sarthou J.P., Souchère V., Tournebize J., Savini I., Réchauchère O., 2012. The use of cover crops to reduce nitrate leaching. Effect on the water and nitrogen balance and other ecosystem services, *In : The International Fertiliser Society Meeting, Cambridge*, UK, 7th December 2012. Proceedings 719. ISBN 978-0-85310-356-1. Invited conference (conférence invitée).

Justes E., Beaudoin N., Bertuzzi P., Charles R., Constantin J., Dürr C., Hermon C., Joannon A., Le Bas C., Mary B., Mignolet C., Montfort F., Ruiz L., Sarthou J.-P., Souchère V., Tournebize J., Savini I., Réchauchère O., 2012. *Réduire les fuites de nitrate au moyen de cultures intermédiaires : conséquences sur les bilans d'eau et d'azote, autres services écosystémiques. Synthèse du rapport d'étude*, Inra (France), 60 p. http://www6.paris.inra.fr/depe/Projets/Cultures-Intermediaires

Justes E., Beaudoin N., Bertuzzi P., Charles R., Constantin J., Dürr C., Hermon C., Joannon A., Le Bas C., Mary B., Mignolet C., Montfort F., Ruiz L., Sarthou J.P., Souchère V., Tournebize J., Savini I., Réchauchère O., 2013. *Les cultures intermédiaires pour une production agricole durable*, éditions Quæ, 105 pages.

Justes E., Thiébeau P., Nicolardot B., 2001a. N release from lucerne residues: comparison of field and incubation data. *In : XIe Workshop N*, Reims, 9-12 sept., 111-112.

Justes E., Thiébeau P., Cattin G., Larbre D., Nicolardot B., 2001b. Libération d'azote après retournement de luzerne : un effet sur deux campagnes. *Perspectives Agricoles*, 264, 22-26.

Justes E., Thiébeau P., Avice J.C., Lemaire G., Volenec J.J., Ourry A., 2002. Influence of summer sowing dates, N fertilization and irrigation on autumn VSP accumulation and dynamics of spring regrowth in alfalfa (*Medicago sativa* L.). *J. Exp. Bot.*, 53 (366), 111-121.

Justes E., Mary B., Nicolardot B., 2009. Quantifying and modelling C and N mineralization kinetics of catch crop residues in soil: Parameterization of the residue decomposition module of stics model for mature and non mature residues. *Plant Soil*, 325, 171-185.

Justes E., Bedoussac L., Corre-Hellou G., Fustec J., Hinsinger P., Journet E.-P., Louarn G., Naudin C., Pelzer E., 2014. Les processus de complémentarité de niche et de facilitation déterminent le fonctionnement des associations végétales et leur efficacité pour l'acquisition des ressources abiotiques. *Innovations Agronomiques*, 40, 1-24.

Kentzel M., Devun J., 2004. Dépendance et autonomie protéique des exploitations bovins viande. *Renc. Rech. Ruminants*, 11, 167-170.

Kephart K.D., Buxton D.R., Hill R.R., 1990. Digestibility and cell wall components of alfalfa following selection for divergent herbage lignin concentration. *Crop Sci.*, 30, 207-212.

Khan D.F., Peoples M.B., Herridge D.F., 2002. Quantifying below ground nitrogen of legumes. 1. Optimising procedures for 15N shoot-labelling. *Plant Soil*, 245, 327-334.

Khan D.F., Herridge D.F., Peoples M.B., Shah S.H., KhanT., Madani M.S., Ibrar M., 2007. Use of isotopic and non-isotopic techniques to quantify below-ground nitrogen in fababean and chickpea. *Soil Environment*, 26, 42-47.

Kibelolaud A.R., Vernay M., Bayourthe C., Moncoulon R., 1991. Estimation *in situ* chez le ruminant de la valeur azote du lupin en fonction de la qualité du broyage et de la taille des particules. *Ann. Zootech.*, 40, 247-257.

Kim T.H., Ourry A., Boucaud J., Lemaire G., 1993. Partitioning of nitrogen derived from N_2 fixation and reserves in nodulated *Medicago sativa* L. during regrowth. *J. Exp. Bot.*, 44, 266, 555-562.

King C.A., Purcell L.C., 2001. Soybean nodule size and relationship to nitrogen fixation response to water deficit. *Crop Sci.*, 41, 1099-1107.

King R.H., Dunshea F.R., Morrish L., Eason P.J., Barneveld R.J., Mullan B.P., Campbell R.G., 2000. The energy value of *Lupinus angustifolius* and *Lupinus albus* for growing pigs. *Anim. Feed Sci. Technol.*, 83, 17-30.

Kirschenmann F., 2000. Challenges facing philosophy as we enter the 21st century: Reshaping the way the human species feeds itself. Willard O. Eddy Lecture, Colorado State University. Disponible auprès de l'auteur.

Kirschenmann F., 2004. Ecological morality: a new ethic for agriculture. *In: Agroecosystems analysis* (Rickel D., Francis C., co-Eds). *Agronomy*, 43,167-176.

Kirwan L., Lüscher A., Sebastià M.T., Finn J.A., Collins R.P., Porqueddu C., Helgadottir A., Baadshaug O.H., Brophy C., Coran C., Dalmannsdóttir S., Delgado I., Elgersma A., Fothergill M., Frankow-Lindberg B.E., Golinski P., Grieu P., Gustavsson A.M., Höglind M., Huguenin-Elie O., Iliadis C., Jørgensen M., Kadziuliene Z., Karyotis T., Lunnan T., Malengier M., Maltoni S., Meyer V., Nyfeler D., Nykanen-Kurki P., Parente J., Smit H.J., Thumm U., Connolly J., 2007. Evenness drives consistent diversity effects in an intensive grassland system across 28 European sites. *J. Ecol.*, 95 (3), 530-539.

Klumpp K., Bloor J.M.G., Ambus P., Soussana J.F., 2011. Effects of clover density on N_2O emissions and plant-soil N transfers in a fertilised upland pasture. *Plant Soil*, 343 (1/2), 97-107.

Kopke U., Nemecek T., 2010. Ecological services of faba bean. *Field Crops Research*, 115, 217-233.

Krawutschke M., Weiher N., Thaysen J., Loges R., Taube F., Gierus M., 2013. The effect of cultivar on the changes in protein quality during wilting and ensiling of red clover (*Trifolium pratense* L.). *J. Agric. Sci.*, 151, 506-518.

Kuo S., Sainju U.M., Jellum E.J., 1997. Winter cover crop effects on soil organic carbon and carbohydrate in soil. *Soil. Sci. Soc. Am. J.*, 61, 145-152.

Labarthe P., 2010. Services immatériels et verrouillage technologique. Le cas du conseil technique aux agriculteurs. *Economies et Sociétés*, 44 (2), 173-196.

Lacassagne L., Melcion J.P., Monredon F. de, Carre B., 1991. The nutritional values of faba bean flours varying in their mean particle size in young chickens. *Anim. Feed Sci. Tech.*, 34 (1-2), 11-19.

Lacroix B., Desvignes P., Capdeboscq J.B., 1998. Fertilisation azotée du maïs après soja - Oléoscope: Essais AGPM de Riscle et Cetiom de Montaut. n°45 Mai-Juin 1998, 14-16.

Laguerre G., Depret G., Bourion V., Duc G., 2007. *Rhizobium leguminosarum* bv. *viciae* genotypes interact with pea plants in developmental responses of nodules, roots and shoots. *New Phytologist*, 176, 680-690.

Laguerre G., Louvrier P., Allard M.R., Amarger N., 2003. Compatibility of rhizobial genotypes within natural populations of *Rhizobium leguminosarum* biovar *viciae* for nodulation of host legumes. *Appl. Environ. Microbiol.*, 69, 2276-2283.

Lahaye L., Ganier P., Thibault J.F., Sève B., 2003. Impact of grinding and heating of a wheat-pea blend on amino acids ileal digestibility and endogenous losses. *In : Progress in research on energy and protein métabolisme* (Souffrant W.B., Metges C.C., eds), EAAP publication N° 109, 619-622, Wageningen Academic Publishers, The Netherlands.

Lamandé M., Hallaire V., Curmi P., Pérès G., Cluzeau D., 2003. Changes of pore morphology, infiltration and earthworm community in a loamy soil under different agricultural managements. *Catena*, 54, 637-649.

Lambert J.B., Heckenbach E.A., Hurtley A.E., Wu Y., Santiago-Blay J.A., 2009. Nuclear Magnetic Resonance Spectroscopic Characterization of Legume Exudates. *Journal of Natural Products*, 72, 1028-1035

Lamine C., Meynard J.-M., Bui S., Messéan A., 2010. Réductions d'intrants : des changements techniques, et après ? Effets de verrouillage et voies d'évolution à l'échelle du système agri-alimentaire. *Innovations Agronomiques*, 8, 121-134.

Landé N., Sauzet G., 2012. Associer son colza à un couvert gélif : une technique à manier avec précaution. *Perspectives Agricoles*, 390, 54-58.

Landé N., Sauzet G., 2013. Réunion technique régionale du Cetiom – janvier 2013 – Orléans : http://www.cetiom.fr/fileadmin/cetiom/Innovations/couverts_associes/couverts_associes_au_colza_RTR_Orleans_janv2013.pdf

Landé N., Sauzet G., Leterme P., 2013. Is oilseed rape mixed cropping an efficient solution to reduce nitrogen fertilization, weed development, and damage caused by insects? GCIRC Technical Meeting, April 28th to May 1st 2013, Agroscope Changins ACW, Nyon.http://www.cetiom.fr/fileadmin/cetiom/Innovations/couverts_associes/mixed_cropping_oilseed_rape_GCIRC_2013.pdf

Lapierre O., 2005. Système des acteurs et stratégie de formulation. *OCL*, 12, 217-223.

Larmure A., Munier-Jolain N.G., 2005. Teneur en protéines des graines. *In : Agrophysiologie du pois protéagineux* (Munier-Jolain N.G., Biarnès V., Chaillet I., Lecoeur J., Jeuffroy M.H., coord.), Inra éditions, pp. 135-141.

Larsson L., Ferm M., Kasimir-Klemedtsson A., Klemedtsson L., 1998. Ammonia and nitrous oxide emissions from grass and alfalfa mulches. *Nutrient Cycling in Agroecosystems*, 51, 41-46.

Launay F., Baumont R., Plantureux S., Farrie J.-P., Michaud A., Pottier E., 2011. *Prairies Permanentes : des références pour valoriser leur diversité*, édition Institut de l'élevage, 128 p.

Laurent F., Kerveillant P.B., Besnard A., Vertès F., Mary B., Recous S., 2004. Effet de la destruction de prairies pâturées sur la minéralisation de l'azote : approche au champ et propositions de quantification. Synthèse de 7 dispositifs expérimentaux. Research Report Arvalis - Inra - Chambres d'agriculture de Bretagne, 76 pp.

Le Breton M., 2011. Évaluations multicritères d'itinéraires techniques d'associations culturale céréale-légumineuse. Mémoire de fin d'étude d'Ingénieur en Agriculture Groupe ESA (Angers, France), pp.268.

Le Féon V., Schermann-Legionnet A., Delettre Y., Aviron S., Billeter R., Bugter R., Hendrickx F., Burel F., 2010. Intensification of agriculture, landscape composition and wild bee communities: A large scale study in four European countries. *Agriculture, Ecosystems & Environment*, 137 (1-2), 143-150.

Le Gall A., 1993. Les grandes légumineuses : situation actuelle, atouts et perspectives dans le nouveau paysage fourrager français. *Fourrages*, 134, 121-144.

Le Gall A., 2004. Le trèfle blanc. Document Institut de l'Élevage – Chambres d'agriculture de Bretagne et Pays de Loire, 64 p.

Le Gall A., Vertès F., Pflimlin A., Chambaut H., Delaby L., Durand P., Van der Werf H.M.G., Turpin N., Bras A., 2005. Nutrient management at farm scale in France: How to attain policy objectives in regions with intensive dairy farming? *In : Proceeding of the 1st meeting of the EGF Working Group 'Dairy Farming Systems and Environment'* (Bos J.F.F.P., Pflimlin A., Aarts H.F.M., Vertès F., eds.), PRI Report 83, 111-139.

Le Roux X., Barbault R., Baudry J., Burel F., Doussan I., Garnier E., Herzog F., Lavorel S., Lifran R., Roger-Estrade J., Sarthou J.-P., Trommetter M., 2008. Agriculture et biodiversité, Valoriser les synergies. Rapport d'expertise collective Inra, éditions Quæ, 2012, 178 p.

Lecoeur J., Sinclair T.R., 2001a. Nitrogen accumulation, partitioning, and nitrogen harvest index increase during seed fill of field pea. *Field Crops Research*, 71, 87-89.

Lecoeur J., Sinclair T.R., 2001b. Analysis of nitrogen partitioning in field pea resulting in linear increase in nitrogen harvest index. *Field Crops Research*, 71, 151-158.

Ledgard S., Schils R., Eriksen J., Luo J., 2009. Environmental impacts of grazed clover/grass pastures. *Irish Journal of Agricultural and Food Research*, 48, 209-226.

Ledgard S.F., 2001. Nitrogen cycling in low input legume-based agriculture, with emphasis on legume/grass pastures. *Plant Soil*, 228, 43-59.

Lee M.R.F., Harris L.J., Moorby J.M., Humphreys M.O., Theodorou M.K., MacRae J.C., Scollan N.D. 2002. Rumen metabolism and nitrogen flow to the small intestine in steers offered *Lolium perenne* containing different levels of water-soluble carbohydrate. *Animal Science*, 74, 587-596.

Leip A., Achermann B., Billen G., Bleeker A., Bouwman A.F., De Vries A., Dragosits U., Doring U., Fernall D., Geupel M., Herolstab J., Johnes P., Le Gall A.C., Monni S., Neveceral R., Orlandini L., Prud'homme M., Reuter H.I., Simpson D., Seufert G., Spranger T., Sutton M.A., Van Aardenne J., Vos M., Winiwarter W., 2011. Integrating Nitrogen Fluxes at the European scale. *In : The European Nitrogen Assessment. Sources, Effects and Polilicy Perspectives* (Sutton M.A., Howard C.M., Erisman J.W., Billen G., Bleeker A., Grennfelt P., Van Grinsven H., Grizzeti B., eds), Cambridge University Press, pp. 345-376.

Lejeune-Henaut I., Hanocq E., Bethencourt L., Fontaine V., Delbreil B., Morin J., Petit A., Devaux R., Boilleau M., Stempniak J.J., Thomas M., Laine A.L., Foucher F., Baranger A., Burstin J., Rameau C., Giauffret C., 2008. The flowering locus Hr colocalizes with a major QTL affecting winter frost tolerance in *Pisum sativum* L. *Theor. Appl. Gen.*, 116, 1105-1116.

Lemaire G., Allirand J.M., 1993. Relation entre croissance et qualité de la luzerne : interaction génotype-mode d'exploitation. *Fourrages*, 134, 183-198.

Lemaire G., Gastal F., 1997. N uptake and distribution in plant canopies. *In : Diagnosis on the nitrogen status in crops* (Lemaire G., ed.), Springer-Verlag, Heidelberg, pp. 3-43.

Lemaire G., Salette J., 1984. Relationship between growth and nitrogen uptake in a pure grass stand. 1. Environmental effects. *Agronomie*, 4 (5), 423-430.

Lemaire G., Cruz P., Gosse G., Chartier M., 1985. Étude des relations entre la dynamique de prélèvement d'azote et la dynamique de croissance en matière sèche d'un peuplement de luzerne (*Medicago sativa* L). *Agronomie*, 5, 685-692.

Lemaire G., Onillon B., Gosse G., 1991. Nitrogen distribution within a lucerne canopy during regrowth - Relation with light distribution. *Annals of Botany*, 68, 6, 483-488.

Lemke R.L., Zhong Z., Campbell C.A., Zentner R., 2007. Can pulse crops play a role in mitigating greenhouse gases from North American agriculture? *Agronomy Journal*, 99, 1719-1725.

Lemon E., Van Houtte R., 1980. Ammonia Exchange at the Land Surface. *Agronomy Journal*, 72, 876-883.

Lessire M., Hallouis J.M., Chagneau A.M., Besnard J., Travel A., Bouvarel I., Crepon K., Duc G., Dulieu P., 2005. Influence de la teneur en vicine et convicine de la féverole sur les performances de production de la poule pondeuse et la qualité de l'œuf. *In : 6e Journées de la Recherche Avicole*, St-Malo, 55 (Résumé), CDROM\Nutrition\N64-LESSIRE-CD.pdf, 174-178 ITAVI Paris (FRA).

Leterme P., Beckers Y., Thewis A., 1990. Trypsin inhibitors in peas: varietal effect and influence on digestibility of crude protein by growing pigs. *Anim. Feed Sci. Technol.*, 29, 45-55.

Leterme P., Barré C., Vertès F., 2003. The fate of 15N from dairy cow urine under pasture receiving different rates of N fertiliser. *Agronomie*, 23, 609-616.

Levain A., Vertès F., Delaby L., Ruiz L., 2014. Articuler injonction au changement et processus d'innovation dans un territoire à fort enjeu écologique : regards croisés sur une expérience d'accompagnement. *Fourrages*, 217, 69-78.

Li F., Kautz T., Pude R., Köpke U., 2012. Nodulation of lucerne (*Medicago sativa* L.) roots: depth distribution and temporal variation. *Plant Soil Environ.*, 58 (9), 424-428.

Lie T.A., 1978. Symbiotic specialization in pea plants: the requirement of specific Rhizobium strains for peas from Afghanistan. *Ann. Appl. Biol.*, 88, 462-465.

Lieven J., Wagner D., 2013. Synthèse des enquêtes sur les pratiques culturales 2012 pour le soja en conventionnel – Synthèse nationale Cetiom Avril 2013.

Liu Y., Wu L., Baddeley J.A., Watson C., 2011. Models of biological nitrogen fixation of legumes. A review. *Agron. Sustain. Dev.*, 31 (1), 155-172.

Loiseau P., Carrere P., Lafarge M., Delpy R., Dublanchet J., 2001a. Effect of soil-N and urine-N on nitrate leaching under pure grass, pure clover and mixed grass/clover swards. *Eur. J. Agron.*, 14, 113-121.

Loiseau P., Soussana J.F., Louault F., Delpy R., 2001b. Soil N contributes to the oscillations of the white clover content in mixed swards of perennial ryegrass under conditions that simulate grazing over five years. *Grass Forage Sci.*, 56, 205-217.

Longstaff M., McBain B., McNab J.M., 1991. The antinutritive effect of proanthocyanidin-rich and proanthocyanidin-free hulls from field beans on digestion of nutrients and metabolisable energy in intact and caecectomised cockerels. *Anim. Feed Sci. Tech.*, 34 (1-2), 147-161.

Lorenz M.M., Alkhafadji L., Stringano E., Nilsson S., Mueller-Harvey I., Uden P., 2014. Relationship between condensed tannin structures and their ability to precipitate feed proteins in the rumen. *J. Sci. Food Agr.*, 94, 963-968.

Lotscher M., Nosberger J., 1997. Branch and root formation in *Trifolium repens* is influenced by the light environment of unfolded leaves. *Oecologia*, 111, 499-504.

Louarn G., Corre-Hellou G., Fustec J., Lô-Pelser E., Julier B., Litrico I., Hinsinger P., Lecomte C., 2010. Déterminants écologiques et physiologiques de la productivité et de la stabilité des associations graminées-légumineuses. *Innovations Agronomiques*, 11, 79-99.

Louault F., Pillar V.D., Aufrere J., Garnier E., Soussana J.F., 2005. Plant traits and functional types in response to reduced disturbance in a semi-natural grassland. *J. Veg. Sci.*, 16, 151-156.

Lüscher A., Hartwig U.A., Suter D., Nösberger J., 2000. Direct evidence that symbiotic N2 fixation in fertile grasslands is an important trait for a strong response of plants to elevated atmospheric CO_2. *Global Change Biology*, 6, 655-662.

MAAF, 2012. Panorama des IAA - Fiche sectorielle sous classe 10.91Z, Fabrication d'aliments pour animaux, http://agriculture.gouv.fr/IMG/

pdf/10-91Z-FabricationAlimentsAnimauxPanoramaIAA2012_cle829e59.pdf

MacLeod L.B., 1965. Effect of nitrogen and potassium on the yield, botanical composition, and competition for nutrients in three alfalfa–grass associations. *Agron. J.*, 57, 129-134.

Maertens C., 1986. Soja : système racinaire et exploitation du sol. *In : Le soja : Physiologie de la plante et adaptation aux conditions françaises*, Ed. Cetiom en collaboration avec Inra, ENSAT, ENSAM, CEPE, CNRS, pp. 33-37.

Magnault A., 1996. Impact de quelques systèmes de culture irriguées sur les teneurs en nitrates des eaux de drainage, Mémoire ENITA.

Magrini M.B., Duru M., 2014. Construction et diffusion de standards de qualité dans le secteur laitier : une analyse de la niche d'innovation Bleu-Blanc-Cœur. *In : Séminaire La Grande Transformation de l'Agriculture, 20 après*, 16 et 17 juin, Montpellier Supagro.

Magrini M.B., Triboulet P., Bedoussac L., 2013. Pratiques agricoles innovantes et logistique des coopératives agricoles. Une étude ex-ante sur l'acceptabilité de cultures associées blé dur-légumineuses. *Economie Rurale*, 338, 25-45.

Magrini M.B., Voisin A.S., Anton M., Cholez C., Duc G., Hellou G., Jeuffroy M.H., Meynard J.M., Pelzer E., Walrand S., 2014. La transition vers des systèmes agro-alimentaires durables : quelle place et qualification pour les légumineuses à graines ? *In : Séminaire La Grande Transformation de l'Agriculture, 20 ans après*, Montpellier, 16 et 17 juin, http://prodinra.inra.fr/record/264943.

Mahadevamma S., Shamala T.R., Tharanathan R.N., 2004. Resistant starch derived from processed legumes: *in vitro* and *in vivo* fermentation characteristics. *Int. J. Food Sci. Nutr.*, 55 (5), 399-405.

Mahieu S., Fustec J., Faure M.L., Corre-Hellou G., Crozat Y., 2007. Comparison of two 15N labelling methods for assessing nitrogen rhizodeposition of pea. *Plant Soil*, 295, 193-205.

Maidl F.X., Haunz F.X., Panse A., Fischbeck G., 1996. Transfer of grain legume nitrogen within a crop rotation containing winter wheat and winter barley. *J. Agron. Crop Sci.*, 176, 47-57.

Majak W., Hall J.W., McCaughey W.P., 1995. Pasture management strategies for reducing the risk of legume bloat in cattle. *J. Anim. Sci.*, 73, 1493-1498.

Malunga L.N., Bar-El Dadon S., Zinal E., Berkovich Z., Abbo S., Reifen R., 2014. The potential use of chickpeas in development of infant follow-on formula. *Nutr. J.*, 13, 8.

Marinangeli C.P., Jones P.J., 2012. Pulse grain consumption and obesity: effects on energy expenditure, substrate oxidation, body composition, fat deposition and satiety. *Br. J. Nutr.*, 108 Suppl 1, S46-51.

Marino D., Gonzalez E.M., Arrese-Igor C., 2006. Drought effects on carbon and nitrogen metabolism of pea nodules can be mimicked by paraquat: evidence for the occurrence of two regulation pathways under oxidative stresses. *J. Exp. Bot.*, 57, 665-673

Mariotti F., Pueyo M.E., Tomé D., Mahé S., 2002. The bioavailability and postprandial utilisation of sweet lupin (*Lupinus albus*)-flour protein is similar to that of purified soyabean protein in human subjects: a study using intrinsically 15N-labelled proteins. *Br. J. Nutr.*, 87 (4), 315-323.

Mariscal-Landin G., Lebreton Y., Sève B., 2002. Apparent and standardized true ileal digestibility of protein and amino acids from faba bean, lupin and pea, provided as whole seeds, dehulled or extruded in pigs diets. *Anim. Feed Sci. Technol.*, 97, 183-198.

Martin A., 2001. *Apports nutritionnels conseillés pour la population française*, Éditions Tec et Doc / Lavoisier.

Martínez San Ireneo M., Ibáñez M.D., Sánchez J.J., Carnés J., Fernández-Caldas E., 2008. Clinical features of legume allergy in children from a Mediterranean area. *Ann. Allergy Asthma Immunol.*, 101 (2), 179-184.

Massad R., Tuzet A., Loubet B., Perrier A., Cellier P., 2010. Model of stomatal ammonia compensation point (STAMP) in relation to the plant nitrogen and carbon metabolisms and environmental conditions. *Ecological Modelling*, 221, 479-494.

Mat Hassan H., Marschner P., McNeill A., Tang C., 2012. Grain legumes pre-crops and their residues affect the growth, P uptake and size of P pools in the rhizosphere of the following wheat. *Biol. Fert. Soil.*, 48, 775-785.

Mattsson M., Herrmann B., David M., Loubet B., Riedo M., Theobald M.R., Sutton M.A., Bruhn D., Neftel A., Schjoerring J.K., 2009. Temporal variability in bioassays of the stomatal ammonia compensation point in relation to plant and soil nitrogen parameters in intensively managed grassland. *Biogeosciences*, 6, 171-179.

Maufras J.Y., Wicker E., Sanssene J., 1997. Les maladies racinaires du pois (1). *Perspectives Agricoles*, 226, 68-75.

Maupertuis F., Ferchaud S., 2014. Valeurs alimentaires des matières premières en agriculture biologique et limites d'incorporation pour le porc. *In : Alimentation des porcins en agriculture biologique* (Ronsard A., ed.), http://www.itab.asso.fr/downloads/porc-bio/cahier_porc_0.pdf, consulté le 6 janvier 2015.

Mc Kenzie A.F., Fan M.X., Cadrin F., 1998. Nitrous oxide emission in three years as affected by tillage, corn-soybean-alfalfa rotations, and nitrogen fertilization. *J. Environ. Qual.*, 27, 698-703.

McKellar Q.A., 1997. Ecotoxicology and residues of anthelmintic compounds. *Vet. Parasitol.*, 72, 413-435.

McMahon L.R., Mcallister T.A., Berg B.P., Majak W., Acharya S.N., Popp J.D., Coulman B.E., Wang Y., Cheng K.J., 2000. A review of the effect of forage condensed tannins on ruminal fermentation and bloat in grazing cattle. *Can. J. Plant Sci.*, 80, 469-485.

McNeill A.M., Fillery I.R.P., 2008. Field measurement of lupin belowground nitrogen accumulation and recovery in the subsequent cereal-soil system in a semi-arid Mediterranean-type climate. *Plant Soil*, 302, 297-316.

Médale F., Kaushik S., 2009. Synthèse Nutrition et Alimentation des Poissons : Les sources protéiques dans les aliments pour les poissons d'élevage. *Cahiers Agriculture*, 18, 103-111.

Médale F., Le Boucher R., Dupont-Nivet M., Quillet E., Aubin J., Panserat S., 2013. Des aliments à base de végétaux pour les poissons d'élevage. *Inra Prod. Anim.*, 26 (4), 303-316.

Meiss H., 2010. Diversifying crop rotations with temporary grasslands: Potentials for weed management and farmland biodiversity. Thèse de Doctorat, Université de Bourgogne, 206 p.

Meiss H., Munier-Jolain N.M., Henriot F., Caneill J., 2008. Effects of biomass, age and functional traits on regrowth of arable weeds after cutting. *J. Plant Dis. Protect.*, 21, 493-500.

Meiss H., Mediene S., Waldhardt R., Caneill J., Bretagnolle V., Reboud X., Munier-Jolain N., 2010. Perennial lucerne affects weed community trajectories in grain crop rotations. *Weed Research*, 50, 331-340.

Melero S., Perez-de-Mora A., Murillo J.M., Buegger F., Kleinedam K., Kublik S., Vanderlinden K., Moreno F., Schloter M., 2011. Denitrification in a vertisol under long-term tillage and no-tillage management in dryland agricultural systems: Key genes and potential rates. *Applied Soil Ecology*, 47, 221-225.

Ménard C., 2012. Hybrid modes of organization. *In : Handbook of Organizational Economics* (Gibbons R., Roberts J., eds), Princeton University Press, pp. 1066-1108.

Merrien A., 1987. *Irrigation du soja*. Cahier technique Editions Cetiom, Sept. 1987, 4-14.

Merrien A., Jouffret P., 1994. Optimisation technico-économique de la conduite de l'irrigation du soja dans le Sud-Ouest de la France. *In : Étude Cetiom-Agence de l'Eau Adour-Garonne*, p. 4-13.

Metayer N., 2004. Cycle de développement et facteurs limitants climatiques du rendement de la féverole (*Vicia faba* L.). Mémoire de fin d'études ingénieur Agrocampus Rennes. 32 p. +annexes.

Meuriot F., Decau M.L., Morvan-Bertrand A., Prud'Homme M.P., Gastal F., Simon J.C., Volenec J.J., Avice J.C., 2005 Contribution of initial C and N reserves in *Medicago sativa* recovering from defoliation: impact of cutting height and residual leaf area. *Funct. Plant Biol.*, 32, 321-334.

Meynard J.M., 2010. Diffusion des pratiques alternatives à l'usage intensif des pesticides: analyse des jeux d'acteurs pour éclairer l'action publique. *In : Colloque Écophyto R&D : réduire l'usage des pesticides*, Paris, Vol. 28, No. 01.

Meynard J.M., 2012. La reconception est en marche ! *Innovations agronomiques*, 20, 143-153.

Meynard J.M., Aggeri F., Coulon J.N., Habib R., Tillon J.P., 2006. Recherches sur la conception de systèmes agricoles innovants. Rapport du groupe de travail. Inra, Paris.

Meynard J.M., Messéan A., Charlier A., Charrier F., Fares M., Le Bail M., Magrini M.B., Savini I., 2013. Freins et leviers à la diversification des cultures. Étude au niveau des exploitations agricoles et des filières. Synthèse du rapport d'étude, Éditions Inra, 52 p.

Michalet-Doreau B., Chapoutot P., Vérité R., 1987. Méthodologie de mesure de la dégradabilité *in sacco* de l'azote des aliments dans le rumen. *Bull. Tech. CRZV Theix, Inra*, 69, 5-7.

Millar N., Ndufa J.K., Cadisch G., Baggs E.M., 2004. Nitrous oxide emissions following incorporation of improved-fallow residues in the humid tropics. *Global Biogeochem. Cycles*, 18, GB1032.

Millenium Ecosystem Assessment, 2005. *Ecosystems and human well-being: Synthesis*, Island press, Washington D. C. Rapport de synthèse de l'Évaluation des Écosystèmes pour le Millénaire, sous la co-présidence de Watson R.T. et

Zakri A.H. http://www.millenniumassessment. org/en/index.aspx

Miller L.A., Moorby J.M., Davis D.R., Humphreys M.O., Scollan N.D., MacRae J.C., Theodorou M.K., 2001. Increased concentration of water-soluble carbohydrate in perennial ryegrass (*Lolium perenne* L.): milk production from late-lactation dairy cows. *Grass Forage Sci.*, 56, 383-394.

Min B.R., Barry T.N., Attwood G.T., McNabb W.C., 2003. The effect of condensed tannins on the nutrition and health of ruminants fed fresh temperate forages: a review. *Anim. Feed Sci. Technol.*, 106, 3-19.

Montoya C.A., Leterme P., 2011. Effect of particle size on the digestible energy content of field pea (*Pisum sativum* L.) in growing pigs. *Anim. Feed Sci. Technol.*, 169 (1/2), 113-120.

Moraine M., Therond O., Leterme P., Duru M., 2012. Un cadre conceptuel pour l'intégration agroécologique de systèmes combinant culture et élevage. *Innovations Agronomiques*, 22, 101-115.

Moreau D., Milard G., Munier-Jolain N., 2013. A plant nitrophily index based on plant leaf area response to soil-nitrogen availability. *Agron. Sustain. Dev.*, 33, 809-815.

Mormont M., Van Huylenbroeck G., 2001. *À la Recherche de la Qualité. Recherches Socio-économiques sur les Nouvelles Filières Agroalimentaires.* Presses de l'Université de Liège, Belgique.

Morvan T., Alard V., Ruiz L., 2000. Intérêt environnemental de la betterave fourragère. *Fourrages*, 163, 315-322.

Morvan T., Alard V., Ruiz L., 2002. Les risques de pollution azotée en rotations herbagères. *In : À la recherche d'une agriculture durable. Etude de systèmes Herbagers économes en Bretagne* (Alard V., Béranger C., Journet M., eds), Inra Éditions, pp. 163-176.

Moschini G., Hennessy D.A., 2001. *Uncertainty, risk aversion, and risk management for agricultural producers, Handbook of Agricultural Economics*, Volume 1, Elsevier, pp. 88-153.

Moss A., Deavill E.R., Givens D.I., 2001. The nutritive value for ruminants of lupin seeds from determinate and dwaf determinate plants. *Anim. Feed Sci. Technol.*, 94, 187-198.

Mossé J., 1990. Acides aminés de 16 céréales et protéagineux : variations et clés du calcul de la composition en fonction du taux d'azote des grain(e)s. Conséquences nutritionnelles. *Inra Prod. Anim.*, 3, 103-119.

Mosse B., Powell C.L.L., Hayman D.S., 1976. Plant growth responses to vescular-arbuscular mycorrhiza-IX Interaction between VA mycorrhiza, rock phosphate and symbiotic nitrogen fixation. *New Phytologist*, 76, 331-342.

Mougel C., Offre P., Ranjard L., Corberand T., Gamalero E., Robin C., Lemanceau P., 2006. Dynamic of the genetic structure of bacterial and fungal communities at different development stages of Medicago truncatula Jemalong J5. *New Phytol.*, 170, 165-175.

Moussart A., Even M.N., Tivoli B., 2008. Reaction of genotypes from several species of grain and forage legumes to infection with a French pea isolate of the oomycete Aphanomyces euteiches. *Eur. J. Plant Pathol.*, 122, 321-333.

Mousset-Déclas C., 1995. Les trèfles ou le genre Trifolium. *In : Ressources génétiques des plantes fourragères et à gazon* (Prosperi J.M., Guy P., Balfourier F., eds), Inra, Paris.

Mowat D.N., Fulkerson R.S., Tossell W.E., Winch J.E., 1965. The *in vitro* digestibility and protein content of leaf and stem portions of forages. *Can. J. Plant Sci.*, 45, 321-331.

Mueller-Harvey I., 2006. Unravelling the conundrum of tannins in animal nutrition and health. *J. Sci. Food Agr.*, 86, 2010-2037.

Muller J.C., Denys D., Thiébeau P., 1993. Présence de légumineuses dans la succession de cultures: Luzerne et pois cultivés purs ou en association, influence sur la dynamique de l'azote. *In : Matières organiques et Agricultures* (Decroux J., Ignazi J.C., eds), Congrès GEMAS-Comifer, Blois, novembre, 83-92.

Munier-Jolain N.G., Salon C., 2005. Are the carbon costs of seed production related to the quantitative and qualitative performance? An appraisal for legumes and other crops. *Plant, Cell and Environment*, 28, 1388-1395.

Munier-Jolain N.G., Ney B., 1998. Seed Growth rate in legumes. Seed Growth rate depends on cotyledon seed number. *J. Exp. Bot.*, 49 (329), 1971-1976.

Munier-Jolain N.G., Ney B., Duthin C., 1996. Termination of seed growth in relation to nitrogen content of vegetative parts in soybean plants. *Eur. J. Agron.*, 5, 219-225.

Munier-Jolain N.G., Biarnès V., Chaillet I., Lecoeur J., Jeuffroy M.H., 2005. *Agrophysiologie du pois protéagineux*, Inra éditions.

Munier-Jolain N.G., Biarnès V., Chaillet I., Lecoeur J., Jeuffroy M.H., 2010. *Physiology of the pea crop*, Science Publishers CRC Press.

Murty C.M., Pittaway J.K., Ball M.J., 2010. Chickpea supplementation in an Australian diet affects food choice, satiety and bowel health. *Appetite*, 54 (2), 282-288.

Nalle C.L., Ravindran G., Ravindran V., 2010. Influence of dehulling on the apparent metabolisable energy and ileal amino acid digestibility of grain legumes for broilers. *J. Sci. Food Agr.*, 90 (7), 1227-1231.

Nalle C.L., Ravindran V., Ravindran G., 2011. Nutritional value of peas (Pisum sativum) for broilers: apparent metabolisable energy, apparent ileal amino acids digestibility and production performance. *Anim. Prod. Sci.*, 51, 150-155.

Nalle C.L., Ravindran V., Ravindran G., 2012. Nutritional value of white lupins (Lupinus albus) for broilers: apparent metabolisable energy, apparent ileal amino acid digestibility and production performance. *Animal*, 6, 579-585.

National Research Council, 2011. *Nutrient Requirements of Fish and Shrimp*. Animal nutrition series, The National Academies Press, Washington D.C., 376 p.

Naudin C., 2009. Nutrition azotée des associations pois-blé d'hiver (*Pisum sativum* L. – *Triticum aestivum* L.) : Analyse, modélisation et propositions de stratégies de gestion. Sciences Agronomiques. Thèse de l'Université d'Angers, Angers, France, p. 119.

Naudin C., Corre-Hellou G., Pineau S., Crozat Y., Jeuffroy M.H., 2010. The effect of various dynamics of N availability on winter pea-wheat intercrops: crop growth, N partitioning and symbiotic N_2 fixation. *Field Crops Res.*, 119, 2-11.

Naudin C., Corre-Hellou G., Voisin A.S., Oury V., Salon C., Crozat Y., Jeuffroy M.H., 2011. Inhibition and recovery of symbiotic N2 fixation by peas (Pisum sativum L.) in response to short-term nitrate exposure. *Plant Soil*, 346, 275-287.

Naudin C., van der Werf H.M.G, Jeuffroy M.H., Corre-Hellou G., 2014. LCA applied to pea-wheat intercrops: a new method for handling the impacts of co-products. *Journal of Cleaner Production*, 73:80-87.

Ndzana R.A., Magro A., Bedoussac L., Justes E., Journet E.P., Hemptinne J.L., 2014. Is there an associational resistance of winter pea-durum wheat intercrops towards Acyrthosiphon pisum Harris? *J. Applied Entomol.*, 8, 577-585.

Nemecek T., Von Richthofen J.S., Dubois G., Casta P., Charles R., Pahl H., 2008. Environmental impacts of introducing grain legumes into European crop rotations. *Eur. J. Agron.*, 28, 380-393.

Nemecek T., Hayer F., Bonnin E., Carrouée B., Schneider A., Vivier C., 2015. Designing eco-efficient crop rotations using life cycle assessment of crop combinations. *Eur. J. Agron.* 65, 40-51.

Ney B., Doré T., Sagan M., 1997. The nitrogen requirement of major agricultural crops: Grain Legumes. *In : Diagnosis of the nitrogen status in crops* (Lemaire G., ed.), Springer-Verlag, Heigelberg, pp. 107-118.

Nezomba H., Tauro T.P., Mtambanengwe F., Mapfumo P., 2010. Indigenous legume fallows (indifallows) as an alternative soil fertility resource in smallholder maize cropping systems. *Field Crops Res.*, 111, 149-157.

Nguyen C., 2003. Rhizodeposition of organic C by plants: mechanism and controls. *Agronomie*, 23, 375-396.

Nicolardot B., Recous S., Mary B., 2001. Simulation of C and N mineralisation during crop residue decomposition: A simple dynamic model based on the C:N ratio of the residues. *Plant Soil*, 228, 83-103.

Niderkorn V., Baumont R., Lemorvan A., Macheboeuf D., 2001. Occurrence of associative effect between grasses and legumes in binary mixtures on *in vitro* rumen fermentation characteristics. *J. Anim. Sci.*, 89, 1138-1145.

Nil A., 2012. Étude de faisabilité d'un projet d'organisation interprofessionnelle pour la filière luzerne. Rapport CGAAER, n° 11, 173.

Nolot J.M., Debaeke P., 2003. Principes et outils de conception, conduite et évaluation de systèmes de culture. *Cahiers Agricultures*, 12,1-14.

Norat T., Chan D., Lau R., Aune D., Vieira R., 2010. WCRF/AICR Systematic Literature Review Continuous Update Project Report, 317 pages, Ed. Imperial College London. http://www.dietandcancerreport.org/cancer_resource_center/downloads/cu/Colorectal-Cancer-SLR-2010.pdf

Novak K., 2010. On the efficiency of legume supernodulating mutants. *Ann. Appl. Biol.*, 157, 321-342.

Novak K., Biedermannova E., Vondrys J., 2009. Symbiotic and growth performance of super nodulating forage pea lines. *Crop Sci.*, 49, 1227-1234.

Nyfeler D., Huguenin-Elie O., Suter M., Frossard E., Connolly J., Lüscher A., 2009. Strong mixture effects among four species in fertilized agricultural grassland led to persistent and consistent transgressive overyielding. *J. Applied Ecol.*, 46, 683-691.

Nyfeler D., Huguenin-Elie O., Suter M., Frossard E., Lüscher A., 2011. Grass-legume mixtures can yield more nitrogen than legume pure stands due to mutual stimulation of nitrogen uptake from symbiotic and non-symbiotic sources. *Agric., Ecosys. Environ.*, 140, 155-163.

O'Hara G.W., Daniel R.M., 1985. Rhizobial denitrification: a review. *Soil Biol. Biochem.*, 17, 1-9.

Oelmann Y., Kreutziger Y., Temperton V.M., Buchmann M., Roscher C., Schumacher J., Schulze E.D., Weisser W.W., Wilcke W., 2007. Nitrogen and phosphorus budgets in experimental grasslands of variable diversity. *J. Environ. Qual.*, 36, 396-407.

Ohwaki Y., Hirata H., 1992. Differences in carboxylic acid exudation among p-starved leguminous crops in relation to carboxylic acid contents in plant tissues and phospholipid level in roots. *Soil Science and Plant Nutrition*, 38 (2), 235-243.

Okon Y., Vanderleyden J., 1997. Root-associated *Azospirillum* species can stimulate plants. *ASM News*, 63, 366-370.

Orr R.J., Parson A.J., Penning P.D., Treacher T.T., 1990. Sward composition, animal performance and the potential production of grass/white clover swards continuously stocked with sheep. *Grass Forage Sci.*, 45, 325-336.

Paccard P., Capitain M., Farruggia A., 2003. Autonomie alimentaire des élevages bovins laitiers. *Renc. Rech. Rumininants*, 89-93.

Paillard S., Treyer S., Dorin B., 2011. *Agrimonde: Scenarios and Challenges for Feeding the World in 2050*, Éditions Quæ, Versailles.

Papavizas G.C., Ayers W.A., 1974. Aphanomyces species and their root diseases on pea and sugarbeet. U.S. Department of Agricultural Research Technical Bulletin 1485.

Papineau J., Huyghe C., 2004. *Le lupin doux protéagineux*. Édition France Agricole, 175 p.

Parkin T.B., Kaspar T.C., 2006. Nitrous oxide emissions from corn-soybean systems in the Midwest. *J. Environ. Qual.*, 35, 1496-1506.

Pascual C.Y., Fernandez-Crespo J., Sanchez Pastor S., Ayuso R., Garcia Sanchez G., Martin-Esteban M., 2001. Allergy to lentils in Spain. *Pediatr. Pulmonol.*, Suppl 23, 41-43.

Passot S., Nolot J.-M., Justes E., 2012. Cover crops are worthwhile in grain legume based rotation to valorise the biological N2 fixation and concomitantly maintain the soil fertility. XIIth ESA congress, 2012/08/20-24, Helsinki.

Pate J.S., 1976. Physiology of the reaction of nodulated legumes to environment. *In : Symbiotic nitrogen fixation in plants* (Nutman P.S., ed.), Cambridge University Press, pp. 335-360.

Pate J.S., 1977. Nodulation and nitrogen metabolism. *In : The physiology of the garden pea* (Sutcliffe I.F., Pate J.S., eds), Acad. Press, London & New York, pp. 349-383.

Pecatte J.R., Dozias D., 1998. Conservation et valeur alimentaire de la luzerne pour les ruminants. *Fourrages*, 155, 403-407.

Pellerin S., Bamiere L., Angers D., Beline F., Benoit M., Butault J.P., Chenu C., Colenne-David C., De Cara S., Delame N., Doreau M., Dupraz P., Faverdin P., Garcia-Launay F., Hassouna M., Henault C., Jeuffroy M.H., Klumpp K., Metay A., Moran D., Recous S., Samson E., Savini I., Pardon L., 2013. Quelle contribution de l'agriculture française à la réduction des émissions de gaz à effet de serre ? Potentiel d'atténuation et coût de dix actions techniques. Synthèse du rapport d'étude, Inra, 92 p.

Pelzer E., Bazot M., Makowski D., Corre-Hellou G., Naudin C., Al Rifaï M., Baranger E., Bedoussac L., Biarnès V., Boucheny P., Carrouée B., Dorvillez D., Foissy D., Gaillard B., Guichard L., Mansard M.C., Omon B., Prieur L., Yvergniaux M., Justes E., Jeuffroy M.H., 2012. Pea-wheat intercrops in low-input conditions combine high economic performances and low environmental impacts. *Eur. J. Agr.*, 40, 39-53.

Pelzer E., Bedoussac L., Corre-Hellou G., Jeuffroy M.-H., Métivier T., Naudin C., 2014. Association de cultures annuelles combinant une légumineuse et une céréale : retours d'expériences d'agriculteurs et analyse. *Innovations Agronomiques*, 40, 73-91.

Pelzer E., Bazot M., Guichard L., Jeuffroy M.H., 2015. Influence of the crop management on the performances of a winter pea-wheat intercrop. *Field Crops Res.*, sous presse.

Pena-Cabriales J.J., Castellanos J.Z., 1993. Effect of water stress on N2 fixation and grain yield of *Phaseolus vulgaris* L. *Plant Soil*, 152, 151-155.

Peoples M.B., Brockwell J., Herridge D.F., Rochester I.J., Alves S., Urquiaga S., Boddey R.M., Dakora F.D., Bhattarai S., Maskey S.L., Sampet C., Rerkasem B., Khan D.F., Hauggaard-Nielsen H., Jensen E.S., 2009. The contribution of nitrogen-fixing crop legumes to the productivity of agricultural systems. *Symbiosis*, 48, 1-17.

Peoples M.B., Ladha J.K., Herridge D.F., 1995. Enhancing legume N2 fixation through plant and soil management. *Plant Soil*, 174, 83-101.

Perez J.M., Bourdon D., 1992. Energy and protein value of peas for pigs: synthesis of French results. *In : Proceedings 1rst European conference on grain legumes*, Angers, France, Association Européenne des Protéagineux, pp. 489-490

Périssé J., Sizaret F., François P., 1969. Effet du revenu sur la structure de la ration alimentaire, Bulletin de Nutrition, FAO, 7, 1-10.

Petersen G.I., Spencer J.D., 2006. Evaluation of yellow field peas in growing-finishing swine diets. *J. Anim. Sci.*, 84 (2), 93.

Peterson M.A., Barnes D.K., 1981. Inheritance of ineffective nodulation and non-nodulation traits in alfalfa. *Crop Sci.*, 21, 611-616.

Petit M.S., Reau R., Deytieux V., Schaub A., Cerf M., Omon B., Guillot M.N., Olry P., Vivier C., Piaud S., Minette S., Nolot J.M., 2012. Systèmes de culture innovants : une nouvelle génération de réseau expérimental et de réseau de compétences. *Innovations Agronomiques*, 25, 99-123.

Petit M.S., Reau R., Dumas M., Moraine M., Omon B., Josse S., 2012. Mise au point de systèmes de culture innovants par un réseau d'agriculteurs et production de ressources pour le conseil. *Innovations Agronomiques,* 20, 79-100.

Petit S., Gaba S., Colbach N., Bockstaller C., Bretagnolle V., Mézière D., Ricou C., Trichard A., Munier-Jolain N., 2013. Gestion agro-écologique de la flore adventice dans les systèmes à bas niveau d'usage d'herbicides : le projet ADVHERB. *Innovations Agronomiques*, 28, 75-86.

Petitot M., Boyer L., Minier C., Micard V., 2010. Fortification of pasta with split pea and faba bean flours: Pasta processing and quality evaluation. *Food Research International*, 43 (2), 634-641.

Peyraud J.L., 1993. Comparaison de la digestion du trèfle blanc et des graminées prairiales chez la vache laitière. *Fourrages*, 135, 465-473.

Peyraud J.L., Delaby L., 2002. Introduction of dehydrated Lucerne in long form or straw into diets of high producing dairy cows. *In : Multi function grassland, Quality forages, animal products and landscapes* (Durand J.L., Emile J.C., Huyghe C., Lemaire G., eds), Proceedings of the 19th General Meeting of the European Grassland Federation, La Rochelle, France, pp. 224-225.

Peyraud J.L., Delaby L., Marquis B., 1994. Intérêt de l'introduction de luzerne déshydratée en substitution de l'ensilage de maïs dans les rations des vaches laitières. *Annales de Zootechnie*, 43, 91-104.

Peyraud J.L., Delaby L., Nozière P., Hurtaud C., 2008. Détermination de la valeur azotée du concentré protéique de luzerne et de ses effets sur la composition des laits. *Renc. Rech. Ruminants*, 15, 288.

Peyraud J.L., Le Gall A., Lüscher A., 2009. Potential food production from forage legume-based-systems in Europe: an overview. *Irish Journal of Agricultural and Food Research*, 48, 115-135.

Pflimlin A., 2010. *Europe laitière : valoriser tous les territoires pour construire l'avenir*, Éditions La France Agricole, 314 p.

Pflimlin A., Faverdin P., 2014. Les nouveaux enjeux du couple vache - prairie à la lumière de l'agroécologie. *Fourrages*, 217, 23-35.

Pflimlin A., Arnaud J.D., Gautier D., Le Gall A., 2003. Les légumineuses fourragères, une voie pour concilier autonomie en protéines et préservation de l'environnement. *Fourrages*, 174, 183-203.

Philips C.J.C., James N.L., 1998. The effects of including white clover in perennial ryegrass pastures and the height of mixed pastures on the milk production, pasture selection and ingestive behaviour of dairy cows. *Anim. Sci.*, 67, 195-202.

Pierre P., 2013. Quel entretien pour les prairies permanentes ? De l'amélioration par les pratiques à la rénovation totale. *Fourrages*, 213, 45-54.

Pilet-Nayel M.L., Muehlbauer F.J., McGee R.J., Kraft J.M., Baranger A., Coyne C.J., 2005. Consistent QTLs in pea for partial resistance to *Aphanomyces euteiches* isolates from United States and France. *Phytopathology*, 95, 1287-1293.

Pinochet X., 1996. Dossier technique « Nodulation du soja ». Document interne Cetiom, 15 pages.

Pittaway J.K., Ahuja K.D., Robertson I.K., Ball M.J., 2007. Effects of a controlled diet supplemented with chickpeas on serum lipids, glucose tolerance, satiety and bowel function. *J. Am. Coll. Nutr.*, 26 (4), 334-340.

Pittaway J.K., Robertson I.K., Ball M.J., 2008. Chickpeas may influence fatty acid and fiber intake in an ad libitum diet, leading to small improvements in serum lipid profile and glycemic control. *J. Am. Diet. Assoc.*, 108 (6), 1009-1013.

Plantureux S., Amiaud B., 2010. e-FLORA-sys, a website tool to evaluate the agronomical and environemental value of grasslands. *Grassland Sci. Eur.*, 15, 732-737.

Plaza-Bonilla D., Raffaillac D., Justes E. (soumis). Soil organic C and N are maintained thanks to cover crops in grain legume-based rotations. *Plant and Soil*.

Pochon A., 2013. De la prairie temporaire à la prairie permanente. *Fourrages*, 216, 269-274.

Pointereau P., 2001. Légumineuses : quels enjeux écologiques ? *Courrier de l'Environnement de l'Inra*, 44, 69-72.

Poncet C., Rémond D., 2002. Rumen digestion and intestinal nutrients flows in sheep consuming pea seeds: the effect of extrusion of chestnut tannin addition. *Anim. Res.*, 51, 201-206.

Poncet C., Rémond D., Lepage E., Doreau M., 2003. Comment mieux valoriser les protéagineux et oléagineux en alimentation des ruminants. *Fourrages*, 174, 205-209.

Postma J.G., Jacobsen E., Feenstra W., 1988. Three pea mutants with an altered nodulation studied by genetic analysis and grafting. *J. Plant Physiol.*, 132, 424-430.

Pourcelot M., Py G., Pasquet M., Schneider A., 2014. Systèmes de culture avec légumineuses - Des atouts observés en exploitations agricoles. *Perspectives agricoles*, 414, 31-35.

Pracht J.E., Nickell C.D., Harper J.E., 1993. Genes controlling nodulation in soybean: Rj5 and Rj6. *Crop Science*, 33, 711-713.

Pressenda F., Lapierre O., 2008. Feed market and grain legumes - Peas in the feed industry and environmental interest. *In : COPA–COGECA workshop-debate grain legume crops in Europe "Grain legumes: what is at stake for the EU?"*, 26 March 2008, Brussels.

Prieur L., Justes E., 2006. Disponibilité en azote issue de l'effet du précédent légumineuse, de culture intermédiaire et d'engrais organique. *AlterAgri*, 80, 13-17.

Priolo A., Micol D., Agabriel J., 2001. Effects of grass feeding systems on ruminant meat colour and flavour. A review. *Animal Research*, 50, 185-200.

Prioul-Gervais S., Deniot G., Receveur E.M., Frankewitz A., Fourmann M., Rameau C., Pilet-Nayel M.L., Baranger A., 2007. Candidate genes for quantitative resistance to *Mycosphaerella pinodes* in pea (*Pisum sativum* L.). *Theor. Appl. Genet.*, 114, 971-984

Puech J., Bouniols A., 1986. Besoins en eau et en azote du soja : importance des phases sensibles. *In : Physiologie de la plante et adaptation aux conditions françaises*. Document édité par le Cetiom, pp. 28-29.

Quoi de Neuf ?, 2013. *Pois, féveroles, lupins*. Préconisations 2013-2014. Edition Arvalis-Institut du végétal-Unip. 75 p. + annexes.

Ramanantsoa J., Villien C., 2012. Soutien public à la production de protéagineux et de soja : rétrospective et projections à partir du modèle MAGALI. Analyse n° 43, ministère de l'Agriculture, Service de la statistique et de la prospective, Centre d'études et de prospective.

Rasmussen J., Soegaard K., Pirhofer-Walzl K., Eriksen J., 2012. N2-fixation and residual N effect of four legume species and four companion grass species. *Eur. J. Agron.*, 36, 66-74.

Reau R., Jouffret P., Estragnat A., Cristante P., 1998. Pertes de nitrates dans les systèmes irrigués maïs-soja. *Oleoscope*, 45, 14-16.

Reau R., Mischler P., Petit M.-S., 2010. Evaluation au champ des performances des systèmes innovants en cultures arables et apprentissage de la protection intégrée en fermes pilotes. Mise au point de systèmes de culture innovants par un réseau d'agriculteurs et production de ressources pour le conseil. *Innovations Agronomiques*, 8, 83-103.

Reboul C., 1976. Mode de production et systèmes de culture et d'élevage. *Économie rurale*, 112, 55-65.

Rehmut M., Schoenau J., Jefferson P., 2012. Effect of forage legumes on phosphorus availability to the following wheat crop in a black chernozem. University of Saskatchewan, Soils and Crops, Poster presentation.

Reibel C., Guillemin J.P., Cordeau S., Chauvel B., 2010. Aptitude à la levée et à l'installation des adventices dans les bandes enherbées. *In : 21e conférence du COLUMA*. Journées internationales sur la lutte contre les mauvaises herbes.

Reis A.M., Fernandes N.P., Marques S.L., Paes M.J., Sousa S., Carvalho F., Conde T., Trindade M., 2007. Lupine sensitisation in a population of 1,160 subjects. *Allergol. Immunopathol.*, 35 (4), 162-163.

Remde A., Conrad R., 1991. Role of nitrification and denitrification for NO metabolism in soils. *Biogeochemistry*, 12, 189-205.

Rémond D., Aufrère J., Bernard L., Poncet C., Peyronnet C., 1997. Valeur azotée des graines de légumineuses protéagineuses : dégradabilité dans le rumen des protéines du pois, cru ou extrudé, et du lupin. *Renc. Rech. Ruminants*, 4, 133-136

Rémond D., Le Guen M.P., Poncet C., 2003. Degradation in the rumen and nutritional value of lupin (*Lupinus albus L.*) seed proteins. Effect of extrusion. *Anim. Feed Sci. Tech.*, 105, 55-70.

Rennie R.J., Kemp G.A., 1980. Dinitrogen fixation in pea beans (*Phaseolus vulgaris*) as affected by growth stage and temperature regime. *Can. J. Bot.*, 59, 1181-1188.

Requier F., Odoux J.F., Tamic T., Moreau N., Henry M., Decourtye A., Bretagnolle V., 2015. Honey-bee diet in intensive farmland habitats reveals an unexpected flower richness and a critical role of weeds. *Ecological Application*, http://dx.doi.org/10.1890/14-1011.1.

Ribeiro-Filho H.M.N., Delagarde R., Peyraud J.L., 2003. Inclusion of white clover in strip-grazed perennial ryegrass pastures: herbage intake and milk yield of dairy cows at different ages of pasture regrowth. *Animal Science*, 77, 499-510.

Ribeiro-Filho H.M.N., Delagarde R., Peyraud, J.L., 2005. Herbage intake and milk yield of dairy cows grazing perennial ryegrass pastures or white-clover/perennial rye grass pastures at low and medium herbage allowance. *Anim. Feed Sci. Tech.*, 119, 13-27.

Robertson G.P., Paul E.A., Harwood R.R., 2000. Greenhouse gases in intensive agriculture: contributions of individual gases to the radiative forcing of the atmosphere. *Science*, 289, 1922-1925.

Robin C., Hay M.J.M., Newton P.C.D., Greer D.H., 1994. Effect of light quality (red far-red ration) at the apical bud of the main stolon on morphogenesis of *Trifolium repens* L. *Annals of Botany*, 74, 119-123.

Roca-Fernández A.I., Peyraud J.L., Delaby L., Lassalas J., Delagarde R., 2014. Interest of multi-species swards for pasture-based milk production systems, *In : Proceeding of the 25*th *General Meeting of the European Grassland Federation*, Wales (sous presse).

Rochester I.J., Peoples M.B., Constable G.A., Gault R.R., 1998. Fababean and other legumes add nitrogen to irrigated cotton cropping systems. *Aust. J. Exp. Agr.*, 38, 253-260.

Rochester I.J., Peoples M.B., Gault R.R., Constable G.A., 1998. Implications of accounting for below-ground N on the calculations of residual returns of fixed N for commercial faba bean crops. 9th Australian Agronomy Conference, Wagga Wagga, p. 3.

Rochette P., Janzen H.H., 2005. Towards a revised coefficient for estimating N_2O emissions from legumes. *Nutrient Cycling in Agroecosystems*, 73, 171-179.

Rochette P., Angers D.A., Bélanger G., Chantigny M.H., Prévost D., Lévesque G., 2004. Emissions of N_2O from alfalfa and soybean crops in eastern Canada. *Soil Sci. Soc. Am. J.*, 68, 493-506.

Rockström J., Steffen W., Noone K., Persson A., Chapin F.S., Lambin E.F., Lenton T.M., Scheffer M., Folke C., Schellnhuber H.J., Nykvist B., de Wit C.A., Hughes T., van der Leeuw S., Rodhe H., Sörlin S., Snyder P.K., Costanza R., Svedin U., Falkenmark M., Karlberg L., Corell R.W., Fabry F.J., Hansen J., Walker B., Liverman D., Richardson K., Crutzen P., Foley J.A., 2009. A safe operating space for humanity. *Nature*, 461, 472-475.

Roep D., Wiskerke J.S.C., 2012. Reshaping the foodscape: the role of alternative food networks. *In : Food practices in transition: changing food consumption, retail and production in the age of reflexive modernity* (Spaargaren G., Oosterveer P.J.M., Loeber A., eds), New York/London, Routledge, pp. 207-228.

Rollier M., 1989. Effet des températures sur la croissance et le développement du soja. Document interne Cetiom page 2.

Rollin O., Bretagnolle V., Decourtye A., Aptel J., Michel N., Vaissière B.E., Henry M., 2013. Differences of floral resource use between honey bees and wild bees in an intensive farming system. *Agriculture, Ecosystems and Environment*, 179, 78-86.

Ronis D.H., Sammons D.J., Kenworthy W.J., Meisinger J.J., 1985. Heritability of total and fixed N content of the seed in two soybean populations. *Crop Sci.*, 23, 1-4.

Rosenberg C., 1997. Signaux symbiotiques chez Rhizobium. *In : Assimilation de l'azote chez les plantes* (Morot-Gaudry J.F., ed.), Inra, pp. 149-162.

Rouillé B., Lamy J.M., Brunschwig P., 2010. Trois formes de consommation de la luzerne pour les vaches laitières. *Renc. Rech. Ruminants*, 17, 329.

Royer E., Chauvel J., Courboulay V., Granier R., Albar J., 2004. Grain legumes, rapeseed meal and oil seeds for weaned piglets and growing-finishing pigs. *In : 55th Annual Meeting of the EAAP*, Bled, 136.

Rudaz A.O., Walti E., Kyburz G., Lehmann P., Fuhrer J., 1999. Temporal variation in N_2O and N_2 fluxes from a permanent pasture in Switzerland in relation to management, soil water content and soil temperature. *Agriculture, Ecosystems and Environment*, 73, 83-91.

Ruijter F.J. de, Huijsmans J.F.M., Rutgers B., 2010. Ammonia volatilization from crop residues and frozen green manure crops. *Atmospheric Environment*, 44, 3362-3368.

Rusch A., Valantin-Morison M., Sarthou J.P., Roger-Estrade J., 2010. Biological control of insect pests in agroecosystems: effects of crop management, farming systems, and seminatural habitats at the landscape scale: A review. *Advances in Agronomy*, 109, 219-259.

Russell C.A., Fillery I.R.P., 1996. Estimates of lupin below ground biomass nitrogen, dry matter, and nitrogen turnover to wheat. *Aust. J. Agr. Resour. Ec.*, 47, 1047-1059.

Russelle M.P., Lamb J.F.S., Montgomery B.R., Elsenheimer D.W., Bradley S.M., Vance C.P., 2001. Alfalfa rapidly remediates excess inorganic nitrogen at a fertilizer spill site. *J. Environ. Qual.*, 30, 30-36.

Sagan M., Duc G., 1996. Sym 28 and Sym 29. Two new genes involved in regulation of nodulation in Pea (*Pisum sativum* L.). *Symbiosis*, 20, 229-245.

Salembier C., Meynard J.-M., 2013. Evaluation de systèmes de culture innovants conçus par des agriculteurs: un exemple dans la Pampa Argentine. *Innovations Agronomiques*, 31, 27-44.

Salon S., Munier-Jolain N.G., Duc G., Voisin A.S., Grandgirard D., Larmure A., Emery R.J.N, Ney B., 2001. Grain legume seed filling in relation to nitrogen acquisition: a review and prospects with particular reference to pea. *Agronomie*, 21, 539-552.

Salter A.M., 2013. Impact of consumption of animal products on cardiovascular disease, diabetes, and cancer in developed countries. *Animal Frontiers*, 3 (1), 20-27.

Sameshima-Saito R., Chiba K., Hiraya J., Itakura M., Mitsui H., Eda S., Minamisawa K., 2006. Symbiotic Bradyrhizobium japonicum reduces N2O surroounding the soybean root system *via* nitrous oxide reductase. *Appl. Environ. Microbiol.*, 72, 2526-2532.

Sauvant D., Perez J.M., Tran G., 2002. *Tables de composition et de valeur nutritive des matières premières destinées aux animaux d'élevage*, Inra Éditions, Paris, France.

Sauvant D., Perez J.M., Tran G., 2004. *Tables de composition et de valeurs nutritives des matières premières destinées aux animaux d'élevage : porcs, volailles, bovins, ovins, caprins, lapins, chevaux, poissons*, Inra Éditions-AFZ, Versailles, 293p.

Savary S., 1991. *Approches de la Pathologie des Cultures Tropicales. Exemple de l'Arachide en Afrique de l'Ouest*, Ed. Karthala / Orstom, Paris, 288 p.

Schatzkin A., Park Y., Leitzmann M.F., Hollenbeck A.R., Cross A.J., 2008. Prospective study of dietary fiber, whole grain foods, and small intestinal cancer. *Gastroenterology*, 135 (4), 1163-1167.

Schiltz S., Munier-Jolain N., Jeudy C., Burstin J., Salon C., 2005. Dynamics of exogenous nitrogen partitioning and nitrogen remobilization from vegetative organs in pea revealed by 15N *in vivo* labeling throughout seed filling. *Plant Physiology*, 137, 1463-1473.

Schneider A., 2002. Overview of the market and consumption of pulses in Europe. *Br. J. Nutr.*, 88, Suppl. 3, S243-S250.

Schneider A., 2007. The dynamics controlling the grain legume sector in the EU - analysis of past trends helps to focus on future challenges. *Grain Legumes*, 50, 25-27.

Schneider A., Ballot R., Carrouée B., Berrodier M., 2009. Rentabilité des protéagineux dans la rotation : quelle valeur économique pour l'effet du précédent ? *Perspectives agricoles*, 360, 6-11.

Schneider A., Crépon K., Fénart E., 2005. The perception of lupin in the European food industry. *In : Optimised processes for preparing healthy and added value food ingredients from lupin kernels, the European protein-rich grain legume* (Arnoldi A., ed.), Aracne Ed., pp. 9-20.

Schoeny A., Jumel S., Rouault F., Lemarchand E., Tivoli B., 2010. Effect and underlying mechanisms of pea-cereal intercropping on the epidemic development of ascochyta blight. *Eur. J. Plant Pathol.*, 126, 317-331.

Schott C., Mignolet C., Meynard J.M., 2010. Les oléoprotéagineux dans les systèmes de culture : évolution des assolements et des successions culturales depuis les années 1970 dans le bassin de la Seine. *OCL*, 17, 1-16.

Schwinning S., Parsons A.J., 1996. Analysis of the coexistence mechanisms for grasses and legumes in grazing systems. *J. Ecol.*, 84, 799-813.

Scollan N.D., Hocquette J.F., Nuernberg K., Dannenberger D., Richardson I., Moloney A., 2006. Innovations in beef production systems that enhance the nutritional and health value of beef lipids and their relationships with meat quality. *Meat science*, 74, 17-33.

Sebillotte M., 1990. Système de culture, un concept opératoire pour les agronomes. *In : Les systèmes de culture* (Combe L., Picard D., eds), Inra Éditions, pp. 165-196.

Senapati N., Chabbi A., Gastal F., Smith P., Mascher N., Loubet B., Cellier P., Naisse C., 2014. Net carbon storage measured in a mowed and grazed temperate sown grassland shows potential for carbon sequestration under grazed system. *Carbon Management*, 5 (2), 131-144.

Serraj R., Sinclair T. R. Purcell L. C., 1999, Symbiotic N2 fixation response to drought. *J. Exp. Bot.*, 50, 143-155.

Sève B., 2004. Alternative protein sources for pig feeding in Europe. *In : 55th Annual Meeting of the EAAP*, Bled, 132.

Shamsun-Noor L., Robin C., Guckert A., 1990. The effect of water stress on white clover (*Trifolium repens* L.). I. The role of potassium fertilizer application. *Agronomie*, 10, 9-14.

Shima T., Hu S.W., Luo G., Kang X.H., Luo Y., Hou Z.M., 2013. Dinitrogen Cleavage and Hydrogenation by a Trinuclear Titanium Polyhydride Complex. *Science*, 340, 1549-1552.

Shu X.O., Jin F., Dai Q., Wen W., Potter J.D., Kushi L.H., Ruan Z., Gao Y.T., Zheng W., 2001. Soyfood intake during adolescence and subsequent risk of breast cancer among Chinese women. *Cancer Epidemiol Biomarkers Prev.*, 10 (5), 483-488.

Shubert S., 1995. Nitrogen assimilation by legumes – processes and ecological limitations. *Fertilizer Res.*, 42, 99-107.

Sicherer S.H., 2001. Clinical implications of cross-reactive food allergens. *J. Allergy Clin. Immunol.*, 108 (6), 881-890.

Siddiqi M.Y., Glass A.D.M., 1981. Utilization index: a modified approach to the estimation and comparison of nutrient efficiency in plants. *Journal of Plant Nutrition*, 4 (3), 289-302.

Siddiqi M.Y., Glass A.D.M., Ruth T.J., 1991. Studies of the uptake of nitrate in barley. III. Compartmentation of NO_3^-. *J. Exp. Bot.*, 42, 1455-1463.

Sievenpiper J.L., Kendall C.W., Esfahani A., Wong J.M., Carleton A.J., Jiang H.Y., Bazinet R.P., Vidgen E., Jenkins D.J., 2009. Effect of non-oil-seed pulses on glycaemic control: a systematic review and meta-analysis of randomised controlled experimental trials in people with and without diabetes. *Diabetologia*, 52 (8), 1479-1495.

Silhol P., Debrabant M.P., 2005. Graminées fourragères et légumineuses à petites graines. Marché intérieur et échanges intra-communautaires. *Fourrages*, 182, 227-236.

Simon J.C., Vertès F., Decau M.-L., Le Corre L., 1997. Les flux d'azote au pâturage. I. Bilans à l'exploitation et lessivage du nitrate sous prairies. *Fourrages*, 151, 249-262.

Sinclair T.R., de Wit C.T., 1976. Analysis of the carbon and nitrogen limitations to soybean yield. *Agron. J.*, 68, 319-324.

Sirtori C.R., Lovati M.R., Manzoni C., Castiglioni S., Duranti M., Magni C., Morandi S.,

D'Agostina A., Arnoldi A., 2004. Proteins of white lupin seed, a naturally isoflavone-poor legume, reduce cholesterolemia in rats and increase LDL receptor activity in HepG2 cells. *J Nutr.*, 134 (1), 18-23.

Skiba U., Fowler D., Smith K.A., 1997. Nitric oxide emissions from agricultural soils in temperate and tropical climates: Sources, controls and mitigation options. *Nutrient Cycling in Agroecosytems*, 48, 75-90.

Skiba U., van Dijk S., Ball B.C., 2002. The influence of tillage on NO and N2O fluxes under spring and winter barley. *Soil Use Management*, 18, 340-345.

Smart S.M., Robertson J.C., Shield E.J., Van De Poll H.M., 2003. Locating eutrophication effects across British vegetation between 1990 and 1998. *Global Change Biology*, 9, 1763-1774.

Smith L.A., Houdijk J.G.M., Homer D., Kyriazakis I., 2013. Effects of dietary inclusion of pea and faba bean as a replacement for soybean meal on grower and finisher pig performance and carcass quality. *J. Anim. Sci.*, 91, 8, 3733-3741.

Smith S.E., Smith F.A., Jakobsen I., 2003. Mycorrhizal fungi can dominate phosphate supply to plants irrespective of growth responses. *Plant Physiology*, 133, 16-20.

Snapp S.S., Swintom S.M., Labarta R., Mutch D., Black J.R., Leep R., Nyiraneza J., O'Neil K., 2005. Evaluating Cover Crops for Benefits, Costs and Performance within Cropping System Niches. *Agron. J.*, 97, 322-332.

SNIA, 2012. Rapport d'activité. Ed. SNIA, 58 pp.

Speijers M.H.M., Fraser M.D., Theobald V.J., Haresign W., 2004. The effects of grazing forage legumes on the performances of finishing lambs. *J. Agric. Sci.*, 142, 483-493.

Sprent J.I, Thomas R.J., 1984. Nitrogen nutrition of seedling grain legumes: some taxonomic, morphological and physiological constraints. *Plant Cell Env.*, 7, 637-645.

Sprent J.I., Stephens J.H., Rupela O.P., 1988. Environmental effects on nitrogen fixation. *In : World crops: cool season food légumes* (Sumerfield R.J., ed.), Springer.

Stark A.H., Madar Z., 1993. *In vitro* production of short-chain fatty acids by bacterial fermentation of dietary fiber compared with effects of those fibers on hepatic sterol synthesis in rats. *J. Nutr.*, 123 (12), 2166-2173.

Starling M.E., Wood C.W., Weaver D.B., 1998. Starter nitrogen and growth habit effects on late-planted soybean. *Agron. J.*, 90, 658-662.

Steffan-Dewenter I., 2003. Importance of habitat area and landscape context for species richness of bees and wasps in fragmented orchard meadows. *Conservation Biology*, 17 (4), 1036-1044.

Steffen W., Richardson K., Rockström J., Cornell S.E., Fetzer I., Bennett E.M., Biggs R., Carpenter S.R., de Vries W., de Wit C.A., Folke C., Gerten D., Heinke J., Mace G.M., Persson L.M., Ramanathan V., Reyers B., Sörlin S., 2015. Planetary boundaries: Guiding human development on a changing planet. *Science*, 347, 6223.

Steg A., Van Straalen W.M., Hindle V.A., Wensink W.A., Dooper F.M.H., Schils R.L.M., 1994. Rumen degradation and intestinal digestion of grass and clover at two maturity levels during the season in dairy cows. *Grass Forage Sci.*, 49, 378-390.

Stein H.H., de Lange K., 2007. Alternative feed ingredients for pigs. *In : London Swine Conference – Today's Challenges… Tomorrow's Opportunities* (Murphy J.M., ed.), 3-4 April 2007, 103-117.

Stein H.H., Everts A.K.R., Sweeter K.K., Peters D.N., Maddock R.J., Wulf D.M., Pedersen C., 2006. Influence of dietary field peas on pig performance, carcass quality, and the palatability of pork. *J. Anim. Sci.*, 84, 3110-3117.

Stein H.H., Peters D.N., Kim B.G., 2010. Effects of including raw or extruded field peas (*Pisum sativum* L.) in diets fed to weanling pigs. *J. Sci. Food Agr.*, 90 (9), 1429-1436.

Stevenson F.C., Kessel C., 1996. The nitrogen and non-nitrogen rotation benefits of pea to succeeding crops. *Can. J. Plant Sci.*, 76, 735-745.

Stoate C., Boatman N.D., Borralho R.J., Carvalho C., De Snoo G.R., Eden P., 2001. Ecological impacts of arable intensification in Europe. *J. Environ. Manage.*, 63 (4), 337-365.

Stoate C., Báldi A., Beja P., Boatman N.D., Herzon I., Van Doorn A., de Snoo G.R., Rakosy L., Ramwell C., 2009. Ecological impacts of early 21st century agricultural change in Europe–a review. *J. Environ. Manage.*, 91 (1), 22-46.

Stopes C.E., Phillips L., 1994. The nitrogen economy of organic farming systems - losses to water. IFOAM 1994 International Conference Proceedings, p. 144.

Streeter J.G., 1993. Translocation - a key factor limiting the efficiency of nitrogen fixation in legume nodules. *Physiol. Plant.*, 87, 616-623.

Streeter J.G., 2003. Effect of trehalose on survival of *Bradyrhizobium japonicum* during desiccation. *J. Appl. Microbiol.*, 95, 484-491.

Sullivan M.L., Hatfield R.D., 2006. Polyphenol oxidase and o-diphenols inhibit postharvest proteolysis in red clover and alfalfa. *Crop Sci.*, 46, 662-670.

Sun J.S., Simpson R.J., Sands R., 1992. Nitrogenase activity of two genotypes of Acacia mangium as affected by phosphorus nutrition. *Plant Soil*, 144, 51-58.

Sutton M.A., Bleeker A., Howard C.M., Bekunda M., Grizzetti B., de Vries W., van Grinsven H.J.M., Abrol Y.P., Adhya T.K., Billen G., Davidson E.A, Datta A., Diaz R., Erisman J.W., Liu X.J., Oenema O., Palm C., Raghuram N., Reis S., Scholz R.W., Sims T., Westhoek H., Zhang F.S., with contributions from Ayyappan S., Bouwman A.F., Bustamante M., Fowler D., Galloway J.N., Gavito M.E., Garnier J., Greenwood S., Hellums D.T., Holland M., Hoysall C., Jaramillo V.J., Klimont Z., Ometto J.P., Pathak H., Plocq Fichelet V., Powlson D., Ramakrishna K., Roy A., Sanders K., Sharma C., Singh B., Singh U., Yan X.Y., Zhang Y., 2013. *Our Nutrient World: The challenge to produce more food and energy with less pollution*. Global Overview of Nutrient Management. Centre for Ecology and Hydrology, Edinburgh on behalf of the Global Partnership on Nutrient Management and the International Nitrogen Initiative, 117 pages. Rapport disponible sur www.unep.org.

Sutton M.A., Howard C.M., Erisma J.W., Billen G.H., Bleeker A., Grennfelt P., van Grinsven H., Grizzetti B., 2011. *The European Nitrogen Assessment – Sources, effects and policy perspectives*, Cambridge University Press, 612 pages.

Sutton M.A., Schjørring J.K., Wyers G.P., 1995. Plant-atmosphere exchange of ammonia. *Phil. Trans. R. Soc. Lond. Ser. A*, 351, 261-278.

Tailleur A., Willmann S., Dauguet S., Schneider A., Koch P., Lellahi A., 2014. Methodological developments for LCI of French annual crops in the framework of AGRIBALYSE®. Proceedings of LCA Food 2014 conference, 8-10 October 2014, San Francisco, États-Unis.

Tajini F., Drevon J.J., 2014. Phosphorus use efficiency for symbiotic nitrogen fixation varies among common bean recombinant inbred lines under P deficiency. *J. Plant Nutr.*, 37, 532-545.

Taylor C., Buckley J., Champ M., Patterson C.A., 2012. The nutritional value and health benefits of pulses for obesity, diabetes, heart disease and cancer. *Brit. J. Nutr.*, 108, S1-S165.

Terry R.A., Tilley J.M.A., 1969. The digestibility of the leaves and stems of perennial ryegrass, cocksfoot, timothy, tall fescue, lucerne and sainfoin, as measured by an *in vitro* procedure. *J. Br. Grassl. Soc.*, 19, 363-373.

Theodoridou K., 2010. Les effets des tannins condensés du sainfoin (*Onobrychis viciifolia*) sur sa digestion et sa valeur nutritive. Thèse Université Blaise Pascal, Clermont-Ferrand, France, 288 pages.

Theodoridou K., Aufrère J., Andueza D., Lemorvan A., Picard F., Stringano E., Pourrat J., Mueller-Harvey I., Baumont R., 2011. Effect of plant development during first and second growth cycle on chemical composition, condensed tannins and nutritive value of three sainfoin (*Onobrychis viciifolia*) varieties and lucerne. *Grass Forage Sci.*, 66, 402-414.

Theodoridou K., Aufrère J., Andueza D., Lemorvan A., Picard F., Pourrat J., Baumont R., 2012. Effect of condensed tannins in wrapped silage bales of sainfoin (*Onobrychis viciifolia*) on *in vivo* and *in situ* digestion in sheep. *Animal*, 6, 245-253.

Thiébeau P., Larbre D., 2002. Luzerne sous couvert de pois protéagineux : un seul travail du sol pour implanter deux cultures principales. *Cultivar le Mensuel*, 524, 28-30.

Thiébeau P., Parnaudeau V., Guy P., 2003. Quel avenir pour la luzerne en France et en Europe ? *Courrier de l'Environnement de l'Inra*, 49, 29-46.

Thiébeau P., Larbre D., Usunier J., Cattin G., Parnaudeau V., Justes E., 2004. Effets d'apports de lisier de porcs sur la production d'une luzerne et la dynamique de l'azote du sol. *Fourrages*, 180, 511-525.

Thiébeau P., Lô-Pelzer E., Klumpp K., Corson M., Hénault C., Bloor J., de Chezelles E., Soussana J.F., Lett J.M., Jeuffroy M.H., 2010a. Conduite des légumineuses pour améliorer l'efficience énergétique et réduire les émissions de gaz à effet de serre à l'échelle de la culture et de l'exploitation agricole. *Innovations Agronomiques*, 11, 45-58.

Thiébeau P., Badenhausser I., Meiss H., Bretagnolle V., Carrère P., Chagué J., Decourtye A., Maleplate T., Médiène S., Lecompte P., Plantureux S., Vertès F., 2010b. Contribution des légumineuses à la biodiversité des paysages ruraux. *Innovations Agronomiques*, 11, 187-204.

Thiébeau P., Beaudoin N., Justes E., Allirand J.M., Lemaire G., 2011. Radiation use efficiency and shoot:root dry matter partitioning in seedling growth crops of lucerne (*Medicago sativa* L) after spring and autumn sowings. *Europ. J. Agron.*, 35, 255-268

Thomas A., Schneider A., Pilorgé E., 2013. Politiques agricoles et place du colza et du pois dans les systèmes de culture. *Agronomie, Environnement & Sociétés*, 3 (1).

Thomas C., Aston K., Daley S.R., 1985. Milk production from silage. 3. Comparison of red clover with grass silage. *Anim. Prod.*, 41, 23-31.

Thomas R.J., 1992. The role of the legume in the nitrogen cycle of productive and sustainable pastures. *Grass Forage Sci.*, 47, 133-142.

Thompson D.J., Brooke B.M., Garland G.J., Hall J.W., Majak W., 2000. Effect of stage of growth of alfalfa on the incidence of bloat in cattle. *Can. J. Anim. Sci.*, 80, 725-727.

Thomsen M.H., Hauggaard-Nielsen H., 2008. Sustainable bioethanol production combining biorefinery principles using combined raw materials from wheat undersown with clover-grass. *J. Ind. Microbiol. Biotechnol.*, 35, 303-311.

Thomson D.J., 1975. The effect of feeding red clover conserved by drying or ensiling on reproduction in ewe. *J. Br. Grass Ass.*, 30, 149-152.

Thorup-Kristensen K., 1998. Root growth of green pea (*Pisum sativum* L.) genotypes. *Crop Sci.*, 38, 1445-1451.

Tice E.M., Eastridge M.L., Firkins J.L., 1993. Raw soybeans and roasted soybeans of different particle sizes. I. Digestibility and utilization by lactating cows. *J. Dairy Sci.*, 76, 224-235.

Tomé D., 2012. Criteria and markers for protein quality assessment - a review. *Br. J. Nutr.*, 108 Suppl 2, S222-229.

Tomich T.P., Brodt S., Ferris H., Galt R., Horwath W.R., Kebreab E., Leveau J., Liptzin D., Lubell M., Merel P., Michelmore R., Rosenstock T., Scow K., Six J., Williams N., Yan L., 2011. Agroecology: A review from a global-change perspective. Review in advance. *Annu. Rev. Environ. Resour.*, 36, 193-222.

Tomm G., 1993. Nitrogen transfer in an Alfalfa-Bromegrass mixture. PhD Thesis, Saskatoon, Canada, University of Saskatchewan, http://ecommons.usask.ca/bitstream/handle/10388/etd-10212004-000216/nq23925.pdf.

Tonitto C., David M.B., Drinkwater L.E., 2006. Replacing bare fallows with cover crops in fertilizer-intensive cropping systems: a meta-analysis of crop yield and N dynamics. *Agric. Ecosys. Envir.*, 112, 58-72.

Toro M., Azcon R., Barea J.M., 1998. The use of isotopic dilution techniques to evaluate the interactive effects of Rhizobium genotype, mycorrhizal fungi, phosphate-solubilizing bacteria and rock phosphate on nitrogen and phosphorus acquisition by *Medicago sativa*. *New Phytol.*, 138, 265-273.

Tosh S.M., Yuda S., 2010. Dietary fibers in pulse seeds and fractions: characterization, functional attributes, and applications. *Food Res. Intern.*, 43, 450-460.

Trevino J., Ortiz L., Centeno C., 1992. Effect of tannins from faba beans (*Vicia faba*) on the digestion of starch by growing chicks. *Anim. Feed Sci. Tech.*, 37 (3/4), 345-349.

Tricot F., 1993. Mise en place des nodosités du pois protéagineux de printemps (*Pisum sativum* L.) Influence de la nutrition carbonée. Thèse de Doctorat, Université Paris-Sud Orsay, France.

Turc O., Lecoeur J., 1997. Leaf primordium initiation and expanded leaf production are co-ordinated through similar response to air temperature in pea (*Pisum sativum* L.). *Annals of Botany*, 80, 265-273.

Unip-ITCF, 1995. *Peas, Utilisation in animal feeding.* 99 p.

Unip, Arvalis, Institut de l'Élevage, 2005. Utilisation des pois, féveroles et lupins par les ruminants Eds Unip.

Unip, enquêtes qualité 2008-2012 : http://www. unip.fr/qualite-et-utilisation/qualite/enquetes-qualite.html

Unip, 2011. Rapport d'activité. 66 pp.

Vadez V., Drevon J.J., 2001. Genotypic variability in P use efficiency for symbiotic N_2 fixation in common bean (*Phaseolus vulgaris* L.). *Agronomie*, 21, 691-699.

Vadez V., Lasso J.H., Beck D.P., Drevon J.J., 1999. Variability of N_2 fixation in common bean (*Phaseolus vulgaris* L.) under P deficiency is related to P use efficiency. *Euphytica*, 106, 231-242.

Valantin-Morison M., Meynard J.M., 2008. Diagnosis of limiting factors of organic oilseed rape yield. A survey of farmers' fields. *Agron. Sustain. Dev.*, 28, 527-539.

Valantin-Morison M., David C., Cadoux S., Lorin M., Celette F., Amossé C., Basset A., 2014. Association d'une culture de rente et espèces compagnes permettant la fourniture de services écosystémiques. *Innovations Agronomiques*, 40, 93-112.

Valé M., Justes E., 2004. Nitrogen release from pea and soybean residues in field conditions: a significant source of nitrate leaching during fallow period? *In : Proceedings of the Association Européenne des Protéagineux.*

Vallet C., Lemaire G., Monties B., Chabbert B., 1998. Cell wall fractionation of alfalfa stem in relation to internode development biochemistry aspect. *J. Agric. Food Chem.*, 46, 3458-3467.

van der Werf H.M., Kanyarushoki C., Corson M., 2009. An operational method for the evaluation of resource use and environmental impacts of dairy farms by life cycle assessment. *J. Environ. Manage.*, 90, 3643-3652.

Van Kessel C., Hartley C., 2000. Agricultural management of grain legumes: has it led to an increase in nitrogen fixation? *Field Crops Research*, 65, 165-181.

Van Kessel C., Clough T., va Groeningen J.W., 2009. Dissolved organic nitrogen: an overlooked pathway of nitrogen loss from agricultural systems? *J. Environ. Qual.*, 38, 393-401.

Vanlocqueren G., Baret P.V., 2009. How agricultural research systems shape a technological regime that develops genetic engineering but locks out agroecological innovations. *Research Policy*, 38 (6), 971-983.

Varvel G.E., Peterson T.A., 1992. Nitrogen fertilizer recovery by soybean in monoculture and rotation systems. *Agronomy Journal*, 84, 215-218.

Vertès F., Annezo J.F., 1989. Pérennité des associations ray-grass anglais-trèfle blanc en Bretagne. *In : 16e Congres International des Herbages*, Nice, Ed. AFPF Versailles, Vol. II, 1425-1426.

Vertès F., Le Corre L., Simon J.C., Rivière J.M., 1988. Effets du piétinement de printemps sur un peuplement de trèfle blanc pur ou en association. *Fourrages*, 116, 347-366.

Vertès F., Soussana J.F., Louault F., 1995. Utilisation de marquage 15N pour la quantification de flux d'azote en prairies pâturées. *In : Utilisation des isotopes stables pour l'étude du fonctionnement des plantes* (Maillard P., Bonhomme R., eds), Inra Éditions, Paris, « Les Colloques, n° 70 », pp. 265-276.

Vertès F., Simon J.C., Corre L. le, Decau M.L., 1997. Les flux d'azote au pâturage. II- Étude des flux et de leurs effets sur le lessivage. *Fourrages*, 151, 263-280.

Vertès F., Hatch D., Velthof G., Taube F., Laurent F., Loiseau P., Recous S., 2007. Short-term and cumulative effects of grassland cultivation on nitrogen and carbon cycling in ley-arable rotations. *In : Permanent and temporary grassland: Plant, Environment and Economy* (de Vliegler A., Carlier L., eds). *Grassland Sci. Eur.*, 12, 227-246.

Vertès F., Jeuffroy M.H., Justes E., Thiébeau P., Corson M., 2010. Connaître et maximiser les bénéfices environnementaux liés à l'azote chez les légumineuses, à l'échelle de la culture, de la rotation et de l'exploitation. *Innovations Agronomiques*, 11, 25-43.

Vertès F., Benoît M., Dorioz J.-M., 2010. Couverts herbacés pérennes et enjeux environnementaux (en particulier eutrophisation) : atouts et limites. *Fourrages*, 202, 83-94.

Vertès F., Corson M., Thiébeau P., 2011. Quels bénéfices environnementaux attendre de la présence de légumineuses en exploitations laitières ? *Renc. Rech. Ruminants*, 18, 169.

Vertregt N., de Vries F.W.T.P., 1987. A rapid method for determining the efficiency of biosynthesis of plant biomass. *J. Theor. Biol.*, 128, 109-119.

Vessey J.K., 1992. Cultivar differences in assimilate partitioning and capacity to maintain N_2 fixation rate in pea during pod-filling. *Plant Soil*, 139, 185-194.

Vilarino M., Metayer J.P., Crepon K., Duc G., 2009. Effects of varying vicine, convicine and tannin contents of faba bean seeds (*Vicia faba* L.) on nutritional values for broiler chicken. *Anim. Feed Sci. Tech.*, 150 (1/2), 114-121.

Vinther F.P., 1998. Biological nitrogen fixation in grass-clover affected by animal excreta. *Plant Soil*, 203, 207-215.

Vliegher A. de, Carlier L., 2007. The effect of the age of grassland on yield, botanical composition and nitrate content in the soil under grazing conditions. In : Permanent and temporary grassland: plant, environment and economy (de Vliegler A., Carlier L., eds.). *Grassland Sci. Eur.*, 12, 51-54.

Vocanson A., Munier-Jolain N.G., Voisin A.S., Ney B., 2005. Courbe de dilution. *In : Agrophysiologie du pois protéagineux* (Munier-Jolain N.G., Biarnès V., Chaillet I., Lecoeur J., Jeuffroy M.H., coord.), Inra éditions, pp. 81-85.

Vocanson A., Jeuffroy M.H., Roger-Estrade J., 2006a. Effect of sowing date and cultivar on root system development in pea (*Pisum sativum* L.). *Plant Soil*, 283, 339-352.

Vocanson A., Roger-Estrade J., Boizard H., Jeuffroy M.H., 2006b. Effects of soil structure on pea (*Pisum sativum* L.) root development according to sowing date and cultivar. *Plant Soil*, 281, 121-135.

Vogrincic C., 2007. Réseau rotation Sud-Est. Synthèse pluri-annuelle (1999-2004). Document interne Cetiom.

Voisin A.S., 2002. Étude du fonctionnement des racines nodulées du pois (*Pisum sativum* L.) en relation avec la disponibilité en nitrates du sol, les flux de carbone au sein de la plante et la phénologie. Croissance des racines nodulées et Activité fixatrice des nodosités. Rapport de Thèse, Université de Bourgogne, 129 p.

Voisin A.S., Salon C., 2005. L'efficience de la nutrition azotée. *In : Agrophysiologie du pois protéagineux* (Munier-Jolain N.G., Biarnès V., Chaillet I., Lecoeur J., Jeuffroy M.H., coord.), Inra Éditions, pp. 94-101.

Voisin A.S., Salon C., Munier-Jolain N.G., Ney B., 2002a. Effect of mineral nitrogen on nitrogen nutrition and biomass partitioning between the shoot and roots of pea (*Pisum sativum* L.). *Plant Soil*, 242, 251-262.

Voisin A.S., Salon C., Munier-Jolain N.G., Ney B., 2002b. Quantitative effect of soil nitrate, growth potential and phenology on symbiotic nitrogen fixation of pea (*Pisum sativum* L.). *Plant Soil*, 243, 31-42.

Voisin A.S., Salon C., Jeudy C., Warembourg F.R., 2003. Symbiotic N_2 fixation in relation to C economy of *Pisum sativum* L. as a function of plant phenology. *J. Exp. Bot.*, 54 (393), 2733-2744.

Voisin A.S., Salon C., Crozat Y., 2005. La mise en place des racines et des nodosités. *In : Agrophysiologie du pois protéagineux* (Munier-Jolain N.G., Biarnès V., Chaillet I., Lecoeur J., Jeuffroy M.H., coord.), Inra Éditions, pp. 86-94.

Voisin A.S., Bourion V., Duc G., Salon C., 2007. Using an ecophysiological framework to analyse genetic variability associated to N nutrition of pea. *Annals of Botany*, 100 (7), 1525-1536.

Voisin A.S., Munier-Jolain N.G., Salon C., 2010. The nodulation process is tightly linked to plant growth. An analysis using environmentally and genetically induced variation of nodule number and biomass in pea. *Plant Soil*, 337, 399-412.

Voisin A.S., Cazenave A.B., Duc G., Salon C., 2013. Pea nodule gradients explain C nutrition and depressed growth phenotype of hypernodulating mutants. *Agron. Sustain. Dev.*, 33, 829-838.

Voisin A.S., Guéguen J., Huyghe C., Jeuffroy M.H., Magrini M.B., Meynard J.M., Mougel C., Pellerin S., Pelzer E., 2013. Les légumineuses dans l'Europe du XXIe siècle : Quelle place dans les systèmes agricoles et alimentaires actuels et futurs ? Quels nouveaux défis pour la recherche ? *Innovations Agronomiques*, 30, 283-312.

Voisin A.S., Guéguen J., Huyghe C., Jeuffroy M.H., Magrini M.B., Meynard J.M., Mougel C., Pellerin S., Pelzer E., 2013. Legumes for feed, food, biomaterials and bioenergy in Europe: a review. *Agron. Sustain. Dev.*, 34, 361-380.

Vos J., van der Putten P.E.L., 2004. Nutrient cycling in a cropping system with potato, spring wheat, sugar beet, oats and nitrogen catch crops. II. Effect of catch crops on nitrate leaching in autumn and winter. *Nutrient Cycling in Agroecosystems*, 70, 23-31.

Wachendorf M., Buchter M., Trott H., Taube F., 2004. Performance and environmental effects of forage production on sandy soils. II. Impact of defoliation system and nitrogen input on nitrate leaching losses. *Grass Forage Sci.*, 59, 56-68.

Waghorn G.C., Shelton I.D., Thomas V.J., 1989. Particles breakdown and rumen digestion of fresh ryegrass (*Lolium perenne* L.) and lucerne (*Medicago sativa* L.) fed to cows during a restricted feeding period. *Br. J. Nutr.*, 61, 409-423.

Waligora C., 2009. L'azote symbiotique, réelle alternative à l'azote minéral. *Techniques Culturales Simplifiées*, 54.

Wang Y., Barbieri L.R., Berg B.P., Mc Allister T.A., 2007. Effect of mixing sainfoin with alfalfa on ensiling, ruminal fermentation and total tract digestion of silage. *Anim. Feed Sci. Technol.*, 135, 296-314.

Wani S.P., Rupela O.P., Lee K.K., 1995. Sustainable agriculture in the semi-arid tropics through biological nitrogen fixation in grain legumes. *Plant Soil*, 174, 29-49.

Warembourg F.R., Haegel B., Fernandez M., Montange D., 1984. Distribution and utilization of assimilated carbon in relation to dinitrogen fixation in soybean (*Glycine max* L. Merril). *Plant Soil*, 82, 163-178.

Watson C.A., Baddeley J.A., Wu L.H., 2006. Nitrate leaching under grain legumes. What role do roots play? *In : AEP workshop Grain legumes and the environment: how to assess benefits and impacts*, pp. 99-104.

Weiss P., Raymond F., 1993. Utilisation de l'ensilage de trèfle violet pour l'engraissement des taurillons. *Fourrages*, 134, 283-286.

Wezel A., Jauneau J.C., 2011. Agroecology – interpretations, approaches and their links to nature conservation, rural development and ecotourism. *In : Integrating agriculture, conservation and ecotourism: examples from the field. Issues in Agroecology - Present Status and Future Prospectus 1* (Campbell W.B., López Ortiz S., eds), Springer, Dordrecht, p. 1-25.

Whitehead D.C., Lockyer D.R., 1989. Decomposing grass herbage as a source of ammonia in the atmosphere. *Atmospheric Environment*, 23, 1867-1869.

Wichern F., Mayer J., Joergensen R.G., Müller T., 2007. Rhizodeposition of C and N in peas and oats after 13C–15N double labelling under field conditions. *Soil Biology & Biochemistry*, 30, 2527-2537.

Wicker E., Hullé M., Rouxel F., 2001. Pathogenic characteristics of isolates of *Aphanomyces euteiches* recovered from pea in France. *Plant Pathology*, 50, 433-442.

Wilkins R.J., Gibb M.J., Huckle C.A., Clements A.J., 1994. Effect of supplementation on production by spring calving dairy cows grazing pastures of differing clover content. *J. Agric. Sci.*, 77, 531-537.

Willey R.W., 1979. Intercropping - Its importance and research needs. Part 1. Competition and Yield advantages. *Field Crops Abstr.* 32, 1-10.

Willi J.C., Mountford J.O., Sparks T.H., 2005. The Modification of Ancient Woodland Ground Flora at Arable Edges. *Biodivers. Conserv.*, 14, 3215-3233.

Willmann S., Dauguet S., Tailleur A., Schneider A., Koch P., Lellahi A., 2014. LCIA results of seven French arable crops produced within the public program AGRIBALYSE® - Contribution to better agricultural practices. Proceedings of LCA Food 2014 conference, 8-10 October 2014, San Francisco, États-Unis.

Wong C.L., Mollard R.C., Zafar T.A., Luhovyy B.L., Anderson G.H., 2009. Food intake and satiety following a serving of pulses in young men: effect of processing, recipe, and pulse variety. *J. Am. Coll. Nutr.*, 28 (5), 543-552.

Woodward S.L., Waghorn G.C., Laboyrie P.G., 2004. Condensed tannins in birdsfoot trefoil (*Lotus corniculatus*) reduce methane emissions form dairy cows. *Proc. N. Z. Anim. Prod.*, 64, 160-164.

Woodward S.L., Waghorn G.C., Watkins K.A., Bryant M.A., 2009. Feeding birdsfoot trefoil (*Lotus corniculatus*) reduces the environmental impacts of dairy farming. *Proc. N. Z. Anim. Prod.*, 69, 179-183.

Woyengo T.A., Nyachoti C.M., 2012. Ileal digestibility of amino acids for zero-tannin faba bean (*Vicia faba* L.) fed to broiler chicks. *Poultry Science*, 91 (2), 439-443.

Yamamoto S., Sobue T., Kobayashi M., Sasaki S., Tsugane S., 2003. Soy, isoflavones and breast cancer risk in Japan. *J. Natl. Cancer Inst.*, 95, 906-913.

Yang L., Cai Z., 2005. The effect of growing soybean (*Glycine max* L.) on N_2O emission from soil. *Soil Biol. Biochem.*, 37, 1205-1209.

Ying J., Herridge D.F., Peoples M.B., Rerkasem B., 1992. Effect of N fertilization on N_2 fixation and N balances of soybean grown after lowland rice. *Plant Soil*, 147, 235-242.

Yutste P., Longstaff M.A., McNab J.M., McCorquodale C., 1991. The digestibility of semipurified starches from wheat, cassava, pea, bean and potato by adult cockerels and young chicks. *Anim. Feed Sci. Tech.*, 35, 289-300.

Zadoks J.C., 1985. On the conceptual basis of crop loss assessment: the threshold theory. *Annual Review of Phytopathology*, 23, 455-473.

Zadoks J.C., 1993. *Cultural methods, Modern crop protection: developments and perspectives*, Ed. Wageningen Press, p. 161-170.

Zancarini A., Mougel C., Voisin A.S., Prudent M., Salon C., Munier-Jolain N., 2012. Soil nitrogen availability and plant genotype modify the nutrition strategies of *M. truncatula* and the associated Rhizosphere microbial communities. *PLoS ONE*, 7, 10.

Zancarini A., Lépinay C., Burstin J., Duc G., Lemanceau P., Moreau D., Munier-Jolain N.G., Pivato B., Rigaud T., Salon C., Mougel C., 2013. Combining molecular microbial ecology with ecophysiology and plant genetics for a better understanding of plant-microbial communities interactions in the rhizosphere. *In : Molecular Microbial Ecology of the Rhizosphere* (Bruijn F.J., ed.), chapitre 7, John Wiley & Sons, États-Unis.

Lexique relatif
au système de culture

Agroécologie : 1. (sphère scientifique) ensemble disciplinaire alimenté par le croisement des sciences agronomiques (agronomie, zootechnie), de l'écologie appliquée aux agroécosystèmes et des sciences humaines et sociales (sociologie, économie, géographie) (Tomich *et al.*, 2011). Elle s'adresse à différents niveaux d'organisation, de la parcelle à l'ensemble du système alimentaire. 2. (sphère production agricole) ensemble de pratiques agricoles dont la cohérence repose sur l'utilisation des processus écologiques et la valorisation de l'(agro)biodiversité. 3. (sens plus large se référant aussi à un mouvement social) dynamiques territoriales et acteurs sociaux portant les fondements d'une agriculture durable, écologiquement saine, économiquement viable et socialement juste (Wezel et Jauneau, 2011). Il s'agit de repenser l'ensemble des systèmes alimentaires afin de favoriser les transitions vers des systèmes évalués positivement du point de vue du développement durable.

L'ambition de l'agroécologie est d'une révision des modes de production qui repose sur l'utilisation des principes et concepts issus de l'écologie (Gliessman, 2007) afin de répondre à un double objectif. Le premier est d'optimiser leur productivité sur la base de concepts écologiques, tout en renforçant leur capacité de résilience face à de nouvelles incertitudes imposées par le changement climatique et la volatilité des prix agricoles et alimentaires. Le second consiste à maximiser les services écologiques susceptibles d'être fournis par les agrosystèmes et à en limiter les impacts négatifs, en particulier par une moindre dépendance aux ressources fossiles. Source : définition par les auteurs Christophe David, Alexander Wezel, Stéphane Bellon, Thierry Doré et Éric Malézieux, dans http://mots-agronomie.inra.fr

Assolement : 1. part des différentes cultures sur une unité spatiale donnée, telle que la surface agricole d'une exploitation donnée ; 2. distribution spatiale des cultures entre les différentes parcelles de ladite exploitation.

Azote réactif (Nr) : tous les composés azotés biologiquement, photochimiquement ou radiativement actifs dans l'atmosphère et la biosphère terrestre et aquatique. Nr inclut donc les formes de l'azote réduites (par exemple ammoniac [NH_3] et ammonium [NH_4^+]) ou oxydées (par exemple oxyde d'azote [NO_x], acide nitrique [HNO_3], protoxyde d'azote [N_2O], et nitrate [NO_3^-]) et les formes organiques (par exemple urée, amines, protéines et acides nucléiques).

Culture de rente[117] : plante semée, cultivée et utilisée au terme de son cycle de croissance (jusqu'à la maturité physiologique) pour être valorisée économiquement : ce sont en général ses parties aériennes (plante entière ou graines seules, ou graines et pailles séparément) qui font l'objet d'une transaction (vente ou échange) avec des tiers ou qui sont utilisées sur place en intrants d'un autre atelier de l'exploitation agricole (fourrage ou pâture ou graines ensilées pour l'atelier animal en général). Elle est cultivée :
– soit seule, c'est-à-dire en culture pure (peuplement monospécifique) ;
– soit dans une association de cultures, c'est-à-dire « la culture simultanée d'au moins deux espèces sur la même parcelle pendant une partie significative de leur développement » (Willey, 1979). Sont souvent associées une espèce de légumineuse à une graminée (exemples : pois-blé, pois-triticale, cultures fourragères de type méteil ou de type associations prairiales, etc.). L'association de cultures peut être arrangée de façon aléatoire dans la parcelle, ou spatialement en bande (*strip intercropping*), ou en relais (*relay intercropping*, c'est-à-dire avec des cycles très décalés) (Andrews et Kassams, 1976).

La finalité première d'une culture de rente est donc un service « d'approvisionnement » (alimentation), même si la plante peut aussi apporter des services « de support » et « de régulation » par ailleurs (voir services écosystémiques).

« Culture intermédiaire » ou couvert intermédiaire : implantation d'un couvert végétal pendant la période d'interculture, soit mono-espèce soit pluri-espèce (mélange d'espèces, incluant souvent une ou des espèces de légumineuses) avec l'objectif premier de couvrir et/ou enrichir le sol (ou autres services de support ou de régulation). Le couvert est en général détruit soit naturellement sous l'effet du gel (en choisissant des plantes gélives), soit par destruction chimique ou mécanique. En effet, il s'agit en général d'une plante à usage non marchand mais parfois certaines peuvent être utilisées (vente, méthanisation ou autre utilisation que celui d'apport de matière organique sur la parcelle par enfouissement). La finalité première de ces plantes est donc d'apporter un ou plusieurs services éco-systémiques « de support » ou/et de « de régulation », le service principalement visé étant la couverture du sol pendant la période d'interculture, ce qui peut aussi permettre de piéger l'azote minéral du sol (et éviter la lixiviation du nitrate). Dans ce dernier cas, on parle de CIPAN (culture intermédiaire piège à nitrates) qui font l'objet d'une réglementation spécifique dans les zones vulnérables.

Couvert associé à une culture de rente[117] : couvert végétal qui est semé et cultivé en étant associé à une culture de rente pendant une partie restreinte de cycle de croissance de celle-ci, mais qui n'est pas récolté. Le couvert disparaît soit parce que c'est une plante à cycle très court pour utiliser la sénescence naturelle pour son élimination, soit parce qu'il est détruit naturellement sous l'effet du gel (en choisissant des plantes gélives), ou par destruction chimique ou mécanique. Ce sont des plantes à usage non marchand. La finalité première du couvert associé est la prestation d'un

---

117. Définitions validées en juin 2013 par les agronomes du panel d'experts Légumineuses adossé au Comité national N,P,C et les experts des grandes cultures du groupe « filières Grandes Cultures » de l'étude Inra sollicité par le ministère de l'agriculture sur « les agricultures doublement performantes pour concilier compétitivité et respect de l'environnement ».

service éco-systémique dit « de support » ou « de régulation ». Exemples : féverole + colza ; trèfle + carotte porte-graines

Culture dérobée : culture qui se place entre deux cultures principales au cours de l'année : entre une céréale et une plante sarclée par exemple. On sème la culture dérobée après la moisson de la céréale ; on la récoltera avant la mise en terre du tubercule ou avant les semis du printemps suivant. Dans les régions méridionales, la culture dérobée apparaît même entre la moisson et les emblavures d'automne. La culture dérobée concerne surtout les plantes fourragères : racines (raves, navets) ou légumineuses (vesces, trèfles). Elles complètent en produits vers la nourriture hivernale des bovins (plus spécialement celle des vaches en lactation). Source : Encyclopédie Universalis.

Indice de fréquence de traitement phytosanitaire (IFT) : reflète l'intensité d'utilisation des produits phytosanitaires exercée sur la parcelle et sur l'environnement, ainsi que la dépendance des agriculteurs vis-à-vis de ces produits. La valeur de l'IFT traitement est égale à la dose appliquée par hectare (DA) divisée par la dose homologuée par hectare (DH) pour le produit concerné, en tenant compte de la proportion de la parcelle traitée. L'IFT parcelle est la somme des IFT traitement pour tous les traitements de la parcelle pendant une campagne culturale.

Performance : capacité des résultats des systèmes de culture à répondre à différents objectifs, notamment au regard des trois piliers du développement durable, à savoir économique, environnemental et social. La performance peut être estimée par le biais d'indicateurs quantitatifs et qualitatifs (Debaeke *et al.*, 2008 ; Petit *et al.*, 2012).

Pesticides (ou produits phytosanitaires) : substances ou produits destinés à lutter contre les organismes jugés nuisibles, qu'il s'agisse de plantes, d'animaux, de champignons ou de bactéries. Lorsqu'ils sont utilisés en agriculture, on parle de produits phytosanitaires (ou phytopharmaceutiques). Pour un usage non agricole (par les gestionnaires d'équipements ou de réseaux de transport, les collectivités locales ou les particuliers), on parle de biocides. Ils peuvent être classés par type d'usage : herbicides, insecticides, fongicides, nématicides, rotondicides, acaricides, etc.

Rhizodéposition : phénomène par lequel des composés carbonés et azotés sont libérés par les racines dans le sol pendant la croissance de la plante. Les mécanismes par lesquels les rhizodépôts majeurs sont libérés dans le sol sont : la production de cellules de la coiffe racinaire, la sécrétion de mucilage, la diffusion passive et contrôlée d'exudats racinaires. Les rhizodépôts sont donc l'ensemble des débris racinaires, mucilage et exsudats racinaires.

Résilience : capacité du système à revenir à son état initial après une perturbation.

Robustesse : capacité à maintenir ses performances face à des perturbations.

Rotation : type spécifique de séquence de cultures à caractère cyclique (voir succession culturale).

Séquence : ordre d'apparition des cultures durant une période de temps figée sur une unité spatiale donnée, une parcelle ou un ensemble de parcelles par exemple.

Services écosystémiques : bienfaits que les humains obtiennent des écosystèmes, d'après la définition de l'Évaluation des écosystèmes pour le millénaire réalisée par les Nations Unies : « Les services que procurent les écosystèmes sont les bénéfices que les humains tirent des écosystèmes. Ceux-ci comprennent des services de prélèvement tels que la nourriture, l'eau, le bois de construction, et la fibre ; des services de régulation qui affectent le climat, les inondations, la maladie, les déchets, et la qualité de l'eau ; des services culturels qui procurent des bénéfices récréatifs, esthétiques, et spirituels ; et des services d'auto-entretien tels que la formation des sols, la photosynthèse, et le cycle nutritif. » (Millenium Ecosystem Assessment, 2005).

Succession culturale : paire de cultures se succédant d'une année sur l'autre.

Symbiose : concerne toutes les formes de relations interspécifiques, depuis l'union réciproquement profitable jusqu'à l'antagonisme. En général, on réserve l'appellation de symbiose aux cas d'associations plus ou moins régulières, plus ou moins coopératives, dans lesquelles les relations entre les deux partenaires tendent, pour l'un comme pour l'autre, à un équilibre entre les profits et les pertes, ou sont favorables à l'un des partenaires sans nuire sensiblement à l'autre. Source http://www.universalis.fr/encyclopedie/symbiose/. Dans son sens strict, la notion de symbiose est restreinte aux associations de type obligatoire, les symbiotes ne pouvant survivre séparément.

Système de culture : ensemble des modalités techniques mises en œuvre sur des parcelles traitées de manière identique. Chaque système de culture se définit par la nature des cultures et leur ordre de succession, et les itinéraires techniques appliqués à ces différentes cultures, ce qui inclut le choix des variétés pour les cultures retenues (Sebillotte, 1990).

Système de production : mode de combinaison entre terre, forces et moyens de travail à des fins de production végétale et/ou animale, commun à un ensemble d'exploitation (Meynard *et al.*, 2006, d'après Reboul, 1976). Le système de production est donc constitué d'un ou plusieurs systèmes de culture et/ou d'élevage, parfois de systèmes de transformation des produits à la ferme, et de leurs interrelations, liées à la répartition entre ces systèmes, des ressources rares de l'exploitation, terre, travail (inclus compétences), capital (intrants, matériel, bâtiments…).

Sigles et acronymes

AB	agriculture biologique
ACTA	tête du réseau des Instituts techniques agricoles
ACV	analyse de cycle de vie
AEP	Association européenne de recherche sur les légumineuses à graines
AFZ	*Association française de zootechnie*
BVP	*Boulangerie-Viennoiserie-Pâtisserie*
CASDAR rural	compte d'affectation spéciale pour le développement agricole et rural
Céréopa	Centre d'étude et de recherche sur l'économie et l'organisation des productions animales
Cetiom	Centre technique interprofessionnel des oléagineux et du chanvre (qui prend en charge également les protéagineux à partir de janvier 2015 et va changer de nom)
CIPAN	culture intermédiaire piège à nitrate
CIVAM	Centres d'initiatives pour valoriser l'agriculture et le milieu rural
Corpen	Comité d'Orientation pour des Pratiques agricoles respectueuses de l'Environnement
CTPS	Comité technique permanent de la sélection
ENR	énergie non renouvelable
FAN	facteur antinutritionnel
FAO	Organisation des Nations Unies pour l'alimentation et l'agriculture
FAT	facteurs anti-trypsiques
FNAMS	Fédération nationale des agriculteurs multiplicateurs de semences
FNLS	Fédération nationale des légumes secs
GEPV	Groupe d'étude et de promotion des protéines végétales
GES	gaz à effet de serre
Geves	Groupe d'étude et de contrôle des variétés et des semences
GNIS	Groupement national interprofessionnel des semences et plants

HNO_3	acide nitrique
ICARDA	International Center for Agricultural Research in the Dry Areas
ICRISAT	International Crops Research Institute for the Semi-Arid Tropics
Ifip	pour Ifip-Institut du porc (opérateur de recherche et développement au service de la filière porcine, y compris sur le secteur des produits transformés
IFLRC	International Food Legumes Research Conference
IFT	Indice de fréquence de traitement (voir définition dans le lexique)
INAO	Institut national de l'origine et de la qualité
INIAV	Instituto Nacional de Investigação Agrária e Veterinária (Portugal)
Inra	Institut national de la recherche agronomique
Itab	Institut technique de l'agriculture biologique
ITCF	Institut technique des céréales et des fourrages (devenu depuis Arvalis Institut du Végétal)
Maaf	ministère de l'Agriculture, de l'agroalimentaire et de la forêt (auparavant Maaprat, ministère de l'Agriculture, de l'alimentation, de la pêche, de la ruralité et de l'aménagement du territoire)
MAEC	mesure agri-environnementale et climatique
MAT	matière azotée totale
MEDDE	ministère de l'Écologie, du développement durable et de l'énergie (auparavant MEDDTL, ministère de l'Écologie, du développement durable, des transports et du logement)
MOC	mise en œuvre conjointe
MPV	matière protéique végétale
MRP	matière riche en protéines
NH_3	formule chimique de l'ammoniac
NH_{4+}	formule chimique de l'ammonium
NO_x	formule chimique de l'oxyde d'azote
N_2O	formule chimique du protoxyde d'azote
NO_3^-	formule chimique du nitrate
OCM	Organisation commune de marché (auparavant GATT)
Onidol	Organisation nationale interprofessionnelle des graines et fruits oléagineux
PAC	politique agricole commune
PSB	*Phosphate Solubilizing Bacteria*
PSE	paiement pour services environnementaux
QMG	quantité maximale garantie

RAD-CIVAM	Réseau agriculture durable des CIVAM
RSE	responsabilité sociétale des entreprises
SAU	surface agricole utile
SCOP	surface en céréales, oléagineux et protéagineux
SIE	surface d'intérêt écologique
SMG	surface maximale garantie
Snia	Syndicat national de l'industrie de l'alimentation animale
STH	surfaces toujours en herbe
Syncopac	Syndicat national des coopératives de production et d'alimentation animales
EU ETS	*European Union Emissions Trading Scheme*
UGB	unité de gros bétail
Unip	Union nationale des plantes riches en protéines
URE	unités de réduction des émissions carbone
UQA	unités de quantité attribuée
USDA	United States Department of Agriculture
UTI	unité trypsine inhibée

Liste des auteurs

▸▸ Comité de pilotage

Hacina BENAHMED, MAAF/DGPAAT, sous-direction de la biomasse et de l'environnement, bureau de la stratégie environnementale et du changement climatique, 3 rue Barbet de Jouy, 75349 Paris 07 SP

Christian HUYGHE, Inra, Directeur Scientifique Adjoint Agriculture, Direction Générale, 147 rue de l'université, 75007 Paris

Anne SCHNEIDER, Unip-Cetiom, 11 rue Monceau, CS 60003, 75378 Paris cedex 08

Au printemps 2015, la DGPAAT devient la Direction générale de la performance économique et environnementale des entreprises (DGPE), l'Unip devient Terres Univia et le Cetiom devient Terres Innovia.

▸▸ Coordinateurs de chapitre

Pierre CELLIER, Inra, UMR Environnement et Grandes Cultures (EGC) devenue ECOSYS en 2015, 78850 Thiverval-Grignon

Martine CHAMP, Inra, UMR Physiologie des Adaptations Nutritionnelles (PhAN), CRNH Ouest, CHU Hôtel-Dieu, Nantes

Marie-Hélène JEUFFROY, Inra, UMR Agronomie, Batiment EGER, 78850 Thiverval-Grignon

Marie-Benoît MAGRINI, Inra-SAD Toulouse, UMR1248 AGIR-ODYCEE, 24 chemin de Borde Rouge, CS 52627, 31326 Castanet-Tolosan cedex

Jean-Louis PEYRAUD, Inra, UMR Pegase (Physiologie, environnement et génétique pour l'animal et les systèmes d'élevage), Domaine de la Prise, 35590 Saint-Gilles

Alban THOMAS, Inra, Toulouse School of Economics, Laboratoire d'économie des ressources naturelles (LERNA), UMR 1081, 21 Allée de Brienne, 31015 Toulouse cedex 6

Anne-Sophie VOISIN, Inra Dijon UMR 1347 Agroécologie, AgroSup/Inra/uB, Pôle GEAPSI, 17 rue Sully, BP 86510, 21065 Dijon cedex

▸▸ Co-auteurs de chapitre

Véronique Biarnes, Unip-Cetiom, Avenue Lucien Bretignieres, 78850 Thiverval-Grignon

Jean-Pierre Cohan, Arvalis Institut du végétal, Station expérimentale de la Jaillière, 44370 La-Chapelle-Saint-Sauveur

Guénaëlle Corre-Hellou, Groupe ESA – École Supérieure d'Agriculture d'Angers, UR Leva (Légumineuses, écophysiologie végétale, agroécologie)

Jean-Yves Dourmad, Inra, UMR Pegase (Physiologie, environnement et génétique pour l'animal et les systèmes d'élevage), Domaine de la Prise, 35590 Saint-Gilles

François Gastal, Inra, Ferlus (UE Fourrages Environnement Ruminants, Lusignan) et Inra-URP3F (UR Prairies et Plantes Fourragères Pérennes)

Céline Le Guillou, Onidol, 11 rue Monceau, CS 60003, 75378 Paris cedex 08

Pierre Jouffret, Cetiom, Station Inter-Instituts, 6 chemin de la Côte vieille, 31450 Baziège

Eric Justes, Inra, AGIR (Agrosystèmes, Innovations Territoires), 24 chemin de Borde Rouge-Auzeville, CS 52627, 31326 Castanet-Tolosan cedex

Michel Lessire, Inra, URA Recherches Avicoles, Val de Loire 37380 Nouzilly

Françoise Labalette, Onidol, 11 rue Monceau, CS 60003, 75378 Paris cedex 08

Nathalie Lande, auparavant Cetiom (jusqu'en 2014), 78850 Thiverval-Grignon

Gaëtan Louarn, Inra, UR Prairies et Plantes Fourragères 86600 Lusignan

Thierry Maleplate, Coop de France, section déshydratation, 43 rue Sedaine, CS 91115, 75538 Paris cedex 11

Françoise Medale, Inra, Aquapôle de St Pée/Nivelle, quartier Ibarron, BP3, 64310 Saint-Pee-sur-Nivelle

Sylvain Plantureux, Inra, UMR Agronomie et Environnement, ENSAIA, 2 avenue de la forêt de Haye, TSA 40602, 54518 Vandoeuvre cedex

Corinne Peyronnet, Onidol-Unip, 11 rue Monceau, CS 60003, 75378 Paris cedex 08

Noémie Simon, Onidol, 11 rue Monceau, CS 60003, 75378 Paris cedex 08

Pascal Thiebeau, Inra, UMR Fare (Fractionnement des AgroRessources et Environnement), 2 Esplanade Roland Garros, BP 224, 51686 Reims cedex 2

Muriel Valantin-Morison, Inra, UMR Agronomie, bâtiment EGER, 78850 Thiverval-Grignon

Françoise Vertes, Inra, SAS (Sol Agro-hydrosystèmes Spatialisation), 4 rue de Stang Vihan, 29000 Quimper

▸▸ Remerciements aux autres contributeurs

Joël Abecassis (Inra-Montpellier), Damien Beillouin (Inra, Unip), Dominique Briffaut (UFLS), Stéphane Cadoux (Cetiom), Benoît Carrouée (Unip), Charles Cernay (Inra Grignon), Nicolas Cerruti (Cetiom), Stéphane Cordeau (Inra Dijon), Didier Coulmier (Désialis), Katell Crépon (Arvalis-Institut du végétal), Axel Decourtye (Acta), Luc Delaby (Inra Saint-Gilles), Violaine Deytieux (Inra), Jean-Jacques Drevon (Inra-Supagro Montpellier), Isabel Duarte (INIAV), Gérard Duc (Inra Dijon), Melissa Dumas (Inra puis Civam), Michel Duru (Inra Toulouse), Rémy Duval (ITB), Jacques Guéguen (Inra Nantes), Jean-Louis Fiorelli (Inra Mirecourt), Laurence Fontaine (Itab), Bernadette Julier (Inra Lusignan), Nathalie Harzic (Jouffray-Drillaud), Jean-Paul Lacampagne (Unip), Gérard Laurens, Alexis de Marguerye (FRCivam Pays de la Loire), Safia Médiére (AgroParis Tech), Catherine Mignolet (Inra Mirecourt), Anne Moussart (Unip-Cetiom-Inra-Rennes), Thomas Nemecek (Agroscope-ART Zurich). Meryll Pasquet (InVivo Agrosolutions), Jérome Pavie (Idele), Marie-Sophie Petit (Chambre d'Agriculture de Bourgogne), Raymond Reau (Inra Grignon), Gilles Sauzet (Cetiom), Stéphane Sorin (Terrena), Stéphane Walrand (Inra Clermont).

Merci également à tous ceux qui ne sont pas listés ici mais qui ont contribué de façon substancielle à l'élaboration des connaissances françaises sur les légumineuses, avec une pensée toute particulière pour ceux qui nous ont quittés trop tôt.

▸▸ Remerciements aux relecteurs

Jacques Gueguen (Inra), Philippe Gate (Arvalis Institut du végétal), Anne Bourdillon (Glon Sanders), Catherine Esnouf (Inra).